普 通 高 等 教 育 “十 二 五” 系 列 教 材

普 通 高 等 教 育 “十 一 五” 国 家 级 规 划 教 材

电厂锅炉原理

（第三版）

主　编　王金枝　程新华
副主编　王树群
编　写　胡志宏
主　审　许晋源　丁立新

中国电力出版社
CHINA ELECTRIC POWER PRESS

内 容 提 要

本书密切结合专业教学要求，以大型电厂煤粉锅炉为主干，全面系统地阐述了电厂锅炉的主要设备和工作原理。主要内容包括：锅炉的构成及工作过程，燃料特性及其燃烧计算，锅炉机组的热平衡，煤粉制备系统及设备，燃烧基本理论及燃烧设备，汽水系统中各受热面的结构、布置、主要运行问题，自然循环原理、强制流动锅炉原理及水动力特性，蒸汽净化，循环流化床锅炉的基本原理及特点、主要设备、运行特性，锅炉机组的布置及热力计算方法，锅炉运行，大型电厂锅炉的常规试验等。内容充分反映了我国电站锅炉的现状及国内外的新技术、新成果。

本书作为高等学校热能动力工程类专业锅炉原理课程的教材，也可作为高职高专电力技术类专业教材，并可供火力发电厂的工程技术人员参考使用。

图书在版编目（CIP）数据

电厂锅炉原理/王金枝，程新华主编. —3版. —北京：中国电力出版社，2014.8（2025.1重印）

普通高等教育“十二五”规划教材 普通高等教育“十一五”国家级规划教材

ISBN 978-7-5123-6133-1

Ⅰ.①电… Ⅱ.①王… ②程… Ⅲ.①火电厂—锅炉—高等学校—教材 Ⅳ.①TM621.2

中国版本图书馆CIP数据核字（2014）第144811号

中国电力出版社出版、发行

（北京市东城区北京站西街19号 100005 http://www.cepp.sgcc.com.cn）

固安县铭成印刷有限公司印刷

各地新华书店经售

*

2006年8月第一版

2014年8月第三版 2025年1月北京第十七次印刷

787毫米×1092毫米 16开本 24印张 586千字

定价 **58.00** 元

本书内容精练，覆盖了大型电厂锅炉的原理、结构和运行，更注意到现代化机组的特点。对于行业内深为关切的锅炉结构，叙述完整而细致。这些内容对于运行维护人员十分宝贵，同时这样培养出来的学生上岗后就能迅速担当起技术工作。

在教学中处理好理论与实际的关系又是一个重要问题。全日制学生正当青年，这是人生中学习效率最高的年华。在学习本书时望能理论联系实际。许多火力发电厂运行中的常见故障，其道理关联到基础理论，如预热器密封，一旦失败，汽温和排烟温度乃至燃烧，都要恶化。如果学生通过思考和讨论弄明白了这些道理，那么他在这些方面不但掌握了理论，而且能运用理论去解决实际问题。

当前我国强调创新。电力工业需要与时俱进。在可持续发展战略的指引下，我国必将适应形势的变化，努力开发和掌握新型发电机组。但是不管是哪一种新型发电技术，发电机组中总会交织着各种物质流、能量流，乃至信息流，其运行和维护都要靠今天的青年学生去创新和掌握。本书所讲授的运行维护理论和知识也是他们将来为国家作出创新贡献所需的基础。

许晋源

2008 年 5 月

前　言

本书为修订教材。第一版于2006年出版发行，2008年修订为第二版。修订后的教材保留了原教材的基本内容，并在每一章后添加了思考题，便于教学中掌握要点，宜于自学。此次修订在保持原有内容的基础上，结合电厂锅炉技术发展实际情况及教学使用情况，对部分内容及章节顺序做了调整。本书中煤质和水质分析均采用最新标准，制粉系统部分添加系统流程图，直流炉以现场实际锅炉为例，将流化床锅炉调整到第十一章，删去与实际关联较小的内容，让章节内容与题目更加鲜明和具体，易于学习掌握。

本书由山东电力高等专科学校王金枝教授和程新华副教授担任主编，王金枝负责全书的统稿。沈阳工程学院王树群任副主编，山东电力研究院胡志宏博士参与编写。王金枝修订第一、二、三、四、十一章；程新华修订第六、七、八、九、十章；王树群修订第五、十二章；胡志宏修订第十三章。

西安交通大学许晋源教授、山东电力研究院丁立新教授在百忙中为此次书稿的修订提出了许多宝贵的意见和建议，详细而具体，使编者在修改过程中受益匪浅，在此表示由衷的感谢。

在本书编写过程中，得到了山东电力研究院郝卫东、王学同、吴晓武等同志的大力支持和帮助，在此向他们一并表示感谢。

限于编者水平，书中不足之处在所难免，恳请读者指正。

编　者

2014年5月

第一版前言

本书为普通高等教育“十一五”国家级规划教材。

本书是针对高等学校热能动力类相关专业而编写的。本书的主要特点有：在全面系统地阐述了锅炉工作原理的基础上，突出教学内容的先进性和实用性，介绍了亚临界参数和超临界参数的锅炉设备、系统及其工作原理；燃料分析采用了最新国家标准，阐述了锅炉机组热平衡试验方法，重点介绍了单进单出、双进双出低速钢球磨煤机及各种中高速磨煤机的主要特点和典型的制粉系统，增加了循环流化床、“W”形火焰等新型燃烧技术；阐述了汽水系统本体设备的结构、布置、主要运行问题及自然循环、强制循环的工作原理和水动力特性；在取材方面，反映了我国大型电厂锅炉的现状，吸取了国内外锅炉方面科学研究的新成果和新技术；章节内容与题目更加鲜明化和具体化，每一章后添加了思考题，便于教学中掌握要点，宜于自学。

本书由山东电力研究院丁立新任主编，并负责全书的统稿。山东电力研究院王金枝、程新华和沈阳工程学院王树群任副主编。其中王金枝编写第一、二、三、六章；丁立新编写第四、七、十章；程新华编写第八、九、十一、十二章；王树群编写第五、十四章；胡志宏编写第十三章。

本书由西安交通大学许晋源教授、山东大学马春元教授主审。两位教授在百忙中详细审阅了全部书稿，提出了许多宝贵的意见和建议，详细而具体，使编者在修改过程中得益匪浅，在此表示由衷的感谢。

在本书编写过程中，得到了山东电力研究院郝卫东、王学同、吴晓武等同志的大力支持和帮助，在此向他们表示由衷的感谢。

限于编者水平，书中不足之处在所难免，恳请读者指正。

编　者

2008 年 3 月

目　　录

第一章　概　　述

第一节　电厂锅炉设备的基本构造和工作原理

一、火力发电厂的生产过程

火力发电厂是利用煤、石油或天然气等燃料发电的发电厂，它是目前世界上大多数国家包括我国在内生产电能的主要方式。火力发电厂的生产过程可简要地用图1-1表示。燃料送入锅炉1中燃烧，放出的热量将水加热并蒸发成饱和蒸汽，经进一步加热后成为具有一定压力和温度的过热蒸汽，过热蒸汽进入汽轮机2膨胀做功。高速汽流冲动汽轮机的转子旋转，带动同轴的发电机3转子旋转发电。在汽轮机中做完功的乏汽排入凝汽器4，在其中被由循环水泵11提供的冷却水冷却而凝结成水，凝结水经凝结水泵5升压后进入低压加热器6加热再送至除氧器7，然后再由给水泵8升压，经高压加热器9进一步加热后送回锅炉（给水泵后的凝结水称为给水）。送入锅炉的给水又继续重复上述循环过程。

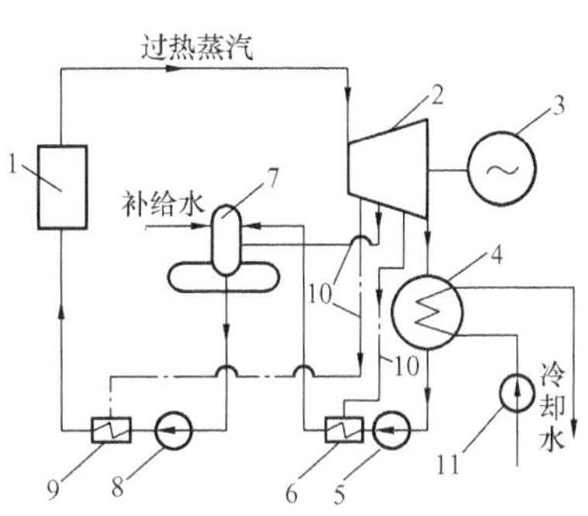

图1-1　火力发电厂生产过程示意
1—锅炉；2—汽轮机；3—发电机；4—凝汽器；5—凝结水泵；6—低压加热器；7—除氧器；8—给水泵；9—高压加热器；10—汽轮机抽汽管；11—循环水泵

由此看来，火力发电厂的生产过程，实质上是将一次能源（燃料的化学能）转化为二次能源（电能）的能量转化过程。整个过程可划分为三个阶段：第一阶段是在锅炉中将燃料的化学能转换为蒸汽热能；第二阶段是在汽轮机中将蒸汽的热能转换为机械能；第三阶段是在发电机中将机械能转换为电能。所以，电厂锅炉是火力发电厂三大主要设备之一。

现代电站锅炉就是将燃料燃烧，释放热量，并加热给水，以获得规定参数（汽温、汽压）和品质蒸汽的一种装置。

二、电厂锅炉设备的基本组成

锅炉设备由锅炉本体和辅助设备两大部分组成。图1-2为一典型燃煤锅炉的简图。下面，通过该图来介绍锅炉本体和辅助设备的组成。

（一）锅炉本体

锅炉本体是锅炉设备的主体，它包括"锅"本体和"炉"本体。

1．"锅"本体

"锅"即汽水系统，它的主要任务是吸收燃料燃烧放出的热量，使水蒸发并最后变成具有一定参数的过热蒸汽。它由省煤器、汽包、下降管、联箱、水冷壁、过热器、再热器等组成。

（1）省煤器。位于锅炉尾部烟道中，利用排烟余热加热给水，降低了排烟温度，提高效率，节约燃料。它通常由带鳍片（即肋片）的铸铁管组装而成，也可用钢管制作。

（2）汽包。位于锅炉顶部，是一个圆筒形的承压容器，其下部是水，上部是汽，它接受省煤器的来水。同时汽包与下降管、联箱、水冷壁共同组成水循环回路。水在水冷壁中吸热

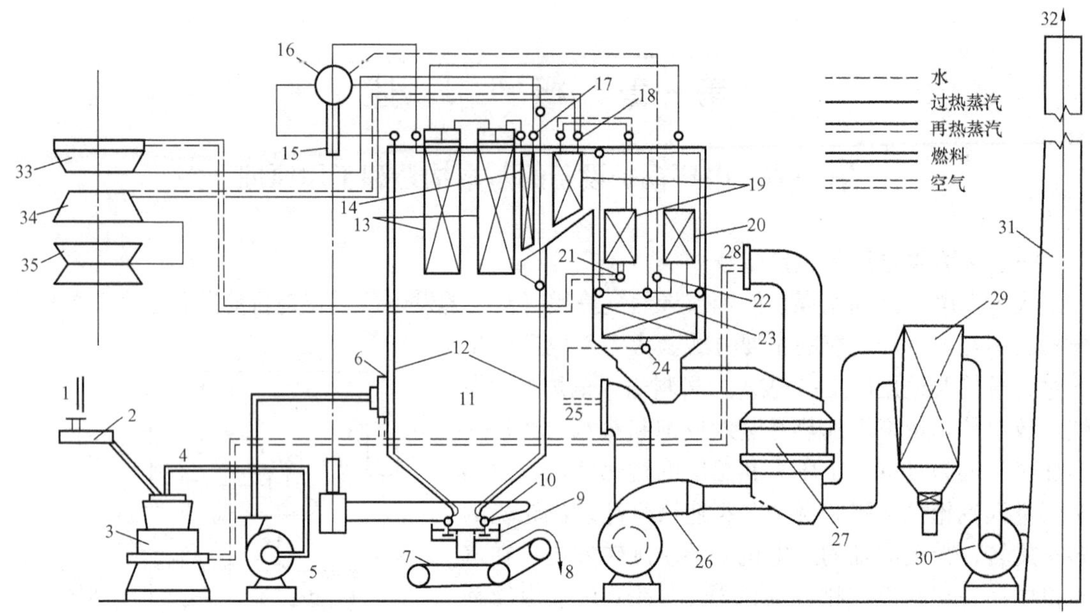

图 1-2　煤粉锅炉及其辅助系统示意

1—原煤进口；2—给煤机；3—磨煤机；4—风粉混合物出口；5—排粉风机；6—燃烧器；7—排渣装置；8—排渣；9—水封装置；10—下联箱；11—炉膛；12—水冷壁；13—屏式过热器；14—高温过热器；15—下降管；16—汽包；17—过热器出口联箱；18—再热器出口联箱；19—再热器；20—低温过热器；21—再热器进口联箱；22—省煤器出口联箱；23—省煤器；24—省煤器进口联箱；25—冷风进口；26—送风机；27—空气预热器；28—热风出口；29—除尘器；30—引风机；31—烟囱；32—排烟；33—汽轮机高压缸；34—汽轮机中压缸；35—汽轮机低压缸

生成的饱和蒸汽也汇集于汽包再供给过热器。

（3）下降管。水冷壁的供水管，其作用是把汽包中的水引入下联箱再分配到各水冷壁管中。通常大型电厂锅炉的下降管在炉外集中布置。

（4）联箱。是一根直径较粗的管子，其作用是把下降管与水冷壁管连接在一起，以便起到汇集、混合、再分配工质的作用。

（5）水冷壁。布置在锅炉炉膛四周炉墙上的蒸发受热面。饱和水在水冷壁管内吸收炉内高温火焰的辐射热量转变为汽水两相混合物。水冷壁通常采用外径为 45～60mm 的无缝钢管和内螺纹管，材料为 20 号优质锅炉钢（20G）。

（6）过热器。其作用是将汽包来的饱和蒸汽加热成为合格温度和压力的过热蒸汽。

（7）再热器。主要作用是将汽轮机中做过部分功的蒸汽再次进行加热升温，然后再送往汽轮机中继续做功。过热器和再热器是锅炉中金属壁温最高的受热面，常采用耐高温的合金钢蛇形管。

2. “炉”本体

“炉”即燃烧系统，它的任务是使燃料在炉内良好地燃烧，放出热量。它由炉膛、烟道、燃烧器及空气预热器等组成。

（1）炉膛。一个由炉墙和四周水冷壁围成供燃料燃烧的空间。

（2）燃烧器。主要的燃烧设备，其作用是把燃料和燃烧所需空气以一定速度喷入炉内，使其在炉内良好地混合，以保证燃料着火和完全燃烧。

（3）空气预热器。利用排烟余热加热入炉空气的装置，其整个结构为数量众多的钢管制成的管箱组合体，也可采用蓄热式的回转式空气预热器。燃烧所需的空气受到烟气加热，可改善燃烧条件。

（二）辅助设备

辅助系统包括燃料供应系统、煤粉制备系统、给水系统、通风系统、除灰除尘系统、汽、水管道系统、测量和控制系统等七个辅助系统。各个辅助系统都配备有相应的附属设备和仪器仪表。

（1）燃料供应系统。将燃料由煤场送到锅炉房，包括运输和装卸机械等。

（2）煤粉制备系统。包括磨煤机、排粉机、粗粉和细粉分离器，以及煤粉输送管道。磨煤机将破碎后的原煤借助撞击、挤压、研磨等作用磨制成细粉，经粗粉分离器分离后合格的细粉由排粉机经燃烧器送入炉膛。

（3）给水系统。由给水处理装置、水箱和给水泵等组成，水处理装置除去水中杂质，保证给水品质。处理后的锅炉给水借助给水泵提高压力，后经省煤器送入汽包。

（4）通风系统。包括送风机、引风机和烟囱等，送风机将空气通过空气预热器加热后送往锅炉、引风机及烟囱，将炉中排出的烟气送入大气中。

（5）除灰除尘系统。除灰设备从锅炉中除去灰渣并送出电厂；除尘装置除去锅炉烟气中的飞灰，改善环境卫生。

（6）汽、水管道系统。为了供应锅炉给水、输送蒸汽和排放污水而敷设的各种汽、水管道，如给水管、主蒸汽管和排污管等。

（7）测量和控制系统。仪表及控制设备除了水位表、压力表和安全阀等装在锅炉本体上的监察仪表和安全附件外，还常装置有一系列指示、计算仪表和控制设备，如煤量计、蒸汽流量计、水表、温度计、风压计、排烟二氧化碳指示仪，以及烟、风闸门的远距离操作和控制设备等。对于容量大、自动化程度较高的锅炉，还配置有给水、燃烧过程自动调节装置或计算机控制调节系统，以科学地监控锅炉运行。

三、锅炉设备的工作过程（工作原理）

锅炉的主要作用是将燃料在炉内燃烧放出的热量，通过布置的受热面传递给水产生蒸汽。简而言之，锅炉设备的工作主要包括燃料的燃烧、热量的传递、水的加热、蒸发、过热等几个过程。

现在，还以图 1-2 所示的锅炉设备为例，并把它的工作过程概括为两个系统来加以叙述。

1. 燃烧系统的工作过程

运输到火力发电厂的原煤，经过初步破碎和除铁、除木屑后，送入原煤斗，煤从原煤斗靠自重落下，经给煤机 2 进入磨煤机 3，磨制成合格的细粉，由预热的空气通过排粉风机 5 将磨好的煤粉经燃烧器 6 喷入炉膛 11 的空间中燃烧，燃料的化学能便转变成燃烧产物（烟气）的热能。高温烟气经炉膛进入水平烟道和尾部烟道，烟气在流动过程中，以不同的换热方式将热量传递给布置在锅炉中的各种受热面。在炉膛内主要以辐射换热的方式将热量传给布置在炉膛四周墙壁上的水冷壁 12（辐射受热面），在炉膛上部则以辐射和对流混合的半辐射方式传给屏式过热器 13，而在水平烟道和尾部烟道中主要以对流传热方式依次流过高温过热器 14、再热器 19、低温过热器 20、省煤器 23 和空气预热器 27。此时烟气因对流放热已降温至110～180℃，烟气中携带的飞灰，大部分由除尘器29除去，比较洁净的烟气最后由引风机30送往烟囱31排入大气中。

由燃烧器送入炉膛的预热空气，是由送风机26将冷空气送入炉膛尾部的空气预热器27中，加热后才送进燃烧器的。通过空气预热器加热后的空气分为两路，一路是通过燃烧器直接送入炉膛，主要起混合、扰动、强化燃烧的作用，称为二次风。另一路则进入磨煤机中，将煤加热和干燥，便于磨制细粉，同时将磨制好的煤粉通过排粉风机5输送到燃烧器，送入炉膛，这股携带煤粉的空气称为一次风。锅炉燃烧系统的工作流程如图1-3所示。

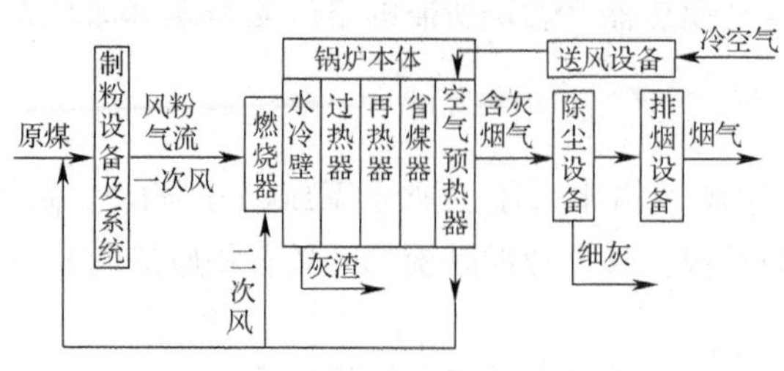

图1-3 燃烧系统的工作流程

2. 汽水系统的工作过程

给水由给水泵升压后，先送到省煤器23预热，在省煤器中，水自下而上流动，被从上而下流动的烟气加热。受热后进入汽包16，然后汽包里的水沿着下降管15下降至水冷壁的下联箱10，再进入水冷壁管中。饱和水在水冷壁中吸收辐射热量，部分变为水蒸气，汽水混合物上升进入汽包，汽包内装有汽水分离器，在汽包内部将汽水混合物中的汽水分离，水留在下部的水空间中，连同不断送入汽包的给水一起又下降，然后在水冷壁内吸热而上升，周而复始，形成水循环。从汽包分离出来的蒸汽，从汽包顶部引出，首先进入敷设在炉顶的顶棚管过热器，然后流经低温过热器20、屏式过热器13，到高温过热器14，加热到额定温度后送至汽轮机中做功。对于高压以上的机组，通常还布置再热器19，它的蒸汽来自经汽轮机高压缸做功后、温度和压力都降低了的排汽，排汽送到再热器中加热，然后再送回汽轮机的中、低压缸去继续做功。汽水系统的工作流程如图1-4。

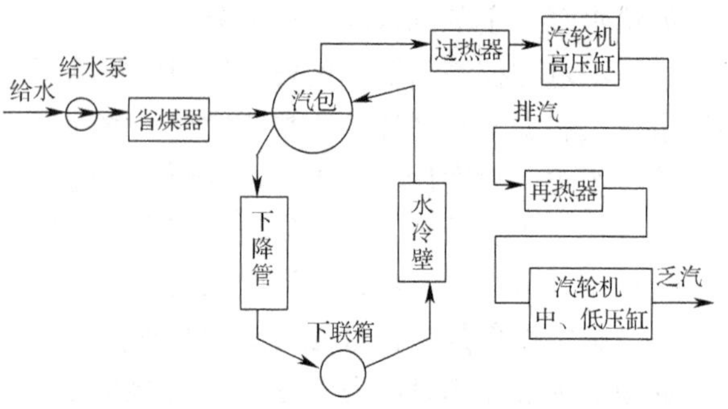

图1-4 汽水系统的工作流程

现代电站锅炉对给水和蒸汽品质都有较高的要求。当给水含有杂质，锅水的杂质浓度会随着锅水的不断汽化而升高。这些杂质会在蒸汽流过的受热面上沉积，使受热面结垢，传热恶化，严重时可能使管子过热烧坏。这些杂质也会溶解在蒸汽中，携带杂质的蒸汽进入汽轮机做功时，随压力降低，杂质析出沉积在通流部分，影响汽轮机的出力、效率和运行的安全性。因此，进入锅炉的给水必须预先处理，运行时也应监视给水和蒸汽的品质。

第二节 锅炉的主要特性参数及型号

一、锅炉的主要特性参数

锅炉的主要特性参数指锅炉容量、蒸汽参数和给水温度等。

1. 锅炉容量

锅炉容量即锅炉的蒸发量，是指锅炉每小时所产生的蒸汽量，用符号 D_e 表示，单位是 t/h（或 kg/s）。

对于大型锅炉，锅炉容量又分为额定蒸发量（BRL）和最大连续蒸发量（BMCR）两种。

蒸汽锅炉的额定蒸发量（BRL）是指在额定蒸汽参数、额定给水温度和燃用设计煤种，并保证热效率时所规定的蒸发量。

蒸汽锅炉的最大连续蒸发量（BMCR）是指在额定蒸汽参数、额定给水温度和燃用设计煤种时，长期连续运行时所能达到的最大蒸发量。

锅炉容量是说明产汽能力大小的特性数据。

2. 蒸汽参数

蒸汽锅炉额定蒸汽参数，是指锅炉出口处蒸汽的额定压力和额定温度。

额定蒸汽压力是指锅炉在规定的给水压力和负荷范围内，长期连续运行时应保证的出口蒸汽压力（绝对压力），用符号 p 表示，单位是 MPa。

额定蒸汽温度是指锅炉在规定的负荷范围内，在额定蒸汽压力和额定给水温度下，长期连续运行所必须保证的出口蒸汽温度，用符号 t 表示，单位是℃。对产生饱和蒸汽的锅炉来说，一般只标明蒸汽压力；对生产过热蒸汽的锅炉，则需标明蒸汽压力和温度。

对于装有再热器的现代电厂锅炉，锅炉的蒸汽参数除额定过热蒸汽参数外，还应包括额定再热蒸汽参数。

3. 给水温度

锅炉给水温度是指给水在省煤器入口处的温度，用符号 t_{gs} 表示，单位为℃。

按照我国制定的标准，我国电厂锅炉的蒸汽参数及容量系列见表 1 - 1。

表 1 - 1　　我国电厂锅炉的蒸汽参数及容量系列

参数			最大连续蒸发量（t/h）	发电功率（MW）
蒸汽压力（MPa）	蒸汽温度（℃）	给水温度（℃）		
2.5	400	105	20	3
3.9	450	145～155	35，65	6，12
		165～175	130	25
9.9	540	205～225	220，410	50，100
13.8	540/540	220～250	420，670	125，200
16.8	540/540	250～280	1025	300
17.5	540/540	260～290	1025，2008	300，600
25	545/545	260～290	1000，2650	300，800

注　蒸汽温度中的分子、分母分别为过热蒸汽温度和再热蒸汽温度。

二、锅炉型号

电厂锅炉的型号反映了锅炉的某些基本特征，我国锅炉目前采用三组或四组字码表示其型号，表示形式如下。

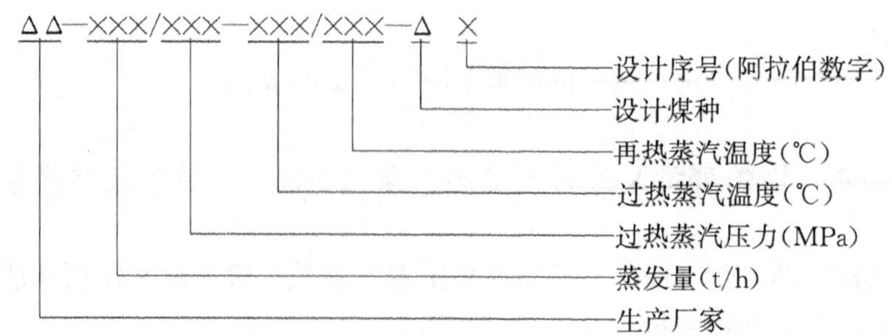

说明 （1）型号说明：第一组生产厂家是锅炉制造厂名称的汉语拼音缩写，HG 表示哈尔滨锅炉厂，SG 为上海锅炉厂，DG 为东方锅炉厂，WG 为武汉锅炉厂，BG 为北京锅炉厂。

（2）如机组无再热器，第三组省略。

例如：DG—670/13.7—540/540—5 型锅炉即表示东方锅炉厂制造，容量为 670t/h，过热蒸汽压力为 13.7MPa（表压），温度为 540℃，再热蒸汽温度为 540℃，设计序号为第五次的锅炉。

第三节 锅 炉 分 类

一、按锅炉的用途分类

锅炉按其用途可分为以下几种：

（1）电厂锅炉。产生的蒸汽主要用于发电的锅炉。

（2）工业锅炉。蒸汽主要用于工业企业生产工艺过程以及采暖和生活用的锅炉。按照我国标准规定，工业锅炉的最大额定蒸汽压力为 2.45MPa（表压），最大容量为 65t/h。

（3）热水锅炉。产生热水供采暖、制冷和生活用的锅炉。

二、按锅炉容量分类

按锅炉容量的大小，锅炉有大、中、小型之分，但它们之间没有固定、明确的分界。随着我国电力工业的发展，电站锅炉容量不断增大，大中小型锅炉的分界容量便不断变化。从当前情况来看，发电功率等于或大于 300MW 的锅炉才算是大型锅炉。

三、按锅炉的蒸汽压力分类

按照锅炉出口蒸汽压力，可将锅炉分为低压锅炉［出口蒸汽压力（表压，下同）不大于 2.45MPa］、中压锅炉（2.94～4.90MPa）、高压锅炉（7.84～10.8MPa）、超高压锅炉（11.8～14.7MPa）、亚临界压力锅炉（15.7～19.6MPa）、超临界压力锅炉（超过临界压力 22.1MPa）。

低压锅炉主要用于工业锅炉，装机容量等于或大于 300MW 发电机组均采用亚临界压力和超临界压力的锅炉。

四、按锅炉的燃烧方式分类

1. 火床炉

固体燃料以一定厚度分布在炉排上进行燃烧的方式称为火床燃烧方式，用火床燃烧方式来组织燃烧的锅炉称为火床炉。火床炉的工作特点是：有一个固定的或可运动的炉排，将块状的固体燃料送入炉内，在炉排上形成固体燃料层，空气从炉排上的通风孔隙穿过燃料层向上流动，在高温下，空气和燃料发生燃烧反应，大部分燃料在炉排上形成火床燃烧，只有少数细小颗粒的固体燃料和燃烧生成的可燃气体在火床上的炉膛空间燃烧。燃料在炉排上燃烧生成的高温烟气也离开燃料层向上流动，进入炉膛。

火床炉有链条炉（见图 1-5）、推动炉排炉、双层炉排炉、人工炉等多种类型。其中链条炉是结构较完善、热效率较高、机械化程度较高的火床炉。但链条炉因其炉排结构复杂，体积庞大，金属消耗量较大，且其热效率不及煤粉炉高，不适应大容量锅炉发展的需要，故只用于容量为 1～65t/h 的锅炉中。

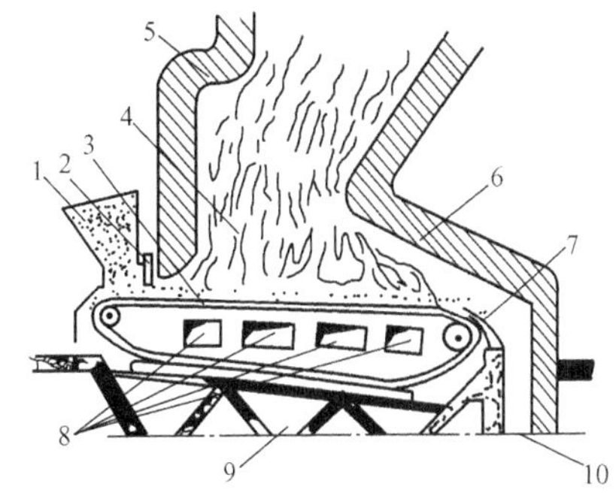

图 1-5　链条炉结构示意

1—煤斗；2—煤闸门；3—链条炉排；4—炉膛；5—前拱；6—后拱；7—除渣板（俗称老鹰铁）；8—风室；9—灰斗；10—灰渣口

2. 室燃炉

燃料以粉状、雾状或气态随同空气喷入炉膛中，在整个炉内进行燃烧的方式称为火室燃烧方式，用火室燃烧方式来组织燃烧的锅炉称为室燃炉。其气体动力学特点是：粉状、雾状或气态的燃料颗粒随同空气—烟气流做连续的运动，燃料颗粒悬浮在空气—烟气流中，连续流过锅炉空间，并在悬浮状态下着火、燃烧，直至燃尽，所以火室燃烧方式也叫悬浮燃烧方式。煤粉炉、燃油锅炉和燃气锅炉都属于室燃炉，特别是煤粉炉，它是现代大中型电厂锅炉的主要形式，如图 1-2 所示。

3. 旋风炉

燃料和空气在高温的旋风筒内高速旋转，细小的燃料颗粒在旋风筒内悬浮燃烧，而较大燃料颗粒被甩向筒壁液态渣膜上进行燃烧的方式称为旋风燃烧方式，用旋风燃烧方式来组织燃烧的锅炉称为旋风炉。旋风炉有立式和卧式两种（见图 1-6）。美国常用卧式旋风炉，我国及前苏联则多用立式旋风炉，德国则用 KSG 立式旋风炉。旋风炉常采用液态排渣。由于旋风炉的负荷调节范围较小，而且不能快速启动和停炉，炉温也较高，NO_x 的排放量较煤粉炉大等原因，故在我国电厂中很少使用。

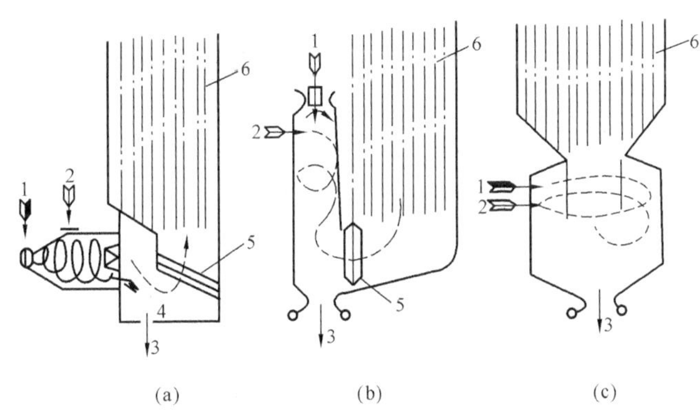

图 1-6　旋风炉结构示意

(a) 卧式旋风炉；(b) BTИ 立式旋风炉；(c) KSG 立式旋风炉

1—燃料；2—二次风；3—液态渣；4—燃尽室；5—捕渣管束；6—冷却室

4. 流化床锅炉

流化床燃烧方式就是燃料颗粒在大于临界风速（由固定床转化为流化床的风速）的空气流速作用下，呈流化状态的燃烧方式，采用流化床燃烧方式的锅炉称为流化床锅炉。流化床燃烧是 20 世纪 60 年代发展起来的新型燃烧技术，30 多年来发展很快，应用范围已从中、小型的工业锅炉发展到较大型的电站锅炉。流化床燃烧技术本身也由第一代的鼓泡流化床发展到第二代的循环流化床。对于小型鼓泡流化床锅炉，碾碎成细小颗粒的燃料从其前墙由给煤机通过给煤口送入床内，床内布置倾斜（或垂直）的埋管蒸发受热面，空气由风室通过床下的布风板送入床层，将燃料颗粒吹起。吹起的燃料颗粒上升到一定高度，在重力作用下又落下，再由空气吹起上升，然后又落下，如此反复上升、落下，好像水在沸腾时的状态一样，固体颗粒层也膨胀起来，此时固体颗粒（又称床料）便进入流化状态，因此，流化床锅炉又称沸腾锅炉。

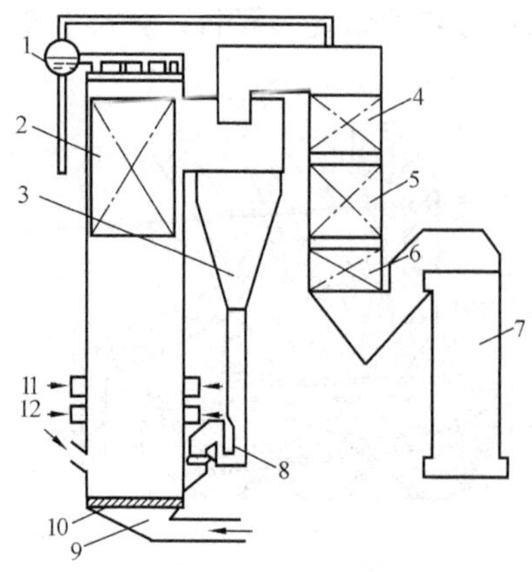

图 1-7 阿斯龙公司的 Pyroflow 循环流化床锅炉

1—汽包；2—屏式过热器；3—旋风分离器；4—高温过热器；5—低温过热器；6—省煤器；7—空气预热器；8—U形回送装置；9—风箱；10—布风板；11—二次风；12—煤粒及石灰石

鼓泡流化床的空气流速只要略大于临界风速即可，若加大流化速度，达到使床内部固体颗粒都被吹出炉膛时的极限速度（称为输送速度），此时，炉膛内的气固两相流动工况则转变为快速床（又称浓相输送）。如果在炉膛出口处安装一个高效率的分离器，将气流中的固体颗粒分离出来，再用固体物料回送装置送回至炉膛底部，继续在床内燃烧，并维持炉内流化床料总量不变的连续工作状态，这就是循环流化床（见图 1-7）。

流化床燃烧有许多优点：如燃料适应性广，能燃用劣质煤；燃烧温度较低，在燃烧过程中能有效控制有害气体 NO_x 和 SO_2 的产生和排放；燃烧热强度大，能缩小炉膛体积；床内传热能力强，能节省受热面的金属消耗；负荷调节性能好，且调节范围大；灰渣可以综合利用等。

五、按锅炉蒸发受热面内工质的流动方式分类

蒸发受热面内工质为两相的汽水混合物，它在蒸发受热面内的流动可以是循环的，也可以是一次通过的，因此，按工质在蒸发受热面内的流动方式，可以将锅炉分为以下几种。

1. 自然循环锅炉

图 1-8（a）是自然循环锅炉的示意图。给水经给水泵送入省煤器，预热后进入汽包（锅筒），水从汽包流向不受热的下降管，下降管的工质是单相的水。当水进入蒸发受热面后，因不断受热而使部分水变为蒸汽，故蒸发受热面内工质为汽水混合物。由于汽水混合物的密度小于水的密度，因此，下联箱的左右两侧因工质密度不同而形成压力差，推动蒸发受热面的汽水混合物向上流动，进入汽包，并在汽包内进行汽水分离。分离出的蒸汽由汽包顶部送至过热器，分离出的水则和省煤器来的给水混合后再次进入下降管，继续循环。这种循环流动完全是由于蒸发受热面受热而自然形成的，故称自然循环。

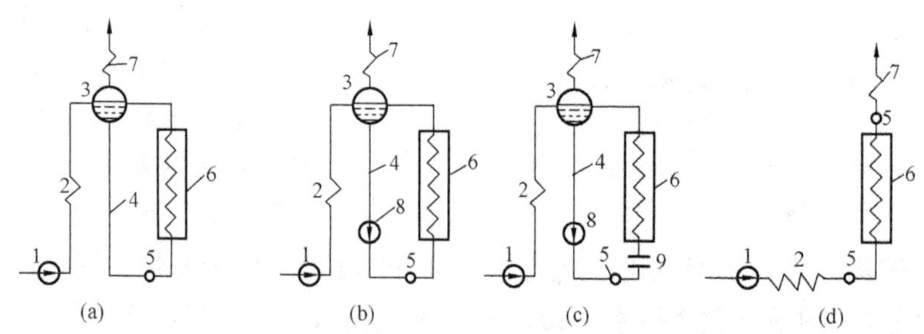

图 1-8 锅炉蒸发受热面内工质流动的几种类型

（a）自然循环锅炉；（b）强制循环锅炉；（c）控制循环锅炉；（d）直流锅炉

1—给水泵；2—省煤器；3—汽包；4—下降管；5—联箱；6—蒸发受热面；7—过热器；8—循环泵；9—节流圈

由此可知，自然循环的推动力是由下降管的工质液重和上升管的工质液重之差而产生的。由于自然循环锅炉结构比较简单、运行容易掌握而且比较安全可靠，我国积累的运行经验也比较丰富，所以我国在亚临界压力以下（包括亚临界压力）的锅炉，多数采用自然循环锅炉。单位时间内进入蒸发管的循环水量同生成汽量之比称为循环倍率。自然循环锅炉的循环倍率为 4～30。

2. 强制循环锅炉

蒸发受热面内的工质除了依靠水与汽水混合物的密度差以外，主要依靠锅水循环泵的压头进行循环的锅炉，称为强制循环锅炉（又称辅助循环锅炉），其循环系统示意见图 1-8（b）。

在水冷壁上升管的入口处加装了节流圈的强制循环锅炉，则称为控制循环锅炉，其循环系统示意见图 1-8（c）。控制循环锅炉在水冷壁每根上升管入口处加装不同直径的节流圈，主要是为了调整各根上升管中的流量分配，避免在蒸发系统中出现水的多值性、脉动、停滞及倒流等循环故障，以及减轻水冷壁管子的热偏差。所以，现代大容量的强制循环锅炉都是控制循环锅炉。

强制循环锅炉和控制循环锅炉都是在自然循环锅炉的基础上发展起来的，因此，它们在结构和运行特性等许多方面都与自然循环锅炉有相似之处，其主要差别只是在循环回路的下降管中加装了锅水循环泵。随着锅炉工作压力的提高，汽水的密度差减小，自然循环的可靠性降低，但强制循环锅炉（包括控制循环锅炉）因为有了锅水循环泵，就可以主要依靠锅水循环泵的压头使工质在蒸发受热面内强制流动，而不受锅炉工作压力的限制。这样既能增大运动压头，又便于控制各个循环回路中的流量。控制循环锅炉的循环倍率在 1.5～8 之间。

3. 直流锅炉

给水靠给水泵的压头，一次通过锅炉各受热面产生蒸汽的锅炉，称为直流锅炉，如图 1-8（d）所示。

直流锅炉的特点是没有汽包，整台锅炉由许多管子并联，然后用联箱串联组成。在给水泵压头的作用下，工质依顺序一次通过加热、蒸发和过热等受热面。进口工质是水，出口工质则为符合设计要求的过热蒸汽。由于各受热面内的工质运动都是靠给水泵的压头来推动，所以在直流锅炉中，一切受热面中工质都是强制流动。在布置方面，由于直流锅炉是强制流动，所以蒸发受热面可以任意布置，管子垂直或平行布置都可以，容易满足炉膛结构的要求。在制造方面，由于没有汽包，又可不用或少用下降管，因此，与汽包锅炉相比，可节省钢材 20%～30%。只是在消耗给水泵压头方面，因自然循环锅炉蒸发受热面内工质流动是依靠汽水密度差形成的压力差而流动，不需消耗水泵压头，而直流锅炉则全靠给水泵压头推动汽水流动，故要消耗较多的水泵功率。

国内外的大容量燃煤直流锅炉多采用塔式或半塔式布置，而根据我国国情，则多采用半塔式布置。直流锅炉可用于临界压力以下，也可设计为超临界压力。直流锅炉的循环倍率等于 1。

六、按锅炉排渣的相态分类

按锅炉排渣的相态，可以分为固态排渣锅炉和液态排渣锅炉两种。固态排渣锅炉是指从锅炉炉膛排出的炉渣呈固态，煤粉锅炉常采用固态排渣方式。而液态排渣锅炉是指从炉膛排出的炉渣呈液态，旋风炉则常采用液态排渣锅炉。

七、按锅炉燃烧室内的压力分类

按燃烧室内的压力分类，锅炉可分为负压燃烧锅炉和压力燃烧锅炉两种。负压燃烧锅炉是指炉膛出口烟气静压小于大气压力的锅炉，而压力燃烧锅炉则是指炉膛出口烟气静压大于大气压力的锅炉。

第四节　锅炉的安全和经济指标

在火力发电厂中，锅炉是三大主要设备之一，锅炉运行的安全性，直接关系到电厂运行的安全。特别要注意对事故的防止，因为电厂事故是国民经济建设、工农业生产的一大灾害，发电厂事故停电，不仅发电厂本身蒙受损失，而且对社会主义建设事业以及人民生活都有直接的影响。在发电厂事故中，大约有60%～70%事故是锅炉的事故，所以必须重视锅炉运行的安全性。另外，锅炉又是耗费一次能源的大户，必须注意节约能源，提高锅炉运行的经济性。

一、锅炉运行的经济性指标

1. 锅炉效率 η

锅炉效率（η）是指单位时间内锅炉有效利用热 Q_1 与所消耗燃料的输入热量 Q_r 的百分比，即

$$\eta=\frac{Q_1}{Q_r}\times100\%$$

它是用来说明锅炉运行的热经济性的指标。锅炉的有效利用热是指单位时间内工质在锅炉中所吸收的热量，包括水和蒸汽吸收的热量及排污水和自用蒸汽所消耗的热量。而锅炉的输入热量是指随每千克或每立方米（标准状态下）燃料输入锅炉的总热量。

现代化大型电站锅炉的热效率都在90%以上。工业锅炉的热效率为50%～80%。

2. 锅炉净效率

只用锅炉效率来说明锅炉运行的经济性是不够的，因为锅炉效率只反映了燃烧和传热过程的完善程度，但从火电厂锅炉的作用看，只有供出的蒸汽和热量才是锅炉的有效产品，自用蒸汽消耗及排污水的吸热量并不向外供出，而是自身消耗或损失掉了。而且，要使锅炉能正常运行，生产蒸汽，除使用燃料外，还要使其所有的辅助系统和附属设备正常运行，也都要消耗电力。因此锅炉运行的经济性指标，除锅炉效率外，还有一个锅炉净效率。

锅炉净效率是指扣除了锅炉机组运行时自用耗能（热耗和电耗）以后的锅炉效率。

锅炉净效率 η_j 可用下式计算：

$$\eta_j=\frac{Q_1}{Q_r+\sum Q_{zy}+\frac{b}{B}29270\sum P}\times100\%$$

式中　B——锅炉燃料消耗量，kg/h；

Q_{zy}——锅炉自用热耗，kJ/kg；

$\sum P$——锅炉辅助设备实际消耗功率，kW；

b——电厂发电标准耗煤量，kg/(kW·h)。

二、锅炉运行的安全性指标

锅炉运行的安全性指标，不能进行专门的测量，而用下列的间接指标来衡量。

1. 锅炉连续运行小时数

锅炉连续运行小时数是指锅炉两次被迫停炉进行检修之间的运行小时数。

2. 锅炉的可用率

锅炉的可用率是指在统计期间，锅炉总运行小时数及总备用小时数之和，与该统计期间总小时数的百分比，即

$$可用率=\frac{运行总小时数+总备用小时数}{统计期间总小时数}\times 100\%$$

3. 锅炉事故率

锅炉事故率是指在统计期间内，锅炉总事故停炉小时数，与总运行小时数和总事故停炉小时数之和的百分比，即

$$事故率=\frac{事故停炉总小时数}{总运行小时数+事故停炉总小时数}\times 100\%$$

锅炉可用率和事故率的统计期间可以是一年或两年。连续运行时数越大，事故率越小，可用率、利用率越大，锅炉安全可靠性就越高。目前，我国大、中型电站锅炉的连续运行小时数在5000h以上，事故率约为1%，平均可用率约为90%。

第五节 锅炉形式发展简介

一、锅炉技术的发展

锅炉技术的发展是与工业生产的需要和科学技术的进步紧密相关的。18世纪下半叶，欧洲处于产业革命前夕，1872年英国的工人阶级首先创造了用锅炉来产生动力及生产用蒸汽。当时的锅炉属于圆筒形，锅炉的构造极其笨重、简单，产生的蒸汽量有限，压力不高，燃烧方法简单，热效率低。后来，由于工业生产的发展，要求增大锅炉容量和提高蒸汽压力和温度，锅炉的形式和构造也相应地得到了发展，从锅炉的发展史来看，锅炉型式的发展可归纳为两个方向。

一个方向是在圆筒形锅炉的基础上，在圆筒内部增加受热面积。开始是在一个大圆筒形内增加了一个火筒，在火筒中燃烧燃料；以后是两个火筒；再后是从火筒发展到很多小直径的烟管，这时可在圆筒外燃烧燃料（纯烟管式）或仍在火筒中燃烧燃料（火筒—烟管式）。这些锅炉，因为燃烧后的烟气在管中流过，所以统称为火管式锅炉。

另一个方向是增加圆筒外部的受热面积，即增加水筒的数目，燃料在筒外燃烧。它和火管锅炉的发展相似，水筒的数目不断增加，发展成为很多小直径的水管。这些锅炉，因为水在管中流过，所以统称为水管式锅炉。

火管锅炉（见图1-9）由于受热面少、容量小、工作压力低、金属耗量大、效率低，并且由于水容积大，易发生爆炸，所以，此种锅炉目前在电站锅炉中已不再应用。

19世纪中叶，锅炉开始沿水管式锅炉发展（如图1-10）。最初设计为直水管形式，由于直水管式锅炉汽水系统缺乏弹性，管子膨胀受限；且沸腾管束倾斜度小，汽水循环不良，工作不可靠，只在小容量时使用。

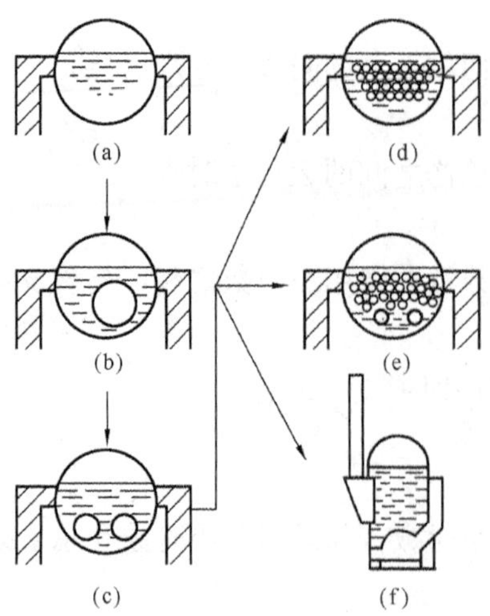

图 1-9　火管式锅炉发展简图
(a) 圆筒锅炉；(b) 单火筒锅炉；
(c) 双火筒锅炉；(d) 火管锅炉；
(e) 火筒火管锅炉；(f) 立式火管锅炉

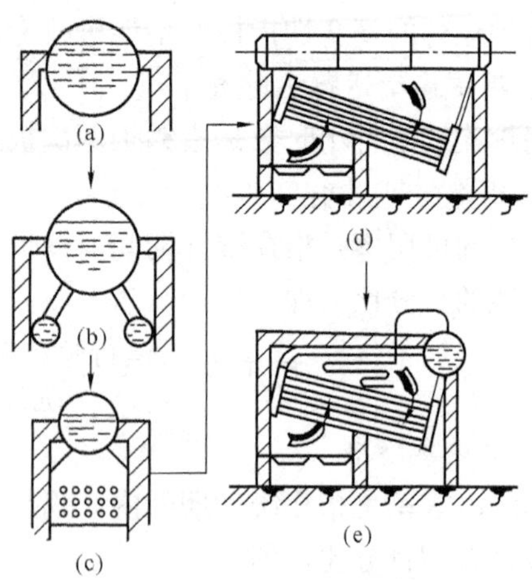

图 1-10　直水管式锅炉发展简图
(a) 圆筒锅炉；(b) 多水筒锅炉；
(c) 整联箱式锅炉；(d) 纵汽包分联箱式
锅炉；(e) 横汽包分联箱式锅炉

20 世纪初期，随着锅炉向中参数发展，锅炉发展为弯水管锅炉。开始时，弯水管锅炉采用多汽包式（见图 1-11），以便有足够的受热面和较大的蓄水容积，因此，金属耗量大，优点并不显著。随着生产发展的需要，材料、制造工艺、水处理技术以及热工控制技术等方面的进步，锅炉技术水平也得到很快的提高。特别是水冷壁式锅炉的出现，过热器及省煤器的应用，以及汽包内部分离元件的改进，可以减少汽包的数目，节约金属，提高锅炉热效率，从而可以提高锅炉的容量和参数。尤其近几十年来，锅炉技术的发展趋势如下。

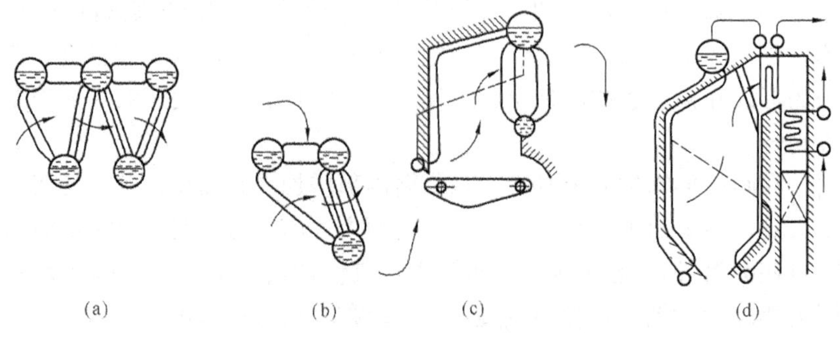

图 1-11　弯水管锅炉发展简图
(a) 多汽包锅炉；(b) 三汽包锅炉；(c) 双汽包锅炉；(d) 单汽包锅炉

1. 锅炉容量增大和蒸汽参数提高

增大锅炉容量和提高蒸汽参数是电厂锅炉的主要发展方向。近几十年来，单台机组容量不断增长是一个总的趋势。在 20 世纪初期，由于电力工业迅速发展，容量和燃烧效率上占有优势的煤粉炉得到很快的发展，在 20 世纪 50～70 年代间，大容量机组不断出现。美国率先投运了 1300MW 机组，锅炉容量为 4398t/h。其后，德国、日本等国亦先后投运了单机容量 800MW 以上的大型机组。前苏联于 1981 年投运了一台 1200MW 超临界压力直流锅炉，锅炉容量为3950t/h。

由于超大容量机组的运行灵活性较差，可用率较低，每年故障和计划检修停机时间较长，目前机组容量达到1300MW后没有再增大。另外，由于发达国家电力工业接近饱和，不太需要容量太大的机组。因此，一般较大的火力发电设备单机容量停留在500～800MW。

机组容量增大的同时，提高电厂热效率就变得更加迫切，提高锅炉所产生蒸汽压力、温度和采用蒸汽再热是提高热电转换效率的有效方法。美国1953年就有超临界压力锅炉投入运行。1960年前后又有多台超临界压力锅炉投运，参数多为24.12MPa，538/538℃。前苏联从1960年开始研制超临界压力锅炉，到1971年分别有300、500、800MW超临界压力发电机组投运，蒸汽参数一般为25MPa，545/545℃。日本1967年开始采用超临界压力锅炉，所用蒸汽压力均为24.12MPa，温度为538/538℃、538/566℃或538/552/566℃。此外，西欧在超临界压力锅炉的开发与应用也比较早。

提高蒸汽温度可有效提高电厂循环热效率，但由于汽温提高受到金属材料允许温度的限制或要使用昂贵的优质合金钢。目前，世界主要工业国家选用的蒸汽温度一般限制在570℃以下，多采用540℃左右。

超高压以上机组多采用蒸汽中间再热，采用一次再热可提高循环热效率4%～6%，二次再热可再提高约为2%。但采用蒸汽中间再热时，管道系统和机组运行均较为复杂。因此，大机组目前一般只采用一次再热。

2. 锅炉燃烧技术

高参数大容量锅炉的发展推动了锅炉燃烧技术的进步。它使燃烧技术从层燃发展到燃烧效率高、锅炉容量大的煤粉燃烧。随着世界上工业的发展，燃煤对环境的污染日趋严重，而环境保护的要求却日益严格，这是推动锅炉发展清洁而有效燃烧技术的动力。此外，随着煤炭资源的逐渐减少，煤炭供应的紧张，促使锅炉燃用劣质煤、难烧的贫煤、无烟煤等，这也推动劣质煤燃烧技术的发展。

近30年来，人们在解决锅炉燃烧生成的NO_x和SO_x的污染问题上取得了很大的进展。例如：已开发了选择性催化还原脱氮技术和低NO_x燃烧器，使NO_x的排放量得到了控制；采用烟气脱硫和煤粉炉中加喷石灰石粉的脱硫技术已是比较成熟的煤粉锅炉脱硫技术，也得到了应用，虽然它们的脱硫费用高昂且脱硫效率只有81%左右，还未能彻底满足环保的要求，但在电厂中已得到了日益广泛的应用。燃烧中脱硫的流化床燃烧锅炉能较好地解决燃煤脱硫问题。

循环流化床燃烧技术既能在燃烧中高效地脱硫，又能控制NO_x的生成，对劣质煤还有较好的适应性。因此，受到了电力工业、锅炉制造业的重视，包括我国在内的世界许多知名锅炉厂都在努力开发这种技术。近几年来，单机容量135MW的循环流化床锅炉在我国得到了广泛的应用。

3. 燃气-蒸汽联合循环机组的锅炉

我们知道，提高电厂发电效率的一条途径是提高蒸汽参数。但凝汽式发电机组的发电技术趋于成熟，仅从提高蒸汽参数的方法使发电效率提高幅度并不太大，而初投资和设备运行维护费用增加不少。另一条提高发电效率的方法是采用燃气-蒸汽联合循环发电。对于燃油或燃天然气的联合循环机组，蒸汽参数只需采用高压，同时，燃气轮机入口的燃气温度采用1100～1260℃的高温，则供电效率就能提高到45%～52%。但由于石油、天然气资源的减少，人们把希望寄托在燃煤联合循环发电方式上。

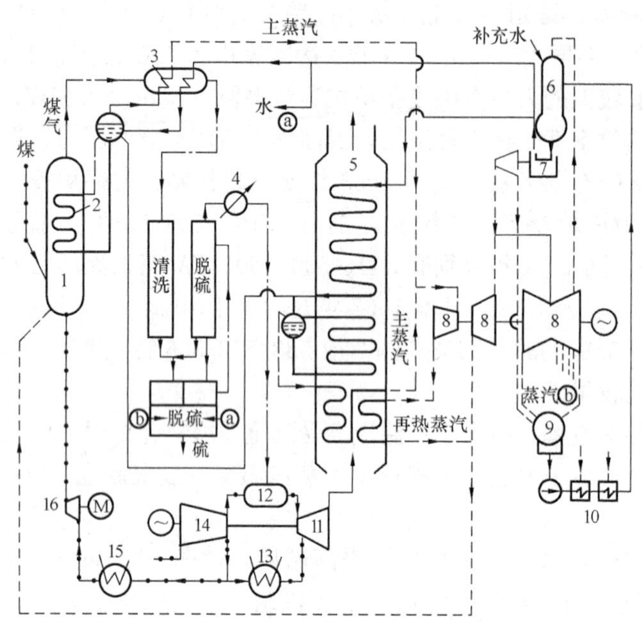

图 1-12　IGCC 燃气—蒸汽联合循环的典型系统图

1—气化炉；2—气化炉中的辐射换热装置；3—气化炉外的对流换热装置；4—煤气加热器；5—余热锅炉；6—除氧器；7—气动主给水泵；8—蒸汽轮机；9—凝汽器；10—加热器系统；11—燃气透平；12—燃烧室；13—空气冷却器；14—压气机；15—空气冷却器；16—空气增压器

目前燃煤联合循环发电技术主要有这样几种方式：整体煤气化联合循环，增压流化床联合循环以及为城市既供电又供热、还供应煤气的所谓三联供技术。

首先开发成功的是整体煤气化联合循环电站（integrated gasification combined cycle powerstation，简称 IGCC 电站），其典型系统见图 1-12。工作原理如下：煤先制成水煤浆，由高压水煤浆泵喷入气化炉 1 中，少量的高压氧气也同时喷入，使煤在缺氧的情况下部分燃烧、气化。炉渣经固化冷却后排出气化炉，煤气则经清洗、除尘、脱硫后送到燃烧室 12 燃烧并冲转燃气轮机 11 带动发电机发电。燃气轮机排出的废气温度仍较高，经余热锅炉 5 放热后排入大气。余热锅炉 5 产生的蒸汽送入蒸汽轮机 8 使其带动发电机发电。由于煤气清洗中损失能量，所以，这种电站的供电效率不太高，只有 33%左右。但其脱硫效率高达 99%，且能回收纯硫做工业原料。若采用干粉供煤系统、高温脱硫和除尘技术，并使燃气轮机的初温提高到 1300℃，辅之超高压参数的再热式蒸汽轮机，那么 IGCC 电站的供电效率可望达到 42%～44%。

由于流化床燃烧技术的发展，带增压流化床锅炉的燃气-蒸汽联合循环电站已开发成功并得到应用。图 1-13 为这种电站的热力系统图。这种系统中，增压流化床锅炉排出的烟气温度为 830～900℃，经分离或过滤后，送到燃气轮机中去推动燃气轮机发电机组发电，而锅炉产生的蒸汽送到蒸汽轮机带动发电机发电。对这种发电方式来说，不足之处在于进入燃气轮机的烟气温度偏低，不能充分发挥联合循环的效果，发电效率只能提高到 40%～42%，因而，现正在开发一种称为整体煤气化、增压流化床联合循环电站。

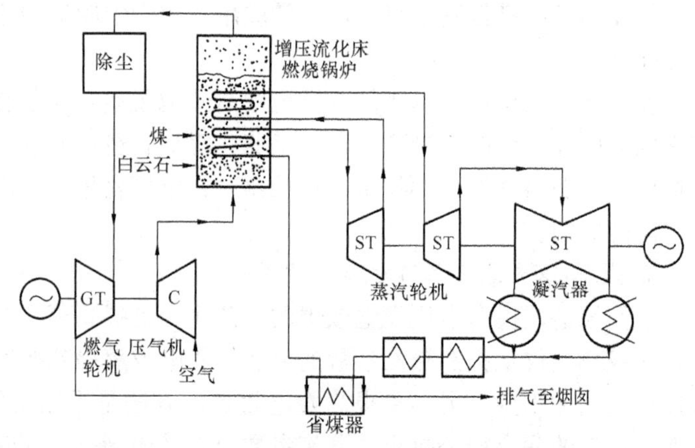

图 1-13　带增压流化床锅炉的联合循环电站热力系统

在整体煤气化、增压流化床联合循环电站中，煤在送入增压流化床锅炉之前，预先用增压流化的气化技术使其裂解，放出煤气、焦油后，将裂解后的半焦送入增压流化床锅炉燃烧。锅炉排出的高压烟气在送往燃气轮机之前用裂解所产生的煤气补燃到 1200～1300℃。当蒸汽循环部分的蒸汽参数为亚临界或超临界时，机组供电效率可达 45%～46%甚至更高。

有人甚至打算进一步发展这种技术，使之既供电又供热，还能供应煤气，即称之为三联供电站。

由于燃气—蒸汽联合循环发电具有高效、低污染、低投资等优点，受到各国动力界的广泛重视，现正在积极开发这项技术。这种技术在 21 世纪有可能得到较大的发展和广泛的应用。

二、我国电站锅炉技术的发展

建国初期，我国发电装机仅 185 万 kW，新中国成立特别是改革开放以来，我国电力工业的生产能力得到很大提高，为我国国民经济持续、快速增长和人民生活水平的不断提高提供了强有力的能源支撑。进入新世纪，随着我国国民经济继续平稳、快速地发展，我国电力工业也进入了新的快速发展时期。自 1996 年以来，我国的电力装机容量及年发电量始终位居世界第二位。2003 年电力工业新增装机 3480 万 kW，2004 年新增装机 5100 万 kW，今年新增装机超过 6000 万 kW，年发电量预计 2.4 万亿 kW・h。到 2005 年底，我国电力装机突破 5 亿 kW，不仅是中国电力发展史上的重要里程碑，也是我国社会主义现代化建设的又一伟大成就，是我国综合国力不断增强的集中体现。

与此对应，我国电站锅炉技术发展可分为四个阶段。在 1949～1960 年的第一阶段，我国开始自行设计、制造了 6、12、25、50MW 中压和高压汽轮发电机组配套的锅炉。在 1961～1980 年的第二阶段，自行研制了超高压 125、200MW 和亚临界压力 300MW 汽轮发电机组配套的 410、670、1000t/h 的自然循环锅炉和直流锅炉。在 1981～1990 年的第三阶段，从美国引进技术制造了先进的与 300MW 和 600MW 汽轮发电机组配套的 1025t/h 和 2008t/h 控制循环锅炉。20 世纪 80 年代后期，我国电站中也开始采用超临界压力锅炉，如河北蓟县新建的电厂、华能南京电厂、上海石洞口第二电厂等都采用了引进的超临界压力锅炉。在这期间，我国在超临界压力锅炉的运行和维护等方面积累了许多成功的经验，为自主开发超临界压力机组打下了良好的基础。另外还建设了 100MW 的燃气—蒸汽联合循环发电机组。在 1991 年以后的第四阶段，以提高火力发电的各项技术经济指标，达到节约能源并改善环境的目的，循环流化床锅炉和燃气—蒸汽联合循环发电机组得到了较快地发展。

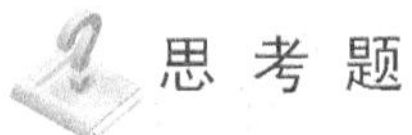

思考题

1. 简述电厂锅炉的作用、组成及工作过程。
2. 锅炉的型号如何表示？
3. 锅炉有几种分类方法？各怎样分类？
4. 火力发电厂存在哪几种形式的能量转换？每次转换各在什么设备中完成？
5. 锅炉的安全技术指标有哪些？各怎样定义的？
6. 锅炉的经济技术指标有哪些？各怎样定义的？

第二章 锅 炉 燃 料

燃料是指燃烧时能够发热的物质。

燃料的种类繁多，按其物态可分为以下三种。

（1）固体燃料。主要是煤，其次为油页岩及木材等。

（2）液体燃料。主要有重油、各种渣油及炼焦油等。

（3）气体燃料。天然气、各种工艺气（如高炉煤气、焦炉煤气及发生炉煤气）等。

上述燃料都为有机燃料。所谓有机燃料就是可以与氧化剂发生强烈化学反应（燃烧）而放出大量热量的物质。优质的有机燃料如优质烟煤、原油及天然气热值很高，但它们更是冶金及化工工业的宝贵原料，一般不用于电厂锅炉。我国的燃料政策规定，电力用煤应遵循以下原则。

（1）尽可能不占用其他工业部门所必需的优质燃料。火力发电厂应当多用煤、少用油，不用原油（石油）和天然气，特别要多用劣质煤。所谓劣质煤，是指水分、灰分或硫分含量较多，发热量较低，在其他方面没有多大经济价值的煤。

（2）尽可能采用当地燃料。就地利用资源，向外输送电力，可以减轻运输负担，也可以促进各地区天然资源的开发利用。

（3）提高燃料的使用经济效果，节约能源。为此，应尽可能提高发电厂的经济性，并应对燃料及其燃烧后的产物进行综合利用。

（4）应尽量减少燃料燃烧后生成的产物对环境的污染。

锅炉运行的安全性、经济性与燃料的性质有密切关系，锅炉的设计也只有在充分掌握燃料性质的基础上才能进行。因此，对于锅炉设计和运行人员来说，了解燃料的组成成分、性质及其对锅炉工作的影响就具有十分重要的意义。

就我国目前情况来看，电站锅炉燃料主要为煤，故本章介绍的燃料将以煤为主。

第一节 煤的成分及性质

煤是由有机化合物和无机矿物质等组成的一种复杂物质，属有机燃料，来源于古代植物。由于地壳变迁，地面上的植物残骸被长期埋在地层深处，在合适温度与高压及缺氧条件下，原始有机物不断分解化合，最终便形成了煤。煤既然由植物形成，组成植物的有机质元素，主要是碳、氢、氧和少量的氮、硫，便是煤的主要元素。另外，在煤的形成、开采和运输过程中，加入的水分和矿物质（燃烧后成为灰分），也成为煤的组成成分。

煤是复杂的高分子碳氢化合物，煤的化学组成和结构十分复杂，但作为能源使用，只要了解它与燃烧有关的组成，例如元素分析成分组成和工业分析成分组成，就能满足电厂锅炉燃烧技术和有关热力计算等方面的要求。

一、煤的元素分析成分及其性质

煤中的化学元素可达30多种。一般把燃料中不可燃矿物质成分综合在一起统称为灰分。这样用元素分析法测定煤的组成成分时包括七项：碳（C）、氢（H）、氧（O）、氮（N）、硫（S）五种元素和水分（M）、灰分（A）两种成分。其中碳、氢和部分硫是可燃成分，其余都是不可燃成分。这些成分呈复杂的化合物存在于煤中。煤的各种成分的性质如下。

1. 碳（C）

碳是煤中的主要可燃元素，其含量一般为50%～90%（指收到基含量，下同），1kg的碳完全燃烧生成二氧化碳CO_2，能放出32700kJ的热量，其反应式为

$$C+O_2 \longrightarrow CO_2+32700,\ kJ/kgC \tag{2-1}$$

如果1kg的碳不完全燃烧生成一氧化碳CO，只能放出9270kJ的热量，即

$$2C+O_2 \longrightarrow 2CO+9270,\ kJ/kgC \tag{2-2}$$

煤中的碳以两种状态存在。其主体形成晶格，也就是苯核。晶格中也有一些硫、氮原子。另一部分碳与氢、氮、硫、氧形成侧链。侧链靠键链接在晶格的边缘上。当在缺氧环境下受热时，键断裂，侧链成气态逸出，这就是挥发分。煤的挥发分是由各种碳氢化合物、一氧化碳、硫化氢等可燃气体，二氧化碳和氮等不可燃气体以及少量的氧气所组成。煤的挥发分与煤的地质年代有密切的关系。地质年代愈短，它受地热而热解得愈少，侧链保存得越多，所以挥发分愈高。挥发分是煤受热裂解的产物，而不是煤中固有的成分，所以不应称作挥发分含量。以晶格状态存在的碳被称为固定碳。固定碳的燃烧特点是不易着火，燃烧缓慢，火苗短。所以，一般含固定碳越多的煤，其着火和燃烧就越困难。

2. 氢（H）

氢是煤中可燃元素之一，其含量约为1%～6%，但发热量比碳高得多。1kg氢完全燃烧生成水H_2O，能放出120000kJ的热量（扣除水的汽化潜热后剩余的热量），其化学反应式为

$$2H_2+O_2 \longrightarrow 2H_2O+12\times10^4,\ kJ/kgH_2 \tag{2-3}$$

氢的燃烧特点是极易着火，燃烧迅速，火苗也长。因此，含氢越多的煤越容易着火燃烧。

3. 硫（S）

煤中硫的含量一般不超过2%，但个别煤种高达8%～10%。煤中的硫以三种形态存在：有机硫（与C、H、O等元素组成的复杂化合物）、黄铁矿硫（FeS_2）及硫酸盐硫（与Ca、Mg、Fe等元素组成的盐类）。前两种硫可以燃烧放热统称为可燃硫（S_r）。硫酸盐硫（S_{ly}）不能燃烧而并入灰分中。硫酸盐硫的含量很少，常以全硫代替可燃硫作燃烧计算。1kg硫完全燃烧生成二氧化硫SO_2，能放出9040kJ的热量，其化学反应式为

$$S+O_2 \longrightarrow SO_2+9040,\ kJ/kgS \tag{2-4}$$

硫虽能燃烧放出一些热量，但其燃烧反应生成物是二氧化硫SO_2，有一部分进一步氧化成三氧化硫SO_3，它与烟气中的水蒸气结合在一起生成亚硫酸或硫酸蒸气，对锅炉及环境有不利影响。

4. 氧（O）和氮（N）

氧和氮都是煤中的不可燃元素，不能燃烧。

煤中氧的含量变化很大，碳化程度深的煤中氧含量很少，如无烟煤氧含量仅有1%～

2%；碳化程度浅的煤可达40%左右。煤中的氧由两部分组成：一部分为游离态存在的氧，它能助燃；另一部分为化合物（如CO_2、H_2O等）中存在的氧，当这部分氧多时，表示与它化合而不能燃烧的C、H也多，这将使煤的发热量降低。

氮的含量较少，仅为0.5%～2.5%，但它是有害元素。在氧气供应充分、高温和含氮量高的燃烧过程中易生成氮氧化物（NO_x），污染大气，对人体和植物都十分有害。

5. 水分（M）

水分是煤中主要不可燃成分，也是一种有害杂质。各种煤的水分含量差别很大，少的仅有2%左右，多的可达50%～60%。煤中水分由表面（外在）水分M_f和内在水分M_{ad}组成。

表面水分是在开采、储运过程中受雨露冰雪影响而进入煤中的，在温度（20±1）℃、相对湿度为（65±1)%的空气中自然风干后失去的水分；固有水分也叫内在水分，靠自然干燥不能除去，必须把煤加热到105～110℃，并保持一定的时间才能除去。外在水分和内在水分的总和称为全水分。

6. 灰分（A）

煤中的各种矿物杂质，在煤燃烧后形成灰分。但燃烧后的灰分与燃烧前煤中的矿物质在性质上和数量上都不相同。

灰分既是煤中主要不可燃成分，又是很有害的杂质。各种煤中灰分含量变化很大，多为10%～50%。煤中灰分由内在灰分和外在灰分组成。内在灰分来自古代植物自身所含的矿物质；外在灰分来自煤形成期间从外界带入的矿物质以及在开采、运输中混入的矿物杂质。

以上为煤的元素分析成分及其性质，各成分含量是指质量百分含量。煤的元素分析是锅炉燃烧等计算的依据，同时也是煤的分类和研究煤的特性的依据。但煤的元素分析相当繁杂，需要复杂的设备、较高的技术和较长的分析时间，所以，发电厂从运行角度出发一般采用较简单的工业分析法。

二、煤的工业分析成分及其性质

在煤的着火、燃烧过程中，煤中各种成分的变化情况是：将煤加热到一定温度时，首先水分被蒸发出来；再加热，煤中的氢、氧、氮、硫及部分碳所组成的有机化合物便分解，变成气体挥发出来，这些气体称为挥发分；挥发分析出后，剩下的是焦炭，焦炭就是固定碳和灰分的组合。

煤的工业分析就是测定煤中的水分（M）、挥发分（V）、固定碳（FC）和灰分（A）的质量百分含量。根据工业分析数据，可以了解煤在燃烧方面的某些特性，以便正确地进行燃烧调整，改善燃烧工况，提高运行经济性。

煤的工业分析就是按煤的燃烧过程来分析煤的成分。工业分析成分的测定是在实验室中进行的。按照国家标准GB/T 211—2007《煤中全水分的测定方法》及GB/T 212—2008《煤的工业分析方法》的规定，测定方法有多种，这里只介绍在空气中干燥的一步法。

1. 煤中全水分的测定

在预先干燥和已称量过的浅盘内迅速称取粒度<13mm的煤样（500±10）g（称准至0.1g)，平摊在浅盘中。将浅盘放入预先加热到105～110℃的空气干燥箱中，在鼓风的条件下，烟煤干燥2h，无烟煤干燥3h，将浅盘取出，趁热称量（称准至0.1g)。进行检查性干燥，每次30min，直到连续两次干燥煤样的质量减少不超过0.5g或质量增加时为止。在后

一种情况下，采用质量增加前一次的质量为计算依据。计算公式为

$$M_t = \frac{m_1}{m} \times 100\% \tag{2-5}$$

式中 M_t——煤样的全水分，%；

m——煤样的质量，g；

m_1——干燥后煤样减少的质量，g。

2. 空气干燥煤样水分的测定

在预先干燥和已称量过的称量瓶内称取粒度小于 0.2mm 的一般分析试验煤样（1±0.1）g，称准至 0.000 2g，平摊在称量瓶中。将称量瓶盖子半开，并放入预先加热到 105℃～110℃的干燥箱中。在此条件下，烟煤干燥 1h，无烟煤干燥 1～1.5h 后，从干燥箱中取出称量瓶，立即盖严盖子稍冷后放入干燥器中，冷却至室温，称重。进行检查性干燥，每次 30min，直到连续两次干燥煤样的质量减少不超过 0.001g 为止。根据煤样的质量损失计算出水分的质量分数如下：

$$M_{ad} = \frac{m_1}{m} \times 100\% \tag{2-6}$$

式中 M_{ad}——空气干燥煤样的水分，%；

m——称取的空气干燥煤样的质量，g；

m_1——煤样干燥后失去的质量，g。

3. 煤中灰分的测定（快速灰化法）

在预先灼烧至恒重并称量的灰皿中，称取粒度小于 0.2mm 的空气干燥基煤样（1±0.1）g 试样，称准至 0.000 2g，铺平。将马弗炉加热至 850℃，将载有灰皿的石棉板送入马弗炉中，先使第一排试样灼烧，待（5～10）min 后不再冒烟时，将其他各排灰皿顺序推入炉内炽热部分。关上炉门，并应留有 15mm 左右的缝隙。在炉温（815±10)℃条件下再灼烧 40min。从炉中取出灰皿放在石棉板上，在空气中冷却 5min，移入干燥器中，冷却至室温（约 20min）后，称重。进行检查性灼烧，温度为（815±10)℃，每次时间为 20min，直到两次灼烧后质量变化不超过 0.001g 为止。

注：灰的测定方法有缓慢灰化法和快速灰化法两种。缓慢灰化法为仲裁法。如遇检查性灼烧时结果不稳定，应按 GB/T 212—2008 中 4.1 条规定的缓慢灰化法重新测定。

灰皿中残留物占原试样质量的百分数即为煤样的空气干燥基灰分质量分数。

$$A_{ad} = \frac{m_1}{m} \times 100\% \tag{2-7}$$

式中 A_{ad}——空气干燥煤样的灰分，%；

m——称取的空气干燥煤样的质量，g；

m_1——灰皿中残留物的质量，g。

4. 煤中挥发分的测定（复式测定法）

称取粒度小于 0.2mm 的空气干燥基煤分析试样（1±0.01）g，称准至 0.000 2g，置于预先在 900℃下灼烧后冷却恒重的挥发分坩埚中，然后将坩埚轻轻振动，试样摊平后加盖，并放在坩埚架上。将高温炉预先加热到 920℃，打开炉门，迅速将坩埚架移入炉内恒温区，关好炉门并开始计时，准确加热 7min。打开炉门时，炉温会有所下降。但要求 3min 内恢复

到（900±10)℃，否则此实验数据作废。从炉内取出坩埚，在空气中稍冷后放入干燥器中，冷却至室温称重。按式（2-8）计算出空气干燥基挥发分的质量分数：

$$V_{ad}=\frac{m_1}{m}\times 100-M_{ad} \tag{2-8}$$

式中 m_1——空气干燥基煤样加热后减轻的质量，g；

m——空气干燥煤样质量，g；

M_{ad}——空气干燥基水分，%。

5. 固定碳的计算

测得挥发分后，用式（2-9）计算固定碳含量：

$$FC_{ad}=100-(M_{ad}+A_{ad}+V_{ad}) \tag{2-9}$$

式中 FC_{ad}——空气干燥基固定碳质量分数，%；

M_{ad}——空气干燥基水分质量分数，%；

A_{ad}——空气干燥基灰分质量分数，%；

V_{ad}——空气干燥基挥发分质量分数，%。

原煤析出挥发分后的残留物便是焦炭，此时煤中的灰分也残存在焦炭中。各种煤的焦炭的物理性质差别很大，有的比较松脆，有的则结成不同硬度的焦块。焦结性是煤的一个重要特性，它对锅炉工作有一定影响。例如，在煤粉炉中，烧强焦结性煤时，易引起炉内结渣，且形成坚硬的焦粒，使焦粒内部很难与空气接触，燃烧发生困难。所以煤的焦结性对煤的燃烧有影响。

焦炭特性可根据其外形、强度分成以下八类。

（1）粉状。全部粉状，没有互相黏着的颗粒。

（2）黏着状。用手指轻压，基本上是粉状。

（3）弱黏结。用手指轻压即碎成小块。

（4）不熔融黏结。以手指用力压才裂成小块，焦渣上表面无光泽，下表面稍有银白色光泽。

（5）不膨胀熔融黏结。焦渣呈扁平的饼状，焦粒界线不易分清，表面呈银白色金属光泽，焦渣下表面光泽尤甚。

（6）微膨胀熔融黏结。用手指压不碎，在焦渣上、下表面均有银白色金属光泽，且焦渣上表面有微小膨胀泡。

（7）膨胀熔融黏结。焦渣上、下表面均有银白色金属光泽，且明显膨胀，但膨胀高度不超过 15mm。

（8）强膨胀熔融黏结。焦渣上、下表面均有银白色金属光泽，膨胀高度大于 15mm。

通常为了简便起见，可用上述序号作为各种焦渣特性的代号。

三、煤的成分计算基准

由上述分析可知，燃煤由碳、氢、氧、氮、硫五种元素及水分、灰分等组成，这些成分都以质量分数计算，其总和为 100%。

因为煤中水分和灰分（质量分数）容易受外界条件的影响而发生变化，水分或灰分（质量分数）变化了，其他元素成分的质量分数也会随之而变化。为了使用或研究工作的需要，在计算煤的各成分质量分数时，可将某种成分（例如水分或灰分）不计算在内。这样按不同的“成分组合”计算出来的各成分质量分数就会有较大的差别。这种根据煤存在的条件或根据需要而规定的“成分组合”称为基准。如果所用的基准不同，同一种煤的同一成分的质量分数结果便不一样。

常用的煤的成分分析基准有以下四种：

（1）收到基（旧称应用基）。以收到状态的煤为基准计算煤中全部成分的组合称为收到基。对进厂原煤或炉前煤都应按收到基计算各项成分。收到基以下角标 ar 表示。

$$C_{ar}+H_{ar}+O_{ar}+N_{ar}+S_{ar}+A_{ar}+M_{ar}=100\% \tag{2-10}$$

上式中 C_{ar}、M_{ar}…诸项都指带数学符号%的质量分数，如 $C_{ar}=10\%$。但在工业实用上习惯于把%也视作该物理量的单位，这时 C_{ar} 就理解成 10。下文中均按此习惯书写。

（2）空气干燥基（旧称分析基）。以与空气温度达到平衡状态的煤为基准，即供分析化验的煤样在实验室一定温度条件下，自然干燥失去外在水分，其余的成分组合便是空气干燥基。空气干燥基以下角标 ad 表示。

$$C_{ad}+H_{ad}+O_{ad}+N_{ad}+S_{ad}+A_{ad}+M_{ad}=100\% \tag{2-11}$$

（3）干燥基（旧称干燥基）。以假想无水状态的煤为基准，用下角标 d 表示。干燥基中因无水分，故灰分不受水分变动的影响，灰分质量分数相对比较稳定。

$$C_{d}+H_{d}+O_{d}+N_{d}+S_{d}+A_{d}=100\% \tag{2-12}$$

（4）干燥无灰基（旧称可燃基）。以假想无水、无灰状态的煤为基准，以下角标 daf 表示。

$$C_{daf}+H_{daf}+O_{daf}+N_{daf}+S_{daf}=100\% \tag{2-13}$$

干燥无灰基因无水、无灰，故剩下的成分便不受水分、灰分变动的影响，是表示碳、氢、氧、氮、硫成分质量分数最稳定的基准，挥发分和燃料发热量也常用干燥无灰基表示，并作为燃料分类的依据。煤的成分及成分基准的划分见图 2-1。

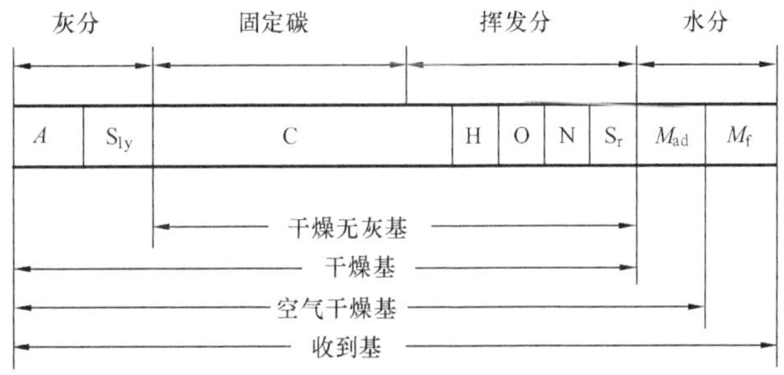

图 2-1　煤的成分及成分基准的划分

M_f—外部水分；M_{ad}—内部水分；S_r—可燃硫或称全硫；S_{ly}—硫酸盐硫，已归入灰分

四、煤的计算基准的换算

由于煤质分析所使用的煤样是空气干燥基煤样，故分析结果的计算是以空气干燥基为基准得出的，但在锅炉设计计算时，是按实际进入锅炉的炉前煤，即收到基进行计算的。所以，一方面要测定炉前煤的收到基水分，同时，还要对煤的各种成分进行基准的换算。换算公式为

$$x=Kx_0 \tag{2-14}$$

式中　x_0——已知的某一成分的质量分数，%；

x——所要换算到的同一成分的质量分数，%；

K——换算系数。

换算系数 K 可由表 2-1 查出。

表 2-1　　不同基准的换算系数 K

K \ x / x_0	收到基	空气干燥基	干燥基	干燥无灰基
收到基	1	$\frac{100-M_{ad}}{100-M_{ar}}$	$\frac{100}{100-M_{ar}}$	$\frac{100}{100-M_{ar}-A_{ar}}$
空气干燥基	$\frac{100-M_{ar}}{100-M_{ad}}$	1	$\frac{100}{100-M_{ad}}$	$\frac{100}{100-M_{ad}-A_{ad}}$
干燥基	$\frac{100-M_{ar}}{100}$	$\frac{100-M_{ad}}{100}$	1	$\frac{100}{100-A_d}$
干燥无灰基	$\frac{100-M_{ar}-A_{ar}}{100}$	$\frac{100-M_{ad}-A_{ad}}{100}$	$\frac{100-A_d}{100}$	1

第二节　煤　的　特　性

一、发热量

发热量是煤的重要特性之一。单位质量的煤完全燃烧时所放出的热量称为煤的发热量，单位是 kJ/kg。煤的发热量常用三种规定值表示。

1. 弹筒发热量 Q_b

单位质量的试样在充有过量氧气的氧弹内燃烧，其燃烧产物组成为氧气、氮气、二氧化碳、硝酸和硫酸、液态水以及固态灰时放出的热量称为弹筒发热量。

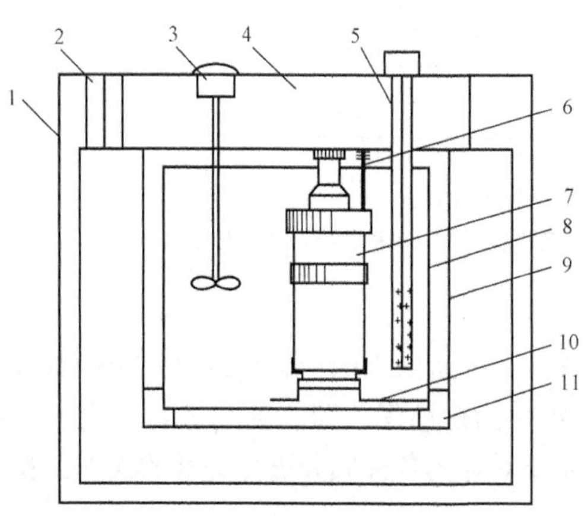

图 2-2　氧弹式量热计结构示意图

1—主机外壳；2—外筒温度测孔；3—内筒搅拌器；4—盖板；5—铂热电阻测温元件；6—点火电路触头；7—氧弹；8—内筒；9—外筒；10—氧弹底座；11—内筒底座

煤的发热量在氧弹热量计中进行测定，本实验仪器采用以微控制器为基础的高性能测温系统，可将样品测量全过程中的测温数据存入存储器内。控制面板上设置各类电子开关按键和液晶显示屏，能对样品发热量测定进行全过程操作和温度显示。该系统由氧弹、内筒、外筒、搅拌器、水、气体减压器、温度传感器、试样点火装置、温度测量和控制系统等组成，其他设备及材料包括物理天平、打印机、秒表、镍铬点火丝、镍镉点火导线、棉线等。氧弹式量热计结构如图 2-2 所示。

将一定量的分析试样置于氧弹式量热计中，在充有过量氧气的氧弹内燃烧，热量计的热容量通过在相近条件下燃烧一定量的基准量热物苯甲酸来测定，根据试样燃烧前后量热系统产生的温升，并对点火热等附加热进行校正后即可求得试样的弹筒发热量。

测定方法是：称取1g煤样，再称准至0.000 2g放入坩埚中。记录确切的试样重量。把盛有试样的坩埚（燃烧皿）固定在坩埚架上，将一根已知质量的点火丝的两端固定在两个电极柱上，再在点火丝中间位置系上已知质量的棉线并让其与试样有良好的接触以保证点火成功。在氧弹中加入10mL蒸馏水，拧紧氧弹盖，并用高压氧气瓶充入氧气直至弹内压力为2.8～3.0MPa为止，待达到2.8～3.0MPa后保持20s的充氧时间，氧弹不应漏气。检查微电脑量热计及计算机、打印机等设备是否准备完毕，是否工作正常。把上述氧弹放入内筒中的氧弹座架上，按程序指示输入测量名称（序号）、样品质量，并进行存储，按测试键后，仪器开始自动向内筒注水，水面应至氧弹进气阀螺帽高度约2/3处。内筒水量应在每次试验时相同，相差不超过0.5g。盖上翻盖，仪器开始进入测试状态。注意要保持氧弹进气阀和盖子的电极接触良好。在初期5min为仪器恒温过程，后进入测试的点火期、后期。总测试时间为18min。仪器自动记录显示期初温度t_0、期末温度t_n。

测试过程中，根据主界面提示，按相应按键输入相关参数，由计算机计算出发热量的值。在硫氢水参数中，若$S_{ad}=0.00\%$，则测试结果中只给出弹筒发热量；若$S_{ad}\neq 0$，$H_{ad}=0.00\%$，$M_{ad}=0.00\%$、$M_{ar}=0.00\%$，则测试结果中给出弹筒及高位发热量；若硫、氢、水参数都不为零，则测试结果中将给出弹筒、高位及低位发热量。

注意每次输入硫、氢、水参数新值后，必须按存储键存储。

试验结束，停止搅拌，取出内筒和氧弹，打开放气阀，放出燃烧废气，打开氧弹，仔细观察弹筒和燃烧皿内部，如有试样燃烧不完全的迹象，试验应作废。

试验结果被打印或显示后，校对输入的参数，确定无误后报出结果。

2. 高位发热量Q_{gr}

煤在常压下燃烧时，硫只能氧化成SO_2，氮则转化为游离态的氮，因此燃烧产物与氧弹中的生成物不同。煤在氧弹内燃烧产生的热量（即弹筒发热量）减去硫和氮生成酸的校正值后所得的热量，称为高位发热量。高位发热量是煤在空气中完全燃烧时所放出的热量。

3. 低位发热量Q_{net}

实际上在锅炉中能利用的热量要比高位发热量低。这是因为煤燃烧的生成产物水要吸收汽化潜热变成水蒸气。在锅炉运行中时，为了避免尾部受热面的低温腐蚀，排烟温度一般在110～180℃之间，此温度下，烟气中的水蒸气不可能凝结成水而放出汽化潜热，即这部分汽化潜热不可能被锅炉利用。从高位发热量中减去煤样中水的汽化潜热后的发热量，称为低位发热量，用符号Q_{net}表示。我国锅炉技术中一般采用低位发热量作为计算依据。

二、各种发热量之间的换算

我国在锅炉设计和计算中，采用低位发热量。但煤的发热量又由弹筒式量热计中实测得来，测得的是弹筒发热量，因此要经过换算。

由弹筒发热量换算成高位发热量的公式，即

$$Q_{ad,gr}=Q_{ad,b}-(94.1S_{ad,b}+\alpha Q_{ad,b}) \tag{2-15}$$

式中 $Q_{ad,gr}$——空气干燥基煤样的高位发热量，kJ/kg；

$Q_{ad,b}$——空气干燥基煤样的弹筒发热量，kJ/kg；

$S_{ad,b}$——由弹筒洗液测得的含硫量，%；

α——硝酸生成热的比例系数。

α 值与 $Q_{ad,b}$ 有关，当 $Q_{ad,b} \leqslant 16700$kJ/kg 时，$\alpha = 0.001$；当 16700kJ/kg $< Q_{ad,b} \leqslant$ 25100kJ/kg 时，$\alpha = 0.0012$；当 $Q_{ad,b} > 25100$kJ/kg 时，$\alpha = 0.0016$。

由高位发热量换算为低位发热量公式，即

$$Q_{ar,net} = Q_{ar,gr} - 206H_{ar} - 23M_{ar} \tag{2-16}$$

由空气干燥基高位发热量 $Q_{ad,gr}$ 换算为收到基高位发热量 $Q_{ar,gr}$ 的公式为

$$Q_{ar,gr} = Q_{ad,gr}\frac{100 - M_{ar}}{100 - M_{ad}} \tag{2-17}$$

三、标准煤和折算成分

（1）标准煤。在工业上，为核算企业对能源的消耗量，统一计算标准，便于比较和管理，采用标准煤的概念。GB 3715—2007《煤质及煤分析有关术语》中规定，标准煤即收到基低位发热量为 29270kJ/kg（7000kcal/kg）的煤。火力发电厂的煤耗就是按每发 1kW·h 的电，所消耗标准煤的 kg（或 g）数来计算的。

（2）折算成分。为了比较煤中各种有害成分（水分、灰分和硫分）对锅炉工作的影响，更好地鉴别煤的性质，引入折算成分的概念。规定把相对于每 4182kJ/kg（即 1000kcal/kg）收到基低位发热量的煤所含的收到基水分、灰分和硫分，分别称为折算水分、折算灰分和折算硫分，其计算公式为

折算水分

$$M_{ar,zs} = \frac{M_{ar}}{Q_{ar,net}} \times 4182 \tag{2-18}$$

折算灰分

$$A_{ar,zs} = \frac{A_{ar}}{Q_{ar,net}} \times 4182 \tag{2-19}$$

折算硫分

$$S_{ar,zs} = \frac{S_{ar}}{Q_{ar,net}} \times 4182 \tag{2-20}$$

式（2-18）～式（2-20）单位应为 10^{-2}kg/4182kJ。如果燃料中的 $M_{ar,zs} > 8$，称为高水分燃料；$A_{ar,zs} > 4$，称为高灰分燃料；$S_{ar,zs} > 0.2$，称为高硫分燃料。

四、高温下煤灰的熔融性

灰的熔融性对锅炉运行的经济性和安全性有很大影响。对于固态排渣煤粉炉，燃用灰熔点低的煤时，容易引起受热面结渣。结渣不仅影响传热，降低锅炉热效率，而且还会影响锅炉正常运行甚至被迫停炉。对于液态排渣煤粉炉，当燃用灰熔点高的煤时，容易造成炉底排渣口流渣困难，影响锅炉正常运行甚至被迫停炉。

1. 煤灰的熔融性及其四个特征温度的测定

取粒度小于 0.2mm 的空气干燥煤样，按 GB/T 212—2008 规定将其完全灰化，然后研细至 0.1mm 以下，制成正三角锥体，锥体高度为 20mm，底面的边长为 7mm，锥体的一侧

面垂直于底面，置于温度可调节并充有适量还原性气体的电炉中逐渐加热，根据灰锥的状态变化，记录以下几个温度数值，如图 2-3 所示。

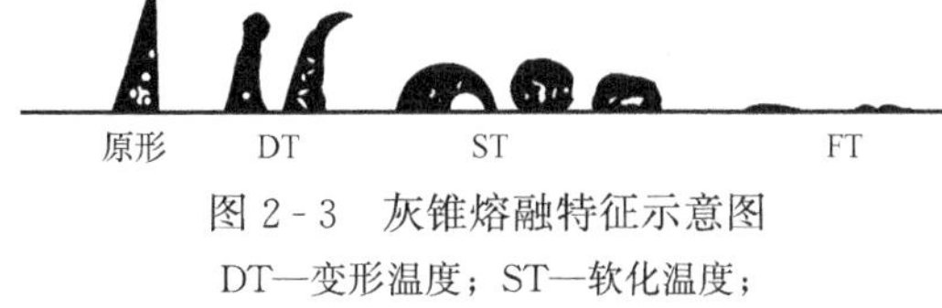

图 2-3 灰锥熔融特征示意图
DT—变形温度；ST—软化温度；
FT—流动温度

（1）变形温度 DT：锥体尖端或棱开始变圆或弯曲时的温度；

（2）软化温度 ST：灰锥弯曲至锥尖触及托板或灰锥变成球状时的温度；

（3）流动温度 FT：灰锥熔化展开成高度在 1.5mm 以下的薄层时的温度。

通常用 DT、ST 和 FT 这三个特征温度来表示灰的熔融特性。在锅炉技术中多用软化温度 ST 作为熔融性指标（或称灰熔点）。

DT 和 FT 的温度间隔大小对实际工作很有意义。如果温度间隔很大，就意味着固相和液相共存的温度区间很宽，灰渣的黏度随温度变化就很慢，这样的灰渣称为长渣；反之，如果温度间隔很小，那么灰渣黏度随温度变化就很快，这样的灰渣称为短渣。一般认为 DT 和 FT 温度差为 200～400℃时为长渣，而 DT 和 FT 温度差为 100～200℃时为短渣。长渣在冷却时可长时间保持一定黏度，渣块凝固时较易调整形状，消除内应力，造成渣块牢固，不易脱落，故在炉膛中易于结渣；而短渣在冷却时其黏度增加很快，一般说来不易结渣。

2. 影响煤灰熔融性的因素分析

影响灰熔融性的因素，主要是煤灰的化学组成成分、灰所处环境介质的性质，前者是内因，后者是外因，但两者又是相互影响。

（1）煤灰的化学组成。灰的成分比较复杂，一般可以分为酸性氧化物和碱性氧化物两种。酸性氧化物如 SiO_2、Al_2O_3 和 TiO_2，碱性氧化物则有 FeO、Fe_2O_3、CaO、MgO、Na_2O 和 K_2O 等。

灰中的不同成分具有不同的熔点，有些难熔（即熔点高），有些易熔（即熔点低），如表 2-2 所示。一般来说灰中酸性氧化物越多，灰的熔点也越高；相反，碱性氧化物越多，灰的熔点也越低。但是，也有本身是高熔点成分的氧化物，当它与其他成分结合成共晶体或共晶体混合物时，会使灰熔点大大降低。如 CaO 本身熔点为 2521℃，当它与 Fe_2O_3 组成 $CaO \cdot Fe_2O_3$ 共晶体混合物时，其熔点会降到 1249℃，这是由于 CaO 具有助熔作用。

（2）灰所处环境介质（气氛）的性质。当灰所处环境介质的性质发生改变时，会使灰的熔点发生变化。例如，当介质中存在有 CO、H_2 等还原性气体时，这些气体与灰中的高价氧化铁（Fe_2O_3）相遇，就会使高价氧化铁还原成低熔点的氧化亚铁（FeO），而 FeO 又与 SiO_2 结合成共晶体并进而形成共晶体混合物，从而使灰熔点大大降低，即

$$Fe_2O_3 + CO \longrightarrow 2FeO + CO_2 \uparrow \tag{2-21}$$

$$Fe_2O_3 + H_2 \longrightarrow 2FeO + H_2O \uparrow \tag{2-22}$$

在实际运行的锅炉中，炉内烟气总难免有些还原性气体如 CO 等，通常把这种含有少量还原性气体的烟气称为半还原性气氛或弱还原性气氛。为了使实验室测出的灰熔点与炉内实际情况比较接近，故一般在保持弱还原性气氛的电炉中测定灰的熔融特性。

表 2 - 2 煤灰中常见化合物的熔化温度

名　称	熔化温度（℃）	名　称	熔化温度（℃）
SiO_2	1716	$K_2 \cdot SiO_2$	997
Al_2O_3	2043	$Al_2O_3 \cdot Na_2O \cdot 6SiO_2$	1099
CaO	2521	$Fe \cdot SiO_2$	1143
MgO	2799	$2FeO \cdot SiO_2$	1065
Na_2O	800～1000	$CaO \cdot Fe_2O_3$	1249
K_2O	800～1000	$Ca \cdot MgO \cdot 2SiO_2$	1391
Fe_3O_4	1597	$Ca \cdot SiO_2$	1540
Fe_2O_3	1566	$CaO \cdot FeO \cdot SiO_2$	1100
FeO	1377	$3Al_2O_3 \cdot 2SiO_2$	1800
TiO_3	1837	$CaO \cdot Al_2O_3$	1605
$Na_2 \cdot SiO_2$	877	$CaO \cdot Al_2O_3 \cdot Si_2O_3$	1170

第三节　煤中某些成分对锅炉工作的影响

煤的常规特性表征了煤的基本性质，可以作为分析煤的着火、燃烧和对锅炉工作影响的依据。但因为在锅炉的燃烧过程中，除部分碳及游离氢外，都不是单个元素在燃烧反应，所以，在分析煤的常规特性对锅炉工作的影响时，主要从工业分析成分以及其他有较显著影响的特性进行分析，主要包括挥发分、水分、灰分、焦炭、硫分以及灰渣熔融性等几个方面。

一、挥发分的影响

挥发分是煤的重要成分特性，它可以作为煤分类的主要依据。同时，挥发分对煤的着火、燃烧有很大的影响。

挥发分越多的煤，愈容易着火，燃烧也容易完全。这是因为：挥发分主要是气体可燃物，其着火温度较低，着火容易；挥发分多，相对来说，煤中难燃的固定碳的质量分数便少，使煤易于燃烧完全，大量挥发分析出，着火燃烧后可以放出大量热量，造成炉内高温，有助于固定碳的迅速着火和燃烧，因而，挥发分多的煤也易于燃烧完全；挥发分是从煤的内部析出的，析出后使煤具有孔隙性，挥发分愈多，煤的孔隙愈多、愈大，使煤和空气的接触面增大，即增大了反应表面积，使反应速度加快，也使煤容易燃烧完全。

二、水分的影响

燃煤中水分含量对锅炉工作的影响很大。水分多，燃料燃烧时放出的有效热量便减少；同时会增加着火热，使着火推迟，降低炉内温度，着火困难，燃烧也不易完全，机械和化学不完全燃烧热损失会增加。煤中水分会吸热变成水蒸气并随同烟气排出炉外，增加烟气量而使排烟热损失增大，降低锅炉热效率；同时，使风机电耗增大；也为低温受热面的积灰、腐蚀创造了条件；水分增大，对过热汽温也有影响，一般经验数据为：水分每增加 1%，过热汽温会升高1.5℃。此外，原煤中水分过多，会给煤粉制备增加困难，也会造成原煤仓、给煤机及落煤管中的黏结性堵塞以及磨煤机出力下降等不良后果。

三、灰分的影响

煤中灰分是有害成分。灰分含量增加，煤中可燃成分便相对减少，降低了发热量。当煤燃烧时，煤中矿物质转化成灰分，并会熔融，它要吸收热量，并由排渣带走大量的物理显热。灰分还促进水分的影响，因为灰分增多时煤的发热量降低，也使折算水分加大。灰分多，使理论燃烧温度降低，而且煤粒表面往往形成灰分外壳，阻碍煤中可燃质和氧气接触，使煤不易燃尽，增加机械不完全燃烧热损失；灰分多，还会使炉膛温度下降，燃烧不稳定，也增加不完全燃烧热损失；灰分多，当灰粒随烟气流过受热面时，如果烟速高，会磨损受热面；如果烟速低，会造成受热面积灰，降低传热效果，并使排烟温度升高，增加排烟热损失，降低锅炉热效率；灰分多，也会产生炉内结渣，同时会腐蚀管壁金属；灰分多，增加煤粉制备的能量消耗，灰分还是造成环境污染的根源。燃煤灰分的增减，对过热汽温也有影响，一般经验数据是：灰分每变化±10%，过热汽温就相应变化±5℃。

四、灰渣熔融性的影响

灰渣在高温下的熔融性对锅炉的设计、运行有着严重的影响，因为它是造成炉膛结渣和高温对流受热面沾污和结渣的主要根源。炉内水冷壁的结渣不仅影响传热，而且破坏水循环的安全性。高温对流受热面的沾污和结渣，可能堵塞烟气通道，妨碍通风，增加引风机的电耗，从而降低锅炉的出力；严重时会使冷灰斗堵塞或在炉墙上及燃烧器周围结成大块渣瘤，迫使停炉；熔化的灰渣对炉膛耐火衬砖也有很大的侵蚀性。为了避免炉膛结渣，通常要控制炉膛出口烟温低于灰的软化温度ST以下50～100℃。实践表明，对于固态排渣煤粉炉，当ST<1350℃，就有结渣的可能性；若ST>1350℃，结渣的可能性就不大。

五、硫分的影响

燃煤含硫的最大影响，是会产生硫酸蒸汽，冷却后变成硫酸，对低温受热面形成低温腐蚀，以及伴随而来的堵灰和烟道堵塞问题；而过热器、再热器的高温腐蚀和沾污，也与含硫有直接关系。

可燃硫在燃烧过程中会被氧化而生成SO_2和少量的SO_3，硫酸盐也会受热分解出自由SO_3（其数量更少）。烟气中SO_2对受热面的腐蚀和沾污没有明显的影响。但烟气中SO_3含量虽然很少，由于它与烟气中的水蒸气化合，生成硫酸蒸气，会显著提高烟气的酸露点温度，从而会在低温受热面上凝结，造成低温腐蚀和沾污。在实际锅炉上，烟气中的SO_3的质量分数达到0.001%时，烟气的酸露点即可达120～140℃。

煤中含硫对着火和燃烧无明显的影响，但随着含硫量的增加，煤粉自燃的倾向增大，常会引起煤粉仓内煤粉温度自行升高，而当有空气进入时，甚至会自燃。因此，在燃用高硫煤时，仓内煤粉不宜久存。

第四节 煤 的 分 类

煤是重要的一次能源，但煤的种类很多，为了合理地开发、利用煤炭资源，有效地进行科学管理，应将煤进行分类。我国煤的分类是综合考虑了煤的形成以及各种特性、用途等确定的，包括了全部褐煤、烟煤和无烟煤的工业技术分类标准。此外，在电力工业中为了便于选用动力煤，又有发电用煤的分类，对商品煤又有煤炭产品的分类方法。

我国以煤的干燥无灰基挥发分 V_{daf} 作为分类指标，将煤分为三大类：褐煤、烟煤和无烟煤。$V_{daf} \leqslant 10\%$ 的煤为无烟煤，V_{daf} 在 10%～37%之间的煤为烟煤，$V_{daf} > 37\%$ 的煤为褐煤。

1. 无烟煤

无烟煤为碳化程度最深的煤，碳的质量分数最多，一般大于 50%，最高可达 95%；灰分不多，$A_{ar}=6\%\sim25\%$；水分较少，$M_{ar}=1\%\sim5\%$；发热量很高，可达 25000～32500kJ/kg；挥发分少，而且挥发分析出温度较高；其焦炭没有黏结性，着火和燃尽比较困难。无烟煤燃烧时无烟，火焰呈青蓝色。表面有明亮的黑色光泽，力学强度高。储藏时稳定，不易自燃。无烟煤再综合依据干燥无灰基 V_{daf} 和干燥无灰基 H_{daf} 可分为三小类，即无烟煤 1 号、无烟煤 2 号和无烟煤 3 号，见表 2-3。

表 2-3　　无烟煤的分类

类　别	符　号	分类指标	
		V_{daf}（%）	H_{daf}（%）
无烟煤 1 号	WY_1	0～3.5	0～2.0
无烟煤 2 号	WY_2	>3.5～6.5	>2.0～3.0
无烟煤 3 号	WY_3	>6.5～10.0	>3.0

2. 烟煤

烟煤的碳化程度低于无烟煤，碳的质量分数一般为 $C_{ar}=40\%\sim60\%$，个别可达 75%；灰分不多，$A_{ar}=7\%\sim30\%$；水分也较少，$M_{ar}=3\%\sim18\%$；其发热量一般为 20000～30000kJ/kg。除贫煤挥发分较少外，其余烟煤挥发分较高，着火、燃烧均较容易。

烟煤的焦结性各不相同，贫煤焦炭呈粉状，而优质烟煤则常呈强焦结性，多用于冶金企业。烟煤在精选过程得到的洗中煤和煤泥都是劣质烟煤，M_{ar} 为 25%左右，A_{ar} 达 50%，$Q_{net,ar}$ 在 10000～18000kJ/kg 之间，劣质烟煤常用作锅炉燃料。烟煤采用表征工艺性能的参数，即黏结指数 G、胶质层最大厚度 Y 和奥亚膨胀度 b 作为指标，分为贫煤、贫瘦煤、瘦煤、焦煤、肥煤、1/3 焦煤、气肥煤、气煤、1/2 中黏煤、弱黏煤、不黏煤、长焰煤等 12 种，见表 2-4。

3. 褐煤

褐煤碳的质量分数为 $C_{ar}=40\%\sim50\%$，水分和灰分含量较高，$M_{ar}=20\%\sim50\%$，$A_{ar}=6\%\sim50\%$，因而发热量较低，$Q_{ar,net}=10000\sim21000$kJ/kg。因它含有较高的挥发分，$V_{daf}=40\%\sim50\%$，所以容易着火燃烧。褐煤外表面多呈褐色或黑褐色，力学强度低，化学反应性（也称为活性）强，在空气中容易风化，所以不易储存和远运。除用 V_{daf} 分类外，还用透光率 P_M 和含最高内在水分的无灰高位发热量 Q'_{gr} 作为指标区分褐煤和烟煤，并将褐煤分成褐煤 1 号和褐煤 2 号，见表 2-5。

表 2-4　**烟 煤 分 类**

类别	符号	分类指标				
		V_{daf}（%）	黏结指数 G	胶质层最大厚度 Y（mm）	奥亚膨胀体 b（%）	透光率 P_M（%）
贫煤	PM	＞10.0～20.0	≤5			
贫瘦煤	PS	＞10.0～20.0	＞5～20			
瘦煤	SM	＞10.0～20.0	＞20～65			
焦煤	JM	＞20.0～28.0 ＞10.0～28.0	＞50～65 ＞65	≤25.0	(≤150)	
肥煤	FM	＞10.0～37.0	(＞85)	＞25.0		
1/3 焦煤	1/3JM	＞28.0～37.0	＞65	≤25.0	(≤220)	
气肥煤	QF	＞37.0	(＞85)	＞25.0	(≤220)	
气煤	QM	＞28.0～37.0 ＞37.0	＞50～65 ＞35	≤25.0	(≤220)	
1/2 中黏煤	1/2ZM	＞20.0～37.0	＞30～50			
弱黏煤	RN	＞20.0～37.0	＞5～30			
不黏煤	BN	＞20.0～37.0	≤5			
长焰煤	CY	＞37.0	≤35			＞50

表 2-5　**褐 煤 的 分 类**

类别	符号	分类指标	
		透光率 P_M（%）	Q'_{gr}（kJ/kg）
褐煤 1 号	HM_1	0～30	
褐煤 2 号	HM_2	＞30～50	≤24000

在我国西南及浙江分布着泥煤。泥煤的碳化程度最浅，因而含碳量少，含氧量高，水分很多，一般 O_{ar}＝30%左右，M_{ar}＝40%～50%，高者达 90%，灰分多者达 30%～50%，少者近 1%～4%，泥煤的发热量很低，$Q_{ar,net}$＝8000～10000kJ/kg，挥发分很高，可达 V_{daf}＝70%左右，容易着火，且不结焦。

固体燃料除煤以外还有油页岩，它是一种片状的含油岩石，发热量很低，$Q_{ar,net}$＝6000～11000kJ/kg，灰分和挥发分均极高，A_{ar}＝70%左右，V_{daf}＝70%～80%，目前已用作锅炉燃料。

表 2-6 列出了我国各种煤的部分煤质分析。

表 2-6 我国各种煤的部分煤质分析

煤种	产地	元素成分(%)							收到基低位发热量	干燥无灰基挥发分	空气干燥基水分	可磨系数	煤灰熔融性		
		水分	灰分	碳	氢	氧	氮	硫					变形温度	软化温度	融化温度
		M_{ar}	A_d	C_{daf}	H_{daf}	O_{daf}	N_{daf}	S_{daf}	$Q_{ar,net}$(kJ/kg)	V_{daf}(%)	M_{ad}(%)	K_{km}	DT(℃)	ST(℃)	FT(℃)
无烟煤	山西阳泉	5.0	26.0	91.7	3.8	2.2	1.3	1.0	26377	9.0	1.0	1.0	1300	1500	>1500
	湖南金竹山	7.5	24.0	92.5	3.6	2.0	0.9	1.0	22190	0.7	2.0	1.7		>1500	
	北京京西	4.0	24.0	94.0	1.4	3.7	0.6	0.3	23027	5.5	0.8	1.1	1260	1370	1470
贫煤	河南鹤壁	8.0	17.0	89.4	4.3	4.3	1.6	0.4	26670	15.5	0.9	1.3	1290	1340	1370
	湖南芙蓉	6.5	26.0	87.62	3.44	2.16	1.36	5.41	23073	13.28	0.65	1.2	1220	1300	1390
	陕西铜川（混煤）	4.0	30.38	82.59	4.35	5.71	1.30	5.85	20356	13.1	1.95	1.64			
烟煤	河南观音堂	3.0	26.0	87.0	5.5	5.0	1.5	1.0	24702	20.0	1.0	1.9	1450	>1500	>1500
	安徽淮南	6.92	22.8	81.4	5.6	10.6	1.48	0.92	22588	38.52					
	黑龙江鹤岗	5.5	24.0	83.1	5.7	10.0	0.8	0.4	23865	36.0	1.6	1.2	1350	1420	1470
	广西合山	4.93	49.2	77.6	4.5	6.9	1.7	9.3	14150	22.07		1.45			
洗中煤	河北开滦	9.0	38.0	81.5	5.4	10.2	1.3	1.6	17166	35.0	0.9	1.2	>1500		
	安徽淮北	9.2	43.0	79.7	6.69	10.92	1.92	0.77	16806	25.0	1.62	1.3	1350	1450	1520
	黑龙江鸡西	7.0	45.0	87.2	5.2	5.9	1.2	0.5	17166	24.0	0.8	1.5	>1500		
褐煤	内蒙扎赉诺尔	35.42	15.2	73.0	4.85	20.3	0.89	0.96	14038	43.0	6.24				
	辽宁平庄	24.0	28.0	72.0	4.9	20.4	1.0	1.7	14570	44.0	10.0	1.3	1150	1270	1380
	云南皂角矿	45.0	24.91	70.02	5.91	20.94	1.82	1.31	10312	56.11	13.47	0.93	1140	1195	1220
油页岩	广东茂名	16.5	80	57.07	9.64	16.9	2.15	14.24	4819	80.6		1.3			

第五节 液体及气体燃料

一、液体燃料

石油（原油），是天然的液体燃料，但一般不直接用于锅炉燃烧。锅炉常用的液体燃料主要是重油和渣油，都是石油炼制过程的残油。重油是由裂化重油、减压重油、常压重油或蜡油等按不同比例调制而成，根据 800℃时不同的运动黏度而分成 20、60、100、200 等四种牌号，其质量指标如表 2-7 所示。而在石油炼制过程中排出的残余物不经处理，直接作为燃料油，习惯地称它为渣油。渣油可以是减压重油、常压重油或裂化重油，但没有统一的质量指标。

表 2-7　　锅炉燃用重油的质量指标

质量指标	单位	20 号	60 号	100 号	200 号
恩式黏度不大于	$°E_{80}$	5.0	11.0	15.5	—
恩式黏度不大于	$°E_{100}$	—	—	—	5.5～9.5
闪点（开口）不低于	℃	80	100	120	130
凝固点不高于	℃	15	20	25	36
灰分不大于	%	0.3	0.3	0.3	0.3
水分不大于	%	1.0	1.5	2.0	2.0
含硫不大于	%	1.0	1.5	2.0	3.0
机械杂质不大于	%	1.5	2.0	2.5	2.5

注　1. $°E_{80}$ 为 80℃下的恩氏黏度。
　　2. $°E_{100}$ 为 100℃下的恩氏黏度。

重油成分和煤一样，也是由碳、氢、氧、氮、硫以及水分、灰分等组成。但主要成分是碳和氢，且其质量分数变化不大，一般碳含量在 81%～84%，氢含量为 11%～14%，发热量也变化不大，常在 37700～44000kJ/kg。

重油的特性指标有黏度、凝固点、闪点、燃点、含硫量和灰分质量分数等。

1. 黏度

黏度是表征液体燃料流动性能的指标。燃油的黏度常用恩氏黏度计测量，用°E 表示。黏度愈小，流动性能愈好。重油的黏度随温度升高而减小。重油在常温下黏度过大，为保证重油的输送和油喷嘴的雾化质量，重油必须加热，使油喷嘴前的重油黏度小于 4°E，才能正常使用。

2. 凝固点

凝固点是表征燃油丧失流动性能时的温度。它是将燃油样品放在倾斜 45°的试管中，经过 1min 后，油面保持不变时的温度作为该油的凝固点。燃油的凝固点高低，与燃油的石蜡含量有关。含石蜡高的油，其凝固点也高。

3. 闪点及燃点

在常压下，随着油温升高，油表面上蒸发出的油气增多，当油气和空气的混合物与明火接触而发生短促闪光时的油温称为燃油的闪点。闪点可在开口或闭口的仪器中测定，闭口闪点通常较开口闪点高 20～40℃。燃点是油面上的油气和空气的混合物遇到明火能着火燃烧并持续 5s 以上的最低油温。闪点和燃点是燃油防火的重要指标。因此，储运时油温，必须使敞口容器中的温度低于开口闪点10℃以上，在压力容器中则无此限制。

4. 含硫量

燃油的含硫量高，会对锅炉低温受热面产生腐蚀。根据油中含硫量的多少，燃油可分为低硫油（$S_{ar}<0.5\%$）、中硫油（$S_{ar}=0.5\%\sim2\%$）和高硫油（$S_{ar}>2\%$）三种。一般来说，当燃油的含硫量（质量分数）高于0.3%时，就应注意低温腐蚀问题。

5. 灰分

重油的灰分虽少，但灰中常含有钒、钠、钾、钙等元素的化合物，所生成的燃烧产物的熔点很低，约600℃，对壁温高于610℃的受热面会产生高温腐蚀。

二、气体燃料

气体燃料有天然气体燃料和人工气体燃料两种。

天然气体燃料有气田煤气和油田伴生煤气两种。气田煤气是从纯气田中开采出来的可燃气体；油田伴生煤气是在石油开采过程中获得的可燃气体。这两种天然气体燃料的主要成分都是甲烷（CH_4），同时还含有少量的烷烃、烯烃、二氧化碳、硫化氢和氮气等。气田煤气的甲烷含量更高些，其体积分数可达75%～98%，油田伴生煤气的甲烷含量略低，其体积分数为30%～70%，但其CO体积分数却较高，可达5%。两者的发热量均很高，可达35000～54400kJ/m^3。由于天然气是重要的化工原料，只有在产区附近的少数锅炉可将它们作为燃料使用。

人工气体燃料的种类很多，有高炉煤气、焦炉煤气、发生炉煤气和液化石油气等。除液化石油气外，其余的发热量均较低，为低热值煤气。

高炉煤气是高炉中焦炭部分和铁矿石部分还原作用所产生的可燃煤气，其组成以CO为主，同时含有体积分数近60%的氮，故发热量较低。同时，高炉煤气中含有很多灰尘（20～25g/m^3），所以在使用前必须经过净化处理。焦炉煤气是焦炭气化所得的煤气，其组成以H_2为主。焦炉煤气中N_2和CO_2等不可燃组分较少，所以，它的发热量比高炉煤气高两倍多，但它也属低热值煤气。高炉煤气和焦炉煤气尽管其热值较低，但也多作为化工原料和各种加热炉的燃料，也只有少数就地作为锅炉燃料使用。至于发生炉煤气和液化石油气，一般不作为锅炉燃料使用。

思考题

1. 煤的元素成分组成有哪些？工业分析成分有哪些？各成分对锅炉工作有何影响？（重点是水分、灰分、挥发分的影响）
2. 煤的碳元素、固定碳、焦炭有何区别？
3. 煤的成分分析基准有哪些？各基准间如何换算？
4. 什么是高位发热量与低位发热量？两者间有何关系？电厂中实际应用的是哪一个？
5. 什么是折算成分？引入折算成分有何意义？如何折算？
6. 什么是标准煤？如何将实际煤耗折算成标准煤耗？
7. 灰的熔融特性如何表示？为防止结渣，炉膛出口烟温应满足什么条件？
8. 电力用煤是如何分类的？各类煤的挥发分范围是多少？其燃烧特性如何？
9. 概念：挥发分　高位发热量　低位发热量　折算成分　标准煤

第三章　燃烧计算与热平衡计算

燃烧计算主要包括以下几个内容：①燃烧所需的空气量计算；②燃烧生成的烟气量计算；③烟焓计算；④锅炉机组热平衡计算及锅炉效率计算。

第一节　燃烧所需空气量计算

燃料燃烧是燃料中的可燃元素（C、H、S）与空气中的氧气（O_2）在高温条件下发生的发光发热的剧烈化学反应。燃料的燃烧计算是锅炉机组设计和计算的重要基础，是锅炉机组设计计算的重要组成部分。它是以燃料的可燃元素碳（C）、氢（H）、硫（S）和空气中氧的化学反应方程式出发进行的。计算时假定：

（1）燃烧所需的空气为干空气；

（2）燃料燃烧所需的空气和生成的烟气均为理想气体，即每千摩尔气体在标准状态下（1个大气压，0℃时）的容积为22.4m^3，按照国家标准写成22.4m^3（标准状态）。

一、理论空气量

1kg［或1m^3（标准状态）］收到基燃料完全燃烧而又没有剩余氧存在时所需要的空气量称为理论（或化学当量比状态）空气量，用符号V^0表示，其单位为m^3/kg（标准状态）［或m^3/m^3（标准状态）］。对于固体及液体燃料，这一空气量可根据燃料中的可燃元素的氧化反应进行计算，并以1kg燃料为计算基础。

碳完全燃烧时所需要的氧气量

$$C + O_2 \longrightarrow CO_2 \tag{3-1}$$

1kmol C完全燃烧需要22.4m^3（标准状态）的O_2，1kmol C为12kg，故1kg C完全燃烧需$\frac{22.4}{12}m^3$（标准状态）的O_2，而1kg收到基燃料中的含碳量为$\frac{C_{ar}}{100}$kg（C_{ar}代表其不带%符号的数值，下文同），因此，1kg燃料中的C完全燃烧所需的氧气量为

$$\frac{22.4}{12} \times \frac{C_{ar}}{100} = 1.866\frac{C_{ar}}{100},\ m^3/kg(\text{标准状态})$$

氢燃烧的化学方程式为

$$2H_2 + O_2 \longrightarrow 2H_2O \tag{3-2}$$

同理，1kg收到基燃料中的H完全燃烧所需的氧气量为

$$\frac{22.4}{4 \times 1.008} \times \frac{H_{ar}}{100} = 5.55\frac{H_{ar}}{100},\ m^3/kg(\text{标准状态})$$

硫燃烧的化学方程式为

$$S + O_2 \longrightarrow SO_2 \tag{3-3}$$

1kg收到基燃料中的S完全燃烧所需的氧气量为

$$\frac{22.4}{32}\times\frac{S_{ar}}{100}=0.7\frac{S_{ar}}{100}，\ m^3/kg(标准状态)$$

每千克收到基燃料中本身含有氧$\frac{O_{ar}}{100}$kg，氧的分子量是32，因此，这些氧相当于

$$\frac{22.4}{32}\times\frac{O_{ar}}{100}=0.7\frac{O_{ar}}{100}，\ m^3/kg(标准状态)$$

这样，燃烧1kg燃料所需的氧气量为

$$V^0_{O_2}=1.866\frac{C_{ar}}{100}+5.55\frac{H_{ar}}{100}+0.7\frac{S_{ar}}{100}-0.7\frac{O_{ar}}{100}，\ m^3/kg(标准状态) \tag{3-4}$$

由于干空气中氧所占容积分数是21%，所以，燃烧1kg燃料所需的空气量为

$$\begin{aligned}V^0&=\frac{1}{0.21}\left(1.866\frac{C_{ar}}{100}+5.55\frac{H_{ar}}{100}+0.7\frac{S_{ar}}{100}-0.7\frac{O_{ar}}{100}\right)\\&=0.0889(C_{ar}+0.375S_{ar})+0.265H_{ar}-0.0333O_{ar}\\&=0.0889R_{ar}+0.265H_{ar}-0.0333O_{ar}，\ m^3/kg(标准状态)\end{aligned} \tag{3-5}$$

为了计算的方便，通常把C_{ar}和S_{ar}合并在一起，称为当量含碳量，用R来表示，$R_{ar}=C_{ar}+0.375S_{ar}$。因为C和S的完全燃烧反应可写成通式$R+O_2=RO_2$。此外，C和S的燃烧生成产物$CO_2$和$SO_2$在烟气分析时总是一起测定。

理论空气量用质量表示，则为

$$L^0=1.293V^0，\ kg/kg \tag{3-6}$$

式中　1.293——干空气密度，kg/m^3（标准状态）。

对气体燃料，也可按其气体组成用化学反应方程式求得其理论空气量V^0：

$$V^0=0.0476\left[0.5CO+0.5H_2+1.5H_2S+\sum\left(m+\frac{n}{4}\right)C_mH_n-O_2\right]，\ m^3/m^3(标准状态) \tag{3-7}$$

二、实际供给空气量及过量空气系数

为了使燃料在炉内能够燃烧完全，减少不完全燃烧热损失，实际送入炉内的空气量要比理论空气量大一些，这一空气量称为实际供给空气量，用符号V_k表示，单位为m^3/kg（标准状态）[或m^3/m^3（标准状态）]。实际供给空气量与理论空气量之比，称为过量空气系数，用符号α表示（在空气量计算时用β表示），即

$$\alpha(\beta)=\frac{V_k}{V^0} \tag{3-8}$$

显然实际送入炉内的空气量为$V_k=\alpha V^0$，m^3/kg（标准状态）。

炉内过量空气系数α，一般是指炉膛出口处的过量空气系数α''_l，这是因为炉内燃烧过程是在炉膛出口处结束。过量空气系数是锅炉运行的重要指标，太大会增大烟气容积使排烟损失增加，太小则不能保证燃料完全燃烧。它的最佳值与燃料种类、燃烧方式以及燃烧设备的完善程度有关，应通过试验确定。实际采用的α''_l值可由表3-1选取。

三、锅炉漏风系数$\Delta\alpha$

锅炉通常是负压运行，由于炉墙和穿墙管处不严密，故烟道沿程均有空气漏入，计算烟气量时要加上漏风量ΔV，漏风量ΔV与理论空气量V^0的比值用漏风系数$\Delta\alpha$来表示：

$$\Delta\alpha = \frac{\Delta V}{V^0} \tag{3-9}$$

表 3-1　炉膛出口过量空气系数

<table>
<tr><th colspan="2">燃烧型式</th><th>燃　料</th><th>炉膛出口过量空气系数 α''_l</th></tr>
<tr><td rowspan="4">煤粉炉</td><td rowspan="2">固态排渣</td><td>无烟煤、贫煤</td><td>1.20～1.25*</td></tr>
<tr><td>烟煤、褐煤</td><td>1.20</td></tr>
<tr><td rowspan="2">液态排渣
（开式、半开式）</td><td>无烟煤、烟煤</td><td>1.20～1.25*</td></tr>
<tr><td>烟煤、褐煤</td><td>1.20</td></tr>
<tr><td colspan="2">重油、煤气炉</td><td>重油、焦炉煤气、
天然气、高炉煤气</td><td>1.10**</td></tr>
<tr><td rowspan="5">层燃炉</td><td rowspan="2">链条炉</td><td>无烟煤</td><td>1.5～1.6</td></tr>
<tr><td>烟煤、褐煤</td><td>1.3</td></tr>
<tr><td>播煤机
（包括播煤机-链条炉）</td><td>褐煤、烟煤</td><td>1.3～1.4</td></tr>
<tr><td rowspan="2">手烧炉排</td><td>无烟煤</td><td>1.5</td></tr>
<tr><td>烟煤、褐煤</td><td>1.4</td></tr>
</table>

*　热风送粉时取大值。

**　采用气密炉墙及微正压炉膛时，取 1.05；自动调节油量和空气量，且漏风系数小于 0.05，可取燃油炉炉膛出口过量空气系数 α''_l=1.02～1.03。

漏风系数与锅炉结构、安装质量和运行操作有关，可取用表 3-2 所列数值。但采用膜式水冷壁全密封、全悬吊的大型现代锅炉，除空气预热器有漏风外，从炉膛到省煤器都取 $\Delta\alpha=0$。炉膛出口过量空气系数 α''_l 对烟煤可取 1.15，对无烟煤和贫煤可取 1.2。其后对各受热面来说，出口的过量空气系数 α''，总是等于入口过量空气系数 α' 与漏风系数 $\Delta\alpha$ 之和，即

$$\alpha'' = \alpha' + \Delta\alpha \tag{3-10}$$

烟道内的任一截面处的过量空气系数等于炉膛出口的过量空气系数与其前面各段烟道的漏风系数之和，即

$$\alpha = \alpha''_l + \sum\Delta\alpha \tag{3-11}$$

式中　α''_l——炉膛出口过量空气系数；

$\sum\Delta\alpha$——炉膛出口与计算烟道截面间各段烟道漏风系数之和，可查表 3-2。

空气预热器中空气侧较高压力的空气会有部分漏入烟气侧，该级的漏风系数 $\Delta\alpha_{ky}$ 要高些。在空气预热器中：

$$\beta'_{ky} = \beta''_{ky} + \Delta\alpha_{ky} \tag{3-12}$$

式中　β'_{ky}、β''_{ky}——空气预热器进口和出口的过量空气系数。

考虑到炉膛及制粉系统的漏风，β''_{ky} 与 α''_1 之间关系为

$$\beta''_{ky} = \alpha''_1 - \Delta\alpha_1 - \Delta\alpha_{zf} \tag{3-13}$$

式中　$\Delta\alpha_1$——炉膛漏风系数，查表 3-2；

$\Delta\alpha_{zf}$——制粉系统漏风系数，查表 3-3。

表 3-2　　额定负荷下的烟道漏风系数

<table>
<tr><th colspan="5">烟　道　名　称</th><th>漏风系数 $\Delta\alpha$</th></tr>
<tr><td rowspan="5">煤粉炉炉膛、油炉及煤气炉膛</td><td colspan="4">固态排渣炉，膜式水冷壁</td><td>0.05</td></tr>
<tr><td colspan="4">固态排渣炉，钢架支承炉墙，有护板</td><td>0.07</td></tr>
<tr><td colspan="4">固态排渣炉，无护板</td><td>0.10</td></tr>
<tr><td colspan="4">液态排渣炉、油炉、煤气炉，有护板</td><td>0.05</td></tr>
<tr><td colspan="4">液态排渣炉、油炉、煤气炉，无护板</td><td>0.08</td></tr>
<tr><td rowspan="2">层燃炉</td><td colspan="4">机械、半机械化加煤</td><td>0.10</td></tr>
<tr><td colspan="4">人工加煤</td><td>0.30</td></tr>
<tr><td rowspan="12">对流受热面烟　道</td><td colspan="4">凝渣管簇、屏式过热器、第一对流蒸发管簇（$D>50$t/h）</td><td>0</td></tr>
<tr><td colspan="4">第一对流蒸发管簇（$D\leqslant 50$t/h）</td><td>0.05</td></tr>
<tr><td colspan="4">过热器</td><td>0.03</td></tr>
<tr><td colspan="4">再热器</td><td>0.03</td></tr>
<tr><td rowspan="4">省煤器</td><td colspan="3">$D>50$t/h，每级</td><td>0.02</td></tr>
<tr><td rowspan="3">$D\leqslant 50$t/h</td><td colspan="2">钢管</td><td>0.08</td></tr>
<tr><td colspan="2">铸铁，有护板</td><td>0.1</td></tr>
<tr><td colspan="2">铸铁，无护板</td><td>0.2</td></tr>
<tr><td rowspan="4">空气预热器</td><td rowspan="2">管式</td><td colspan="2">$D>50$t/h，每级</td><td>0.03</td></tr>
<tr><td colspan="2">$D\leqslant 50$t/h，每级</td><td>0.06</td></tr>
<tr><td rowspan="2">回转式</td><td colspan="2">$D>50$t/h</td><td>0.20</td></tr>
<tr><td colspan="2">$D\leqslant 50$t/h</td><td>0.25</td></tr>
<tr><td rowspan="3">除尘器</td><td colspan="2" rowspan="2">电气除尘器</td><td colspan="2">$D>50$t/h</td><td>0.1</td></tr>
<tr><td colspan="2">$D\leqslant 50$t/h</td><td>0.15</td></tr>
<tr><td colspan="4">多管旋风分离器、水膜除尘器</td><td>0.05</td></tr>
<tr><td rowspan="2">锅炉后烟道</td><td colspan="4">钢制，每 10m 长</td><td>0.01</td></tr>
<tr><td colspan="4">砖砌，每 10m 长</td><td>0.05</td></tr>
</table>

表 3-3　　各种制粉系统的漏风系数 $\Delta\alpha_{zf}$

<table>
<tr><th colspan="2">制粉系统特性</th><th>$\Delta\alpha_{zf}$</th><th colspan="2">制粉系统特性</th><th>$\Delta\alpha_{zf}$</th></tr>
<tr><td rowspan="4">球磨机</td><td>储仓式，用热空气作干燥剂</td><td>0.1</td><td>锤击机</td><td>负压式</td><td>0.04</td></tr>
<tr><td rowspan="2">储仓式，用热空气和烟气混合物作干燥剂</td><td rowspan="2">0.12</td><td>锤击机</td><td>正压式</td><td>0</td></tr>
<tr><td colspan="2">中速磨，负压式</td><td>0.04</td></tr>
<tr><td>直吹式</td><td>0.04</td><td colspan="2">风扇磨，具有干燥管</td><td>0.2～0.25*</td></tr>
</table>

* 高值用于多水分煤。

第二节　燃烧产物计算

燃烧产物是指燃料燃烧后生成的烟气及其携带的灰粒和未燃尽炭粒。烟气是指燃料燃烧后生成的气体物质。烟气中的固体颗粒占体积百分比很小，通常计算中都略去不计，只是在燃用灰分很高的燃料时，或采用循环流化床燃烧时，才在计算烟气热焓中予以考虑。

锅炉中燃烧产物的计算主要是求出燃烧后的烟气量和烟气的组成。

一、理论烟气量计算

完全燃烧（燃料中的C全部转化为CO_2）时，由已知的燃料元素成分和过量空气系数，根据化学反应方程式，可求出烟气的组成及其体积。

1kg［或1m^3（标准状态）］收到基燃料完全燃烧又没有剩余氧存在时，生成的烟气体积称为理论烟气量，用符号V_y^0表示，单位是［m^3/kg（标准状态）］或［m^3/m^3（标准状态）］。理论烟气的主要成分有：可燃元素燃烧后生成的CO_2、H_2O和SO_2；燃料和空气中所含的N_2（在高温和氧化条件下会生成NO_x污染物，因含量少，一般计算时忽略不计）；水蒸气，即

$$V_y^0 = V_{CO_2} + V_{SO_2} + V_{N_2}^0 + V_{H_2O}^0,\ m^3/kg(标准状态) \tag{3-14}$$

1. 理论烟气中二氧化碳和二氧化硫的体积（V_{RO_2}）

在标准状态下，由式（3-1）知，1kmol碳完全燃烧可生成1kmol的二氧化碳，1kmol碳的质量为12kg，则1kg碳标准状态下完全燃烧产生$\frac{22.4}{12}$$Nm^3$的$CO_2$，1kg燃料中含有$\frac{C_{ar}}{100}$kg的碳，标准状态下产生的$CO_2$的体积$V_{CO_2}$为

$$V_{CO_2} = \frac{22.4}{12} \times \frac{C_{ar}}{100} = 1.866\frac{C_{ar}}{100},\ m^3/kg(标准状态) \tag{3-15}$$

同理，由式（3-3）知，1kg硫完全燃烧产生$\frac{22.4}{32}$$m^3$（标准状态）的$SO_2$，1kg燃料中含有$\frac{S_{ar}}{100}$kg的硫，标准状态下产生的$SO_2$的体积$V_{SO_2}$为

$$V_{SO_2} = \frac{22.4}{32} \times \frac{S_{ar}}{100} = 0.7\frac{S_{ar}}{100},\ m^3/kg(标准状态) \tag{3-16}$$

因此

$$\begin{aligned} V_{RO_2} &= V_{CO_2} + V_{SO_2} = 1.866\frac{C_{ar}}{100} + 0.7\frac{S_{ar}}{100} \\ &= 1.866 \times \frac{C_{ar} + 0.375S_{ar}}{100} = 1.866\frac{R_{ar}}{100},\ m^3/kg(标准状态) \end{aligned} \tag{3-17}$$

2. 理论氮气体积（$V_{N_2}^0$）

在标准状态下，$V_{N_2}^0$由两部分组成：燃料中的氮所占体积和理论空气量中的氮所占的体积。1kg燃料中含有$\frac{N_{ar}}{100}$kg氮，氮的分子量为28，因此这些氮相当于$\frac{22.4}{28} \times \frac{N_{ar}}{100} = 0.8\frac{N_{ar}}{100}$［$m^3/kg$（标准状态）］；燃烧所需的空气中氮的体积为$0.79V^0$，即

$$V_{N_2}^0=\frac{22.4}{28}\times\frac{N_{ar}}{100}+0.79V^0=0.8\frac{N_{ar}}{100}+0.79V^0,\ m^3/kg(标准状态) \tag{3-18}$$

式中：28 是氮的分子量；0.79 是氮在干空气中的体积份额。

3. 理论水蒸气体积（$V_{H_2O}^0$）

$V_{H_2O}^0$ 由以下四部分组成。

（1）燃料中的氢完全燃烧生成的水蒸气体积。在标准状态下，由式（3-2）知，1kg 氢完全燃烧产生$\frac{2\times22.4}{2\times2.016}Nm^3$ 的水蒸气（2.016 是氢的分子量），1kg 燃料中含有$\frac{H_{ar}}{100}$kg 的氢，产生的水蒸气体积为

$$\frac{2\times22.4}{2\times2.016}\times\frac{H_{ar}}{100}=11.1\frac{H_{ar}}{100},\ m^3/kg(标准状态)$$

（2）标准状态下燃料中的水汽化生成的水蒸气体积。每千克燃料中本身含有水$\frac{M_{ar}}{100}$kg，水的分子量是 18，因此，这些水相当于

$$\frac{22.4}{18}\times\frac{M_{ar}}{100}=1.24\frac{M_{ar}}{100},\ m^3/kg(标准状态)$$

（3）理论干空气量带入的水蒸气体积。在标准状态下，设 1kg 干空气中含有的水蒸气为 d（g/kg），通常取 d=10g/kg，干空气的密度为 1.293kg/m^3，水蒸气的密度为 0.804kg/m^3，则每 m^3 干空气所含水蒸气的体积为

$$1.293\times\frac{d}{1000}\times\frac{1}{0.804}=1.293\times\frac{10}{1000}\times\frac{1}{0.804}=0.0161,\ m^3/m^3$$

则由理论空气量带入的水蒸气体积为 $0.0161V^0$（m^3/kg）（标准状态）。

对于燃煤锅炉而言，理论水蒸气容积为

$$V_{H_2O}^0=1.24\frac{M_{ar}}{100}+11.1\frac{H_{ar}}{100}+0.0161V^0,\ m^3/kg(标准状态) \tag{3-19}$$

（4）在油炉中，当采用蒸汽雾化重油时，随同重油一起喷入的水蒸气的质量为 W_{wh}，水蒸气的体积为

$$\frac{22.4}{18}\times W_{wh}=1.24W_{wh},\ m^3/kg(标准状态)$$

则可得到用蒸汽雾化等设备时，标准状态下的理论水蒸气体积 $V_{H_2O}^0$：

$$V_{H_2O}^0=1.24\frac{M_{ar}}{100}+11.1\frac{H_{ar}}{100}+0.0161V^0+1.24W_{wh},\ m^3/kg(标准状态) \tag{3-20}$$

把式（3-17）、式（3-18）和式（3-20）相加，就可得理论烟气量 V_y^0：

$$\begin{aligned}V_y^0=&1.866\frac{C_{ar}}{100}+0.7\frac{S_{ar}}{100}+0.8\frac{N_{ar}}{100}+0.79V^0\\&+11.1\frac{H_{ar}}{100}+1.24\frac{M_{ar}}{100}+0.0161V^0+1.24W_{wh},\ m^3/kg(标准状态)\end{aligned} \tag{3-21}$$

这种含有水蒸气的烟气称为湿烟气，扣除水蒸气后的烟气称为干烟气，理论干烟气量 V_{gy}^0 为

$$V_{gy}^0=V_{RO_2}+V_{N_2}^0 \tag{3-22}$$

理论烟气量也可写成

$$V_y^0 = V_{gy}^0 + V_{H_2O}^0 \tag{3-23}$$

二、完全燃烧且 $\alpha>1$ 时的燃烧产物

$\alpha>1$ 且完全燃烧时生成的烟气体积通常用符号 V_y 表示。V_y 包括 V_y^0 与完全燃烧所剩余的干空气量（$\alpha-1$）V^0 及这部分干空气所携带的水蒸气 0.0161（$\alpha-1$）V^0 之和，即此时的烟气体积为

$$V_y = V_y{}^0 + (\alpha-1)V^0 + 0.0161(\alpha-1)V^0 = V_y^0 + 1.0161(\alpha-1)V^0，\ m^3/kg(标准状态) \tag{3-24}$$

实际烟气量中扣除水蒸气体积，就得到实际干烟气量 V_{gy}：

$$\begin{aligned} V_{gy} &= V_{RO_2} + V_{N_2} + V_{O_2} \\ &= V_{gy}^0 + (\alpha-1)V^0，\ m^3/kg(标准状态) \end{aligned} \tag{3-25}$$

实际烟气量可写成

$$V_y = V_{gy} + V_{H_2O}，\ m^3/kg(标准状态) \tag{3-26}$$

燃用气体燃料时，其理论烟气量和实际烟气量仍可用式（3-21）和式（3-24）计算，但式中的 V_{RO_2}、$V_{N_2}^0$ 和 $V_{H_2O}^0$ 则要按照气体燃料的组成由下列各式计算：

$$V_{N_2}^0 = 0.79V^0 + \frac{N_2}{100}，\ m^3/m^3(标准状态) \tag{3-27}$$

$$V_{RO_2} = 0.01[CO_2 + CO + H_2S + \sum m(C_mH_n)]，\ m^3/m^3(标准状态) \tag{3-28}$$

$$V_{H_2O}^0 = 0.01(H_2S + H_2 + \sum\frac{n}{2}C_mH_n + 0.124d) + 0.0161V^0，\ m^3/m^3(标准状态) \tag{3-29}$$

式中　d——气体燃料中含有的水分，g/m^3（标准状态）。

三、不完全燃烧时的燃烧产物

当供给的空气量不足（$\alpha<1$），或空气量虽 $\alpha>1$，但与燃料混合不好时，都会发生不完全燃烧。这时燃料中的一部分可燃物质未经燃烧而进入燃烧产物中，如 H_2、CO、C_mH_n 等。其中 H_2 和 C_mH_n 数量很少，一般工程计算中可忽略不计，常以 CO 在烟气中的含量来判断不完全燃烧的程度。

假定 1kg 燃料中含碳（$C_{ar}/100$）kg，其中有（$C_{ar,CO_2}/100$）kg 的碳完全燃烧生成 CO_2，有（$C_{ar,CO}/100$）kg 的碳不完全燃烧生成 CO，即

$$C_{ar} = C_{ar,CO_2} + C_{ar,CO} \tag{3-30}$$

标准状态下这两部分碳燃烧生成的 CO 和 CO_2 的体积 V_{CO}、V_{CO_2} 为

$$V_{CO} = 1.866\frac{C_{ar,CO}}{100}，\ m^3/kg(标准状态) \tag{3-31}$$

$$V_{CO_2} = 1.866\frac{C_{ar,CO_2}}{100}，\ m^3/kg(标准状态) \tag{3-32}$$

燃料中含硫（$S_{ar}/100$）kg，仍如前所述，标准状态下燃烧生成 SO_2 的体积 V_{SO_2} 为

$$V_{SO_2} = 0.7\frac{S_{ar}}{100}，\ m^3/kg(标准状态)$$

则

$$V_{RO_2}+V_{CO}=1.866\times\frac{C_{ar,CO_2}+0.375S_{ar}}{100}+1.866\times\frac{C_{ar,CO}}{100} \tag{3-33}$$

或

$$V_{RO_2+CO}=1.866\times\frac{C_{ar}+0.375S_{ar}}{100} \tag{3-34}$$

RO_2 和 CO 占干烟气的体积分数为

$$RO_2=\frac{V_{RO_2}}{V_{gy}}\times 100\% \tag{3-35}$$

$$CO=\frac{V_{CO}}{V_{gy}}\times 100\% \tag{3-36}$$

由式（3-35）和式（3-36）相加，可得

$$RO_2+CO=\frac{V_{RO_2+CO}}{V_{gy}}\times 100\%=\frac{1.866(C_{ar}+0.375S_{ar})}{V_{gy}}\% \tag{3-37}$$

则

$$V_{gy}=\frac{1.866(C_{ar}+0.375S_{ar})}{RO_2+CO},\ m^3/kg(标准状态) \tag{3-38}$$

未完全燃烧时水蒸气的体积可用完全燃烧时同样的方法计算。已知未完全燃烧时干烟气的体积和水蒸气的体积，就可求出实际烟气量了。

在锅炉辐射换热计算中，由于烟气中的三原子气体（即 CO_2 和 SO_2）及水蒸气均参与辐射换热，故要算出三原子气体和水蒸气的容积份额 r_{RO_2}、r_{H_2O} 和分压力 p_{RO_2}、p_{H_2O}：

$$r_{RO_2}=\frac{V_{RO_2}}{V_y},\ p_{RO_2}=r_{RO_2}p \tag{3-39}$$

$$r_{H_2O}=\frac{V_{H_2O}}{V_y},\ p_{H_2O}=r_{H_2O}p \tag{3-40}$$

式中 p——烟气的总压力。

烟气中所含灰粒浓度对辐射换热也有影响，飞灰浓度 μ（kg/kg）指每千克烟气中的飞灰质量，即

$$\mu=\frac{A_{ar}a_{fh}}{100m_y} \tag{3-41}$$

$$\begin{aligned} m_y&=1-\frac{A_{ar}}{100}+\left(1+\frac{d}{1000}\right)\times 1.293\alpha V^0 \\ &=1-\frac{A_{ar}}{100}+1.306\alpha V^0 \end{aligned} \tag{3-42}$$

式中 a_{fh}——烟气携带出炉膛的飞灰占燃料总灰分的质量份额，称为飞灰系数；其数值对不同型式的炉子是不相同的，其数值见表 3-6；

m_y——1kg 燃料生成的烟气质量，用式（3-42）计算，kg/kg；

d——干空气的含湿量，通常取 $d=10$g/kg，g/kg；

$1.306\alpha V^0$——1kg 燃料燃烧所需空气及所含水分转入烟气的质量，kg/kg；

A_{ar}——收到基灰分。

第三节　锅炉运行中烟气分析及其应用

一、烟气分析的目的及方法

烟气中的成分及含量直接反映出炉内的燃烧工况，因而，在燃烧调整和日常运行监督中，都需要对烟气进行成分分析。如测量炉膛出口过量空气系数，可得知炉膛的空气供给量；测量锅炉排烟的过量空气系数，可确定排烟热损失；测量 CO、H_2 和 CH_4 等可燃气体成分，可求得化学不完全燃烧损失。

烟气分析的方法很多，有化学吸收法、电气测量法、红外吸收法及色谱分析法等，以下简单介绍奥氏烟气分析仪的工作原理。

二、奥氏烟气分析仪

奥氏烟气分析仪是利用化学药剂对气体选择吸收的特性进行工作的。图 3 - 1 是奥氏分析仪的结构简图。三个吸收瓶中依次放入不同的吸收剂：第一个瓶放氢氧化钾（KOH）溶液，吸收 RO_2；第二个瓶放焦性没食子酸 $C_6H_3(OH)_3$ 的碱性溶液，吸收 O_2（同时也吸收 RO_2）；第三个瓶放氯化亚铜的氨溶液 $Cu(NH_3)_2Cl$，吸收 CO（同时也吸收 O_2）。通过在等温等压条件下，对送入一定量烟气（100ml）在逐个瓶中吸收减量的测定，得到该气体的体积分数。

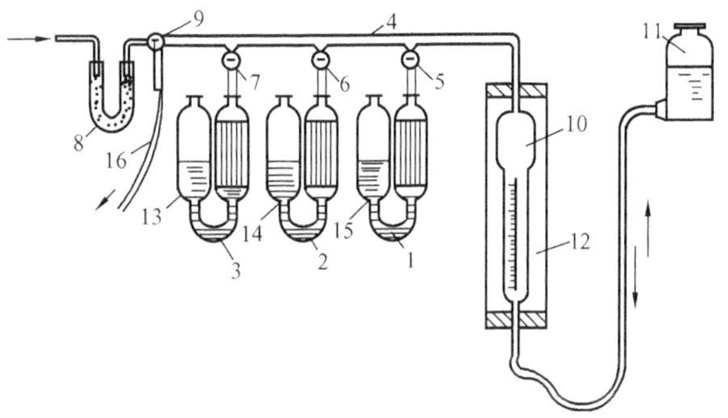

图 3 - 1　奥氏烟气分析仪示意图

1、2、3—吸收瓶；4—梳形管；5、6、7—旋塞；8—过滤器；9—三通旋塞；10—量筒；11—平衡瓶（水准瓶）；12—水套管；13、14、15—缓冲瓶；16—抽气

操作步骤：抽取烟气经 U 形管过滤器，除去其中的灰和杂质，进入量筒，用水准瓶量取烟气 100ml，关闭进口三通阀。然后使烟气依次进入三个吸收瓶 1、2、3，在每个瓶进行吸收时，通过上下移动水准瓶，将烟气多次反复进出吸收瓶，以便充分吸收。烟气反复多次进入吸收瓶 1 后，烟气中的三原子气体 RO_2 被吸收尽，利用量管上的刻度可以测出烟气减少的容积，这减少的容积即为干烟气中三原子气体容积含量的百分数 RO_2。按同样的方法用吸收瓶 2 测出 O_2，用吸收瓶 3 测出 CO，最后量筒中剩余的气体即为 N_2。由于吸收剂有双重吸收功能，故操作时必须按 1、2、3 瓶的次序依次进行，不可颠倒。

测量时，烟气通过 U 形管中水的冷却，量筒外有水夹套，来保持等温（室温）；在每次选择性吸收后读取分容积时，将水准瓶中的水位与量筒中的水位对齐，来保持等压（大气压）。

经过水洗和在量筒中与水进一步接触，烟气中的水蒸气已达到饱和状态。在定温定压条件下，饱和气体中所含水蒸气的体积分数是定值，即水蒸气和干烟气的体积比例是一定的。在某种气体成分被吸收时，所饱和的水蒸气也成比例地凝结，这样测得的就是干烟气成分的体积分数。烟气分析的结果是

$$RO_2 + O_2 + CO + N_2 = 100 \tag{3-43}$$

其中，RO_2、O_2、CO 分别为各组分在干烟气中所占容积分数，根据奥氏烟气分析仪测出的 RO_2、O_2、CO 的值，可由式（3 - 43）求出 N_2 的值。

三、烟气中 CO 含量的计算

在正常燃烧工况下，干烟气中可燃气体成分甚微，如略去 H_2、CH_4 及 $\sum C_mH_n$，CO 含量（体积分数）满足下式：

$$CO=\frac{\left(21-\frac{\beta}{K_{q_4}}RO_2\right)-(RO_2+O_2)}{0.605+\frac{\beta}{K_{q_4}}} \tag{3-44}$$

$$\beta=2.35\frac{H_{ar}-0.126O_{ar}+0.038N_{ar}}{C_{ar}+0.375S_{ar}} \tag{3-45}$$

$$K_{q_4}=\frac{100-q_4}{100} \tag{3-46}$$

式中 β——燃料特性系数，可由燃料的元素分析成分计算；

K_{q_4}——考虑固体未完全燃烧的修正系数。

如忽略燃料中的 N_{ar} 和 S_{ar}，可将式（3-45）简化为

$$\beta=2.35\frac{H_{ar}-0.126O_{ar}}{C_{ar}} \tag{3-47}$$

由此可见燃料特性系数 β 的物理意义是燃料中自由氢（H－0.126O）和 C 的比值。燃料中自由氢越多，β 值就越大。

如不计固体未完全燃烧损失，式（3-44）可写成

$$21=RO_2+O_2+0.605CO+\beta(RO_2+CO) \tag{3-48}$$

式（3-48）称为不完全燃烧方程式。该式为当烟气中的不完全燃烧产物只有 CO 时，烟气中各成分的体积分数与燃料的元素组成成分之间满足的关系式，RO_2 及 O_2 由奥氏分析仪测得，可由式（3-48）计算 CO 的含量。

四、RO_2 和 RO_2^{max} 的计算

当完全燃烧时，CO=0，式（3-48）变为

$$21-O_2=(1+\beta)RO_2 \tag{3-49}$$

式（3-49）称为完全燃烧方程式。在燃料 β 值一定时，无论过量空气量如何，干烟气成分测量值应满足该式。如不能满足，则说明烟气分析不准确，或有碳未燃尽，或有 CO 存在。

由式（3-49）可得

$$RO_2=\frac{21-O_2}{1+\beta},\ \% \tag{3-50}$$

在锅炉运行中，如发现 RO_2 值过小，这就意味着供应的空气量过多，或炉墙、烟道漏风增大。

若在 $\alpha=1$ 的情况下完全燃烧，即 $O_2=0$，CO=0，则烟气中的三原子气体含量达到最大值：

$$RO_2^{max}=\frac{21}{1+\beta},\ \% \tag{3-51}$$

由此可见，RO_2^{max} 值只取决于燃料性质。随着燃料成分的不同，β 值也不同，因而 RO_2^{max} 值也不同。表 3-4 列出各种燃料的 β 值和 RO_2^{max}。

表 3-4　各种燃料的 β 值和 RO_2^{max}

燃料	β	RO_2^{max}（%）	燃料	β	RO_2^{max}（%）
碳	0	21	烟煤	0.10～0.15	19.1～18.3
无烟煤	0.02～0.09	20.6～19.3	甲烷	0.79	11.7
褐煤	0.05～0.11	20～18.9	油页岩	0.21	17.4
泥煤	0.07～0.08	19.6～19.4	重油	0.29～0.35	16.3～15.6
贫煤	0.09～0.12	19.3～18.8	天然气	0.75～0.8	12～11.7

五、过量空气系数 α 的确定

在锅炉运行中，可根据烟气分析结果用以下公式来计算过量空气系数 α。

完全燃烧时

$$\alpha=\frac{21}{21-79\dfrac{O_2}{100-(RO_2+O_2)}} \tag{3-52}$$

不完全燃烧时

$$\alpha=\frac{21}{21-79\dfrac{O_2-0.5(CO+H_2)-2CH_4}{100-(RO_2+O_2+CO+H_2+CH_4)}} \tag{3-53}$$

完全燃烧且不计 β 时

$$\alpha\approx\frac{RO_2^{max}}{RO_2} \tag{3-54}$$

或者

$$\alpha\approx\frac{21}{21-O_2} \tag{3-55}$$

式（3-55）表示的过量空气系数 α 概念为实际供给的氧量 21（若供给的空气量为 100）与燃烧过程实际消耗的氧量（$21-O_2$）之比。

第四节　空气、烟气焓的计算及温焓表

温焓表的计算和编制是锅炉热力计算中重要的一项辅助性计算。并且根据热力学第一定律，用于定常流动的公式，即使存在阻力（非等熵），气流所放出的热（锅炉）或所做的功（汽轮机）都等于焓降。

空气或烟气的焓都是指在等压条件下，将 1kg 燃料燃烧所需的空气量或所产生的烟气量从 0℃加热到 t℃（空气）或 ϑ℃（烟气）时所需的热量，焓以符号 H 表示，单位为 kJ/kg。

一、空气焓的计算

1. 理论空气焓的计算

在标准状态下理论空气量的焓为 H_k^0，计算公式如下：

$$H_k^0=V^0(ct)_k,\ \text{kJ/kg} \tag{3-56}$$

式中　V^0——理论空气量，m^3/kg（标准状态）；

$(ct)_k$——$1m^3$ 湿空气在温度 $t(\vartheta)$ ℃时的容积比焓，可查表 3-5。

2. 实际空气的焓 H_k 的计算

实际空气焓可用式（3-57）计算：

$$H_k = \beta H_k^0 = \beta V^0 (ct)_k, \ kJ/kg \tag{3-57}$$

式中　β——过量空气系数。

表 3-5　　1m³ 空气、烟气和 1kg 灰的焓　　kJ/m³，kJ/kg

ϑ（℃）	$(c\vartheta)_{CO_2}$	$(c\vartheta)_{N_2}$	$(c\vartheta)_{O_2}$	$(c\vartheta)_{H_2O}$	$(ct)_k$	$(c\vartheta)_h$
100	170	130	132	151	132	81
200	358	260	267	305	266	169
300	559	392	407	463	403	264
400	772	527	551	626	542	360
500	994	664	699	795	684	458
600	1225	804	850	969	830	561
700	1462	948	1004	1149	978	663
800	1705	1094	1160	1334	1129	768
900	1952	1242	1318	1526	1282	874
1000	2204	1392	1478	1723	1435	984
1100	2458	1544	1638	1925	1595	1096
1200	2717	1697	1801	2132	1753	1206
1300	2977	1853	1964	2344	1914	1360
1400	3239	2009	2128	2559	2076	1571
1500	3503	2166	2294	2779	2239	1758
1600	3769	2325	2461	3002	2403	1830
1700	4036	2484	2629	3229	2567	2066
1800	4305	2644	2797	3458	2732	2184
1900	4574	2804	2967	3690	2899	2385
2000	4844	2965	3138	3926	3066	2512
2100	5115	3128	3309	4163	3234	
2200	5387	3289	3483	4402	3402	

二、烟气焓

1. 设计时烟气焓的计算

从热力学定律可知，燃烧产物的焓等于它的各组成成分焓的总和。即实际烟气焓 H_y 等于理论烟气焓 H_y^0、过量空气焓 H_k^0 和飞灰焓 H_{fh} 三部分，即

$$H_y = H_y^0 + (\alpha - 1) H_k^0 + H_{fh} \tag{3-58}$$

而理论烟气中含有 RO_2、N_2 和 H_2O 三种成分，所以

$$H_y^0 = V_{RO_2} (c\vartheta)_{RO_2} + V_{N_2}^0 (c\vartheta)_{N_2} + V_{H_2O}^0 (c\vartheta)_{H_2O} \tag{3-59}$$

式中　$(c\vartheta)_{RO_2}$、$(c\vartheta)_{N_2}$ 及 $(c\vartheta)_{H_2O}$——标准状态下 $1m^3$ 的各成分在温度 ϑ℃时的焓值，可查表 3-5。由于 $V_{CO_2} \gg V_{SO_2}$，且两者比热容接近，故取 $(c\vartheta)_{RO_2} = (c\vartheta)_{CO_2}$。

烟气中飞灰的焓为

$$H_{fh} = \frac{A_{ar}}{100} \alpha_{fh} (c\vartheta)_h \tag{3-60}$$

式中　$(c\vartheta)_h$——1kg灰在ϑ℃时的焓值，查表3-5；

$\frac{A_{ar}}{100}\alpha_{fh}$——1kg燃料中的飞灰质量，单位为kg/kg。

烟气中的飞灰焓，只有当

$$4187\frac{\alpha_{fh}A_{ar}}{Q_{ar,net}}\geqslant 6 \quad (3-61)$$

时才计算，否则可略去不计。α_{fh}值可查表3-6。

表3-6　**烟气携带飞灰的质量份额α_{fh}**

炉子型式	α_{fh}	炉子型式	α_{fh}
固态排渣煤粉炉	0.9～0.95	链条炉	0.1～0.2
液态排渣煤粉炉	0.7～0.85	抛煤机炉	0.25～0.4
卧式旋风炉	0.1～0.15	振动炉排炉	0.15～0.25
立式前置炉	0.2～0.4	往复炉排炉	0.1～0.2
鼓泡流化床炉	0.5～0.6	手烧炉	0.2～0.3

2. 锅炉运行时烟气焓计算

实际运行的炉子，可从测得的烟气成分和烟气温度数据，用式（3-62）计算烟气焓H_y：

$$H_y=(V_{gy}c_{gy}+V_{H_2O}c_{H_2O})\vartheta+H_{fh} \quad (3-62)$$

$$c_{gy}=\frac{RO_2c_{RO_2}+N_2c_{N_2}+O_2c_{O_2}+COc_{CO}+H_2c_{H_2}+\cdots}{100} \quad (3-63)$$

式中　c_{gy}——干烟气平均比热容，按求混合气体比热容的方法计算，kJ/（m³·℃）；

c_{RO_2}、c_{N_2}——定压下各气体从0℃到ϑ℃的平均比热容，查表3-7。

表3-7　**0～ϑ℃时，空气、烟气和灰的平均定压比热容**

kJ/（m³·℃），kJ/（kg·℃）

ϑ（℃）	c_{CO_2}	c_{N_2}	c_{O_2}	c_{H_2O}	c_{gk}	c_k	c_{CO}	c_{H_2}	c_{CH_4}	c_h
0	1.5998	1.2946	1.3059	1.4943	1.2971	1.3188	1.2992	1.2766	1.5500	0.7955
100	1.7003	1.2958	1.3176	1.5052	1.3004	1.3243	1.3017	1.2908	1.6411	0.8374
200	1.7873	1.2996	1.3352	1.5223	1.3071	1.3318	1.3071	1.2971	1.7589	0.8667
300	1.8627	1.3067	1.3561	1.5424	1.3172	1.3423	1.3167	1.2992	1.8861	0.8918
400	1.9297	1.3163	1.3775	1.5654	1.3289	1.3544	1.3289	1.3021	2.0155	0.9211
500	1.9887	1.3276	1.3980	1.5897	1.3427	1.3683	1.3427	1.3050	2.1403	0.9240
600	2.0411	1.3402	1.4168	1.6148	1.3565	1.3829	1.3574	1.3080	2.2609	0.9504
700	2.0884	1.3536	1.4344	1.6412	1.3708	1.3976	1.3720	1.3121	2.3768	0.9630
800	2.1311	1.3670	1.4499	1.6680	1.3824	1.4114	1.3862	1.3167	2.4981	0.9797
900	2.1692	1.3795	1.4645	1.6956	1.3976	1.4248	1.3996	1.3226	2.6025	1.0048
1000	2.2035	1.3917	1.4775	1.7226	1.4097	1.4373	1.4126	1.3289	2.6992	1.0258
1100	2.2349	1.4034	1.4893	1.7501	1.4214	1.4499				1.0509
1200	2.2638	1.4143	1.5005	1.7769	1.4327	1.4612	1.4361	1.3431	2.8629	1.0969
1300	2.2898	1.4252	1.5106	1.8028	1.4432	1.4725				1.1304
1400	2.3136	1.4348	1.5202	1.8280	1.4528	1.4830	1.4566	1.3500		1.1849

续表

ϑ (℃)	c_{CO_2}	c_{N_2}	c_{O_2}	c_{H_2O}	c_{gk}	c_k	c_{CO}	c_{H_2}	c_{CH_4}	c_h
1500	2.3354	1.4440	1.5294	1.8527	1.4620	1.4926				1.2228
1600	2.3555	1.4528	1.5378	1.8761	1.4708	1.5018	1.4746	1.3754		1.2979
1700	2.3743	1.4612	1.5462	1.8996	1.4788	1.5102				1.3398
1800	2.3915	1.4687	1.5541	1.9213	1.4867	1.5177	1.4901	1.3917		1.3816
1900	2.4074	1.4759	1.5617	1.9423	1.4939	1.5257				1.4235
2000	2.4221	1.4825	1.5692	1.9628	1.5010	1.5328	1.5039	1.4076		
2100	2.4359	1.4893	1.5759	1.9825	1.5037	1.5399				
2200	2.4484	1.4951	1.5830	2.0009	1.5135	1.5462	1.5160	1.4227		
2300	2.4602	1.5010	1.5897	2.0189	1.5194	1.5525				
2400	2.4710	1.5064	1.5964	2.0364	1.5252	1.5583	1.5340	1.4373		
2500	2.4811	1.5114	1.6027	2.0528	1.5303	1.5638				

3. 有烟气再循环时烟气焓计算

在燃烧产物体积和焓的计算中，烟气再循环应考虑从再循环烟气进入锅炉处到烟气抽出处的一段流程。

烟气抽出点的再循环率 r 为

$$r=\frac{V_z}{V_c} \tag{3-64}$$

式中 V_z——再循环烟气容积，m^3/kg；

V_c——烟气抽取点以后的烟道内的烟气容积，m^3/kg。

有烟气再循环时的烟气焓为

$$H_{yz}=H_y+rH_c,\ kJ/kg \tag{3-65}$$

式中 H_{yz}——有再循环时，计算点的烟气焓，kJ/kg；

H_y——无再循环时，计算点的烟气焓，kJ/kg；

H_c——抽气点处烟气焓，kJ/kg。

混合后的烟气温度 ϑ_{yz} 为

$$\vartheta_{yz}=\frac{H_{yz}}{(Vc)_{yz}},\ ℃ \tag{3-66}$$

$$(Vc)_{yz}=(Vc)_y+r(Vc)_c \tag{3-67}$$

式中 $(Vc)_{yz}$——有烟气再循环时，计算点烟气的合成比热容，kJ/（kg·℃）；

$(Vc)_c$——抽气点的烟气合成比热容，kJ/（kg·℃）；

$(Vc)_y$——无再循环时，计算点的烟气合成比热容，kJ/（kg·℃）。

对于从炉膛下部抽取、作为干燥燃料用的而又返回炉膛的烟气来说，在烟气容积和焓的计算中不考虑再循环。

三、烟气焓—温表及焓—温图

设计锅炉时用式（3-58）计算烟气焓，从该式可以看出，烟气焓不仅随烟道各处的烟气温度不同而变化，而且也随烟道各处的过量空气系数不同而变化，因此，计算烟道各处的烟气焓将是一项十分复杂的工作。为了简化计算手续和使用方便，在进行锅炉热力计算时，都需要事先编制烟气焓—温表或焓—温图（即 H-ϑ 图），以便在不同的过量空气系数下，知道温度可立即查出焓；或已知焓，立即可以查出温度。烟气焓—温表的编制步骤如下。

(1) 选择炉膛出口的过量空气系数 α''_l 及烟道各处的漏风系数 $\Delta\alpha$，并根据 $\alpha''=\alpha'+\Delta\alpha$（$\alpha'$、$\alpha''$分别为某段烟道的进口与出口过量空气系数）的关系，计算出烟道各处的过量空气系数。

(2) 对应于每一个 α''值，根据该段管道的温度范围假定几个烟气温度，分别用计算式（3-58）求得假定温度下的焓。

(3) 根据各个过量空气系数下的烟气温度和焓，绘制成焓—温表，格式见表3-8。将焓—温表中的温焓关系画成曲线则成为焓温图，如图3-2所示，图中 α_1、α_2、α_3、α_4 为烟道各处的过量空气系数，且 $\alpha_1<\alpha_2<\alpha_3<\alpha_4$。

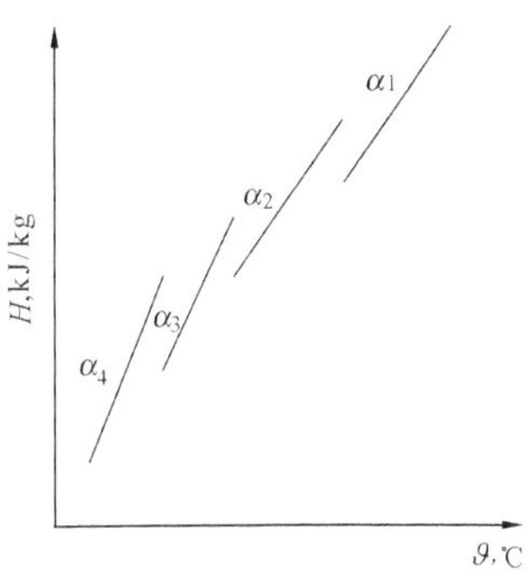

图3-2　焓—温图

表3-8　烟气焓—温表

ϑ_y (℃)	H_y^0 (kJ/kg)	H_k^0 (kJ/kg)	H_{fh} (kJ/kg)	$H_y=H_y^0+(\alpha-1)H_k^0+H_{fh}$					
				α_1		α_2		…	
				H_y	ΔH_y	H_y	ΔH_y	H_y	ΔH_y
100									
200									
300									
…									

第五节　锅炉热平衡

锅炉热平衡是指在稳定运行状态下，锅炉输入热量与输出热量及各项热损失之和的热量平衡。热平衡是以1kg固体或液体燃料，或0℃、0.1MPa的1m^{3}气体燃料为基础进行计算的。通过热平衡可知锅炉的有效利用热量、各项热损失，从而计算锅炉效率和燃料消耗量，以检查锅炉的设计质量和运行水平，并分析产生热损失的主要原因，及时调整、改进，提高效率。

一、热平衡方程式

从能量守恒的角度考虑，对整个锅炉机组而言，输入锅炉的热量应等于输出锅炉的热量，写成数学表达式如下

$$Q_r=Q_1+Q_2+Q_3+Q_4+Q_5+Q_6,\ \text{kJ/kg} \tag{3-68}$$

式中　Q_r——锅炉输入热量，kJ/kg；

Q_1——锅炉有效利用的热量，kJ/kg；

Q_2——排烟热损失，kJ/kg；

Q_3——气体不完全燃烧热损失，kJ/kg；

Q_4——固体不完全燃烧热损失，kJ/kg；

Q_5——锅炉散热损失，kJ/kg；

Q_6——其他热损失，kJ/kg。

将上式用方程右侧各项热量占输入热量的比值百分数来表示，则为

$$100 = q_1 + q_2 + q_3 + q_4 + q_5 + q_6, \ \% \tag{3-69}$$

$$q_1 = \frac{Q_1}{Q_r} \times 100$$

$$q_2 = \frac{Q_2}{Q_r} \times 100$$

……

1kg 燃料输入锅炉的热量、锅炉有效利用热量和各项热损失热量之间的平衡关系也可用图 3-3 来表示。图中热空气带入炉内的热量来自锅炉本身，是一股循环热量，故在热平衡中不予考虑。

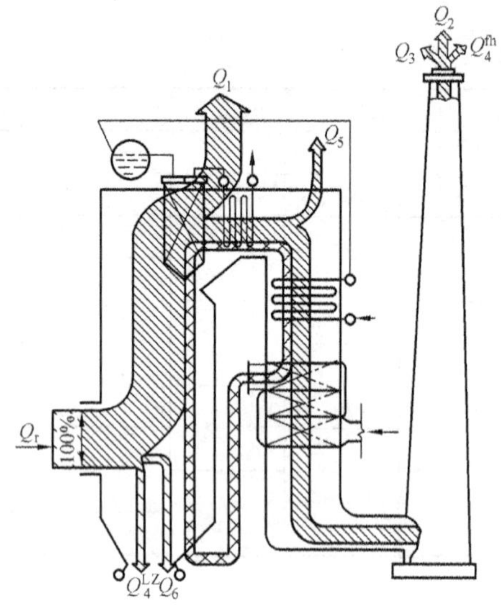

图 3-3 锅炉热平衡示意图

二、输入锅炉热量

锅炉输入热量 Q_r 是由锅炉范围以外输入的热量，不包括锅炉范围内循环的热量，通常有如下几项：

$$Q_r = Q_{ar,net} + i_r + Q_{wr} + Q_{wh}, \ \text{kJ/kg} \tag{3-70}$$

式中 $Q_{ar,net}$——燃料的收到基低位发热量，kJ/kg；

i_r——燃料的物理显热，kJ/kg；

Q_{wr}——外热源加热空气时带入的热量，kJ/kg；

Q_{wh}——雾化燃油所用蒸汽带入的热量，kJ/kg。

各项热量的计算公式如下。

1. i_r

$$i_r = c_{p,ar} t_r \tag{3-71}$$

式中 $c_{p,ar}$——燃料的收到基比定压热容，kJ/(kg · ℃)；

t_r——燃料温度，℃。

对于固体燃料，当用外来热源干燥时，应计算此项；若未经预热，则只有当 $M_{ar} \geq \frac{Q_{ar,net}}{630}$ %时才须计算，此时可取 $t_r = 20$℃。

固体燃料比热容按式（3-72）计算：

$$c_{ar} = c_d \frac{100 - M_{ar}}{100} + 4.187 \frac{M_{ar}}{100}, \ \text{kJ/(kg · ℃)} \tag{3-72}$$

式中 c_{ar}——燃料干燥基比热容，按表 3-9 取用，kJ/（kg · ℃）。

表 3-9 **燃料干燥基比热容** kJ/（kg·℃）

燃 料	温 度（℃）				
	0	100	200	300	400
无烟煤和贫煤	0.92	0.96	1.05	1.13	1.17
烟煤	0.96	1.09	1.26	1.42	
褐煤	1.09	1.26	1.46		
油页岩	1.05	1.13	1.30		
泥煤	1.30	1.51	1.80		

对于液体燃料，重油的比热容按式（3-73）计算：

$$c_{ar,ho}=1.738+0.0025t_{ho}, \text{ kJ/(kg·℃)} \tag{3-73}$$

式中 t_{ho}——重油温度，℃。

或近似取 $c_{ar,ho}=2.09$kJ/（kg·℃）。

2. Q_{wr}

$$Q_{wr}=\beta(H_k^0-H_{lk}^0) \tag{3-74}$$

式中 β——进入锅炉（空气预热器）的空气量与理论空气量之比，即空气预热器前的过量空气系数；

H_k^0——锅炉（空气预热器）进口处理论空气焓，kJ/kg；

H_{lk}^0——理论冷空气的焓，kJ/kg。冷空气温度取为 $t_{lk}=30$℃。当无外热源加热空气时，则 $Q_{wr}=0$。

3. Q_{wh}

$$Q_{wh}=G_{wh}(h_{wh}-2510), \text{ kJ/kg} \tag{3-75}$$

式中 G_{wh}——每千克燃油雾化所用的蒸汽量，kg/kg；

h_{wh}——雾化蒸汽焓，kJ/kg；

2510——雾化蒸汽随排烟离开锅炉时的焓，取其值等于汽化潜热，kJ/kg。

对于燃煤锅炉，如燃煤和空气都未利用外部热源进行预热，且燃煤水分 $M_{ar}<\frac{Q_{ar,net}}{630}$，则锅炉输入热量就等于燃煤收到基低位发热量，即

$$Q_r=Q_{ar,net} \tag{3-76}$$

三、锅炉有效利用热

锅炉有效利用热指水和蒸汽流经各受热面时吸收的热量。空气在空气预热器吸热后又回到炉膛，这部分热量属锅炉内部热量，不应计入。锅炉有效利用热 Q 为

$$Q=[D_{gr}(h_{gr}-h_{gs})+D_{zr}(h''_{zr}-h'_{zr})+D_{zy}(h_{zy}-h_{gs})+D_{pw}(h'-h_{gs})], \text{ kJ/s} \tag{3-77}$$

式中 D_{gr}、D_{zr}、D_{zy}、D_{pw}——过热蒸汽量、再热蒸汽量、自用蒸汽量和排污量，kg/s；

h_{gr}、h''_{zr}、h'_{zr}、h'、h_{gs}、h_{zy}——过热蒸汽出口焓、再热蒸汽出口焓、入口焓、汽包压力下饱和水焓、给水焓和自用蒸汽焓，kJ/kg。

每千克燃料的有效利用热量 Q_1 可用式（3-78）计算：

$$Q_1=\frac{Q}{B}=\frac{1}{B}[D_{gr}(h_{gr}-h_{gs})+D_{zr}(h''_{zr}-h'_{zr})+D_{zy}(h_{zy}-h_{gs})+D_{pw}(h'-h_{gs})],\ \text{kJ/kg} \tag{3-78}$$

式中 B——锅炉的燃料消耗量，kg/s。

对于有分离器的直流锅炉，锅炉排污量为分离器的排污量。当排污量小于蒸发量的2%时，排污水的热耗可以忽略不计。

四、各项热损失

1. 固体不完全燃烧热损失 q_4

这是燃料中未燃烧或未燃尽碳造成的热损失，这些碳残留在灰渣中，也称为机械未完全燃烧热损失。对不同燃烧方式，燃料燃烧生成不同形式的灰渣。固体不完全燃烧热损失 q_4 的计算公式如下：

对于煤粉炉，固体不完全燃烧热损失是由于飞灰和炉渣中含有未燃尽的碳导致的。

$$q_4=\left(\alpha_{lz}\frac{C_{lz}}{100-C_{lz}}+\alpha_{fh}\frac{C_{fh}}{100-C_{fh}}\right)\times\frac{32700A_{ar}}{Q_r},\ \% \tag{3-79}$$

$$\alpha_{lz}+\alpha_{fh}=1 \tag{3-80}$$

对于火床炉，除飞灰和炉渣中含有未燃尽的碳外，还有部分燃料经炉排落入灰坑引起的损失。

$$q_4=\left(\alpha_{lz}\frac{C_{lz}}{100-C_{lz}}+\alpha_{lm}\frac{C_{lm}}{100-C_{lm}}+\alpha_{fh}\frac{C_{fh}}{100-C_{fh}}\right)\times\frac{32700A_{ar}}{Q_r},\ \% \tag{3-81}$$

$$\alpha_{lz}+\alpha_{lm}+\alpha_{fh}=1 \tag{3-82}$$

对于流化床锅炉，除飞灰和炉渣中含有未燃尽的碳外，还包括溢流灰中未燃尽的碳。

$$q_4=\left(\alpha_{yl}\frac{C_{yl}}{100-C_{yl}}+\alpha_{lz}\frac{C_{lz}}{100-C_{lz}}+\alpha_{fh}\frac{C_{fh}}{100-C_{fh}}\right)\times\frac{32700A_{ar}}{Q_r},\ \% \tag{3-83}$$

$$\alpha_{yl}+\alpha_{lz}+\alpha_{fh}=1 \tag{3-84}$$

上列各式中 α_{lz}、α_{lm}、α_{fh}、α_{yl}——炉渣、漏煤、飞灰、溢流灰中的灰量占入炉燃料总灰分的质量份额；

C_{lz}、C_{lm}、C_{fh}、C_{yl}——炉渣、漏煤、飞灰、溢流灰中可燃物含量的质量百分数，32700为每千克纯碳的发热量，kJ/kg。

由于烟气中飞灰量在运行时很难测准，这时，往往采用灰平衡法加以计算。所谓灰平衡法，即锅炉燃料中的总灰分等于排出锅炉各种灰渣的总和。式（3-80）、式（3-82）、式（3-84）称为灰平衡方程式。在锅炉热效率试验中，就是用灰平衡测定法测出各种灰渣的质量份额和其中的可燃物含量，然后用上述公式计算出 q_4。

在设计锅炉时，q_4 可按燃料种类和燃烧方式选用，热力计算方法参阅表3-10。

表3-10 电厂锅炉 q_4 的一般数据

锅炉类型	煤种	q_4（%）	备注	锅炉类型	煤种	q_4（%）	备注
固态排渣煤粉炉	无烟煤	4～6	挥发分高取小值	液态排渣煤粉炉	无烟煤	3～4	挥发分高取小值
	贫煤	2			贫煤	1～1.5	挥发分高取小值
	烟煤	1～1.5	挥发分高取小值		烟煤	0.5	
	褐煤	0.5～1	挥发分高取小值		褐煤	0.5	

影响 q_4 的主要因素有：燃料性质、燃烧方式、炉膛型式和结构、燃烧器设计和布置、炉膛温度、锅炉负荷、运行水平、燃料在炉内的停留时间和与空气的混合情况等。显然，燃料的挥发分越多，煤粉越细，燃烧和燃尽越容易，q_4 越小。

2. 气体不完全燃烧热损失 q_3

由于 CO、H_2、CH_4 等可燃气体未燃烧放热就随烟气离开锅炉排入大气而造成的热损失，也称化学不完全燃烧损失。锅炉运行中可用式（3-85）计算：

$$q_3=\frac{C_{ar}+0.375S_{ar}}{Q_r}\times\frac{236CO+201.5H_2+668CH_4}{RO_2+CO+CH_4}\times\frac{100-q_4}{100}\times 100,\ \% \quad (3-85)$$

式中　CO、H_2、CH_4——干烟气中一氧化碳、氢气、甲烷的容积分数，可从烟气分析测得；

RO_2——干烟气中三原子气体容积分数。

当燃用固体燃料时，烟气中的 H_2、CH_4 等可燃气体的含量很少，为了简化计算，可认为烟气中的可燃气体只有 CO。式（3-85）可以简化为

$$q_3=236\frac{C_{ar}+0.375S_{ar}}{Q_r}\times\frac{CO}{RO_2+CO}\times\frac{100-q_4}{100}\times 100,\ \% \quad (3-86)$$

正常燃烧时，q_3 值很小。在进行锅炉设计时，q_3 值可按燃料种类和燃烧方式选取；煤粉炉 $q_3=0$，燃油和燃气炉 $q_3=0.5\%$，火床炉 $q_3=0.5\%\sim1\%$。运行时按式（3-85）、式（3-86）计算。

影响 q_3 的主要因素有：燃料的挥发分、炉膛过量空气系数、燃烧器结构和布置、炉膛温度和炉内空气动力工况等。一般 V_{daf} 多的燃料其 q_3 损失相对较大，这时更应注意炉内燃烧工况，应使可燃气体及时获得充分的氧气，减少不完全燃烧损失。同时炉内的温度也不能过低，否则将影响 CO 的燃尽（当炉温低于 800～900℃时，CO 是很难燃烧的）。

3. 排烟热损失 q_2

排烟热损失是由于排出锅炉时的烟气焓高于进入锅炉时的空气焓而造成的热损失，也是煤粉炉中热损失中最主要的一项，对大中型锅炉，q_2 为 4%～8%。排烟热损失的计算公式如下：

$$q_2=\frac{Q_2}{Q_r}\times 100=\frac{(H_{py}-\alpha_{py}H^0_{lk})(100-q_4)}{Q_r},\ \% \quad (3-87)$$

$$\alpha_{py}=\alpha''_l+\sum\Delta\alpha$$

式中　H_{py}——排烟焓，kJ/kg；

H^0_{lk}——进入锅炉的冷空气焓，按冷空气温度 $t_{lk}=30$℃计算，kJ/kg；

α_{py}——排烟处的过量空气系数。

设计时 H_{py} 按选取的排烟温度 ϑ_{py} 和 α_{py} 查焓温表 3-5 得到。锅炉运行时。α_{py} 按测得的烟气成分计算得出，ϑ_{py} 实测得到，则 H_{py} 可按式（3-62）计算得到。

影响 q_2 的主要因素为排烟温度和烟气容积。排烟温度越高，则 q_2 越大，一般 ϑ_{py} 升高 10～20℃可使 q_2 约增加 1%。所以应使排烟温度尽量降低；但是排烟温度的降低，又会引起空气预热器金属耗量和烟气流动阻力的增大，同时可能造成尾部受热面的低温腐蚀，因此合理的排烟温度，应通过技术经济比较才能确定。一般对大、中型锅炉，排烟温度约为 110～180℃（设计时可在该范围选取，运行通过实测得到）。若受热面积灰或结渣，易导致排烟温度升高，故要经常吹灰以保持受热面清洁。

烟气容积增大，q_2 也越大。影响烟气容积的主要因素为炉膛过量空气系数和各处的漏风系数，而炉膛出口的过量空气系数受最佳值（对应于 q_2、q_3、q_4 之和为最小时对应的过量空气系数）和推荐值的限制，不能过于降低，因此，尽量减少漏风，以降低排烟热损失。

4. 散热损失 q_5

这是由于锅炉炉墙、汽包、联箱、汽水管道、烟风管道的温度高于环境温度而散失的热量。

（1）散热损失的计算。由于散热损失通过试验来测定是非常困难的。当已知锅炉额定蒸发量时，散热损失可查图 3-4，或按式（3-88）求额定蒸发量时的散热损失 $q_{5,ed}$：

$$q_{5,\ ed}=5.82(D_{ed})^{-0.38} \tag{3-88}$$

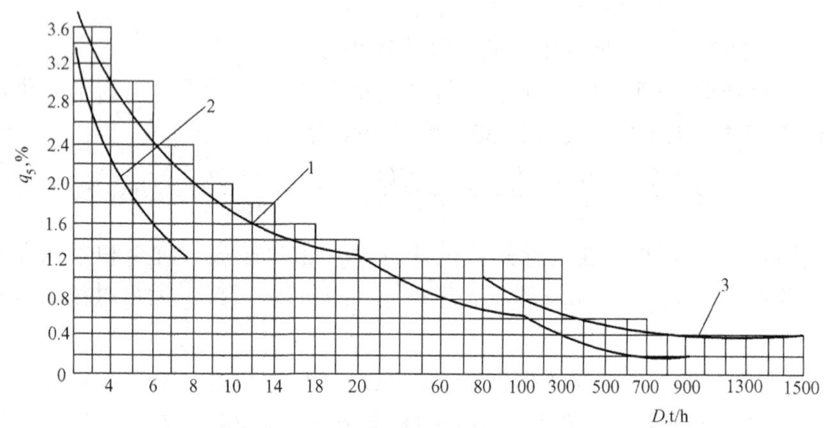

图 3-4 锅炉额定蒸发量下的散热损失

1—锅炉整体（连同尾部受热面）；2—锅炉本身（无尾部受热面）；

3—我国电站锅炉性能验收规程中的曲线（连同尾部受热面）

当锅炉在其他蒸发量运行时，应换算成实际散热损失 q_5：

$$q_5=q_{5,\ ed}\frac{D_{ed}}{D} \tag{3-89}$$

式中 D_{ed}、D——额定蒸发量和实际蒸发量，kg/s；

$q_{5,ed}$——额定蒸发量时的散热损失，%。

影响散热损失的主要因素有：锅炉外表面积的大小、外表面温度、炉墙结构、保温隔热性能及环境温度等。

（2）保热系数。进行锅炉热力计算时，需要涉及各段受热面所在烟道的散热损失。当烟气流过某个受热面时所放出的热量，其中绝大部分被受热面中的工质吸收，很少一部分热量则是以散热方式损失掉了。通常烟气放出的热量被受热面吸收的程度用保热系数 φ 来考虑，即

$$\varphi=\frac{受热面中工质吸收的热量}{烟气放出的热量}$$

为了简化计算，认为各段烟道受热面的保热系数可取同一数值，并可按整台锅炉的保热系数来计算，即

$$\varphi=\frac{Q_1+Q_{ky}}{Q_1+Q_{ky}+Q_5} \tag{3-90}$$

式中　Q_1——锅炉有效利用热量，kJ/kg；

Q_{ky}——空气预热器总吸热量，kJ/kg；

Q_5——散热损失的热量，kJ/kg。

当空气预热器的吸热量相对于锅炉有效利用热量很小时，保热系数可简化为

$$\varphi=\frac{Q_1}{Q_1+Q_5}=\frac{\eta}{\eta+q_5}=1-\frac{q_5}{\eta+q_5} \tag{3-91}$$

上式可改写成

$$1-\varphi=\frac{q_5}{\eta+q_5} \tag{3-92}$$

$(1-\varphi)$ 称为散热系数，它表示受热面所在烟道的散热程度。

5. 其他热损失 q_6

锅炉的热损失中，除了上述损失外主要还有灰渣物理热损失 q_6^{hz}，它是由灰渣排出炉外时带走的热量。

对固态排渣煤粉炉，只有当燃料中灰分满足 $A_{ar}\geqslant\frac{Q_{ar,net}}{418}$ 时才需计算 q_6^{hz}。

灰渣物理显热损失 q_6^{hz} 等于每千克燃料中的灰渣量与该温度下的灰渣焓的乘积，用式（3-93）计算：

$$q_6^{hz}=\frac{A_{ar}a_{hz}(c\vartheta)_{hz}}{Q_r},\ \% \tag{3-93}$$

式中　$(c\vartheta)_{hz}$——1kg 灰渣在温度为 ϑ℃时的质量比焓，kJ/kg，可查表 3-5；

a_{hz}——排灰渣量占入炉燃料总灰分的质量份额。

当各部分灰渣温度不等时，应分别计算，然后相加。

灰渣温度：对固态排渣炉和火床炉，取 $\vartheta_{hz}=600$℃；液态排渣炉，$\vartheta_{hz}=t_3+100$℃；流化床锅炉溢流灰温度等于床温，冷渣管排出冷灰温度比床温低 50℃。

五、锅炉效率 η

锅炉效率即为锅炉的有效利用热与锅炉送入热量之比，即

$$\eta=\frac{Q_1}{Q_r}\times 100,\ \% \tag{3-94}$$

上述计算热效率的方法称为正平衡法。在锅炉设计或热效率试验时常用反平衡法，即求出各项热损失后，用式（3-95）求得 η：

$$\eta=100-(q_2+q_3+q_4+q_5+q_6),\ \% \tag{3-95}$$

再按下式计算出锅炉单位时间的实际燃料消耗量 B：

$$B=\frac{100Q}{\eta Q_r},\ \text{kg/s} \tag{3-96}$$

式中　Q——工质（水，蒸汽）的总有效利用热，kJ/s。

扣除 q_4 造成的影响，实际参加燃烧的燃料量为

$$B_j=B\left(1-\frac{q_4}{100}\right),\ \text{kg/s} \tag{3-97}$$

B_j 称为计算燃料消耗量，在锅炉热力计算中均以 B_j 进行计算。

另外，以上五项热损失可分成二类：q_2、q_5、q_6 表示燃料燃烧放出的热量中以各种形

式逸离锅炉而造成的损失；q_3 和 q_4 则表示进入锅炉的燃料因没有燃烧、放出热量而造成的损失，反映燃烧的完全程度，通常用燃烧效率 η_r 来表示：

$$\eta_r = 100 - (q_3 + q_4), \ \% \tag{3-98}$$

大型煤粉燃烧锅炉和循环流化床锅炉的燃烧效率可达到98%～99%以上。

第六节　锅炉热平衡试验方法

热平衡试验是锅炉设备热工试验中最基本的一项试验。热平衡试验可以用来作为：

（1）锅炉新产品的鉴定试验。鉴定新产品的技术经济指标是否与设计值相符，确定设备的运行方式。

（2）锅炉设备的运行调整试验。确定锅炉设备最有利的运行方式，规定设备的技术经济指标，作为判定或修改运行规程和运行技术管理的依据，并查明运行中的缺陷。

（3）运行比较性试验。比较设备改进或检修前后的经济效果。当燃料特性、操作技术有较大改变时，需确定合理的运行参数，了解设备运行的经济性。

一、热平衡试验的目的

（1）确定锅炉效率。

（2）确定锅炉的各项热损失。

（3）确定不同运行工况下的各项经济指标，制定合理的运行操作守则。

二、热平衡试验的组织和准备工作

锅炉效率试验的组织和准备工作如下：

（1）熟悉锅炉机组的技术资料和运行特性。

（2）全面检查锅炉机组及其辅助设备、测量仪表、自动调节装置的情况，以了解其是否处于完好状态，如有缺陷，及时消除。

（3）制定试验计划，内容包括：试验任务和要求，试验准备工作（如安装测点和取样设备，准备测试仪器等），试验顺序，测试内容和方法，人员组织和进度等。

（4）在制定试验计划的基础上，编写试验准备工作的任务书，其内容包括试验所需器具装置的制造和安装等项目。

（5）组织试验小组。

（6）准备好所需试验仪器。

（7）对试验所需配件的安装进行技术监督，并培训试验观测人员。

三、热平衡试验的要求

（一）试验负荷的选择

为了求得锅炉在负荷变化范围内的运行特性，各项试验应在锅炉的四种负荷下进行。

（1）锅炉的额定负荷。

（2）锅炉的最低负荷。

（3）在额定和最低负荷之间选择适当的两个中间值，其中一个最好在经济负荷范围内。如有必要，还可进行锅炉设备短时的最大负荷（超额定负荷5%～10%）试验。

每改变一种工况，原则上应重复进行两次测试，如两次测试的结果相差过大时，则需重做一次或多次。

（二）煤质与主要参数的允许波动范围

试验期间所用的煤种，必须是试验大纲所规定的煤种。在进行同一项目的试验时，每次测试中燃煤的各项工业分析数据与全组测试该项目中的平均值之间的允许偏差，一般为：

收到基水分（M_{ar}）：煤粉炉 $\Delta M_{ar} \leqslant \pm 2\%$；链条炉 $\Delta M_{ar} \leqslant \pm 1\%$。如 $M_{ar} > 15\%$，允许误差（ΔM_{ar}）可适当放宽。收到基灰分（A_{ar}）：当 $A_{ar} < 15\%$ 时，$\Delta A_{ar} \leqslant \pm 1\%$；当 $A_{ar} = 15\% \sim 30\%$ 时，$\Delta A_{ar} \leqslant \pm 2\%$；当 $A_{ar} > 30\%$ 时，$\Delta A_{ar} \leqslant \pm 3\%$。收到基低位发热量（$Q_{ar,net}$）：$Q_{ar,net} \leqslant \pm 629 kJ/kg$。

试验期间，锅炉蒸汽参数及过量空气系数等尽可能地维持稳定，其允许波动范围一般为

锅炉负荷		±5%；
汽压	中、低压锅炉	±0.05MPa；
	高压锅炉	±0.1MPa；
汽温		±5℃；
过量空气系数		±0.05。

此外，试验期间的给水温度不应有较大波动。

（三）试验前的稳定阶段与试验持续时间

各类试验一般应在锅炉带负荷连续运行 72h 以后进行，以保证全部锅炉设备的工况完全稳定。在试验前的稳定阶段内，应将负荷调整到试验规定的负荷，经 1～2h 后，在燃料量和空气量已稳定的情况下，等待烟道各部位的烟温稳定后，方可开始试验。受热面吹灰、炉膛清灰及定期排污等工作都应在试验前的负荷稳定阶段内完成。

对于燃煤锅炉，一般规定每一工况下正平衡试验的延续时间为 8h，反平衡试验的延续时间为 4h，但根据具体情况可适当减少，正平衡 4h，反平衡 2h 亦可。

四、热平衡试验测定内容

热平衡试验测定内容，应根据试验要求而定，一般进行热平衡试验（反平衡）的主要测定项目如下。

（一）入炉原煤的采样

原煤的采样和分析对效率计算的准确度影响颇大，因而是锅炉试验最基本而又关键的测量项目。

煤粉炉的原煤取样，一般在给煤机处进行。在采样和保存过程中，储样桶必须盖好盖子，使煤样保持密封状态，以避免水分蒸发。

采取的试样应能代表试验期间所用燃料的平均品质。给煤机处取样，一般每隔 15min 取一次，每次约取 1kg。试验结束后，进行充分混合，取样作元素分析、工业分析及煤粉细度分析。

（二）飞灰取样及可燃物含量测定

在锅炉试验时，采集飞灰样并分析其可燃物含量是重要的基本测量项目之一，对煤粉炉来讲，更是反映燃烧效果的主要技术指标。在日常运行中，为了监督和不断改进运行操作，也需要经常采集飞灰试样。

在各种燃烧方式的锅炉上，应在尾部烟道的适宜部位安装一套或数套专用的取样系统，连续抽取少量的烟气流并在系统中将其所含的飞灰全部分离出来作为飞灰试样。

如果锅炉装有效率较高的干式除尘器，也可取其排灰的样品作为飞灰试样。

如装有固定的旋风捕集飞灰取样器时，应在试验前将取样瓶内的灰倒净。在试验期间收集 2～3 次即可。

（三）炉渣取样及可燃物含量测定

炉渣采样并分析其可燃物含量对链条炉来说是很重要的，因为它是构成机械不完全燃烧热损失 q_4 的主要部分，所以，必须注意采样的代表性。对煤粉炉来说，炉渣采样同飞灰采样相比是次要的。

当煤粉炉进行试验时，为保持燃烧稳定和避免漏风、一般不放灰和冲灰。炉渣采样可待试验结束后，用长手柄的铁铲由灰斗内分不同部位掏取。

如煤粉炉在试验期间连续冲灰，可每隔 30min 采样一次。一般来说炉渣的原始试样数量应不少于炉渣总量的 5%。

（四）烟气成分分析

在锅炉试验中，为下列目的，需要分别采取烟气样品进行成分分析。

（1）为了确定炉膛出口过量空气系数，最好在屏式过热器出口烟道内取样。

（2）为了确定锅炉的排烟热损失，需要测定排烟的过量空气系数和烟气容积，应该在锅炉尾部最末级受热面后的烟道内取样，取样截面和排烟温度的测量截面要尽量靠近。

（3）为了确定化学未完全燃烧热损失，可在烟道中任何截面上取样。但最好与上述某一项结合，以免重复分析。

（4）为了确定某一段烟道的漏风情况，需测定该烟道进、出口的过量空气系数，应在其进、出口处取样。

由于大容量锅炉的烟道很宽，烟气成分很可能不均匀，所以每一取样处，应在左右两侧取样分析。

采用奥氏烟气分析仪就地分析烟气成分含量时，一般可每隔 15min 取样分析一次。

一般情况下，烟气中的 CO 含量很少，难于用奥氏分析仪测定，此时，可用烟气全分析仪进行测定或根据奥氏分析仪测定的 RO_2、O_2 含量用 CO 含量计算公式进行计算。在要求不甚严格的情况下，也可认为 CO=0，这就不需要测定或计算 CO 含量。

（5）排烟温度的测定。由于烟道两侧的排烟温度可能不相等，特别是装有回转式空气预热器的排烟温度两侧相差很大，甚至高达 50℃，所以应在烟道两侧都进行测量。

如同时按正平衡法进行试验时，还应增加如下的基本测量项目：

1）锅炉的蒸汽流量或给水流量，连续排污量及减温水流量仪。

2）给水和蒸汽温度仪。

3）入炉燃料量仪。

4）蒸汽压力。

五、主要参数的记录及数据的整理

试验期间的温度、压力、流量等重要参数应每隔 15min 记录一次，需要记录的项目，应根据试验要求选定。

每次试验结束后，要进行数据的整理工作。对测试中重复多次测取的参数，一般取其算术平均值作为其直接测量值。在计算平均值时，须先审查观测记录，遇有与正常读数相差较大的记录值，应加以分析，根据误差范围的要求决定取舍。

在测试过程中，如规定的工况受到短期破坏，参数的变化超过允许范围时，则在观测记录上应取消受到影响的那些测量读数。重复多次测取的测量参数，如果被取消的及舍弃的读数个数超过测试期间内应该测取的总数的 1/3 时，则该测量项目无效。如一次测试中有几个项目无效，而且影响到测试结果时，则整个这次测试无效。

各测量参数的观测值，通常仅取最末一位有效数字是不准确的，各测量参数的平均测值只取有效数字位数，其末位为不准确数字。如果参加平均的读数等于或超过 4 个，则其平均值的有效数字可较读数增加一位。求得平均测值后，按系统误差的处理方法进行更正及修正，然后记入测试数据计算表格中。对于一般试验，各项热损失的计算值取到小数点后两位，而锅炉效率数值，则只保留到小数点后一位（均以百分数表示）。

煤粉炉热平衡试验效率计算表（反平衡）示例见表 3-11。

表 3-11　锅炉热平衡试验效率计算表（反平衡）

序号	项目	符号	单位	计算公式或求得方法	数值
1	锅炉负荷	D	t/h	测验记录平均值	
2	煤的元素成分		%		
	收到基碳	C_{ar}	%	取样分析结果	
	收到基氢	H_{ar}	%	取样分析结果	
	收到基氧	O_{ar}	%	取样分析结果	
	收到基氮	N_{ar}	%	取样分析结果	
	收到基硫	S_{ar}	%	取样分析结果	
	收到基灰分	A_{ar}	%	取样分析结果	
	收到基水分	M_{ar}	%	取样分析结果	
	收到基低位发热量	$Q_{ar,net}$	kJ/kg	取样分析结果	
3	输入热量	Q_r	kJ/kg	式（3-70）	
4	飞灰份额	α_{fh}	%	查表 3-6	
5	炉渣份额	α_{lz}	%	$100-\alpha_{fh}$	
6	飞灰可燃物含量	C_{fh}	%	取样分析结果	
7	炉渣可燃物含量	C_{lz}	%	取样分析结果	
8	机械不完全燃烧热损失	q_4	%	式（3-79）	
9	排烟的烟气成分				
	排烟 RO_2 量		%	测试记录平均值	
	排烟 O_2 量		%	测试记录平均值	
	排烟 CO 量		%	测试记录平均值	
	排烟 N_2 量		%	测试记录平均值	
10	燃料的特性系数	β		式（3-45）	
11	RO_2 最大百分率	RO_2^{max}	%	式（3-51）	
12	排烟处过量空气系数	α_{py}	—	式（3-11）	
13	排烟处干烟气容积	V_{gy}	m_3/kg（标准状态）	式（3-25）	
14	理论空气量	V^0	m_3/kg（标准状态）	式（3-5）	

续表

序　号	项　目	符　号	单　位	计算公式或求得方法	数　值
15	排烟处水蒸气容积	V_{H_2O}	m_3/kg（标准状态）	式（3-26）	
16	排烟处干烟气比焓	$(c\vartheta)_{py}$	kJ/Nm^3	式（3-62）及查表3-7	
17	排烟处水蒸气比焓	$(c\vartheta)_{H_2O}$	kJ/Nm^3	查表3-5	
18	飞灰焓	H_{fh}	kJ/kg	式（3-60）	
19	排烟处烟气焓	H_{py}	kJ/kg	式（3-62）	
20	冷空气温度	t_{lk}	℃	测试记录平均值	
21	冷空气比焓	$(c\vartheta)_{lk}$	kJ/Nm^3	查表3-5	
22	理论冷空气焓	H_{lk}^0	kJ/kg	式（3-56）	
23	排烟热损失	q_2	%	式（3-87）	
24	化学不完全燃烧热损失	q_3	%	式（3-85）	
25	额定负荷散热损失	$q_{5,ed}$	%	查图3-5	
26	试验负荷散热损失	q_5	%	式（3-89）	
27	炉渣温度	t_{lz}	℃	实测或选用	
28	炉渣比焓	$(c\vartheta)_{lz}$	kJ/kg	查表3-5	
29	灰渣物理热损失	q_6	%	式（3-93）	
30	热损失之和	Σq	%	$\Sigma q=q_2+q_3+q_4+q_5+q_6$	
31	锅炉效率	η	%	$\eta=100-\Sigma q$	
32	过热蒸汽压力	p''_{gr}	MPa	测试记录平均值	
33	过热蒸汽温度	t''_{gr}	℃	测试记录平均值	
34	饱和蒸汽压力	p_b	MPa	测试记录平均值	
35	给水压力	p_{gs}	MPa	测试记录平均值	
36	给水温度	t_{gs}	℃	测试记录平均值	
37	再热蒸汽流量	D_{zr}	t/h	测试记录平均值	
38	再热蒸汽进口压力	p'_{zr}	MPa	测试记录平均值	
39	再热蒸汽进口温度	t'_{zr}	℃	测试记录平均值	
40	再热蒸汽出口压力	p''_{zr}	MPa	测试记录平均值	
41	再热蒸汽出口温度	t''_{zr}	℃	测试记录平均值	
42	过热蒸汽焓	h_{gr}	kJ/kg	查水蒸气表	
43	给水焓	h_{gs}	kJ/kg	查水蒸气表	
44	再热蒸汽进口焓	h'_{zr}	kJ/kg	查水蒸气表	
45	再热蒸汽出口焓	h''_{zr}	kJ/kg	查水蒸气表	
46	排污水焓	h_{pw}	kJ/kg	查水蒸气表	
47	给水含盐量	S_{gs}	mg/kg	取样化验结果	
48	炉水含盐量	S_{ls}	mg/kg	取样化验结果	

续表

序　号	项　目	符　号	单　位	计算公式或求得方法	数　值
49	排污率	P	%		
50	排污水流量	D_{pw}	t/h	$D_{pw}=p\cdot D$	
51	锅炉总有效利用热量	Q	kJ/h	式（3-77）	
52	燃料消耗量	B	kg/h	式（3-96）	

六、试验报告

锅炉热平衡试验技术报告内容与所做的工作的特点和内容有关。其编写程序一般包括：

（1）试验的目的与方法。

（2）锅炉设备的结构特性与运行情况。

（3）测量方法与试验工作的特点。

（4）试验结果及分析。

（5）结论与建议。

（6）数据综合表及线图。

（7）测量技术及仪表的说明附件。

（8）其他附件。

思考题

1. 什么是理论空气量、实际空气量及过量空气系数？它们的数值如何确定？

2. 烟气是由哪些成分组成的？怎样测定烟气成分？RO_2、O_2、N_2、CO 各表示什么意思？

3. 什么是理论烟气容积、实际烟气容积？二者之间的关系是什么？

4. 沿着烟气的行程过量空气系数、RO_2 和 O_2 应该怎样变化？

5. 怎样计算烟气的焓？它的单位 kJ/kg 是什么意思？

6. 利用烟气成分计算过量空气系数的公式是什么？使用条件是什么？公式有何应用？

7. 锅炉热平衡的意义是什么？一般锅炉有哪些输入热量和输出热量？

8. 锅炉的各项热损失是怎样形成的？其影响因素有哪些？（重点 q_2、q_3、q_4）

9. 锅炉各项热损失中最大的一项是什么？应如何减小该项热损失？

10. 什么是锅炉的总有效利用热？它由哪些项目组成？

11. 什么是锅炉的正平衡热效率和反平衡热效率？各自怎样计算？

12. 什么是锅炉的实际燃料消耗量和计算燃料消耗量？有什么区别？各用于什么场合？

13. 概念：理论空气量　理论烟气量　烟气焓　烟气成分　过量空气系数　漏风系数　锅炉有效利用热　锅炉热效率　最佳过量空气系数

第四章　煤粉制备系统

第一节　煤粉的性质

一、煤粉的一般性质

煤粉由各种形状不规则、尺寸小于500μm的微小颗粒组成，其中以20～60μm的颗粒占大多数。刚磨制的疏松煤粉的堆积密度为0.4～0.5t/m^3，经堆存自然压紧后，其堆积密度约为0.7t/m^3。

煤粉具有较好的流动性。由于煤粉颗粒小、比表面积大，能吸附大量的空气，所以煤粉的堆积角很小，并有很好的流动性，发电厂正是利用这个特性用管道对煤粉进行气力输送。同时，煤粉也容易通过缝隙向外泄漏，造成对环境的污染。当煤粉仓内粉位太低，煤粉自流会穿过给煤装置，流入一次风管，造成堵塞。为此，对制粉系统的严密性和煤粉的自流问题应给予足够的重视。

煤粉的自燃和爆炸。因煤粉中吸附了大量空气，极易缓慢氧化，使煤粉温度升高，当达到着火温度时，便引起自燃。煤粉和空气的混合物在适当的浓度和温度下会发生爆炸。影响煤粉爆炸的因素有：煤的挥发分、煤粉细度、煤粉浓度和温度等。一般情况下，干燥无灰基挥发分小于10%的无烟煤煤粉，或者煤粉的颗粒尺寸大于200μm时几乎不会爆炸。颗粒愈细小，挥发分及发热量愈高、含粉浓度愈接近危险浓度（1.2～2.0kg/m^3）、含氧浓度愈大时，爆炸的可能性愈大。对温度低于100℃、含粉浓度避开了危险浓度或含氧浓度小于15%～16%的煤粉气流，基本上不存在爆炸的危险。

煤粉的水分对煤粉流动性与爆炸性有较大的影响，水分太高，流动性差，输送困难，且易引起粉仓搭桥，同时也影响着火和燃烧。水分太低，易引起自燃或爆炸，同时，干燥耗能增加。因此，磨煤机出口的煤粉水分还与磨煤机出口的煤粉细度及煤粉温度有关，较可靠的数值应该通过试验或参照同类机组运行数据确定。一般要求烟煤磨制后的煤粉最终水分M_{mf}约等于M_{ad}，无烟煤M_{mf}约等于$0.5M_{ad}$，褐煤M_{mf}约等于$M_{ad}+8$。

二、煤粉细度

煤粉细度表示煤粉的粗细程度，是煤粉的重要特性。它是衡量煤粉性质的重要指标。煤粉过粗，在炉膛中不易燃尽，增加不完全燃烧热损失；煤粉过细，又会使制粉系统的电耗和金属磨耗量增加。所以煤粉细度应合适。

煤粉细度用R_x表示。煤粉细度一般用具有标准筛孔尺寸的筛子来测量。将一定数量的煤粉试样放在筛子上筛分，若标准筛孔边长为x（μm），试验煤粉经筛分后，通过筛子的煤粉质量为b，留在筛子上的煤粉质量（称为筛余量）为a，则该煤粉的细度R_x定义为

$$R_x=\frac{a}{a+b}\times 100\% \tag{4-1}$$

R_x代表筛余量占筛分前试验煤粉质量的百分数。对确定的筛子而言，R_x愈小，说明煤粉愈细。

目前，国内电厂采用的筛子规格及煤粉细度的表示方法列于表4-1中。通常进行煤粉

的全筛分分析时，需要5只筛子叠在一起筛分，如一般选用孔径为75、90、100、150和200μm的筛子，则R_{90}表示在孔径小于或等于90μm的所有筛子上的筛余量百分数的总和。电厂中常用R_{90}和R_{200}表示煤粉细度和均匀度。也有的电厂只用R_{90}表示煤粉细度。褐煤和油页岩磨碎后呈纤维状，纤维长度可达1mm以上，常用R_{200}和R_{500}（或R_1）来表示。

表4-1　常用筛子规格及煤粉细度表示方法

筛　号	6	8	12	30	40	60	70	80	100
孔径（μm）	1000	750	500	200	150	100	90	75	60
煤粉细度符号	R_1	R_{750}	R_{500}	R_{200}	R_{150}	R_{100}	R_{90}	R_{75}	R_{60}

三、煤粉的均匀性

煤粉的颗粒特性单用煤粉细度来表示是不全面的，还要看煤粉的均匀性。

煤粉均匀性是指煤粉颗粒大小的均匀程度。煤粉均匀性对燃烧和制粉系统的经济性均有影响，因此，它是一个衡量煤粉品质的重要指标。在相同煤粉细度时，煤粉越均匀，粗颗粒和细颗粒就越少，制粉电耗和金属磨耗也就越少，该煤粉燃烧越经济。

为了进一步了解煤粉的均匀性，需要讨论煤粉的颗粒组成特性。

煤粉是一种宽筛分组成，理论上可以包含最大粒径以下任意大小的煤粉。用全筛分得到的曲线$R_x=f(x)$称为煤粉颗粒组成曲线，也称粒度分布特性。它既可直观比较煤粉粗细，也可表示煤粉的均匀程度。煤的颗粒分布特性可用破碎公式（又称Rosin-Rammler公式）表示：

$$R_x=100\exp(-bx^n) \tag{4-2}$$

式中　R_x——孔径为x的筛子上的全筛余量百分数，%；

b——细度系数；

n——均匀性指数。

若已知R_{90}和R_{200}，则可由式（4-2）导出n、b的计算式：

$$n=\frac{\lg\ln\dfrac{100}{R_{200}}-\lg\ln\dfrac{100}{R_{90}}}{\lg\dfrac{200}{90}} \tag{4-3}$$

$$b=\frac{1}{90^n}\ln\frac{100}{R_{90}} \tag{4-4}$$

由式（4-4）可知，当均匀性指数n相同时，b值越大，则R_{90}越小，表明煤粉越细；反之，则表示煤粉越粗。

将式（4-2）微分，则有

$$y=-\frac{\mathrm{d}R_x}{\mathrm{d}x}=100bnx^{n-1}\mathrm{e}^{-bx^n}=R_xbnx^{n-1} \tag{4-5}$$

由上式可知，煤粉颗粒的分布状况在很大程度上取决于均匀性指数n的数值，并可以分为如下三种情况。

（1）当$n>1$时，随着x的增大，x^{n-1}也将增大，但是e^{-bx^n}却减小，如图4-1中$n=1.25$的曲线所示。在$x=15\sim25\mu m$的范围内，有一个最大值，大多数煤粉颗粒的直径在此范围内，而粗粉和细粉所占的份额都较少。因此，煤粉的粒度均匀。

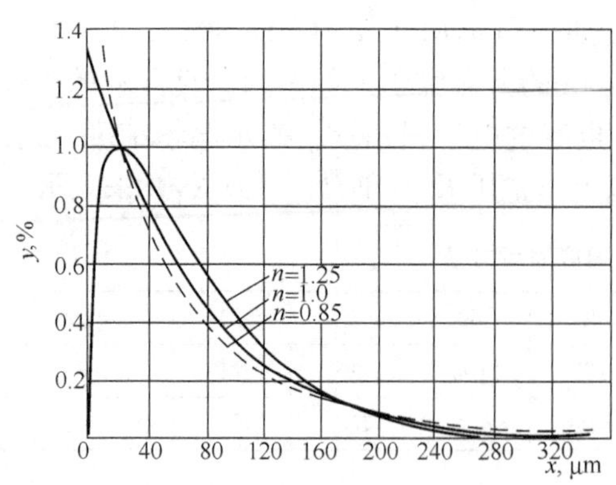

图 4-1 煤粉颗粒粒径大小的分布

（2）当 $n=1$ 时，因为 $x=0$ 时 $y=0$，最大值在 $x=0$ 处，煤粉中大部分颗粒的尺寸接近于零，细粉较多，煤粉不均匀。

（3）当 $n<1$ 时，$x\to 0$ 时 $y\to 0$，粒径尺寸 x 趋向于零的煤粉颗粒的含量急剧增加，煤粉中所含细粉的数量过多，而且粗粉的含量也较多，煤粉颗粒分布严重不均。

因此，均匀性指数 n 值对煤粉的质量影响较大，煤粉越均匀，大颗粒煤粉越少，燃烧热损失越小。细煤粉少，磨煤电耗较低，制粉系统的经济性好。而分析结果表明均匀性指数 n 值较大时，煤粉的均匀性较好。均匀性指数 n 与磨煤机的型式、煤粉分离器的型式和运行工况等有关。

四、煤粉经济细度

煤粉细度对煤粉气流的着火和焦炭的燃尽以及磨煤运行费用（包括磨煤电耗费用和磨煤设备的金属磨耗费用）都有直接影响。煤粉愈细，着火燃烧愈迅速，机械不完全燃烧引起的损失 q_4 就愈小，而且可适当减小过量空气系数而使排烟热损失 q_2 减小，但对磨煤设备而言，这将导致磨煤运行费用 q_m（金属磨耗）和 q_n（制粉电耗）的增加。显然，比较合理的煤粉细度应根据锅炉燃烧技术对煤粉细度的要求与磨煤运行费用两个方面进行技术经济比较来确定。通常把 q_2、q_4、q_m、q_n 之和（$q_2+q_4+q_m+q_n$）为最小值时所对应的煤粉细度称为煤粉经济细度，见图 4-2。

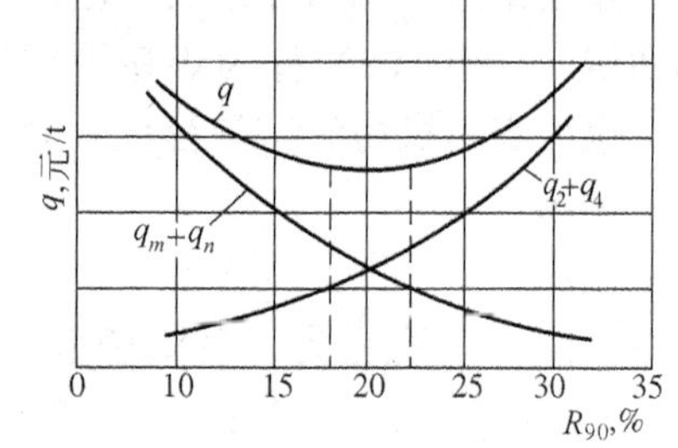

图 4-2 煤粉经济细度的确定

q_2+q_4 为排烟热损失和机械不完全燃烧热损失之和；q_m+q_n 为磨煤电耗与制粉设备金属磨耗之和；q 为 q_2、q_4、q_m、q_n 之和

影响煤粉经济细度的因素很多，最主要的是煤粉的干燥无灰基挥发分 V_{daf} 及磨煤机和粗粉分离器的性能。V_{daf} 高的燃煤，易于着火和燃尽，允许煤粉磨得粗些，即 R_{90} 可以大一些；否则，R_{90} 应小一些。磨煤机和粗粉分离器的性能决定了煤粉的均匀性指数 n。n 值较大时，煤粉的粗细比较均匀，即使煤粉粗些，也能燃烧得比较完全，因而 R_{90} 也可以大一些；反之，R_{90} 也应小一些。综合考虑燃煤的挥发分 V_{daf} 和煤粉的均匀性指数 n 这两个主要因素的影响，煤粉的经济细度可按下面的经验公式计算：

$$R_{90}^{jj}=4+0.8nV_{daf},\ \% \tag{4-6}$$

另外，燃烧设备的型式及锅炉运行工况对煤粉经济细度也有较大影响。因此，在锅炉实际运行时，对于不同煤种和燃烧设备，应通过燃烧调整试验来确定煤粉的经济细度。

第二节 煤的可磨性系数

一、磨制煤粉消耗的能量

煤是一种脆性物质，在机械力的作用下可以被粉碎。煤在粉碎的过程中，要产生新表面

积，因而需要消耗一定的能量。试验指出，煤在磨煤机中磨制成煤粉所消耗的能量与新产生的表面积成正比，即

$$E = E_A(A_2 - A_1) \tag{4-7}$$

式中　E——磨制单位质量燃料所消耗的能量，kW·h/kg；

A_1、A_2——1kg 燃料磨制前后的表面面积，m^2/kg；

E_A——产生 $1m^2$ 表面积所需要的能量，与燃料的性质有关，$kW \cdot h/m^2$。

实际上 $A_2 \gg A_1$，所以式（4-7）可以简化为

$$E \approx E_A A_2 \tag{4-8}$$

煤粉的表面积取决于颗粒的大小，煤粉越细其表面积越大。试验和理论表明，磨制后的煤粉表面积 A_2 与煤粉细度 R_{90} 有如下的关系，即

$$E \approx E_A A_2 = E_A K_x \frac{450 \times 10^3}{\rho_r} \frac{1}{P} \left(\ln \frac{100}{R_{90}}\right)^{\frac{1}{P}} \tag{4-9}$$

式中　K_x——煤粉颗粒形状修正系数，其数值可取为 1.75；

ρ_r——所磨制燃料的密度，kg/m^3；

R_{90}——磨制后的煤粉细度；

P——与试验磨煤机结构有关的指数。

当试验磨煤机已选定，P 为定值；燃料给定时，E_A 与 ρ_r 均为定值。对于同一种燃料，磨得越细，所消耗的能量越多。

由式（4-9）可知，对于不同类型的煤，在同一试验磨煤机中将其磨制成具有相同煤粉细度的煤粉，它们消耗的能量 E 是不相同的，这主要是不同的煤，产生 $1m^2$ 表面积所需要的能量 E_A 是不一样的。有的煤容易磨，有的煤难磨，煤的这种磨制难易程度的差异，称之为可磨性。为了比较各种煤的可磨性，引入了一个可磨性系数 K_{km}。

二、煤的可磨性系数

煤的可磨性系数是指在风干状态下，将同一质量的标准煤和试验煤由相同的初始粒度磨碎到相同的煤粉细度时所消耗的能量之比，用符号 K_{km} 表示，即

$$K_{km} = \frac{E_b}{E_s} \tag{4-10}$$

式中　E_b——磨制标准煤所消耗的能量，kW·h；

E_s——磨制试验煤所消耗的能量，kW·h。

这种测煤的可磨性的方法是前苏联全苏热工研究所（BTИ）制定的方法。应用这种方法，由于要将两批煤磨成相同细度很难做到，实际应用时改用：在消耗相同能量条件下，将标准煤和试验煤所得到的细度进行比较，求得煤的 BTИ 可磨性系数 K_{km}，其计算公式为

$$K_{km} = \left(\frac{\ln \frac{100}{R_{90}^s}}{\ln \frac{100}{R_{90}^b}}\right)^{\frac{1}{p}} \tag{4-11}$$

式中　p——试验用磨煤机特性系数，对上述球磨机，$p=1.5$；

R_{90}^s——试验煤样细度，%；

R_{90}^b——标准煤样细度，%。

前苏联标准规定顿巴斯无烟煤屑为标准煤。经空气干燥的 50g 粒度为 1.25～3.2mm 煤样，在容积为 1.3L 的筒式钢球磨煤机中研制 6min 后，其细度为 $R_{90}=69.6\%$。

欧美国家普遍采用哈德格罗夫法测定煤的可磨性系数，称为哈氏可磨指数 HGI。其方法为将经过空气干燥、粒度为 0.63～1.25mm 的煤样 50g，放入哈氏可磨性试验仪（见图 4-3）。施加在钢球上的总作用力为 284N，驱动电动机进行研磨，旋转 60 转。将磨制好的煤粉用孔径为 0.71mm 的筛子在震筛机上筛分，并称量筛上与筛下的煤粉量。用式（4-12）计算哈氏可磨指数：

$$\mathrm{HGI}=13+6.93G \tag{4-12}$$

式中 G——孔径 0.71mm 筛子筛下的煤粉质量，其值等于总煤样重量减去筛上筛余量，g。

哈氏可磨指数和前苏联 ВТИ 可磨性系数之间可用式（4-13）换算：

$$K_{\mathrm{km}}=0.0034(\mathrm{HGI})^{1.25}+0.61 \tag{4-13}$$

三、煤的磨损指数

煤的磨损指数表示该煤种对磨煤机的研磨部件磨损轻重的程度。研究表明，煤在破碎时对金属的磨损是由煤中所含硬质颗粒对金属表面形成显微切削造成的。磨损指数的大小，不但与硬质颗粒含量有关，还与硬质颗粒的种类有关。如煤中的石英、黄铁矿、菱铁矿等矿物杂质硬度较高，若其含量较高，磨损指数就大。磨损指数还与硬质矿物的形状、大小及存在形式有关。磨损指数直接关系到工作部件的磨损寿命，并已成为磨煤机选型的一个依据。

电力行业标准 DL/T 465—2007《煤的冲刷磨损指数试验方法》规定采用冲刷式磨损试验仪（见图 4-4）测试煤对金属磨件的磨损性能。试验时将纯铁试片放在高速喷射的煤粒流中接受冲击磨损，测定煤粒从初始状态被研磨至 $R_{90}=25\%$的时间 τ（min）及试片的磨损量 E（mg），计算煤的冲刷磨损指数 K_e 的公式为

$$K_e=\frac{E}{A\tau} \tag{4-14}$$

式中 A——标准煤在单位时间内对纯铁试片的磨损量，一般规定 $A=10\mathrm{mg/min}$。

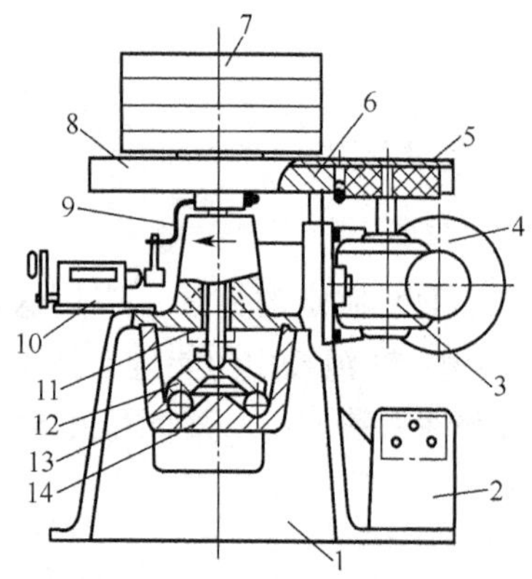

图 4-3 哈氏可磨性试验仪

1—机座；2—电气控制盒；3—涡轮盒；4—电动机；5—小齿轮；6—大齿轮；7—重块；8—护罩；9—拨杆；10—计数器；11—主轴；12—研磨环；13—钢球；14—研磨碗

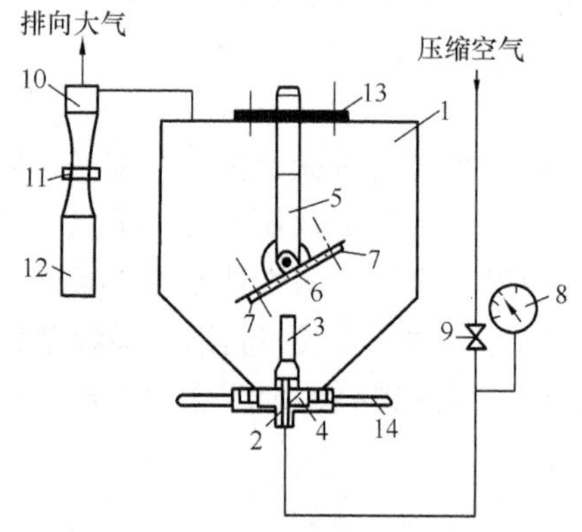

图 4-4 冲刷式磨损试验仪

1—密封容器；2—喷嘴；3—喷管；4—旁路孔；5—支架；6—磨损试片；7—活动夹片；8—压力表；9—进气阀；10—煤粉分离器；11—活接头；12—煤粉罐；13—螺母；14—底部托架

对我国煤种进行了大量测试后得出 K_e 与煤对金属磨件磨损性的定性关系。按煤的冲刷磨损指数大小划分为 $K_e<1.0$、$K_e=1\sim1.9$、$K_e=2\sim3.5$、$K_e=3.5\sim5$ 和 $K_e>5$ 五级，对应的磨损性为轻微、不强、较强、很强和极强五级。试验结果与现场磨煤机磨损试验结果比较接近，可作为磨煤机选型时参考。

第三节　磨煤设备及其特性

磨煤机是煤粉制备系统的主要设备，其作用是将具有一定尺寸的煤块干燥、破碎并磨制成煤粉。煤在磨煤机中被磨制成煤粉，主要是受到撞击、挤压和研磨三种力作用的结果。各种磨煤机的工作原理往往并不是单独一种力的作用，而是几种力的合成作用。磨煤机的型式很多，根据磨煤机的转速大致可分为如下三种。

（1）低速磨煤机。它通常指筒式钢球磨煤机（简称球磨机），其转速 $n=16\sim20$r/min。

（2）中速磨煤机。它包括中速平盘式磨煤机（简称中速平盘磨）、中速环球式磨煤机（又叫 E 型磨）、碗式磨煤机、MPS 磨煤机（简称 MPS 磨），其转速 $n=50\sim300$r/min。

（3）高速磨煤机。包括风扇磨煤机（简称风扇磨）和锤击式磨煤机（简称锤击磨），其转速 $n=500\sim1500$r/min。

一、筒式钢球磨煤机

（一）单进单出钢球磨煤机的结构及工作原理（如图 4-5 所示）

磨煤机主体是一个直径为 2～4m，长为 3～10m 的圆筒，筒内装有大量直径为 25～60mm 的钢球。大圆筒自内至外共分五层：第一层为锰钢制成的波浪形护甲，其作用是增强抗磨性和把钢球带到一定高度；第二层为石棉层，起绝热作用；第三层为筒体本身，它是由 18～25mm 厚的钢板制成；第四层为毛毡层，其作用为吸收和隔离磨煤噪声；第五层为薄钢板制成的外壳，起保护和固定毛

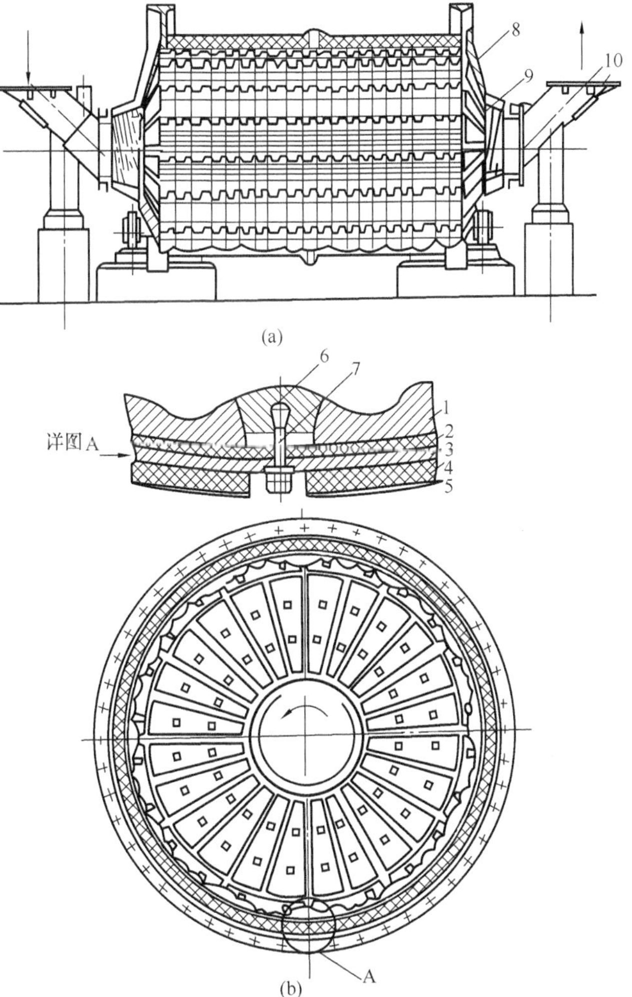

图 4-5　筒式钢球磨煤机的结构图

（a）纵剖图；（b）横剖图

1—波浪形护甲；2—石棉层；3—筒身；4—毛毡层；5—薄钢板外壳；6—压紧用的楔型块；7—螺栓；8—端盖；9—空心轴颈；10—短管

毡的作用。圆筒的两端各有一个端盖，其内面衬有扇形锰钢护瓦。筒身两端是架在大轴承上的空心圆轴，一端是原煤和热空气的进口，另一端是煤粉空气混合物的出口。

球磨机的工作原理是：筒身经电动机、减速装置传动以低速旋转，在离心力和摩擦力的作用下，护甲将钢球及煤提升至一定高度，然后借重力自由下落。煤主要被下落的钢球击碎，同时还受到钢球之间、钢球与护甲之间的挤压、研磨作用。原煤与热空气从一端进入磨煤机，磨好的煤粉被气流从另一端带出。热空气不仅起干燥原煤作用，而且又是输送煤粉的介质。干燥剂气流速度越大，带出煤粉量越多，磨煤机出力越大，煤粉也越粗。

筒内钢球被磨损时，可通过专门的装球装置，在不停机的情况下补充钢球，以保证磨煤出力和煤粉细度稳定。

1. 影响钢球磨煤机工作的主要因素

（1）临界转速 n_{lj} 和工作转速 n。球磨机的转速对煤粉磨制过程影响很大。不同转速时，筒内钢球和煤的运动情况，如图 4-6 所示。

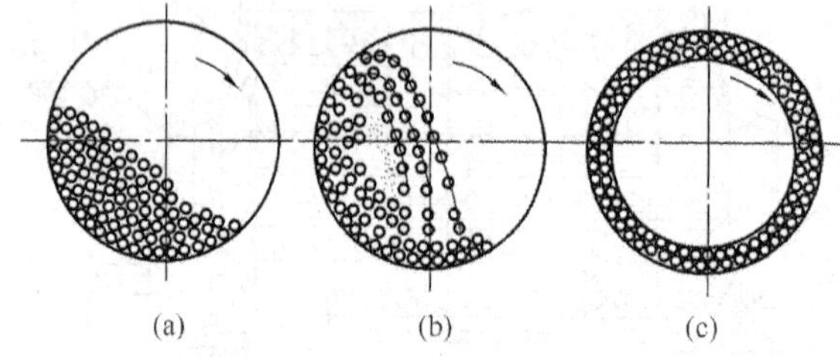

图 4-6 圆筒转速对筒体内钢球和煤运动状况的影响
（a）$n \ll n_{lj}$；（b）$n < n_{lj}$；（c）$n \geqslant n_{lj}$

若筒体转速太低，钢球随筒体转动而上升形成一个斜面，当斜面的倾斜角等于或大于钢球的自然倾角时，钢球就沿斜面滑落下来，撞击作用很小。同时煤粉压在钢球下面，很难被气流带走，以致磨得很细，降低了磨煤出力。当转速过高时，在离心力作用下，钢球贴在筒壁上随筒体一起旋转而不再脱离，则球的撞击作用完全消失。发生这种情况的最低转速称为临界转速 n_{lj}，单位是 r/min。显然，临界状态下钢球所受的离心力与其重力相等，即

$$\frac{G_q}{g} \times \frac{(2\pi R n_{lj}/60)^2}{R} = G_q$$

式中 G_q——钢球的重力，N；

g——重力加速度，$g=9.81\mathrm{m/s^2}$；

R——筒体内半径，m；

n_{lj}——筒体的临界转速，r/min。

由此可得

$$n_{lj} = \frac{30}{\sqrt{R}} = \frac{42.3}{\sqrt{D}} \tag{4-15}$$

式中 D——筒体的内径，m。

很明显，筒体的工作转速 n 应小于临界转速 n_{lj}，因为筒体达到临界转速时是不能磨煤的。既然筒体的转速太低或太高磨煤效果都不好，那么就应该有一个筒体的最佳转速 n_{zj}，最佳转速是指能把钢球带到适当高度落下，使磨煤效果最好的转速。最佳转速的计算公式为

$$n_{zj} = \frac{32}{\sqrt{D}} \tag{4-16}$$

式（4-16）只是单个钢球在筒体内运动时的理论公式。实际上磨煤机内有许多钢球，并且有煤；同时，它们对筒体可能有滑动，因而在工业上球磨机的最佳工作转速尚须借助试

验得出。国产球磨机的工作转速 n 接近最佳转速 n_{zj}，并与临界转速有以下关系：

$$n/n_{lj}=0.74\sim0.8 \quad (4-17)$$

(2) 钢球充满系数。钢球磨煤机内所装的钢球量通常用钢球容积占筒体容积的百分比来表示，称为钢球充满系数，用符号 ψ 表示，即

$$\psi=\frac{G}{\rho_{gq}V}\times100\% \quad (4-18)$$

式中　G——钢球装载量，t；

V——球磨机筒体容积，m^3；

ρ_{gq}——钢球的堆积密度，一般取为 4.9t/m^3。

当筒体通风量和煤粉细度不变时，在 $\psi=10\%\sim35\%$范围内，磨煤机出力和消耗的功率与钢球装载有如下关系：

$$B_m=a_1G^{0.6}=C_1\psi^{0.6} \quad (4-19)$$

$$P_m=a_2G^{0.9}=C_2\psi^{0.9} \quad (4-20)$$

式中　a_1，a_2，C_1，C_2——常数；

B_m——球磨机的磨煤出力；

P_m——磨煤所耗电功率。

磨煤机每磨 1t 煤所消耗的电能称为磨煤单位电耗，用 E_m 表示：

$$E_m=\frac{P_m}{B_m}=\frac{C_2}{C_1}\psi^{0.3}=C_3\psi^{0.3},\ \text{kW}\cdot\text{h/t} \quad (4-21)$$

在一定的范围内，随着筒体内钢球装载量 G 的增多，钢球装载系数 ψ 的增大，磨煤出力 B_m 增加，磨煤单位电耗 E_m 也会稍有增加。同时，由于钢球装载量增加，就必须加强通风来及时带走磨制成的煤粉，此时通风单位电耗 E_{tf}（每磨 1t 煤，通风所消耗的电能）是下降的。综合起来，制粉单位电耗 $\sum E=E_m+E_{tf}$ 有所下降。但当钢球装载量增加到一定程度后，由于充球容积的增大，钢球落下的有效工作高度减小，撞击作用减弱，磨煤出力的增加程度减缓，甚至下降。这时磨煤功率的增加并不减缓，因而磨煤单位电耗将有显著地增加。所以，钢球装载量超过某一限度，制粉单位电耗$\sum E$ 将增加。故钢球装载量应适当，一般钢球充满系数 $\psi=0.2\sim0.3$。

试验研究表明，当护甲结构和尺寸不变时，每一个筒体转速下有一个最佳钢球充满系数 ψ_{zj}。对装有波浪形护甲的球磨机，在 $\psi=10\%\sim30\%$范围内，有

$$\psi_{zj}=\frac{0.12}{\left(\frac{n}{n_{lj}}\right)^{1.75}} \quad (4-22)$$

这里所说的“最佳”是指制粉单位电耗最小的工况。为了保证磨煤机最经济地工作，应该以最佳钢球充满系数运行。

(3) 钢球直径。钢球直径应按磨煤电耗与磨煤金属磨耗总费用最小的原则确定。当充球系数一定时，减小钢球直径，则撞击次数与作用面积就增大，磨煤出力提高，但钢球的磨损加剧。而且随钢球直径减小，钢球的撞击力减弱，不宜磨制硬煤及大块煤。因此，一般采用的钢球直径为 30～40mm，当磨制硬煤或大块煤时，则选用直径为 50～60mm 的钢球。若根据煤种及磨煤机工作条件，将直径 40、50、60mm 的钢球按比例搭配使用，则会有较好的磨煤效果。

（4）护甲。运行中很明显的现象是，当更换新的护甲后，磨煤出力显著增加，电耗下降。随着护甲的磨损，磨煤出力逐渐降低。这说明护甲形状对磨煤机的工作有很大影响。在钢球磨煤机的圆筒内，钢球的旋转速度永远小于筒体本身的旋转速度，两者的差值决定于钢球和护甲间的摩擦系数。摩擦系数小，筒体和钢球的速度差增大，意味着钢球与护甲间有较大的相对滑动，于是将有较多的能量消耗在钢球与护甲的摩擦上，而未能用来提升钢球；如果护甲的摩擦系数高，就是说可以在较小的能量消耗下达到钢球的最佳工作状态。因此，决定钢球最佳工作条件的因素，除了筒体转速外，护甲的结构也相当重要。常用的两种护甲如图 4-7 所示。

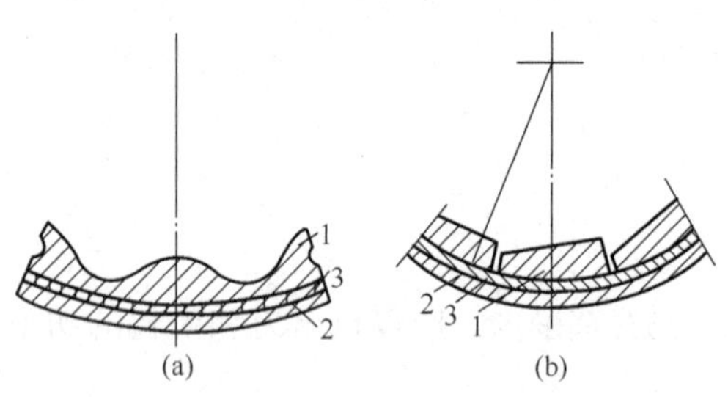

图 4-7 球磨机护甲形状

（a）波浪形；（b）阶梯形

1—护甲；2—筒体；3—石棉垫

（5）通风量。磨煤机内磨好的煤粉，需要一定的通风量将其带出。由于煤沿筒体长度分布不均，当通风量太小时，筒体通风速度较低，仅能带出少量细粉，部分合格煤粉仍留在筒内被反复磨制，致使磨煤出力降低。适当增大通风量可改善煤沿筒体长度的分布情况，提高磨煤出力，降低磨煤单位电耗。但是，当磨煤通风量过大时，部分不合格的粗粉也被带出，经粗粉分离器分离后，又返回磨煤机再磨，造成无益的循环，以致通风单位电耗及制粉单位电耗增加。在钢球装载量一定时，制粉单位电耗最小值所对应的磨煤机通风量，称为最佳磨煤通风量 V_{tf}^{zj}，可按下面的经验公式计算：

$$V_{tf}^{zj}=\frac{38V}{n\sqrt{D}}(1000\sqrt[3]{K_{km}}+36R''_{90}\sqrt{K_{km}}\cdot\sqrt[3]{\psi}),\ m^3/h \tag{4-23}$$

式中 V——球磨机筒体容积，m^3；

D——球磨机筒体内壁直径，m；

R''_{90}——粗粉分离器后煤粉细度，%；

ψ——钢球充满系数；

K_{km}——煤的可磨性系数；

n——球磨机转速，r/min。

（6）筒内载煤量。球磨机筒体内的载煤量直接影响磨煤出力。当存煤量较少时，钢球下落的动能只有一部分用于磨煤，另一部分消耗于钢球的空撞磨损；随着载煤量的增加，钢球用于磨煤的能量增大，磨煤出力增大。但如果载煤量过大，由于钢球下落高度减少，钢球间煤层加厚，使部分能量消耗于煤层变形，钢球磨煤能量减小，磨煤出力反而降低，严重时将造成圆筒入口堵塞，磨煤机无法工作。磨煤出力与载煤量的对应关系可以通过试验来确定。对应最大磨煤出力的载煤量称为最佳载煤量。运行时的载煤量可以通过磨煤机进出口压差和磨煤机电流进行控制。

2. 磨煤出力和消耗的电功率计算

（1）球磨机的磨煤出力。由于燃料在磨煤机内被磨成煤粉的同时又进行干燥，所以钢球磨煤机的出力有两个：磨煤出力和干燥出力。磨煤出力 B_m 是指磨煤机在消耗一定能量的条件下，在单位时间内能够磨制符合煤粉细度要求的原煤量。干燥出力是指磨煤系统在单位时间内能将多少煤从原有水分干燥到所要求的煤粉水分。要得到一定数量和一定干燥程度的煤粉，就必须使磨煤出力和干燥出力相一致，这可以通过调节进入磨煤机的干燥剂的流量和温度来实现。

对筒体直径 $D\leqslant 4\text{m}$ 的球磨机，磨煤出力 B_m 可按以下经验公式计算：

$$B_m=\frac{0.11D^{2.4}Ln^{0.8}K_{hj}K_{ms}\psi^{0.6}K_{km}^{g}K_{tf}S_2}{\sqrt{\ln\dfrac{100}{R''_{90}}}},\ \text{t/h} \tag{4-24}$$

式中　D——球磨机筒体直径，m；

L——球磨机筒体长度，m；

n——筒体的工作转速，r/min；

K_{hj}——护甲形状修正系数，对未磨损的波浪形护甲 $K_{hj}=1.0$，对未磨损的阶梯形护甲 $K_{hj}=0.9$；

K_{ms}——考虑护甲和钢球磨损对出力影响的系数，通常取 $K_{ms}=0.9$；

ψ——钢球充满系数；

K_{tf}——考虑筒体通风量对磨煤出力影响的修正系数，按表 4-2 选取，表中 V_{tf}^{zj} 为最佳通风量，可按式（4-23）计算，V_{tf} 为筒体实际通风量；

R''_{90}——粗粉分离器后煤粉细度；

K_{km}^{g}——工作燃料的可磨性系数；

S_2——原煤质量换算系数，计算公式见式（4-29）。

表 4-2　磨煤通风量修正系数 K_{tf}

V_{tf}/V_{tf}^{zj}	0.4	0.5	0.6	0.7	0.8	0.9	1.0	1.1	1.2	1.3	1.4
K_{tf}	0.66	0.76	0.83	0.89	0.95	0.975	1.0	1.025	1.03	1.04	1.07

磨制的理论和试验都证实：球磨机的磨煤出力正比于燃料的实验室可磨性系数 K_{km}。然而，在发电厂中，球磨机内磨煤是在不同于实验室条件的另一种水分和初始粒度下进行的，因此，要对可磨性系数进行修正。修正后的可磨性系数，即工作燃料可磨性系数为

$$K_{km}^{g}=K_{km}\frac{S_1}{S_{ps}} \tag{4-25}$$

$$M'_m=\frac{M_{ar}(100-M_{mf})-40(M_{ar}-M_{mf})}{(100-M_{mf})-0.4(M_{ar}-M_{mf})} \tag{4-26}$$

$$\left.\begin{aligned}M_{pj}&=\frac{M'_m+6M_{mf}}{7}(\text{烟煤})\\M_{pj}&=\frac{M'_m+3M_{mf}}{4}(\text{褐煤})\end{aligned}\right\} \tag{4-27}$$

$$S_1=\sqrt{\frac{(M_{max})^2-(M_{pj})^2}{(M_{max})^2-(M_{ad})^2}} \tag{4-28}$$

$$S_2=\frac{100-M_{pj}}{100-M_{ar}} \tag{4-29}$$

式中　K_{km}——试验室测得的可磨性系数；

S_{ps}——原煤粒度修正系数，按进入磨煤机前原煤破碎程度由图 4-8 查出；

S_1——水分变化对煤可磨性系数影响修正系数，可根据煤的收到基水分 M_{ar}、收到基最大水分 M_{max}（当无分析数据时，可按 $M_{max}=4+1.06M_{ar}$ 求取）、空气干

燥基水分 M_{ad} 及煤粉水分 M_{mf}，先求出磨煤机前煤的水分 M'_{m} 和磨煤机内煤的平均水分 M_{pj}，再按式（4-28）确定；

S_2——原煤质量换算系数。

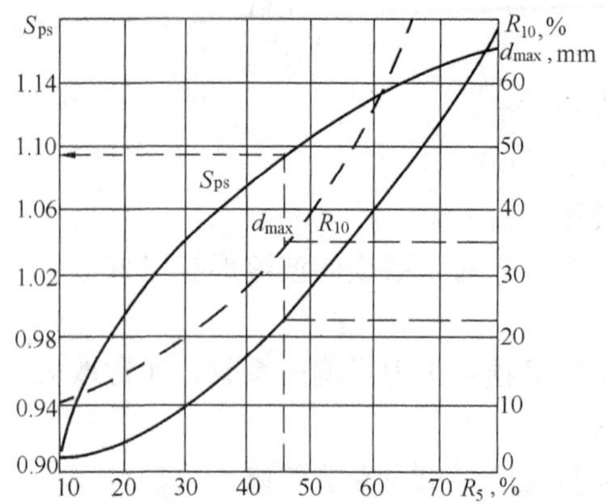

图 4-8 原煤粒度修正系数

R_5—原煤在筛孔尺寸为 5mm×5mm 筛子上的剩余量，%；

R_{10}—原煤在筛孔尺寸为 10mm×10mm 筛子上的剩余量，%；

d_{max}—原煤最大粒度尺寸，mm

（2）球磨机消耗的电网功率和磨煤的单位电耗。

1）球磨机消耗的电网功率。球磨机消耗的电网功率可按式（4-30）计算：

$$P_{dw}=\frac{1}{\eta_{cd}\eta_{dj}}(0.122D^3Ln\rho_{gq}\psi^{0.9}K_{hj}K_r+1.86DLnS)+P_{fj},\ \text{kW} \tag{4-30}$$

式中 η_{cd}——电动机至磨煤机的传动效率，一般可取 0.85，或按制造厂资料选取；

η_{dj}——电动机效率，一般可取 0.92～0.94；

ρ_{gq}——钢球的堆积密度，一般取 $\rho_{gq}=4.9\text{t/m}^3$；

K_r——考虑燃料性质的修正系数，对无烟煤 $K_r=0.95$；其他煤 $K_r=1.05$；

S——筒体和护甲的总厚度，一般约为 0.07～0.1；

P_{fj}——电动励磁和冷却附加消耗功率，仅在采用低速同步发电机拖动时才考虑，并取 $P_{fj}=50\text{kW}$。

2）磨煤单位电耗。磨煤单位电耗可用式（4-31）计算：

$$E_m=\frac{P_{dw}}{B_m} \tag{4-31}$$

由式（4-31）可以看出，磨煤机磨煤时的功率消耗与不磨煤时（筒内仅有钢球而无煤转动时）的能量消耗相差无几，磨煤单位电耗主要与磨煤出力有关，随着磨煤出力的降低，磨煤单位电耗增加，因此球磨机在低负荷下运行是不经济的。

3. 钢球磨煤机的主要特点

钢球磨煤机的优点为：①煤种适应性广，能磨任何煤，尤其适合磨制其他型式磨煤机不宜磨制的煤种，如硬度大、磨损性强的煤及无烟煤、贫煤、高灰分或高水分的劣质煤等，而且对煤中混入的铁块、木屑和硬石块都不敏感；②能在运行中补充钢球，延长检修周期。钢球磨煤机结构简单，故障少，运行安全可靠，对运行和维修的技术水平要求较其他磨煤机低。

其主要缺点是设备庞大笨重、金属耗量大，初投资及运行电耗、金属磨损都较高，运行噪声大，磨制的煤粉也不够均匀，在低负荷下运行不经济。

（二）双进双出钢球磨煤机

双进双出钢球磨煤机的结构与单进单出钢球磨煤机相类似，为一装有锰钢或铬钼钢护甲的圆筒，研磨部件—钢球在筒内磨制煤粉的原理和过程也与单进单出钢球磨煤机相似。不同的是两端空心轴既是热风和原煤的进口，又是气粉混合物的出口。从两端进入的干燥气流在球磨机筒体中间部位对冲后反向流动，携带煤粉从两空心轴中流出，进入煤粉分离器，形成两个相互对称、又彼此独立的磨煤回路，其原理性结构如图 4－9 所示。连接筒体的中空轴架在轴承上，中空轴内有一中心管，中心管外是螺旋输送装置，用保护链条弹性固定。煤从给煤机出口落入混料箱，经旁路热风预干燥后落入中空轴，由旋转的螺旋输送装置将煤送入磨煤机，由钢球进行磨制。热一次风通过中空轴的中心管进入筒体，进入筒体的热空气既是煤粉干燥剂，又是煤粉输送剂。在热一次风完成对煤的干燥后，按与原煤进入磨煤机的相反方向，通过中心管与中空轴之间的环行通道，将煤粉带出磨煤机。煤粉空气混合物与混料箱来的旁路风混合，一起进入上部的煤粉分离器，分离出来的粗煤粉经返粉管回落到中空轴入口，与原煤混合，重新进入磨煤机研磨。从分离器出来的气粉混合物作为一次风送到燃烧器或进入细粉分离器进行气粉分离。

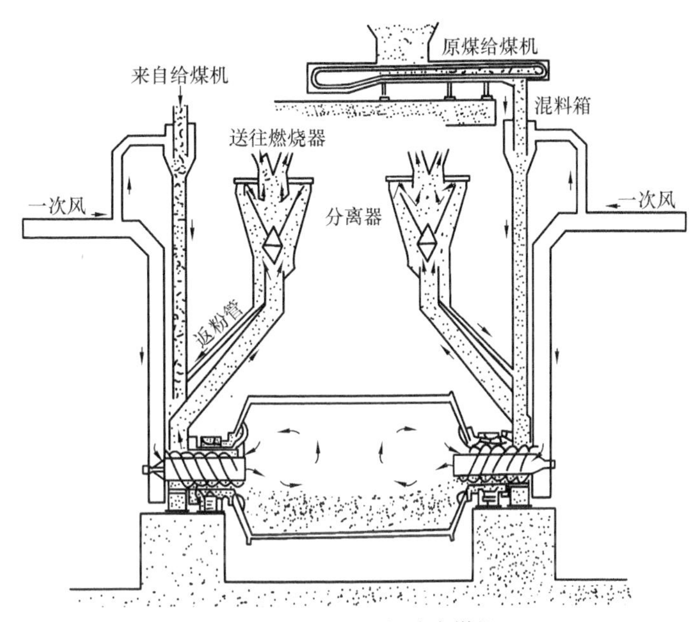

图 4－9 双进双出钢球磨煤机

双进双出钢球磨煤机的研磨部件主要是钢球，它也装有钢球添加装置，不需停机就可添加钢球。磨煤机为正压运行，用密封风机向中空轴的固定件和旋转件之间输送高压空气，防止煤粉向外泄漏。

双进双出钢球磨煤机设有微动装置，可使磨煤机在停机或维修操作时以额定转速的 1/100 转速旋转，因此在短时间停机时不必将筒内的剩煤排空。这是因为缓慢旋转可使筒内存煤及时散热，可防止因局部高温引起自燃。

与单进单出钢球磨煤机一样，运行中的磨煤机存煤量不随负荷变化。筒内存煤量约为钢球重量的 15%，相当于磨煤机额定出力的 1/4。双进双出钢球磨煤机应用检测制粉噪声或进出口差压的方法来控制筒内的存煤量。

和普通球磨机相比，双进双出球磨机的主要优点是：可靠性高，可用率高；维护方便，维护费用低；能长期保持恒定的容量和要求的煤粉细度；能磨制哈式可磨性系数小于 50 的煤种或高灰分（>40%）的煤种；储粉能力强，有较大的煤粉储备能力，大约相当于磨煤机运行 10～15min 的出煤量；在较宽的负荷范围内有快速反应能力，其负荷变化率每分钟可以超过20%；低负荷时，由于一次风量减小，相应的风速也减小，带走的只能是更细的煤粉，这有利于燃用低挥发分煤时的稳燃。

总之，双进双出球磨机较之一般球磨机有许多无法比拟的特点，在某些情况下比中、高速磨煤机适应性更好，因此，它在大容量机组的煤粉制备系统中得到了越来越多的应用。

二、中速磨煤机

目前，电厂中采用的中速磨煤机的型式主要有四种：辊—盘式，又称平盘式磨煤机；辊—碗式，又称碗式磨煤机或RP磨煤机；辊—环式，又称MPS磨煤机；球—环式，又称中速球式磨煤机或E型磨煤机。上述四种中速磨煤机的结构分别示于图4-10～图4-13中。

1. 中速磨煤机的结构特点及其工作原理

中速磨煤机的研磨部件各异，但都具有相同的工作原理及基本类似的结构。由图4-10～图4-13可见，四种磨煤机沿高度方向自下而上可分为四部分：驱动装置、研磨部件、干燥分离空间以及煤粉分离和分配装置。工作过程为：由电动机驱动通过减速装置和垂直布置的主轴带动磨盘或磨环转动。原煤经落煤管进入两组相对运动的研磨件的表面，在压紧力的作用下受到挤压和研磨，被粉碎成煤粉。磨成的煤粉随碾磨部件一起旋转，在离心力和不断被碾磨的煤和煤粉推挤作用下被甩至风环上方。热风（干燥剂）经装有均流导向叶片的风环整流后，以一定的风速进入环形干燥空间，对煤粉进行干燥，并将煤粉带入磨煤机上部的煤粉分离器。不合格的粗煤粉在分离器中被分离下来，经锥形分离器底部返回碾磨区重磨。合格的煤粉经煤粉分配器由干燥剂带出磨外，进入一次风管，直接通过燃烧器进入炉膛，参加燃烧。煤中夹带的难以磨碎的煤矸石、石块等在磨煤过程中也被甩至风环上方，因风速不足以将它们夹带而下降，通过风环落至杂物箱内被定期排出。从杂物箱中排出的称石子煤。

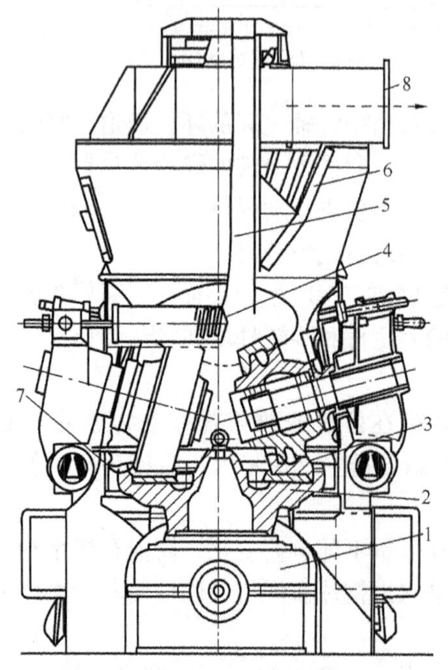

图4-10 平盘磨煤机

1—减速器；2—磨盘；3—磨辊；4—加压弹簧；5—下煤管；6—分离器；7—风环；8—气粉混合物出口管

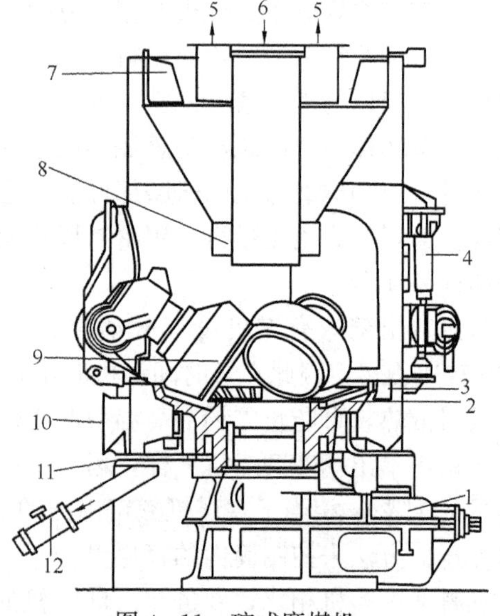

图4-11 碗式磨煤机

1—减速器；2—磨碗；3—风环；4—加压缸；5—气粉混合物出口管；6—原煤入口；7—分离器；8—粗粉回粉管；9—磨辊；10—热风入口；11—杂物刮板；12—杂物排放管

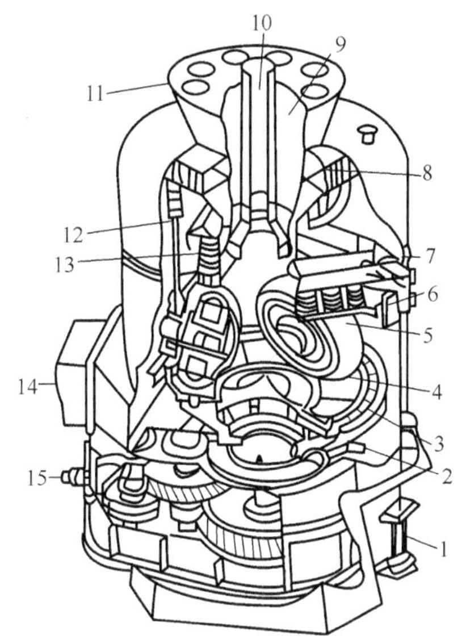

图 4-12　MPS 磨煤机

1—液压缸；2—杂物刮板；3—风环；4—磨环；5—磨辊；6—下压盘；7—上压盘；8—分离器导叶；9—气粉混合物出口；10—原煤入口；11—煤粉分配器；12—密封空气管路；13—加压弹簧；14—热空气入口；15—传动轴

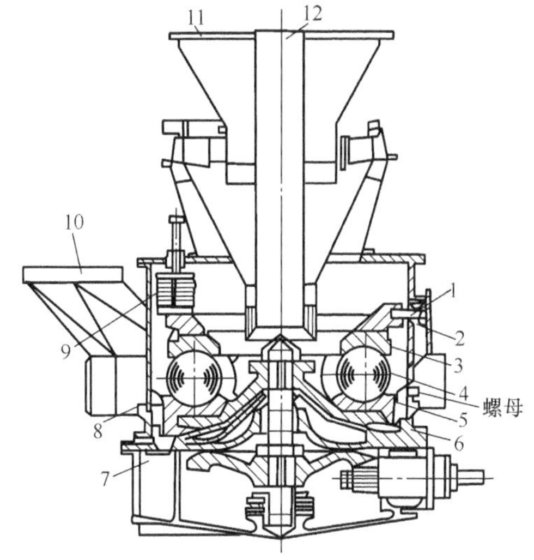

图 4-13　中速球式磨煤机

1—导块；2—压紧环；3—上磨环；4—钢球；5—下磨环；6—轭架；7—石子煤箱；8—活门；9—压紧弹簧；10—热风进口；11—煤粉出口；12—原煤进口

平盘磨煤机的旋转磨盘为圆形平盘，一般每台平盘磨煤机上装有 2～3 个磨辊。辊子与平盘之间有一定间隙，约为 1.25mm，以避免空转时磨损。磨盘由电动机带动旋转，磨辊绕固定轴在磨盘上滚动。磨辊研压煤的压力一部分靠辊子本身的质量，但主要靠加压弹簧的压力，也有采用液力—气动加载装置的。平盘磨煤机的磨辊是锥形的，其转动轴线与平盘成 15°夹角。为了防止原煤在旋转平盘上未经碾磨就被甩到风环室，在平盘外缘设有挡圈。挡圈还能使平盘上保持适当的煤层厚度，提高碾磨效果。

碗式磨煤机（RP 磨）的磨盘目前多采用浅沿形或斜盘形钢碗，磨辊一般也是锥形的，其转动轴线与水平面成一定角度，以使磨辊表面与磨盘碗面相吻合。一般碗式磨煤机装有 3 个磨辊。相隔 120°安装于磨盘上方，磨辊与磨盘之间不直接接触，间隙可调。RP 磨具有以下优点：①出力调节范围大，煤粉细度可以作线形调节；②两碾磨件无接触，能空载启动，启动力矩小，安全平稳；③噪声小，密封性能好；④更换磨损件方便，停机时间短；⑤单位电耗小，磨煤电耗约 7～8kW・h/t，通风电耗约 7kW・h/t；⑥结构紧凑，占地面积小。

中速球式磨煤机（E 型磨）的碾磨部件为上下磨环和夹在中间的大钢球。在上、下磨环之间放有 10 个左右的钢球，一般钢球直径为 200～500mm，钢球和钢球之间几乎靠着，放入全部钢球后仅留有 15～20mm 的间隙。上、下磨环和钢球相互配合的剖面图形状和字母 E 相似，E 型磨由此得名。钢球可以在磨环之间自由滚动，磨煤时不断改变旋转轴承位置，在整个工作寿命中钢球始终保持球的圆度，以保证磨煤性能不变，使磨煤出力不会因钢球磨损而减少。小型 E 型磨用弹簧加载，大容量的采用液压—气动加载装置，它通过上磨环对钢球施加压力。液压—气动加载装置能在碾磨部件使用寿命期限内自动维持磨环上的压力为定值，从而降低因碾磨件磨损对磨煤出力和煤粉细度的影响。E 型磨与平盘磨和碗式磨相比，有以下特点：①没有需要润滑、密封的磨辊，易于实现正压运行且磨煤部件工作可靠；②钢球磨损均匀，磨煤机运转性能变化不大，钢球的金属利用率高。

MPS型磨煤机采用具有圆弧形凹槽滚道的磨盘，磨辊边缘也呈圆弧形。三个磨辊相对布置在相距120°的位置上。磨辊尺寸大，在水平方向具有一定的自由度，可以摆动，能自动调整碾磨位置。在碾磨过程中磨辊由磨盘摩擦力带动旋转。磨煤的碾磨力来自磨辊、弹簧架及压力架的自重和弹簧的预压缩力。弹簧的预压缩力依靠作用在弹簧压盘上的液压缸加压系统来实现。该型磨煤机与其他类型中速磨相比，其主要优点是：①辊子外形凸出近于球状，滚动阻力较小；辊子尺寸大，燃料进入辊下的条件也较好，利于增大磨煤出力和降低磨煤单位电耗；②磨损均匀性得到改善；③无上磨环，避免上磨环的磨损问题；④占地面积缩小，利于大型锅炉的多台磨合理布置。

上述各种中速磨煤机的规格和出力，可参见表4-3。

表4-3　　各种中速磨煤机规格

类型	中速球式（E型）		碗式（RP型）		辊—环式（MPS型）		平盘式	
制造出力煤质标准	HGI=50 R_{75}=30%		HGI=55 R_{75}=30%		HGI=80 R_{75}=15%		HGI=60 R_{75}=12%	
规格和出力（t/h）	规格	出力	规格	出力	规格	出力	规格	出力
	E70/62	14	RP803	40	MPS—100		LM16/1250	
	7E	17	RP823		MPS—112		LM18/1320	
	8.5E	27	RP843		MPS—125		LM21/1600	42
	10E	40	RP863	50	MPS—140		LM22/1700	53
	12E	67	RP883	51	MPS—160		LM23/1800	59
	14E	96	RP903	54	MPS—180	50.2	LM25/2000	79
			RP923	57	MPS—190		LM27/2120	95
			RP943	60	MPS—200		LM28/2240	112
			RP963	62.5	MPS—225	72	LM30/4	150
			RP983	65	MPS—2350	77	LM32/4	150
			RP1003	68	MPS—2650		LM34/4	180
			RP1023	72.5	MPS—3150		LM36/4	210

2. 影响中速磨煤机工作的因素

影响中速磨煤机工作的因素很多，主要有以下几个方面。

（1）转速。中速磨煤机的转速应保证以尽可能小的能量消耗得到最佳磨煤效果的同时，使磨煤机的碾磨部件有适当长的使用寿命。转速太高，离心力过大，煤来不及磨碎就通过碾磨部件，大量粗粉来回循环，致使气力输送的电耗增加，并导致制粉电耗增加；而转速太低，煤磨得过细，又将使磨煤电耗及制粉电耗和金属磨耗增加。推荐采用的部分中速磨煤机的最佳转速 n_{zj}（r/min）如下：

平盘式磨
$$n_{zj}=\frac{60}{\sqrt{D}},\ \text{r/min} \tag{4-32}$$

碗式磨
$$n_{zj}=\frac{110}{\sqrt{D}},\ \text{r/min} \tag{4-33}$$

E型磨
$$n_{zj}=\frac{115}{\sqrt{D}},\ \text{r/min} \tag{4-34}$$

式中　D——磨盘或磨环的直径，m。

随着锅炉容量的增大，中速磨煤机的出力也在增高，碾磨部件的直径相应增大，为了限制圆周速度不超过某一定值，以降低制粉电耗并减轻碾磨部件的磨损，中速磨煤机的转速趋向降低。有些大型中速磨煤机（如 MPS 磨煤机）的出力已达 100～300t/h，而转速却低至 25r/min。

（2）通风量。通风量的大小主要影响磨煤出力和煤粉细度。风量大，可提高磨煤出力，但煤粉将变粗。因而，中速磨煤机应维持一定的风煤比。如 E 型磨煤机推荐的风煤比为 1.8～2.2kg（风）/t（煤）；RP 磨煤机一般为 1.5kg/kg 左右。

（3）风环气流速度。合理的风环气流速度应能保证在一定煤粉细度下的磨煤出力，并尽量减少随难以磨碎的杂物一同排出的石子煤的数量。通风量确定后，风环气流速度可通过调整风环间隙控制在一定范围内，如 E 型磨煤机一般为 70～90m/s，RP 磨煤机一般为 40～45m/s。

（4）碾磨压力。碾磨压力是指碾磨部件磨辊或钢球对与之相接触的煤及煤粉单位接触面积上的平均作用力。碾磨压力主要来自弹簧、液压缸或其他压紧装置的压紧力，其次是磨辊或钢球及上磨环的自重力，前者是可以调节的。碾磨压力过大，将加速碾磨部件的磨损，过小又将导致磨煤出力降低、煤粉变粗。因此，运行中要求碾磨压力保持一定。随着碾磨部件的磨损，碾磨压力相应减小，运行中需随时进行调整。

（5）燃料性质。中速磨煤机主要靠碾压方式磨制煤粉，燃料在磨煤机中扰动不大，干燥过程并不强烈，如果燃料水分过大易压成煤饼，水分过小又易发生滑动，这些都将导致磨煤出力降低，因此，中速磨煤机对燃料水分有一定限制。一般要求原煤水分＜12%，对 E 型磨煤机最高允许为 15%～20%，RP 型、MPS 型磨煤机当热风温度较高时，可磨制 M_{ar}＝20%～25%的原煤。此外，当磨制质硬、磨损指数高的煤种时，将加速研磨部件的磨损，增大磨煤电耗及检修工作量。因此，中速磨煤机对煤的磨损指数、灰分含量及成分、可磨性系数都有一定要求，一般以磨制 A_{ar}＜40%，HGI 不低于 50、磨损指数 K_e＜3.5 的烟煤、贫煤为宜。

3. 中速磨煤机的磨煤出力及功率计算

中速磨煤机在我国大量应用的时间不太长，对其出力及功率的计算经常采用一些经验公式。

（1）平盘磨煤机的磨煤出力及功率计算。前苏联提出的磨煤机的磨煤出力计算经验公式如下：

$$B_m = \frac{cD^3 K_{ms} K_{km}^{g}}{\sqrt{\ln \frac{100}{R_{90}}}} \tag{4-35}$$

式中　c——出力系数；取 c＝5.9（国内试验研究发现 c 与煤的挥发分 V_{daf} 有关，建议：烟煤 c＝7.5，贫煤 c＝6.5）；

D——磨盘直径，m；

其余符号的意义与式（4-24）中的有关符号相同或相近。

在铭牌出力下的磨煤机功率计算经验式为

$$P_m = 0.6aD^3 \tag{4-36}$$

式中　a——比例系数，a＝115～15D。

单位磨煤电耗 E_m 为

$$E_m = \frac{P_m}{B_m} \tag{4-37}$$

制粉电耗为

$$E_{zf} \approx 1.67E_m \tag{4-38}$$

（2）RP 磨煤机的磨煤出力及功率计算。根据我国从美国燃烧工程公司（CE）引进的全套 RP 系列产品技术，RP 磨煤机的磨煤出力可按式（4-39）计算：

$$B_m = K_{cl}B_{jb} \tag{4-39}$$

式中 B_{jb}——RP 磨煤机的基本出力，是以磨制 HGI=55 的煤质、煤粉细度 R_{75}=30%时的磨煤出力（查表 4-3），t/h；

K_{cl}——基本出力的百分数，可根据实际磨制的煤质（HGI、M_{ar}）和煤粉细度 R_{75} 确定。

RP 磨煤机的实际功率可按式（4-40）计算：

$$P_m = K_{gl}P_{jb} \tag{4-40}$$

式中 P_{jb}——磨煤机在基本出力下的基本输入功率（铭牌功率），kW；

K_{gl}——基本输入功率的百分数，与 K_{cl} 的确定方法相同。

（3）E 型磨煤机的磨煤出力及功率计算。前苏联推荐的用于 E 型磨煤机磨煤出力的计算公式如下：

$$B_m = \frac{1.15\times 10^{-3}K_{ms}\cdot K_{km}^{g}}{\sqrt{\ln\frac{100}{R''_{90}}}}\rho_m z d_{gq}^2 u \tag{4-41}$$

式中 ρ_m——煤的堆积密度，kg/m³；

z——钢球个数；

d_{gq}——钢球直径，m；

u——磨环的圆周速度，$u=\pi nD/60$（n 为磨环转速，D 为磨环直径，m），m/s；

其余符号表示的意义与式（4-24）中的有关符号相同或相近。

E 型磨煤机所消耗的功率计算公式为

$$P_m = 6\times 10^5\,\frac{(1.25F+9.8m)zu}{\eta_{cd}\eta_{dj}} \tag{4-42}$$

$$F = 5880 - 1470K_{km} + 39.2m \tag{4-43}$$

式中 F——每个钢球上所受的压紧力，N；

m——单个钢球的质量，kg；

其余符号（除 z、u 外）表示的意义与式（4-30）中的有关符号相同。

（4）MPS 磨煤机的磨煤出力及功率计算。对我国从德国 Babcock 公司引进的 MPS—190、MPS—225、MPS—255 型磨煤机，磨煤出力推荐采用式（4-44）计算：

$$B_m = K_G K_F K_M B_A \tag{4-44}$$

式中 B_A——MPS 磨煤机（190、225、255 型）磨制 A 种煤种时的出力，t/h，其值可从表 4-4 中选取；

K_G——煤的哈氏可磨性修正系数，查表 4-5；

K_F——煤粉细度修正系数，查表 4-5；

K_M——煤的水分修正系数，从表 4-5 中选取。

MPS 磨煤机功率计算公式如下：

$$P_m = B_m P_i + P_0 \quad (4-45)$$

式中　P_i——磨煤机单位能耗，一般取 P_i=5kWh/t；

P_0——磨煤机空载功率，对 MPS—190、MPS—225、MPS—255 型磨煤机分别为 77kW、117kW、168kW。

表 4-4　MPS 磨煤机磨制试验煤种 A 的出力 B_A

哈氏可磨指数 HGI	煤粉细度 R''_{90}（%）	水分 M（%）	标准出力 B_A（t/h）			磨煤机负荷（%）
			190 型	225 型	255 型	
80	16	4	52.6	78.6	107.3	100

表 4-5　MPS 磨煤机处理修正系数 K_G，K_F，K_M

可磨性指数	HGI	40	44	48	52	56	60	64	68	72	76	80	84	88	90
	K_G	0.409	0.553	0.612	0.668	0.722	0.770	0.821	0.868	0.913	0.955	1.000	1.037	1.075	1.090
煤粉细度	R''_{90}	15	16	18	20	22	24	26	28	30	32	34	36	38	40
	K_F	0.982	1.000	1.035	1.070	1.100	1.125	1.155	1.180	1.205	1.225	1.250	1.270	1.292	1.310

水分	M_{ar}	4	5	6	7	8	9	10	12	14	16	≥18
	K_M	1.000	0.995	0.985	0.980	0.970	0.960	0.945	0.920	0.885	0.840	0.800

4. 中速磨煤机的特点

中速磨煤机具有结构紧凑、占地面积小、重量轻、投资省、运行噪声小、电耗及金属磨耗较低、磨制出的煤粉均匀性指数较高、特别适宜变负荷运行等优点。因此，在煤种适宜的条件下应优先采用中速磨煤机。中速磨煤机的缺点是结构复杂，需严格地定期检修、维护。此外，在排放的石子煤中难免夹带少量合格煤粉，需另外处理。

三、风扇磨煤机

风扇磨煤机大多用于燃用褐煤的锅炉，一般转速在 400r/min 以上，属高速磨煤机。

如图 4-14 所示，风扇磨煤机的结构与风机相类似，由叶轮和蜗壳组成。只是叶轮和叶片很厚，蜗壳内壁装有护板。叶轮、叶片和护板都用锰钢等耐磨钢材制造，是主要的磨煤部件。煤粉分离器在叶轮的上方，与外壳连成一个整体，结构紧凑。

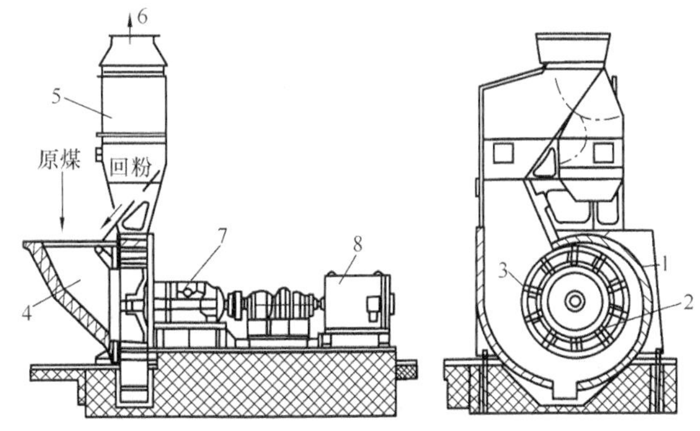

图 4-14　风扇磨煤机结构

1—蜗壳状护甲；2—叶轮；3—冲击板；4—原煤进口；5—分离器；6—煤粉气流出口；7—轴承箱；8—电动机

在风扇式磨煤机中，煤的粉碎过程既受机械力的作用，又受热力作用的影响。风扇磨的工作原理是：原煤随热风一起进入磨煤机，即被高速转动的冲击板击碎后抛掷到蜗壳护甲上，煤粒与护甲的撞击以及煤粒的相互撞击，致使煤再次破碎而成为煤粉。煤粉被热空气干燥后带入分离器进行粗粉分离，分离出来的不合格煤粉经回粉管落回磨煤机中重磨，合格煤粉继续由气流携带送入炉内燃烧。蜗壳下方设有活门，以便排放石子煤及金属杂物。

煤粉在风扇磨煤机中大多处于悬浮状态，加上风扇磨煤机自身的抽吸力，不仅可用热风还可抽吸炉烟作干燥剂，这样就使得干燥过程十分强烈，因而可以磨制高水分煤。但由于风扇磨煤机工作转速高，冲击板和护甲磨损较严重，磨出的煤粉也较粗，所以风扇磨煤机不宜磨制硬煤、强磨损性煤及低挥发分煤。一般适合磨制水分大于35%、冲刷磨损指数K_e小于3.5的褐煤和烟煤。

风扇磨煤机本身就是排粉风机，在对原煤进行粉碎的同时能产生1500～3500Pa的风压，用以克服系统阻力，完成干燥剂吸入、煤粉输送的任务。所以具有结构简单、尺寸小、金属耗量少的优点。

风扇式磨煤机的主要缺点是：叶轮、叶片磨损快，机件磨损后磨煤出力明显下降，煤粉品质恶化，因此维修工作频繁。另外，磨出的煤粉较粗且不够均匀。

风扇磨煤机有S型和N型两个系列。S型系列适合磨$M_{ar}>35\%$的烟煤，N型系列适合磨制$M_{ar}<35\%$的褐煤。

第四节 煤粉制备系统

燃用煤粉的锅炉由煤粉制备系统供应合格的煤粉。煤粉制备系统是指将原煤磨制成粉，然后送入锅炉炉膛进行悬浮燃烧所需设备和相关连接管道的组合，通常简称为制粉系统。

制粉系统可分为直吹式和中间储仓式两种。所谓直吹式制粉系统，是指煤粉经磨煤机磨成煤粉后直接吹入炉膛燃烧；而中间储仓式制粉系统，是将磨好的煤粉先储存在煤粉仓中，然后再根据锅炉运行负荷的需要，从煤粉仓经给粉机送入炉膛燃烧。现把这两类制粉系统分别介绍如下。

一、直吹式制粉系统

直吹式制粉系统中，磨煤机磨制的煤粉全部直接送入炉膛内燃烧。因此，每台锅炉所有运行磨煤机制粉量总和，在任何时候均等于锅炉煤耗量，即制粉量随锅炉负荷的变化而变化。这样若采用低速筒式钢球磨煤机，在低负荷或变负荷下运行时制粉系统很不经济，因此，直吹式制粉系统一般多配用中速磨和风扇磨。仅在锅炉带基本负荷时才考虑采用配低速球磨机的直吹式制粉系统。

1. 中速磨直吹式制粉系统

配中速磨煤机的直吹式制粉系统有正压和负压两种连接方式。按其工作流程，排粉风机在磨煤机之后，整个系统处于负压下工作，称为负压直吹式制粉系统，见图4-15（a）；反之，排粉风机在磨煤机之前，整个系统处于正压下工作，则称为正压直吹式制粉系统，见图4-15（b）。

负压直吹式制粉系统中，排粉风机后已完成干燥任务的废干燥剂，由于温度低并含有水分，而被称作乏气；携带煤粉进入炉膛的空气称为一次风；直接通过燃烧器送入炉膛，补充煤粉燃烧所需氧量的热空气称为二次风。另外，由于中速磨煤机下部局部有正压，故需引入一股压力冷风起密封作用，这股冷风称为密封风。在这种制粉系统中，燃烧所需的煤粉均通

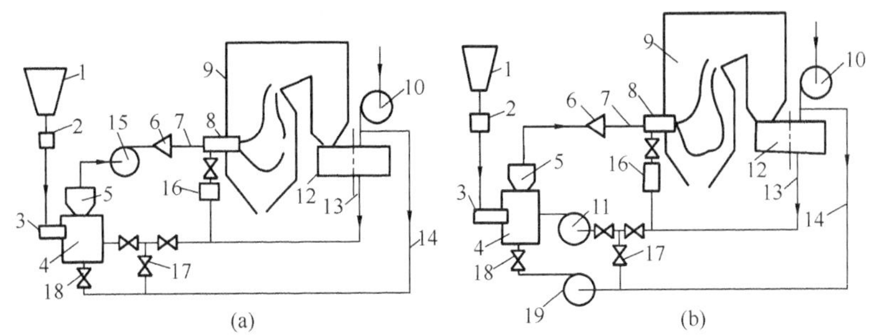

图 4-15 中速磨煤机的直吹式制粉系统

(a) 负压系统；(b) 正压系统（带热一次风机）

1—原煤仓；2—自动磅秤；3—给煤机；4—磨煤机；5—煤粉分离器；6—一次风风箱；7—煤粉管道；8—燃烧器；9—锅炉；10—送风机；11—热一次风机；12—空气预热器；13—热风管道；14—冷风管道；15—排粉风机；16—二次风风箱；17—冷风门；18—密封风门；19—密封风机

过排粉风机，因此排粉风机磨损严重，这不仅降低风机效率，增加运行电耗，而且需要经常更换叶轮，致使维护费用增加，系统可靠性降低。此外，负压直吹式制粉系统漏风较大，大量冷空气随一次风进入炉膛会降低锅炉效率。负压直吹式制粉系统的最大优点是不会向外漏粉，工作环境比较干净。中速磨负压直吹式制粉系统的工作流程如下：

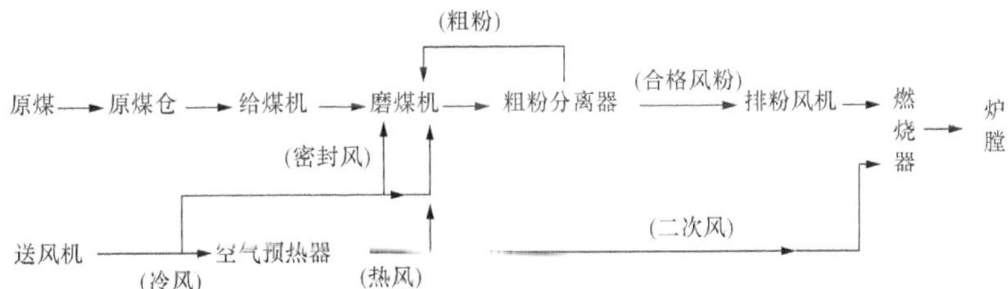

在图 4-15（b）所示的正压直吹式制粉系统中，一次风机布置在磨煤机之前，风机输送的是干净空气，不存在风机的磨损问题，冷空气也不会漏入系统，因此，运行的可靠性和经济性都比负压系统要高。但这种系统的磨煤机中需采取适当的密封措施，系统中设有专门的密封风机，以高压空气对其进行密封和隔离。否则向外冒粉，既污染环境又有引起自燃爆炸的危险。中速磨带热一次风机的正压直吹式制粉系统的工作流程如下：

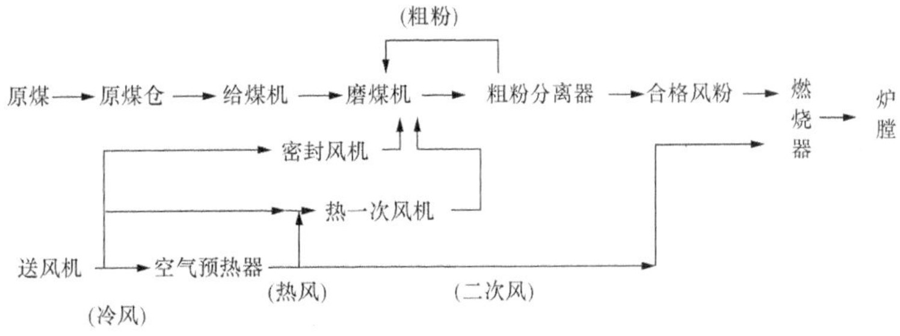

在该种制粉系统中，排粉风机又称热一次风机，热一次风机布置在空气预热器与磨煤机之间，输送的是经空气预热器加热的热空气。由于空气温度高，比体积大，因此比输送同样质量的冷空气的风机体积大，电耗高，且风机运行效率低，还存在高温侵蚀。从回转式空气

预热器来的热空气还会携带有飞灰颗粒，对风机叶轮和机壳产生磨损，降低运行可靠性。

国产大容量电站锅炉一般采用正压冷一次风机直吹式系统，见图 4-16。中速磨带冷一次风机的正压直吹式制粉系统的工作流程如下：

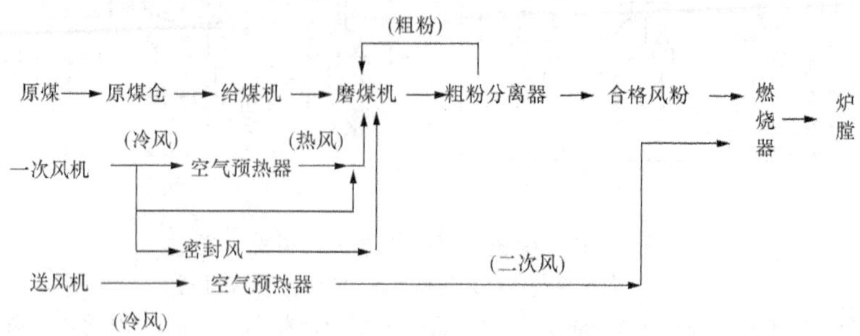

一次风机移置到空气预热器之前，通过风机的介质为冷空气。冷一次风机的工作条件大为改善，且因冷空气比体积小，通风电耗也将明显降低。图 4-16 所示为 300MW 机组采用的中速磨煤机正压冷一次风机直吹式制粉系统，锅炉采用三分仓回转式空气预热器。独立的一次风经空气预热器的一次风通道加热后再进入磨煤机。与两分仓空气预热器相比，漏风量减少。系统配置有自动控制系统，具有根据锅炉负荷变化，主信号自动调节给煤量和进入磨煤机的干燥介质（热风）流量的功能，以及根据磨煤机出口气粉混合物温度，自动调整冷、热调温空气门，控制磨煤机进口风温。

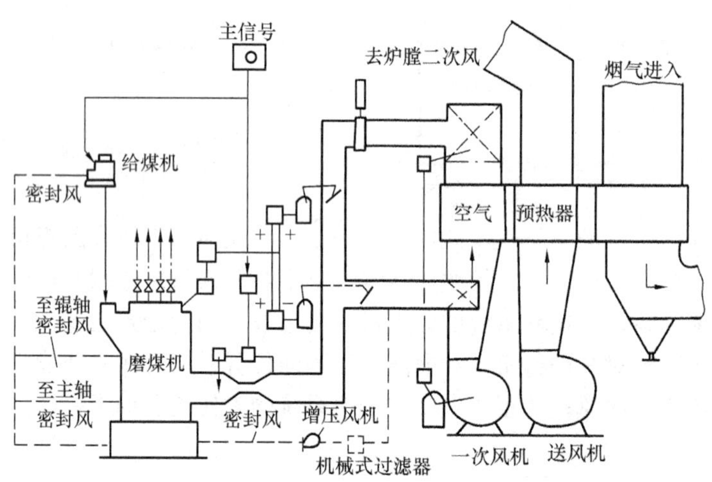

图 4-16　中速磨煤机正压冷一次风机直吹式制粉系统

冷一次风机系统与热一次风机系统相比，具有以下明显的优点：

（1）冷一次风机输送的是干净的空气，工作条件好，风机结构简单，体积小，造价低；冷空气比体积小，风机容量小，电耗低，并可采用高效风机。

（2）冷一次风机压头高，可兼作磨煤机的密封风机，使系统设备减少。

（3）作为干燥剂的热风温度不受一次风机限制，可提高干燥剂的温度，适合磨制较高水分煤。

（4）一次风是一个独立系统。锅炉负荷变化时对一次风温度影响很小。

中速磨直吹式制粉系统也存在若干问题：

（1）因为直吹式系统中磨煤机磨制的煤粉全部送入炉膛燃烧，在磨煤机故障或运行不稳定时将直接影响锅炉运行，所以，直吹式系统要求磨煤机有较大的备用容量。

（2）中速磨煤机分离器出口即是煤粉分离器，距离短，各一次风管的煤粉流量均匀性较差，而且在运行中没有调节煤粉流量的手段。

（3）通过调节给煤机的给煤量来适应锅炉负荷的变化。从给煤量的改变，到经过磨煤机，直到给粉量变化，有较长的滞后时间，所以，相应锅炉负荷变化的性能较差。

（4）中速磨煤机对煤种的适应性较差，若电厂煤种变化较多，将影响磨煤出力和煤粉细度，影响燃烧。

（5）低负荷运行时风煤比增加，影响煤粉的着火燃烧。因负荷低，煤粉量减少，为了输送煤粉，风环风速需保持一定，从而使风煤比增大。同时，单位制粉电耗也随着增大。

2. 高速磨直吹式制粉系统

风扇磨煤机一般应用于直吹式制粉系统中。由于风扇式磨煤机同时具有磨煤、干燥、干燥介质吸入和煤粉输送等功能，煤粉分离器与磨煤机连成一体，所以，它的制粉系统比其他型式磨煤机的制粉系统简单，设备少，投资省。根据煤的水分不同，风扇磨煤机制粉系统分别采用单介质干燥直吹式制粉系统、二介质干燥直吹式制粉系统和三介质干燥直吹式制粉系统。

当燃用烟煤和水分不高的褐煤时，一般采用图 4-17（a）所示的用热风作为干燥剂的单介质干燥直吹式系统。

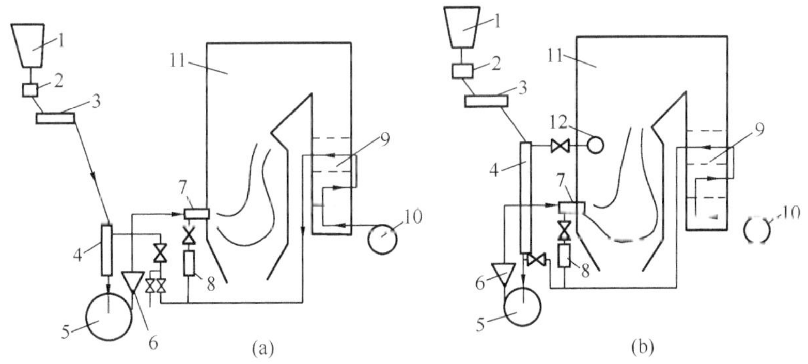

图 4-17 风扇磨煤机直吹式制粉系统

（a）单介质干燥；（b）二介质干燥

1—原煤仓；2—自动磅秤；3—给煤机；4—下行干燥管；5—磨煤机；6—煤粉分离器；7—燃烧器；8—二次风箱；9—空气预热器；10—送风机；11—锅炉；12—抽烟口

风扇磨煤机单介质干燥直吹式制粉系统的工作流程如下：

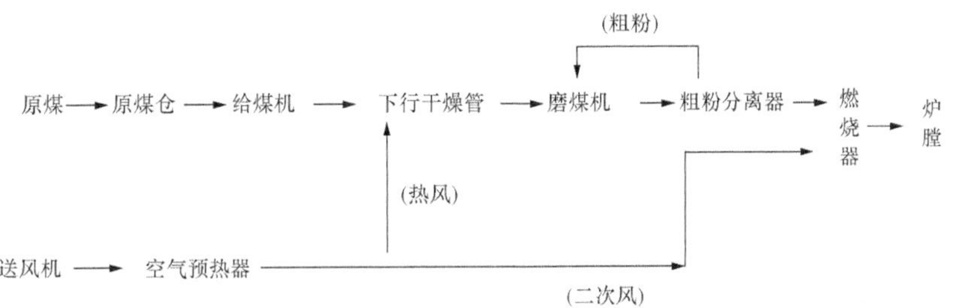

图 4-17（b）所示为热风与从炉膛上部抽取的高温炉烟混合后作干燥剂的二介质直吹式系统。风扇磨煤机二介质干燥直吹式制粉系统的工作流程如下：

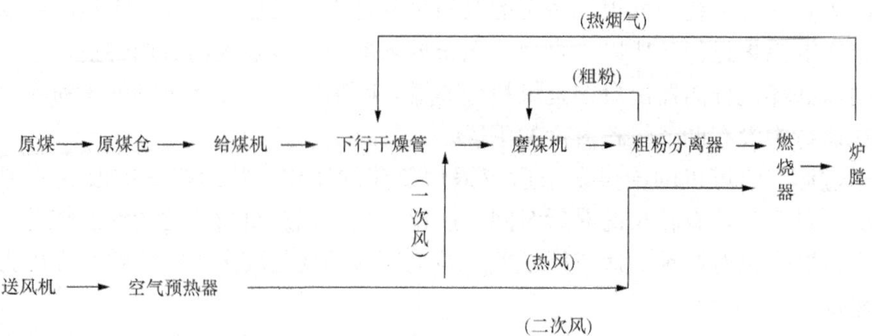

采用热风、高温炉烟和低温炉烟混合物作干燥剂的三介质干燥直吹式制粉系统如图4-18所示。风扇磨煤机三介质干燥直吹式制粉系统的工作流程如下：

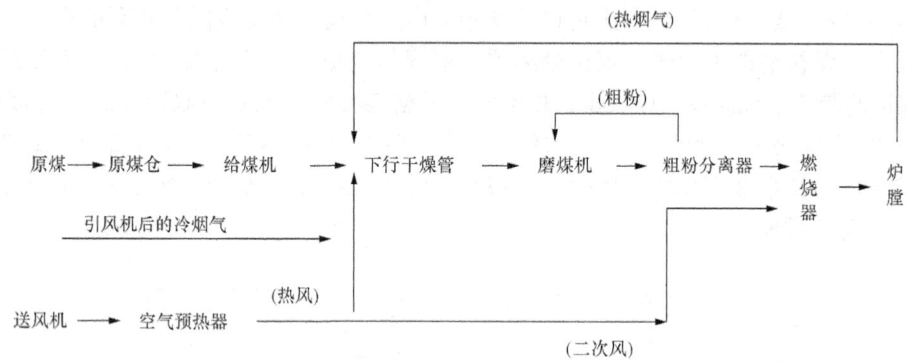

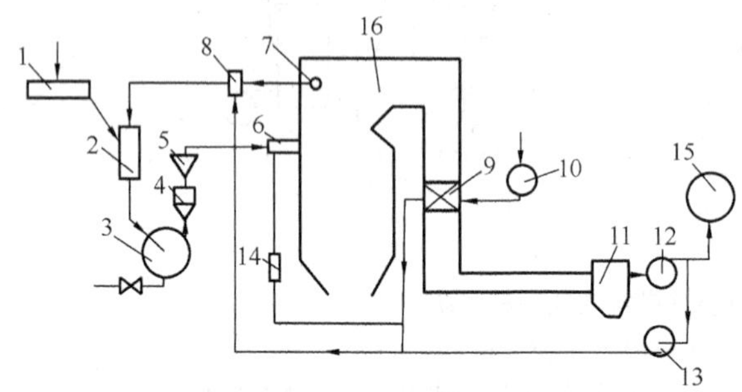

图4-18　风扇磨三介质干燥直吹式制粉系统

1—给煤机；2—下降干燥管；3—风扇磨煤机；4—粗粉分离器；5—煤粉分配器；6—燃烧器；7—高温炉烟抽烟口；8—混合室；9—空气预热器；10—送风机；11—除尘器；12—引风机；13—冷烟风机；14—二次风箱；15—烟囱；16—锅炉

其中高温炉烟取自炉膛上部，低温炉烟取自引风机出口。二介质干燥直吹式系统和三介质干燥直吹式系统适宜磨制高水分褐煤。

采用热风和高、低温炉烟混合物作为干燥剂有如下好处：

（1）热风和炉烟混合后，降低了干燥剂的氧浓度，有利于防止高挥发分褐煤煤粉发生爆炸。

（2）含氧量低的热风和炉烟混合物作为一次风送入炉膛，可以降低炉膛燃烧器区域的温度水平，燃用低灰熔点褐煤时可避免炉内结渣，并减少 NO_x 的生成。

（3）当燃煤水分变化幅度大时，改变高、低温炉烟的比例即可满足煤粉干燥的需要，而一次风温度和一次风比例仍保持不变，减轻了燃煤水分变化对炉内燃烧的影响。

3. 双进双出磨直吹式制粉系统

除上述的几种直吹式制粉系统外，随着双进双出球磨机的引进，国内有的燃煤电厂采用配双进双出球磨机的正压直吹式制粉系统，如图4-19所示。双进双出钢球磨煤机正压直吹式制粉系统的工作过程：

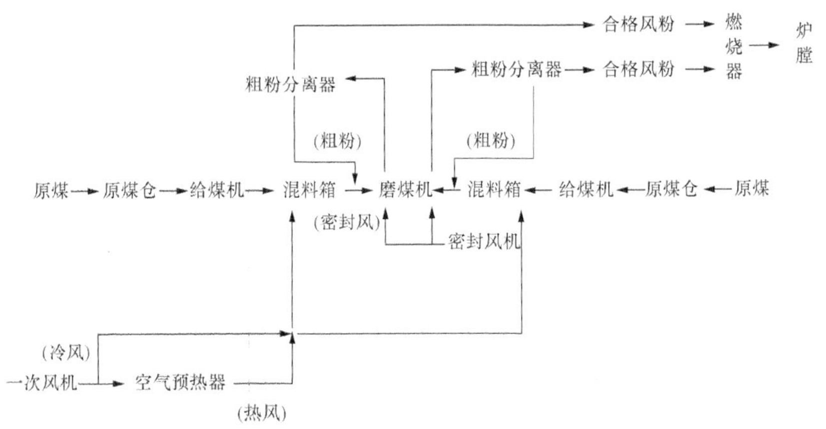

系统由两个相互对称、又彼此独立的系统组合在一起。每个系统的流程为：煤从原煤仓经刮板式给煤机落入混料箱，与进入混料箱的高温旁路风混合，在落煤管中进行预干燥。之后进入中空轴，由螺旋输送装置送入磨煤机筒内，进行粉碎。空气由一次风机输送入空气预热器，加热后进入热风管道，一部分作为旁路风，一部分作为干燥剂，经由中空轴内的中心管进入磨煤机筒体，与对面进入的热空气流在筒体中部相对冲后，向回折返，携带煤粉从空心轴的环形通道流出筒体。煤粉空气混合物与落煤管出口煤预热旁路空气混合，进入粗粉分离器，分离出来的粗粉经返料管与原煤混合，返回磨煤机重新磨制。圆锥形粗粉分离器上部装有导向叶片，改变导向叶片的倾角可以调节煤粉细度。从分离器出来的一次风气粉混合物经煤粉分离器后进入一次风管道，经燃烧器被送入炉内燃烧。停机时应用清洗风吹扫一次风管道和燃烧器。

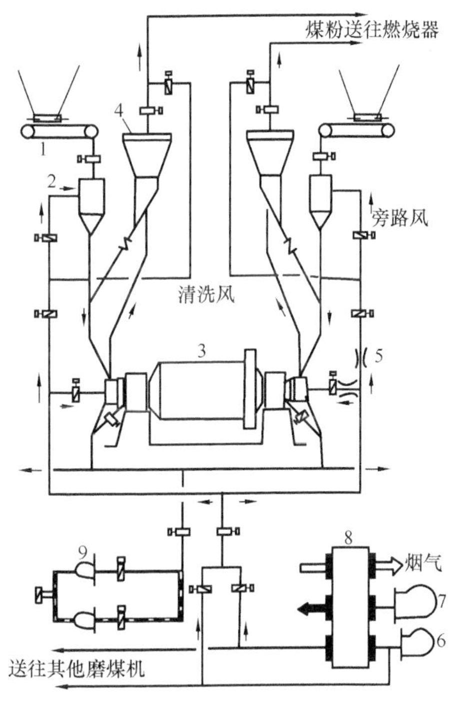

图 4-19 双进双出钢球磨煤机正压直吹式制粉系统

1—给煤机；2—混料箱；3—双进双出钢球磨煤机；4—粗粉分离器；5—风量测定装置；6——次风机；7—二次风机；8—空气预热器；9—密封风机

它与中速磨直吹式制粉系统比较，具有以下优点。

(1) 煤种适应性广。适于磨制高灰分、强磨损性的煤种，以及挥发分低、要求煤粉细的无烟煤。

(2) 备用容量小。钢球磨煤机结构简单，故障少，无需停机即可进行钢球的筛选和补充，以保证系统正常供粉。不像中速磨煤机需 20%左右的备用容量。

(3) 响应锅炉负荷变化性能好。系统以调节磨煤机通风量方法控制给粉量，响应锅炉负荷变化的延迟时间极短。应用双进双出钢球磨煤机直吹式制粉系统的锅炉，负荷变化率可达

20%/min。

（4）负荷调节范围大。一台磨煤机的两路制粉系统彼此独立，可两路并用或只用一路。大大增加了系统的负荷调节范围。

（5）钢球磨煤机的煤粉细度稳定，不受负荷变化影响，负荷低时，煤粉在筒内停留时间长，磨制的煤粉更细，能改善煤粉气流着火和燃烧性能，使锅炉能在更低的负荷下稳定运行，锅炉负荷调节范围扩大。

（6）双进双出钢球磨煤机与中速磨煤机和风扇磨煤机相比，具有较低的风煤比，即一次风的煤粉浓度高，有利于低挥发分煤的燃烧。

二、中间储仓式制粉系统

中间储仓式制粉系统的特点是磨煤机出力不受锅炉负荷的限制，可保持在经济出力下运行。所以这种制粉系统一般都配用低速钢球磨煤机。

由于球磨机轴颈密封性不好，不宜正压运行，故配球磨机的中间储仓式制粉系统均为负压系统，并要求球磨机进口维持200Pa的负压。与直吹式制粉系统相比，由于气粉分离及煤粉的储存、转运、调节的需要，中间储仓式制粉系统增加了细粉分离器、煤粉仓、螺旋输送机、给粉机等设备，如图4-20（a）、（b）所示。

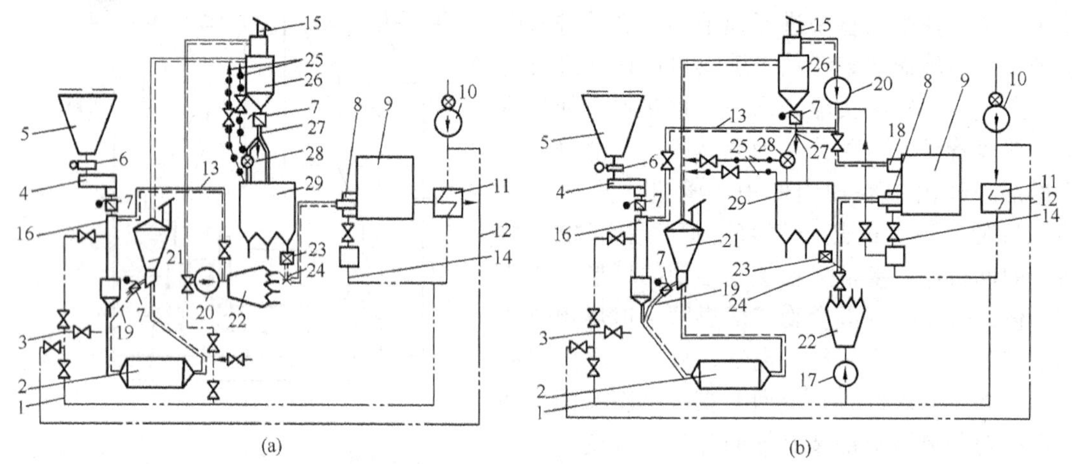

(a) (b)

图4-20 单进单出钢球磨煤机中间储仓式制粉系统

（a）乏气送粉；（b）热风送粉

1—热风管；2—磨煤机；3—冷风入口；4—给煤机；5—原煤仓；6—闸板；7—锁气器；8—燃烧器；9—锅炉；10—送风机；11—空气预热器；12—压力冷风管；13—再循环管；14—二次风管；15—防爆门；16—下行干燥管；17—热一次风机；18—三次风；19—回粉管；20—排粉风机；21—粗粉分离器；22—一次风箱；23—给粉机；24—混合器；25—排湿管；26—煤粉分离器；27—转换挡板；28—螺旋输粉机；29—煤粉仓

原煤和干燥用热风在下行干燥管内相遇后一同进入磨煤机，磨制好的煤粉由干燥剂从磨煤机内带出，气粉混合物经粗粉分离器分离后，合格的煤粉被干燥剂带入细粉分离器进行气粉分离，其中90%左右的煤粉被分离出来并落入煤粉仓，或通过螺旋输粉机转送到其他煤粉仓。根据锅炉负荷的需要，给粉机将煤粉仓中的煤粉送入一次风管，再经燃烧器喷入炉内燃烧。

由细粉分离器上部出来的干燥剂（也称磨煤乏气）还含有约10%的极细煤粉，通常要经排粉风机送入炉内燃烧，以节省燃料并避免其污染环境。

单进单出钢球磨煤机中间储仓式制粉系统有两种典型的方式：乏气送粉系统图4-20（a）和热风送粉系统图4-20（b）。乏气送粉系统适用于原煤水分较小，挥发分较高的煤种。以乏气（干燥剂流出细粉分离器时，温度已大大降低，并含有相当多的水蒸气，这时就称为乏气）作为一次风的输送介质，乏气夹带的细粉与给粉机下来的煤粉混合后，被送入炉膛燃烧。乏气送粉中间储仓式制粉系统的工作流程如下：

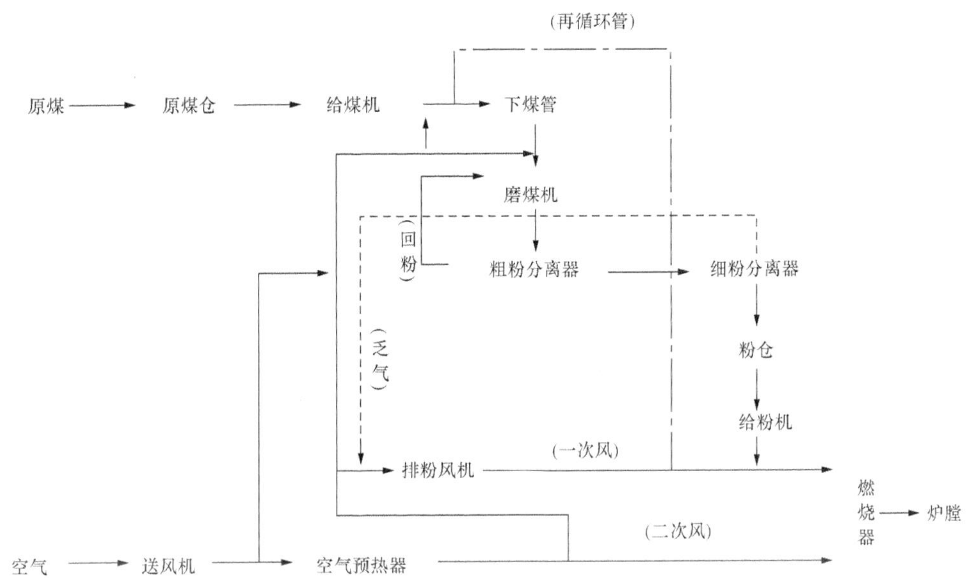

当燃用难燃的无烟煤、贫煤和劣质烟煤时，需要高温一次风来稳定着火燃烧，则采用如图4-20（b）所示的热风送粉中间储仓式制粉系统，用从空气预热器来的热空气作为一次风的输送介质。乏气作为三次风送入炉膛燃烧。热风送粉中间储仓式制粉系统的工作流程如下：

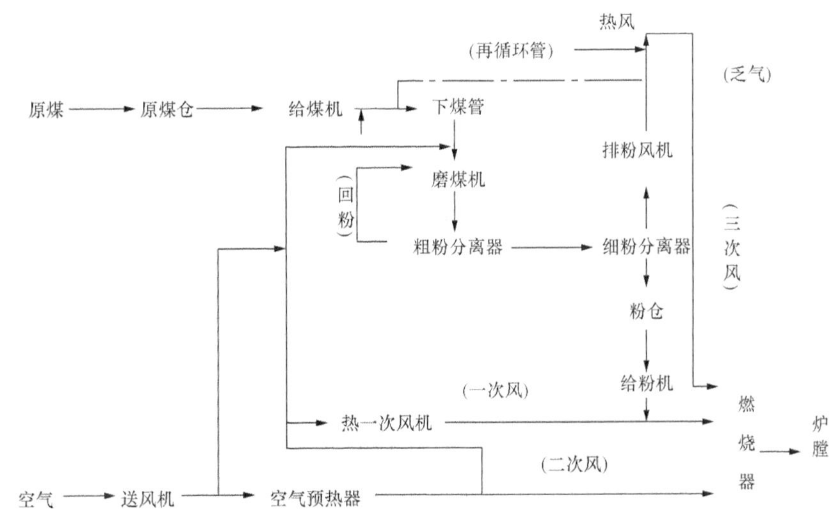

在煤粉仓和螺旋输粉机上部装有吸潮管，利用排粉风机的负压将潮气吸出，以免煤粉受潮结块。在排粉风机出口与磨煤机进口之间，一般设有再循环管，利用乏气再循环来协调磨

煤通风量、干燥通风量与一次风量（或三次风量）三者之间的关系，以保证锅炉与制粉系统的安全、经济运行。

三、直吹式与中间储仓式制粉系统的比较

直吹式制粉系统的优点是系统简单、设备少、布置紧凑、钢材耗量少、投资省、运行电耗也较低。缺点是：①制粉系统设备的工作直接影响锅炉的运行工况，运行可靠性相对低些，因而，在系统中需设置备用磨煤机；②直吹式负压系统的排粉风机磨损严重，对制粉系统工作安全影响较大；③锅炉负荷变化时，燃煤量通过给煤机调节，时滞较大，灵活性较差；④由于燃煤与空气的调节均在磨煤机之前，运行中调节各并列一次风管中煤粉和空气的分配比较困难，容易出现风粉不均现象。

中间储仓式制粉系统的优点是：①有煤粉仓储存煤粉，并可通过螺旋输粉机在相邻制粉系统间调剂煤粉，供粉的可靠性较高；②磨煤机可经常在经济负荷下运行，当储粉量足够时，还可停止磨煤机工作而并不影响锅炉的正常运行；③锅炉负荷变化时，燃煤量通过给粉机调节，由于中间环节少，使调节既方便又灵敏；④储仓式系统还可采用热风送粉，从而大大改善了燃用无烟煤、贫煤及劣质煤时的着火条件；⑤虽然储仓式系统也是在负压下工作，但与直吹式负压系统相比，通过排粉机的煤粉量多是经细粉分离器分离后剩余的少量细粉，因此，排粉机的磨损比直吹式负压系统轻得多。储仓式系统的主要缺点是系统复杂，钢材耗量多，初投资大，运行费用高，煤粉自燃爆炸的可能性亦比直吹式系统要大。

第五节　煤粉制备系统的主要辅助设备

制粉系统的主要辅助设备有给煤机、粗粉分离器、细粉分离器、给粉机、排粉风机等。

一、给煤机

给煤机的作用是根据磨煤机或锅炉负荷的需要调节给煤量，并把原煤均匀连续地送入磨煤机中。国内应用较多的给煤机有圆盘式、振动式、刮板式、皮带式等型式。

1. 圆盘式给煤机

圆盘式给煤机的结构和工作过程如图 4 - 21 所示。原煤经进口管 1 落到旋转圆盘 4 的中部，以其自然倾角向四周散开，电动机驱动圆盘旋转，圆盘上的煤也随之转动，煤被刮板 5 从圆盘上刮下，落入通往磨煤机的下煤管中。

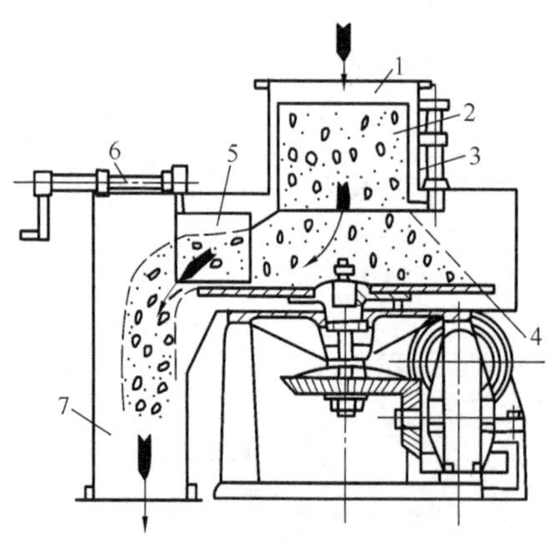

图 4 - 21　圆盘式给煤机

1—原煤进口管；2—内套筒；3—调节套管；4—圆盘；5—调节刮板；6—调节杆；7—出口

这种给煤机可用三种方法调节给煤量：

(1) 改变调节套筒的位置来调节给煤量。刮板位置不变时，调节套筒位置升高，煤在圆盘上的自然堆积厚度增加，给煤量就多；反之给煤量就少。

(2) 用调节刮板的位置来调节给煤量。当刮板向圆盘中心移动时，给煤量增加；反之，刮板向圆盘边缘移动时，给煤量减少。

(3) 改变圆盘的转速来调节给煤量。通过配用变速马达来改变圆盘的转速。转速提高，给煤量增加；转速降低，给煤量减少。

圆盘式给煤机的优点是结构简单、紧凑设备严密，其缺点是供给湿煤时易堵塞。

2. 电磁振动式给煤机

电磁振动式给煤机其结构和工作过程如图 4-22 所示，主要由电磁振动器和给煤槽组成，其工作原理是：煤由煤斗 1 落入给煤槽 2，在震动器 3 的作用下，给煤槽以每秒 50 次频率振动，由于振动器与给煤槽平面之间有一夹角 α，所以，给煤槽上的煤就以 α 角的方向抛起，并沿抛物线轨迹向前跳动，因为振动频率高，看起来煤就像流水一样，均匀地落入落煤管中。

调整振动器的振动力亦即调节振幅可以调节给煤量。增大电流或电压，振动力增大，振幅增大，给煤量增加。

电磁振动式给煤机的优点是无转动部件，无机械摩擦，结构简单，造价低，占地面积小，运行维护方便，安全可靠；但要求电源电压稳定，原煤粒度均匀，水分适中，否则，容易发生堵煤或原煤自流现象。

3. 刮板式给煤机

刮板式给煤机其结构和工作过程如图 4-23 所示。主要由前、后链轮和挂在两个链轮上的一根传送链条组成。其工作原理是：煤从进煤管 1 先落在上台板 7 上，由于刮板 5 的移动，将煤带到左边，经过落煤通道落在下台板上，刮板又将下台板上的煤带到右边，经出煤管送往磨煤机。这种给煤机利用煤在自身内摩擦力和刮板链条拖动力的作用下，在箱体内沿着刮板链条的运动方向形成连续的煤层流，不断地从进煤口流到出煤口，实现连续均匀定量的输送任务。

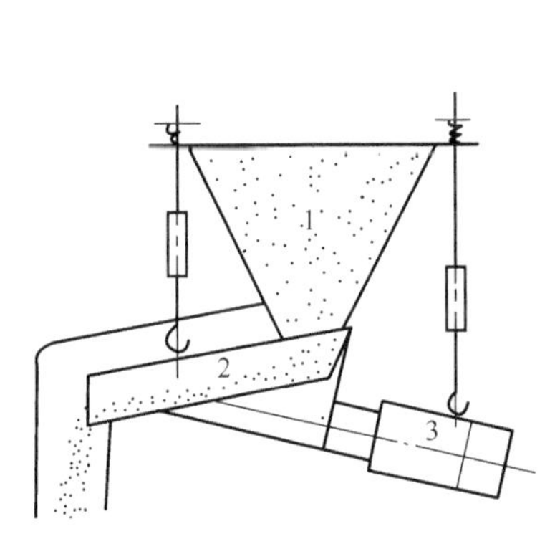

图 4-22　电磁振动式给煤机

1—煤斗；2—给煤槽；3—电磁振动器

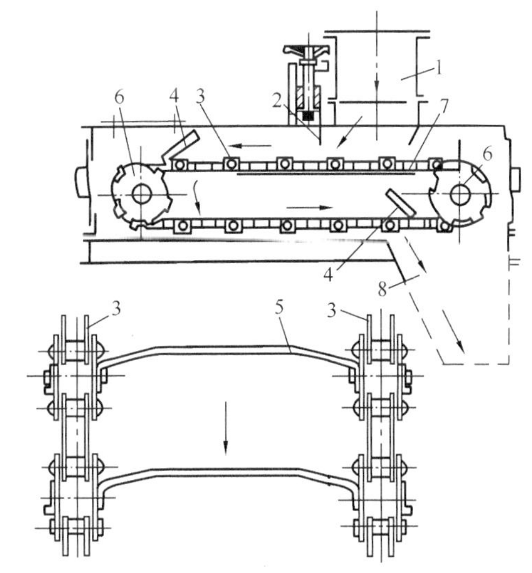

图 4-23　刮板式给煤机

1—进煤管；2—煤层厚度调节板；3—链条；4—导向板；5—刮板；6—链轮；7—上台板；8—出煤管

刮板式给煤机可以通过煤层厚度调节板调节给煤量，也可用改变链轮转速的方法进行调节。

刮板式给煤机的特点是结构合理、系统布置灵活，能满足较长距离的供煤要求，可制成全密封式；其不足之处是占地面积较大，当煤块过大或煤中有杂物时易卡住。

4. 电子重力式皮带给煤机

电子重力式皮带给煤机主要由机体、给煤皮带机构、称重机构、链式清理刮板、断煤及

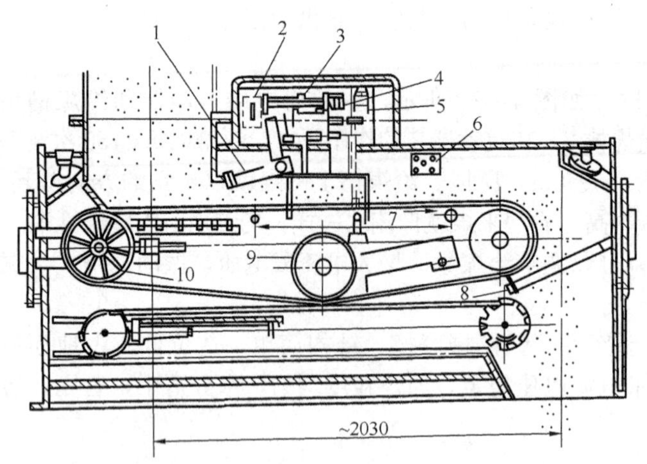

图 4-24　电子重力式皮带给煤机

1—可调节的平煤门；2—电磁开关；3—游码；4—游码动作电动机；5—重量修正电动机；6—事故按钮；7—称量段；8—刮煤板；9—张紧轮；10—主动轮

堵煤信号装置、清扫输送装置、电子控制柜及电源动力柜组成。结构如图 4-24 所示，该给煤机一般处于正压下运行，故采用全封闭装置。其工作原理是：原煤经给煤皮带机构送入磨煤机，给煤皮带制有边缘，内侧中间有凸筋，而各皮带的运动具有良好的导向性。称重机构位于给煤机的进煤与出煤口之间，由三个称重托辊和一对负荷传感器以及电子装置所组成。该给煤机控制系统在机组协调控制系统的指挥下，根据锅炉负荷所需的给煤率信号，控制驱动电动机的转速来进行调节，使实际给煤率与所需要的给煤率相一致。在称重机构的下部装有链式清理刮板机构，将煤刮至出口排出，以清除称重机构下部的积煤。在给煤皮带的上方装有断煤信号，当皮带上无煤时，便启动原煤仓的振动器。另有堵煤信号装在给煤机的出口，若煤流堵塞，则停止给煤机的运行。

由于这种给煤机具有先进的皮带转速测定装置、精确度高的称重机构、良好的过载保护以及完善的检测装置等优点，所以，在国内 300MW 及 600MW 机组中得到了广泛的应用。

二、粗粉分离器

粗粉分离器是制粉系统中必不可少的煤粉分离设备，它的作用是将磨煤机带出的不合格粗煤粉分离出来，返回磨煤机中重磨。另一作用是可以调节煤粉细度，以便在煤种或干燥剂量变化时保证一定的煤粉细度。

粗粉分离器是利用离心力、惯性力和重力的作用把不合格的粗煤粉分离出来的。下面介绍两种应用最广的主要依靠离心力原理进行分离和调节的粗粉分离器。

1. 离心式粗粉分离器

图 4-25 是国内广泛采用的离心式粗粉分离器，它多与低速球磨机配合使用。它主要由内、外空心锥体、调节锥帽、导向板、可调折向门和回粉管组成。工作原理是：由磨煤机出来的气粉混合物以 18～25m/s 的速度进入分离器外锥体下部的环形空间时，由于截面扩大，其速度降至 4～6m/s。气流中较大的煤粉在重力作用下分离出来，并沿回粉管返回磨煤机中重新磨制。进入分离器上部的煤粉气流，经安装在内外圆柱壳体间环形通道内的折向门产生旋转运动，在离心力的作用下，较粗的煤

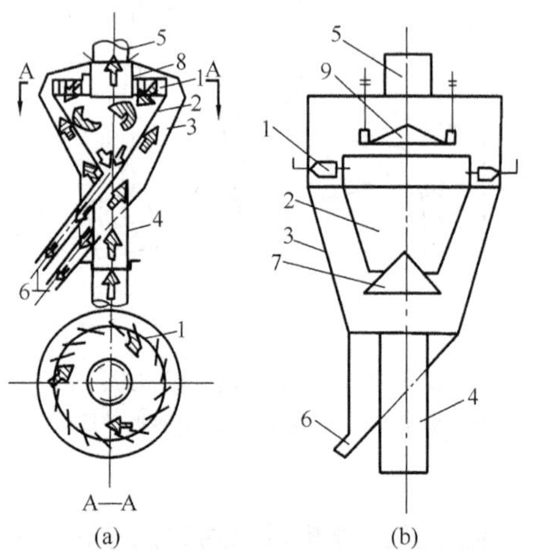

图 4-25　离心式粗粉分离器结构

（a）普通径向型；（b）轴向改进型

1—折向挡板；2—内锥体；3—外锥体；4—进口管；5—出口管；6—回粉管；7—锁气器；8—活动环；9—圆锥帽

粉被甩到器壁滑下，由另一回粉管送回磨煤机中重新磨制，最后煤粉气流进入出口管时，由于急转弯，惯性力又使一部分煤粉分离出来，而合格的细煤粉则被气流从出口管带走。在内锥体上面装有可上下移动的锥形调节帽，可以粗调煤粉细度。

粗粉分离器分离出来的回粉中，总难免要夹杂一些合格的细粉。这些合格细粉返回磨煤机后，就会磨得更细，这就增加了过细的煤粉，使煤粉的均匀性变差，同时也增加了磨煤电耗。

离心式粗粉分离器的煤粉细度调节一般有三种方法：改变折向挡板的位置；调节磨煤通风量；调节活动环的位置。①改变折向挡板与圆周切线的夹角可以改变煤粉细度。夹角减小时，气流的旋转强度加强，分离出来的煤粉增多，气流带走的煤粉变细；反之变粗。②增大磨煤通风量，一方面导致磨煤机出来的煤粉变粗，另一方面由于煤粉在分离器中停留的时间变短，因此，使分离器出口处的煤粉变粗；反之亦反。③降低活动环的位置，因急转弯程度增大，出口煤粉变细；反之，升高活动环的位置，出口煤粉变粗。

轴向型粗粉分离器的结构比较复杂，通风阻力也较大；但由于其折向门是轴向布置的，因而加大了圆筒空间，与径向型相比，分离效果好，改善了煤粉的均匀性；调节幅度较宽，回粉中细粉含量少，提高了制粉系统出力；适应煤种也较广，可配用于各种形式的磨煤机，所以其应用较为普遍。

2. 回转式粗粉分离器

回转式粗粉分离器多与中速磨煤机配合使用，其结构如图 4-26。其结构和工作原理如下：有一个由电动机经减速器带动的转子，转子上面一般有 20 个左右的叶片，叶片由角钢或扁钢制成。当进口管煤粉气流由进粉管引入，自下而上流动时，由于流动截面的扩大，使流速降低，部分粗煤粉在重力作用下分离出来；而后煤粉气流继续上升，进入转子区域，在转子的带动下做旋转运动，粗煤粉受较大离心力的作用，被抛到圆锥筒的内壁上，并沿着内壁下落，经回粉管返回磨煤机重新磨制；而细煤粉则随着气流穿过叶片间隙流到分离器上部，沿切向送出。

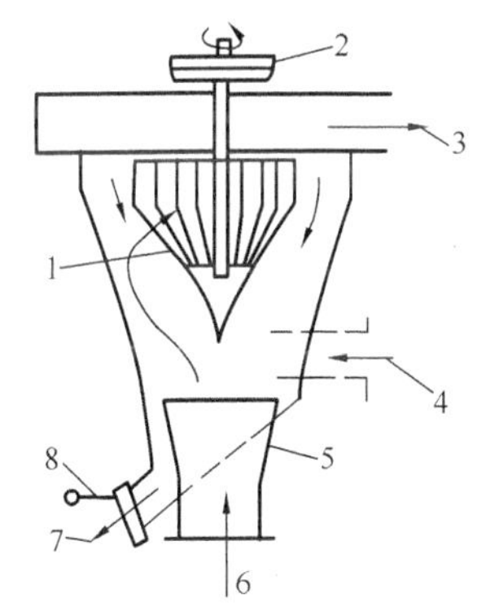

图 4-26 回转式粗粉分离器

1—转子；2—皮带轮；3—细粉空气混合物切线引出口；4—二次风切向引入口；5—进粉管；6—煤粉空气混合物进口；7—粗粉出口；8—锁气器

改变转子的转速，即可调节煤粉细度。转子转速越高，分离作用越强，气流带出的煤粉就越细；反之，转速越低，气流带出的煤粉就越粗。

为了减少回粉中的细粉量，可在分离器的下部加装二次风，二次风沿切向进入分离器，将下落的回粉吹起，促使回粉再次分离，并将合格的细粉带走，从而提高磨煤出力，降低磨煤电耗。

回转式粗粉分离器的特点是：结构紧凑，流动阻力较小，磨煤电耗较低；调节方便，适应负荷变化的性能较好；分离出的煤粉较细且均匀性好。但是，这种分离器结构比较复杂，磨损严重，检修工作量较大。但它的阻力较小，调节方便而且调节幅度也大，因而适应负荷和煤种变化的性能较好，所以回转式分离器适用于直吹式制粉系统。

三、细粉分离器

细粉分离器也叫旋风分离器。它的作用是将风粉混合物中的煤粉分离出来，储存在煤粉仓中，其结构如图 4-27 所示。

它的工作原理是利用气流旋转所产生的离心力，使气粉混合物中的煤粉与空气分离开来。自粗粉分离器来的气粉混合物切向进入分离器圆筒的上部，在外圆筒与中心管之间作自上而下高速螺旋运动，煤粉由于离心力的作用被抛向四周，沿筒壁下落至筒底的煤粉出口。当气流转折向上进入中心管时，由于惯性作用，煤粉再次被分离。分离出来的煤粉经下部煤粉斗和锁气器进入煤粉仓或螺旋输粉机。气流则经中心管引至出口管，然后引往排粉机。中心筒下部有导向叶片，它可使气流平稳地进入中心筒，不产生漩涡，因而避免了在中心筒入口处形成真空，将煤粉吸出而降低效率。目前发电厂多采用直径较小、长度较长的旋风分离器，它的分离效率可达90%～95%。所谓分离效率是指分离出来的煤粉量占进口煤粉量的百分数。

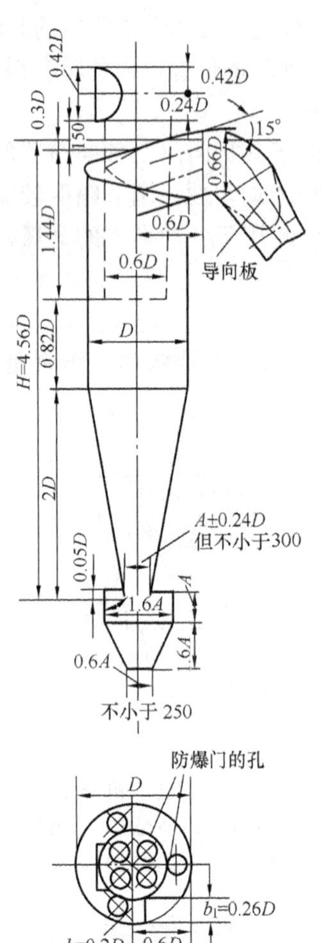

图4-27　小直径旋风分离器

四、给粉机

给粉机的作用是将煤粉仓中的煤粉按锅炉负荷的需要均匀地送入一次风管中。显然，炉内燃烧工况的稳定与否，在很大程度上取决于给粉机的给粉量、给粉的均匀性以及给粉机适应锅炉负荷变化的调节性能。

目前，电厂应用较为普遍的给粉机是叶轮式给粉机，它是由上下叶轮、外壳和搅拌器等部件组成，其结构如图4-28所示。

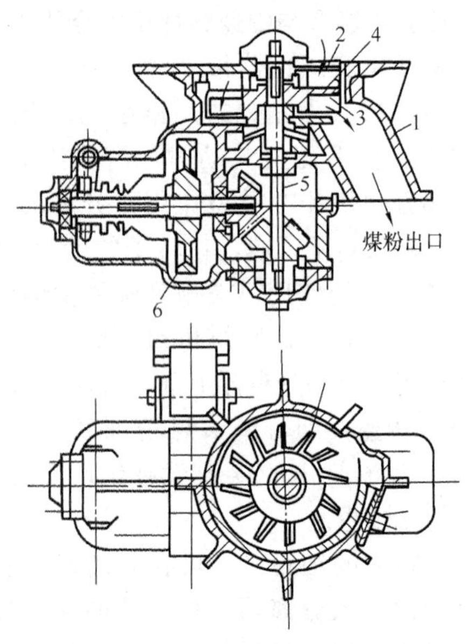

图4-28　叶轮式给粉机

1—外壳；2—上叶轮；3—下叶轮；4—固定盘；5—轴；6—减速器

其工作原理是：当电动机经减速器带动给粉机主轴转动时，固定在轴上的上下叶轮也同时转动，煤粉仓下落的煤粉首先通过左侧的上孔板落入上叶轮的槽道内，然后由上叶轮拨送到右侧的下孔板，落入下叶轮的槽道内，最后由下叶轮拨送至左侧的出口，落入一次风管路。

改变电动机的转速即可调节给粉机给粉量的大小，故叶轮式给粉机一般采用直流电动机拖动。

叶轮式给粉机的特点是：给粉均匀，调节方便，不易发生煤粉自流，并可以防止一次风冲入煤粉仓，所以其应用较为广泛。该给粉机的主要问题是：结构较复杂，电耗较大，且易被煤粉中的木屑等杂物堵塞。

五、锁气器

在制粉系统的某些管道上装有只允许煤粉通过，而不允许气流通过的设备，称为锁气器。锁气器有翻板式和草帽式两种，其结构如图 4-29 所示，它们都是以杠杆原理进行工作的。当翻板或活门上的煤粉超过一定数量时，翻板或活门自动打开，煤粉落下。当煤粉减少到一定程度时，翻板或活门又因平衡重锤的作用而关闭。翻板式可装在垂直或倾斜的管段上，草帽式只能装在垂直管道上。

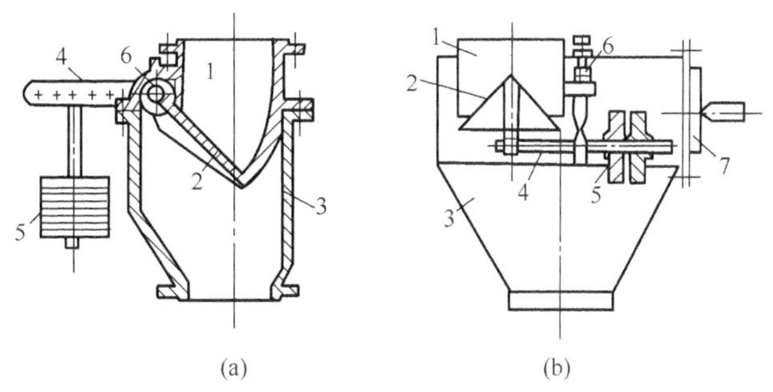

图 4-29　锁气器

(a) 翻板式；(b) 草帽式

1—煤粉管；2—翻板或活门；3—外壳；4—杠杆；5—平衡重锤；6—支点；7—手孔

翻板式结构简单，不易卡住，工作可靠。草帽式动作灵活，下粉均匀，而且严密性较好。

第六节　煤粉制备系统的选型

一、磨煤机和制粉系统的选择

磨煤机选择的主要依据是煤的特性，其中以挥发分 V_{daf}、水分 M_{ar}、可磨性系数 K_{km} 及由它们决定的磨制煤粉的细度 R_{90} 为主要选择。可参考表 4-6。

表 4-6　磨煤机和制粉系统的选择

煤的特性 / 磨煤机类型	M_{ar}	A_{ar}	V_{daf}	K_{km}	R_{90}	制粉系统
钢球磨	≤40	不限制	不限制	不限制	5～50	储仓式、直吹式
中速磨	≤15	≤30	15～25	≥1.2～1.3	15～50	直吹式
风扇磨	不限制	<30	>20	>1.3	≥50	直吹式

二、磨煤机的台数、出力及型号的选定

对于中速磨煤机直吹式系统，由于锅炉与制粉系统直接相关，系统运行可靠性较差，故系统的磨煤备用裕度较大。对 300MW 机组，一般应配 3 台以上的磨煤机，每台出力为

$$B_m = \frac{0.9B}{Z-1} \tag{4-46}$$

式中　B——锅炉额定负荷下的燃料消耗量，t/h；

　　　Z——每台锅炉配备的磨煤机台数。

上式说明，当有 3 台以上磨煤机时，一台检修后，锅炉仍然能维持在 90%额定负荷下

运行。

对于风扇磨直吹式系统，先根据锅炉蒸发量的大小及燃烧器的组织情况，确定每台锅炉上同时运行的磨煤机数量 Z，另外考虑备用磨 1～2 台。实际磨煤机数量为 $Z+$（1～2）台，每台磨煤机出力为

$$B_{\mathrm{m}}=\frac{B}{Z} \tag{4-47}$$

式中符号同式（4-46）。可见，在风扇磨直吹式制粉系统中，有 1～2 台磨停用时，锅炉能保持额定负荷运行。

对双进双出球磨机直吹式制粉系统，由于磨煤机运行安全可靠性高，故一般不考虑备用磨。对 300MW 机组，如果每炉配 4 台磨煤机，每台磨裕量取 20%，当 1 台事故时，3 台磨总出力还能带 90%的锅炉负荷。

对于中间储仓式制粉系统，由于煤粉仓的储备作用及整个锅炉房中各台锅炉煤粉仓之间可以利用螺旋输粉机相互提供和补充煤粉，此时，每台锅炉的磨煤机台数及磨煤出力可以整体考虑。系统中每台磨煤机的磨煤出力要求为

$$B_{\mathrm{m}}=\frac{1.15\sum_{i=1}^{n}Z_iB_i}{\sum_{j=1}^{n}Z_j} \tag{4-48}$$

式中 $\sum_{i=1}^{n}Z_iB_i$——锅炉房中 n 台锅炉在额定负荷下总的燃料消耗量，t/h；

$\sum_{j=1}^{n}Z_j$——整个锅炉房中磨煤机总台数；

1.15——储备系数，表示设计中磨煤出力的总储备能力。

根据以上计算所得的每台磨煤机出力，选择适当的磨煤机型号，然后按煤质及机型核算其磨煤出力 B_{m}。

三、制粉系统热平衡计算

制粉系统热平衡计算的目的，就是在保持系统安全经济运行基础上，确定干燥剂的温度和干燥剂量。计算以每千克原煤为准。计算系统的进口，对燃料为原煤管；对干燥剂为磨煤机进口与原煤混合前。计算系统的出口，对负压系统为排粉机入口；对正压系统为粗粉分离器出口。

制粉系统热平衡就是指输入制粉系统的热量应等于输出系统的热量。

1. 输入系统的热量

输入系统的热量由以下四项组成：

（1）干燥剂的物理热（即焓）Q_{gz}

$$Q_{\mathrm{gz}}=g_1c_{p,\mathrm{gz}}t_1 \tag{4-49}$$

式中 g_1——干燥每千克原煤所需干燥剂量，kg/kg；

t_1——制粉系统进口干燥剂的温度，℃；

$c_{p,\mathrm{gz}}$——制粉系统进口干燥剂的比定压热容，当用空气作干燥剂时，可按 t_1 查表 4-7，kJ/（kg·℃）。

表 4-7 空气的比热容 c_k（含湿量 $d=10g/kg$ 干空气）

空气温度 t_k（℃）	0	100	200	300	400
比热容 c_k［kJ/（kg·℃）］	1.011	1.015	1.022	1.028	1.038

（2）碾磨过程由机械能转化而来的热量

$$Q_j=3.6K_jE \tag{4-50}$$

式中 K_j——碾磨过程中能量转化系数，对球磨机 $K_j=0.7$；对中速磨 $K_j=0.6$；对风扇磨 $K_j=0.8$；

E——单位电耗，kW·h/t，对储仓式系统为磨煤电耗 $E=E_m$，对直吹式系统为制粉电耗 $E=E_m+E_{tf}$。

（3）制粉系统漏风带入的热量 Q_{lf}

$$Q_{lf}=K_{lf}g_1c_{lk}t_{lk} \tag{4-51}$$

式中 K_{lf}——制粉系统漏风系数，可按表 4-8 选取；

t_{lk}——漏入冷风温度，一般取 30℃；

c_{lk}——空气在 t_{lk} 时的比热容，kJ/（kg·℃）。

表 4-8 制粉系统漏风系数 K_{lf}

	球磨机直径 D（m）	漏风系数
球磨机中间储仓式系统	2.1	0.4
	2.5	0.35
	2.9	0.3
	3.2，3.5，3.8	0.25
	4.0	0.20
中速磨、风扇磨直吹式系统		0.2

（4）燃料带入的热量

$$Q_r=c_{p,ar}t_r \tag{4-52}$$

式中 t_r——燃料进入系统时的温度，一般取 20℃；

$c_{p,ar}$——燃料的收到基比定压热容，kJ/（kg·℃），可按式（3-72）计算。

2. 输出系统的热量

（1）蒸发水分消耗的热量 Q_{zf}

$$\begin{aligned}Q_{zf}&=\Delta M[4.187(100-t_r)+2261-1.884(100-t_2)]\\&=4.187\Delta M(595+0.45t_2-t_r)\end{aligned} \tag{4-53}$$

$$\Delta M=\frac{M_{ar}-M_{mf}}{100-M_{mf}}$$

式中 ΔM——每千克原煤在干燥过程中蒸发掉的水分；

4.187，1.884——水和水蒸气的比热容，kJ/（kg·℃）；

2261——负压条件下水的汽化潜热，kJ/kg；

t_2——制粉系统出口干燥剂的温度，℃。

由于管道散热，t_2 比磨煤机出口气粉混合物温度 t''_m 略低。对直吹式负压系统，$t_2=t''_m-5℃$；对直吹式正压系统 $t_2=t''_m$；对中间储仓式系统 $t_2=t''_m-10℃$。

根据防爆要求，磨煤机出口气粉混合物的温度可按表 4-9 选取。

表 4-9 磨煤机出口气粉混合物温度 t''_m ℃

<table>
<tr><th rowspan="2">燃料</th><th colspan="2">中间储仓式系统</th><th rowspan="2">中速磨、风扇磨
直吹式系统</th></tr>
<tr><th>$M_{ar}<25\%$</th><th>$M_{ar}>25\%$</th></tr>
<tr><td>褐煤
烟煤</td><td>70</td><td>80</td><td>80～100
80～130</td></tr>
<tr><td>贫煤</td><td colspan="2">130</td><td>130～150</td></tr>
<tr><td>无烟煤</td><td colspan="3">不限制</td></tr>
</table>

（2）乏气带出系统的热量 Q_2

$$Q_2=(1+K_{lf})g_1c_2t_2 \tag{4-54}$$

式中 c_2——t_2 温度下干燥剂的比定压热容，kJ/（kg·℃）。

（3）加热燃料消耗的热量 Q_{jr}

$$Q_{jr}=\left[\frac{100-M_{ar}}{100}c_d+4.187\left(\frac{M_{ar}}{100}-\Delta M\right)\right](t_2-t_r)$$
$$=\frac{100-M_{ar}}{100}\left(c_d+\frac{4.187M_{mf}}{100-M_{mf}}\right)(t_2-t_r) \tag{4-55}$$

式中 c_d——燃料干燥基比热容，kJ/（kg·℃）。

（4）制粉系统散热损失 Q_5

$$Q_5=\frac{Q_5^z}{B_m\times10^3} \tag{4-56}$$

式中 Q_5^z——制粉系统总散热损失，见表 4-10。

表 4-10 储仓式制粉系统的总散热损失 Q_5^z $\times10^3$kJ/h

<table>
<tr><th rowspan="2">磨煤机型式</th><th colspan="2">煤　种</th><th rowspan="2">磨煤机型式</th><th colspan="2">煤　种</th></tr>
<tr><th>烟煤、褐煤</th><th>贫煤、无烟煤</th><th>烟煤褐煤</th><th>贫煤无烟煤</th></tr>
<tr><td>210/330</td><td>130</td><td>151</td><td>290/350</td><td>174</td><td>197</td></tr>
<tr><td>250/390</td><td>151</td><td>176</td><td>290/470</td><td>193</td><td>214</td></tr>
</table>

制粉系统热平衡

$$Q_{gz}+Q_j+Q_{lf}+Q_r=Q_{zf}+Q_z+Q_{jr}+Q_5 \tag{4-57}$$

式（4-57）中有 g_1、t_1 两个未知数，已知其中之一，即可算出另一个数值。

四、制粉系统风量协调与干燥剂 g_1 的计算

在制粉系统中，既要有一定的磨煤风量将磨好的煤粉输送出来，保证磨煤出力；又要有一定数量和温度的干燥风量将煤粉干燥到一定程度，保证干燥出力；若以制粉系统乏气作一次风，还得考虑燃烧对一次风量的要求。综合考虑磨煤、干燥及燃烧对风量的要求称为风量

协调。不同制粉系统风量协调的方式和干燥剂量的计算方法不同。

1. 直吹式系统

在直吹式制粉系统中，磨煤出力等于锅炉煤耗量。制粉系统干燥通风量既是磨煤通风量，又是一次风量。从着火燃烧条件考虑，应首先保证干燥通风量等于一次风量，对磨煤通风量仅作校核。这时，对应每千克燃料有以下关系：

$$(1+K_{\mathrm{lf}})g_1=1.306\,\frac{r_1}{100}\alpha''_1V^0$$

$$g_1=\frac{1.306\,\dfrac{r_1}{100}\alpha''_1V^0}{1+K_{\mathrm{lf}}} \tag{4-58}$$

式中 r_1——按燃烧条件推荐的一次风率；

α''_1——炉膛出口过量空气系数；

1.306——当空气含湿量 $d=10\mathrm{g/kg}$ 时，对应 $1\mathrm{m^3}$ 干空气的湿空气质量，$\mathrm{kg/m^3}$（标准状态）。

2. 中间储仓式制粉系统

中间储仓式制粉系统中，干燥通风量也是磨煤通风量。对乏气送粉系统，虽然干燥剂作一次风，但是由于有乏气再循环风量的调节，所以干燥剂与一次风量的协调并不困难。对热风送粉系统，干燥剂与一次风没有直接关系。因此，储仓式系统主要考虑干燥通风量与磨煤通风量的协调问题。

球磨机是耗能较大的设备，为了充分利用球磨机的能量，要求干燥出力 B_{g} 等于磨煤出力 B_{m}。因此，保证干燥出力的干燥通风量就应该与保证磨煤出力的磨煤通风量 V_{tf} 相等。为了使球磨机在最佳工况下运行，磨煤通风量应该是最佳通风量 $V_{\mathrm{tf}}^{\mathrm{zj}}$，故

$$B_{\mathrm{g}}=B_{\mathrm{m}}$$

$$V_{\mathrm{gz}}=V_{\mathrm{tf}}^{\mathrm{zj}} \tag{4-59}$$

当干燥剂为空气时，系统末端干燥通风量可按式（4-60）计算：

$$V_{\mathrm{gz}}=\left[\frac{(1+K_{\mathrm{lf}})g_1}{1.285}+\frac{\Delta M}{0.804}\right]\frac{273+t_2}{273}B_{\mathrm{m}}\times10^3 \tag{4-60}$$

式中 1.285——湿空气（$d=10\mathrm{g/kg}$）的密度，$\mathrm{kg/m^3}$；

0.804——水蒸气的密度，$\mathrm{kg/m^3}$。

最佳磨煤通风量 $V_{\mathrm{tf}}^{\mathrm{zj}}$ 可按式（4-23）计算，令 $V_{\mathrm{gz}}=V_{\mathrm{tf}}^{\mathrm{zj}}$，可得干燥剂量 g_1 的计算式：

$$g_1=\frac{1.285}{1+K_{\mathrm{lf}}}\left(\frac{V_{\mathrm{tf}}^{\mathrm{zj}}}{B_{\mathrm{m}}\times10^3}\cdot\frac{273}{273+t_2}-\frac{\Delta M}{0.804}\right) \tag{4-61}$$

干燥剂量确定后，代入式（4-57）可得干燥剂初温。制粉系统大都以空气预热器出口的热风作干燥剂的主要来源，若 $t_{\mathrm{rk}}c_{\mathrm{rk}}>t_1c_{\mathrm{gz}}$，则说明全部以热风作干燥剂热量有过剩。为了保证磨煤机在最佳工况下运行，一般保持 g_1 不变，而采用热风掺温风（冷风）或热风加乏气再循环风作干燥剂，以降低磨煤机入口干燥剂温度。当使用高水分煤时，可能出现 $t_{\mathrm{rk}}c_{\mathrm{rk}}<t_1c_{\mathrm{gz}}$，则需采用热风掺炉烟作干燥剂。组成干燥剂各成分的份额可通过热平衡计算确定。

思考题

1. 什么是煤粉细度和煤粉经济细度？后者如何确定？
2. 衡量煤粉品质的指标有哪些？为什么？
3. 影响煤粉自燃与爆炸的因素有哪些？运行中应如何防止？
4. 什么是煤的可磨性系数？它对磨煤机的选择有何影响？
5. 简述不同型式磨煤机的工作原理、性能特点及适用的煤种。
6. 影响低速球磨机工作的因素有哪些？应如何保证其经济运行？
7. 中间储仓式制粉系统和直吹式制粉系统各有何特点？各适于配备什么磨煤机？
8. 熟悉不同制粉系统的组成及工作流程。
9. 热风送粉与乏气送粉系统各适用于什么煤种？为什么？
10. 什么是煤粉锅炉的一次风、二次风和三次风？各风量如何确定？
11. 熟悉制粉系统中各设备的作用及安装位置。
12. 概念：煤粉细度　煤粉经济细度　煤的可磨性系数　磨煤出力　干燥出力　钢球充满系数

第五章　煤粉炉燃烧原理及燃烧设备

第一节　燃烧化学反应动力学基础

燃烧一般是指燃料与氧化剂进行的剧烈化学反应。燃料与氧化剂可以是同一形态的，如气体燃料在空气中的燃烧，称为单相（均相）燃烧；燃料与氧化剂也可以是不同形态的，如固体燃料在空气中的燃烧，称为多相燃烧。电厂锅炉的主要燃料是煤，空气作为燃料的氧化剂。故本书主要介绍多相燃烧的一些基本理论。

一、燃烧化学反应速度

（一）化学反应速度

燃料的燃烧化学反应可用以下通式表示：

$$\underset{\text{燃料}}{aA} + \underset{\text{氧化剂}}{bB} \Longleftrightarrow \underset{\text{燃烧产物}}{gG + hH} \tag{5-1}$$

化学反应过程的快慢用化学反应速度表示。化学反应速度通常是指单位时间内反应物浓度的减少或生成物浓度的增加。多相燃烧用氧化剂浓度变化表示化学反应速度，如果以 w_h^B 表示按氧化剂 B 计算的化学反应速度，以 C_B 表示氧化剂 B 的浓度，则

$$w_h^B = -\frac{dC_B}{dt} \tag{5-2}$$

燃烧过程中反应物 B 的浓度是随时间而减少的，所以式中要加一负号。

（二）影响化学反应速度的因素

1. 浓度对化学反应速度的影响

化学反应是在一定条件下，反应物分子之间彼此碰撞而产生的，分子在单位时间内的碰撞次数越多，则化学反应速度越快。分子碰撞次数决定于单位容积中反应物的分子数，即物质浓度。在一定温度下，反应容积不变，增加反应物的浓度即可增加反应物的分子数，分子之间的碰撞次数就会增多，反应速度就会加快。

化学反应速度与浓度的关系可用质量作用定律说明。根据质量作用定律，以碳为主的煤，燃烧为多相燃烧，燃烧化学反应是在炭粒的表面进行的，可以认为炭粒的浓度不变。因此，化学反应速度是指单位时间内炭粒表面上氧浓度的变化率，即炭粒表面上氧的消耗速度。由于系数 b 通常取为 1，因此，炭粒燃烧的化学反应速度为

$$w_h = -\frac{dC_B}{dt} = kC_B \tag{5-3}$$

式中　k——炭粒燃烧的化学反应速度常数；

C_B——炭粒表面处的氧浓度。

2. 压力对化学反应速度的影响

分子运动论认为，气体压力是气体分子撞击容器壁面的结果。在温度和容积不变的条件下，反应物压力高，意味着反应物浓度大，因此化学反应速度就快。因此在燃烧技术中，可以通过提高炉膛压力来提高燃烧化学反应速度。

3. 温度对化学反应速度的影响

温度对化学反应速度有很大影响。当反应物的浓度不随时间变化时，化学反应速度可以用反应速度常数 k 来表示，而 k 主要取决于反应温度和参加反应燃料的性质，它们之间的相互关系可用阿累尼乌斯定律表示。

阿累尼乌斯定律反映的是温度对化学反应速度影响的规律。化学反应是在一定条件下，反应分子间发生碰撞而发生的，但并不是所有碰撞的分子都可以发生反应，只有那些碰撞能量足以破坏现存化学键并建立新的化学键的碰撞才是有效的。为使某一化学反应能够进行，分子所需的最低能量称为活化能，用 E 表示。能量达到或超过活化能 E 的分子称为活化分子。活化分子之间的碰撞才是有效碰撞，反应只能在活化分子之间进行。

活化能 E 是反映物质反应活性的一种特性，活化能可以理解为使分子能破坏反应分子化学键所必须消耗的能量，也就是发生反应所需要的能量。

阿累尼乌斯定律说明了 k 随温度变化的关系：

$$k = k_0 e^{-\frac{E}{RT}} \tag{5-4}$$

式中 k_0——频率因子，近似认为它是一个常数；

E——活化能，kJ/kmol；

R——通用气体常数，$R=8.314$kJ/（kmol·K）；

T——热力学温度，K。

温度一定，活化能越大，活化分子数就越少，化学反应速度越慢；活化能越小，化学反应速度就越快。在相同条件下，不同燃料的焦炭的燃烧反应，其活化能是不同的，高挥发分煤的活化能较小，低挥发分无烟煤的活化能较大，所以化学反应速度也是不同的。例如不同的几种煤的 $C+O_2 \rightarrow CO_2$ 反应，其活化能的数值（MJ/kmol）分别为：褐煤 92～105MJ/kmol；烟煤 117～134MJ/kmol；贫煤、无烟煤 140～147MJ/kmol。

实际的炉内燃烧过程，反应物的浓度、炉膛压力可认为基本不变，因此，化学反应速度主要与温度有关。温度升高时，活化分子数目急剧增多，反应速度也随之加快。活化能数值越大，温度对反应速度的影响就越显著。所以，在实际运行中，提高炉膛温度是加快燃烧反应、缩短燃烧时间的重要方法。

4. 连锁反应

在很多燃烧化学反应中，实际反应速度远高于按照质量作用定律和阿累尼乌斯定律计算出的速度，经过分析，人们发现了连锁反应和催化作用的影响。

燃料的燃烧化学反应速度并不是按化学反应方程式那样一步完成的，在气体燃料燃烧反应过程中，可以自动产生一系列活化中心，这些活化中心不断繁殖，使反应由一系列中间过程组成，整个燃烧反应就像链一样一节一节传递下去，这种反应就被称为连锁反应。连锁反应是一种高速反应，例如当温度超过 500℃时，氢的燃烧就是连锁反应，在反应过程中，活化分子数呈几何级数增长，反应速度极快，在瞬间即可完成。

5. 催化作用

在化学反应中，如果将某些物质加到反应系统中，可以使化学反应速度发生变化，这种作用称为催化作用，产生催化作用的物质称为催化剂。催化剂可以影响化学反应速度，但化学反应却不能改变催化剂本身。在反应过程中，催化剂虽然也参加化学反应，但在另一个反应中又被还原，所以到反应终了时，它本身的化学性质并未发生变化。所有的催化作用都有一个共同的特点，即催化剂在一定条件下，仅能改变化学反应的速度，而不能改变反应在该条件下可能进行的限度，即不能改变平衡状态，而只能改变达到平衡的时间。燃烧过程中，也存在这样的物质，可以加快燃烧化学反应速度。

例如：SO_2 的氧化反应过程中，$2SO_2+O_2 \rightarrow 2SO_3$ 是很慢的，但如果加入催化剂 NO，就会使反应速度大大增加。

二、氧的扩散速度

炭粒与氧的燃烧化学反应是在炭粒表面进行的，化学反应消耗部分氧后，炭粒反应表面氧浓度 C_B 小于周围介质中的氧浓度 C_0，因为这种浓度差，周围环境的氧就不断向炭粒表面扩散。氧扩散过程的快慢可以用氧的扩散速度 w_{ks} 来反映，扩散速度 w_{ks} 可由式（5-5）确定：

$$w_{ks}=\alpha_{ks}(C_0-C_B) \tag{5-5}$$

式中　α_{ks}——扩散速度系数。

当气流冲刷直径为 d 的炭粒时，气流和炭粒的相对速度为 w，根据传质理论可知，扩散速度系数 α_{ks} 与 d 、w 有如下关系：

$$\alpha_{ks} \propto \frac{w^{\frac{2}{3}}}{d^{\frac{1}{3}}} \tag{5-6}$$

由式（5-5）、式（5-6）可知，氧的扩散速度不仅与氧的浓度差成正比；还与炭粒直径及气流与炭粒的相对运动速度有关。

炭粒燃烧过程中，气流与炭粒的相对速度越大，扰动就越剧烈，氧向炭粒表面的扩散速度就越大，同时，燃烧产物离开炭粒表面扩散出去的速度也增大，使氧的扩散速度进一步加快。炭粒直径越小，单位质量炭粒的表面积越大，与氧的反应面积越大，化学反应消耗的氧越多，炭粒表面的氧浓度就会降低，炭粒表面与周围环境的氧浓度差就越大，使氧的扩散速度加快。因此，供应燃烧足够的空气量、增大炭粒与气流的相对速度和减少炭粒直径都可以提高氧的扩散速度。

三、燃烧速度与燃烧区域

（一）炭粒的燃烧过程和燃烧速度

炭粒表面的多相燃烧大致包括如下几个过程：

（1）参加燃烧的氧从周围环境扩散到炭粒的反应表面；

（2）氧被炭粒表面吸附；

（3）在炭粒表面进行燃烧化学反应；

（4）燃烧产物由炭粒表面解吸附；

（5）燃烧产物离开炭粒表面，扩散到周围环境中。

炭粒燃烧速度 w_r 是指炭粒单位表面上的实际反应速度，它取决于上述过程中进行得最慢的过程。研究指出，吸附和解吸附是比较快的，因而碳的燃烧速度主要决定于氧向炭粒表面的扩散速度和在反应表面上进行的燃烧化学反应速度，最终决定于两者中的较慢者。炭粒表面燃烧速度 w_r 的表达式如下：

$$w_r=\frac{1}{\frac{1}{k}+\frac{1}{\alpha_{ks}}}C_0=k_Z C_0 \tag{5-7}$$

$$k_Z=\frac{1}{\frac{1}{k}+\frac{1}{\alpha_{ks}}} \tag{5-8}$$

其中，k_Z 为折算速度系数。

（二）燃烧区域

按照化学反应条件与气体扩散条件对燃烧速度影响的不同，燃烧过程可能处于以下三种不同区域，如图 5-1 所示。

1. 动力燃烧区

当温度较低时（小于 1000℃），氧的扩散速度远大于化学反应速度，即 $\alpha_{ks} \gg k$，折算速度系数 $k_Z \approx k$；燃烧速度主要决定于化学反应速度，这种燃烧反应温度区称为动力燃烧区。在该燃烧区内，提高温度是强化动力燃烧工况的有效措施。

2. 扩散燃烧区

当温度很高时（大于 1400℃），化学反应速度常数 k 随温度的升高而急剧增大，化学反应速度远大于氧的扩散速度，即 $\alpha_{ks} \ll k$，则 $k_Z \approx \alpha_{ks}$；由于扩散到炭粒表面的氧远不能满足化学反应的需要，氧的扩散速度已成为制约燃烧速度的主要因素，而与温度关系不大，这种燃烧反应温度区称为扩散燃烧区。在扩散燃烧区内，改善扩散混合条件，加大气流与炭粒的相对速度、减少炭粒直径都可提高燃烧速度。

3. 过渡燃烧区

介于上述两种燃烧区之间的温度区，化学反应速度常数与氧的扩散速度系数处于同一数量级，因而氧的扩散速度与炭粒表面的化学反应速度相差不多，这时化学反应速度和氧的扩散速度对燃烧速度的影响相当。这个燃烧反应温度区称为过渡燃烧区。在过渡燃烧区内，既要改善化学反应条件，提高反应系统温度，又要改善氧的扩散混合条件，强化扩散，才能使燃烧速度加快。

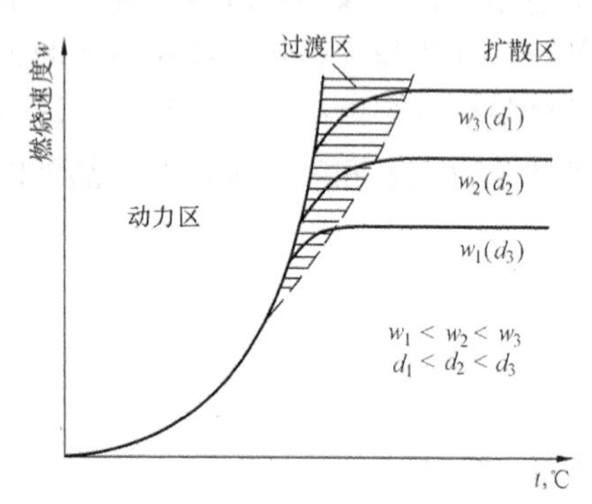

图 5-1 多相燃烧的动力区、扩散区和过渡区

燃烧炭粒直径减小，气流与粒子的相对速度增大，氧向炭粒表面的扩散过程加强，从动力燃烧区过渡到扩散燃烧区的温度将相应提高，如图 5-1 所示。在煤粉锅炉中，只有一些粗煤粉在炉膛的高温区才有可能接近扩散燃烧，在炉膛燃烧中心以外，大部分煤粉是处于过渡区甚至动力燃烧区的，因此，提高炉膛温度和氧的扩散速度都可以强化煤粉的燃烧过程。

第二节 煤和煤粉的着火和燃烧

一、热力着火

（一）着火与着火温度

燃烧过程通常分两个阶段进行，即着火阶段和燃烧过程本身。着火是燃烧的准备阶段，当燃料温度达到一定程度时，由缓慢的氧化反应转变到剧烈的氧化反应，这一瞬间现象称为燃料着火。燃料开始发生剧烈氧化反应（即着火）时所需的最低温度称为燃料的着火温度或着火点。

锅炉燃烧设备中，燃料着火的发生是由于温度不断升高而引起的，所以这种着火称为热力着火。燃料与空气组成的可燃混合物，其燃烧过程的发生和停止，即着火和熄火，以及燃烧过程能否稳定地进行，都取决于燃烧过程所处的热力条件。可燃混合物在燃烧时要放出热量，但同时又要向周围介质散热，放热和散热会在不同条件下达到热平衡，而这种热平衡直接影响燃烧过程发生、发展和稳定。

下面以煤粉空气混合物在炉内的燃烧情况为例，来说明着火和熄火过程。

炉内煤粉空气混合物燃烧放热量 Q_1，单位为 kJ/s。

$$Q_1 = k_0 C_{O_2}^b e^{-E/RT} V Q_r \tag{5-9}$$

式中　k_0——频率因子，近似认为它是一个常数；

$C_{O_2}^b$——可燃混合物中煤粉反应表面氧浓度，$kmol/m^3$；

b——燃烧反应式中氧的反应系数；

E——活化能，kJ/kmol；

R——通用气体常数，$R=8.314$kJ/（kmol·K）；

T——反应系统温度，K；

V——可燃混合物容积，m^3；

Q_r——可燃反应热（即发热量），kJ/kmol。

向周围介质散失的热量 Q_2 为

$$Q_2 = \alpha A (T - T_b) \tag{5-10}$$

式中　α——混合物向炉膛壁面的综合表面传热系数，它等于对流换热表面传热系数与辐射表面传热系数之和；

A——炉膛壁面面积，m^2；

T_b——炉膛壁面的温度，K。

放热量与散热量随温度 T 变化的关系曲线如图 5-2 所示。

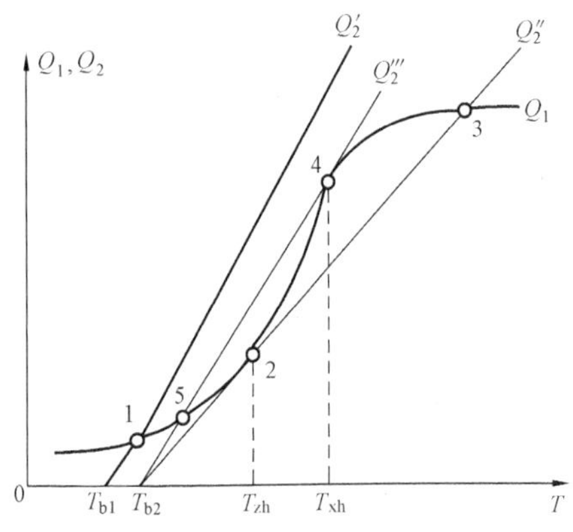

图 5-2　散热和放热曲线

(1) 若炉内开始时可燃混合物和壁面温度为 T_{b1}，散热曲线为 Q'_2。由图 5-2 可知，反应初期放热量大于散热量，反应系统的温度 T 逐步升高，最后稳定在点 1 上。达到点 1 时，放热量等于散热量，点 1 表示的是一个稳定的低温缓慢氧化状态，在点 1 以前，放热量大于散热量，系统会自动升温达到点 1 状态；点 1 以后，散热量大于放热量，反应系统温度不会上升，就稳定在点 1 上。

(2) 如果开始时可燃混合物和壁面温度提高到 T_{b2}，散热曲线则为 Q''_2。由图 5-2 可知，反应初期的放热量大于散热量，反应系统的温度会逐步升高，达到点 2 时，放热量与散热量相等，系统处于平衡状态。但此时点 2 的热平衡状态是不稳定的，因为只要在点 2 所对应的温度基础上再稍微提高系统温度，就会使放热量大于散热量，反应将自动加速而稳定在高温燃烧状态点 3 上。点 2 所对应温度即为着火温度

T_{zh}，点 2 即为热力着火点。

（3）对于处于高温燃烧状态下的反应系统，如果散热加强（或放热减弱），散热曲线则为 Q'''_2。由图 5 - 2 可知，由于散热量大于放热量，燃烧系统的温度逐步降低，达到点 4 时，放热量与散热量相等，系统处于热平衡状态。但点 4 的热平衡状态也是不稳定的，此时只要系统温度稍微降低，散热量就会超过放热量，反应将自动减速稳定在缓慢氧化状态点 5 上，使燃烧过程中断，即熄火。点 4 所对应的温度即为熄火温度 T_{xh}，点 4 即为热力熄火点。由图可知，熄火温度永远比着火温度高。

表 5 - 1 煤粉气流的着火温度

测试设备	燃　　料	着火温度（℃）
煤粉气流着火温度测试设备	褐煤 $V_{daf}=50\%$	550
	烟煤 $V_{daf}=40\%$	650
	烟煤 $V_{daf}=30\%$	750
	烟煤 $V_{daf}=20\%$	840
	贫煤 $V_{daf}=14\%$	900
	无烟煤 $V_{daf}=4\%$	1000

燃料着火温度（热力着火点）和熄火温度（热力熄火点）是一个相对于某个热力条件所得到的特征值，切点 2 和 4 的位置会随反应系统热力条件的变化而发生变化，对应的着火和熄火温度也就随之改变。如果反应系统内氧的浓度、压力、燃料活化能、燃料颗粒大小及散热条件改变时，对应的着火温度和熄火温度也就改变。表 5 - 1 所示的是不同煤粉气流的着火温度。

从表 5 - 1 可以看出，挥发分对着火温度有比较显著的影响，挥发分越高的煤，着火温度越低，即越容易着火；挥发分越低的煤，着火温度越高，越不容易着火。

（二）着火热

1. 着火热

现代大中容量锅炉广泛燃用煤粉，为了使煤粉气流被更快加热到煤粉颗粒的着火温度，总是不把煤粉燃烧所需的全部空气都与煤粉混合来输送煤粉，而只是用其中一部分来输送煤粉，这部分空气称为一次风，其余的空气称为二次风和三次风。

煤粉空气混合物以射流方式喷入炉膛后，被迅速加热，达到着火温度后开始着火。煤粉气流着火后就开始燃烧，形成火炬，着火以前是吸热阶段，需要从周围介质中吸收一定的热量来提高煤粉气流的温度，着火以后才是放热过程。煤粉混合物进入炉膛后，将煤粉气流加热到着火温度所需的热量称为着火热。它包括加热煤粉及空气（一次风）、使煤粉气流中水分蒸发和过热所需要的热量。

2. 着火热的来源

煤粉气流着火热来源有两个方面：一方面是卷吸炉膛高温烟气而产生的对流换热，另一方面是炉内高温火焰的辐射换热。两者之中对流换热是主要的。通过两种换热，使进入炉膛的煤粉气流的温度迅速提高，达到着火温度并着火燃烧。

煤粉气流最好在离开燃烧器 200～300mm 处着火，最多不要超过 500mm。着火太迟，会使火焰中心上移，从而造成炉膛上部结渣，过热蒸汽温度偏高，不完全燃烧损失增加，严重时，还会造成灭火“打炮”，产生严重事故。着火太早也不好，可能烧坏燃烧器，或造成燃烧器附近结渣。

由于煤粉在炉内停留时间太短，只有 2～3s，故组织燃烧时就要使煤粉气流能尽快着火。这样，一方面要尽量降低煤粉的着火热，另一方面就要尽快提供着火热。劣质煤着火燃烧都较为困难，为使煤粉尽快着火，可提高进入炉膛的煤粉气流初温来降低着火热，同时，通过合理组织炉内燃烧工况，尽快供给着火热。

二、煤粉的燃烧过程

（一）燃烧阶段

煤粉气流经燃烧器喷入炉膛，在悬浮形态下燃烧形成煤粉火炬，从燃烧器出口至炉膛出口，煤粉在炉膛内的停留时间大致是 2～3s，煤粉的燃烧过程，大致可分为以下三个阶段。

1. 着火前的准备阶段

煤粉气流喷入炉膛至着火这一阶段称为着火前的准备阶段。着火前的准备阶段是吸热阶段，在此阶段内，煤粉气流被烟气不断加热，温度逐渐升高，首先是水分蒸发，接着是挥发分的析出，析出的挥发分达到着火温度就开始着火。

一般认为，煤粉中先是挥发分析出并着火燃烧，挥发分燃烧放出的热量又加热炭粒，炭粒温度迅速升高，当炭粒加热至一定温度并有氧补充到炭粒表面时，炭粒着火燃烧；但是还存在另外一种可能，当煤粉颗粒加热速度很快时，挥发分的析出速度可能落后于煤粉粒子的加热速度，这时焦炭的着火燃烧可能在挥发分之前或同时发生，此时，挥发分的着火燃烧就贯穿了煤粉颗粒燃烧过程的始终。

2. 燃烧阶段

煤粉着火以后进入燃烧阶段。燃烧阶段是一个强烈的放热阶段，煤粉颗粒的着火燃烧，首先是从局部开始的，然后迅速扩展到整个表面。煤粉气流一旦着火燃烧，可燃质与氧就发生高速的燃烧化学反应，放出大量的热量，烟气温度迅速升高达到最大值，氧浓度及飞灰含碳量则急剧下降。

3. 燃尽阶段

燃尽阶段是燃烧过程的继续。煤粉经过燃烧后，炭粒变小，表面形成灰壳，大部分可燃物已经燃尽，只剩少量残炭继续燃烧。在燃尽阶段中，氧浓度相应减少，气流的扰动减弱，燃烧速度明显下降，燃烧放热量小于水冷壁吸热量，烟温逐渐降低，因此，燃尽阶段占整个燃烧阶段的时间最长。

对应于煤粉燃烧的三个阶段，煤粉气流喷入炉膛后，从燃烧器出口至炉膛出口，沿火炬行程可分为三个区域，即着火区、燃烧区与燃尽区。其中着火区很短，燃烧区也不长，而燃尽区却较长。根据对 $R_{90}=5\%$ 的煤粉试验，其中 97%的可燃质是在 25%的时间内燃尽的，而其余 3%的可燃质都要在 75%的时间内燃尽。

（二）碳粒的燃烧机理

在煤粉燃烧过程中，决定燃烧好坏的关键是碳的燃烧。这是因为：第一，焦炭中的碳是大多数固体燃料可燃质的主要部分；第二，焦炭着火最晚，燃烧最迟，其燃烧过程是整个燃烧过程中最长的阶段，能决定整个粒子的燃烧时间；第三，焦炭中碳燃烧的放热量占煤发热量的 40%（泥煤）～95%（无烟煤），碳的燃烧对其他阶段的进行有决定性的影响。因此，煤的燃烧过程主要是碳的燃烧。

碳粒的燃烧机理是比较复杂的。大多数研究认为，碳与氧作用同时生成 CO_2 和 CO，其反应式为

$$C+O_2 \rightarrow CO_2 \tag{5-11}$$

$$2C+O_2 \rightarrow 2CO \tag{5-12}$$

$$CO_2 + C \rightarrow 2CO \quad (5-13)$$

$$2CO + O_2 \rightarrow 2CO_2 \quad (5-14)$$

在煤粉炉中，炉内煤粉处于悬浮状态，煤粉与空气流之间的相对速度很小，可认为焦炭粒子是在静止空气流中进行燃烧的；而在旋风炉和流化床锅炉中，煤粒是在高速空气流的强烈冲刷下进行燃烧的，此时，氧气供应充分，燃烧产物 CO_2 和 CO 容易从碳表面被气流吹走，只要温度比较高，其燃烧速度比静止气流下快得多。

式（5-11）和式（5-12）称为一次反应，式（5-13）和式（5-14）称为二次反应。在不同条件下，炭粒的燃烧有所不同。我们下面只介绍静止气流下的炭粒燃烧机理。

炭粒在静止的空气中或炭粒与空气两者无相对运动燃烧时，在温度低于 1200℃时，如图 5-3（a）所示，按以下反应式进行燃烧反应：

$$4C + 3O_2 \rightarrow 2CO + 2CO_2 \quad (5-15)$$

此时由于温度较低，在炭粒表面生成的 CO_2 不能与 C 发生式（5-13）所示的气化反应。而一氧化碳从炭粒表面向外扩散，途中与氧相遇即发生燃烧，只有与一氧化碳燃烧后剩余的氧才能扩散至炭粒表面。炭粒表面生成的 CO_2 和 CO 燃烧生成的 CO_2 一起向周围环境扩散。

当温度高于 1200℃以后，如图 5-3（b）所示，炭粒燃烧开始转向如下反应：

$$3C + 2O_2 \rightarrow 2CO + CO_2 \quad (5-16)$$

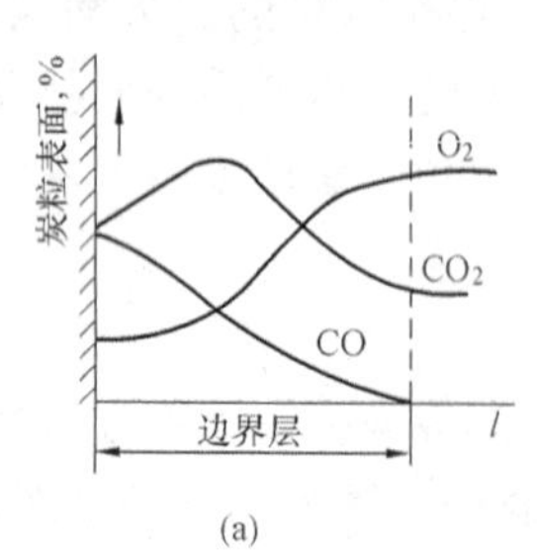

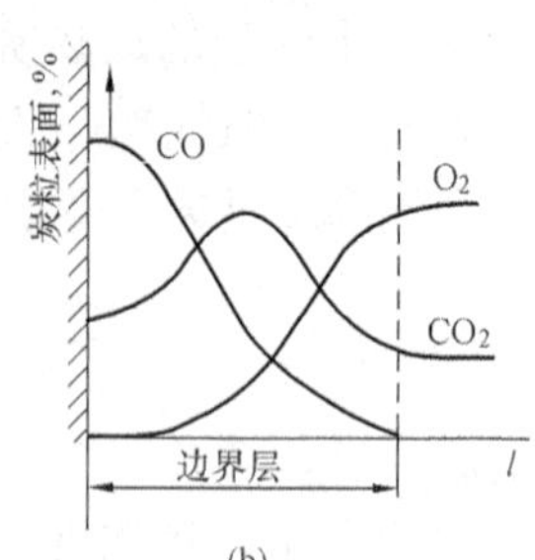

图 5-3 炭粒表面燃烧过程

（a）温度低于 1200℃；（b）温度高于 1200℃

此时，由于温度升高加速了炭粒表面的反应，同时气化反应也因温度升高而显著进行，因而生成更多的 CO。CO 向外扩散途中遇到远处向炭粒表面扩散的氧而产生燃烧，并将氧全部消耗掉。反应生成的 CO_2 同时向炭粒表面和周围环境两方扩散。

实际上炭粒的燃烧是在更为复杂的情况下进行的，除掉上述条件会影响反应进程，整个过程不是等温过程、炭粒的几何形状和结构以及煤中灰分含量等因素也会影响实际的燃烧反应过程。

三、影响煤粉气流着火的因素

煤粉空气混合物经燃烧器喷入炉膛后，通过湍流扩散和回流，卷吸周围的高温烟气，同时又受到炉膛四壁及高温火焰的辐射，被迅速加热，热量达到一定温度后就开始着火。煤粉气流的着火温度要比煤的着火温度高一些，煤粉空气混合物较难着火，故燃烧组织的重要任务之一就是要使煤粉能尽快着火。

在锅炉燃烧中，影响煤粉气流着火的因素很多，下面就分析一下影响煤粉气流着火的主要因素。

1. 燃料的性质

燃料性质中对着火过程影响最大的是干燥无灰基挥发分，挥发分降低时，煤粉气流的着火温度显著提高，着火热也随之增大，就是说，必须将煤粉气流加热到更高的温度才能着火。因此，低挥发分的煤着火更困难些，着火所需时间更长些，而着火点离燃烧器喷口的距离也增大。

水分增大时，着火热也随之增大，同时水分的加热、气化、过热都要吸收炉内的热量，致使炉内温度水平降低，从而使煤粉气流卷吸的烟气温度以及火焰对煤粉气流的辐射热也相应降低。显然，这对着火也是不利的。

灰分在燃烧过程中不但不能放热，而且还要吸热。特别是当燃用高灰分的劣质煤时，由于燃料本身发热量低，燃料的消耗量大，大量灰分在着火和燃烧过程中要吸收更多热量，因而使得炉内烟气温度降低，同样使煤粉气流的着火推迟，并进一步影响了着火的稳定性。

煤粉细度也会影响煤粉气流的着火温度，煤粉愈细，着火愈容易。这是因为在同样的煤粉浓度下，煤粉愈细，进行燃烧反应的表面积就会越大，而煤粉本身的热阻却减小，在加热时，细煤粉的温升速度就比粗煤粉要快，这样就可以加快化学反应速度，更快地着火。所以在燃烧时总是细煤粉首先着火燃烧。对于难着火的低挥发分煤，可以将煤粉磨得细一些，以加速它的着火过程。

2. 炉内散热条件

从煤粉气流着火的热力条件可知，如果放热曲线不变，减少炉内散热，有利于着火。因此，在实践中为了加快和稳定低挥发分煤的着火，常在燃烧器区域用铬矿砂等耐火材料将部分水冷壁遮盖起来，构成卫燃带。目的是减少水冷壁吸热量，即减少燃烧过程的散热，提高燃烧器区域的温度水平，从而改善煤粉气流的着火条件。敷设卫燃带是稳定低挥发分煤着火的有效措施，但卫燃带区域往往又是结渣的发源地。

3. 煤粉气流的初温

提高初温，可减少着火热，使煤粉尽快着火。因此，燃用低挥发分煤时，常采用高温的热空气作为一次风来输送煤粉，即采用热风送粉系统。

4. 一次风量和一次风速

增加煤粉气流中的一次风量，相应增加了着火热，会使着火推迟；减小一次风量，会使着火热显著降低，有利于着火。但一次风量不能过低，否则会使煤粉着火燃烧初期得不到足够的氧，而使燃烧反应速度减慢，阻碍着火燃烧的继续扩展。另外，一次风量还要满足输粉的要求，过小的一次风量会造成煤粉堵塞。故一次风量一般以够挥发分燃烧为标准。

通常一次风量的大小用一次风率表示，一次风率是指一次风量占炉膛出口总风量的百分数。对应于一种煤种，有一个一次风率的最佳值。

一次风速对着火过程也有一定的影响。一次风速过高，通过单位截面积的流量增大，势必降低煤粉气流的加热速度，使着火距离加长。一次风速过低时，着火提前，可能烧坏燃烧器喷口，还可能出现煤粉管道堵塞等故障。故有一个最适宜的一次风速，它与煤种及燃烧器型式有关。

5. 燃烧器结构特性

影响着火快慢的燃烧器结构特性，主要是指一、二次风混合的情况。如果一、二次风混合过早，在煤粉气流着火前就混合的话，等于增大了一次风量，相应使着火热增大，推迟着火过程。因此，燃用低挥发分煤种时，应使一、二次风的混合点适当推迟。而燃用高挥发分煤时，因为煤粉着火快，一、二次风的混合点要早些。

燃烧器的尺寸也影响着火的稳定性。燃烧器出口截面积愈大，煤粉气流着火时离开喷口的距离就愈远，着火拉长了。从这一点来看，采用尺寸较小的小功率燃烧器代替大功率燃烧器是合理的。

6. 锅炉负荷

锅炉负荷降低时，送进炉内的燃料消耗量相应减少，而水冷壁总的吸热量虽然也减少，但减少的幅度较小，相对于单位质量燃料来说，水冷壁的吸热量反而增加了。致使炉膛平均烟温下降，燃烧器区域的烟温也降低，因而对煤粉气流的着火是不利的。当锅炉负荷降到一定程度时，就会危及着火的稳定性，甚至可能熄火。因此，着火稳定性条件常常限制了煤粉锅炉负荷的调节范围，低负荷稳燃常常成为衡量一个锅炉燃烧器性能的重要指标。

四、燃烧完全的条件

要组织好燃烧过程，就要使燃料尽量完全燃烧，燃烧的完全程度可以用燃烧效率表示。燃烧效率是指输入锅炉的热量扣除掉机械不完全燃烧热损失和化学不完全燃烧热损失的热量后占锅炉输入热量的百分比，用符号 η_r 表示：

$$\eta_r=\frac{Q_r-Q_3-Q_4}{Q_r}\times 100\%=100-q_3-q_4 \tag{5-17}$$

能否实现迅速而又完全燃烧，除了燃烧的化学反应特性和颗粒大小外，在锅炉组织燃烧时，要提供如下条件：

（1）合适的空气量；

（2）适当高的炉温；

（3）空气与燃料的良好扰动和混合；

（4）足够的炉内停留时间。

空气和燃料的良好扰动混合，还要保证在各种大小不等的标尺上都能如此，混合是由二次风速产生的大标尺湍动（旋涡）开始，逐步破裂而向中等标尺和小标尺过渡，最后仍需要依靠扩散使混合彻底。

五、强化煤粉气流燃烧的措施

要保证煤粉在炉内能充分完全燃烧，就要强化煤粉燃烧，强化燃烧的关键在于强化燃烧的各个阶段，尤其应注意设法缩短燃烧的准备阶段和创造良好的燃烧条件。目前强化煤粉燃烧的主要措施如下。

1. 提高热风和一次风温度

提高热风温度有助于提高炉膛温度水平，对加速煤粉的着火与燃烧十分有利。提高一次风温可降低着火热，加快煤粉着火时间。例如，烧无烟煤时，热风温度可达 400℃左右，这是由于无烟煤着火温度高，提高一次风温，可使煤粉着火热降低，同时，高的热风温度可保证燃烧温度水平，加强着火燃烧。

2. 限制一次风量

限制一次风量有助于减少煤粉气流所需的着火热，加速煤粉的着火。一次风量主要以能满足挥发分的燃烧为原则。一次风量过小，会使析出的挥发分由于得不到足够的空气，反应速度减慢，也不利于焦炭的着火燃烧；一次风量过大，则煤粉气流所需要的着火热增加，着火推迟。所以一次风率应根据煤种适当控制，具体数值见表 5-2。

3. 合理送入二次风

二次风混入一次风的时间要合适。要根据煤种特点选择合适的混合时间，二次风最好能按燃烧的需要分批送入。

表 5-2　一次风率推荐值　%

煤种	无烟煤	贫煤	烟煤		劣质烟煤		褐煤
			$20\% \leqslant V_{daf} \leqslant 30\%$	$V_{daf} > 30\%$	$V_{daf} \leqslant 30\%$	$V_{daf} > 30\%$	
乏气送粉	—	20～25	25～30	25～35	—	25	20～45
热风送粉	15～20	20～25	25～40	25～45	20～25	25～30	40～45

4. 着火区保持高温

挥发分的多少对煤的着火和燃烧影响很大。挥发分低的煤着火温度高，因而着火所需的热量比较多，着火时间也长。燃用无烟煤、贫煤时，为了能迅速着火，可加强高温烟气的卷吸，使更多高温烟气与煤粉气流强烈混合，来提高着火区温度；此外，在燃烧器附近的水冷壁上敷设卫燃带，减少水冷壁吸热，以保持较高的炉温。挥发分高的煤，一般着火比较容易，这时应注意着火不要太早，以免造成结渣和烧坏燃烧器。

5. 选择适当的煤粉细度

煤粉越细，同样煤粉浓度下的煤粉总面积就越大，这不仅对着火有利，而且燃烧越完全；但煤粉越细，磨煤所消耗的电能也越大。所以应根据煤的挥发分含量，选择适当的煤粉细度，使燃烧比较完全而制粉能耗又不致过大，煤粉保持在经济细度下工作。一般燃烧无烟煤和贫煤时应采用较细的煤粉，烟煤和褐煤因着火并不困难，煤粉可粗些。一、二、三次风风速推荐值见表 5-3。

表 5-3　一、二、三次风风速推荐值　m/s

燃烧器		煤种			
		无烟煤	贫煤	烟煤	褐煤
旋流燃烧器	一次风	12～16	16～20	20～25	20～26
	二次风	15～22	20～25	30～40	25～35
直流燃烧器	一次风	20～25	20～25	25～35	18～30
	二次风	45～55	45～55	40～55	40～60
三次风		50～60	50～60	—	—

6. 强化燃烧阶段和燃尽阶段

煤粉燃烧过程的基础是焦炭的燃烧，焦炭燃烧速度决定于两个基本因素：温度因素和氧气向炭粒表面的扩散因素。根据具体情况，燃烧速度可能受其中一个因素的限制，也可能与两个因素都有关。

在炉膛内，大部分的细煤粉在燃烧中心区燃尽，剩下的少量粗煤粉在燃尽区继续燃烧。在燃烧中心高温区，可能在扩散燃烧区进行，而在烧尽区，由于温度低，燃烧可能在动力燃烧区进行。因此，对燃烧中心区，应设法加强扰动混合；对燃尽区火炬尾部地带，则应维持足够高的温度。

7. 合理组织炉内空气动力工况

在实际运行的锅炉中，火焰并未充满整个炉膛，火焰所占容积与炉膛几何容积之比称为炉膛火焰充满度。改善火焰在炉内的充满度，可以改善煤粉着火燃烧条件，增加煤粉在炉内的停留时间，减少不完全燃烧热损失。

第三节 燃烧器和点火装置

一、燃烧器

煤粉炉的燃烧设备包括煤粉燃烧器、点火装置和炉膛。煤粉燃烧器是煤粉炉燃烧设备的主要部分，其作用是：将携带煤粉的一次风和助燃的二次风送入炉膛，并组织一定的气流结构，使煤粉迅速稳定地着火；同时使煤粉和空气合理混合，达到煤粉在炉内迅速完全燃烧的目的。

燃烧器性能对燃烧的稳定性和经济性有很大影响。一个性能良好的燃烧器应能满足下列要求：

（1）能够组织良好的空气动力场，着火及时，空气能适时混合，能够保证燃烧的稳定性和经济性；

（2）具有良好的调节性能和较大的调节范围，流动阻力小，能够适应煤种和负荷变化的需要；

（3）能够控制 NO_x 的生成量在允许范围内；

（4）运行可靠，不易烧坏和磨损，便于维修和更换部件；

（5）容易实现远程或自动控制。

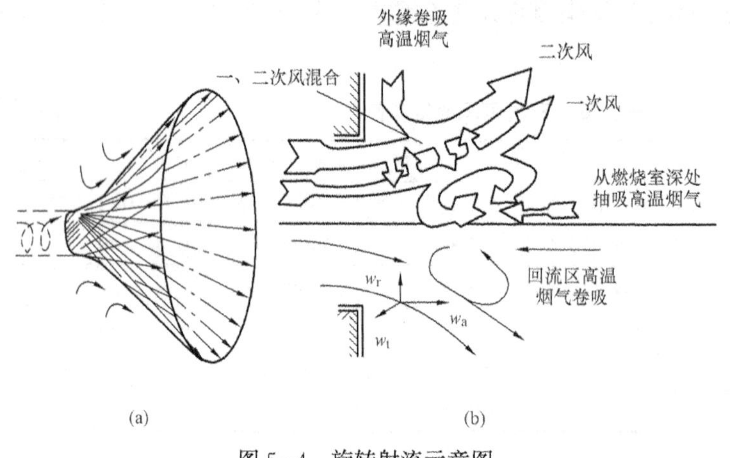

图 5-4 旋转射流示意图

（a）旋转自由射流；（b）射流卷吸和混合示意图

煤粉燃烧器的型式很多。根据燃烧器出口气流特点，煤粉燃烧器可分为直流燃烧器和旋流燃烧器两大类。出口气流为直流射流或直流射流组的燃烧器称直流燃烧器，射流状态如图 5-4 所示；出口气流为旋转射流的燃烧器称旋流燃烧器，如图 5-4 所示，燃烧器出口气流可以是旋转射流的组合，也可以是旋转射流和直流射流的组合。

二、直流燃烧器

（一）直流燃烧器的工作原理

从燃烧器喷口出来的气流称为射流。由直流燃烧器喷出的高速不旋转直流射流射入炉膛空间，炉膛可以近似看作是一个充满静止气体的无限空间，该射流可看作是直流紊流自由射流。

直流燃烧器单个喷口喷出的直流紊流自由射流如图 5-5 所示。射流以一定的初速度 w_0 喷出后，在紊流状态下，气体分子微团一面前进，一面还横向运动。射流的这种横向运动，带动周围静止的气体一起前进，这种现象称为卷吸。卷吸使射流的范围逐渐扩大，流量增加，导致流速逐渐衰减，形成射流初始段和主体段。射流在环境介质（如烟气）中的贯穿能力是用“射程”来表示的。假定射流某一截面上的最大轴线速度 w_m 降低到某一数值时（仍保持一定的余速 $0.05w_m$）为射流终了，该射流终了截面距喷口的距离即称为射程，用 L 表示，单位为 m。

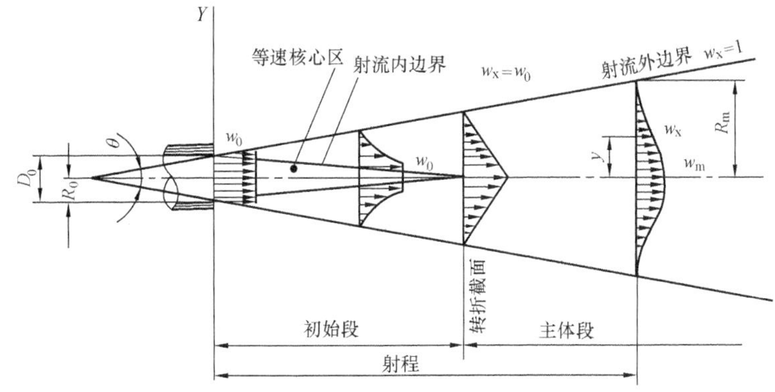

图 5-5　直流紊流自由射流示意图

影响射程的因素如下。

1. 射流初速度

喷嘴出口气流速度（射流初速）越大，射程越远；在喷嘴出口气流速度相同的情况下，喷口尺寸越大，射程越远。

2. 喷口形状

矩形喷口射流与圆形喷口射流相比较，当截面大小相当、射流初速相同时，矩形喷口射流的射程较远。采用高初速、大尺寸的矩形喷口可以强化气流。故矩形喷口常被用作二次风或三次风喷口，以便射流能射到火焰深处，增加火焰内部扰动。而圆形喷口射程短，容易被其他气流所卷吸，故有的燃烧器把它用作一次风喷口，但是现代锅炉一次风喷口多数仍采用矩形喷口。

3. 喷口尺寸

在喷口通流截面不变的情况下，如果将一个大喷口分为几个小喷口时，可增加射流的卷吸能力，但射程将缩短；反之，将几个小喷口合并起来集中布置的大喷口，射流的卷吸能力减小，射程增加，射流能射到离喷口更远的地方。

矩形喷口的高宽比 h_0/b_0 对射流特性也有一定的影响。当射流初速 w_0 和喷口通流截面积不变时，高宽比越大，喷口周界越大，射流外边界越大，射流卷吸周围介质的能力增强，但射流轴线速度衰减加快，射程将缩短。

上述关于直流紊流自由射流的介绍，可以作为定性分析，但实际上炉膛不是无限空间，喷入的气流与炉内实际烟气也不同，所以，喷入的气流并不是自由射流。因此，实际的炉内空气动力工况必须结合试验，才能掌握其具体规律。

（二）直流煤粉燃烧器结构和形式

直流煤粉燃烧器的出口由一组圆形、矩形或多边形的喷口组成。煤粉气流（一次风）、燃烧所需空气（二次风）以及由制粉系统来的乏气（三次风）分别由互相隔绝的不同喷口以直流射流形式喷进炉膛。

直流煤粉燃器可以布置在炉膛四角上，四角燃烧器喷出的四股气流在炉膛中心形成一个或两个假想切圆，这种组织燃烧的方法称为切圆燃烧，我国采用直流煤粉燃烧器的锅炉很多，大都采用此种切圆燃烧方式。近年来随着引进机组的增多，采用 W 形火焰燃烧技术的锅炉也逐渐增多，其中也有使用直流燃烧器的锅炉。本节只介绍四角切圆燃烧方式布置的直流煤粉燃烧器，W 形火焰燃烧方式锅炉的直流燃烧器在本章第四节介绍。

根据煤种的不同，直流煤粉燃烧器的一次风喷口和二次风喷口有不同的布置方式。可以把二次风喷口布置在一次风喷口的上部、下部、侧边、中间或四周，目的都是为了能使燃料稳定地着火、煤粉与空气能有效地混合、完全燃烧和避免结渣。根据燃烧器中一、二次风喷口的布置情况，直流煤粉燃烧器可分为均等配风和分级配风两种。

1. 均等配风直流煤粉燃烧器

均等配风方式的一、二次风喷口相间布置，即在两个一次风喷口之间均等布置一个或两个二次风喷口，或者在每个一次风喷口的背火侧均等布置二次风喷口。

均等配风方式的一、二次风喷口间距相对较近，一、二次风从喷口流出后能很快混合，煤粉气流着火后不至于因空气跟不上而影响燃烧，故适用于挥发分较高的烟煤和褐煤，所以又叫做烟煤－褐煤型直流煤粉燃烧器。

典型的均等配风直流煤粉燃烧器喷口布置方式如图 5-6 所示。

图 5-6（a）、（c）所示均等配风燃烧器为一、二次风喷口间隔布置，即在每个一次风喷口的上下方都有二次风喷口，喷口间距较小，故这种布置方式只适用于挥发分较高且很容易着火的烟煤和褐煤。燃烧器最高层为上二次风喷口，其作用除供应上排煤粉燃烧器所需空气外，还可提供炉内未燃尽的煤粉继续燃烧所需空气。燃烧器最低层为下二次风喷口，其作用除供应下排煤粉燃烧器所需空气外，还能把煤粉气流中析出的粗煤粉托住，使其燃烧，从而减少机械不完全燃烧热损失。一次风从两侧卷吸炉内高温烟气，有利于点燃；喷口之间有一定距离，可以平衡气流两侧压差，气流偏斜较小。一、二次风喷口可作成固定不动或上下摆动，上下摆动倾角范围为±20°；摆动式喷口可通过改变喷口倾角的办法来改变一、二次风的混合时机，以适应不同煤种的需要，还可调整炉内火焰的位置来调节汽温。二次风喷口内部可装设油喷嘴，必要时可以烧油。

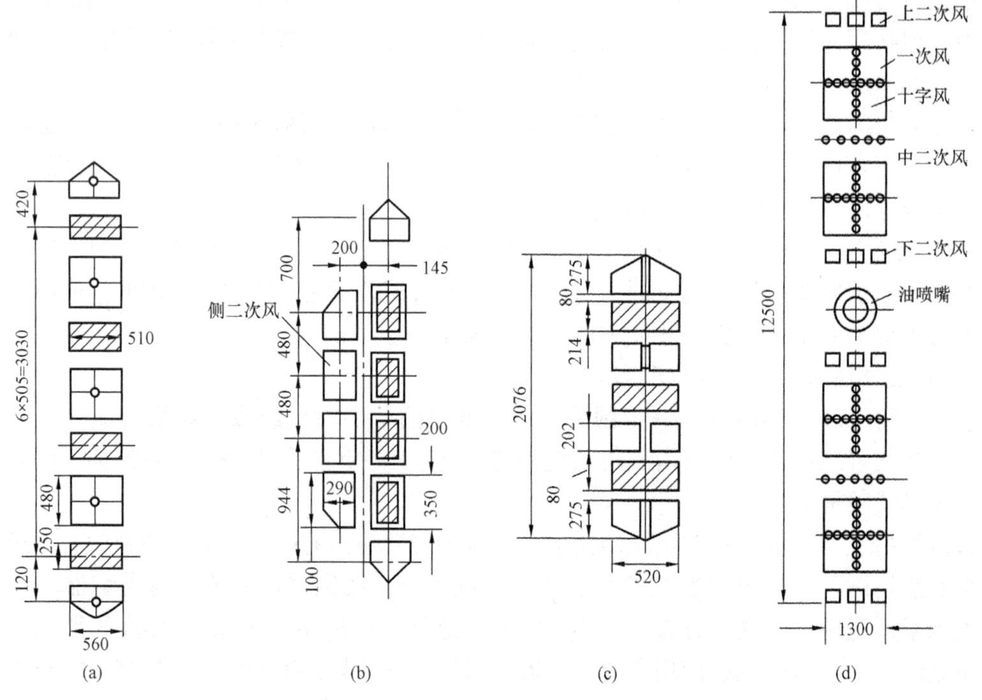

图 5-6　均等配风直流煤粉燃烧器

（a）锅炉容量 400t/h，适用烟煤；（b）锅炉容量 220t/h，适用贫煤和烟煤；（c）锅炉容量 220t/h，适用褐煤；（d）锅炉容量 927t/h，适用褐煤

图 5-6（b）所示为侧二次风均等配风燃烧器，其一次风喷口在内侧（向火侧），二次风喷口在外侧（背火侧）。一次风在向火侧布置有利于煤粉气流卷吸高温烟气和接受炉膛空间的辐射热，同时也有利于接受邻角燃烧器火炬的加热，改善了煤粉着火；二次风布置在背火侧，可以防止煤粉火炬贴墙和粗煤粉离析，并可在水冷壁附近区域保持氧化性气氛，不致使灰熔点降低，这些都有助于避免水冷壁结渣；此外，这种并排布置，降低了整组燃烧器的高宽比，增强了气流的穿透能力，有利于燃烧的稳定和完全。这种燃烧器适合于烧贫煤和挥发分低的烟煤。

图 5-6（d）所示为大功率褐煤均等配风燃烧器，每只燃烧器分两层布置，在大容量锅炉中多采用多层布置，每一层均可看成是一个均等配风的燃烧器。因一次风口面积较大，其内布置有十字形风管并送入空气，称为中心十字风。中心十字风作用是冷却一次风喷口，以免喷口受热变形或烧损；将一个喷口分割为四个小喷口，可减少煤粉和气流速度分布的不均匀程度。此燃烧器高度较大，还可适当降低火焰高度。

2. 分级配风直流煤粉燃烧器

分级配风方式将一次风喷口集中布置在一起，二次风喷口分层布置，二次风分级分阶段送入燃烧的煤粉气流中，且一、二次风喷口保持较大的距离，以便控制一、二次风的混合时间，这对于无烟煤的着火与燃烧是有利的。故此种燃烧器适用于无烟煤、贫煤和劣质烟煤，所以又叫做无烟煤型直流煤粉燃烧器。

典型的分级配风直流煤粉燃烧器喷口布置方式如图 5-7 所示。

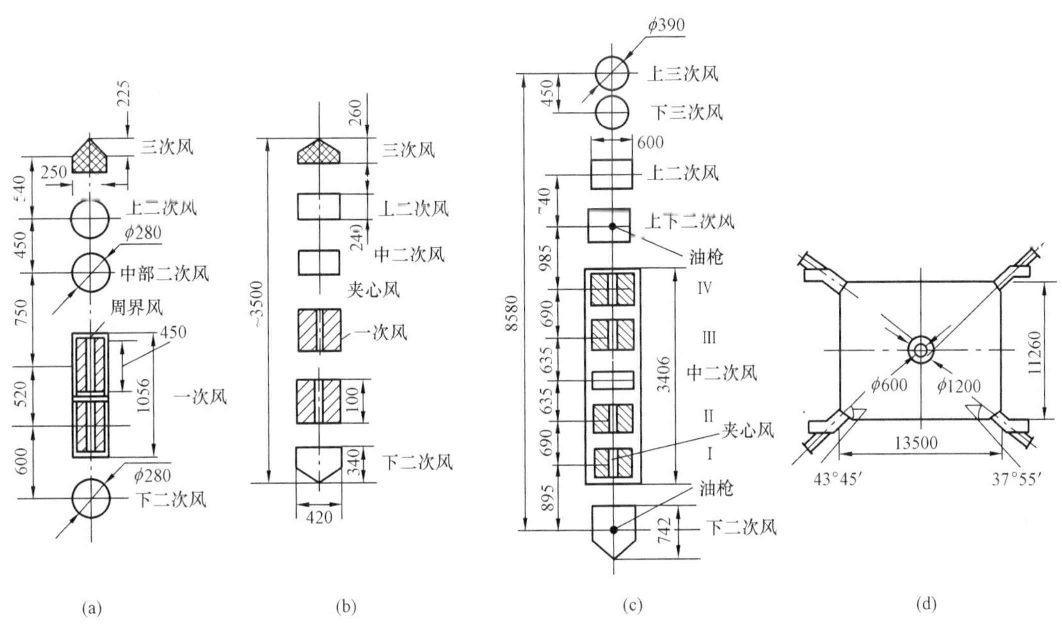

图 5-7 分级配风直流煤粉燃烧器

（a）锅炉容量 130t/h，适用无烟煤（周界风）；（b）锅炉容量 220t/h，适用无烟煤（夹心风）；（c）锅炉容量 670t/h，适用无烟煤（夹心风）；（d）670t/h 锅炉燃烧器四角布置

分级配风直流燃烧器的特点如下。

（1）一次风喷口狭长，高宽比 h_0/b_0 比较大，这样可以增大煤粉气流的迎火周界，增加对高温烟气的卷吸能力，有利于煤粉气流着火。但狭长喷口会使气流刚性（刚性指气流在外界干扰下不改变自己流动方向的能力）减弱，可能造成气流过分偏斜而贴墙，形成炉墙结渣。

（2）一次风喷口集中布置，煤粉燃烧放热集中，可提高火焰中心温度，有利于煤粉的着火与燃烧。

（3）一、二次风喷口的间距较大，使一、二次风混合时间比较迟，有利于无烟煤和劣质烟煤的着火。

（4）二次风分层布置，可按着火和燃烧的需要分级分阶段将二次风送入燃烧的煤粉气流中，既有利于煤粉气流的前期着火，又有利于煤粉气流后期的燃烧。

（5）一次风喷口的周围或中间还可布置有一股二次风，分别称为周界风和夹心风，如图5-7所示。周界风和夹心风的风速高，可以增强气流刚性，防止气流偏斜，也能防止燃烧器烧坏，但周界风或夹心风量不能过大，否则会影响着火稳定。

（6）该型燃烧器燃用于无烟煤、贫煤、劣质烟煤时，都采用高温热风送粉，目的是提高一次风初温，保证着火的稳定性。此时，制粉系统的乏气作为三次风送入炉膛，三次风温只有100℃左右，大量低温三次风进入炉内，会对整个燃烧过程产生很大的影响。如三次风喷口布置不当，会影响主气流着火与燃烧，使机械不完全燃烧热损失增加，此外还会使火焰中心上移，炉膛出口烟温升高，从而引起炉膛出口附近结渣、过热器超温等问题，故应合理布置三次风喷口。

三次风喷口一般布置在燃烧器的最上方，距相邻二次风喷口有较大间距，以减小其对主煤粉气流燃烧的影响；同时三次风喷口应有一定的下倾角，以便起到压火的作用，还可以增加三次风在炉内的停留时间，有利于三次风中细煤粉的燃尽，减少机械不完全燃烧热损失；此外三次风速不宜过低，一般为50～60m/s，这样可加强对主煤粉气流的扰动作用，从而改善燃烧，降低不完全燃烧损失。

三、旋流燃烧器

（一）旋流燃烧器的工作原理

旋流燃烧器由一组套装在一起的圆形喷口组成，燃烧器中装有各种形式的旋流发生器（简称旋流器）。燃烧器中的一次风喷口在内部，一次风喷口射出的可以是旋转射流，也可以是直流射流；二次风喷口在外部，二次风喷口出来的是旋转射流，整个燃烧器射出的射流为旋转射流。

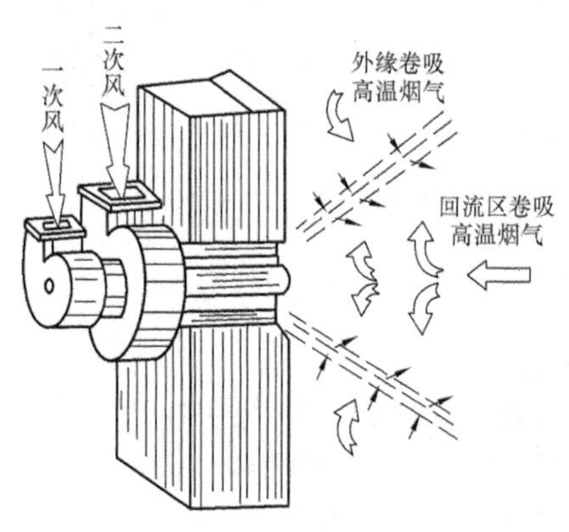

图5-8 旋流式燃烧器工作原理

图5-8是蜗壳型旋流式燃烧器工作原理示意图，不同燃烧器的旋流器不同，煤粉气流经过旋流器后都形成旋转气流。射出喷口后的旋转气流在气流中心形成回流区，这个回流区叫内回流区。内回流区卷吸炉内的高温烟气来加热煤粉气流，当煤粉气流达到着火温度后就开始着火，火焰从内回流区的内边缘向外传播。在旋转气流的外围也形成回流区，这个回流区叫外回流区，外回流区也卷吸高温烟气来加热空气和煤粉气流。着火后的煤粉气流外围送入的二次风也形成旋转气流，二次风与一次风产生强烈的混合，使燃烧过程连续进行，直至燃尽。

旋转气流同时具有向前运动的轴向速度、沿圆周围运动的切向速度和径向速度，由于旋转射流的径向速度远小于其他两个速度，故气流的流动工况可以用相互垂直的轴向速度和切向速度来描述。

旋转气流的流动工况与旋流强度有关，旋流强度 n 是指气流切向旋转动量矩 M 与其轴向动量 K 和特征尺寸 L 乘积的比值。旋流强度的大小由旋流器的结构决定。

$$n=\frac{M}{KL} \tag{5-18}$$

式中 M ——气流的切向旋转动量矩，$kg\cdot m^2/s^2$；

K ——轴向动量，$kg\cdot m/s^2$；

L ——燃烧器喷口的特征尺寸，m。

与直流燃烧器的直流射流相比，旋流射流具有明显的特点。

（1）二次风是旋转气流，一次风可以是旋转气流，也可为直流射流，整个气流形成空心圆锥形的旋转气流。

（2）旋转射流有强烈的卷吸作用，可从内、外回流区两个方面卷吸高温烟气，对煤粉气流的着火十分有利。

（3）由于旋转射流从内、外卷吸高温烟气，而气流的动量一定，因而轴向速度和切向速度衰减很快。故在同样的初始动量下，旋转射流的射程要比直流射流射程短。

（4）气流旋流强度的不同会使旋转射流形成不同形式，如图 5-9 所示，旋流燃烧器形成的火焰形式可能有三种：封闭式火焰、开放式火焰和飞边火焰。

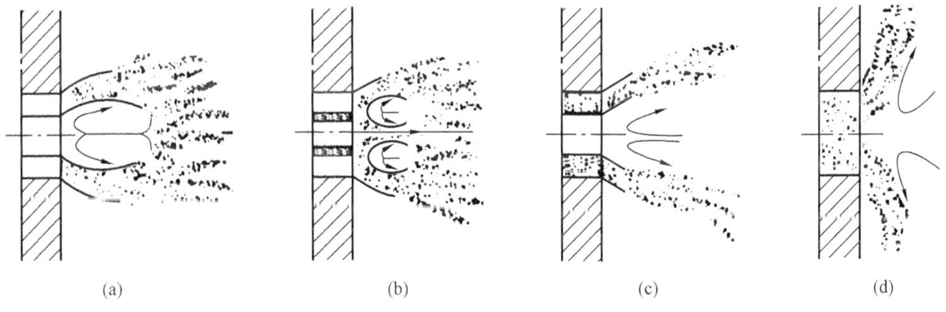

图 5-9 旋流燃烧器火焰示意图

(a) 单个回流区的封闭火焰；(b) 环形回流区的封闭火焰；(c) 开放火焰；(d) 飞边火焰

旋流强度较小时，形成封闭式火焰，在火焰根部卷吸高温烟气，形成回流区。此种火焰只能卷吸自身燃烧放出的热量，有一定的稳定着火能力，但是回流量小，不适合燃烧难燃的煤。气流旋转强度较大时，回流区加大，形成开放式火焰，高温烟气的回流量也增多，可以将高温烟气从炉膛中卷吸进来，对着火和燃烧有利。但是气流的旋流强度过大时，使气流成为全扩散气流，导致气流压向炉墙，形成气流飞边现象，形成飞边火焰。此时，气流扩散角（旋转气流外边界之间的夹角称为扩散角）为 180°，火焰贴壁，会引起严重的结渣，甚至烧坏燃烧器，故在实际运行中要避免飞边火焰的出现。

（二）旋流燃烧器的形式

旋流燃烧器是利用旋流器使气流产生旋转运动的，故燃烧器根据旋流器的形式来命名。按照旋流器的结构，旋流燃烧器可分为蜗壳式、轴向叶片式、切向叶片式三大类。

1. 蜗壳式燃烧器

蜗壳式燃烧器是以蜗壳作为旋流器的旋流式燃烧器，常用的蜗壳式燃烧器分为单蜗壳式、双蜗壳式。

（1）单蜗壳型旋流煤粉燃烧器。单蜗壳型旋流煤粉燃烧器的结构如图 5-10 所示，一次风为直流，经中心一次风管喷入炉膛。一次风管出口装有扩流锥，使气流扩散。扩流锥的位置可前后调节，能改变一次风的出口速度和气流扩散角的大小，并能调整一、二次风气流混合位置。二次风气流通过蜗壳旋流器产生旋转运动，以旋转射流方式喷入炉膛，二次风蜗壳进口处装有舌形挡板，改变舌形挡板位置，能够改变二次风射流的旋转强度，从而改变整个气流的旋转强度。

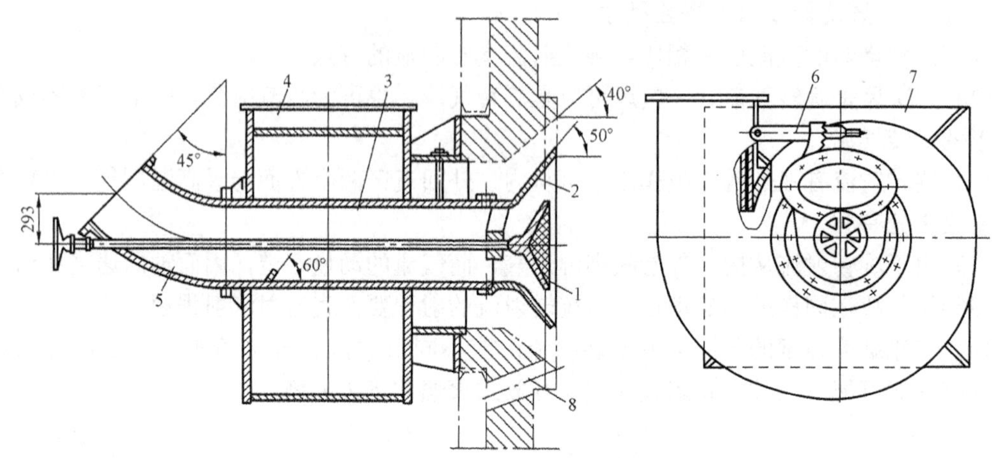

图 5-10 单蜗壳型旋流煤粉燃烧器

1—扩流锥；2—一次风扩散管口；3—一次风管；4—二次风蜗壳；5—一次风连接管；6—二次风舌形挡板；7—连接法兰；8—点火喷嘴装设孔

这种燃烧器的优点是一次风阻力较小；缺点是扩流锥处于高温中心回流区，且直接受到炉内火焰的辐射，因而容易烧坏或结渣。该型燃烧器目前在我国使用较少。

（2）双蜗壳型旋流煤粉燃烧器。双蜗壳型旋流煤粉燃烧器的结构如图 5-11 所示。一次风在小蜗壳中产生旋转运动，二次风在大蜗壳中产生旋转运动，两股气流的旋转方向相同。在一次风管中间有一中心管，其中装有点火油枪。二次风蜗壳进口处装有一舌形挡板，用以调节二次风旋流强度；当舌形挡板关小时，二次风被挤向外侧，二次风的旋流强度增加；反之，当舌形挡板开大时，二次风偏向内侧，二次风的旋流强度减小。通过调节旋流强度来改变回流特性，以便适应不同煤种着火燃烧的需要。但运行实践表明，当舌形挡板关小时，二次风虽被挤向外侧，但气流经舌形挡板后又立即扩散，因此，调节性能并不理想；只有当舌形挡板的开度关小至一半以上时，实际旋转强度才略有增大，但此时燃烧器阻力已变得很大，由于燃烧工况不易调整，因而对煤种变化的适应能力较差。

20 世纪 50～60 年代，国内煤粉炉上曾广泛采用双蜗壳型旋流煤粉燃烧器。但由于这种旋流燃烧器对煤种适应性较差，尤其难以适应无烟煤和劣质烟煤的燃烧，所以近年来这种旋流煤粉燃烧器的应用已逐渐减少，多采用轴向可动叶轮式旋流煤粉燃烧器和直流煤粉燃烧器。

2. 轴向叶片式旋流燃烧器

利用轴向叶片使气流产生旋转的燃烧器称为轴向叶片式旋流燃烧器。此种燃烧器的二次风是通过轴向叶片的导向，形成旋转气流的，轴向叶片可以是固定的，也可以是移动可调的，一次风有不旋转和旋转两种。

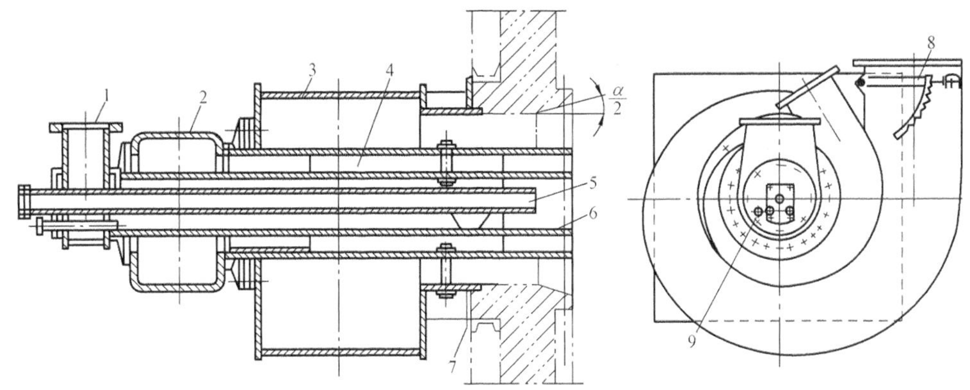

图 5-11　双蜗壳型旋流煤粉燃烧器结构

1—中心风管；2—一次风管；3—二次风蜗壳；4—一次风通道；5—重油喷嘴装设管；6—一次风内套管；7—连接法兰；8—舌形挡板；9—火焰检测装置安装管

图 5-12 所示的是一种一次风不旋转，二次风旋转的旋流燃烧器。该燃烧器在出口处装有一次风扩流锥，二次风通过可调的轴向叶轮控制。移动轴向移动拉杆，可以调节叶轮在二次风道中的位置，当叶轮退出时，叶轮和二次风的圆锥形通道便出现间隙，部分二次风通过此间隙绕过叶轮以直流风的形式直接经旁路流出，这股直流二次风与经叶轮流出来的旋转二次风混合后，进入炉膛。调节叶轮位置，间隙大小就会改变，直流二次风和旋转二次风的比例就会发生变化，混合后的二次风旋流强度随之发生改变，故可用此方法调节二次风的旋流强度。但这种燃烧器的中心回流区较小，因此，只适合于挥发分较高的煤种。

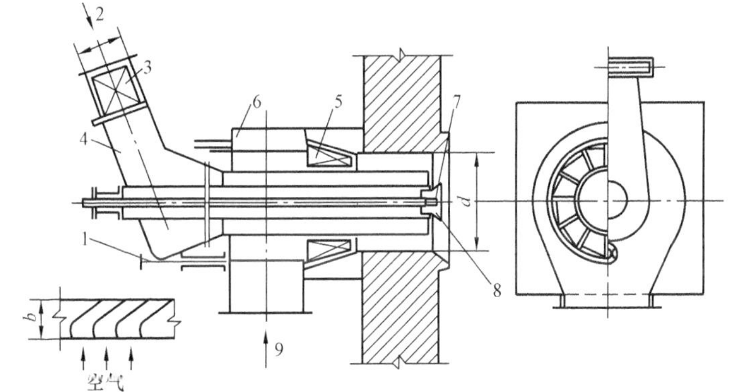

图 5-12　一次风不旋转的轴向可动叶轮旋流燃烧器

1—拉杆；2—一次风进口；3—一次风舌形挡板；4—一次风管；5—二次风管；6—二次风壳；7—油喷嘴；8—扩流锥；9—二次风进口

3. 切向叶片式旋流燃烧器

切向叶片式旋流燃烧器的一次风射流可旋转也可不旋转，二次风射流则是由可动的切向叶片控制的旋转气流，混合后的射流旋转进入炉膛。

四、新型煤粉燃烧器

为了改善锅炉着火稳定性，增大锅炉负荷调节范围，降低燃料燃烧时 NO_x 的生成量，满足经济性和环保的要求。近年来，很多新型煤粉燃烧器开始在大型电站锅炉中广泛采用，下面简要介绍一些典型的新型燃烧器和燃烧技术。

（一）煤粉稳燃及低 NO_x 燃烧技术

1. 煤粉稳燃技术

（1）提高一次风气流中的煤粉浓度。提高一次风气流中的煤粉浓度，减少了一次风量，可减少着火热；提高了煤粉气流中挥发分的浓度，使火焰传播速度提高；同时燃烧放热相对集中，使着火区保持高温状态。三个条件集中在一起，强化了着火条件，使着火稳定性提高。

但煤粉浓度也并不是越高越好。煤粉浓度过高时，着火区严重缺氧，会影响挥发分的充分燃烧，造成大量煤烟的产生，此时，因挥发分中的热量没有充分释放出来，会影响颗粒温升速度，延缓着火；挥发分此时燃烧缺氧，火焰不能正常传播，会引起着火不稳定。煤粉浓度与火焰传播速度的关系见图 5-13 所示，煤粉浓度与着火距离的关系如图 5-14 所示，由图可见，有一个使火焰传播速度最大、着火距离最短的最佳煤粉浓度，此最佳煤粉浓度与煤种有关，挥发分高烟煤的最佳煤粉浓度低于挥发分小的贫煤。

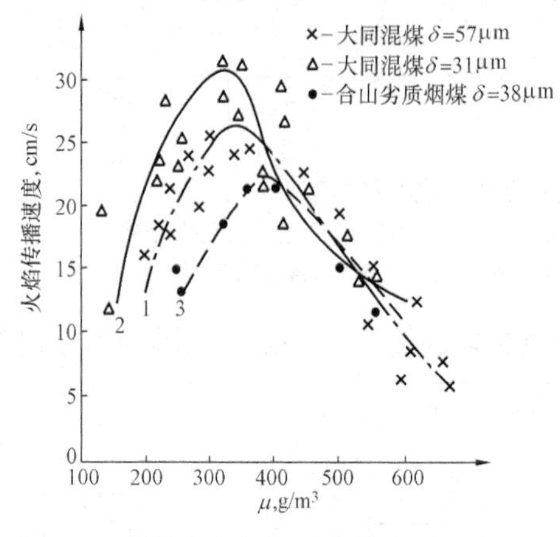

图 5-13　煤粉浓度与火焰传播速度的关系

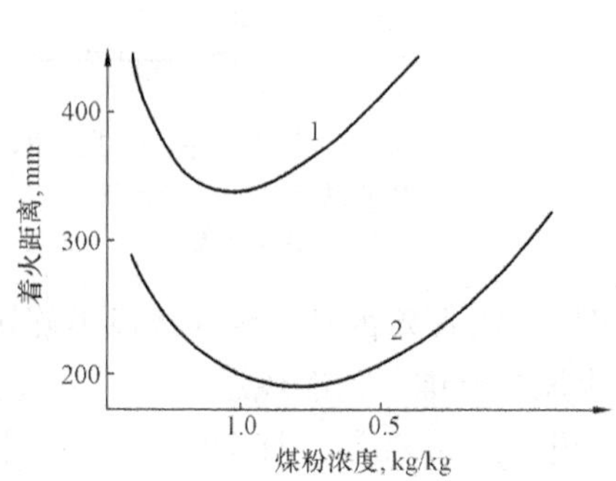

图 5-14　着火距离与煤粉浓度的关系

1—西山贫煤；2—大同烟煤

（2）提高煤粉气流初温。提高煤粉气流初温，可减少煤粉气流的着火热，并提高炉内温度水平，使着火提前。提高煤粉气流初温的直接办法是提高热风温度。热风温度升高，烟温升高很快，可使煤粉着火提前。据有关资料提供的数据表明：一次风温从 20℃升至 300℃时，着火热可减少 60%；一次风温从 20℃升至 400℃时，着火热可减少 80%。

（3）提高煤粉细度。煤粉的燃烧反应主要是在颗粒表面上进行的，煤粉越细，单位质量的煤粉表面积越大，火焰传播速度越快，燃烧放热速度越快，煤粉颗粒就越容易被加热，因而也越容易稳定燃烧。煤粉颗粒度与火焰传播速度的关系如图 5-15 所示。试验研究发现，煤粉燃尽时间与颗粒直径的平方成正比，当锅炉燃用煤质一定时，提高煤粉细度能显著提高煤粉气流着火的稳定性。不过煤粉颗粒细度受磨煤出力与磨煤电耗的限制，不能任意提高。

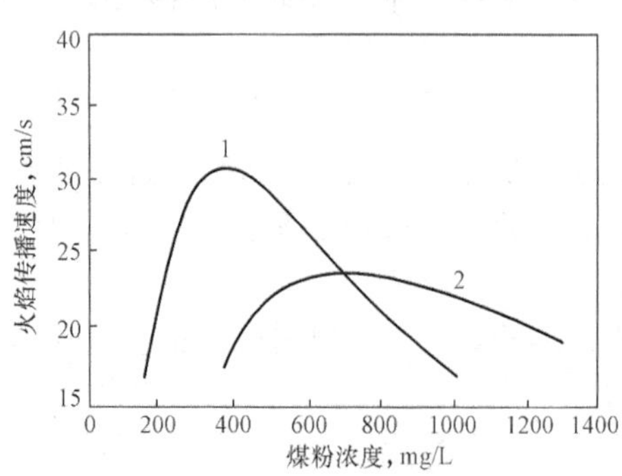

图 5-15　煤粉颗粒度对火焰传播速度的影响

1—平均粒径为 10μm；2—平均粒径为 27μm

（4）在不易燃烧的煤中加入易燃燃料。锅炉负荷很低或煤质很差时，可投入雾化的助燃燃油或气体燃料，在燃烧器出口混入煤粉气流中，改善煤粉的燃烧特性，维持着火的稳定性。有时为了节省燃油，也可混入挥发分较大的煤，以提高着火的稳定性。

2. 低 NO_x 燃烧技术

在煤粉燃烧过程中，燃烧生成的氮氧化物气体（简称 NO_x），其中主要是 NO（占总量的 95%）和 NO_2，NO_x 随烟气排放到大气会对环境带来严重的污染，降低 NO_x 排放量可从两方面进行：一是控制燃烧过程中的生成量，可采用低 NO_x 燃烧技术实现；二是对烟气进行脱氮处理。由于后者价格昂贵，现在我国重点发展的是低 NO_x 燃烧技术。

（1）NO_x 的生成机理。NO_x 的生成机理有三种：热力型 NO_x、燃料型 NO_x 和快速型 NO_x。

1）热力型 NO_x：又称温度型 NO_x，主要是空气中的氮反应形成的。燃烧区域的温度水平对热力型 NO_x 的生成量起决定作用，在燃烧温度低于 1500℃时，NO_x 生成量很少，高于 1500℃时，温度每升高 100℃，NO_x 的生成量就增大 6～7 倍。煤粉燃烧中，在燃烧温度为 1600℃时，热力型 NO_x 生成量占 NO_x 总生成量的 15%～35%。

2）燃料型 NO_x：是指燃料中的氮受热分解和氧化生成 NO_x。进一步说，主要指挥发分中的氮化合物生成的 NO_x，其生成量占 NO_x 总生成量的 60%～80%，这部分 NO_x 在燃烧器出口处的火焰中心处生成。由于大部分煤粒中的挥发分在 30～50ms 内析出，当煤粉气流的速度为 10～15m/s 时，挥发分析出的行程小于 1m。要控制该区域中 NO_x 的生成量，就应控制燃料着火初期的过量空气系数。使燃料形成富燃料区，让煤粉在开始着火阶段处于缺氧状态，使挥发分生成的一部分 NO_x 被还原，实际生成的 NO_x 数量就可明显减少。

3）快速型 NO_x：是指由高温热解生成的 CH 自由基和空气中的氮反应，生成 HCN 化合物和 N，进一步快速与氧反应，生成 NO_x。这部分 NO_x 的转换速度极快，但其生成量少，仅占 NO_x 总生成量的 5%。

从以上论述可以看出，控制 NO_x 的生成量主要应控制燃料型 NO_x 和热力型 NO_x 的生成量。

（2）低 NO_x 燃烧技术。根据 NO_x 生成机理可知，影响 NO_x 生成量的因素主要有火焰温度、燃烧区段氧浓度、燃烧产物在高温区停留时间和煤的特性（固定碳和挥发分的比值）。降低燃烧过程中 NO_x 生成量的途径主要有两方面：一是降低火焰温度，防止局部高温；二是降低过量空气系数和氧浓度，使煤粉在缺氧条件下燃烧。

典型的低 NO_x 燃烧技术是烟气再循环和两级燃烧法。烟气再循环是从空气预热器前抽取部分烟气送入燃烧器，以降低氧浓度和火焰温度，从而控制 NO_x 的生成。两级燃烧是用 80%左右的理论空气量从燃烧器喷口送入，形成浓燃料燃烧区，降低了燃烧区的氧浓度，也降低了燃烧区的温度，使 NO_x 生成量减少；燃烧所需要的其他空气量由主燃烧器上部的火上风喷口（简称 OFA）送入炉膛，形成富氧燃烧。由于燃烧所需空气量是分两级送入炉内的，燃烧过程也分两级进行，故称两级燃烧法或分级燃烧法。

（二）新型煤粉燃烧器

1. 钝体燃烧器

钝体燃烧器是燃烧低挥发分煤种的直流燃烧器的一种改进，特点是在常规一次风喷口外安装了一个三角形的钝体，其喷口布置和结构如图 5-16 所示。

钝体的作用是在钝体的尾迹区形成回流旋涡，回流旋涡可以将炽热的高温烟气带回钝体附近，可使尾迹区温度达 900℃以上。直流的煤粉气流流过钝体后，由于煤粉颗粒的轴向运动惯性大于空气的，煤粉颗粒在尾迹区边缘比较集中，在尾迹区边界的煤粉浓度可比原一次风中的煤粉浓度大 1.2～1.5 倍，因此钝体后的尾迹区就成为一次风气流中一个稳定的点燃源；此外，在钝体的导流作用下，一次风射流的扩散角也显著增大，外卷吸作用也有所增加。这些都可以显著改善煤粉的着火条件。

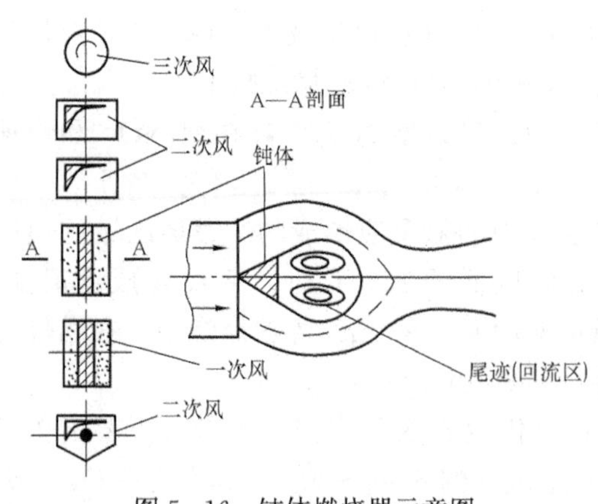

图 5-16 钝体燃烧器示意图

故这种燃烧器能较好地适用于劣质烟煤的燃烧，甚至还成功地燃烧了干燥无灰基挥发分为 7%～8%的无烟煤。一些原来燃烧不稳定，需要消耗燃料油助燃的锅炉，改装钝体燃烧器后，均能达到燃烧稳定、提高效率和节约燃用油的目的，还可在 55%～60%额定负荷的低负荷下稳定运行，扩大了负荷调节范围。

2. 火焰稳燃船燃烧器

火焰稳燃船燃烧器是在一次风喷口内加装了船形火焰稳定器，如图 5-17 所示。这样，在燃烧器的一次风喷口附近能形成高煤粉浓度、高温和较高氧气浓度的所谓“三高区”，利于煤粉的稳定着火。一次风气流先是绕过稳燃船沿着小回流区向中心靠近，然后才向外扩展，由于气流在绕过火焰稳燃船从一次风口喷出后，气流流线弯曲而出现了局部的收拢，这对煤粉火焰的稳定能起到很大的作用。故火焰稳燃船后的回流区虽不大，但火焰十分稳定。经现场试验发现，在锅炉点火阶段只要喷入很少量的燃料油，这小小的回流区就能使煤粉空气流保持火焰稳定，因而能节约 70%～80%的煤粉锅炉的点火用油。

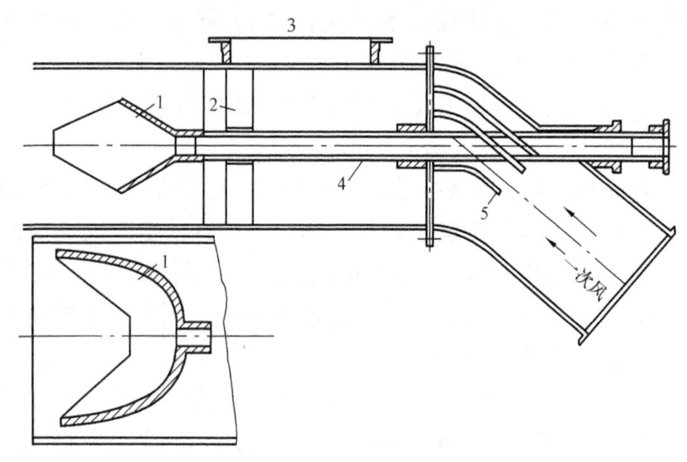

图 5-17 火焰稳燃船燃烧器示意图
1—火焰稳燃船；2—支架；3—人孔门；4—油枪套管；5—均流板

3. 浓淡燃烧器

所谓浓淡燃烧器，就是在一次风煤粉通道中设置了煤粉浓缩器，将煤粉气流分离成浓粉流和淡粉流两股气流，这样就可在一次风总量不变的前提下提高浓粉流中的煤粉浓度，使浓粉流中的燃料在过量空气系数小于 1 的条件下燃烧，淡粉流中燃料则在过量空气系数大于或接近于 1 的条件下燃烧，两股气流合起来使燃烧器出口的总过量空气系数仍保持在合理的范围之内。浓粉流可以加快火焰传播速度，使煤粉尽快着火，在浓粉流着火后，为淡粉流提供了着火热源，后者也随之着火，整个火炬的燃烧稳定性增强，从而扩大了锅炉不投油助燃的负荷调节范围和煤种适应性。

同时，浓淡燃烧器还能降低燃烧产物中 NO_x 的生成量，是一种低 NO_x 燃烧器。

浓淡煤粉燃烧器在国内应用越来越多，已经研制开发了多种形式的燃烧器。实现煤粉浓淡分离的方法很多，有管道弯头浓缩器、百叶窗式浓缩器及旋风分离器等多种形式，下面简单介绍几种。

(1) WR 型燃烧器。图 5-18 所示的 WR 型燃烧器是 Wide Range Burner 燃烧器的简称，是美国 GE 公司研制的，经过不断改进，锅炉不投油助燃的最低负荷可达到额定负荷的

20%。WR型直流煤粉燃烧器的结构如图5-18所示，该燃烧器在一次风口内装有一个V形扩流锥或波形扩流锥，扩流锥相当于一个小钝体，可使喷口外的一次风气流形成一个稳定的高温烟气回流区，为煤粉着火提供热源。同时，该燃烧器的一次风入口弯头内故意不安装气体导向装置，利用弯头进行煤粉的浓淡分离，这些都有利于整个喷口的煤粉气流容易着火和在低负荷下保持燃烧稳定。此外，该燃烧器在一次风口上下两侧布置有边风，其风量在运行中可以调节。故该燃烧器能在较大范围内适应煤种及负荷变化。

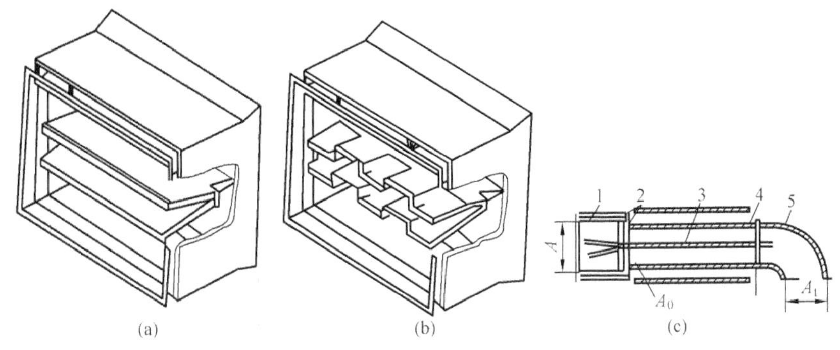

图5-18 WR型直流煤粉燃烧器结构

(a) V形扩流锥结构；(b) 波形扩流锥结构；(c) 一次风喷口总体

1—喷嘴头部；2—密封片；3—水平肋片；4—喷嘴管；5—入口弯头

(2) PM型燃烧器。图5-19所示的PM型燃烧器是Pollution Minimun型燃烧器的简称，它能使燃烧产物中的NO_x含量大幅降低，是由日本三菱重工首先研制开发的。此种燃烧器的关键是分离器，它靠近燃烧器的一次风管入口管段有一个弯头，连接两个喷口，依靠弯头的惯性分离作用，将煤粉气流分为浓煤粉和淡煤粉，浓粉流进入上喷口，淡粉流进入下喷口；弯头内侧还设有调节装置，可以调节煤粉浓度的大小；燃烧器上还设置有火上风喷口和再循环烟气喷口（简称SGR喷口），目的是控制一次风和二次风、浓煤粉和淡煤粉气流的混合，以便在浓煤粉气流喷口附近形成还原性气氛，并降低燃烧中心的温度。所以，PM型燃烧器实际上是集烟气再循环、分级燃烧和浓淡燃烧于一体的低NO_x燃烧系统，既可稳定燃烧，又可抑制低NO_x的生成。

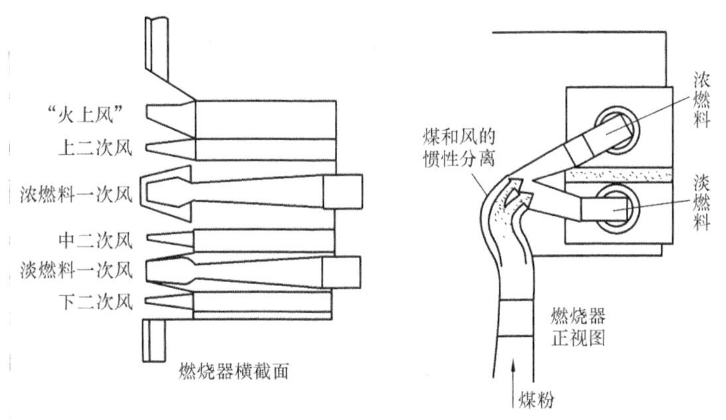

图5-19 PM型浓淡煤粉燃烧器

有的PM燃烧器不设SGR喷口，而在浓淡喷口上设有周界风，故控制NO_x的作用较差，主要作用是改善着火稳定性，这种PM燃烧器可与两级燃烧法相配合使用，来实现控制NO_x生成量的目的。我国300MW锅炉上采用的PM煤粉燃烧器，燃烧器顶部的过燃风与两级燃烧的作用相类似。

有的燃烧器在PM型燃烧器基础上加以改进，把局部过于集中的浓煤粉气流分解为火焰中心是淡煤粉气流，其外围是浓煤粉气流，将原来PM型的浓、淡燃烧器改进为浓、淡、浓型燃烧器，故称之为A—PM型燃烧器（advanced-pollution minimun）。

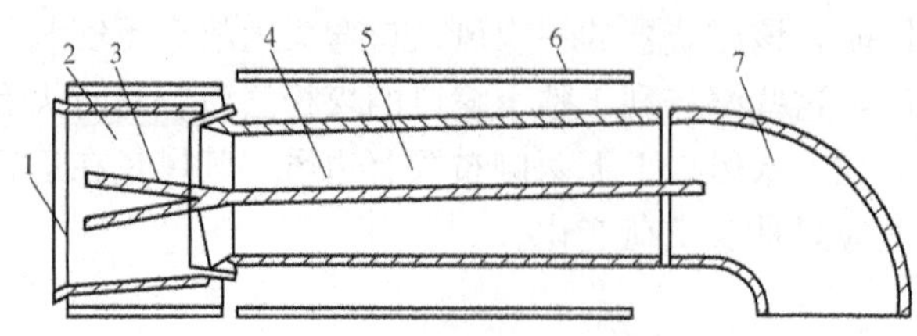

图5-20　宽调节比燃烧器

1—阻挡块；2—喷嘴头部；3—扩流锥；4—水平肋片；5——次风管；6—燃烧器外壳；7—入口弯头

（3）宽调节比燃烧器。宽调节比燃烧器的结构如图5-20所示，这种燃烧器在低负荷下不投油仍然能稳定燃烧，故其锅炉负荷变化时的燃烧调节范围比较宽。由图可见，在一次风入口部位连接一个作为煤粉浓缩器的弯头，一次风管内设置一块隔板，把一次风管分为上、下两部分。当煤粉气流通过弯头时，一次风管隔板上部的通道中形成浓煤粉气流，而在隔板下部的通道中形成淡煤粉气流。在喷口出口处还装有扩流锥，可以增加一次风气流和回流烟气的接触面，使上部浓煤粉气流着火的稳定性提高；同时，扩锥出口的翻边对增加高温烟气的回流作用很大，使夹角区形成回流区，卷吸高温烟气，进一步提高了整个煤粉气流着火的稳定性。因而这种燃烧器在锅炉负荷变动时，可稳定燃烧。有试验表明，这种燃烧器可在20%负荷下不投油稳定燃烧。

4. 双调风低NO_x燃烧器

双调风低NO_x燃烧器主要特点是将二次风分级以旋转方式送入炉内，内外两级二次风采用两个调风器，故又称为双调风低NO_x燃烧器。下面介绍美国B&W公司和FW公司设计的两种低NO_x燃烧器。

B&W公司低NO_x燃烧器的一次风占15%～20%，内二次风占35%～40%，一次风和内二次风形成富燃料燃烧，最外围的外二次风供给燃料完全燃烧所需的其余空气量。由于一次风不旋转，外二次风的旋转强度较低，能延迟燃烧过程，降低燃烧强度和火焰最高温度，控制NO_x的生成。在单独使用这种燃烧器时可使NO_x排放浓度降低39%，如果与炉内两级燃烧同时采用，NO_x可降低63%。该燃烧器外二次风量所占比例较大，因此，可以把燃烧中心的还原性气氛区和水冷壁隔开，避免煤粉冲刷水冷壁，防止水冷壁结渣或腐蚀。

FW公司双调风低NO_x燃烧器的一次风通道由内、外套筒的环形通道和环行通道外围的四个椭圆形喷嘴组成，内套筒可以通过调节机构向前或向后移动，调节内套筒的位置可改变一次风的速度，控制一次风与二次风的混合状态，改变内回流区的位置和大小。能够控制火焰形状，调节着火点位置，控制NO_x的生成量。煤粉气流切向进入一次风环形通道，在环形通道内产生弱旋转，同时利用外套筒上的防涡流杆混合器，可使一次风通道内的煤粉分布均匀。煤粉气流通过椭圆形通道时，分隔成四束气流，有利于扩大煤粉气流与热烟气的接触面，使煤中挥发分尽快析出，既可稳定燃烧，还能形成还原性气氛，使挥发分中的氮转换成N_2，减少NO_x生成量。二次风为分级配风，二次风由切向进入多孔均流板和外调挡板，通过双调节通道从两个独立的环形喷口射出，内二次风通道中装有可调挡板，用来调节内二次风的旋流强度，内二次风量和外二次风量比例由均流孔板外部的移动式套筒挡板控制。FW型双调风低NO_x燃烧器的排放量最大不超过258×10^{-12}kg/J，符合环保排放标准。

五、点火装置

锅炉点火装置主要用于锅炉启动时点燃主燃烧器的煤粉气流。此外，当锅炉低负荷运行或燃用劣质煤时，可以用点火装置来稳定燃烧或作为辅助燃烧设备。现在，较大容量的锅炉中都实现了点火自动化，不仅锅炉启动时能自动点火，而且，当锅炉运行发生燃烧不稳定而熄火时，也能自动投入点火装置，进行复燃。

常用的点火方式有采用过渡燃料的点火装置和带煤粉预燃室的点火装置两种。

（一）采用过渡燃料的点火装置

采用过渡燃料的点火装置有气—油—煤三级系统和油—煤二级系统两种。在这两种系统中，气或油借助引燃装置点燃，然后再引燃煤粉。通常采用的点燃方式有：电火花点火、电弧点火和高能点火。

1. 电火花点火装置

电火花点火装置由打火电极、火焰检测器和可燃气体燃烧器三部分组成。该点火装置点火杆与外壳组成打火电极，借助5～10kV的高电压（小电流），在两极间产生电火花把可燃气体点燃，再用其点燃油枪喷出的油雾，最后由油火焰点燃主燃烧器的煤粉气流。

2. 电弧点火装置

电弧点火装置由电弧点火器和点火轻油枪组成。电弧点火的起弧原理与电焊相似，即借助于大电流（低电压）在电极间产生电弧，电极由碳棒和碳块组成，通电后，碳棒和碳块先接触再拉开，在其间隙处形成高温电弧，把气体燃料或液体燃料点着。煤粉点燃的顺序是：电弧点火器点着点火轻油或点火燃气，轻油再点燃重油，再由重油点燃煤粉；也可直接点燃重油，再由重油点燃煤粉。点火完成后，为防止电极和油枪嘴被烧坏，利用气动装置将点火器退入风管中。

3. 高能点火装置

高能点火装置中装有半导体电阻，当半导体电阻两极处在一个能量很大、峰值很高的脉冲电压作用下时，在半导体表面可产生很强的电火花，足以将重油点着。高能点火装置可简化点火程序，加快点火速度。

现代化的大容量锅炉的燃烧器和炉膛内还装有火焰检测器，其作用是对火焰进行检测和监视。在点火时，检验点火器有无引火火焰存在；在锅炉低负荷运行或有异常情况时，防止锅炉灭火和炉内爆炸事故的发生，以确保锅炉的安全运行。

（二）带煤粉预燃室的点火装置

煤粉预燃室是个带辅助煤粉燃烧器的小型燃烧室，预燃室内壁用耐火材料覆盖，煤粉预燃室有旋流式、大速差式和直流加钝体式等。煤粉预燃室为主煤粉气流的着火提供了稳定的着火热源，煤粉预燃室的引燃，大多利用原有的点火油系统，通过油枪引燃。

图5-21为旋流煤粉预燃室点火装置结构示意图，由旋流煤粉燃烧器和预燃室两部分组成。煤粉预燃室的点火过程是：启动时，先点燃装在旋流燃烧器内筒的点火油枪，对预燃室进行预热，然后点燃旋流燃烧器的煤粉气流。气粉混合物着火后，在预燃室出口与切向引入的二次风混合，形成炽热的旋转火炬喷入炉膛，待煤粉气流在预燃室内稳定着火燃烧后，切断燃油。断油后，预燃室的煤粉火炬靠气流旋转产生的中心负

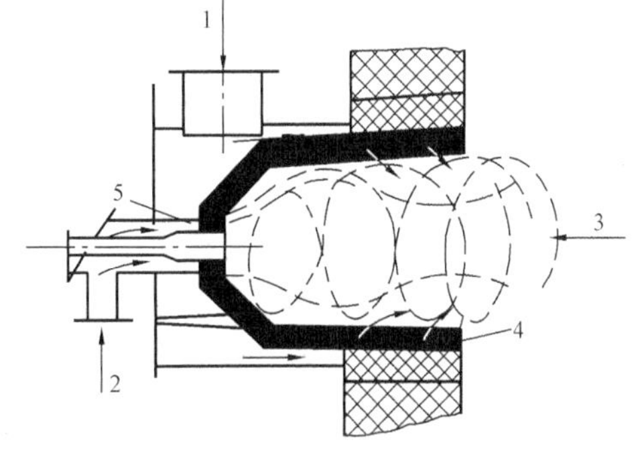

图5-21　旋流煤粉预燃室燃烧器点火装置

1—二次风；2—一次风；3—中心回流；4—预燃室；5—旋流燃烧器

压，卷吸炉膛高温烟气回流到预燃室维持稳定的连续燃烧。由于在整个点火过程耗油很少，所以也称少油点火。煤粉在预燃室内停留时间有限，大部分煤粉进入炉膛后再继续燃烧，形成炽热的火炬，以此热源来点燃主燃烧器的煤粉气流。这种装置可以用作点火，也可以与主燃烧器一起长期运行，利用预燃室燃烧器的自身稳燃特性给主燃烧器提供连续稳定的着火热源。

（三）等离子点火装置

随着能源危机的加重，锅炉点火技术逐渐向少油或无油点火方向发展。等离子点火技术采用直流空气等离子体作为点火源，可实现锅炉无油或少油点火及低负荷稳燃，作为国家重点推广的节能新技术，近年来已经在越来越多的电厂应用。下面以 DLZ—200 等离子点火系统为例简单介绍其基本原理。

DLZ—200 等离子点火系统是利用直流电流（280～350A）在介质压力为 0.01～0.03MPa 的条件下接触引弧产生高温，并在强磁场作用下获得稳定功率的直流空气等离子体，二者结合点燃煤粉。等离子体内含有大量化学活性粒子，如原子（C、H、O）、原子团（OH、H_2、O_2）、离子和电子等，能起到加速热化学转换，促进燃料完全燃烧的功能。等离子体在燃烧器的一次燃烧筒中，形成温度大于 5000K、梯度极大的局部高温“火核”区，煤粉颗粒通过等离子“火核”时，在高温作用下，在 3～10s 内迅速释放出挥发分，并使煤粉颗粒破裂粉碎，从而迅速燃烧。因其反应是在气相中进行，使得混合物组分的粒度级发生了变化，加快了煤粉的燃烧速度，大大减少了煤粉的引燃能量，此时，该引燃能量只有使用油引燃时的六分之一。

该系统由等离子燃烧器系统、冷却水系统、气膜风系统、等离子空气系统、直流电源控制系统等组成，如图 5-22 所示。等离子燃烧器是等离子点火燃烧系统的核心，借助等离子发生器产生的等离子弧点燃煤粉，属内燃型燃烧器，同时在设计上采用了多级燃烧结构。等离子燃烧器在煤粉进入燃烧器的初始阶段即用等离子弧将煤粉点燃，并将火焰在燃烧器内逐级放大。在工作时，煤粉首先在中心筒内与等离子发生器产生的直流空气等离子体接触，此时，等离子体在燃烧器的中心筒内形成了梯度极大的局部高温“火核”区，煤粉颗粒在此迅速释放挥发分，并使煤粉颗粒破裂粉碎，迅速被点燃，在中心筒的出口处形成稳定的二级煤粉点火源，然后逐级放大，通过最后一级煤粉进入炉膛内燃烧。

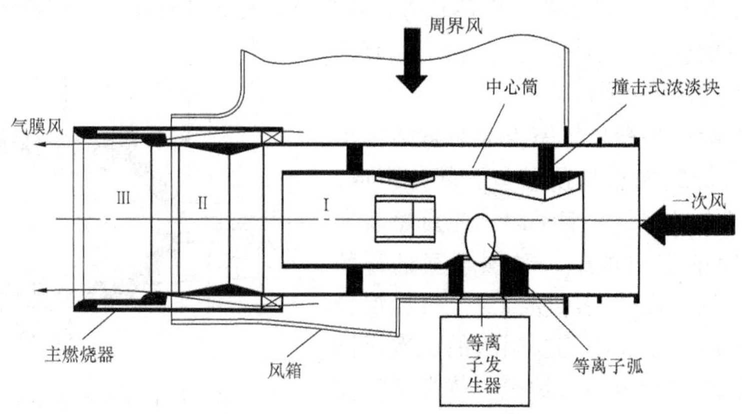

图 5-22 等离子燃烧器结构图

等离子发生器产生的高温等离子弧可在炉膛内无火焰状态下直接点燃煤粉，从而实现锅炉的无油启动和无油低负荷稳燃。

（四）微油点火

在传统的锅炉点火方式中，首先将燃油喷入炉膛中燃烧放热，待炉膛温度和热风温度升高到相关设计值时，才可以投煤粉。但在这个过程中，由于炉膛四周的水冷壁大量吸热，而且燃油放出的一大部分热量会随着烟气排出炉膛，因此被煤粉吸收的热量只是燃油放热量中的一小部分，燃油热量利用率不高，所以，从投油点炉到满足投粉条件所需的时间比较长，耗油量极大。

微油点火是将油枪从炉膛内燃烧改进到了在燃烧器内部开始燃烧，这样燃油放出的热量全部被一次风粉气流吸收，从而大大减少了燃油量。在工作中，燃烧器的整个点火过程发生在燃烧器内部，为了保证燃烧器的安全稳定运行，加入了二次风冷却系统，对燃烧器高温壁面进行冷却，并且对燃烧器壁温保持不间断监测。

1. 微油点火燃烧器系统

微油点火燃烧器系统主要由微油枪点火系统、煤粉燃烧器、控制系统三大部分组成。

（1）微油枪点火系统。微油枪点火系统由微油燃烧室、气化小油枪、压缩空气、燃油系统、壁温监测、高压助燃风等组成。油燃烧室主要用来进行加强油雾燃烧的，将油雾燃烧产生的热量传递给浓煤粉，达到点燃煤粉的作用。气化小油枪由进油管、压缩空气管、助燃风管、蒸发气化管、喷嘴等组成。根据燃用煤种不同，着火温度不同，燃油量可在10～100kg/h之间调整，采用的燃油压力为0.6MPa左右。

气化小油枪为固定装置，无需推进、推出，油枪在停止使用时压缩空气会自动吹扫，不会出现油枪内积油碳化阻塞油枪现象。压缩空气主要用于点火时实现燃油雾化、正常燃烧时加速燃油气化以及补充前期燃烧所需的氧量。

高压助燃风从风机引出的两根高压风管，主要补充后期加速燃烧所需的氧气量。

（2）煤粉燃烧器。煤粉燃烧器主要由煤粉浓缩器、一级煤粉燃烧室（混合燃烧区）、二级煤粉燃烧室（强化燃烧区）和三级煤粉燃烧室（燃尽区）、周界风以及气膜冷却风组成，其结构如图5-23所示。

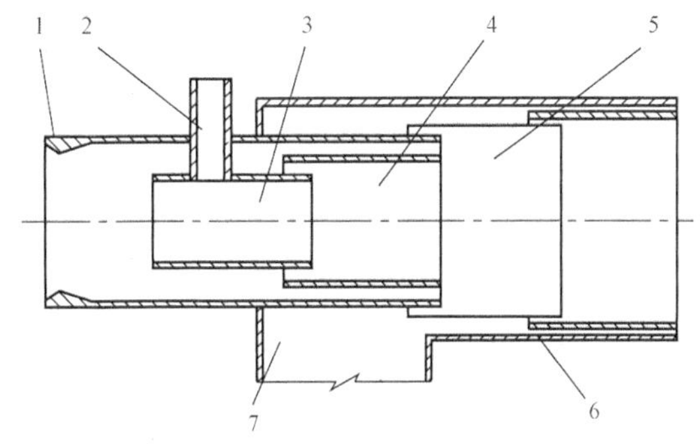

图5-23　微油点火装置结构简图

1—煤粉浓缩器；2—高强度油（气）燃烧室；3—一级煤粉浓缩燃烧室；4—二级燃烧室；5—三级燃烧室；6—气膜风；7—二次风

煤粉燃烧器采用逐级放大的点火原理。点火过程中，油枪喷出的油进入油燃烧室燃烧，点燃后的高温油火焰喷入一级煤粉燃烧室，由于浓缩块的作用，使进入一级煤粉燃烧室的煤粉浓度增加，浓相煤粉与高温油火焰混合点燃，着火后的煤粉继而点燃二、三级煤粉。

燃烧器入口管段加装浓淡分离装置，使一次风粉分成浓淡两股气流，浓相进一级室，淡相进二级室。小油量气化油枪燃烧形成的高温火焰，首先点燃进入一级室的浓相煤粉，温度急剧升高、煤粉颗粒破裂粉碎，并释放出大量的挥发分迅速着火燃烧，然后由已着火燃烧的浓相煤粉在二级室与稀相煤粉混合并点燃稀相煤粉，实现了煤粉分级点燃，逐级放大，达到点火并加速煤粉燃烧的目的。大大减少煤粉燃烧所需引燃能量，以微量的燃油消耗点燃大量的煤粉，以煤代油，煤油混燃，满足锅炉启、停及低负荷稳燃的要求。

2. 微油点火燃烧器的工作原理

微油点火燃烧器的工作原理可以分为气化小油枪工作原理、气化小油枪直接点燃煤粉的工作原理和小油枪投油稳燃原理三部分。

(1) 气化小油枪的工作原理。利用压缩空气的高速射流将燃料油直接破碎，雾化成超细油滴进行燃烧，同时用燃烧产生的热量对燃料进行初期加热、扩容、后期加热，在极短的时间内完成油滴的蒸发气化，使油枪在正常燃烧过程中直接点燃气体燃料。

气化燃烧后的火焰呈完全透明状（根部为蓝色，中间及尾部为透明白色），火焰中心温度高达 1500～1800℃，可以作为高温火核在煤粉燃烧器内直接点燃煤粉。

压缩空气主要用于点火时实现燃油雾化、正常燃烧时加速燃油气化及补充前期燃烧需要的氧气量，高压风主要用于补充后期加速燃烧所需要的氧气。

(2) 气化小油枪直接点燃煤粉的原理。气化小油枪燃烧形成的高温油火焰使进入一级燃烧室的浓相煤粉颗粒温度急剧升高、破裂粉碎，并释放出大量的挥发分迅速着火燃烧，然后由已经着火的浓相煤粉在二、三级燃烧室内与稀相煤粉混合并点燃，实现了煤粉的分级燃烧，能量逐级放大，加速煤粉燃烧，减少了煤粉燃烧所需的引燃能量。

周界风冷却二次风主要用于保护喷口安全，防止结焦烧损及补充后期燃烧所需氧量。

(3) 气化小油枪投油稳燃工作原理。采用浓淡燃烧方式已经使煤粉在着火区形成了高浓度、高温度、少空气、易着火的有利条件。投入小油枪后，轻油的烃类挥发使得煤粉着火区域的挥发分浓度和还原性气氛有了显著提高，着火热降低，火焰的传播速度加快，更有利于着火和稳燃。

小油枪投入以后，改善了煤粉的着火条件，提高稳燃效果。在更低负荷需要投油稳燃时，通过气化小油枪的燃烧热以提供煤粉着火区所需的局部高温、高热源着火条件，保证了煤粉出口的着火稳燃要求，形成了一种稳定的热源，实现整个炉膛煤粉稳燃要求的良性燃烧循环。

微油点火对煤种适应性强，煤粉浓度适用范围宽，可以在锅炉启动过程中节约大量燃油，其节油率可达 90%，并可实现锅炉低负荷稳燃。微油点火系统简单，初期投资少，运行费用低，投资回报率高，已经在很多电厂应用。

第四节 煤粉炉炉膛

煤粉炉是以煤粉为燃料进行燃烧的，它具有燃烧迅速、完全、容量大、效率高、适应煤种广、便于控制调节等优点。因而，它是目前电厂锅炉的主要形式。

煤粉炉按照排渣方式可分为两种：一种是将灰渣在固体状态下由炉中清除出去，称为固态排渣煤粉炉；另一种是将灰渣在熔化的液态下由炉中清除出去，称为液态排渣煤粉炉。

大型电站锅炉普遍采用固态排渣煤粉炉，故本书只介绍固态排渣煤粉炉。

一、煤粉炉炉膛及燃烧器布置

（一）炉膛作用及要求

炉膛也称为燃烧室，它是供煤粉燃烧的空间。

固态排渣煤粉炉的炉膛结构如图 5-24 所示。它是一个由炉墙围成的长方体空间，其四周布满水冷壁，炉底是由前后水冷壁管弯曲而成的倾斜冷灰斗。炉顶一般是平炉顶结构，高压以上锅炉在炉顶布置顶棚管过热器，在炉膛上部悬挂有屏式过热器，炉膛后上方为烟气出口。为了改善烟气对屏式过热器的冲刷，充分利用炉膛容积并加强炉膛上部气流的扰动，炉膛出口的下部有后水冷壁弯曲而成的折焰角。煤粉和空气在炉内强烈混合燃烧，火焰中心温度可达1500℃以上，水冷壁吸热使烟温逐渐下降，在水冷壁及炉膛出口处的烟温一般降至 1100℃左右，烟气中的灰渣冷凝成固态，冷灰斗区域的温度更低。燃烧生成的灰渣，绝大部分以飞灰的形式随烟气排出炉外，剩下一小部分以粗渣的形式落入冷灰斗排出。

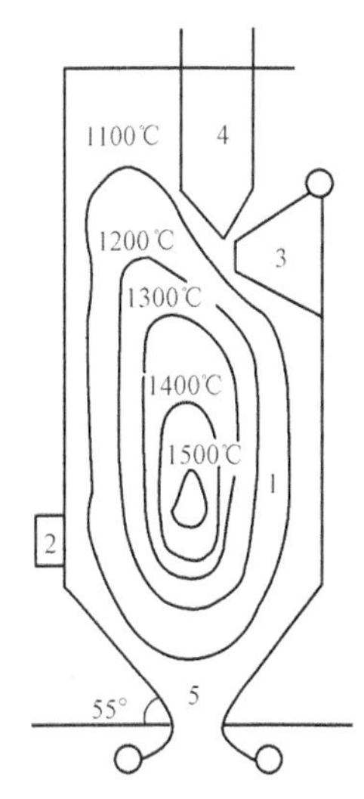

图 5-24　固态排渣煤粉炉的形状及温度分布

1—等温线；2—燃烧器；3—折焰角；4—屏式过热器；5—冷灰斗

炉膛既是燃烧空间，又是锅炉的换热部件，它的结构直接影响锅炉的工作。为此，炉膛应满足以下基本要求：

（1）具有足够的空间和合理的形状，能够合理组织燃料的燃烧，减小不完全燃烧热损失。

（2）具有合理的炉内温度场和良好的炉内空气动力特性，满足燃烧过程的需要，能保证足够高的炉温，使火焰在炉内有较好的充满程度，减少炉内死滞旋涡区，保证燃料在炉内稳定着火燃烧；还能够避免火焰冲击炉墙，避免造成结渣。

（3）能布置足够的受热面，可以将炉膛出口烟温降到允许的数值，保证炉膛出口及其后面的受热面不结渣。

（4）炉膛结构紧凑，金属及其他材料用量少，便于制造、安装、检修和运行。

（二）影响炉内工作的因素

1. 热负荷

（1）炉膛容积热负荷。炉膛容积热负荷是指在单位时间内、单位炉膛容积内，燃料燃烧放出的热量，用 q_V 表示，单位为 kW/m^3。

炉膛容积热负荷一般用来表示燃料在炉内的停留时间，也能代表炉内的温度水平。炉膛容积热负荷过大，说明在单位时间、单位炉膛容积内燃烧了过多的燃料，产生的烟气量大，烟气流速过高，一部分燃料来不及完全燃烧就被排出炉外，即燃料在炉内的停留时间缩短，这就表明炉膛容积过小。此时，由于炉内所能布置的水冷壁受热面太少，烟气到达炉膛出口时得不到充分冷却，炉膛出口烟温升高，会使炉膛上部受热面结渣。

炉膛容积热负荷随着锅炉容量增加而下降。燃煤量增大，要保证燃料在炉内有足够的停留时间，就必须增大炉膛容积，同时又要有足够的水冷壁来冷却烟气。但是炉膛容积与几何尺寸的三次方成正比，而炉膛壁面积与几何尺寸的二次方成正比，因而容积的增长速度大于壁面积的增长速度，为了布置足够的水冷壁，炉壁容积相应增长得多。因此，当锅炉容量增大时，炉膛容积热负荷呈下降趋势。

（2）炉膛截面热负荷。炉膛截面热负荷是指在单位时间内、单位炉膛横截面积上，燃料燃烧放出热量，用 q_A 表示，单位为 kW/m^2。

炉膛截面热负荷是影响燃烧器区域温度水平的主要特性参数。当锅炉容量和参数一定时，炉膛截面热负荷值越大，表示炉膛周界越小，所能布置的水冷壁管子根数也就越少，在燃烧器区域，由于燃烧放热比较集中，如果没有足够的水冷壁吸收燃烧释放的热量，就会导致火焰温度很高，以至于灰渣靠近炉壁时，不能得到充分冷却，就会引起结渣。但较高的温度有利于稳定着火。相反，炉膛截面热负荷越小，表明炉膛周界越大，能够布置的水冷壁管数目增加，这时有利于减轻结渣，但由于燃烧器区域的温度水平低，不利于稳定着火。因此，对于着火性能比较差，而灰熔点比较高的低反应煤，希望选择较大的炉膛截面热负荷值；对于灰熔点比较低，而着火性能比较好的煤，希望选择较小的炉膛截面热负荷值。

炉膛截面热负荷值随着锅炉容量的增加而增加。这是因为当容量增加时，虽然炉膛横断面积增大，但相对于单位蒸发量的炉膛横截面积减小，故炉膛截面热负荷增加。控制炉膛截面热负荷值，主要是为了取得适当的燃烧器区域的热负荷，而影响燃烧器区域热强度的因素还要考虑燃烧器区域的壁面热负荷。

（3）燃烧器区域的壁面热负荷。燃烧器区域壁面热负荷是指在单位时间内、燃烧器区域的单位炉壁面积上，燃料燃烧放出的热量，以 q_R 表示。q_R 值越大，说明火焰越集中，燃烧器区域的温度水平就越高，这对燃料稳定着火是有利的，但容易造成燃烧器区域的壁面结渣。

对于高压以上的煤粉锅炉，q_R 的推荐值为无烟煤及贫煤，1.4～2.1MW/m^2；烟煤，1.28～1.40MW/m^2；褐煤，0.93～1.16MW/m^2。

q_A 与 q_R 对调整燃烧器区域的热强度是共同起作用的，由于炉膛周界受燃烧稳定性和蒸发受热面布置的限制无法调整时，需要燃用结渣性强的煤，可适当降低燃烧器区域壁面热负荷值。沿炉膛高度方向将燃烧器拉长，或增大燃烧器喷口的间距，即可降低燃烧器区域的壁面热负荷。

2. 结渣

（1）受热面结渣的形成过程。在煤粉炉的炉膛中，燃烧形成的熔融灰渣黏结在受热面上，并积聚发展成一层硬结的灰渣层，这个现象便称为结渣。发生结渣的部位通常在燃烧器区域水冷壁、炉膛折焰角、屏式过热器及其后面的对流受热面等处，有时炉膛下部的冷灰斗处也会发生结渣。

（2）结渣的危害。结渣的危害是相当严重的，根据运行经验，可归纳为下述几个方面：

1）使炉内传热变差；

2）炉膛出口的受热面超温；

3）炉膛内未结渣的受热面金属表面温度升高，引起高温腐蚀；

4）排烟温度提高，锅炉效率降低；

5）结渣严重时，大块渣落下，可能扑灭火焰或砸坏炉底水冷壁，造成恶性事故。

（3）影响受热面结渣的主要因素。受热面结渣过程与多种复杂因素有关，但任何原因的结渣都由两个基本条件构成：一是火焰贴近炉墙时，烟气中的灰仍呈熔化状态；二是火焰直接冲刷受热面。但是，与这两个条件相关的具体因素十分复杂。这些因素是：

1）灰的特性。灰特性主要表现在三个方面：一是灰的熔点温度；二是灰的黏性；三是灰的组成成分。一般灰熔点低的煤容易结渣，同时，低灰熔点的灰分通常黏附性也强，因而增加了结渣的可能性。

2）炉膛温度水平。炉内燃烧器区域的温度越高，煤灰越容易达到软化或熔融状态，结渣的可能性就越大。锅炉负荷越高，送入炉内的热量也越多，结渣的可能性也越大。

3）运行调节不当。实际运行中，造成火焰贴墙，形成死滞旋涡区并出现还原性气氛，锅炉超负荷运行、炉膛漏风严重、送风量过大、风煤配合不当，以及煤粉细度过大等，都可能导致结渣。

（4）防止受热面结渣的基本条件。防止受热面结渣的基本条件：一是炉内应布置足够的受热面来冷却烟气，使烟气贴近受热面时，烟气温度降低到灰的熔点温度以下；二是组织一、二次风形成良好的气流结构，保证火焰不直接冲刷受热面。

3. 火焰充满度

在组织与调整燃烧时，应同时注意组织好炉内气流的流动，确保火焰在整个炉膛容积内具有较高水平的充满程度，减少气流的死滞旋涡区域。因为死滞旋涡区的存在会给锅炉运行带来下述问题。

（1）炉膛容积利用不好，减少了烟气的有效流通截面，使局部烟速提高，缩短了燃料燃烧时间或炉内的停留时间，降低了燃烧效率。此外，在死滞旋涡区，还常常出现受热面积灰现象。

（2）造成热偏差。因为火焰充满度影响着炉内温度场分布，进而影响到火焰和水冷壁之间的换热能力，不但使水冷壁吸热不均，水循环处于不利条件，还会使炉膛出口烟温偏离正常值，引起过热器热偏差增大，导致过热器超温。

但是，在保证有较好的火焰充满度的前提下，同时也应避免火焰冲墙，以免造成结渣和受热面过热的问题。

4. 炉膛负压

煤粉炉通常采用负压燃烧，炉内压力比外界大气压力低 20～60Pa。

正常的炉膛负压是依靠调节送风机和引风机的挡板开度实现的，但主要是靠调节引风机的挡板开度来控制的。如果引风机出力不足或挡板调节失灵时，炉内就可能出现正压状态。此时，烟气或火焰向外泄漏，不仅污染工作环境，而且还会威胁设备和人身的安全。

但是，过大的负压也会带来危害。

（1）炉膛负压太大，说明引风机抽吸力过大，炉内气流就会明显上翘，火焰中心上移，炉膛出口烟温升高，引起汽温升高或过热器结渣。

（2）气流上翘，火焰行程缩短，导致不完全燃烧热损失增大。

（3）对于四角切圆燃烧煤粉炉，由于气流上翘，使四股气流的相互作用变差，甚至切圆形成不好，煤粉气流相互点燃的作用变弱，燃烧变得不稳定，如果煤质着火性能差，还会导致灭火。

（4）造成漏风增大，烟气体积增加，烟气流速相应升高。会使排烟热损失增加；受热面磨损加剧；炉膛温度降低，影响燃烧稳定性；火焰向上运动速度增大，一部分燃料未来得及完全燃烧就被排出炉外，造成不完全燃烧热损失增大等一系列不良影响。

（5）炉膛负压急剧升高时，还可能发生炉膛内爆事故。炉膛内爆是指燃烧的火焰突然熄灭，使炉膛风压骤降，形成真空状态，炉内外的压差使炉墙受到空气侧向内的巨大推力，此现象称为内爆。

5. 炉膛出口烟温

布置有后屏受热面的大容量锅炉，炉膛出口烟气温度是指后屏进口的烟温；对于没有后屏的中小容量锅炉，炉膛出口烟气温度一般指凝渣管前的烟温。

炉膛出口烟气温度直接影响锅炉的正常工作，它的影响体现在可靠性和经济性两个方面。

从可靠性方面考虑，炉膛出口烟温过高，可能会使炉膛出口受热面出现结渣和高温腐蚀，或使高温过热器超温，故炉膛出口烟温不能太高；从经济性方面考虑，炉膛出口烟温要考虑锅炉整体的传热效率和金属消耗，太低或太高的炉膛出口烟温都会降低锅炉的经济性。技术经济分析认为，煤粉锅炉炉膛出口烟温 $\vartheta''_1=1200\sim1250$℃时，炉膛辐射传热量与烟道对流传热量的分配比例可使锅炉受热面的金属耗量最少，经济性最好。对于燃煤锅炉，炉膛出口烟温主要受受热面工作可靠性的限制，应以受热面不结渣作为确定炉膛出口烟温的基准，在保证不结渣的条件下可使炉膛出口烟温尽量选高一些。

（三）燃烧器布置

直流燃烧器多布置在采用切圆燃烧方式的锅炉中，如图 5-25 所示。但也有 W 形火焰燃烧方式锅炉采用直流燃烧器。

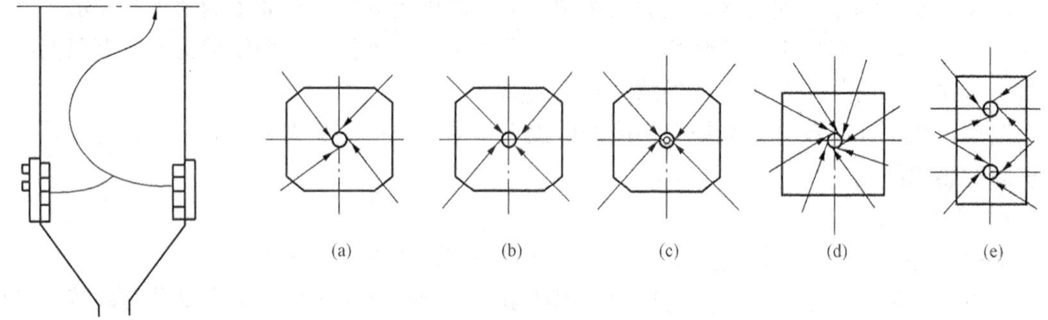

图 5-25　切圆燃烧锅炉直流煤粉燃烧器的布置方式

（a）单切圆布置；（b）两角对冲布置；（c）双切圆布置；（d）八向切圆布置；（e）双炉膛切圆布置

旋流燃烧器通常的布置方式有：前墙、两侧墙、炉拱、炉底和炉顶布置等，后两种布置方式应用很少。旋流燃烧器大多布置在采用 L 形火焰燃烧方式（前墙、两侧墙布置）和 W 形火焰燃烧方式（炉拱布置）的煤粉炉中。

二、切圆燃烧方式

直流燃烧器布置在炉膛四角时，其出口气流的几何轴线射向炉膛中心的一个假想切圆，这种燃烧方式称为切圆燃烧方式。切圆燃烧方式在我国电站锅炉中应用很广泛。

（一）切圆燃烧方式的燃烧器布置

直流燃烧器的切圆燃烧方式通常有以下几种布置形式：

（1）单切圆布置，即四角燃烧器一、二次风口的几何轴线相切于炉膛中心同一个圆，见图 5-25（a）；

（2）两角对冲，两角相切或一次风对冲，二次风切圆，见图 5-25（b）；

（3）双切圆布置，即四角一、二次风口各自切于不同直径的圆或对角燃烧器各自切于不同直径的圆，见图 5-25（c）；

(4) 八向或六向切圆布置，见图 5-25 (d)，如采用风扇磨煤机时，就可将磨煤机沿炉膛四周布置；

(5) 双炉膛切圆布置，见图 5-25 (e)，通常两炉膛内气流旋转方向相反，大容量锅炉有时采用这种布置。

直流燃烧器还可以有其他布置方式，如正、反切圆布置等，这些布置方式各有一定的设计考虑和特点，每一种布置方式的出发点都是为了获得良好的炉内空气动力特性，从改善煤粉气流的着火燃烧和防止火焰偏斜的角度考虑的。在我国大容量锅炉中，四角切圆燃烧方式应用比较广泛，故主要介绍该种布置方式的锅炉。

(二) 空气动力特性

四角布置切圆燃烧的炉内空气动力特性如图 5-26 所示。四角布置的直流燃烧器射出的四股气流在炉膛中心形成一个稳定的强烈旋转火炬，在离心力的作用下，气流向四周扩展，炉膛中心形成真空，即无风区；无风区的外面是气流强烈旋转的强风区；最外围是弱风区。气流在引风机抽力的作用下上升，在炉膛中形成了一个螺旋上升的气流。

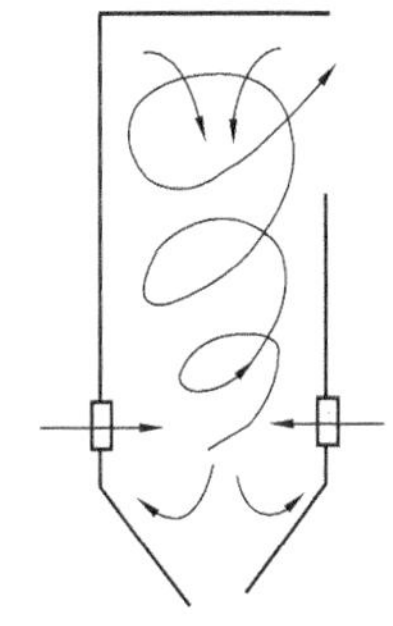

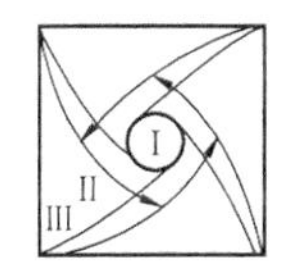

图 5-26　切向燃烧的炉内空气动力特性
Ⅰ—无风区；Ⅱ—强风区；Ⅲ—弱风区

切圆燃烧的炉内空气动力特性对煤粉的着火和燃烧都有很大的影响。从着火角度来看，从每一角的燃烧器喷出的煤粉气流，都受到来自上游邻角正在剧烈燃烧的高温火焰的冲击和加热，使之能很快着火燃烧，并以此再去点燃下游邻角的新煤粉气流，相邻的煤粉气流能互相引燃；旋转气流使炉膛中心的无风区形成负压，这样部分高温烟气由上向下回流到火焰根部，再加上每股煤粉气流本身还能卷吸部分高温烟气和接受炉膛辐射热，因此，直流燃烧器四角布置切圆燃烧的着火条件是十分理想的。从燃烧角度来看，直流射流的射程长，在炉膛烟气中的贯穿能力强，着火后的煤粉火炬强烈旋转，使炉内的温度、氧浓度更均匀，加强了煤粉与空气的后期混合，也加速了煤粉的燃烧，所以煤粉气流的燃烧条件也是理想的。从燃尽的角度来看，气流螺旋上升，不仅改善了火焰在炉内充满度，均匀了炉内的热负荷，而且延长了煤粉在炉内的停留时间，这对煤粉的燃尽也是很有利的。由于切圆燃烧方式创造了良好的着火、燃烧和燃尽条件，因而对煤种的适应性广，故得到了广泛的应用。

(三) 射流偏斜

在燃烧过程中，从燃烧器喷口射出的气流并不能保持沿喷口几何轴线方向前进，实际会出现一定程度的偏斜，气流会偏向炉墙一侧，使实际气流的切圆直径总是大于假想切圆直径。由于一次风煤粉气流动量最小、刚性最差，因此，一次风煤粉气流的偏斜也最厉害。当发生严重偏斜时，会导致煤粉气流贴附或冲击炉墙，引起水冷壁结渣等。故应减少一次风煤粉气流的偏斜。

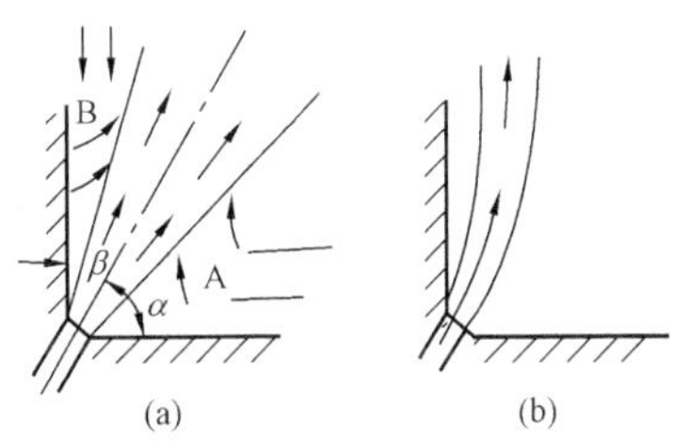

图 5-27　射流偏斜
(a) 补气情况；(b) 偏斜

造成射流偏斜的根本原因是四角布置方式的直接影响。射流与假想圆相切，这样就造成射流轴线与两边炉墙的夹角一边大，一边小，如图 5-27 (a) 所示。此时射流两边同时卷吸烟气，在其周围形成负压区，炉膛中的烟气则不断地向负压区补充，由于夹角大的右侧（即 A 侧）空间大，补气比较充分，而夹角小的左侧（即 B 侧）空间小，补气就显得不足，所以 A 侧的压力将大于 B 侧的压力，产生一个由右向左的推力，使射流向左偏斜，如图 5-27（b）所示，这就是射流产生偏斜的直接原因。

影响射流偏斜的主要因素如下。

（1）假想切圆直径。国内外的试验和运行证实，炉内实际切圆直径，远比设计的假想切圆直径大得多，如图 5-28 所示。较大的切圆可使邻角火炬的高温烟气更易于达到下角射流的根部，有利于煤粉气流的着火，同时切圆直径大，炉内旋转气流的旋转强度也大，扰动更强烈，使燃烧后期混合加强，有利燃尽；但切圆直径增加，将使两侧补气差异增大，一次风射流更易发生偏斜。故设计的假想切圆直径选择应兼顾上述两个方面，一般假想切圆直径和炉膛宽度之比为 0.05～0.12。采用正方形炉膛或炉膛宽深比小于 1.1 的炉膛时，补气条件差异造成的影响可以忽略。

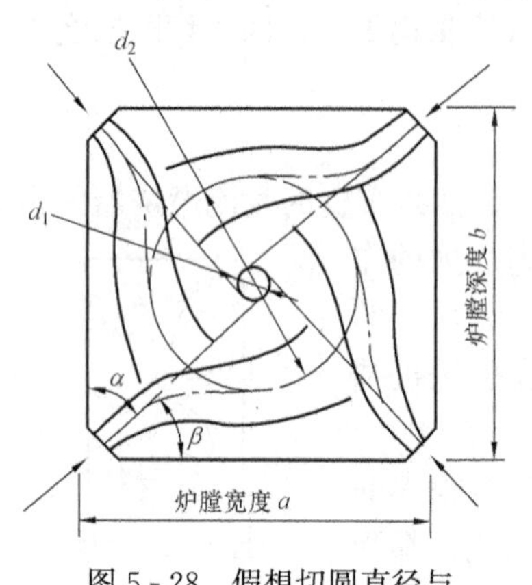

图 5-28　假想切圆直径与实际切圆直径

（2）上游邻角射流的横向推力与射流刚性。切圆燃烧的炉膛中，上游邻角射流对下游射流产生一定的横向推力，推动气流强烈旋转，同时也迫使下游射流向炉墙一侧偏斜。推力的大小决定于上游射流的总动量，其中主要是二次风的动量。因此，增加一次风的动量或减小二次风的动量（即降低二次风与一次风的动量比），可减轻一次风偏斜。一次风动量越大，射流刚性越强，一次风射流抵抗偏斜的能力越强，射流的偏斜也就越小。

（3）燃烧器的结构特性。燃烧器的高宽比或一次风喷口的高宽比越大，整组射流的刚性及一次风射流的刚性就越低，一次风射流的偏斜就越严重。

（四）烟气在炉膛出口的残余旋转

切圆燃烧方式的锅炉，炉内气流旋转上升，产生的旋转动量矩较大，同时，因为高温火焰的黏度很大，到达炉膛出口处就会存在较大残余旋转。残余旋转用 δ 表示，是指炉膛出口截面上烟气的残余旋转动量矩与断面上全部气流的旋转动量矩的比值，δ 越大，表示残余旋转越大。

随锅炉容量的增加，炉膛出口扭转残余有增大的趋势，200、300、600MW 机组锅炉炉内空气动力场模化试验表明，残余旋转较大的锅炉水平烟道左右两侧平均速度之比可达 1.24、2.0 和 2.5。增加的原因是：随锅炉容量增加，锅炉四角射流动量随容量成比例增加，炉内气流的切向动量矩比锅炉的容量增长更快，炉膛高度的增长相对于容量的增长较慢，导致炉膛气流出口扭转残余增加。

残余旋转会使炉膛出口及水平烟道的烟速和烟温分布不均匀程度加大，引起较大的热偏差，导致过热器超温或结渣。

现代大容量锅炉的炉膛上部均布置有大量屏式受热面（分隔屏过热器、后屏过热器和屏式再热器）。对于逆时针旋转切圆燃烧锅炉，上炉膛左侧烟室内烟气流动阻力大于右侧，因此，左侧烟气流量低于右侧流量，但左侧烟室内气流的运动机理比右侧复杂，存在一个气流衰减、滞止和反向加速的过程，气流扰动强烈，而右侧气流运动情况简单，为平稳加速流向水平烟道的过程。由于左侧烟室内气流强扰动产生的对流强化效应，造成了炉膛左侧受热面吸热多于右侧；而另一方面，右侧气流的惯性速度指向炉后，其主气流只经过屏的下部区域甚至不经过屏就直接进入了炉后，使得右侧烟室中的烟气充满程度远低于左侧烟室，左右侧烟气主流走向示意如图 5-29 所示，这些导致屏式受热面出口工质温升呈左高右低分布特性。

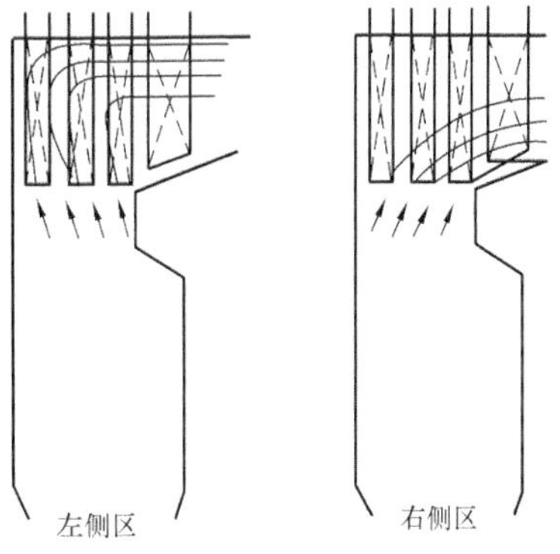

图 5-29　上炉膛中的烟气流走向示意图

为减轻残余旋转对锅炉工作的影响，常采取以下措施。

1. 减小假想切圆直径

炉内切圆直径增大，特别是燃烧器上部切圆直径增大，会导致炉膛出口气流扭转残余增大，故减小炉内切圆直径，有利于减小扭转残余。

2. 在炉膛上部布置偏置的前分隔屏

有研究人员提出了在炉膛上部布置偏置前分隔屏的方法，以便更好地起到分割和导向炉膛出口气流的作用，同时还可消除水平烟道内烟速左右分布的不均匀。

3. 布置反切风

将一次风或部分二次风、燃尽风、三次风与主体旋转气流反切，即该部分射流与主体射流以一定夹角从相反的旋转方向喷入炉膛，是消除炉膛出口气流扭转残余、降低水平烟道内左右侧烟气偏差的有效手段。

反切方案一般有如下几种：

（1）部分一次风反切，其余二、三次风正切；

（2）部分或全部二次风反切，一、三次风和其余二次风正切；

（3）三次风反切；

（4）两角对冲，另两角燃烧器相切。

选择以上各种反切方案时，必须结合燃用煤质、锅炉和燃烧器实际结构等情况，综合考虑残余扭转的减弱、飞灰可燃物损失、炉膛出口烟温、炉内燃烧和结渣等因素，优化反切方案。在工程实际中，应首先考虑一次风反切；反切风旋转动量矩过小时，对水平烟道烟气偏差改善效果不明显，而过大时又会使炉内气流整体反旋；一、二次风反切角度都不宜过大，二次风反切角过大，会影响上游高温烟气对一次风气流的点燃，而一次风反切角过大，会造成一次风气流贴墙引起水冷壁结渣和磨损，所以建议反切角度最大不应大于 20°～30°。

三、L 形火焰燃烧方式

国内固态排渣煤粉炉采用旋流燃烧器时，多采用前墙或两面墙布置（燃烧器对冲或交错布置），即如图 5-30（a）和（b）所示的方式。旋流燃烧器布置在炉膛单面墙或双面墙上，燃烧器出口气流旋转进入炉内，但整组气流在炉内垂直上升，在炉内形成 L 形火焰燃烧。

燃烧器为前墙布置时，沿炉膛高度方向可以布置成一排或两排。此时炉内空气动力工况如图 5-31（a）所示。从每个燃烧器射出的旋转射流在炉内各自独立地扩展，依靠中心回流卷吸高温烟气，以保证煤粉气流迅速被加热和稳定着火。由于炉内射流衰减很快，因而气流是直接上升的，这样在炉膛前上部和底部形成两个非常明显的死滞旋涡区。燃烧器双排布置形成的死滞旋涡区要比单排小些，如图 5-31（b）所示。

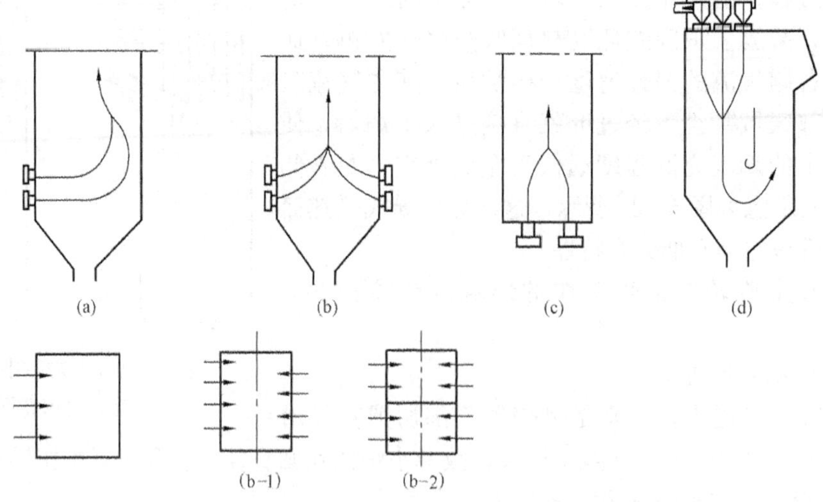

图 5-30　旋流燃烧器的布置

(a) 前墙布置；(b) 前后墙布置；(b-1) 前后墙交错相对布置；

(b-2) 前后墙对称布置；(c) 炉底布置；(d) 炉顶布置

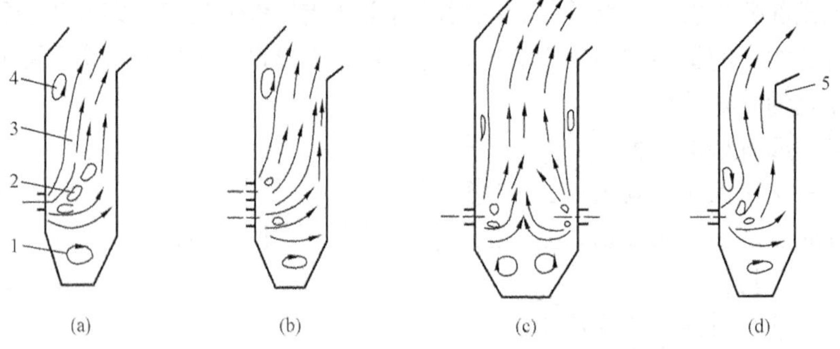

图 5-31　采用旋流燃烧器的 L 形火焰锅炉炉内空气动力场

(a) 单排前墙布置；(b) 双排前墙布置；(c) 单排前后墙布置；(d) 有折焰角布置

1、4—死涡旋区；2—回流区；3—火炬；5—折焰角

前墙布置的优点是：磨煤机可以布置在炉前；煤粉管路短且长度大体相同，这样可使分配到各燃烧器的煤粉均匀些，沿炉膛宽度方向烟气温度偏差小一些。缺点是：整个炉内火焰扰动较弱，特别是燃烧后期混合较差；死滞旋涡区大，炉内火焰充满程度不好；前墙的燃烧火炬可能直冲后墙水冷壁，容易引起结渣。现代锅炉普遍在后墙上部设置折焰角，以改善其火焰充满度，如图 5-31（d）所示。

旋流燃烧器可布置在前后墙或两侧墙。它们又可分为对冲布置和交错相对布置，如图 5-30（b-1）和（b-2）所示，前后墙布置时炉内空气动力工况如图 5-31（c）所示。当燃烧器对冲布置时，由于两方火炬在炉室中央相互撞击后，气流的大部分向炉室上方运动，只有少部分气流下冲到冷灰斗内，并在其中形成死滞旋涡区。如果两侧墙或前后墙上燃烧器喷出的煤粉量不对称，炉内火焰将偏向一侧炉墙，有可能导致水冷壁结渣；当燃烧器交错布置时，由于炽热的火炬相互穿插，使得炉膛上部的死滞旋涡区基本消失，这就改善了炉内火焰的混合和充满程度。

前后墙和两侧墙布置的缺点是，锅炉低负荷运行或切换磨煤机，停用部分燃烧器时，沿炉膛宽度方向容易产生温度不均。另外，不布置燃烧器的两面墙，其水冷壁中部热负荷偏高，易引起结渣。

为使单个燃烧器的火焰能自由扩展，相邻燃烧器之间，燃烧器与邻近的炉墙之间以及燃烧器与冷灰斗上缘之间都应保持适当的距离，以有利于炉内气流工况的组织，改善煤粉的着火与燃烧并防结渣。

为防止炉内火焰偏斜，相邻燃烧器出口气流的旋转方向应彼此对称，反向旋转。

四、W 形火焰燃烧方式

在我国已探明的煤炭储量中，无烟煤约占 15%。国内电厂主要采用四角燃烧固态排渣煤粉炉来燃用无烟煤，虽然积累了很多经验，但仍存在飞灰可燃物含量高、燃料灰熔点低时易结渣以及低负荷燃烧不稳定等问题。对于某些干燥无灰基挥发分为 3%～5%的无烟煤，甚至在较高的负荷下也需投油助燃。而 W 形火焰燃烧技术在燃烧无烟煤和贫煤方面有很好的优势，近年来国内有较多机组开始采用这种燃烧方式的电站锅炉。

随着锅炉容量的加大，W 形火焰锅炉是在 U 形火焰锅炉的基础上发展起来的，U 形火焰锅炉燃烧器集中布置在炉顶或一侧炉拱上，射流在炉膛内形成 U 形火焰，U 形火焰锅炉在工作时易形成后墙结渣，炉内混合也不够强烈，尤其是火焰冲刷后墙这一缺陷几乎是难以避免的，故 U 形火焰锅炉应用很少，如图 5-32 所示。而 W 形火焰锅炉则可通过前后二次风对冲，增强了炉内扰动并克服了火焰冲刷炉墙的缺点，W 形火焰锅炉应用越来越多。

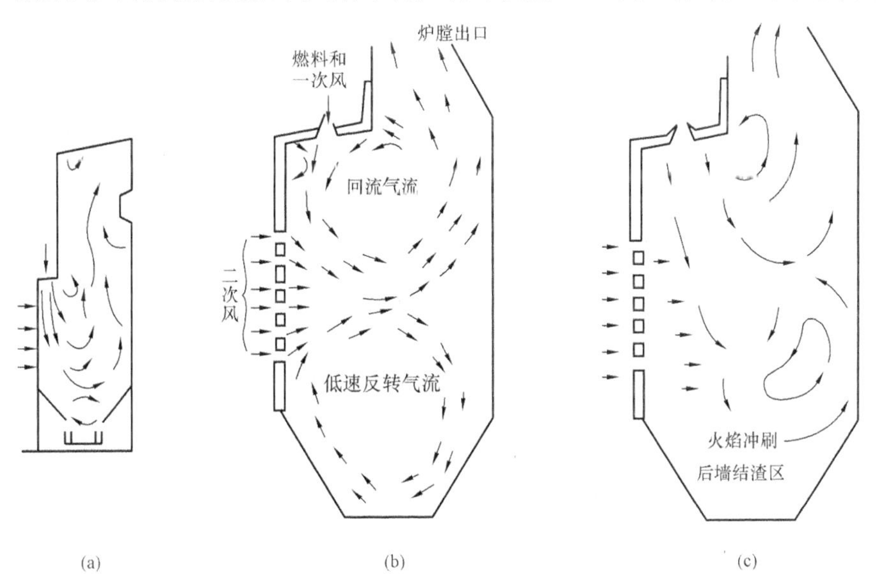

图 5-32　U 形火焰锅炉炉内气流工况示意图

(a) 较理想；(b) 一次风量过小，二次风量过大时火焰短路；(c) 二次风速、风量过大时火焰冲墙

W 形火焰锅炉炉膛分成燃烧室和燃尽室两部分，燃烧室的炉膛深度比燃尽室大 80%～120%，前后墙向外扩展成炉拱，拱顶布置燃烧器，燃烧器可以是旋流型也可是直流型。煤粉气流从燃烧器垂直向下喷入燃烧室，着火后向下伸展。随着燃烧的发展，煤粉颗粒变轻，速度减慢，在距离一次风喷口数米处，在二次风作用下火焰转弯向上流动，整个燃烧室内火焰呈“W”状，故称为 W 形火焰锅炉，W 形火焰锅炉炉内工况如图 5-33 所示。

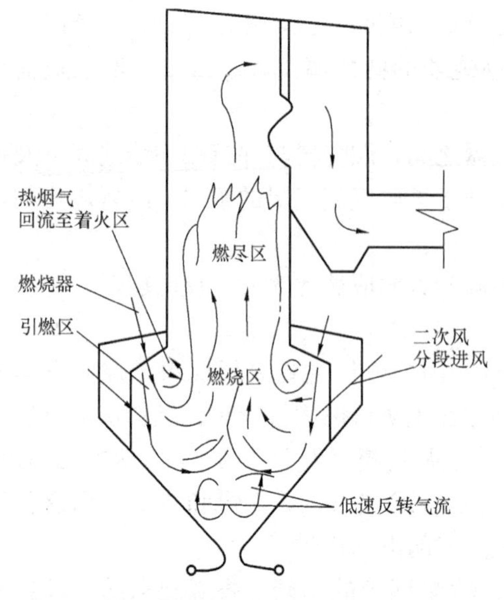

图 5-33　W 形火焰锅炉炉内工况示意图

（一）W 形火焰锅炉内的燃烧过程

通常 W 形火焰锅炉内的燃烧过程分为起始阶段、燃烧阶段和辐射冷却阶段三个阶段。在起始阶段，燃烧处于低扰动状态，风粉混合物以约 15m/s 的低速和较小的一次风率由上而下送进炉膛，这有助于提高火焰根部温度并延长煤粉在着火区内的停留时间，利于煤粉着火。燃料着火后即进入燃烧阶段，二次风沿火焰行程从前后墙高速射入，逐渐加入火焰，与一次风强烈混合燃烧。当火焰从两侧炉拱之间的喉口上升到燃尽室时，就进入辐射冷却阶段。火焰流过喉口时，有一部分高温烟气回流至燃烧器出口附近的着火区域。75%以上的燃料在燃烧室内烧掉，所以，燃尽室内除了以低扰动状态使燃料继续燃尽之外，主要功能是对受热面进行辐射放热，以冷却高温烟气。

（二）W 形火焰锅炉的特点

与普通的四角切圆燃烧方式相比，W 形火焰锅炉具有下列优点：

（1）着火条件好。W 形火焰中心就在煤粉喷出口附近，并且二次风分级，易于随炉温调整，易于实现低挥发分煤和劣质煤的着火。

（2）火焰行程长。煤粉在炉内的停留达 3～4s，比其他燃烧方式有所增加，燃烧效率高。

（3）负荷调节范围大。W 形火焰锅炉可以改变煤粉浓度、风温、卫燃带的位置和数量，炉膛为半开式，拱顶减少了燃烧室高温烟气对燃尽室的热辐射，有助于维持炉内较高的温度水平，同时燃烧器本身也有一定的调节手段，故即使燃用无烟煤和贫煤时，也可使锅炉负荷降低到 40%～50%额定负荷。

（4）火焰平行于前后墙向下发展，减少了结渣的可能性。但是，若设计或运行调整不当，也会引起结渣和过热器超温。

（5）烟气在炉内做 180°转弯，可将 10%～15%的粗灰粒分离下来，减轻了对流受热面的飞灰磨损。烟气通过喉口后可做充分混合，上炉膛深度小，气流在其中又不旋转，所以炉膛出口处的烟气温度场和速度场比较均匀，减小了过热器和再热器的热偏差。

W 形火焰锅炉的主要缺点是：空气与煤粉在燃烧后期混合较差，影响燃尽；对干燥无灰基挥发分低的无烟煤，低负荷运行时还不能完全停用助燃油；水冷壁和汽水管道布置复杂；燃烧器垂直向下布置，增加了风粉管道布置的困难，检修燃烧器也不方便；燃烧器和水冷壁的吊挂装置、膨胀装置及炉墙的密封，构架的设计与布置都不方便；整台锅炉的制造工作量比普通锅炉大得多，制造周期长，成本高。

（三）W 形锅炉采用的燃烧器简介

1. 旋风分离式燃烧器

有卧式旋风分离器和立式旋风分离器之分。下面以立式旋风分离式燃烧器为例介绍其工作原理，如图 5-34 所示。

一次风粉混合物经过格条箱整流后均匀地进入两个并列的立式旋风分离器。离心分离作用下，约 50% 的空气携带不足 10% 的煤粉从分离器分离出来，经乏气喷口射入炉膛，组织淡粉流的燃烧；另外，50% 的空气和 90% 以上煤粉从旋风分离器的底部流出，经过旋流叶垂直向下流出主喷口，组织煤粉浓度高达 1.5～2.0kg/m^3 的浓粉流燃烧。由于是垂直向下，一次风速即使降低到 10m/s 左右也不会堵塞管道。

浓粉流离开旋风分离器时仍有残余旋转，改变喷口中旋流叶片的位置，即可改变气流的旋流强度和火焰长度。叶片向炉内推进，气流经过十字形的叶轮而消除旋转，火焰变长；反之，叶片向分离器内缩进时，有一部分气流从叶轮和分离器外壳之间的空隙中流过，保持旋转，火焰就会变短。

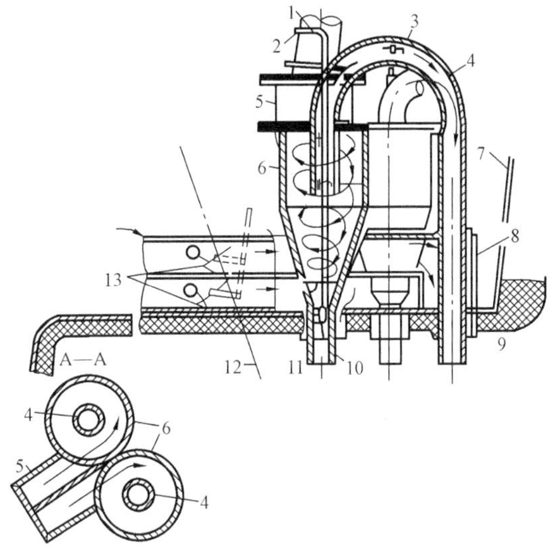

图 5-34　旋风分离式燃烧器简图

1—一次风进口；2—燃烧器叶片调节杆；3—抽气控制挡板；4—抽气管；5—分配箱；6—旋风子；7—锅炉护板；8—燃烧器风箱；9—耐火砖块；10—叶片；11—喷嘴；12—点火油枪中心线；13—三次风挡板

调节乏气量是适应煤种变化的一种手段。当煤质较好、着火没有问题时，就没有必要对一次风进行浓缩。此时可关小或全关乏气调节挡板，使从旋风分离器抽出的乏气量减至零。当煤质变差时，应开大挡板，增大抽出的乏气量，使一次风中的煤粉浓缩。煤质越差，从旋风分离器顶部抽出的乏气量应该越大。

将前后墙水冷壁管拉稀，在水冷壁管之间的缝隙中布置几个喷口，使二次风沿火焰行程分阶段送入火炬中。另有一部分被称之为三次风的空气，沿一次风喷口的外围送入，其作用是防止煤粉气流过早扩散地冲刷水冷壁，改善着火条件并避免结渣。

2. 直流缝隙式燃烧器

英国 Babcok 公司设计了直流缝隙式燃烧器应用在 W 形火焰锅炉上，其主要特点如下：

(1) 全部一、二次风从拱顶向下喷入炉膛，一、二次风口交错布置；

(2) 喷口的高宽比大，周界长，有利于煤粉气流着火；

(3) 在燃烧器区前、后墙的底部布置有三次风喷口，为与冷灰斗斜管接触的边缘火焰提供充足空气以免熄火。根据运行经验，应尽量少用三次风，因为它会缩短火焰行程，不利于燃尽。

为改善着火条件，可在一次风喷口之前利用轴向叶片进行煤粉浓缩，也可在直流缝隙式燃烧器之前加装旋风分离器，使它成为一种浓淡型燃烧器，直流缝隙式燃烧器也可利用乏气调节挡板以适应煤质的变化。

3. 旋流分级燃烧器

B&W 公司的旋流分级燃烧器见图 5-35。其特点是一次风不旋转，二次风分成两股，内侧是旋转二次风，外围是直流二次风，空气分级送入。燃烧器加设了中心风，来弥补火焰根部风量的不足并增大调节范围。调整中心风量便可调整火焰中心回流区的位置。整个燃

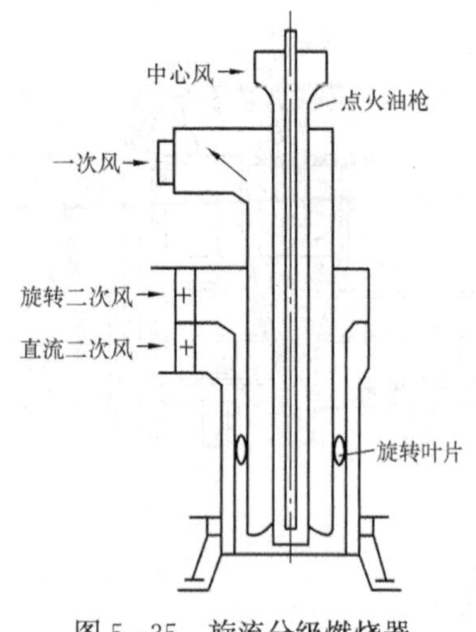

图 5-35　旋流分级燃烧器

烧器的气流流动状况主要由二次风来控制，旋转二次风形成内回流，高温回流烟气将煤粉加热到着火；速度高达 40～45m/s 的直流二次风将旋转气流的扩散角控制在 15°左右，使射流既不致很快衰减，又不致干扰邻近燃烧器射流的发展。改变直流二次风和旋转二次风的比例，可改变火焰的旋流强度，从而改变火焰的形状与回流区的大小。

为了增强燃烧后期的扰动及减少 NO_x 排放量，在前、后炉墙分段送入三次风（实际上是二次风）和乏气。三次风不仅补充燃烧所需的空气，而且还能迫使气流转弯，避免火焰靠近炉墙以减轻结渣和腐蚀。乏气的温度较低，为了减少它对燃烧过程的影响，通常从三次风喷口下部送入炉膛。

4. PAX 型燃烧器

PAX 型燃烧器是 Primary Air Exchange Burner 的简称，即一次风可以置换的燃烧器，如图 5-36 所示，此燃烧器是 B&W 公司在旋流分级燃烧器基础上开发出来的一种新型煤粉燃烧器。这种燃烧器与直吹式制粉系统配套使用，来自制粉系统的乏气约有一半可被高温热风置换，这样提高了入炉的一次风气粉混合物的温度，减少了一次风粉混合物的着火热，对低挥发分煤的着火燃烧十分有利。采用此燃烧器，既可使一次风温达到中储式热风送粉系统的水平，又可省去细粉分离器、煤粉仓和给粉机等部件，简化了制粉系统，还在一定程度上使直吹式制粉系统具有了中间储仓式制粉系统的优点。

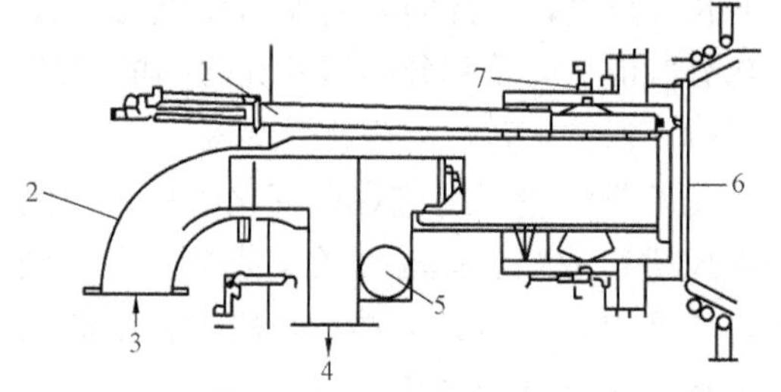

图 5-36　PAX 型燃烧器

1—点火油枪；2—燃烧器弯管；3—一次风进口；4—低浓度煤粉流出口；5—热空气进口；6—火焰稳定器；7—增强型点火装置

据资料显示，燃用 V_{daf}=10%～13%的低挥发分煤时，W 形火焰锅炉的燃烧效率比国内切圆燃烧方式锅炉的要高 2%～3%。因为 W 形火焰锅炉在燃用低挥发分煤方面的优势，所以美国、德国、英国等很多西方国家，对低挥发分煤都采用 W 形火焰锅炉，例如日本提出 $V_{daf}\leqslant$20%、美国 FW 公司规定 $V_{daf}<$13%的燃料都采用 W 形火焰锅炉。

第五节　燃烧调整试验方法

锅炉的燃烧工况在很大程度上影响着锅炉设备和整个发电厂运行的经济性和安全性，燃烧完全、炉膛温度场和热负荷分布均匀的燃烧工况，是保证锅炉达到额定参数，避免结渣及设备烧损，获得良好经济性的必要条件；同时也是维持炉膛受热面的正常水动力工况，保证安全可靠运行的重要条件。现代电站锅炉的设备庞大、系统复杂，燃烧系统的可调参数多，对整个燃烧过程以及其他相关过程的影响，必须依靠专门的燃烧调整才能获得最佳的工况。

一、锅炉燃烧调整试验

有计划地改变锅炉的某些参数及控制方式（即燃料供给方式及配风方式），对燃烧工况做全面的测量，从经济性、安全性等方面加以比较，确定出最佳运行方式，这样的试验、测量和分析研究工作，称为锅炉燃烧调整试验。

一般在新安装的锅炉机组投产时，或运行机组的燃烧设备、燃料种类、操作技术有重大改变时，要做燃烧调整试验。此外，出于其他目的，对锅炉的燃烧系统还可能进行某些类型的试验。

燃烧调整试验由辅助性试验、多次试验以及所有测试的结果分析整理工作组成的。属于同一调整项目的一组测试可称为一个单项试验。为达到试验目的，在锅炉设备上按规定的程序，在一定的持续时间内，进行的一整套测量工作称为测试。它是组成试验的独立单元，根据多次测试的结果才能构成一个完整的试验。

例如，一个燃烧调整试验可能是由过量系数调整试验，煤粉细度调整试验，一、二次风配比调整试验和负荷特性试验等一些单项试验构成，每一个单项试验又由3～4次或更多次测试所组成的。

（一）试验目的

（1）确定最佳运行方式。包括燃料、空气、烟气及汽水工质的运行参数及锅炉效率、厂用电指标等。这些技术经济特性是掌握设备性能、制定运行规程、投入燃烧自动控制系统以及做好全厂的经济调度所必需的。

（2）使运行人员更好地掌握设备运行性能和燃烧过程的内在规律，使实践和理论知识更紧密地联系起来，从而在技术革新和安全经济运行方面发挥更大的作用。

（二）试验范围

（1）包括炉膛、燃烧器在内的燃烧设备。

（2）对于带直吹制粉系统的煤粉炉，燃烧调整试验的设备对象还必须包括制粉系统在内；对于带中储式制粉系统的煤粉炉，制粉系统可以不包括在燃烧调整试验的范围之内，只要求制粉系统供应合格的煤粉。

（3）空气供给系统，如风道、空气预热器、一次风机、二次风机、喷口、分段风室，以及用外来热源加热的前置式空气预热器等设备。

（4）锅炉烟道系统及其受热面部件，烟气再循环系统，但不包括除尘器和引风机。

（三）试验前的检查、准备及辅助性试验

1. 设备检查

在锅炉试验的准备阶段，应按试验大纲的规定，全面检查并记录各设备的状态，进行必要的校正，消除设备的缺陷。

2. 测量装置的准备

在进行设备检查的同时，亦应着手进行实验的技术准备工作，即确定所有测量技术方法并使其实现。

按试验任务的要求，全部测量项目可分成两类：第一类是为取得规定的主要运行技术特性所必需的，称为基本测量项目。对于一般燃烧调整和运行比较试验，基本测量项目主要是指对计算锅炉的经济性指标（热效率及各项热损失）及可调参数确定有较重大的影响测量项目。第二类是为取得其他较次要的运行参数的试验，称为参考测量项目。

在试验前应分别制定基本测量项目和参考测量项目的测量方法，根据项目的要求确定测量仪器和仪表，并确定测点位置、数量和数据记录方式。

3. 辅助性实验

（1）在锅炉进行燃烧调整试验前，为求得燃烧设备的空气动力工况，掌握其变化规律，用来作为分析研究燃烧工况和有关的参考。可以在冷炉的状态下进行燃烧设备的空气动力场及其他辅助性的试验，如一、二次风及煤粉均匀性的测定及调整等。

（2）进行燃烧调整试验前，还应在运行中测定锅炉炉膛及烟道系统的漏风系数。

（3）带直吹式制粉系统的煤粉炉，因其制粉系统的运行工况对锅炉工况有非常密切的影响，为了便于在燃烧调整时能更准确地掌握和控制工况参数，故在锅炉进行燃烧调整试验之前，最好先进行制粉系统的运行调整试验。

（4）带中间储仓式制粉系统的煤粉炉，亦应进行制粉系统的运行工况、调整方式、调节性能的了解和调查，根据试验资料或运行统计资料取得其磨煤出力及系统耗电率随煤粉细度变化的关系。

（四）试验条件

1. 试验负荷的选择及测试次数

为了获得锅炉在负荷范围内的运行特性，各项试验应在锅炉的四种负荷下进行。

（1）锅炉的额定负荷；

（2）锅炉的最低负荷；

（3）在额定与最低负荷之间选适当的两个中间值，其中一个最好在经济负荷范围内。

如有必要和可能，还可进行锅炉设备短时最大负荷（超过额定负荷 5%～10%）试验。

2. 测试前的稳定阶段与测试持续时间

各类试验一般都应该在锅炉连续正常运行 72h 以后进行，以保证全部锅炉设备的热工况完全稳定。试验前的 12h 内，前 9h 机组运行负荷应不低于试验负荷的 75%，后 3h 应维持预定的试验负荷。

燃烧调整试验的每次测试持续时间是根据以下两方面因素确定的：第一，各种运行工况的波动对锅炉热平衡测定结果不产生明显的影响；第二，各基本测量项目能达到所需要的准确程度。因此，持续时间随锅炉的燃烧方式及试验方法而异，固态排渣煤粉炉的反平衡热效率试验要求工况稳定时间≥0.5h，试验持续时间≥4h。

3. 煤质及锅炉主要参数的允许波动范围

试验期间所用的煤种，必须是试验大纲所规定的煤种。在进行同一项目的试验时，每次测试中的燃煤成分数据与全组测试该项目中的平均值之间的允许误差，一般为收到基水分（M_{ar}）：煤粉炉不超过±2%，如 M_{ar} 大于 15%，允许偏差可适当放宽。收到基灰分（A_{ar}）：当 A_{ar} 小于 15%时，不超过±1%；当 A_{ar} 在 15%～30%时，不超过±2%；当 A_{ar} 大于 30%时，不超过±3%。收到基低位发热量 $Q_{ar,net,p}$：允许偏差不超过±629kJ/kg。

测试期间，锅炉蒸汽参数及过量空气系数等应尽可能维持稳定，其允许波动范围一般如下：锅炉负荷（锅炉容量>220t/h）允许波动范围±3%；高压以上锅炉的汽压允许波动范围±2%，中低压锅炉汽压允许波动范围±4%；汽温（额定汽温 540℃时）允许波动范围+5～－10℃；过量空气系数允许波动范围±0.05；同时，整个试验期间的给水温度不应有较大波动。

在测试期间，为维持上述指标，煤粉炉应尽可能使进风量与燃料量不变（为中间储仓系统时，可保持给粉机转数不变）。

（五）试验数据整理

每次测试结束之后，首先要进行数据的整理工作。对测试中重复多次测取的测量参数，一般取其算术平均值作为其直接测量值。在计算平均值时，须审查观测记录，遇有与正常读数相差较大的记录值应加以分析。首先，与直接关联的其他参数综合考察，如能证明此种较大的差别是许可的工况变动引起的，则应保留；否则，应通过误差判断分析是否舍弃。在测试过程中，如规定的工况短期遭到破坏，参数的变化超过允许的范围时，在测量记录上应取消受到影响阶段内的全部测量读数（个别无影响的项目除外）。重复多次测取的测量参数，如果被取消和舍弃的读数数量超过期间内应该测取总数的 1/3 时，则该测量项目作为“空白”。如一次测试有若干项目“空白”而影响测试结果时，测试作废。

各测量参数的平均测量值只取有效数字位数，若参加平均的读数等于或超过 4 个，则其平均值的有效数字位数可较读数增加一倍。求得的平均值经过系统误差更正及修正后，记入“试验综合表”，以作为工况分析的依据。对于一般试验，各项热损失的计算值取到小数点后两位，而锅炉热效率数值只保留到小数点后一位（均以百分数表示）。

所有试验数据整理工作，都应由固定人员负责，并应建立校核制度以消除错误。读数的取舍应由试验人员共同确定，所有试验的原始记录及计算底稿等都应妥善保存。

二、炉膛空气动力场试验

所谓炉膛空气动力场主要指炉膛空间内空气（包括空气携带的燃料）以及燃烧产物的流动方向和速度值的分布状况。在锅炉燃烧调整试验进行时，需要查明炉内工况，故需要进行炉膛空气动力场试验。

（一）炉膛空气动力场测定类别

炉膛空气动力场的测试一般分两类：一类是炉膛热态空气动力场试验；另一类是炉膛冷态空气动力场试验。

炉膛热态空气动力场试验是在锅炉运行时，也就是在炉膛炽热状态下进行的空气动力场试验，试验难度大，在锅炉运行情况下是很难全面观测的，一般很少直接测定。

炉膛冷态空气动力场试验是在炉膛冷态下模拟热态空气动力场进行测试，此时，炉膛可以保证正常工作通风，由于空气动力场观察和测定比较方便，所以是常用的判别炉膛空气动力工况的测定手段。

（二）炉膛冷态空气动力场试验

1. 试验方法

冷态试验时，使用自模化理论，近似用冷态试验来模拟热态。

根据相似理论，雷诺数 Re 是对流动状态起决定性作用的因素。雷诺数 Re 的物理意义是流体单位体积的惯性力与黏性力的比值。Re 数增加到足够大时，黏性力的作用完全可以忽略，此时流动状态将显示出不再随 Re 数的增加而变化的特性，即空间各点速度绝对值按比例增加，而其速度场图形不再变化，此时，即认为流动工况进入了自模化区，开始进入自模化区的相应 Re 数称为临界雷诺数。

如果我们把热态的炉膛粗略视为等温的话，则对汇合后的烟气流动可以利用上述原则在冷态下进行模拟。对于一般炉膛，临界雷诺数大致在 5×10^4 左右，远小于实际锅炉炉膛内的 Re 数，这样，可以令冷态试验采用的炉膛 Re 数等于热态时的平均雷诺数或大于临界雷诺数（一般大多数锅炉只要取 $Re\geqslant10^5$ 即可），这时就可进入自模化区。

冷态试验按这种等温模拟方法也只能做到近似相似，因为热态炉膛空间内实际上存在着不可忽视的温度梯度，各点气流的密度和黏度有相当的差异，故还要借助于矫形模化等措施来改善模拟效果。

2. 冷态试验观测内容

在冷态实验中，炉膛气流的主要观测内容如下：

（1）观测火焰或气流在炉内的充满度。一般用有效气流所占截面与整个炉膛截面之比表示。火焰充满度愈大，炉膛利用程度愈高，炉内停滞区及涡流区就愈小。

（2）观测炉内气流动态。一是气流是否冲刷炉壁，如气流贴壁，管子可能产生腐蚀，且炉内容易结焦。二是气流在炉膛断面上的分布均匀性，如果气流偏斜，则容易造成一侧火焰温度过高，造成结焦严重和受热面超温等问题。

（三）炉膛热态空气动力场试验

因为炉膛冷态空气动力场试验不能如实反映炉膛内的热态空气动力工况，在必需时仍然要进行炉膛热态空气动力场试验。

在进行炉膛热态空气动力场试验前，应检查炉膛和燃烧设备是否处于正常状态，各种风门、风口均应安装准确且风门挡板开关灵活、指示准确。对锅炉上装设的仪表与测试时应用的仪表应进行检查和校正。在进行热态测试前应调整好炉膛内的工况，特别是各燃烧器之间的燃料及空气分配均匀性。炉膛热态空气动力场试验常与燃料着火、燃烧和燃尽等过程结合进行，在测定时需要应用各种探针和测温仪表，故应在炉墙预先开设一系列测孔，大型锅炉一般需要在各墙沿高度方向均匀开设 30～60 个测孔，测孔的直径一般为 75～100mm，开设时要考虑探针等设备进出炉膛的方便性，测孔上装设密封的套管接头，以便在炉墙外用端盖密封。仔细检查测孔的位置，并标注在炉膛展开图上。

三、炉膛及烟道漏风试验

（一）概述

平衡通风锅炉炉膛及烟道系统为负压运行，炉膛和烟道的严密性对机组运行的经济性有很大的影响。漏风会直接导致排烟热损失增加，还会恶化燃烧，增加灰渣未完全燃烧热损失，导致过热蒸汽超温等不正常现象，漏风还会增加吸风机的负荷及耗电率，严重的漏风甚至会限制锅炉的出力，因此，在运行中应该经常定期检查并消除炉膛及烟道各处的漏风。漏风过大会使试验结果难以代表正常运行的工况，降低试验的质量和作用，故在锅炉进行调整运行前，尤其注意检查及消除漏风缺陷，并测定烟道各区段的漏风系数，保证其在允许范围内。

锅炉烟道各区段的漏风系数，可用各区段进出口烟气的过量空气系数来计算，即

$$\Delta\alpha=\alpha''-\alpha' \tag{5-19}$$

式中 α'、α''——各区段的烟道入口、出口烟气的过量空气系数。

在不同锅炉负荷下，烟道各区段的漏风系数值有所不同，为便于比较，一般应采用锅炉额定负荷下的漏风系数 $\Delta\alpha$，否则应予注明。

（二）漏风试验方法

锅炉炉膛漏风测定的方法有基本正压法、烟道阻力正压法和烟道阻力负压外推法等。

锅炉烟道的漏风系数可直接利用烟气分析确定。用烟气分析仪同时测定烟道某一区段进口和出口烟气的气体成分含量，计算出相应的漏风系数。在测试过程中为尽量避免烟气成分的波动，入炉燃料量和空气量应保持不变，且要求燃烧工况正常、稳定；在试验前应对烟道外表面进行检查，消除明显的漏风处；在测定时，一般无需逐级测量各受热面的短烟道区段的漏风系数，可以根据设备的具体情况对烟道进行合理分段，然后测量各段的漏风系数。

四、煤粉炉的燃烧调整试验

固态排渣煤粉炉的燃烧调整内容很多，本书仅对其中的锅炉负荷特性试验、一次风粉均匀性试验、煤粉细度试验、过量空气系数调整、燃烧系统的风量标定和燃烧器停投方式调整试验等作简单介绍。

（一）锅炉负荷特性试验

1. 锅炉最大负荷试验

锅炉最大负荷试验是为了检验锅炉机组可能达到的最大负荷，并预计在事故情况下锅炉的适应能力。最大负荷试验时不必保证锅炉的设计效率。

试验煤种应为设计煤种或商定的煤种。试验时，锅炉以不大于规定的负荷加速度逐渐将负荷升至试验所需的最高值，并保持连续稳定运行 2h 以上，记录各运行参数及性能数据。其间运行人员应注意锅炉各辅机、热力系统、各调温装置及自控装置的适应能力；注意汽水系统的安全、蒸汽参数与品质、各受热面的金属温度、减温水量、各段风烟温度和风烟系统的阻力等均应无越限或不正常的反映。

2. 锅炉最低稳燃负荷试验

进行该试验前，应先进行燃烧调整和制粉系统调整试验，将燃烧工况调至最佳。试验时，按 5%～10%负荷的速度逐渐降低锅炉负荷，并在每级负荷下保持 15～30min，直至能保持稳定燃烧的最低限，并保持 2h 以上。降负荷过程中应密切监视炉内的着火情况、炉膛负压及氧量的变化情况，必要时，还可进行一些短时的扰动调节，以考核该负荷下锅炉燃烧的稳定性以及水冷壁运行的安全性。在每级负荷下均应对各主要运行参数进行测量、记录。

锅炉不投油最低稳燃负荷试验以按燃烧器的不同编组投入方式分别进行，每种燃烧器组合方式下的稳燃试验持续时间应大于 2h。试验时燃烧器至少应保持相邻两层投入运行，锅炉负荷降至接近设计的不投油最低出力时，每降低 3%负荷，观察 10～20min，直至设计值或更低值。

3. 锅炉经济负荷试验

锅炉的经济负荷试验，通常结合上两项试验进行。通过对各级负荷下参数的测量、记录和计算，得出其中锅炉净效率最高时的锅炉负荷范围，即为该锅炉的经济负荷。

（二）一次风粉均匀性调整

由于各一次风管长度、弯头和布置等的不同，造成了各管道阻力的原始差异，当它们在相同的压差下工作时，就会造成各一次风管内的风量和煤粉量分配不均匀，给锅炉的正常燃烧和安全经济运行带来不良影响。因此，必须通过试验调整，将锅炉各一次风管的阻力调整均匀。

为保证锅炉的正常运行，一次风管阻力的调整试验通常先在冷态下进行，冷态调平后，再在热态下复测和重新调整，从而达到各一次风管阻力在投粉状态下也基本相等。冷态调平时利用阻力平衡元件（缩孔或小风门）进行。在不通粉的情况下，用节流件阻力补足各管道原始阻力（系数）的差别。调平试验时，提升一次风压，使各一次风速达到设计值附近，将各管可调缩孔开满，确定出其中动压最小的管子（即阻力最大的管子）作为基准管。然后，保持基准管的缩孔全开，逐步关小其他一次风管的可调缩孔，使其动压向基准管动压逐渐接近，直至所有一次风管动压基本相等为止。在阻力调平以后，无论一次风压如何变化，各管一次风速均匀性不受影响。

冷态调平以后，还需要进行热态调平，具体方法视制粉系统形式进行。

（三）最佳过量空气系数调整

最佳过量空气系数的调整试验应在选定的锅炉负荷和稳定的运行煤种下进行，同时要确保锅炉漏风系数在允许的范围以内。过量空气系数的调整试验值可在炉膛出口的设计值附近选取 3～4 个值进行，或者在 1.1～1.3 之间选取几个值。试验时应保持一次风量不变，只是依靠改变总风量或二次风量来调整锅炉的过量空气系数值。在每一个预定的试验工况下，按锅炉反平衡试验的要求对有关项目进行测量、记录和数据整理，绘出各损失的曲线图，确定出最佳过量空气系数。进行较大过量空气系数的调整时，应注意它对主蒸汽温度的影响；进行较小过量空气系数的调整时，应注意燃烧的稳定性。

（四）最佳煤粉细度的调整

煤粉细度试验一般在 80%～100%额定负荷工况下进行。试验前先调整锅炉各运行参数稳定，然后分别将煤粉细度调至各个预定的水平，在每一个稳定工况下，测取 q_4 损失与制粉电耗所需要的有关数据，从中确定最佳的煤粉细度。煤粉细度试验的试验初值可在常用煤粉细度附近选 2～3 个进行。

调整试验后，要给出煤粉细度与粗粉分离器挡板开度之间的具体关系，称分离器挡板特性，以便向运行人员提供运行中控制煤粉细度的简便办法和可靠依据。

五、风量测量与标定

为保证风量控制的准确性，锅炉的二次风、一次风、磨煤机旁路风等风道上均安装有测速元件，初次运行前必须对它们进行标定。为正确配风，风门的挡板特性也需要进行标定。另外，风门实际开度示值的偏差，往往对炉膛空气动力场及配风均匀性有重要影响，也需要仔细检查纠正。

风量测定可使用测速元件和标准皮托管或笛形管进行。首先应标定测速元件，通过试验给出风道截面上的介质流量与测速元件输出压差之间的关系，介质流量通常用标准皮托管或笛形管测定，压差的测定通过测速元件测定。风量挡板的标定是指空气流量与挡板前后压差的对应关系，可改变挡板开度找到相对应的关系。锅炉运行一段时间后，应对风量挡板开度的灵活变化可靠性进行检验和纠正。经验表明，风门开度指示值与实际开度的偏离往往是运行不正常、燃烧经济性低的一个重要原因。

六、燃烧器负荷分配与投停方式试验

（一）负荷分配

燃烧器负荷分配调整的目的是改变炉内的温度分布，以解决火焰偏斜、炉内结渣、烟气侧热偏差过大、汽温偏高或偏低、过（再）热器金属超温以及热经济性差等问题。负荷分配的调整原则为：

(1) 对冲布置的旋流燃烧器和 W 形火焰燃烧锅炉，可以单台燃烧器进行调整，应使中间负荷大、两边负荷较小。

(2) 四角布置直流燃烧器，一般对角两台同时调整或单层四只燃烧器同时调整。

(3) 负荷分配改变时，各只燃烧器的风煤比可根据燃烧需要加以调整，但总的过量空气系数一般维持不变。

(二) 燃烧器负荷范围及合理组合方式

该项试验的目的是为了找出燃烧器出力的调节范围，以确定锅炉在不同负荷下运行，燃烧器的合理数量（制粉系统的投运台数）和运行燃烧器的合理组合方式。

试验时应分阶段调整锅炉负荷，对预定的各种组合方式进行逐项试验，试验各种组合方式对锅炉安全经济的影响。当燃烧器超过出力范围而使燃烧工况变差时，可通过增加或减少燃烧器的投运数量来调整。

判断调整措施是否合理的依据是锅炉燃烧的稳定性、炉膛出口烟温、炉内温度分布、汽温特性、水动力稳定性等。

锅炉燃烧调整试验是一项技术性很强的工作，随着新技术的开发和国外先进试验技术的引进，燃烧调整的具体内容也有了一些变化，但是有关这方面的论述较少，今后有待于锅炉技术人员整理推广。

思 考 题

1. 固体燃料的燃烧过程分为几个阶段？
2. 何谓燃烧速度？它与化学反应速度和氧的扩散速度之间有何关系？
3. 化学反应速度与氧的扩散速度各有哪些影响因素？
4. 何谓碳粒燃烧的动力燃烧区、扩散燃烧区、过渡燃烧区？各区应如何强化燃烧？
5. 煤粉燃烧过程分为几个阶段？各阶段有何特点？如何强化其着火与燃烧过程？
6. 煤粉迅速而又完全燃烧的条件是什么？
7. 燃烧器有几种型式？分别应如何布置？各射流有何特点？分别适合何种煤？
8. 直流燃烧器有几种配风方式？各有何特点？分别适合何种煤？
9. 射流偏斜有何危害？影响因素有哪些？如何减小？
10. 什么是炉膛容积热强度、断面热强度、燃烧器区域壁面热强度？合理选取的原则是什么？
11. 影响煤粉炉炉膛工作的因素有哪些？
12. 直流射流残余旋转如何形成的？如何减小？
13. 新型煤粉燃烧器的稳燃技术有哪些？
14. NO_x 的生成机理有几种？如何控制其生成量？
15. 概念：燃烧效率　活化能　动力燃烧区　扩散燃烧区　着火热　射程　卷吸　炉膛容积热强度　断面热强度　燃烧器区域壁面热强度

第六章　过热器和再热器

第一节　过热器和再热器的作用及工作特点

一、过热器和再热器的作用

过热器和再热器是锅炉受热面的重要组成部分，过热器的作用是将饱和蒸汽加热成具有一定温度的过热蒸汽的部件，再热器是将汽轮机高压缸的排气加热成具有一定温度的再热蒸汽的部件。

从电厂热力循环看，提高蒸汽的初参数（压力和温度），即可提高电厂循环热效率。随着蒸汽压力的提高，要求相应提高蒸汽温度，否则在汽轮机末级叶片的蒸汽湿度会过高，影响汽轮机的工作安全性。过热蒸汽温度的提高，对过热器金属材质的要求也随之提高。受合金钢材高温强度的限制，目前绝大部分电厂锅炉的过热汽温仍保持在540～570℃的范围内，若采用更高的温度，则经济上是不合理的。当过热蒸汽的压力达到超高压及以上压力时，540～570℃的过热蒸汽温度已不能保证膨胀终点的蒸汽湿度在允许的范围内。为避免汽轮机末级叶片湿度过大，超高压及以上的压力机组都采用了中间再热系统。

再热器的作用是将汽轮机高压缸的排汽加热到与过热蒸汽温度相等（或相近）的再热温度，然后再送到中压缸及低压缸中膨胀做功，以提高汽轮机末级叶片蒸汽的干度。一般再热蒸汽压力为过热蒸汽压力的20%～25%。采用蒸汽再热后，不但能将汽轮机末级蒸汽湿度控制在允许的范围内，而且还能进一步提高机组的循环热效率。一般采用一次再热系统可使电厂热效率提高4%～6%。我国125MW以上的机组都采用一次中间再热系统。二次再热可使循环热效率再提高2%，但系统复杂，目前国产机组尚未采用，但国外大容量机组已经采用。

二、过热器和再热器的工作特点

为了提高循环热效率，过热蒸汽的压力已经由超高压提高到亚临界和超临界压力。但受到金属材料性能的限制，过热器和再热器蒸汽温度限制在540～570℃的范围内。

由于过热器和再热器的管内流过的是高温蒸汽，管壁对蒸汽的对流表面传热系数较小，传热性能较差，蒸汽对管壁的冷却能力较低。同时，为保证合理的传热温差，过热器和再热器一般布置于烟温较高的区域，其管壁工作温度很高，因而过热器和再热器的工作环境是相当恶劣的。特别是再热器，因再热蒸汽压力低，其冷却管子的能力更差，所以如何使管子金属能长期安全工作就成为过热器和再热器设计和运行中的重要问题。表6-1列出了锅炉常用金属的容许温度的上限。为了尽量避免采用更高级别的合金钢，设计过热器和再热器时，选用的管子金属几乎都工作于接近其温度的极限值。这时蒸汽若发生10～20℃的超温也会使其许用应力下降很多。因此，在过热器和再热器的设计及运行中应注意如下问题：

（1）运行中应保持汽温稳定。汽温的波动不应超过－10～＋5℃；

（2）过热器和再热器要有可靠的调温手段，使运行工况在一定范围内变化时能维持额定的汽温；

（3）尽量减少并联管间的热偏差。

表 6-1　过热器和再热器常用钢材的许用温度

钢材型号	允许温度	钢材型号	允许温度
20号	壁温<450℃的导管、联箱 壁温≤500℃的受热面	14MoV63	壁温≤540℃的过热器及导管
12CrMo	壁温<510℃的导管、联箱 壁温≤540℃的受热面	10CrMo910	壁温≤540℃的过热器及主蒸汽管
15CrMo	壁温<510℃的导管、联箱 壁温≤550℃的受热面	X12CrMo91 (HT11)	壁温≤540℃的受热面
12Cr1MoV	壁温<540℃的导管、联箱 壁温≤580℃的过热器及再热器	X20CrMoWV121 (F11)	壁温<650℃的过热器 壁温≤600℃的主蒸汽管
12MoVWBSiRi (无铬8号)	壁温≤580℃的过热器及再热器	X20CrMoV121 (F12)	壁温<650℃的过热器 壁温≤600℃的主蒸汽管
12Cr2MoVWB (钢研102)	壁温=600～620℃的过热器及导管	Cr6SiMo，4Cr9Si2 25Mn18Al5SiMoTi	壁温≤800℃的吊挂、定距元件
12Cr3MoSiTiB (Π11)	壁温=600～620℃的过热器及导管、联箱	Cr18Mn11SiN	壁温≤900℃的吊挂、定距元件
Mn17Cr7MoVNbBZr	壁温=600～620℃的过热器、 再热器及导管、联箱	Cr20Ni14Si2 Cr20Mn9Ni2Si2N	壁温≤1100℃的吊挂、定距元件

第二节　过热器和再热器的结构形式及汽温特性

过热器和再热器的型式较多，按照传热方式不同，过热器和再热器可分为对流、辐射及半辐射三种型式。受热面管子根据管内工质温度和所处区域热负荷的大小分别采用不同的材料和壁厚。在大型电站锅炉中通常采用上述三种型式的串级布置系统，如图 6-1 所示。

再热器和过热器的结构基本相同，其实质上是中压过热器。由于再热器的蒸汽压力低、比热容小，对热偏差敏感，在相同的热偏差条件下，再热器出口的温度偏差比过热器大，更容易引起管壁超温，因此，在结构设计、选材和布置时要考虑超温爆管问题。另外再热器蒸汽的压力低、比体积大、流动阻力大，为减小流动阻力，再热器的流速不能太高，管径比过热器要大。

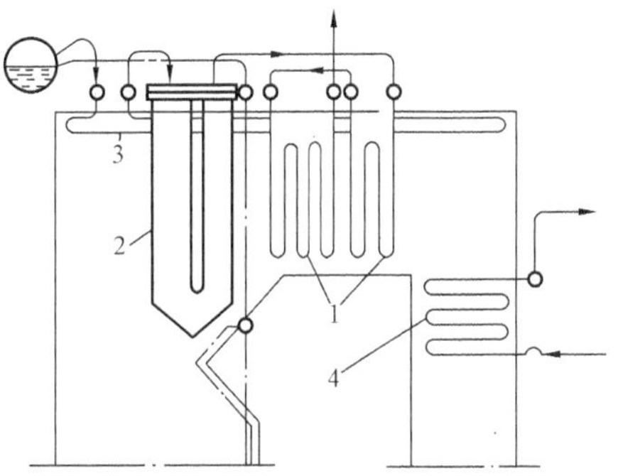

图 6-1　过热器与再热器的布置
1—对流式过热器；2—屏式半辐射式过热器；3—炉顶辐射式过热器；4—再热器

一、对流式过热器和再热器

对流式过热器和再热器布置在水平烟道或尾部竖井中，主要吸收烟气的对流放热量，是由进出口联箱及许多并列的蛇形管组成的。对流式过热器和再热器型式较多，按蒸汽和烟气的相对流动方向，可分为顺流、逆流及混合流三种方式；根据蛇形管的放置方式可分为立式和卧式两种；按蛇形管的排列方式可分为顺列和错列两种。下面分别介绍。

1. 流动方式

图 6-2 给出了过热器和再热器的顺流、逆流及混合流布置。顺流式管壁温度最低，但传热温差小，相同传热量时所需受热面最多，故多应用于高温级受热面的高温段；逆流式则

相反，管壁温度最高，传热温差最大，相同传热量时所需受热面最少，故多应用于低温级受热面；混合流式的受热面大小和壁温居于前两者之间，多应用于高温级受热面。

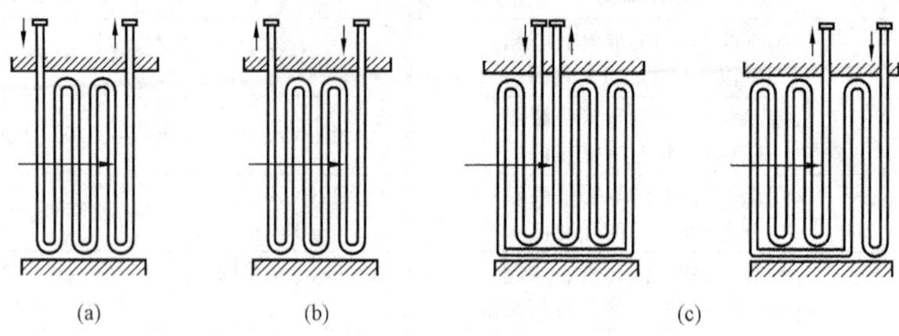

图 6-2 过热器和再热器的顺流、逆流及混合流布置
(a) 顺流式；(b) 逆流式；(c) 混流式

2. 放置方式

蛇形管垂直放置时称为立式布置。立式布置时受热面通常布置在水平烟道内，其优点是受热面结构简单，吊挂方便，积灰少，缺点是停炉后产生的凝结水不易排除。图 6-3 是一高压锅炉的末级过热器。每排受热面采用两根蛇形管并联组成，用管夹固定，下部弯头处装有梳形板，用以保证管排的横向节距，上部用吊钩将蛇形管的上弯头吊挂在锅炉钢梁上。

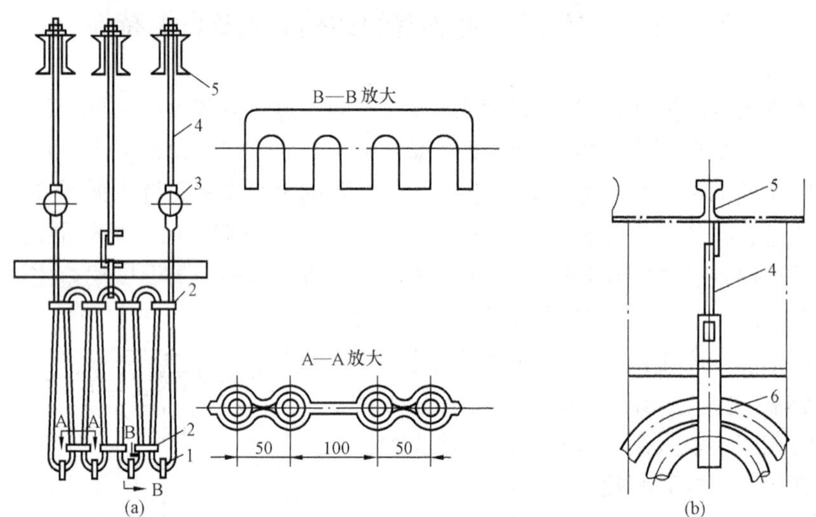

图 6-3 立式对流过热器及其支吊结构
(a) 立式对流过热器；(b) 立式对流过热器的支吊结构
1—梳形板；2—管夹；3—联箱；4—吊杆；5—钢梁；6—蛇形管弯头

蛇形管水平放置时称为卧式布置。卧式布置的过热器和再热器容易疏水，但支吊较复杂，为节省合金钢，常用管子吊挂。这种过热器在塔式和箱式锅炉中应用很普遍，在Π型锅炉的尾部竖井中也有应用。图 6-4 是某亚临界压力自然循环锅炉的低温对流过热器及其吊挂结构图，受热面管子水平布置，通过悬吊管将其重量传递到炉顶的过渡梁上。

3. 蛇形管结构

对流过热器和再热器的受热面由大量平行连接、用无缝钢管弯制成的蛇形管组成。按管子的排列方式不同可分为错列和顺列两种形式，如图 6-5 所示。顺列布置传热系数小于错列布置，但错列布置比顺列布置管壁磨损严重。因此，要综合考虑确定。

蛇形管外径一般为 32～57mm，管壁厚度由强度计算决定。大容量锅炉采用的管径多为 51、54、57mm 等规格。横向相对节距主要取决于烟速，顺列布置时 $s_1/d=2\sim3.5$，错列布置时 $s_1/d=3.0\sim3.5$。纵向相对节距与管子的弯曲半径有关，通常 $s_2/d=1.6\sim2.5$。当进口烟温在 1000℃左右时，为防止结焦可将过热器的前几排拉稀成错列布置，拉稀部分的 $s_1/d>4.5$，$s_2/d>3.5$，如图 6-6 所示。

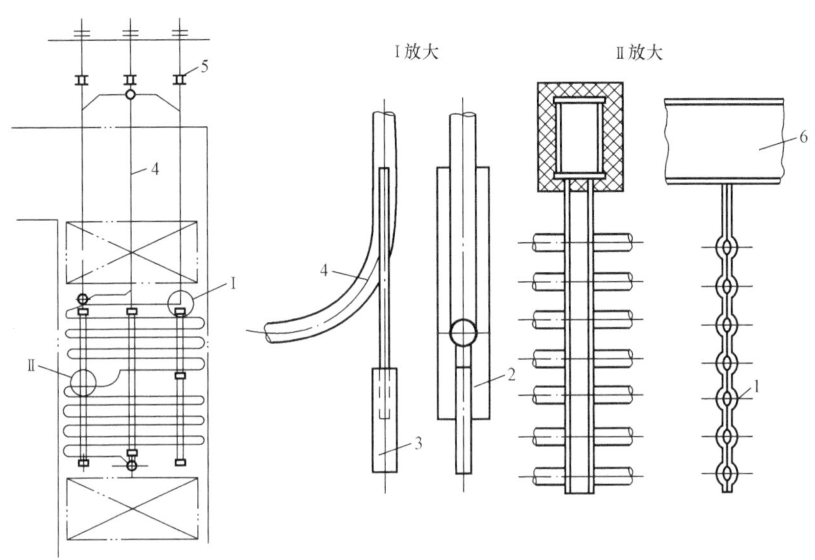

图 6-4 卧式对流过热器及其吊挂结构

1—管夹；2、3—连接扁钢；4—悬吊管；5—过渡梁；6—横梁

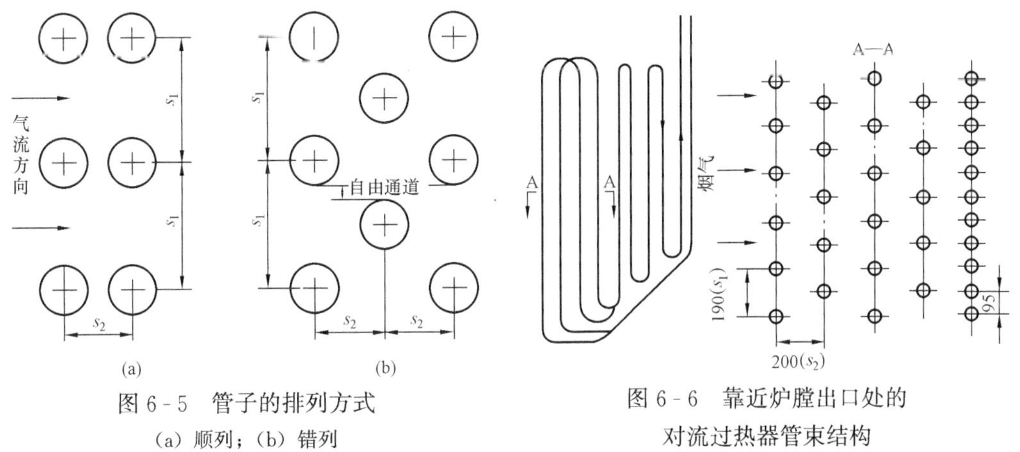

图 6-5 管子的排列方式

(a) 顺列；(b) 错列

图 6-6 靠近炉膛出口处的对流过热器管束结构

过热器和再热器的烟速要适当，过大则管子磨损严重，过小则传热系数小，受热面积灰增加。因此，对于布置在炉膛出口之后的水平烟道内的受热面，由于烟温高、灰粒较软，飞灰对受热面的磨损较轻，常采用 10～15m/s 的烟速，以提高受热面的传热系数。由于烟温较高，飞灰的黏结性和烧结性较强，设计时要考虑减少受热面的积灰；当烟温降低到 600～700℃以下时，灰粒变硬，飞灰的磨损能力加剧，此时要限制烟气的流速不大于 9m/s，但也要考虑防止堵灰，烟速不应小于 6m/s。

为了保证过热器和再热器管壁得到更好的冷却，管内工质应保证一定的质量流速，但流

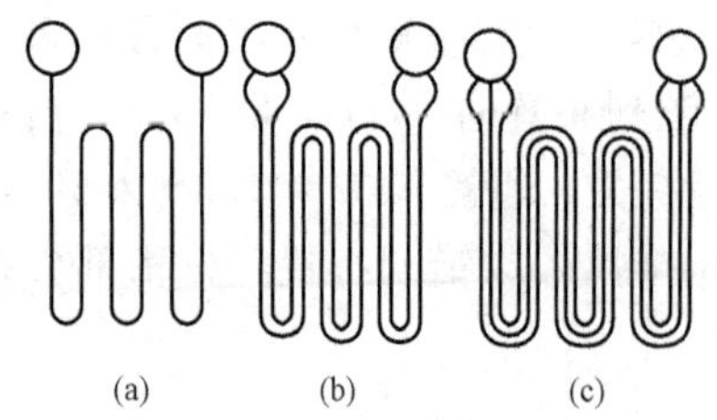

图 6-7　对流过热器的管圈结构
（a）单管圈；（b）双管圈；（c）多管圈

速增加使工质阻力增大。整个过热器的压力降应小于10%工作压力，所以，对流过热器的质量流速一般控制在 800～1100kg/（m^2·s）；对于再热器，为了减少压力降一般要求不超过 0.2MPa，蒸汽的质量流速一般采用 250～400kg/（m^2·s）。

过热器的蛇形管可做成单管圈、双管圈和多管圈式，如图 6-7 所示。为了同时满足烟气速度和蒸汽速度的要求，并受烟道宽度的限制，大容量锅炉过热器蛇形管一般采用多管圈型式，这样在烟速不变的前提下，随着管圈数的增加，蒸汽流速可降低。

为强化传热，低温对流过热器可采用鳍片管或肋片管，如图 6-8 所示。对于再热器，则可采用图 6-9 所示的纵向内肋片管。

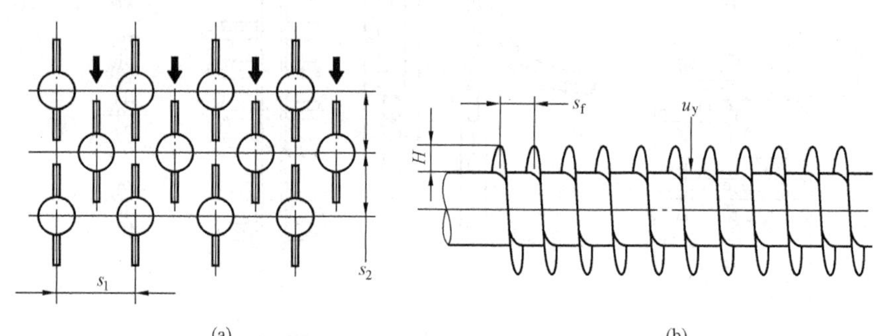

图 6-8　对流过热器的鳍片管或肋片管
（a）鳍片管束；（b）横肋片管

国产锅炉的对流过热器和再热器，一般在高温水平烟道中，采用立式顺列布置；在垂直烟道中采用卧式错列布置。在大型机组锅炉中，为避免结渣和减轻磨损以及便于支吊，则趋向于全部采用顺列布置。

在结构上，为保持蛇形管束纵向节距、横向节距固定和平整，现代锅炉常采用梳形板、管夹、汽冷定位管等固定装置。图 6-10 所示为一种固定装置的实例。带状管夹用以使蛇形管平整和固定纵向节距。汽冷定位管横向穿过各蛇形管片，前后各一根，用以固定横向节距。汽冷定位管内流过低温过热蒸汽以冷却管子。

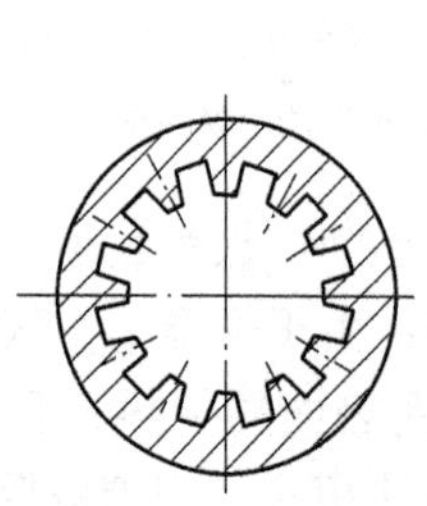
图 6-9　用于再热器的纵向内肋片管断面

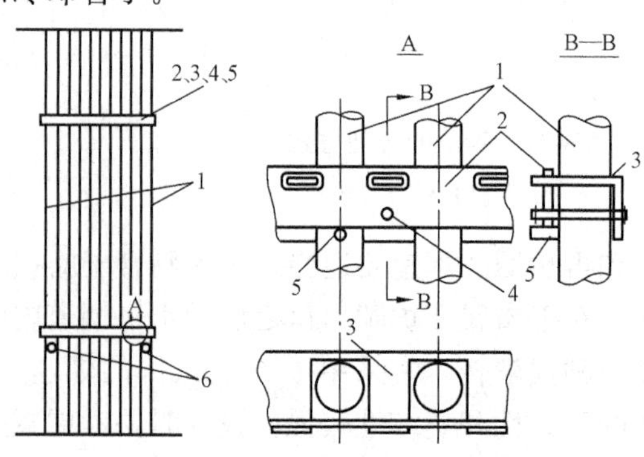

图 6-10　带状管夹与汽冷定位管
1—蛇形管；2—扁钢；3—梳形弯管；4—圆柱销；5—支撑圆钢；6—汽冷定位管

图 6-11 是某超临界压力 1900t/h 锅炉的高温过热器和低温再热器的结构实例。高温过热器逆流立式布置在水平烟道的后侧，由 984 根管圈组成，并列分成 82 排，每排有 12 个管圈，s_1=224mm，s_2=76mm。为了减小热偏差，内、外管圈还交换了位置。

低温再热器逆流卧式顺列布置在竖井烟道的上部，由进、出口联箱及 990 根管圈组成。进口联箱的进口管上装有事故喷水减温器，沿烟气流向并列分成 110 排，每排有九个管圈，s_1=168mm，s_2=120mm。

二、辐射和半辐射过热器和再热器的结构型式

随着锅炉容量的增大和蒸汽压力的提高，水蒸发所需吸热量减少，而蒸汽过热吸热量增加，为降低炉膛出口温度，避免对流受热面结渣，必须把过热器和再热器布置在更高烟温区，以增加炉内吸热量，于是出现了辐射式和半辐射式的过热器和再热器。辐射式过热器和再热器主要以吸收炉膛辐射热为主，有屏式和墙式两种结构。半辐射过热器或再热器布置在炉膛出口处，吸收炉膛中的辐射热和烟气的对流热，布置也采用挂屏形式，又称为后屏过热器。图 6-12 示出了屏式过热器的典型布置。

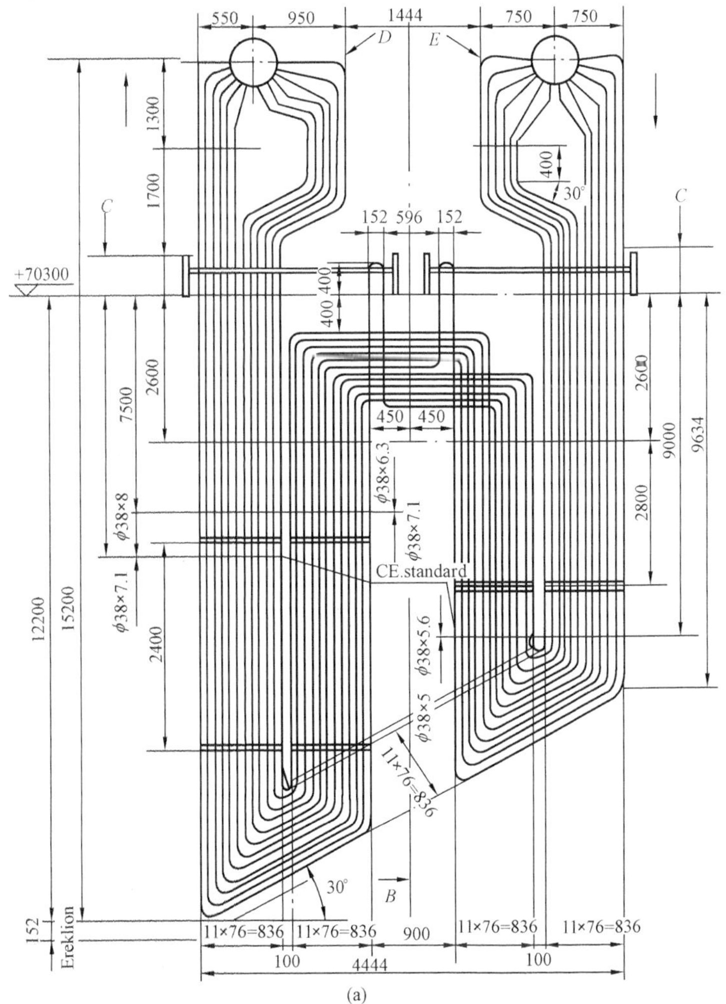

(a)

图 6-11 某锅炉高温对流过热器和低温对流再热器结构实例（一）

(a) 高温对流过热器

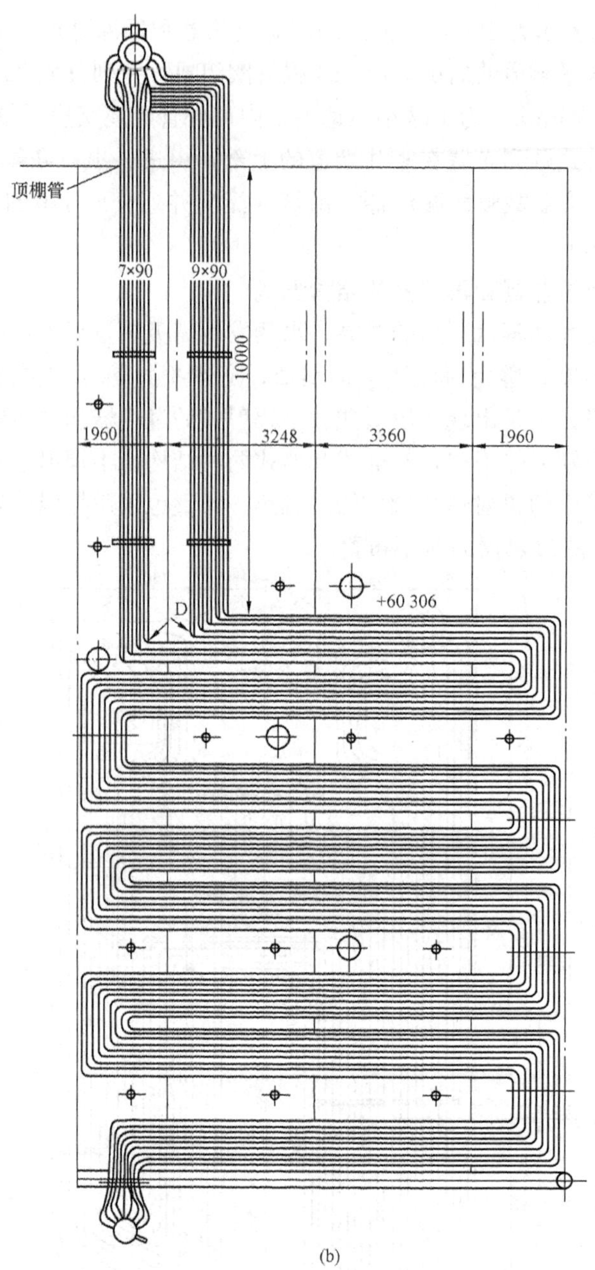

图 6-11 某锅炉高温对流过热器和低温对流再热器结构实例（二）
（b）低温对流再热器

1. 前屏和大屏

前屏过热器和再热器一般布置在炉膛上部，又称为大屏或分隔屏，其作用主要是降低炉膛出口烟温，减少烟气扰动和旋转，改善过热蒸汽或再热蒸汽的汽温特性。

前屏节距较大，一般在 3000～4000mm。前屏过热器由外径为 32～42mm 的钢管及联箱组成，每屏中的管数一般为 15～30 根，由蒸汽流速决定。管子之间的节距 s_2 和管径之比 s_2/d 为 1.1～1.25。管屏用自身的管子作为夹持管，将管屏夹紧，以免管子从屏的平面凸出，并将内圈管子适当加长，外圈管子缩短，以减少热偏差。管屏之间的横向节距用定位管来保持，定位管内通有冷却介质。管屏的重量由联箱支撑。管屏也可用自身管子进行定位，由屏的管子拉出形成连接管并与相邻屏中的连接管夹持在一起，以保持各屏之间的节距，并增加屏的刚性，如图 6-13 所示，图中扎紧管的作用是将每片屏自身的管子夹紧以免各管凸出屏的平面。

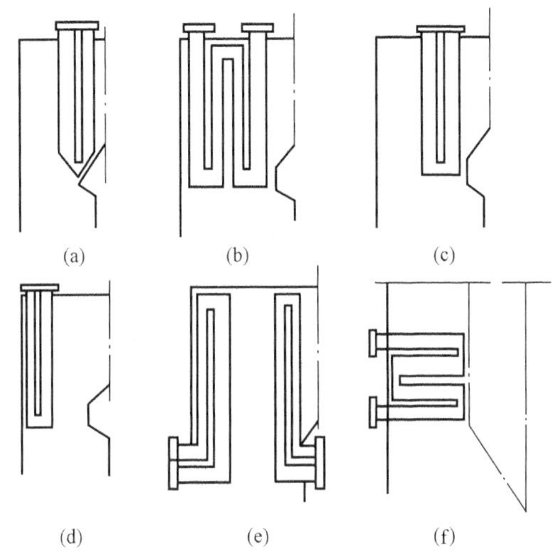

图 6-12 屏式过热器的典型布置
(a) 后屏；(b) 大屏；(c) 半大屏；
(d) 前屏；(e) 能疏水的屏；(f) 卧式屏

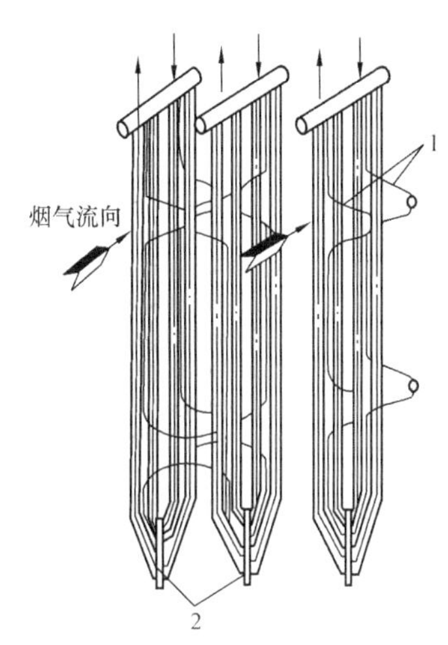

图 6-13 屏式过热器结构及屏间定位
1—连接管；2—扎紧管

前屏由于受炉内火焰辐射，热负荷较高，因而热偏差较大。特别是外圈管子，受热最强，长度又最长，阻力大，工质流量小，易发生超温现象。除用更好的材料外，在结构上采取措施，如图 6-14 所示，即外圈采用长度较短或用管径较大的管子或内外圈管子交叉等。

图 6-15 是某 2020t/h 亚临界压力自然循环锅炉的前屏过热器，垂直布置于炉膛上部，靠近前墙。从低温过热器来的蒸汽，通过连接管（即一级减温器）1 进入前屏的入口联箱 2，再通过 5 个垂直布置的入口联箱 3 进入前屏 4，前屏共有 5 片，屏间距 s_1＝3904mm，每片屏有 126 根管子（分三组），管子外径为 50.8mm，材质为 SA—213T22，SA—TP304H。蒸汽在管内自下而上流动，最后进入前屏出口联箱 5，每片前屏有三个出口联箱，从每个前屏出口联箱流出的蒸汽再经 2 根连接管进入二级喷水减温器。

2. 后屏

后屏布置在炉膛出口处，吸收炉膛中的辐射热和烟气的对流热，称为半辐射式过热器和再热器，其对流和辐射热的份额与所布置的位置和节距有关。

后屏和前屏的结构形式基本相同，只是横向节距不同，后屏比前屏横向节距小，屏与屏之间的节距为 500～1000mm。后屏过热器的每片屏由并联的 15～30 根管子弯曲而成。管子外径一般为 32～42mm，大容量锅炉也有用 51～57mm 的管子。屏的下部，根据折焰角的形状可制作成三角形；若在折焰角前，一般作成方形。为保持管屏平整，每片屏抽出一根管子作包扎管，将其余管子扎紧，如图 6-16（b）所示。相邻两片屏间除采用图 6-13 所示的保持屏间距的方式外，还可采用横穿前屏和后屏的汽冷夹管来使屏平整和保持屏间距的方式，如图 6-16（a）所示。汽冷管由前屏进口联箱接至后屏出口联箱，在水平方向交叉构成两道夹持管，以夹紧前屏和后屏。汽冷管还用拉件与水冷壁固定。图 6-16（c）为水平布置屏式过热器汽冷管夹和支撑管子的结构。

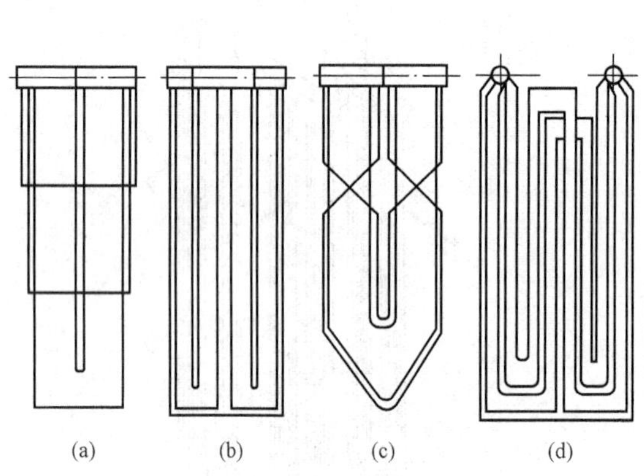

图 6-14 屏的外圈管减小热偏差的措施

(a) 外圈管子截短；(b) 外圈管子短路；(c) 内外圈管子交叉；(d) 内外圈管子交换

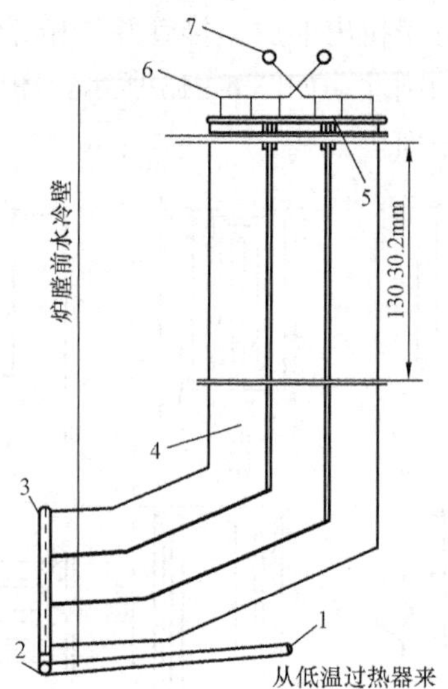

图 6-15 某 2020t/h 亚临界压力自然循环锅炉的前屏过热器

1—低过至前屏的连接管；2—前屏总入口联箱；3—各屏入口联箱；4—前屏；5—出口联箱；6—出口联箱至减温器的连接管；7—二级减温器

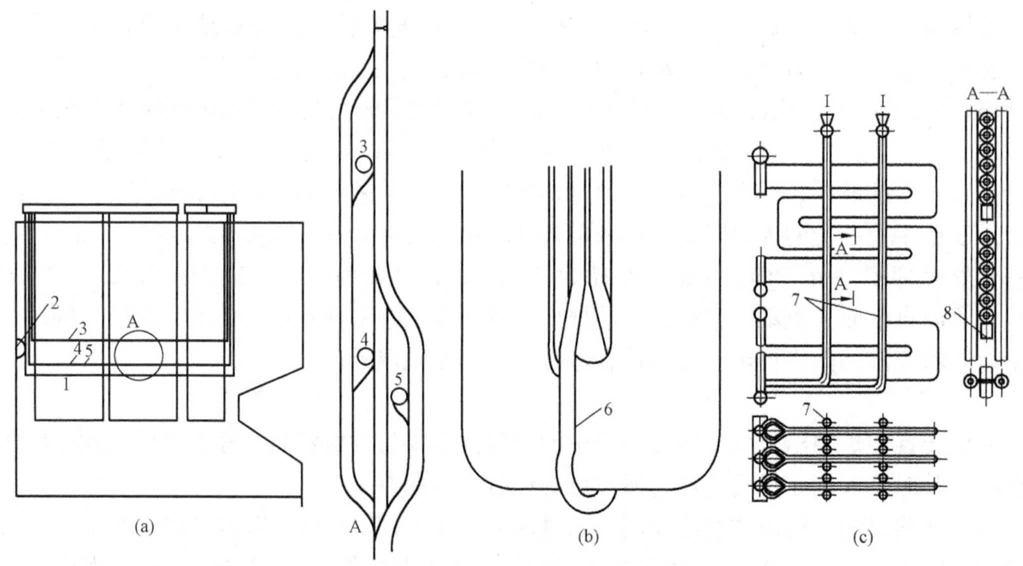

图 6-16 汽冷管夹类型

(a) 固定屏间距与平整管屏的汽冷管夹；(b) 屏底部的汽冷管夹；(c) 水平布置屏的汽冷管夹

1、3、4、5、6、7—汽冷管夹；2—水冷壁拉件；8—支承管子的结构

3. 墙式过热器和再热器

墙式过热器也称壁式过热器，其结构与水冷壁相似，可以布置在炉膛上部，也可以沿炉

膛全高度布置，当沿炉膛全高度布置时，可将壁式过热器布置在任一面墙上。壁式过热器与再热器和前屏、大屏一样，都是辐射式受热面。

受热面可采用紧贴炉墙，与水冷壁管相间布置的方式，如图6-17（a）所示，多用于控制循环锅炉；也可采用附着在水冷壁管上的布置方式，如图6-17（b）所示，受热面将水冷壁管遮盖，水冷壁被遮盖部分按不吸热考虑，一般用于自然循环锅炉。

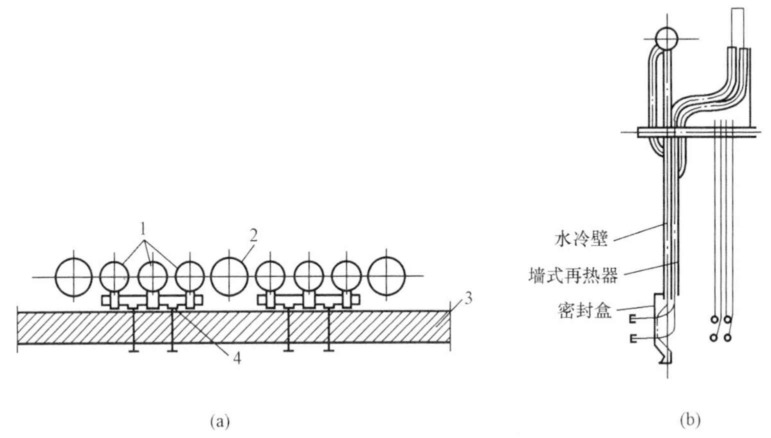

图6-17　壁式过（再）热器的结构及布置

（a）墙式过热器与水冷壁间隔布置；（b）墙式过热器贴水冷壁布置

1—墙式辐射过热器；2—水冷壁管；3—炉墙；4—固定支架

由于受火焰的高温辐射，壁式过热器的管壁温度可能比管内蒸汽温度高100～120℃，所以常将它作为过热器系统的低温段使用，并将管中的质量流速提高到1000～1500kg/（m^2·s），以保证其冷却条件。

壁式再热器用作再热器系统的低温段，质量流速一250～400kg/（m^2·s）。在锅炉启动初期，管内无介质流动，为保证其安全，必须限制炉膛出口烟温。

三、顶棚和包覆过热器

顶棚过热器布置在炉膛顶部，一般采用膜式受热面结构。由于它处于炉膛顶部，热负荷较小，故吸热量较少。采用顶棚过热器的主要目的是用来构成轻型平炉顶结构，即在顶棚上直接敷设保温材料而构成炉顶，使炉顶结构简化。

包覆过热器布置在水平烟道和尾部竖井的墙壁上。其管径与对流过热器基本相同，相对节距对光管$s_1/d \leqslant 1.25$，对膜式$s_1/d = 2 \sim 3$。由于靠近炉墙处的烟气温度和烟气流速都较低，因此包覆过热器的辐射和对流吸热量都很少。这样布置包覆过热器的作用是形成烟道墙壁并成为敷管炉墙的载体，同时提高炉墙的严密性，减少了烟道漏风。

四、汽温特性

汽温特性是指过热器或再热器出口蒸汽温度与锅炉负荷之间的关系，即$t = f(D)$。不同型式的过热器和再热器的汽温特性如图6-18所示。

对流式过热器的汽温特性是：出口汽温随锅炉负荷的增大而升高；反之，锅炉负荷减小则出口汽温降低。因为，当锅炉负荷增大时，一方面燃料量和空气量均增加，燃烧产生的烟气量随之增加，炉膛出口的烟气温度和烟气流速也相应升高，使对流过热器的传热温差和传热系数都增大，对流传热量增加；另一方面，流经对流过热器的蒸汽流量也相应增大，但对

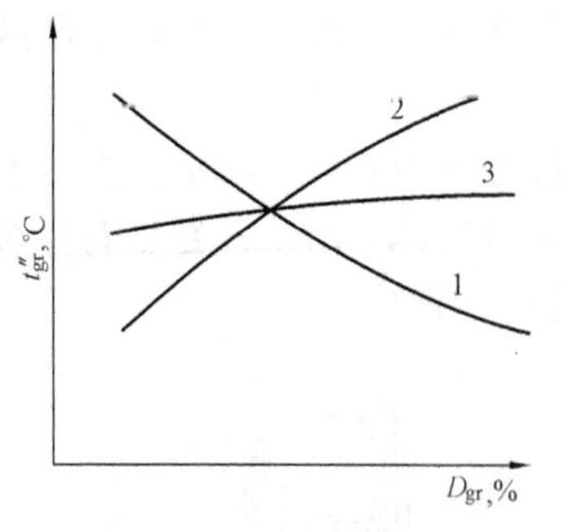

图 6-18 过热器与再热器的汽温特性
1—辐射式过热器；2—对流式过热器；
3—半辐射式过热器

流传热量增加幅度大于蒸汽流量的增加幅度，所以，单位质量过热蒸汽的吸热量增大，出口汽温升高。

辐射式过热器的汽温特性与对流式过热器相反，即锅炉负荷增大时，出口汽温降低；反之，锅炉负荷减小时，出口汽温升高。因为当锅炉负荷增大时，一方面燃料量增加后，炉膛内平均温度升高，使辐射传热量增加；另一方面，流经辐射过热器的蒸汽流量也相应增大，但由于蒸汽流量增大幅度大于辐射传热量增加的幅度，使单位质量的蒸汽吸热量减小，出口汽温降低。

半辐射过热器由于兼有辐射和对流两种传热方式，因此，其汽温特性比较平稳。一般情况下，半辐射过热器中对流吸热的成分稍大些，故汽温特性近似于对流特性。

对于辐射—半辐射—对流组合式过热器，若配合和布置恰当就可以获得比较平稳的汽温特性，其汽温特性与半辐射式过热器相似。

再热器的汽温特性原则上与过热器的汽温特性相似，但又有其不同的特点。在再热器中，其进口工质参数决定于汽轮机高压缸的排汽参数。在负荷降低时，汽轮机高压缸排汽温度降低，再热器的进口汽温也随之降低，所以，再热器出口汽温一般是随负荷降低而下降的。为了保持再热器出口汽温不变，必须吸收更多的热量。当锅炉负荷从额定值降到 70% 负荷时，再热器进口汽温下降 30～50℃，再加上再热蒸汽的压力较低，蒸汽比热容较小，因此，再热汽温的变化幅度较大。若再热器采用较多的辐射和半辐射式受热面，其汽温特性将得到改善。

当机组采用变压运行方式时，机组负荷变化是通过改变锅炉出口蒸汽压力来适应的，而过热汽温、再热汽温则仍维持在额定值。因此，变压运行时，负荷变化而再热器进口温度基本保持不变。且由于压力降低时，蒸汽的比热容减小，加热至相同温度所需的热量减少，因此，过热汽温和再热汽温比定压运行时都容易保持稳定。

五、大型锅炉过热器、再热器系统举例

过热器、再热器的系统布置应能满足安全性和经济性的要求。即过热器、再热器的热偏差小，管壁不超温；有良好的汽温特性；汽温调节范围大，灵敏、可靠性高；流动阻力小，压降小，循环热效率高；节省钢材；安装检修方便等。

锅炉参数对过热器和再热器受热面的影响很大。当蒸汽参数（特别是蒸汽压力）提高时，水的加热热增大，汽化热减小，水蒸气的过热热增大。

对于中、低压锅炉，由于需要的过热热较少，因此，只采用对流过热器，系统比较简单，主要考虑顺流、逆流的合理布置，以保证管壁的安全和尽量节省金属用量。

对于高压以上锅炉，由于水的汽化热减少，需要的蒸发受热面少，为了防止结渣，限制炉膛出口烟温，则需要将部分过热器移到炉膛内部，即采用辐射-对流组合式过热器系统。辐射过热器由于热负荷较高，应作为低温过热器。对于国产高压以上锅炉的过热器系统都采用了串联混合流组合方式，其基本组合模式为“顶棚过热器→包覆墙式过热器→低温对流过热器→辐射过热器→半辐射过热器→高温对流过热器”。这种组合模式的特点是既能获得比较平稳的汽温特性，又能保证有较大的传热温差，节省过热器受热面积。

再热器系统有两种布置方式，一种是超高压锅炉上常采用的纯对流再热器；另一种是亚临界及以上压力锅炉常采用的“墙式辐射再热器→半辐射屏式再热器→高温对流再热器”顺流组合模式。对于现代大容量锅炉，由于调节再热汽温的方式不同，所以过热器和再热器的系统布置也不相同。下面介绍几种大型锅炉典型的过热器和再热器系统。

1. HG-2008/186-M 型锅炉过热器和再热器系统

图 6-19 所示为 HG-2008/186-M 型锅炉过热器和再热器系统，整个系统采用了上述过热器系统的基本模式。

过热器系统的蒸汽流程如下：饱和蒸汽由汽包引出，送到炉顶管和包覆过热器，由包覆过热器引出至低温过热器 12，经低温对流过热器出口联箱引入前屏 3，再由前屏出口联箱引出至后屏过热器 4，最后由后屏过热器出口联箱引出至末级高温对流过热器 7，完成过热蒸汽的加热过程。

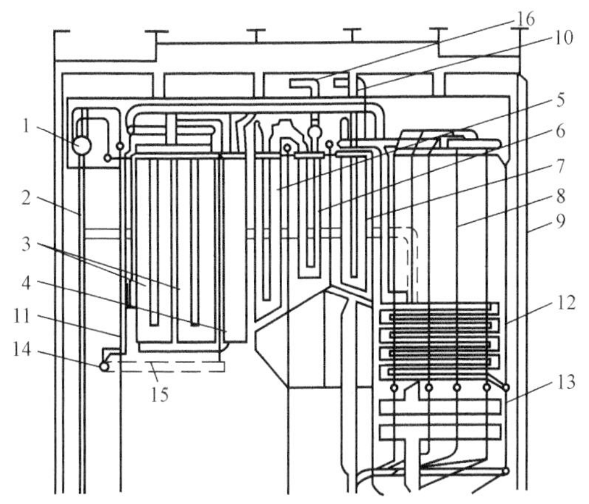

图 6-19 HG-2008/186-M 型锅炉过热器和再热器系统

1—汽包；2—下降管；3—分隔屏过热器；4—后屏过热器；5—后屏再热器；6—高温再热器；7—高温过热器；8—悬吊管；9—包覆管；10—过热蒸汽出口；11—壁式辐射再热器；12—低温过热器；13—省煤器；14—再热蒸汽进口；15—侧墙辐射再热器；16—再热蒸汽出口

再热器系统也采用辐射—对流组合布置，共有三级：壁式、屏式和高温再热器。壁式再热器为低温再热器，布置在水冷壁上部的前墙和两侧墙的前侧，直接吸收炉膛的辐射热。后屏再热器布置于后屏过热器和后墙水冷壁悬吊管之间（折焰角上部）。高温再热器位于水平烟道内（处于后墙水冷壁悬吊管与后墙水冷壁折焰角延伸的垂帘管之间）。再热蒸汽流程为汽轮机高压缸排汽引到壁式再热器的入口联箱，再由壁式再热器 11 引至后屏再热器 5 和高温对流再热器 6，完成蒸汽的再过热过程。

过热蒸汽温度主要靠喷水减温来进行调节。由于过热器是采用辐射、半辐射和对流串级布置，汽温特性比较平稳，故仅设一级喷水减温器，喷水减温器布置在低温过热器出口至分隔屏过热器入口的大直径连接管上，减温器采用笛形管式。再热器主要靠燃烧器摆动调温，另外，再热器进口管道上装有两支雾化喷嘴式的喷水减温器，主要作事故喷水用，以保护再热器。

2. 2027/20.61 自然循环锅炉过热器和再热器系统

2027/20.61 自然循环锅炉过热器、再热器系统布置如图 6-20 所示。后部烟道过热器布置如图 6-21 所示。

过热器系统主要有顶棚过热器、包覆过热器、水平低温对流过热器和悬吊低温过热器（一级过热器Ⅰ段）、屏式过热器（一级过热器Ⅱ段）和高温对流过热器（二级过热器）组成。

顶棚过热器位于炉膛及水平烟道上部，由 130 根管子组成，节距 150mm，采用较大的节距以便于安装过热器和再热器的支吊件。

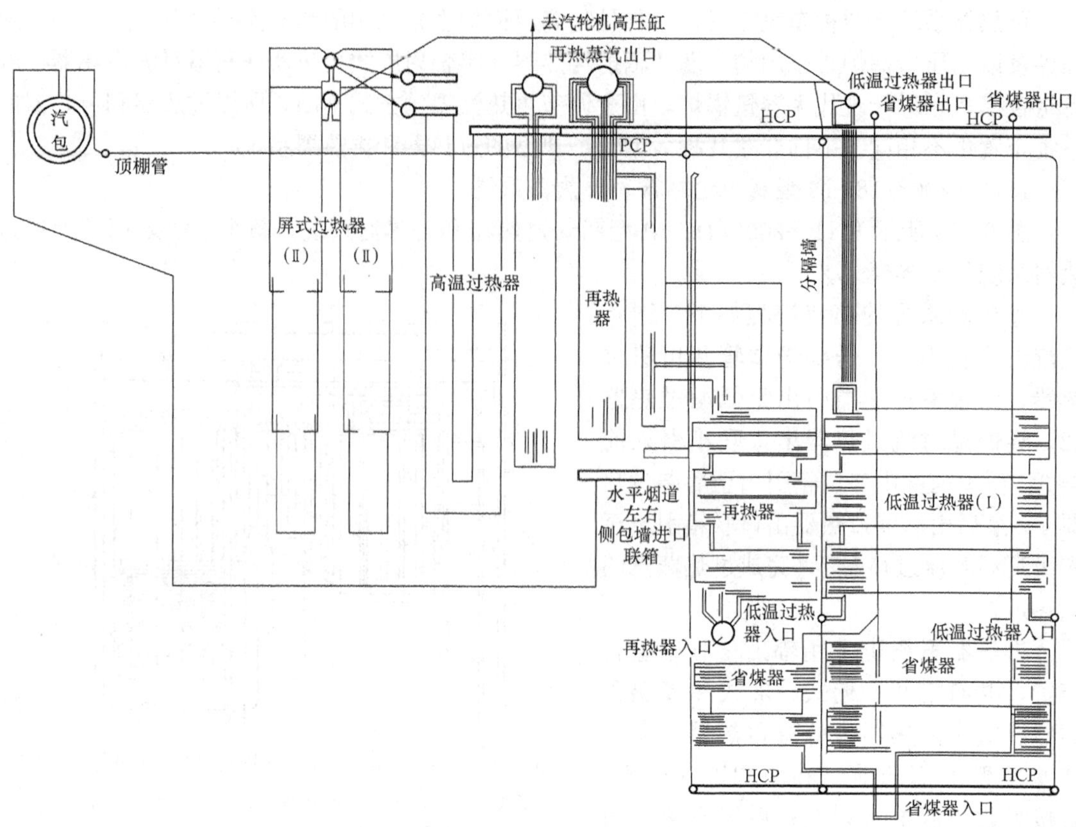

图 6-20　2027/20.61 自然循环锅炉过热器、再热器系统

水平低温过热器和悬吊低温过热器位于尾部烟道的过热器侧烟道内。它由三组水平管束和一组悬吊管束组成。低温对流过热器有两个进口联箱（后烟道隔墙中间联箱和后烟道后墙中间联箱）和一个出口联箱。从出口联箱两端引出两根管子到减温器 1A 和 1B。水平低温过热器为逆流布置。

屏式过热器位于炉膛正上方。采用交叉的马蹄形设计，这样可减小管子长度差，从而减小各管吸热不均及减小热偏差。

末级高温过热器布置在折焰角上方烟道中，界于屏式过热器与再热器之间。末级过热器由一组进口管束和一组出口管束组成，为顺流布置。

锅炉垂直烟道采用中隔墙分成前（再热器烟道）、后（过热器烟道）两个烟道。低温对流过热器和悬吊低温过热器布置在过热器侧烟道中。

过热器的蒸汽流程如图 6-22 所示。

过热蒸汽温度调节主要采用喷水减温的方法，在整个过热器系统中布置了两级减温器。一级减温器布置在一级过热器（低温对流过热器）和屏式过热器之间；二级减温器布置在屏式过热器和高温对流过热器之间。

再热器采用对流式，由水平低温对流再热器和立式高温对流再热器组成。低温对流再热器布置在垂直烟道的再热器侧烟道中，由三组逆流布置的水平管束组成；高温对流再热器布置在水平烟道的高温对流过热器之后，逆流布置。水平再热器与悬吊再热器之间用管屏连接。

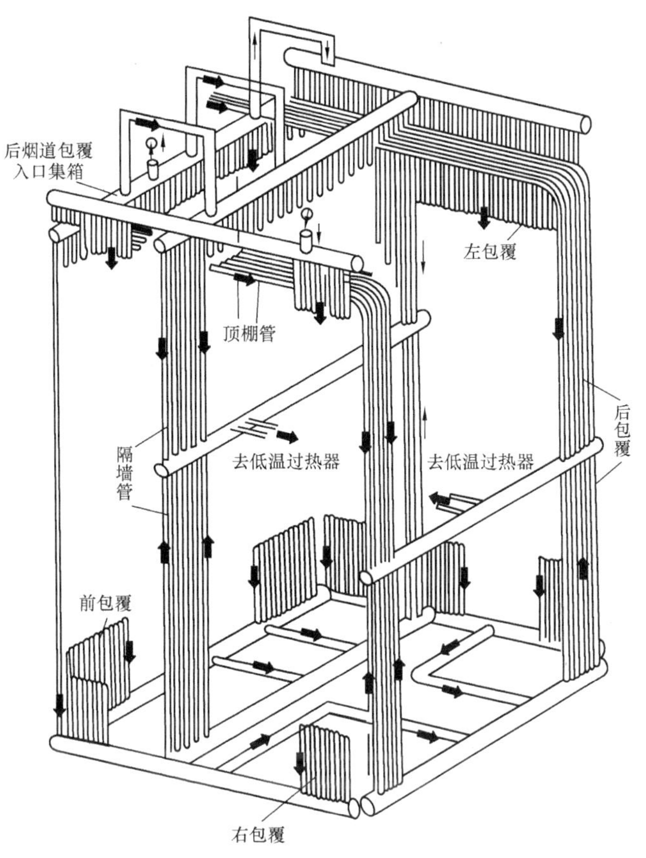

图 6-21　后部烟道过热器布置

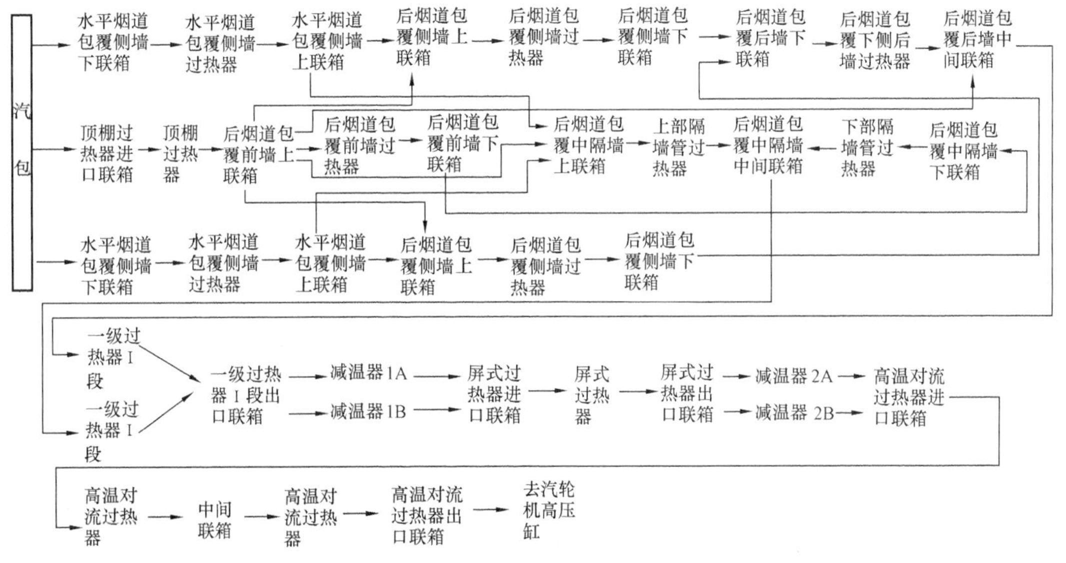

图 6-22　过热器的蒸汽流程

再热蒸汽流程：汽轮机高压缸排汽进入低温对流再热器进口联箱，自下而上逆流通过低温对流再热器，然后逆流流过水平烟道中的高温对流再热器，在出口联箱汇集。

再热蒸汽温度的调节主要采用分隔烟道挡板调节，即用调节烟道挡板的开度来改变流过再热器通道的烟气量以达到调节再热汽温的目的。此外，在低温再热器进口管道上还装设了事故喷水减温器，以保证再热器的安全。

第三节　热　偏　差

一、热偏差的概念

过热器与再热器以及锅炉其他受热面都是由许多并列管子组成的，由于并列管的热负荷和工质流量大小不同，结构也不完全一致，所以并联各管的工质焓增也就不同。这种管组中个别管子的焓增偏离管组平均焓增的现象，称为热偏差。偏差管的焓增与管组的平均焓增的比值称为热偏差系数，用 φ 表示，则

$$\varphi=\frac{\Delta i_{\mathrm{P}}}{\Delta i_{\mathrm{O}}} \tag{6-1}$$

式中，脚标“O”和“P”分别表示整个管组的平均值和所检测管子的特定值。如以脚标“1”和“2”分别表示管圈进出口处的数值，则有

$$\Delta i_{\mathrm{P}}=i_{2\mathrm{P}}-i_{1\mathrm{P}}=\frac{q_{\mathrm{P}}F_{\mathrm{P}}}{G_{\mathrm{P}}} \tag{6-2}$$

$$\Delta i_{\mathrm{O}}=i_{2\mathrm{O}}-i_{1\mathrm{O}}=\frac{q_{\mathrm{O}}F_{\mathrm{O}}}{G_{\mathrm{O}}} \tag{6-3}$$

$$\varphi=\frac{q_{\mathrm{P}}F_{\mathrm{P}}}{G_{\mathrm{P}}}\Big/\frac{q_{\mathrm{O}}F_{\mathrm{O}}}{G_{\mathrm{O}}}=\frac{q_{\mathrm{P}}}{q_{\mathrm{O}}}\frac{F_{\mathrm{P}}}{F_{\mathrm{O}}}\frac{G_{\mathrm{O}}}{G_{\mathrm{P}}}=\frac{\eta_{\mathrm{q}}\eta_{\mathrm{F}}}{\eta_{\mathrm{G}}} \tag{6-4}$$

式中，q、F、G 分别表示受热面的外壁壁面热负荷、受热面积和管内工质流量。$\eta_{\mathrm{q}}=q_{\mathrm{P}}/q_{\mathrm{O}}$，$\eta_{\mathrm{F}}=F_{\mathrm{P}}/F_{\mathrm{O}}$，$\eta_{\mathrm{G}}=G_{\mathrm{P}}/G_{\mathrm{O}}$ 分别为热负荷不均匀系数、结构不均匀系数和流量不均匀系数。当这些系数的数值趋于 1 时，被视为是“均匀”的，其值与 1 的偏差越大，热偏差就越大。

由式（6-4）可见，热偏差系数与热负荷不均匀系数、结构不均匀系数成正比，与流量不均匀系数成反比。

二、影响热偏差的因素

影响热偏差的因素主要有热负荷不均、结构不均和流量不均。对于大多数过热器和再热器而言，受热面积和结构的差异很小，因此，过热器和再热器的热偏差主要是由于吸热不均和流量不均造成的。

1. 吸热不均

影响受热面并列管圈之间吸热不均的因素较多，有结构因素，也有运行因素。

（1）受热面的污染。受热面积灰和结渣会使管间吸热严重不均。结渣和积灰总是不均匀的，部分管子结渣或积灰，使其他管子吸热增加。

（2）炉内温度场和速度场不均。在炉膛中，由于火焰中心向四周的水冷壁进行辐射换热，所以炉内温度场分布是不均匀的，而且炉内温度场是三维的，炉膛四面炉壁的热负荷可能各不相同，对于某一壁面沿其宽度和高度的热负荷差别也较大。沿炉膛宽度温度分布的不均，将会不同程度地在对流烟道中延续下去，也会引起对流过热器的吸热不均；而且离炉膛出口越近，这种影响就越大。同时，由于烟气在烟道中流动时总是中间流速高，两侧烟速

低，这种速度场不均也会使烟气对流换热不均，中间管子的吸热量要大于两侧管子的吸热量。

由于燃烧器设计或锅炉运行等原因，如风速不均、煤粉浓度不均、火焰中心的偏斜、四角切圆燃烧所产生的旋转气流在对流烟道中的残余旋转等，都会使炉内温度场和速度场不均，从而造成对流受热面的吸热不均。

一般说来，烟道中部的热负荷较大，沿宽度两侧的热负荷较小，如图 6-23 所示，吸热不均系数可能达到 $\eta_q=1.1\sim1.3$。如果将烟道沿宽度分为几部分，如图中所示分成三部分，并在烟道宽度的两侧布置一级过热器，而在烟道中部布置另一级过热器，则过热器中并列管子的吸热不均匀性可减少很多。

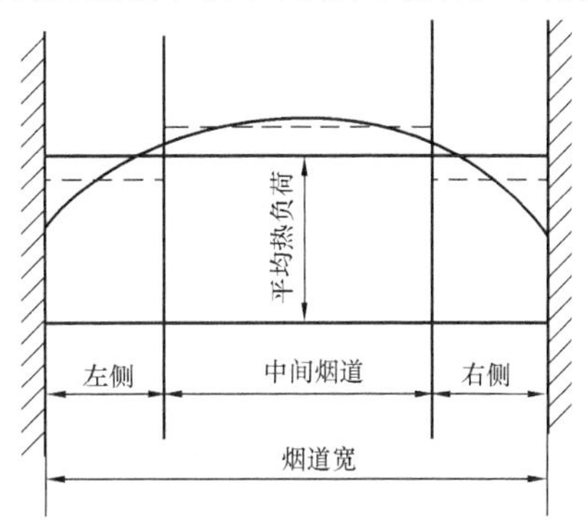

图 6-23　沿烟道宽度热负荷分布曲线

对流受热面中横向节距不均匀时，在个别蛇形管片间具有较大的烟气流通截面，形成烟气走廊。烟气走廊阻力小，烟气流速快，加强了对流传热。烟气走廊还具有较大的烟气辐射层厚度，也加强了辐射传热。因此，烟气走廊中的受热面热负荷不均系数较大。

对于屏式过热器，中间管屏的受热最强，两侧的屏受热较弱。对同一管屏，各排管子的角系数是沿着管排的深度不断减小的。最外圈由于直接接受火焰的辐射而受热最强，越往里圈的管子由于受外圈的阻挡，受热越弱。因此，屏式受热面的热力不均匀系数较大。

2. 流量不均

影响并列管子间流量不均的因素有很多，例如联箱连接方式的不同，并列管圈的重位压头的不同和管径及长度的差异等。此外，吸热不均也会引起流量的不均。

按压力平衡公式，在并列的过热器管圈中，其中任一管圈的进出口压差可由式（6-5）计算：

$$\Delta p=p_1-p_2=\left(\sum\zeta+\lambda\frac{l}{d}\right)\frac{\rho w^2}{2}\pm\rho gh=KG^2/\rho\pm\rho gh \tag{6-5}$$

其中

$$K=\left(\sum\zeta+\lambda\frac{l}{d}\right)\frac{1}{2A^2} \tag{6-6}$$

式中　Δp——管子进出口压力差，Pa；

p_1、p_2——管子进出口的静压力，Pa；

ζ、λ、K——管子的局部阻力系数、摩擦阻力系数和阻力特性常数；

G、ρ、w——管内蒸汽流量、平均密度和流速；

d、l、A——管子的内径、长度和流通截面积；

h——进出口联箱之间的高度差，向上流动取“+”，向下流动取“−”。

对于过热蒸汽，公式中重位压头数值很小，可忽略。在这种情况下，公式可简化为

$$\Delta p=KG^2/\rho \tag{6-7}$$

则有

$$G=\sqrt{\frac{\Delta p\cdot\rho}{K}} \tag{6-8}$$

从上式可以看出，影响过热器并列管内流量不均的因素主要有 Δp、R、ρ 几个方面，下

面分别进行分析。

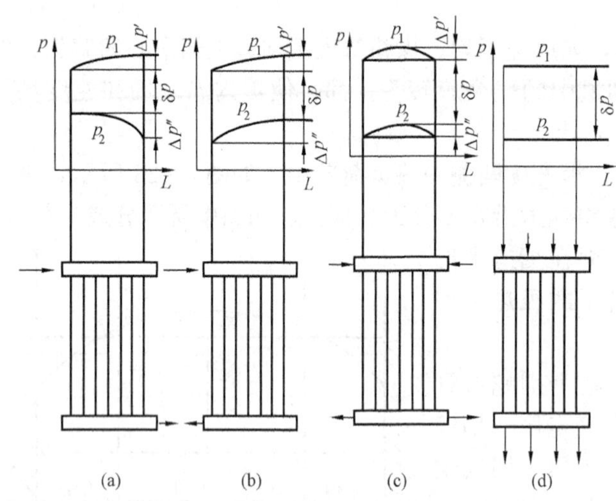

图 6-24 不同连接方式联箱的压力分布
（a）Z形连接；（b）U形连接；（c）双Π形连接；
（d）多点引入、引出型连接
δp—管圈的阻力；$\Delta p'$—进口联箱中压降；
$\Delta p''$—出口联箱中压降

（1）管圈进出口压差。管圈进出口压差主要决定于联箱的连接方式。连接方式的不同，会引起并列管圈进出口两端静压差的变化。图6-24示出过热器不同连接方式联箱的静压力分布曲线。

在Z形连接的管组中［图6-24（a）］，蒸汽由进口联箱左端引入，从出口联箱的右端导出。在进口联箱中，沿联箱长度方向，工质流量因逐渐分配给蛇形管而不断减少，在进口联箱右端，蒸汽流量下降到最小值。与此相应，动压能也沿联箱长度方向逐渐降低，而静压则逐步升高。进口联箱中静压的分布曲线如图6-24（a）中上面一根曲线所示；出口联箱中的静压变化则如图中下面一根曲线所示。这样，在Z形连接管组中，管圈两端的压差有很大差异，因而导致较大的流量不均，左边管圈的工质流量最小，右边管圈的流量最大。

在U形连接管组中［图6-24（b）］，两个联箱内静压的变化有着相同的方向，因此，并列管圈之间两端的压差值相差较小，其流量不均比Z形连接方式要小。

图6-24（c）为双Π形连接方式。蒸汽从进口联箱的两端引入，从出口联箱的两端引出。这种连接方式比U形连接方式更好，各管的流量偏差更小。

此外，采用多管均匀引入和导出的连接系统［见图6-24（d）］，沿联箱长度静压的变化对流量不均的影响可以减小到最低限度，但系统复杂，大容量锅炉很少采用。

（2）管内工质密度。如果不考虑沿联箱长度静压的变化，则各并列管圈的压差应当相等，则有

$$\Delta p=\Delta p_{\mathrm{O}}=\Delta p_{\mathrm{P}} \tag{6-9}$$

即有

$$K_{\mathrm{O}}G_{\mathrm{O}}^2/\rho_{\mathrm{O}}\pm h\rho_{\mathrm{O}}g=K_{\mathrm{P}}G_{\mathrm{P}}^2/\rho_{\mathrm{P}}\pm h\rho_{\mathrm{P}}g \tag{6-10}$$

在已知管组中偏差管和整个管组平均的K和ρ的情况下，利用式（6-10）可以估算出工质的流量不均。若忽略重位压头的影响，式（6-10）将变为

$$K_{\mathrm{O}}G_{\mathrm{O}}^2/\rho_{\mathrm{O}}=K_{\mathrm{P}}G_{\mathrm{P}}^2/\rho_{\mathrm{P}} \tag{6-11}$$

或

$$\eta_{\mathrm{G}}=\frac{G_{\mathrm{P}}}{G_{\mathrm{O}}}=\sqrt{\frac{K_{\mathrm{O}}\rho_{\mathrm{P}}}{K_{\mathrm{P}}\rho_{\mathrm{O}}}} \tag{6-12}$$

由式（6-12）可以看出，即使在过热器和再热器的并列管圈之间的压差及阻力系数完全相同的情况下，由于吸热不均引起工质密度上的差别，从而导致流量不均。吸热量越多，蒸汽温度越高，密度越小，流量也就越少；反之，吸热量越少，密度越大，流量越多。这是

强制工质流动受热面的流动特性。

（3）管子的阻力系数。从式（6-8）及式（6-12）可以看出，阻力系数越大，管子内部的流量越少。

三、减轻热偏差的措施

减轻热偏差的主要措施是减少吸热不均及流量不均。在一定的锅炉容量、参数、金属材料等条件下，应从设计和运行两个方面采取措施。

在设计上的措施如下。

（1）将受热面分级，并进行级间混合。这样可减少每一级过热器、再热器的焓增，受热面出口汽温的偏差也会减少。

（2）两级间进行左右交叉流动，以消除烟道两侧烟温偏差（图6-25）。但在再热器系统中一般不宜采用左右交叉，其目的为了减少系统的流动阻力，以提高再热蒸汽的做功能力。

（3）蒸汽引入引出联箱时采用静压分布均匀的连接方式，避免采用Z形连接，应采用U形连接或多管引入引出的连接方式以减少各管之间压差差异。

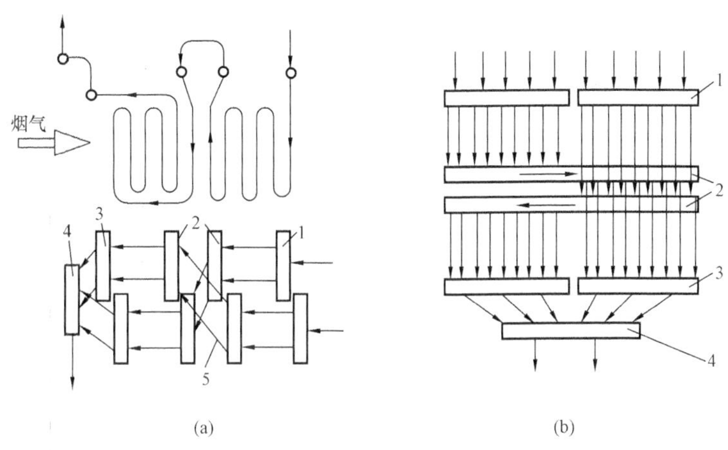

图6-25　蒸汽左右交叉流动连接系统

（a）利用蒸汽连接管进行交换；（b）利用中间联箱进行交换

1—进口联箱；2—中间联箱；3—出口联箱；4—集汽联箱；5—蒸汽连接管

（4）适当均衡并列各管的长度和吸热量，增大部分管段的管径，减少其阻力，受热面可按受热条件、壁温工况采用不同材料、不同管径。

（5）减少炉膛出口烟气残余旋转，以减少炉膛出口及水平烟道的左右烟温偏差。在炉膛上部加装分隔屏（前屏）过热器，以减少炉膛出口烟气残余旋转的旋转能量，均流烟气；采用部分二次风反切，以减少炉膛出口烟气的旋转能量。目前，300、600MW四角切圆燃烧的锅炉采用较为广泛。

（6）对于屏式过热器，应减少屏前或管束前烟气空间尺寸，减少每片屏之间烟气空间的差异。用水冷或汽冷定位管固定各屏或各片受热面，以防止其摆动，并使烟气空间固定，传热稳定。同时，对其外圈管采取措施改善其受热条件。

在运行中的措施如下。

（1）设备投运前做好炉内冷态空气动力场试验和燃烧调整试验，为正常运行调整提供依据。

（2）在正常运行时，正确进行燃烧调整，保证燃烧稳定。合理投运燃烧器，尽量对称投入，切换合理，使烟气均匀充满炉膛空间，避免产生偏斜和冲刷屏式过热器。尽量使沿炉宽方向烟气流量和温度分布比较均匀，控制水平烟道左右烟温偏差不能过大。

（3）保持受热面清洁。及时吹灰，打渣。

第四节 蒸汽温度的影响因素及调节

一、蒸汽温度的影响因素

影响汽温的因素有很多，而且这些因素还可能同时发生影响。下面分别介绍。

1. 锅炉负荷

现代大型锅炉的过热器和再热器系统一般具有对流汽温特性。即锅炉负荷升高（或下降），汽温也随之上升（或降低）。

2. 过量空气系数

过量空气系数增大时，燃烧生成的烟气量增多，烟气流速增大，对流传热加强，导致过热汽温升高。

3. 给水温度

给水温度降低，产生一定蒸汽量所需的燃料量增加，燃烧产物的容积也随之增加，同时炉膛出口烟温升高，所以，过热汽温将升高。在电厂运行中，高压加热器的投停会使给水温度有很大的变化，因而会使过热汽温发生显著的变化。

4. 受热面的污染情况

炉膛受热面的结渣或积灰会使炉内辐射传热量减少，过热器区域的烟气温度提高，因而使过热汽温上升。反之，过热器本身的结渣或积灰将导致汽温下降。

5. 饱和蒸汽用汽量

当锅炉采用饱和蒸汽作为吹灰等用途时，用汽量增多将使过热汽温升高。

锅炉的排污量对汽温也有影响，但因排污水的焓值低，故影响不大。

6. 燃烧器的运行方式

摆动式燃烧器的喷嘴向上倾斜，会因火焰中心提高而使过热汽温升高。但是对流受热面距炉膛越远，喷嘴倾角对其吸热量和出口温度的影响就越小。

对于沿炉膛高度具有多排燃烧器的锅炉，运行中不同标高的燃烧器组的投用，也会影响过热蒸汽的温度。

7. 燃料种类和成分

当燃煤锅炉改为燃油时，由于炉膛辐射热的份额增大，过热汽温将下降。在煤粉锅炉中，煤粉变粗，水分增大或灰分增加，都会使过热汽温有所提高。

表 6-2 列出了某些因素对过热汽温影响的大致数据，可作参考。

表 6-2 各因素对于过热汽温的影响

影响因素	过热汽温变化（℃）	影响因素	过热汽温变化（℃）
锅炉负荷变化±10% 炉膛过量空气系数变化±10% 给水温度变化±10℃	±10 ±10～20 ∓4～5	燃煤水分变化±1% 燃煤灰分变化±10%	±1.5 ±5

二、蒸汽温度的调节

维持稳定的汽温是保证机组安全和经济运行所必需的。汽温过高会使金属许用应力下降，影响机组的安全运行；汽温降低则会影响机组的循环热效率。运行中一般规定汽温偏离额定值的波动不能超过－10～＋5℃。汽温的调节就是要在一定的负荷范围内保持额定的蒸汽温度，以修正运行因素对汽温波动的影响。

对蒸汽温度调节设备的基本要求如下：

(1) 设备结构简单，运行可靠。

(2) 调节灵敏，汽温偏差小，且易于实现自动化。

(3) 不影响锅炉或热力系统的效率。

(4) 在一定的负荷范围内（60%～100%）保持额定的蒸汽温度。

在选择蒸汽温度调节设备的容量时，对于对流过热器系统的锅炉，要求较大容量的调温设备；对于辐射—对流组合型的过热器系统，调温设备的容量可以小些；燃用多灰分或灰熔融温度变化大或煤种变化大的燃料时，需要较大容量的调温设备；对于新设计的尚缺乏运行经验的炉型，调温设备的容量应大一些，以便适应锅炉投运后对受热面进行必要的调整。

蒸汽温度调节方法主要分为蒸汽侧调节和烟气侧调节两类。

(一) 蒸汽侧调节汽温

蒸汽侧的调节，是指通过改变蒸汽的热焓来调节汽温。目前电站锅炉常用的方法主要有喷水减温和汽—汽热交换器法等，喷水减温主要用于调节过热蒸汽温度，汽—汽热交换器法用于调节再热汽温。

1. 喷水减温器

(1) 喷水减温器的调温原理及特点。喷水减温器又称混合式减温器，其原理是将减温水通过喷嘴雾化后直接喷入过热蒸汽中，使其雾化、吸热蒸发，达到降低蒸汽温度的目的。

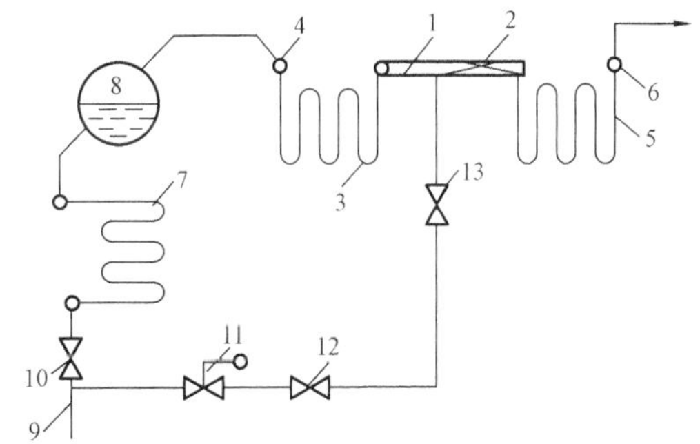

图 6-26 锅炉给水做减温水的连接系统
1—喷头；2—联箱；3、5—过热器蛇形管；4、6—蒸汽进出口联箱；7—省煤器；8—汽包；9—给水管；10—给水阀；11—喷水调节阀；12—止回阀；13—隔离阀

喷水减温器结构简单，调节幅度大，惯性小，调节灵敏，有利于自动调节，因此，在现代大型锅炉中得到广泛地应用。这种减温器的减温水直接与蒸汽接触，因而对水质要求高。我国超高压及以上锅炉的给水都除盐，可直接用给水做减温水，其连接系统如图 6-26 所示。给水品质不符合要求，可采用自制凝结水减温水系统，见图 6-27。由汽包引出饱和蒸汽冷凝成水后作为减温水喷入过热蒸汽，用给水作为冷凝介质。

由于喷水减温方法只能降温而不能升温，因此，采用喷水减温器调节汽温时，过热器的设计吸热量应略大些。如图 6-28 所示，曲线 1 是调节前的汽温特性，在低负荷 D_d 时就能达到额定汽温值，负荷高于 D_d 时高于额定汽温。这样，在高负荷时用减温器来降低高出额定值部分的汽温以维持汽温的额定值。

喷水减温主要用于过热汽温的调节，对于再热蒸汽，由于水喷入再热蒸汽后会使汽轮机中低压缸蒸汽流量增加，因而中低压缸的做功量增加，这样在机组负荷一定时势必会减少高压蒸汽做功，降低机组的循环热效率。计算结果表明再热蒸汽中喷入 1%的减温水，循环热效率下降 0.1%～0.2%。因此，在再热汽温的调节中，喷水减温只是作为烟气侧调温的辅助手段和事故喷水用。

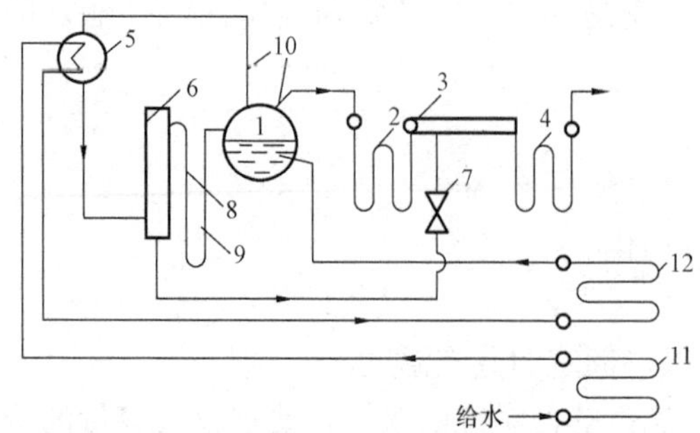

图 6-27　自制凝结水减温水系统

1—汽包；2、4—过热器；3—喷水减温器；5—冷凝器；6—储水器；7—喷水调节阀；8—溢流管；9—水封；10—饱和蒸汽；11、12—省煤器

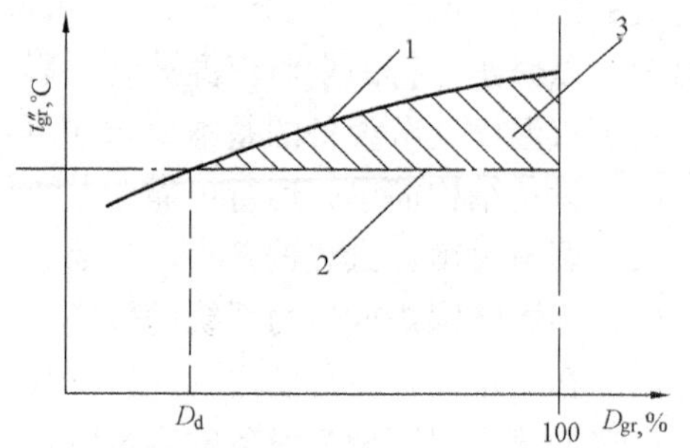

图 6-28　喷水减温器调节汽温原理

1—汽温特性；2—额定汽温；3—减温器减温部分

(2) 喷水减温器的结构。喷水减温器的结构型式有很多，主要有多孔喷管式、旋涡式和文氏管式三种。

多孔喷管式减温器又称笛形管式减温器，其结构如图 6-29 所示，主要由多孔喷管、保护套管及外壳等组成，通常安装在过热器联箱中或两级过热器的连接管道上。喷管的外径 50～76mm，上面开有若干直径 5～7mm 的喷孔，减温水从小孔中喷出，喷水速度为 3～5m/s。护套管长 4～5m，保证水滴在套管长度内蒸发完毕，防止水滴接触外壳产生热应力。多孔喷管式减温器结构简单，制造、安装方便，调温效果好，因此，广泛用于国产大型锅炉上。

旋涡式喷水减温器结构如图 6-30 所示，由旋涡式喷嘴、文丘里管和混和管组成，多布置在两级过热器之间的连接管道上。减温水在喷嘴内强烈旋转，喷出雾化后顺气流方向流动，在文丘里管喉部与高速的蒸汽混和，水滴很快汽化并过热，所以所需保护套管的长度也较短。这种减温器的减温幅度大，雾化质量好，能适应减温水量的频繁变化，缺点是压力损失较大。

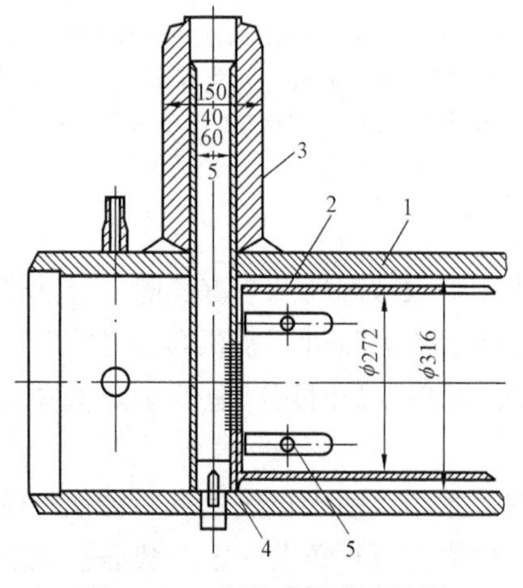

图 6-29　多孔喷管式减温器

1—外壳；2—保护套管；3—多孔喷管；4—端盖；5—加强片

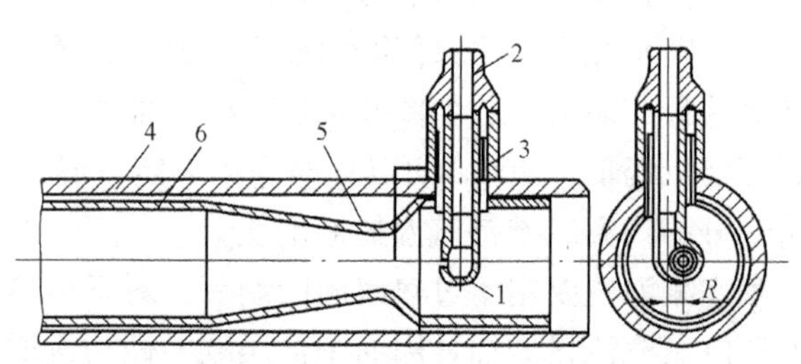

图 6-30　旋涡式喷水减温器

1—旋涡式喷嘴；2—减温水管；3—支撑钢碗；4—蒸汽管道；5—文丘里管；6—混和管

文氏管喷水减温器的结构见图6-31，由文丘里管、水室及混合管组成。文丘管喉部的蒸汽流速为70～120m/s，形成局部负压。喉口外侧为环形水室，喉口壁上开有许多个直径为3mm的喷水孔，喷孔水速约为1m/s。这种减温器的结构较复杂，变截面多，焊缝也多，用给水做减温水时温差较大，喷水量频繁变化时会产生较大的温差热应力。

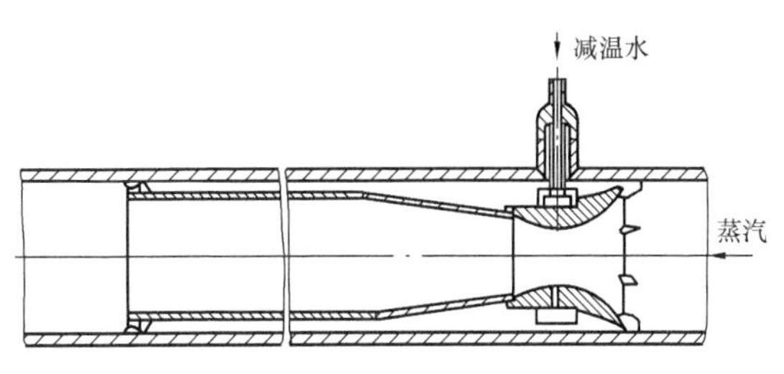

图6-31 文氏管喷水减温器

(3) 减温器在过热器系统中的布置。减温器在过热器系统中的布置遵循两个原则，一是保证调温的灵敏性，二是保护过热器不超温。当减温器布置于系统出口端时，调节的灵敏度高，但在减温前的汽温超过了正常值，其受热面的金属温度高，安全性较差；若布置于系统的入口端，过热器金属温度较低，但调节汽温的惰性大，时滞长。因此，现代锅炉的减温器都布置在过热器系统的中间位置。高压和超高压锅炉的过热器，一般采用两级喷水减温器，第一级减温器布置在屏式过热器前，喷水量稍大于总喷水量的1/2，作为整个过热器蒸汽温度的粗调，同时也起到保护屏式过热器的作用；第二级减温器放置在末级过热之前，作为出口汽温的细调。亚临界、超临界压力锅炉的过热器，常采用三级喷水减温器。例如DG—1000/170—Ⅰ型锅炉过热器的减温器分别布置于前屏、后屏、高温对流过热器的入口，既起到保护这三级过热器的作用，又能保证汽温调节的灵敏度。

2. 汽—汽热交换器

汽—汽热交换器是用过热蒸汽来加热再热蒸汽，主要用于再热蒸汽温度的调节。过热蒸汽来自辐射型过热器，其汽温随锅炉负荷下降而上升。再热器是对流型的，其汽温随锅炉负荷下降而下降。在热交换器中把过热蒸汽的部分热量传给再热蒸汽，降低了过热汽温，升高了再热汽温，使热量按合理的方向进行调配。

汽—汽热交换器按布置位置可分为外置式（布置于烟道外）和内置式（布置在烟道内），按结构可分为管式和筒式两种，如图6-32所示。管式采用U形套管结构。传热管的管径为ϕ32～42，共10～20根，装在ϕ159～219直径的套管内，过热蒸汽在管内纵向流动，再热蒸汽在小管外纵向流动，再热蒸汽温度的调节幅度30～40℃。筒式汽—汽热交换器是在ϕ800～1000的圆筒内安装了许多U形管，过热蒸汽在管内流动，再热蒸汽在筒内多次横向迂回冲刷，传热性能较好。

汽—汽热交换器结构复杂，钢耗大，运行可靠性不稳定，国内有少量锅炉采用这种装置。

（二）烟气侧调节汽温

烟气侧的调节，是通过改变锅炉内辐射受热面和对流受热面的吸热量分配比例的方法或改变流经过热器的烟气量的方法来实现汽温调节的，且主要用来调节再热汽温。在用烟气侧调温方法调节再热汽温时，由于这些方法同时作用于再热器和过热器，因此在设计时，一般根据再热器的要求确定烟气调温的变量，过热器则再用喷水进行调整。

烟气侧的调温方法主要有调节燃烧器的倾角、采用烟气再循环、调节烟气挡板等。

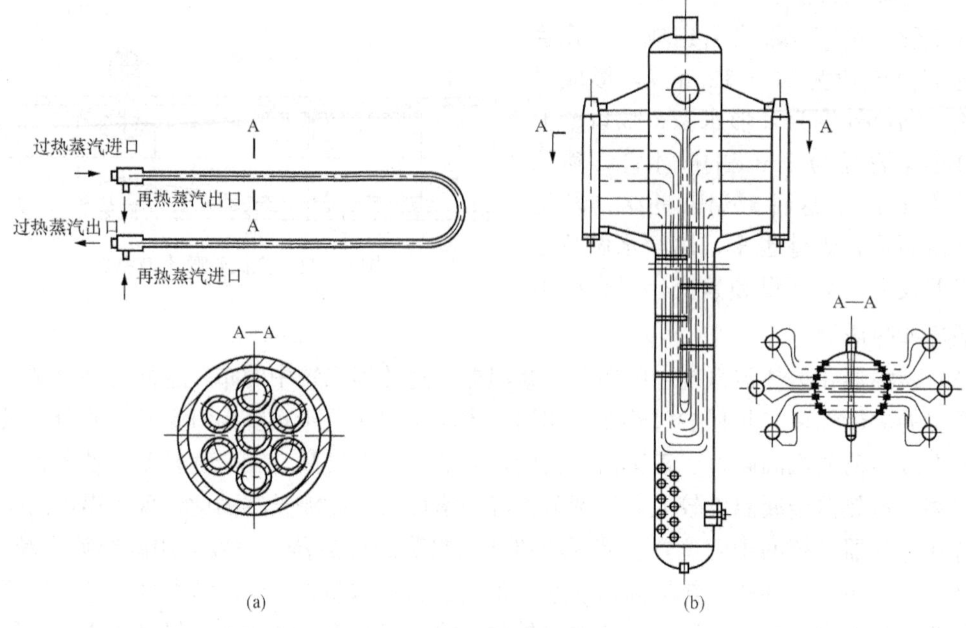

图 6 - 32　汽—汽热交换器的结构

（a）管式；（b）筒式

1. 烟气挡板

烟气挡板调节汽温装置的原理是通过挡板改变再热器的烟气通流量来实现再热汽温的调节。它有旁通烟道和平行烟道两种，见图 6 - 33。平行烟道又可分再热器与省煤器并联和再热器与过热器并联两种。

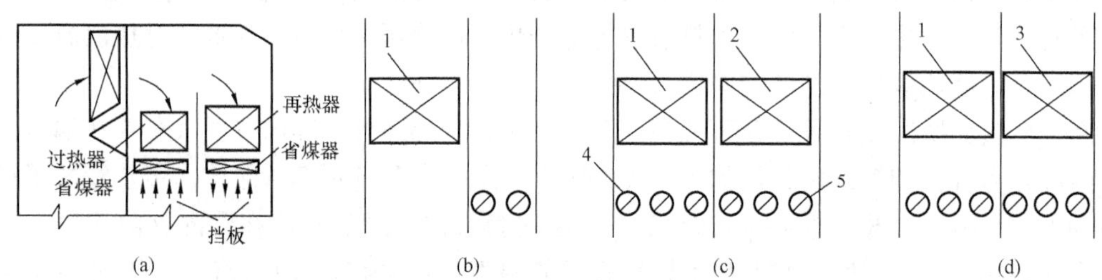

图 6 - 33　烟气挡板调节汽温装置

（a）再热器与过热器并联结构；（b）旁通烟道；

（c）再热器与过热器并联的平行烟道；（d）再热器与省煤器并联的平行烟道

1—再热器；2—过热器；3—省煤器；4、5—烟气挡板

再热器与过热器并联方式挡板调节汽温的原理示于图 6 - 34。锅炉负荷降低时，再热器侧挡板开大，过热器侧挡板关小，再热器侧烟气流量增加，过热器侧烟气流量减小；前者使再热汽温升高，后者使过热汽温下降，是反向调节。在调节负荷范围内，过热汽温都高于额定值，用减温器降低其温度到额定值。

旁通烟道方式以及再热器与省煤器并联方式的调温原理与上述调温原理相似。不同的是，由于过热器和再热器是布置于同一烟道中，当锅炉负荷降低进行挡板调节时，再热汽温

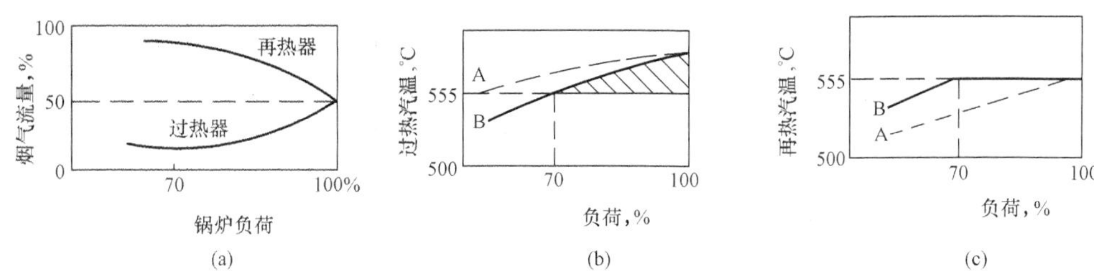

图 6 - 34　再热器与过热器并联方式挡板调节汽温的原理

(a) 再热器与过热器烟气流量随锅炉负荷的变化；(b) 过热汽温随负荷变化；(c) 再热汽温随负荷变化

A—调节前汽温；B—调节后汽温

升高的同时过热汽温也有所升高。旁通烟道方式的缺点是烟气挡板温度高，进入省煤器的烟气温度不均匀，有较大的烟温偏差。

2. 烟气再循环

烟气再循环装置用来调节再热蒸汽温度，其系统如图 6 - 35 所示。它是将省煤器后的烟气（250～350℃）由再循环风机抽出再送入炉膛。烟气再循环量用再循环率 γ 表示：

$$\gamma = \frac{V_z}{V_{cd}} \times 100\% \tag{6-13}$$

式中　V_z——再循环烟气量，m^3/kg；

V_{cd}——抽出点后烟气量，m^3/kg。

在锅炉运行中通过改变烟气再循环率来调节再热蒸汽温度。例如，国产某 300MW 直流锅炉在 70%负荷时烟气再循环率为 26%，100%负荷时烟气再循环率为 5%。

再循环烟气进入炉膛的位置有炉膛上部和炉膛下部两种。图 6 - 36 给出了烟气再循环位置对锅炉热力特性的影响。再循环烟气在炉膛下部进入时，它降低了炉膛内的烟气温度水平，减少了炉膛内的辐射传热量；炉膛出口烟气温度可能略升高也可能略下降，接近不变，但以后的对流受热面烟气温度相对原来值会有些上升，上升幅度沿着烟气流程逐步增大；炉膛出口烟气量增多，烟气热容量也增加。因此，烟气再循环可降低水冷壁金属温度，提高对流受热面的吸热量。再循环烟气在炉膛上部进入时，对炉膛工作无明显的影响。它的作用是降低炉膛出口烟气温度，防止高温过热器发生高温腐蚀和结渣。图 6 - 37 示出了采用烟气再循环调节再热汽温前后汽温的变化规律。由图可见，随着锅炉负荷的降低，烟气再循环率增大，再热器吸热量增加，从而达到稳定汽温的目的。

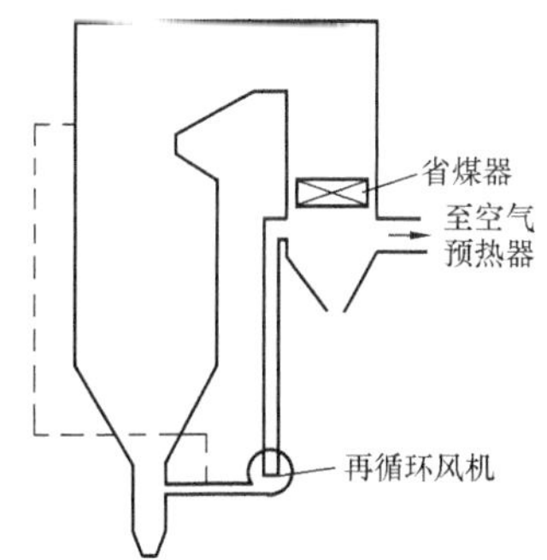

图 6 - 35　烟气再循环系统

烟气再循环调节再热汽温度的优点是调节幅度大，灵敏度高；还能均匀炉膛热负荷，降低水冷壁温度；再热器受热面积可减少，节约钢材；其缺点是增加了再循环风机，消耗了一定的电能，通过再循环风机的烟气温度高，含灰量多，磨损严重，可靠性差；炉膛温度降低后还会影响燃烧稳定性；锅炉排烟温度升高，热损失增大。

3. 摆动式燃烧器

调节摆动式燃烧器喷嘴的上下倾角，可以改变炉内火焰的中心位置。当喷嘴向上倾斜时，火焰中心上移，炉内辐射吸热量将减少，炉膛出口烟温会升高，对流受热面的吸热量就要增大。但如果受热面离炉膛出口越远，吸热量的增加就越少。因此，为了达到理想的汽温调节效果，设计时再热器的受热面应尽可能布置在靠近炉膛出口处。

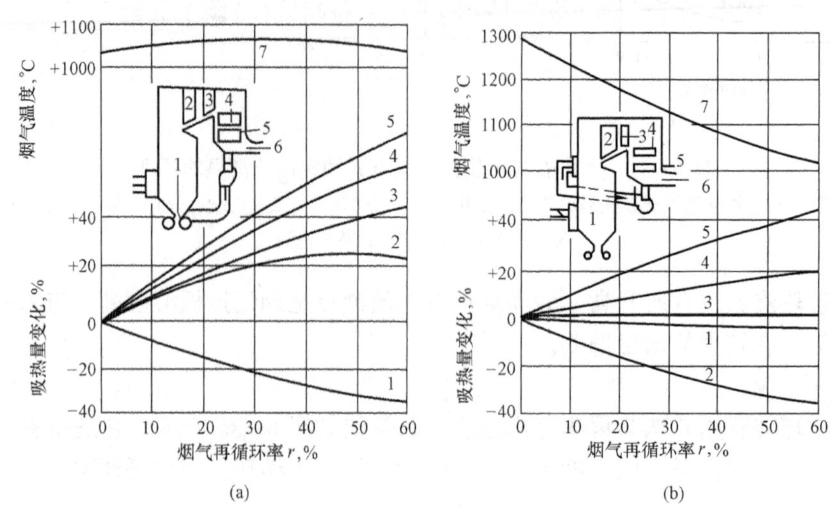

图 6-36　烟气再循环对锅炉热力特性的影响

（a）再循环烟气从炉膛下部送入；（b）再循环烟气从炉膛上部送入

1—炉膛；2—高温过热器；3—高温再热器；4—低温过热器；

5—省煤器；6—去空气预热器；7—炉膛出口烟温

采用摆动式燃烧器调节再热汽温灵敏度高，调节方便，在亚临界和超临界压力锅炉上应用较多。燃烧器的倾角不可能太大，过大的上倾角会增加燃料的不完全燃烧损失；过大的下倾角又会造成冷灰斗结渣。一般燃烧器的倾角改变范围在±30°，运行中应根据燃烧工况确定倾角的上下限值。

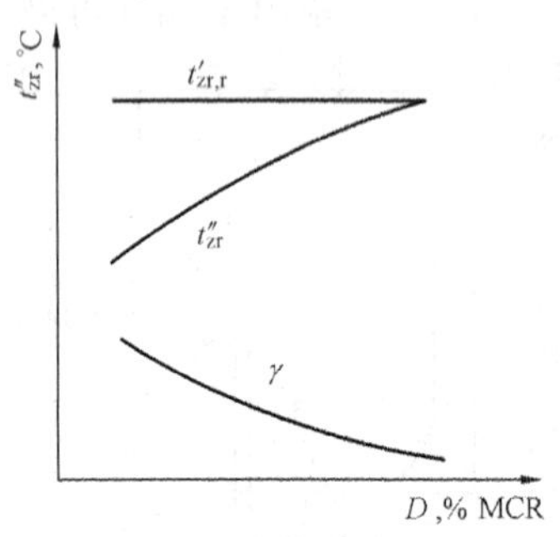

图 6-37　烟气再循环调节再热汽温

当采用多层燃烧器时，也可通过改变燃烧器的运行方式来改变火焰的中心位置实现汽温的调节，但其调温幅度较小。

在现代许多大型锅炉中，为了增加调温幅度，往往是多种调温方式结合使用。比如将分隔烟道与烟气再循环或摆动式燃烧器结合使用来实现再热汽温的调节。此时，一般是先用摆动式燃烧器调节，再用烟气挡板调节，在保证再热汽温达到额定值后，再用喷水减温来保证过热汽温也达到额定值。

第五节　过热器、再热器的高温积灰与高温腐蚀

一、高温积灰

高温过热器与再热器布置在烟温高于 700～800℃的烟道内，在高温烟气环境中飞灰沉积在管束外表面的现象称为高温积灰。过热器与再热器管外的积灰属于高温积灰。管子的外

表面积灰由两部分组成，内层灰紧密，与管子黏结牢固，不容易清除，外层灰松散，容易清除。积灰使传热热阻增加、烟气流动阻力增大，还会引起受热面金属的腐蚀。因此，将积灰减少到最低限度，是锅炉设计和运行的重要任务。

煤灰根据其易熔程度可分为三部分：低熔灰、中熔灰和高熔灰。低熔灰的主要成分是金属氯化物和硫化物［如 NaCl，Na_2SO_4，$CaCl_2$，$MgCl_2$，$Al_2(SO_4)_3$ 等］，它们的熔点大都在 700～850℃。中熔灰的主要成分是 FeS、Na_2SiO_3、K_2SO_4 等，熔点 900～1100℃。高熔灰是由纯氧化物（SiO_2，Al_2O_3，CaO，MgO，Fe_2O_3）组成，其熔点 1600～2800℃。

高熔灰的熔点超过了炉膛火焰区的温度，当它通过燃烧区时不发生状态变化，颗粒直径细微，是飞灰的主要成分。

低熔灰在炉膛内高温烟气区已成为气态，随烟气流向烟道。由于高温过热器和再热器区域的烟温较高，低熔灰若不接触温度较低的受热面则不会凝固，若接触到温度较低的受热面则会凝固在受热面上，形成黏性灰层。灰层形成后，表面温度随灰层厚度的增加而增加。此后一些中熔、高熔灰粒也被黏附在黏性灰层中。这种积灰在高温烟气中氧化硫气体的长期作用下，形成白色的硫酸盐密实灰层，这个过程称为烧结。随着灰层厚度的增加，其外表面温度继续升高，低熔灰的黏结结束。但是中熔灰和高熔灰在密实灰层表面还进行着动态沉积，形成松散而且多孔的外灰层。

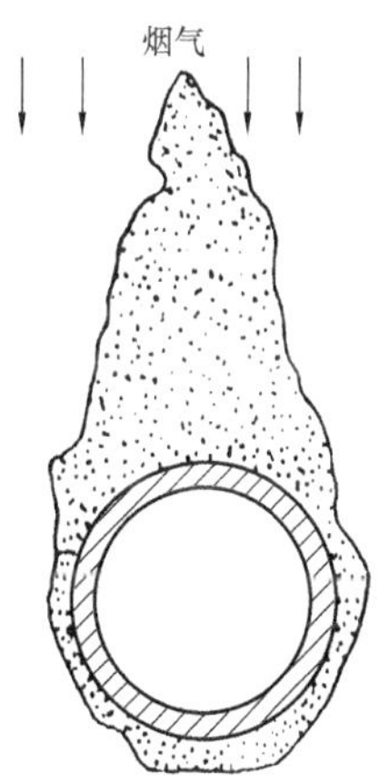

图 6-38　管子表面的积灰烧结

内灰层的坚实程度称为烧结强度。烧结强度越大的灰层越难清除。烧结强度与温度、灰中的 Na_2O、K_2O 的含量及烧结时间等因素有关。炉内过量空气系数、燃烧方式和炉膛结渣程度等都会影响进入对流烟道的烟气温度，从而影响灰层的烧结强度。烧结强度随着时间而增大，时间越长，灰层越结实，所以，积灰必须及时清除。

另外，当灰中的氧化钙（CaO）含量大于 40%时，开始在管壁外积结松散的灰层，但在烟气温度大于 600～700℃的高温环境下，氧化钙与烟气中的三氧化硫也会烧结成坚实的灰层。图 6-38 示出了管子表面积灰烧结状况的一个例子。

为减少受热面的积灰，对灰中含钙量较多的燃料，设计过热器和再热器时应加大管子的横向节距，减小管束深度，采用立式管束，装设高效吹灰器，并保证对每根管子都要进行有效吹灰。

二、高温腐蚀

高温腐蚀是发生在高温受热面（过热器、再热器、水冷壁）烟气侧金属管壁的腐蚀现象。高温腐蚀会使受热面管壁变薄，强度降低，寿命缩短，严重时将造成爆管事故，甚至被迫停炉处理。高温腐蚀是一个复杂的物理化学过程，燃煤锅炉和燃油锅炉都会发生，只是发生的机理不同，下面分别进行简要分析。

1. 燃煤锅炉的高温腐蚀

燃煤锅炉过热器和再热器的高温腐蚀主要由于管壁外存在高温黏结性灰层。这些灰层中含有较多的碱金属，它与飞灰中的铁、铝等成分，以及通过松散的外灰层随烟气扩散进来的氧化硫气体，经过较长时间的化学作用，生成碱金属的复合硫酸盐［$Na_3Fe(SO_4)_3$、$K_3Fe(SO_4)_3$］的复合物。复合硫酸盐的熔点较低，在 550～710℃的范围内熔化成液态，当温度低于 550℃时为固态，温度高于 710℃时，它们要分解出 SO_3 成为硫酸盐。烧结性复合硫酸盐在固态时对管子金属没有腐蚀作用。当复合硫酸盐处于熔融状态时，则对过热器、再热器管壁金属具有强烈腐蚀作用，在温度650～700℃时腐蚀最强。腐蚀反应为

$$2Na_3Fe(SO_4)_3+6Fe\rightarrow\frac{3}{2}Fe_3O_4+Fe_2O_3+3Na_2SO_4+\frac{3}{2}SO_2$$

$$2K_3Fe(SO_4)_3+6Fe\rightarrow\frac{3}{2}Fe_3O_4+Fe_2O_3+3K_2SO_4+\frac{3}{2}SO_2$$

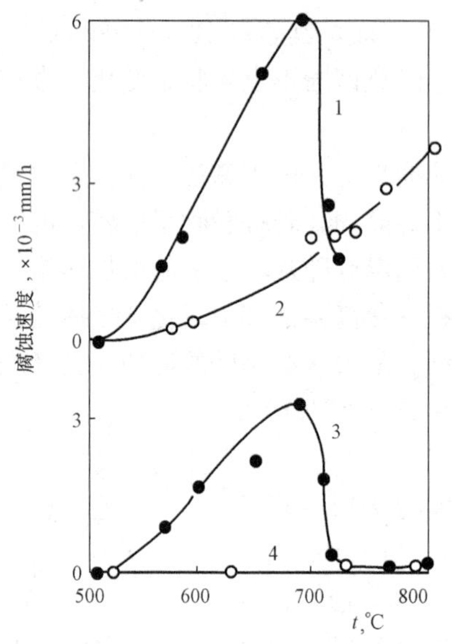

图 6-39 复合硫酸盐对管子金属的腐蚀速度

1—熔融状态的复合硫酸盐对 T22 合金钢的腐蚀曲线；
2—气态的复合硫酸盐对 T22 合金钢的腐蚀曲线；
3—熔融状态的复合硫酸盐对 321 号不锈钢的腐蚀曲线；
4—气态的复合硫酸盐对 321 号不锈钢的腐蚀曲线

气态的硫酸盐对管子的金属也有腐蚀，但腐蚀速度比熔融状态的复合硫酸盐慢得多，如图 6-39 所示。

从上述分析可见，煤灰中的碱金属 Na、K 以及硫 S 是造成受热面烟气侧高温腐蚀的主要成分。而液态的复合硫酸盐 $Na_3Fe(SO_4)_3$、$K_3Fe(SO_4)_3$ 则是导致受热面烟气侧高温腐蚀的主导因素。

要防止过热器和再热器管壁外部的腐蚀，就应严格控制管壁温度，管壁温度高的管子，腐蚀速度也高。现在主要以限制汽温来控制高温腐蚀。因此，国内外对高压、超高压和亚临界压力的机组，锅炉过热蒸汽温度趋向于采用540℃，在设计和布置过热器时，应注意高温蒸汽出口段不要布置在烟气温度过高的区域。

2. 燃油锅炉的高温腐蚀

锅炉燃油时在炉膛的高温区会生成 V_2O_5 气体。V_2O_5 气体与燃料油灰中的 Na_2O 反应生成熔点较低的钠钒复合物（如 $5Na_2O\cdot V_2O_4\cdot 11V_2O_5$ 等），表 6-3 列出了钠钒复合物及硫酸钠的熔点温度。

当高温过热器、再热器的管壁温度高于这些钠钒复合物的熔点时，就会在受热面管壁外形成液态的灰层，它对碳钢、低合金钢及奥氏体钢等都会发生腐蚀作用。当烟气中存在氧化硫气体时，氧化钠与氧化硫反应生成 $Na_2S_2O_7$，$Na_2S_2O_7$ 与 V_2O_5 合在一起具有更严重的腐蚀作用。在内灰层温度接近600℃时就会发生腐蚀，700～950℃时腐蚀最严重。燃油锅炉的这种腐蚀又称为钒腐蚀。

表 6-3 钠钒复合物及硫酸钠的熔点温度

化合物	熔点温度（℃）	化合物	熔点温度（℃）
V_2O_5	675～690	$NaVO_3$	615
$Na_2O\cdot 6V_2O_5$	629	$Na_2O\cdot 3V_2O_5$	660
$Na_2O\cdot V_2O_4\cdot 5V_2O_5$	600	Na_2SO_4	885
$5Na_2O\cdot V_2O_4\cdot 11V_2O_5$	513		

要防止燃油时高温过热器和再热器烟气侧的高温腐蚀，除限制过热器和再热器的壁温低于600℃之外，在燃料油中加入各种碱性添加剂（如 $MgCl_2$）、采用低氧燃烧或添加一些金

属锰、氧化锰以及白云石等添加剂，都可有效地降低钒腐蚀。实验证明，当过量空气系数小于1.05时，烟气中的V_2O_5的含量迅速减少，且烟气温度越高，降低过量空气系数对减少烟气中的V_2O_5含量的效果越显著。

思考题

1. 过热器与再热器的作用是什么？有何工作特点？
2. 按照受热面的传热方式不同过热器分为几种型式？每种型式在锅炉中的布置情况如何？
3. 什么是汽温特性？不同型式过热器的汽温特性如何？
4. 为什么高压以上的锅炉均采用组合式过热器？国产锅炉常采用的组合模式如何？
5. 什么叫热偏差？热偏差产生的原因有哪些？如何减小热偏差？
6. 汽温调节的方法有哪些？调温原理及调节对象是什么？
7. 喷水减温器的布置原则是什么？大型电站锅炉的减温器一般如何布置？
8. 概念：汽温特性　热偏差　热偏差系数

第七章　省煤器和空气预热器

第一节　尾部受热面概述

省煤器和空气预热器是现代锅炉不可缺少的受热面。由于这两个受热面装在锅炉对流烟道的最后，进入这些受热面的烟温降低到600℃以下，故把它们统称为尾部受热面或低温受热面。在承受压力的受热面中，省煤器金属的温度最低；在整个锅炉机组受热面中，空气预热器金属的温度最低。由于受热面金属温度低，烟气中的水蒸气和硫酸蒸汽有可能在管壁上凝结，从而导致金属产生低温腐蚀。另外，夹带大量灰粒的烟气以一定速度冲刷受热面时，还会造成受热面的飞灰磨损和积灰。因而腐蚀、积灰和磨损就成为低温受热面运行中突出的问题。

省煤器和空气预热器在尾部烟道里的布置有单级布置和双级布置两种。

单级布置如图7-1（a）所示。这种布置方式较为简单，但热风温度一般只能达到300℃左右，再高则难度很大。这是由于空气的容积和比热容比烟气的容积和比热容都要小。这样，对于空气预热器来讲，空气的热容量小于烟气的热容量，即有 $c_kV_k < c_yV_y$ 。这意味着，在空气预热器里空气的加热要比烟气的冷却来得快些。譬如，对于水分较少的燃料，烟气温度每降低1℃，空气大约升温1.4℃，其结果必然是随着空气的逐渐被加热，烟气和空气间的温差将逐渐减小。显而易见，在空气预热器热空气出口端，这个温差将达到最小值。温差影响到换热强度。从经济上考虑空气预热器的热端应该保持一定的温差，通常热端温差为 $\Delta t \geqslant 30 \sim 40$℃。再进一步提高预热器出口热空气温度将是无益的。因为这时在空气预热器热端温差 Δt 变得很小，传热效果会愈来愈差，将使受热面积陡然增大。如若保持适当的热端温差，势必使排烟温度增高。

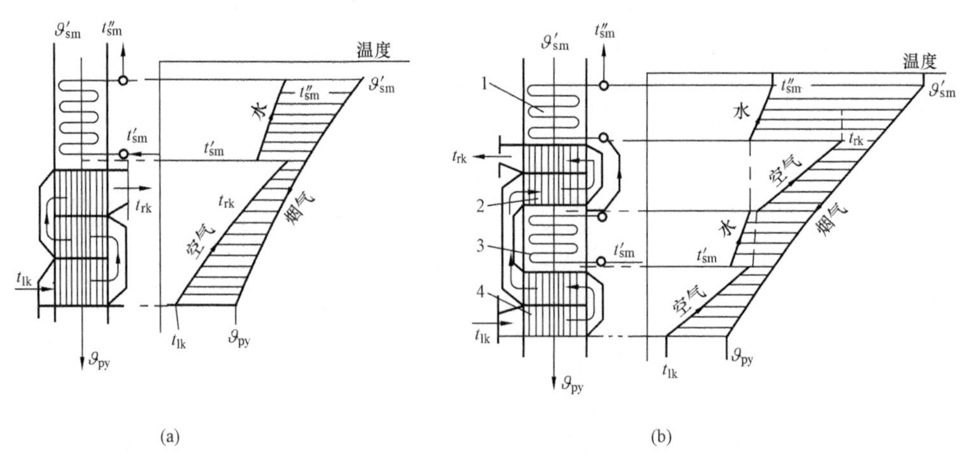

图7-1　尾部受热面的布置

（a）单级布置；（b）双级布置

1—高温级省煤器；2—高温级空气预热器；3—低温级省煤器；4—低温级空气预热器

由上述分析可知，为保持经济排烟温度和空气预热器热端一定的温差，单级空气预热器中空气的温升是有限的。如果要求更高的热空气温度时，就需采用双级布置。

双级布置如图 7-1（b）所示。这时省煤器和空气预热器是交错布置的。由于把空气预热器的高温部分移到了更高的烟温区域里，这样即可做到低温级空气预热器出口端有足够大的温差，同时，排烟温度也可保持在适当的水平上。

对于逆流换热系统中的省煤器，与空气预热器恰恰相反，由于水的热容量比烟气大，所以，随着水逐渐被加热，省煤器中水与烟气间的温差是逐渐增大的。因而从技术经济上考虑，主要应该保证省煤器入口端烟气与水的温差。

图 7-1 中的空气预热器均为管式空气预热器，若采用回转式空气预热器，其布置形式如图 7-2 所示。

在所有的布置方式中，空气和给水总的流动方向都是自下而上，而烟气则是自上而下，这样可以形成良好的逆流传热系统，获得较大的传热温差。

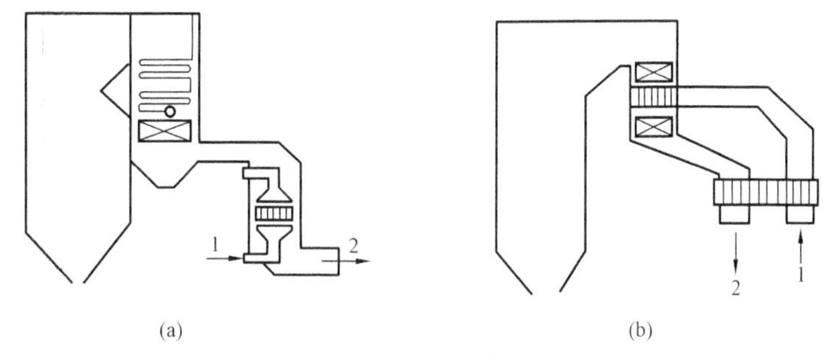

图 7-2　回转式空气预热器的布置
（a）单级布置—风罩回转式空气预热器；
（b）双级布置—受热面回转式空气预热器
1—空气；2—烟气

在超高压及以上压力锅炉的尾部烟道中，除了布置低温级对流过热器外，通常还布置有再热器受热面，因而尾部受热面通常采用单级布置。

第二节　省　煤　器

一、省煤器的作用及种类

1. 省煤器的作用

省煤器是汽水系统中的承压部件，其任务是利用锅炉尾部烟气的热量加热锅炉给水。锅炉采用省煤器后，会带来以下好处：

（1）节省燃料。在现代锅炉中，燃料燃烧生成的高温烟气，虽经水冷壁、过热器和再热器的吸热，但其温度还很高，如直接排入大气，将造成很大的热量损失。在锅炉尾部装设省煤器后，利用给水吸收烟气热量，可降低排烟温度，减少排烟热损失，提高锅炉效率，因而节省燃料。省煤器的名称也就由此而来。

（2）改善了汽包的工作条件。由于采用省煤器，提高了进入汽包的给水温度，减少了汽包壁与进水之间的温度差，也就减少了因温差而引起的热应力。从而改善了汽包的工作条件，延长了使用寿命。

（3）降低了锅炉造价。由于给水进入蒸发受热面之前，先在省煤器中加热，这样减少了水在蒸发受热面中的吸热量。这就由管径较小、管壁较薄、价格较低的省煤器受热面代替了一部分管径较大、管壁较厚、价格较高的蒸发受热面，从而降低了锅炉造价。

因此，省煤器已是现代锅炉中不可缺少的部件。

2. 省煤器的种类

省煤器按使用材料可分为铸铁省煤器和钢管省煤器。铸铁省煤器强度低，不能承受高压，但耐磨耐腐蚀性较好，通常用在小容量锅炉上。目前，大中容量锅炉广泛采用钢管省煤器，其优点是强度高，能承受冲击，工作可靠；同时传热性能好，重量轻，体积小，价格低廉；缺点是耐磨耐腐蚀性较差。

省煤器按出口水温可分为沸腾式省煤器和非沸腾式省煤器。在沸腾式省煤器中，其出口水温不仅可达到饱和温度，而且可使部分水汽化，汽化水量一般约占给水量的10%～15%，最多不超过20%，以免省煤器中介质的流动阻力过大。在非沸腾式省煤器中，其出口水温低于该压力下的饱和点，一般低于饱和点20～25℃。

对于中压锅炉，由于水的汽化潜热较大，而液相加热到饱和温度所需预热热较少，为减少蒸发受热面的吸热量，防止炉内温度过低影响燃烧稳定性，通常采用沸腾式省煤器，即由省煤器承担一部分炉水蒸发的任务。而随着压力的提高，水的汽化潜热减少，液相加热到饱和温度所需预热热增大，故需把水的部分加热过程转移到炉内水冷壁管中进行，以防止炉膛出口烟温过高，引起炉内及炉膛出口的受热面结渣，所以高压及以上锅炉的省煤器一般采用非沸腾式。

二、钢管式省煤器

1. 钢管式省煤器的结构

钢管式省煤器结构如图7-3所示，它是由许多并列的管径为42～51mm的蛇形管与进、出口联箱组成。为使省煤器受热面结构紧凑，应力求减小管间距。省煤器管束的纵向节距s_2受管子的最小弯曲半径的限制。当管子弯曲时，弯头的外侧管壁将变薄。弯曲半径愈小，外壁就愈薄，管壁强度降低的就愈多。通常，采用错列布置时，取用$s_1/d=2\sim2.5$，$s_2/d=1\sim1.5$；采用顺列布置时，$s_1/d=2\sim2.5$，$s_2/d=2$。

为便于检修，省煤器管组的高度是有限制的。当管子为紧密布置（$s_2/d\leqslant1.5$）时，管

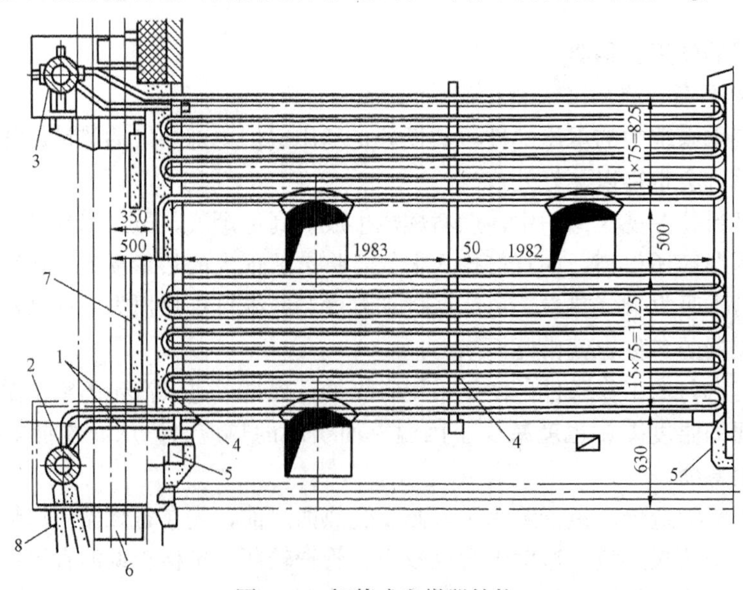

图7-3 钢管式省煤器结构

1—蛇形管；2—进口联箱；3—出口联箱；4—支架；5—支撑架；6—锅炉钢架；7—炉墙；8—进水管

组的高度不得大于 1m；布置较稀时，则不得大于 1.5m。如果省煤器受热面较多，沿烟气行程的高度较大时，就应将它分成几个管组。管组之间留有高度不小于 600～800mm 的空间。省煤器和其相邻的空气预热器间的空间高度应不小于 800～1000mm，以便进行检修和清除受热面上的积灰。

省煤器一般多卧式布置在尾部烟道中。这既有利于停炉排除积水，减轻停炉期间的腐蚀；也有利于改善传热，节约金属，其工作原理是水在蛇形管内自下而上流动，烟气在管外自上而下横向冲刷管壁，以实现烟气与给水之间的热量交换。这种换热方式，由于水在蛇形管内自下而上流动便于排除空气，从而避免引起局部的氧气腐蚀。烟气在管外自上而下流动，这不但有助于吹灰，还使烟气与水呈逆向流动，从而增大传热平均温差，有利于对流传热。

大部分的省煤器都采用光管式受热面。但为了增强传热并提高结构的紧凑性，有相当一部分锅炉的省煤器则采用了鳍片管、肋片管、膜式受热面等的结构，如图 7-4 所示。在金属耗量相等，且通风耗能量也相等的情况下，焊有矩形鳍片的受热面体积要比光管受热面的体积小 25%～30%，其结构如图 7-4（a）所示。而采用轧制鳍片管的省煤器如图 7-4（b）所示，其外形尺寸可缩小 40%～50%。

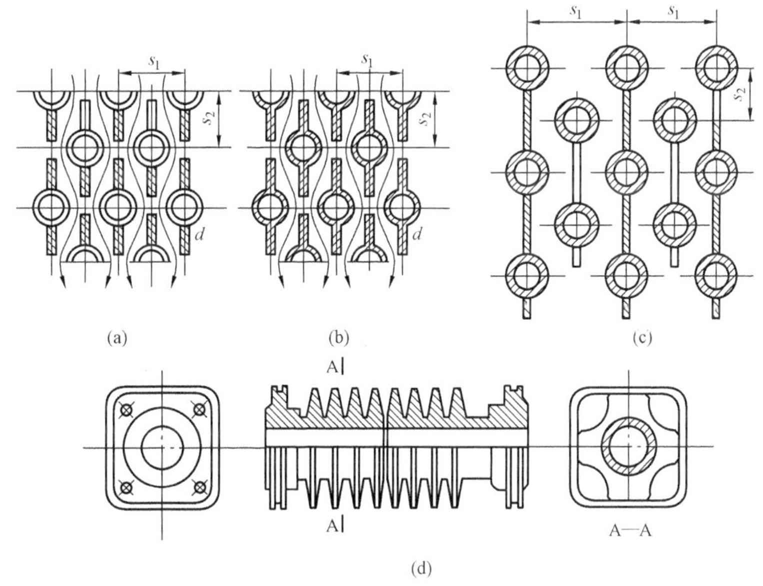

图 7-4　鳍片管式、膜式、肋片管式省煤器

（a）焊接鳍片省煤器；（b）轧制鳍片管省煤器；（c）膜式省煤器；（d）肋片式省煤器

膜片式省煤器的受热面如图 7-4（c）所示。这些膜式受热面是由在蛇形管直段部分焊有连续的扁钢条制作而成，扁钢条的厚度为 2～3mm。膜式省煤器的传热效果比光管省煤器好，且在同样传热情况下，前者的金属耗量要少，运行中可靠性也较高。

肋片管式省煤器是在光管的外表面焊上环状或螺旋状肋片而制成的，如图 7-4（d）所示。这类省煤器传热面积增加幅度比鳍片和膜片式大、传热系数高，但当燃煤灰分黏结性较强时，易出现堵灰现象，一般可用于灰分不黏结的燃料。

2. 省煤器的布置

省煤器蛇形管一般卧式错列布置在尾部烟道中，错列布置传热效果好、结构紧凑，但磨损严重，吹灰困难。按照蛇形管放置的方向不同，可分为纵向布置和横向布置两种。

纵向布置是指蛇形管放置方向与锅炉的前后墙垂直，如图 7-5（a）所示。此种布置的特点是由于尾部烟道的宽度大于深度，所以管子较短，支吊比较简单，且平行工作的管子数目较多，因而水的流速较低，流动阻力较小。但这种布置的全部蛇形管都要穿过烟道后墙，从减小飞灰磨损的角度来看是不利的。这是由于烟气从水平烟道流入尾部烟道时，因转弯产生的离心力使烟气中大灰粒多集中在靠近烟道后墙的一侧，这就造成了全部蛇形管局部磨损严重，检修时需要更换全部磨损管段。

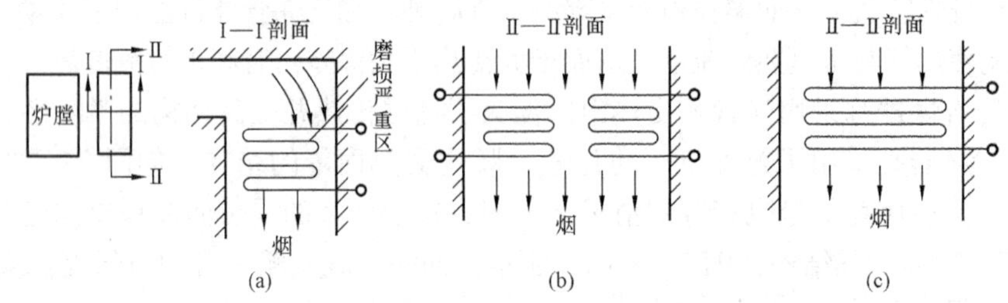

图 7-5　省煤器蛇形管在烟道中的放置方式

（a）蛇形管垂直于烟道后墙布置；（b）、（c）蛇形管平行于烟道后墙布置

横向布置是蛇形管放置方向与锅炉后墙平行，如图 7-5（c）所示。此种布置的特点是平行工作的管数少，因而水速高，流动阻力大，且管子较长，支吊比较复杂。但因其只有少数几根蛇形管靠近后墙，从而使管子所遭受的磨损仅局限于靠近烟道后墙的几根管子，因而防护和维修比较简便。为了改进这种布置方式因水速高而导致流动阻力过大的缺点，可以采用双管圈或双面进水，如图 7-5（b）所示。此种布置方式在燃煤锅炉中得到广泛采用。燃油炉和燃气炉不存在飞灰磨损问题，省煤器的布置主要取决于水速条件。

3. 省煤器的支吊

省煤器的支吊方式有支承结构与悬吊结构两种。中小型锅炉省煤器采用支撑结构，如图 7-6 所示，其蛇形管通过固定支架（也叫管夹）支承在支持横梁上，支持横梁则与锅炉钢架相连接。由于支持横梁位于烟道内，受到烟气加热，为避免过热，多将支持梁做成空心，中间通空气冷却，外部用绝热材料包裹，以防变形和烧坏。固定支架还能使蛇形管间保持一定的距离。

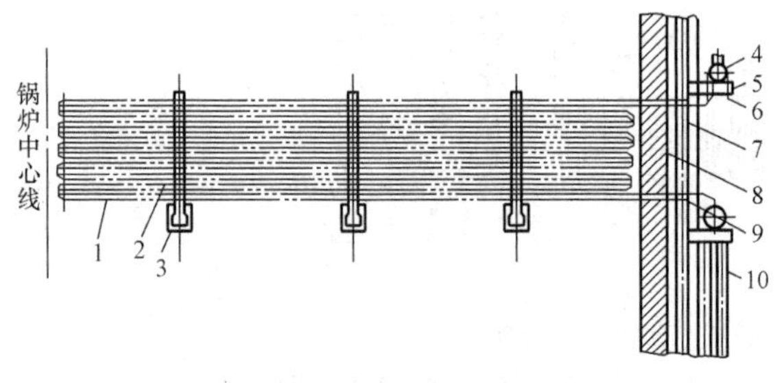

图 7-6　省煤器的支承结构

1—蛇形管；2—固定支架；3—支持梁；4—省煤器出口联箱；5—托架；6—U 形螺栓；7—立柱；8—烟道侧墙；9—省煤器进口联箱；10—进口联箱连接管

大型锅炉的省煤器大多数采用悬吊结构，如图 7-7 所示。此时联箱被安放在烟道中间用于吊挂或支架省煤器管。一般省煤器的出口联箱引出管就是悬吊管，用省煤器出口给水来进行冷却，故工作可靠。而联箱放在烟道内的最大优点是大大减少了因蛇形管穿墙而造成的漏风，但也给检修带来了不便。

4. 省煤器引出管与汽包的连接

当锅炉采用非沸腾式省煤器时，由于省煤器的出水温度低于汽包中的饱和温度，此外，当锅炉工况变动时，省煤器的出水温度还可能发生剧烈变化。如果省煤器引出管直接与汽包连接，就会在连接处出现温差热应力和疲劳应力，导致汽包壁产生裂纹，危及汽包安全。为了防止汽包损伤，确保锅炉安全运行，可在省煤器引出管与汽包连接处加装套管，如图 7-8 所示。这样使水管壁与汽包壁之间有饱和水或饱和蒸汽相隔，从而改善了汽包的工作条件。

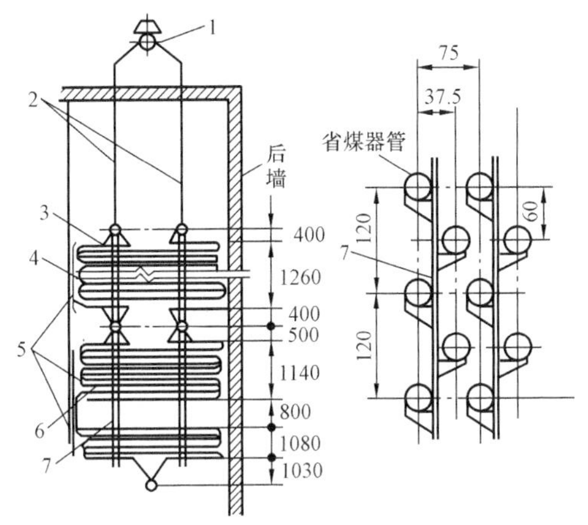

图 7-7　省煤器的悬吊结构

1—出口联箱；2—省煤器悬吊管；3、6—省煤器；4、7—吊架；5—防磨装置

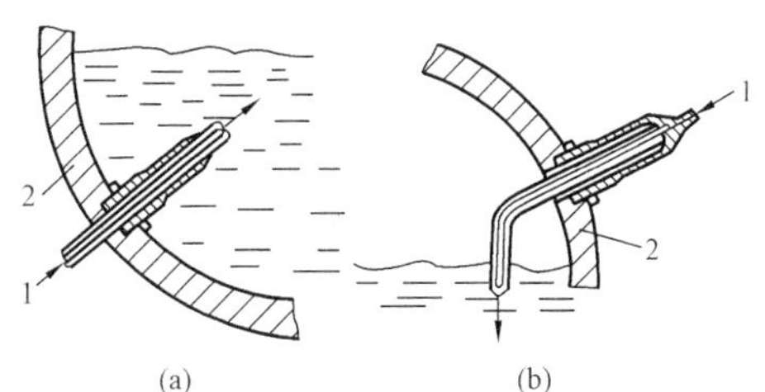

图 7-8　省煤器引出管与汽包连接处的套管

(a) 给水引入汽包水空间时的内部套管；(b) 给水引入汽包汽空间时的外部套管

1—给水；2—汽包壁

三、省煤器设计中应考虑的问题

省煤器蛇形管中的水流速度不仅影响到传热、阻力损失，而且对管内金属的腐蚀也会有一定的影响。当给水除氧不完善时，进入省煤器的水在受热后会放出氧气。这时如果水流速度很小，氧气会附着在金属内壁上，造成局部金属腐蚀。运行经验表明，对于水平管子，当水的速度大于 0.5m/s 时，可避免金属局部氧腐蚀。对于沸腾式省煤器，蛇形管后段内是汽水混合物，这时如水平管中的水流速度较小，就易出现汽水分层现象，即水在管子下部流动而汽在管子上部流动。同蒸汽接触的那部分受热面传热较差，金属温度较高，甚至可能超温。而在汽水分界面附近的金属，会由于水面上下波动，导致温度时高时低，引起金属疲劳破裂。因此，对沸腾式省煤器，蛇形管进口水速不应低于 1m/s。省煤器中选取的水速也不宜过高，否则会使省煤器的阻力损失过大，一般规定，省煤器中的水阻力，对于高压锅炉，不能超过汽包压力的 5%；对于中压锅炉，不得超过汽包压力的 8%。

省煤器管外烟速应综合考虑传热、磨损和积灰三个因素进行选取。高的烟气速度可增强传热，节省受热面，但管子磨损也较严重，同时也增加了风机耗电量；反之，过低的烟气速度不仅传热性能较差，还会导致管子严重积灰，因此烟气速度不宜过高或过低。一般在 $w_y=8\sim11$m/s 的范围内选取。煤中灰分多和灰分磨损性强时取低值，灰分少和灰分磨损性较弱时取较高值。

四、省煤器的启动保护

在锅炉启动初期，省煤器常常是间断给水。当停止给水时，省煤器中的水处于不流动状态。这时由于高温烟气的不断加热，会使部分水汽化，生成的蒸汽就会附着在管壁上或集结在省煤器上段，造成管壁超温烧坏。因此，省煤器在启动时应进行保护。

一般的保护方法是在省煤器进口与汽包下部之间装有不受热的再循环管，如图 7-9 所示。利用再循环管与省煤器中工质的密度差，使省煤器中的水不断循环流动，管壁也因而不断得到冷却而不被烧坏。正常运行时，应关闭省煤器再循环门，避免给水由再循环管短路进入汽包，导致省煤器缺水烧坏，同时大量给水冲入汽包，还会引起水面波动，使蒸汽品质恶化。

用再循环管保护省煤器时，存在的问题是循环压头低，不易建立良好的流动工况。因此，有的锅炉在省煤器出口与除氧器或疏水箱之间装有一根带阀门的再循环管，如图 7-10 所示。当汽包不进水时，用阀门切换，使流经省煤器的水回到除氧器或疏水箱。这样在整个启动过程中可保持省煤器不断进水，以达到启动过程中保护省煤器的目的。

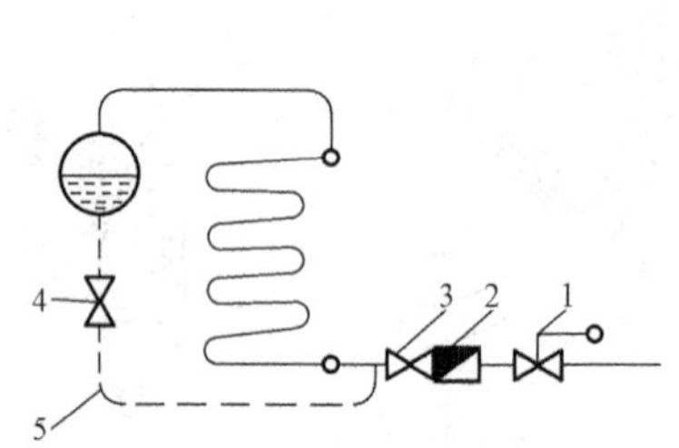

图 7-9 省煤器的再循环管
1—自动调节阀；2—止回阀；3—进口阀；4—再循环阀；5—再循环管

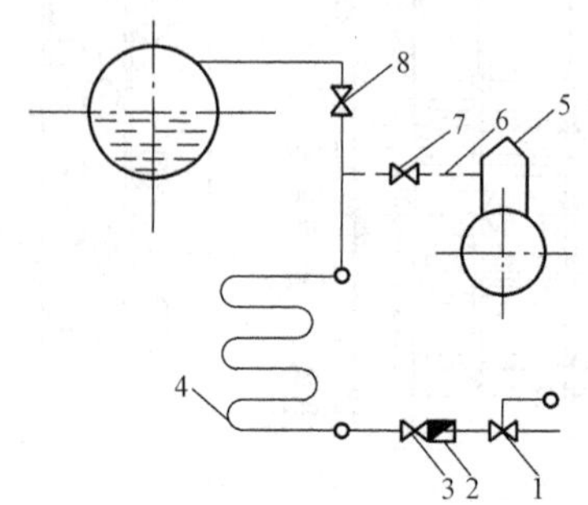

图 7-10 省煤器与除氧器间的再循环管
1—自动调节阀；2—止回阀；3—进口阀；4—省煤器；5—除氧器；6—再循环管；7—再循环阀；8—出口阀

第三节 空气预热器

一、空气预热器的作用及分类

空气预热器是锅炉烟气流程中的最后一个受热面，其任务是利用锅炉尾部烟气的热量加热燃料燃烧所需的空气。空气预热器对锅炉的作用体现在以下几个方面：

(1) 进一步降低排烟温度，提高锅炉效率，节省燃料。计算表明，排烟温度每降低 15℃，可使锅炉热效率提高约 1%。

(2) 改善燃料的着火与燃烧条件，降低了不完全燃烧热损失 q_3、q_4，进一步提高了锅炉热效率。

(3) 节约金属，降低造价。由于炉膛温度提高，因而强化了炉内的辐射换热，在一定的蒸发量下，炉内水冷壁可以布置得少一些，这就节约了金属，降低了锅炉造价；

(4) 改善引风机的工作条件。由于排烟温度的降低，也就改善了引风机的工作条件，同时也降低了引风机电耗。

由于锅炉装设空气预热器会带来以上好处，它已是现代锅炉不可缺少的部件。

现代锅炉的空气预热器按照换热方式不同可分为两大类：传热式和蓄热式。在传热式空气预热器中，热量是连续地通过传热面由烟气传递给空气，且烟气和空气有各自的通路；在蓄热式空气预热器中，烟气和空气交替地通过受热面。当烟气通过受热面时，热量由烟气传给受热面金属，并被金属蓄积起来，然后使空气通过受热面，金属就将蓄积的热量传递给空气。受热面金属被周期性地加热和冷却，热量也就周期性地由烟气传给空气。受热面每旋转一周，完成一个热交换过程。

现代电站锅炉中，最常用的传热式空气预热器是管式空气预热器；蓄热式的是回转式空气预热器。另外，有一部分锅炉采用了热管式空气预热器。现分别介绍如下。

二、管式空气预热器

1. 管式空气预热器的结构

管式空气预热器是在我国使用很广的一种空气预热器，一般采用立管式，它由若干个标准尺寸的立方形管箱、连通风罩以及密封装置组成，其结构如图 7-11 所示。管箱一般由许多平行直立的有缝薄壁钢管和上、下管板组成。管子两端分别焊接在上、下管板上。烟气自上而下在管内纵向流过，空气在管外横向冲刷，烟气的热量通过管壁连续地传给空气。

管子外径通常为 $\phi40$ 和 $\phi51$，壁厚为 1.5mm。为使结构紧凑和增强传热，管子常采用小节距错列布置，其横向相对节距 $s_1/d=1.5\sim1.75$，纵向相对节距 $s_2/d=1\sim1.25$。管板的厚度根据强度要求确定，上管板为 10～20mm；下管板由于承重，通常为 20～30mm。每个管箱的高度不易过大，否则管箱的刚性较差，同时也不便于管子内部的清灰。管箱的高度取决于管径，当管径为 $\phi40$ 时，管箱的高度应小于 5m；管径为 $\phi51$ 时，管箱的高度应小于 8m。在安装时把管箱拼在一起焊牢并在其外面装上密封墙板和连通风罩，就组成了一个整体的空气预热器。

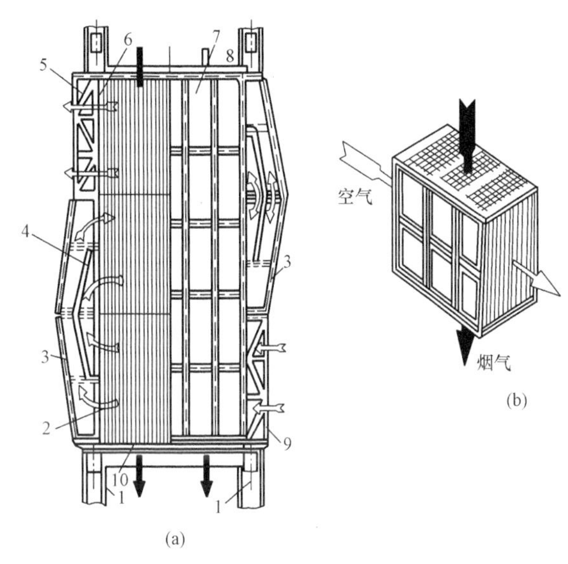

图 7-11　管式空气预热器结构

(a) 空气预热器组纵剖面图；(b) 管箱

1—锅炉钢架；2—空气预热器管子；3—空气连通罩；4—导流板；5—热风道的连接法兰；6—上管板；7—预热器墙板；8—膨胀节；9—冷风道的连接法兰；10—下管板

为了能使空气多次交叉流动，实现逆流传热，在管箱内可加装厚度在 10mm 以下的中间管板。中间管板用夹环固定在个别管子上。若管箱沿高度方向分几层布置，相邻管箱上下管板形成一体，同样能起到中间管板的作用。图 7-11 (a) 所示的是由两层中间管板组成的预热器。

空气预热器的重量通过下管板支承在框架上，框架再支承在锅炉的钢架上。在锅炉运行时，空气预热器的管箱、外壳及锅炉钢架由于温度和材料等不同，膨胀量也不相同。管箱的温度最高，膨胀量最大；外壳温度比管箱温度低，膨胀量则次之；锅炉钢架的温度最低，因此膨胀量最小。为了保证各部件能相对移动，在上管板与外壳之间，外壳与锅炉钢架之间都装有用薄钢板制成的波形膨胀节，如图 7-12 所示。其作用是既允许管箱和外壳有少量的膨胀移动，又能保证连接处的密封。

空气预热器中烟气与空气流速都有一定的推荐范围，两者必须保持一定的比例关系。烟气流速主要是考虑受热面磨损、积灰、传热和通风电耗的影响。在管式空气预热器中，由于烟气在管内是纵向冲刷管壁，磨损较小，烟速可适当提高，一般推荐烟气流速 10～14m/s。空气在管外横向冲刷错列管束，传热效果较好，但流动阻力大，因此，应采用较低的空气流速。

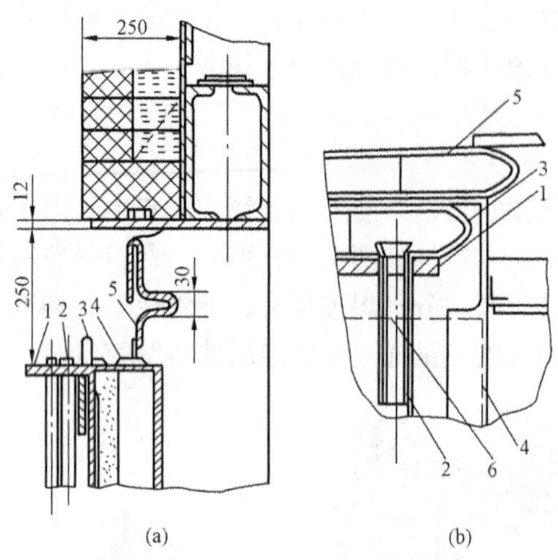

图 7 - 12　膨胀补偿器

（a）单波形膨胀补偿器；（b）双波形膨胀补偿器

1—上管板；2—管子；3—上管板和外壳间的膨胀节；4—外壳；5—锅炉钢架与外壳间膨胀节；6—防磨套管

管式空气预热器的传热系数 $K=\xi\frac{\alpha_k\alpha_y}{\alpha_k+\alpha_y}$，为了增强传热，应使烟气侧的对流表面传热系数 α_y 与空气侧的对流表面传热系数 α_k 相等，即 $\alpha_k=\alpha_y$。这时空气流速 w_k 与烟气流速 w_y 的最佳速比 $w_k/w_y=0.45\sim0.55$。

2. 管式空气预热器的布置

管式空气预热器的布置与空气流速、传热效果和流动阻力有很大关系，并且要适合于锅炉的整体布置。其典型布置方式如图 7 - 13 所示。图 7 - 13（a）所示为单道多流程。很明显，当受热面积不变时，流程数越多，空气流速越大，同时因空气与烟气的交叉次数增多，越接近于逆流传热，可以得到较大的传热温差，但也会造成流动阻力增大。图 7 - 13（b）所示为单道单流程，烟气与空气一次交叉流动，此种布置方式简单，空气通道截面大，流动阻力小，但传热温差小。在大型锅炉中，为了得到较大的传热温差，又不使空气流速过大，可采用双道多流程，如图 7 - 13（c）所示，或采用单道多流程双股平行进风，甚至是多道多流程，如图 7 - 13（d）、（e）所示。通道数越多，空气的流通截面积就越大，空气流速就可降低。如果维持空气流速不变，可以降低每个通道的高度。

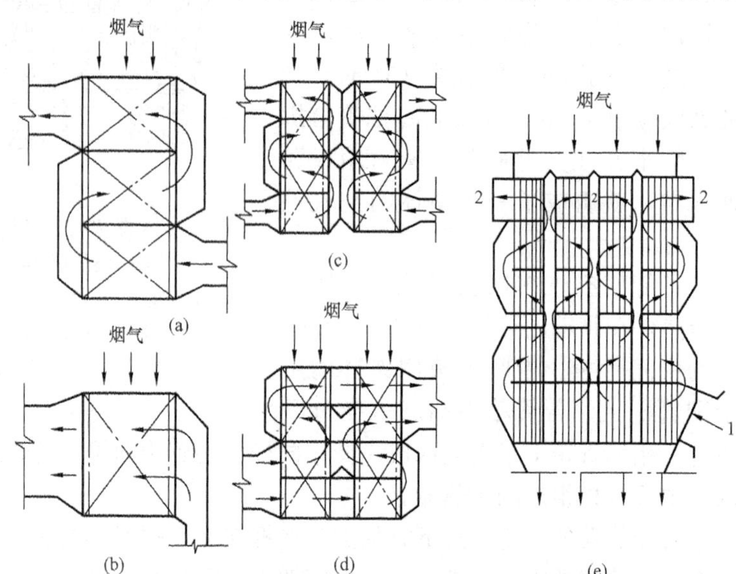

图 7 - 13　管式空气预热器的布置

（a）单道多流程；（b）单道单流程；（c）双道多流程；（d）单道多流程双股平行进风；（e）多道多流程

1—空气进口；2—空气出口

有的空气预热器的低温段采用了玻璃管，目的是防止受热面的低温腐蚀。玻璃管管径一般为 $\phi38$ 或 $\phi40$，厚度一般为 2～2.5mm（质量较好的玻璃管也可采用 1.5mm），管群中一般有 10％的钢管作为支撑。玻璃管预热器的主要特点是玻璃管的耐腐蚀性能较钢管好，积灰也较轻，但其强度较差，热阻较大。

管式空气预热器具有结构简单，制造、安装、检修方便，工作可靠等优点；但其结构尺寸大，金属用量大，给大型锅炉尾部受热面的布置带来困难，因此，管式空气预热器一般用在中、小容量锅炉上。此外，由于管式空气预热器具有漏风小的优点，在循环流化床锅炉上被广泛采用。

三、回转式空气预热器

随着锅炉参数的提高和容量的增大，管式空气预热器的受热面也随着显著地增大。这给尾部受热面的布置带来了困难。因此，目前大型锅炉多采用结构紧凑、质量较轻的回转式空气预热器。回转式空气预热器按转动部件的不同可分为受热面回转式和风罩回转式两种。风罩回转式空气预热器在电站锅炉中采用较少，下面主要介绍受热面回转式空气预热器。

受热面回转式空气预热器又称容克式空气预热器，结构如图 7-14 所示。它是由圆筒形转子、固定的圆筒形外壳及传动装置、密封装置等组成。

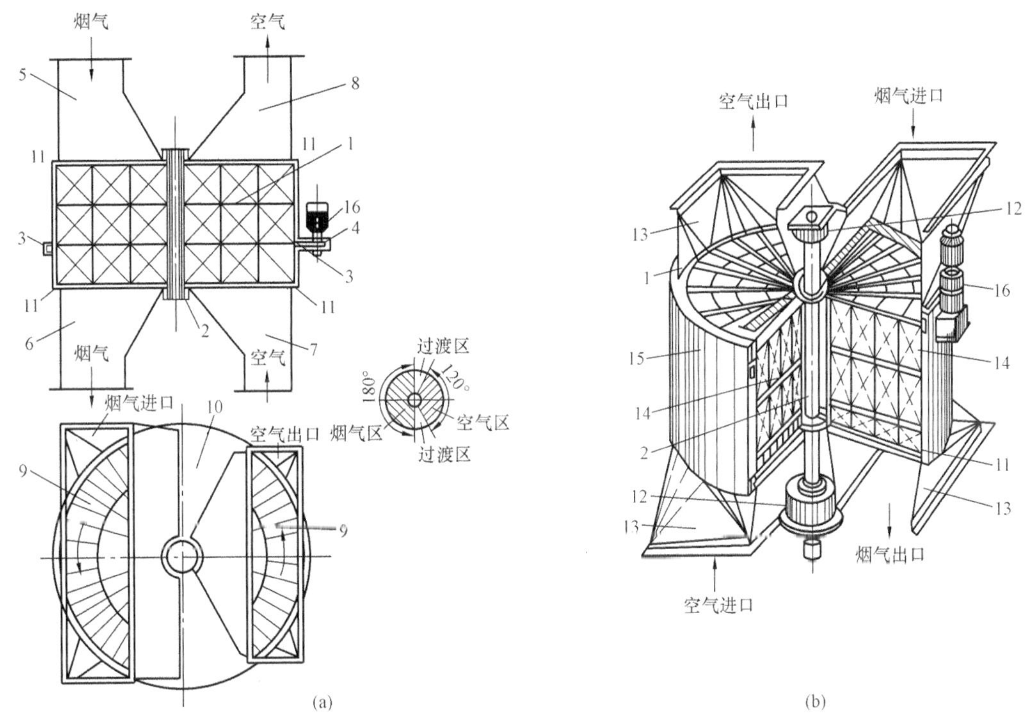

图 7-14　受热面回转式空气预热器的结构
(a) 剖面图；(b) 立体示意图
1—转子；2—轴；3—环形长齿条；4—主动齿轮；5—烟气入口；6—烟气出口；7—空气入口；8—空气出口；9—径向隔板；10—过渡区；11—密封装置；12—轴承；13—管道接头；14—受热面；15—外壳；16—电动机

转子是装载传热元件并能旋转的圆柱形部件，主要包括轴、中心筒、外圆筒、隔板和传热元件等。中心筒与外圆筒之间从上到下用隔板沿径向以转子圆心角 15°或 30°等分成 24 或 12 个互不相通的独立扇形部分，每个扇形部分再用切向隔板分隔成若干个扇形仓格，仓格内装满了厚度为 0.5～1.25mm 的波浪形薄钢板和固定板传热元件。波浪形薄钢板和定位板间隔放置，以保持烟气和空气流通间隙及均匀流速，如图 7-15 所示。为了提高换热效果，波纹板的斜纹方向应与气流方向呈 30°角，且两板的波纹顺向相同。每个仓格又分若干层，由于冷、热端的低温腐蚀状况不同，设计中可采用不同的板型。为了防止低温段积灰和堵灰，还可将波形板的波形放大，定位板则采用平板结构。中心筒的上、下端分别与导向端轴和支承端轴连接，转子的重量通过下部端轴支承在下方的推力向心球面滚柱轴承上，上部端轴通过滚子轴承进行导向定位。润滑油循环系统对支承轴承和导向轴承进行润滑，系统中设有冷却器、滤网等。

外壳一般由圆形或多边形筒体、上下端板、上下扇形板组成。外壳上端板、下端板与转子之间有扇形隔板相隔，将转子上、下部空间分为两部分，同时，外壳上、下端板上各有两个连接方箱，一个与烟道连接，另一个与风道连接，因而转子的一侧通过烟气，另一侧通过空气。由于烟气的容积流量比空气大，故烟气的通流截面占转子总的通流截面 40%～50%左右，空气通流截面占 30%～40%，其余截面为扇形隔板所占，作为两部分间的密封部分。我国生产的回转式空气预热器，在转子全圆周中，烟气通流截面所占圆心角为 165°，空气流通截面所占圆心角为 135°，密封部分所占圆心角 2×30°。

因上述空气预热器的转子截面分为烟气和空气两个流通区，所以又称为两分仓回转式空气预热器。当锅炉采用冷一次风机制粉系统时，由于燃烧所需要的一次风和二次风的风温、风压的不同，此时空气预热器采用了三分仓结构，其结构如图 7-16 和图 7-17 所示。在三分仓式空气预热器中，烟气流通截面一般占圆心角 165°，一次风占 50°～55°（我国的标准化角度为 35°和 50°）。二次风占 95°～100°，其余被三个密封仓所占，各为 15°。

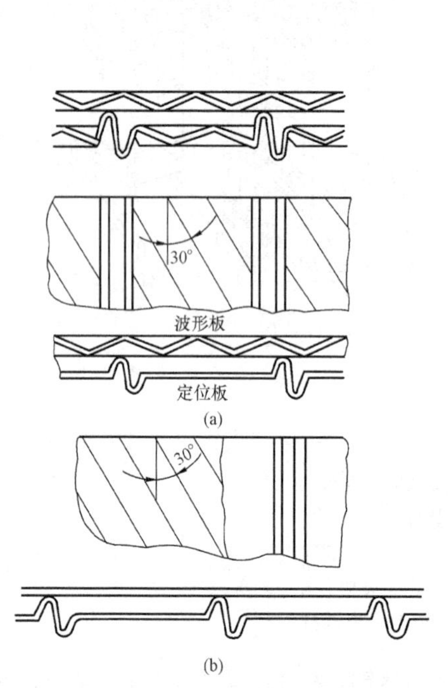

图 7-15 空气预热器的波纹板

(a) 高温段波形板；(b) 低温段波形板

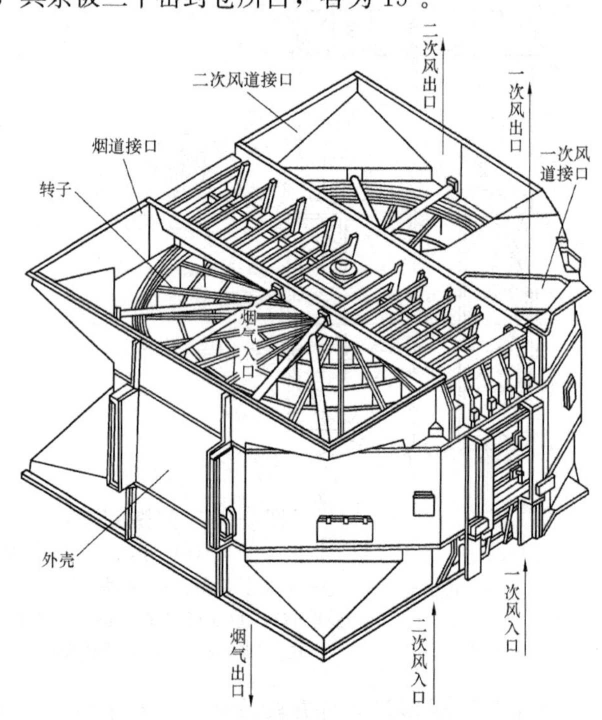

图 7-16 三分仓式空气预热器

由于受热面回转式空气预热器转动部分和静止部分（外壳、扇形隔板）之间存在着间隙，空气侧的压力又高于烟气侧，故在压差的作用下，空气能经过转子与外壳或扇形隔板之间的间隙而漏入烟气中，该漏风称为间隙漏风。此外，旋转的受热面将存在于传热元件空隙间的空气或烟气携带到烟气侧和空气侧，这种漏风称为携带漏风。由于转子的转速很低，只有 1～4r/min，所以携带漏风很少，间隙漏风是造成回转式空气预热器漏风的主要原因。为了防止空气漏入烟气中，在动、静之间就需设置良好的密封装置，一般设有径向密封、环向密封、轴向密封。

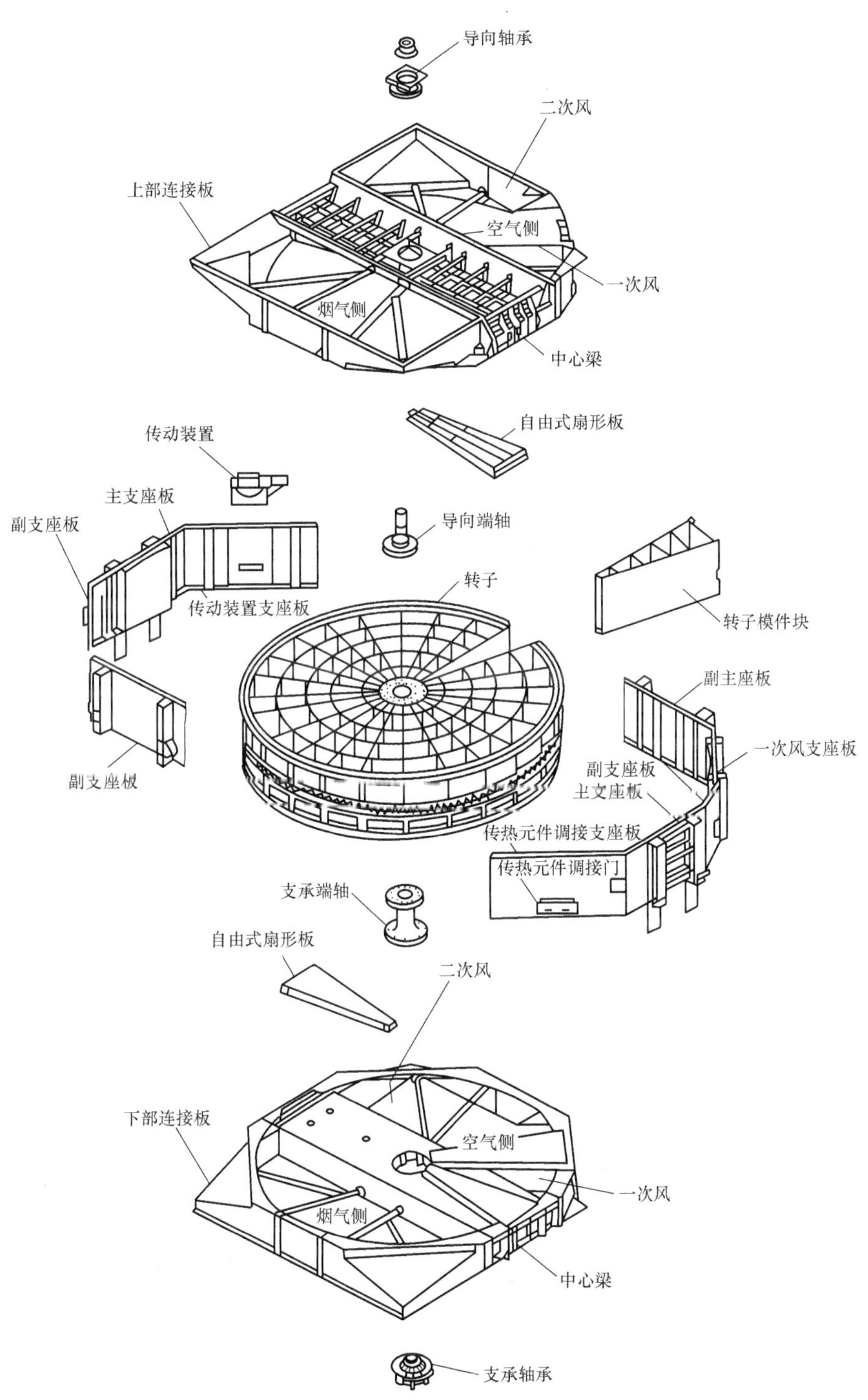

图 7-17　三分仓式空气预热器的部件分解图

径向密封是转子端面与静止外壳上、下扇形隔板之间的密封，其作用是减小或防止空气穿过转子端面与扇形隔板之间的密封区漏入烟气通道。径向密封装置的结构如图 7 - 18 所示。它是在转子的每块径向隔板的上、下两端都装有带密封头的弹簧钢片。为了避免噪声和电动机功率过大，弹簧钢片与扇形隔板不直接接触，留有很小的间隙。当任一仓格经过过渡区时，弹簧钢片就与外壳上的扇形板构成密封。

环向密封分外环向密封和内环向密封。外环向密封的结构如图 7 - 19 所示，其密封元件装在转子外围圆周的上、下端，其作用是防止空气通过转子外围圆周的上、下端面与外壳顶、底板之间的环向空隙漏入烟气侧。内环向密封元件装在转子中心筒（或中心轴）圆周上、下端，其作用是防止空气通过转子中心筒（或中心轴）的上、下端面漏入烟气侧。内环向密封结构如图 7 - 20 所示。

向密封是转子外围与外壳之间沿整个转子高度（即轴向）设置的密封，其结构如图 7 - 21 所示。轴向密封装置的作用是当外环向密封损坏时，防止空气通过转子外围板和外壳

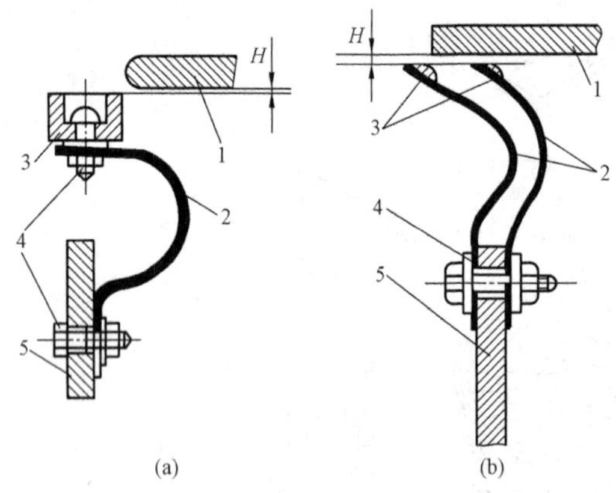

图 7 - 18　径向密封装置

（a）单密封头弧形板结构；（b）双密封头弧形板结构

1—扇形隔板；2—弧形密封板；3—密封头；4—螺栓；5—径向隔板

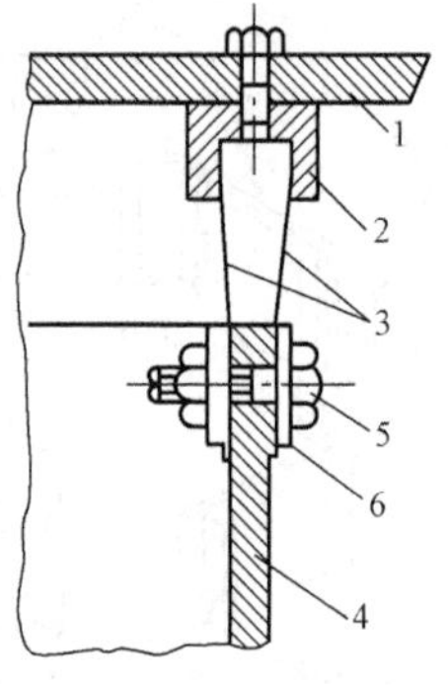

图 7 - 19　外环向密封装置

1—顶板或底板；2—密封槽；3—弹簧钢片；4—转子外圆筒；5—螺栓；6—压板

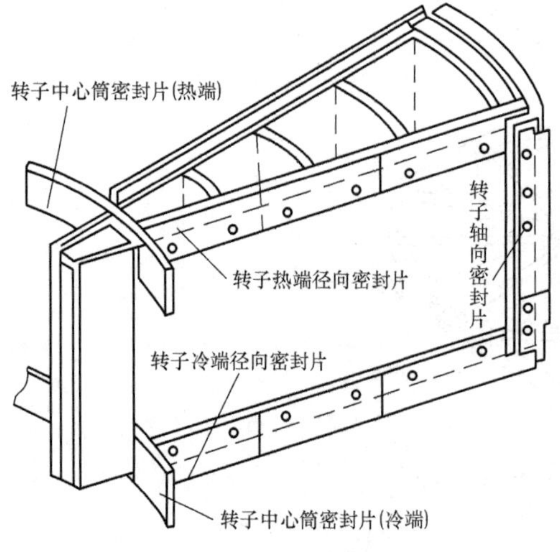

图 7 - 20　内环向密封装置

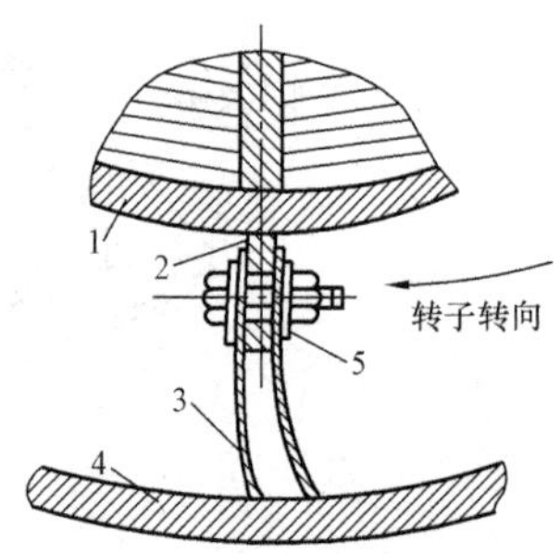

图 7 - 21　轴向密封装置

1—转子外围；2—轴向密封支撑板；3—弹簧钢板；4—外壳圆筒；5—压板

之间的空隙漏入烟气侧。轴向密封片被固定在转子外围对应于每块径向隔板的位置上，其自由端与外壳圆筒接触构成密封。轴向密封片也可以固定在外壳圆筒上。

运行时，空气预热器上端的烟气温度、空气温度都比下端高，转子上端的径向膨胀量大于下端，再加上转子重量的影响，转子就会产生如图7-22所示的蘑菇状变形，导致扇形隔板与转子之间的间隙增大，加重漏风。为了减小热态时的径向间隙，现在大型空气预热器的热端扇形板采用了图7-23所示的可弯曲结构。每块扇形板有三个支点，其中靠近轴中心的一点支吊在转子的中心密封筒上，后者吊挂在导向轴承的座套上，可随主轴的膨胀而一起上下移动。

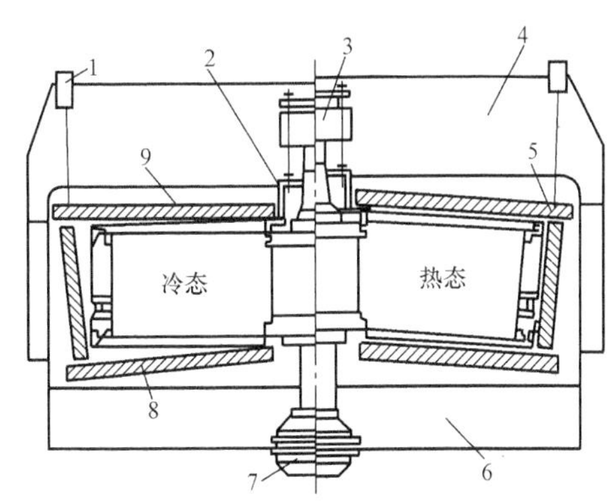

图7-22　空气预热器的热态变形示意图

1—执行机构；2—中心密封筒；3—导向轴承；4—上梁；5—轴向密封装置；6—下梁；7—推力轴承；8—下扇形板；9—上扇形板

为了保证热态间隙，现代锅炉的空气预热器对热端径向密封采用了较先进的自动跟踪密封系统，如图7-22所示的执行机构部分。其设计原理是采用可弯曲密封板，在密封板的外端施加一个外力即执行机构，使密封板弯曲变形，变形曲线与转子蘑菇状变形相吻合。可弯曲密封板的漏风控制装置是接触式传感器，传感器探头周期性探测转子热态变形后的热端径向密封开度，根据所测得的间隙值与整定的间隙值相比较，将比较结果用电信号输出给驱动装置，产生一个力使可弯曲密封板变形，并使变形曲线与转子产生的热态变形曲线相吻合，使空气预热器在各种运行工况下密封板与径向密封片之间都能保持额定间隙。即扇形板外侧的两个支点，通过吊杆与控制系统中的电动执行机构相连，在电动执行机构的驱动下，使扇形板外侧作缓慢地升降，以保持径向密封的间隙在1mm以内，最大不超过3.5mm。

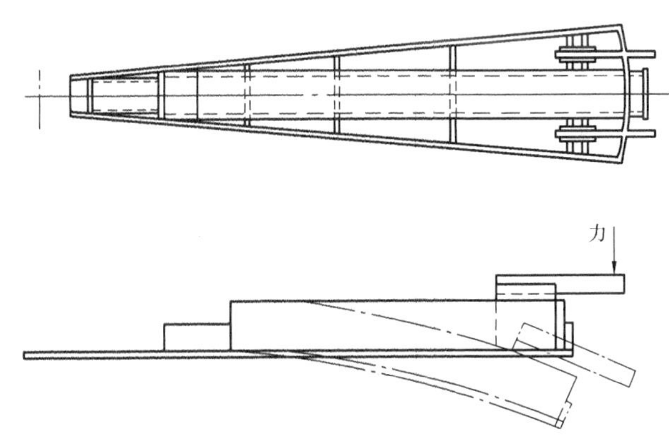

图7-23　可弯曲扇形板结构

漏风量大是回转式空气预热器存在的主要问题。管式空气预热器的漏风量一般不超过5%，而回转式空气预热器在设计良好时漏风量约为8%～10%，密封不好时可达30%或更高。

近年来，国内外一些公司将空气预热器的密封装置进行了改造，如将原来的24个仓格结构改为48个仓格结构，这样便可保证运行中每一时刻都有2片密封片起密封作用，或者将单密封改进为双密封等，如图7-24所示。图7-25为新型柔性接触式密封。这些方法可以减少漏风量约30%。

受热面回转式空气预热器的传热元件布置比较紧密，其流通道狭窄而又弯曲，因而容易积灰甚至堵灰。为了减轻积灰，在预热器烟气侧上、下端一般均装有吹灰器和清洗装置。吹灰器在运行中定期投入吹灰，常用的吹灰介质为过热蒸汽或压缩空气。在不带负荷时，可用清洗装置冲洗，冲洗介质为水。

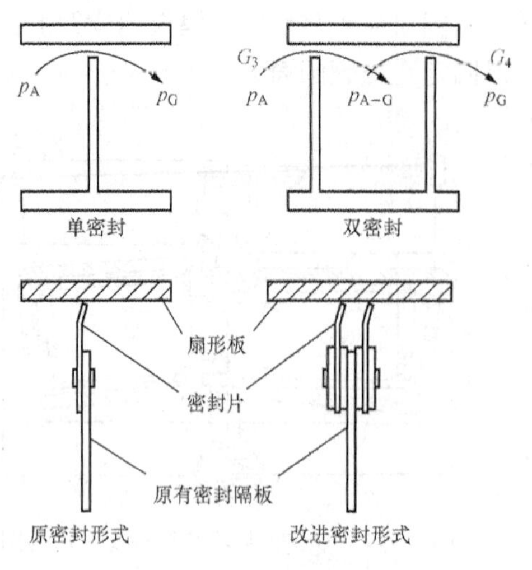

图 7-24 双密封示意图

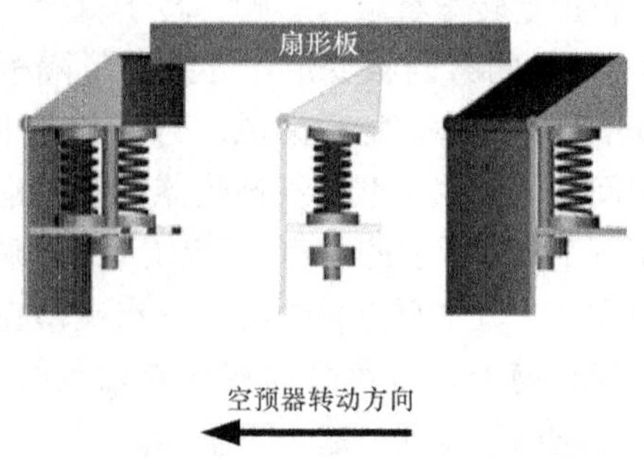

图 7-25 新型柔性接触式密封示意图

四、热管空气预热器

热管空气预热器是近年来在一些电厂采用的新设备。基本原理是利用管内工质的相变，实现能量由高温向低温的有效转移。热管外壳是能承受一定压力的细长圆钢管，管内保持约 $1\sim10^{-14}$Pa 的真空度，管内充有一定量的凝结工质作为传热介质。当烟气从热管空气预热器的蒸发段流过时，烟气把热量传给管内凝结工质并使其汽化，汽化后的汽态工质流向凝结段。空气流过凝结段时，吸收其热量使管内蒸汽凝结成液体，并沿管壁流回蒸发段。这样热管空气预热器工作时，不断地重复上述过程，进行传热。目前主要采用重力式钢水热管，可以垂直布置，也可以倾斜布置，烟气和空气用隔板隔开，如图 7-26 所示。热管式空气预热器可以作为管式空气预热器的前置式预热器，也可以作为置换段将管式空气预热器的最下端的受热面进行置换代替。

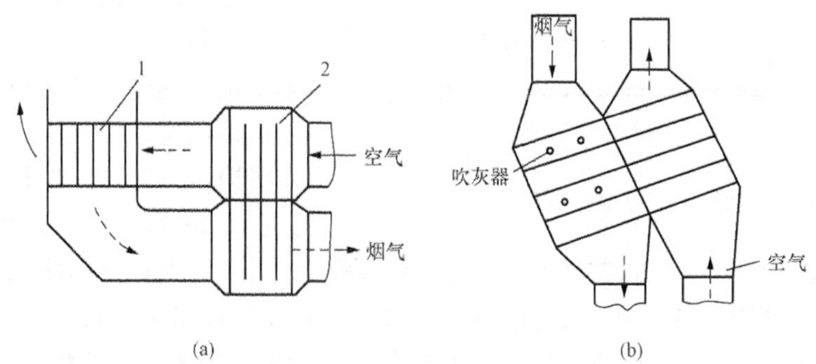

图 7-26 热管空气预热器

（a）前置式热管空气预热器系统；（b）热管空气预热器

1—管式空气预热器；2—热管式空气预热器

热管空气预热器的特点是：因热管具有良好的导热性能，其热导率比良好的导热材料要高出近百倍，故可实现小温差传热，传热效率高；结构紧凑，流动阻力小；密封性好，漏风系数接近于零；壁温较高，低温腐蚀轻等；缺点是造价较高。

五、空气预热器的漏风率与漏风系数

衡量空气预热器主要性能的参数为漏风率和漏风系数。

漏风率是指漏入空气预热器烟气侧的空气质量与进入空气预热器的烟气质量之比，计算公式为

$$A_L = \frac{\Delta m_k}{m'_y} \times 100 = \frac{m''_y - m'_y}{m'_y} \times 100 \tag{7-1}$$

式中　A_L——漏风率,%；

Δm_k——漏入空气预热器烟气侧的空气质量，kg/kg，kg/m^3（标准状态）；

m'_y、m''_y——空气预热器烟气侧进、出口处烟气质量，kg/kg，kg/m^3（标准状态）。

空气预热器的漏风系数是指空气预热器烟气侧出口过量空气系数与进口过量空气系数之差，计算公式为

$$\Delta\alpha = \alpha'' - \alpha'$$

式中　$\Delta\alpha$——漏风系数；

α'、α''——空气预热器烟气侧进、出口的过量空气系数。

实测中，α'、α''的数值可分别根据测得的空气预热器烟气侧进、出口的氧量 O_2 或 RO_2 的含量，再分别用公式 $\alpha = 21/(21 - O_2)$ 或 $\alpha = RO_2^{max}/RO_2$ 计算求得。

求得漏风系数后，可由式（7-2）完成漏风率和漏风系数的换算，即

$$A_L = \frac{\alpha'' - \alpha'}{\alpha'} \times 90 \tag{7-2}$$

第四节　尾部受热面的积灰、磨损和低温腐蚀

一、尾部受热面积灰

1. 积灰及其危害

尾部受热面积灰包括松散性积灰和低温黏结性积灰两种。松散性积灰是烟气携带飞灰流经受热面时，部分灰粒沉积在受热面上形成的；低温黏结性积灰是烟气中的硫酸蒸汽在低温受热面上凝结，将灰粒黏聚而形成的。低温黏结灰不易清除，而且和低温腐蚀相互促进，危害更大。

受热面积灰时，由于灰的传热系数很小，使受热面的热阻增大，吸热量减少，以致排烟温度升高，排烟热损失增加，锅炉热效率降低。积灰严重而堵塞部分烟气通道时，将使烟气流动阻力增大，导致引风机电耗增大甚至出力不足，造成锅炉出力降低或被迫停炉清灰。由于积灰使烟气温度升高，还会影响以后受热面的安全运行。

以下讨论松散性积灰。

烟气中携带的飞灰颗粒一般均小于 200μm，其中大部分为 10～30μm 的颗粒。当携带飞灰的烟气横向冲刷管束时，在管子背风面产生旋涡区。小于 30μm 的灰粒会被卷入旋涡区，在分子间引力和静电力的主要作用下，一些细灰被吸附在管壁上造成积灰。大灰粒不仅不易沉积，而且还有冲刷作用，因此，积灰是细灰粒积聚与粗灰粒冲击同时作用的过程。当聚积的灰粒与被粗灰冲刷掉的灰量相等，即处于动态平衡状态时，积灰程度相对稳定在一定厚度，不再增加。只有当条件（如烟气流速）改变时，动态平衡被打破，积灰程度改变，直到

建立起新的平衡。应该说明的是，积灰程度与飞灰浓度关系不大，飞灰浓度越大，只能加速达到动态平衡。

2. 积灰的影响因素

受热面积灰程度与烟气流速、飞灰颗粒度、管束结构特性等因素有关。

（1）烟气流速。烟气流速对积灰程度影响很大。烟气流速越高，灰粒的动能越大，灰粒冲击作用也就越强，积灰程度越轻；反之则积灰越多。如图 7-27 所示。当烟气流速大于 8～10m/s 时，背风面积灰较轻，迎风面则一般不积灰；当烟气流速为 2.5～3m/s 时，不仅背风面积灰较重，而且在迎风面也会积灰，甚至会发生堵灰。

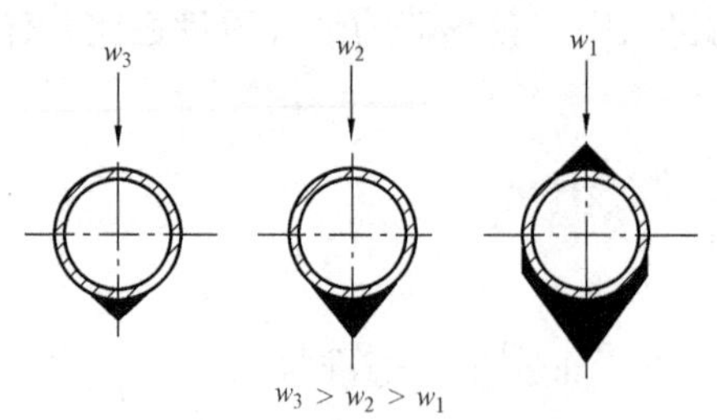

图 7-27　烟气流速对积灰的影响

（2）飞灰颗粒度。烟气中粗灰多细灰少时，冲刷作用大，积灰减少；反之则积灰增多。液态排渣煤粉炉烟气中的飞灰比固态排渣煤粉炉的细，因而积灰较严重；燃油锅炉积灰也较严重。

（3）管束结构特性。错列布置管束比顺列布置管束的积灰轻。因为错列布置的管束不仅迎风面受到冲刷，而且背风面也较容易受到冲刷，故积灰较轻。而顺列布置的管束从第二排起，管子不仅背风面受到冲刷少，而且迎风面也不能直接受冲刷，所以积灰较严重。

随着管束的纵向相对节距 s_2/d 的增大，错列管束的灰层厚度也越厚，而顺列管束的积灰则越轻。

管径较小时，管子背面的旋涡区小，飞灰冲击机会增加，积灰减轻。

3. 减轻和防止积灰的措施

为减轻受热面积灰，在结构、布置及运行上可采取以下措施：

（1）合理选取烟速。在额定负荷时，烟气速度不应低于 6m/s，一般可保持在 8～11m/s，过大则会加剧磨损。

（2）采用小管径、小节距、错列布置的管束，可以增强烟气气流的冲刷和扰动，使积灰减轻。对省煤器可采用直径为 $\phi25$～$\phi32$ 的管子，管束相对节距为 $s_1/d=2\sim2.5$、$s_2/d=1\sim1.5$。

（3）正确设计和布置高效吹灰装置，制定合理的吹灰制度。空气预热器要加装水冲洗装置。

二、尾部受热面磨损

1. 飞灰磨损的现象及机理

燃煤锅炉尾部受热面飞灰磨损是一种常发生的现象。当携带大量固态飞灰的烟气以一定速度流过受热面时，灰粒撞击受热面。在冲击力的作用下会削去管壁微小金属屑而造成磨损。磨损使受热面管壁逐渐减薄，强度降低，最终将导致泄漏或爆管事故，直接威胁锅炉安全运行。锅炉的受热面都会发生不同程度的磨损，尤其以省煤器最为严重。

烟气对管子表面的冲击有垂直冲击和斜向冲击两种。垂直冲击引起的磨损叫冲击磨损。垂直冲击时，灰粒对管子作用力的方向是管子表面的法线方向，因此，其现象是在正对气流方向管子表面有明显的麻点。斜向冲击时，灰粒对管子的作用力可分解为切向分力和法向分力。法向分力产生冲击磨损；切向分力对管壁起切削作用，称为切削磨损。两者的大小取决于烟气对管子的冲击角度。

受热面的磨损是不均匀的，严重的磨损都发生在某些特定的部位。从烟道截面上来看，不同部位的受热面磨损是不均匀的，这主要是由于烟气在转向室转弯时，在离心力的作用下，使得靠近烟道后墙部位的飞灰浓度要大于前墙，所以后墙部位的受热面磨损要严重些。

从管子周界上来看，磨损同样也是不均匀的。管外横向冲刷错列管束时磨损情况如图 7-28（a）所示。位于第一排的管子最大磨损发生在管子迎风面两侧 30°～40°的范围内，第一排以后的各排管子的磨损集中在管子两侧 25°～30°的对称点上。对于顺列管束，第一排以后的各排管子的磨损集中在 60°的对称点上。

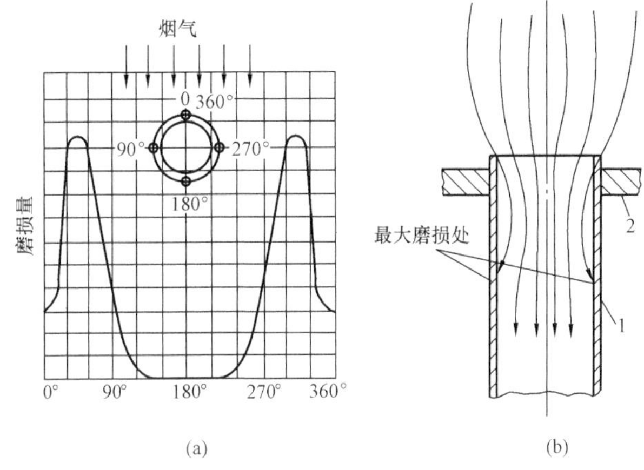

图 7-28 受热面管子的飞灰磨损

（a）管外横向冲刷错列管束时磨损情况；（b）烟气管内纵向冲刷

1—空气预热器管子；2—上管板

从管排上来看，错列管束中磨损最严重的是第二排，这是由于第一排管子前的烟气流速较低，受灰粒的撞击较轻。第一排管子以后，气流速度增大，第二排管子受到更大的撞击。固体灰粒撞击到第二排管子以后，动能减小，因此，以后各排管子的磨损又减轻。顺列管束第五排磨损严重，这是因为灰粒有加速过程，到第五排达到全速。

当烟气在管内纵向冲刷时（如管式空气预热器），磨损最严重点发生在管子进口约 150～200mm 长的不稳定流动区域的一段管子内，如图 7-28（b）所示。这是由于在管子进口段气流尚未稳定，由于气流的收缩和膨胀，灰粒较多地撞击管壁的缘故。在以后的管段中，气流稳定，灰粒运动方向与管壁平行，故管壁磨损减轻。

2. 影响磨损的主要因素

影响飞灰磨损的主要因素有烟气流速、飞灰浓度、灰粒特性、管束结构特性等。

（1）烟气速度。受热面金属表面的磨损与冲击管壁的灰粒动能和冲击次数成正比。研究表明，金属磨损与烟气速度的 3～3.5 次方成正比。可见烟气速度对受热面磨损的影响很大。在“烟气走廊”区域，因烟气流速大，管子的磨损严重。

（2）飞灰浓度。飞灰浓度大，灰粒冲击受热面次数多，磨损加剧。

（3）灰粒特性。灰粒越粗、越硬，冲击与切削作用越强，磨损越严重。另外，灰粒形状对磨损也有影响，具有锐利棱角的灰粒比球形灰粒磨损严重。如沿烟气流向，烟气温度逐渐降低，灰粒变硬，磨损加重。因此，省煤器的磨损一般比过热器、再热器严重。又如燃烧工况恶化，灰中未燃尽的残碳增多，由于焦炭的硬度大，也会加剧受热面的磨损。

（4）管束的结构特性。烟气纵向冲刷时，因灰粒运动与管子平行，冲击管子的机会少，故比横向冲刷磨损轻。烟气横向冲刷时，错列管束因烟气扰动强烈，灰粒对管子的冲击机会多，则比顺列管束磨损重。

3. 减轻磨损的措施

（1）合理地选择烟气流速。降低烟气流速是减轻磨损的最有效方法。但烟气流速的降低，不仅会影响传热，同时还会增大受热面的积灰和堵灰，因此，应合理地选择烟气流速。根据国内外调查资料，省煤器中烟气流速最大不宜超过 9m/s，否则会引起较严重的磨损。

（2）采用合理的结构和布置。对飞灰磨损严重的受热面，可用顺列代替错列，以减轻烟气中飞灰对管子的冲刷。避免受热面与炉墙之间的间隙过大，尽量保证管间节距均匀等。

（3）加装防磨装置。运行中，由于种种原因，烟气的速度和飞灰浓度不可能分布均匀，在局部区域出现烟气流速过高或飞灰浓度过大的现象不可避免，因此，受热面磨损也必然存在。为防止受热面局部磨损严重，在受热面管子易发生磨损的部位加装防磨装置，这样被磨损的不是管子，而是保护部件，检修时只需更换这些部件即可。

省煤器的防磨装置如图 7-29 所示。图中（a）是在弯头处加装护瓦和护帘；（b）是在“烟气走廊”区加装护瓦，以增大“烟气走廊”区的阻力，使烟气流速降低；（c）是在弯头处加装护瓦；（d）是在磨损最严重部位焊接圆钢等局部防磨装置。

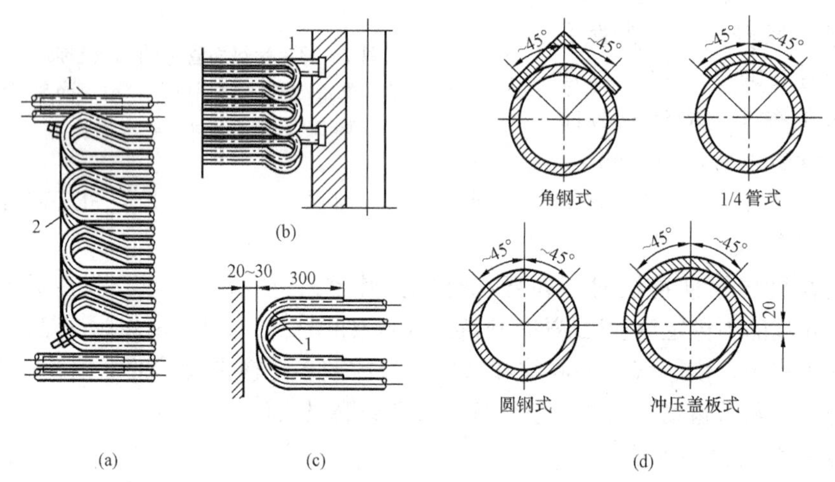

图 7-29 省煤器的防磨装置

（a）弯头处的护瓦和护帘；（b）烟气走廊区的护瓦；（c）弯头护瓦；（d）局部防磨装置

1—护瓦；2—护帘

管式空气预热器的防磨装置是加装防磨短管，如图 7-30 所示。它是在管子入口段内套或外部焊接一段保护短管，该保护短管磨损后，在检修时可以更换。

（4）搪瓷或涂防磨涂料。在管子外表面搪瓷，厚度为 0.15～0.3mm，一般可延长寿命 1～2 倍。在管子外表面上涂防磨涂料或渗铝，也可有效地防止磨损。

（5）采用膜式省煤器。由于管子和扁钢条的绕流作用，使灰粒向气流中心集中，因此，减轻了磨损和积灰。

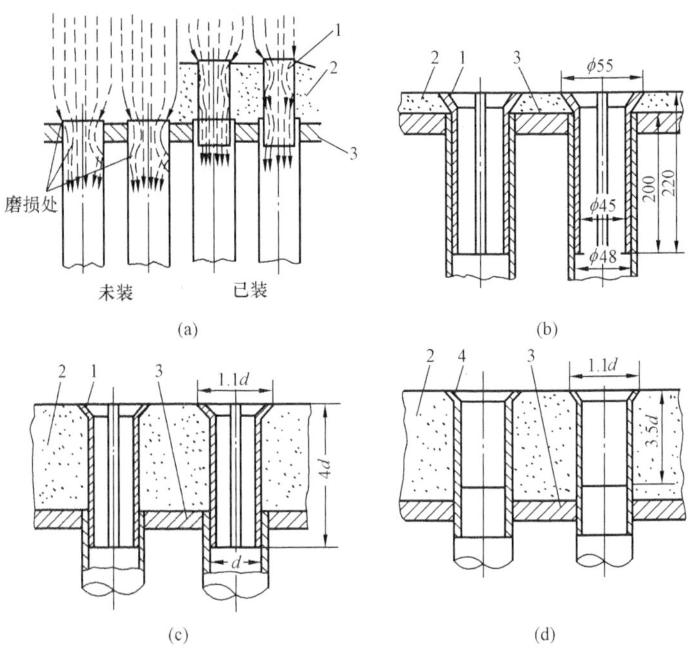

图 7-30　管式空气预热器的防磨装置

(a) 磨损和防磨原理；(b)、(c) 加装保护套管；(d) 外部焊接短管

1—内套管；2—耐火混凝土；3—预热器管板；4—焊接短管

三、低温腐蚀

1. 低温腐蚀及其危害

当受热面壁温低于酸露点时，烟气中的硫酸蒸汽在受热面上凝结而发生的腐蚀，称为低温腐蚀，这种腐蚀也称硫酸腐蚀。它一般出现在烟温较低的低温级空气预热器的冷端。低温腐蚀带来的危害是：

(1) 导致空气预热器穿孔，大量空气漏入烟气中，一方面因空气不足造成燃烧恶化，另一方面使送、引风机负荷增加，电耗增大；

(2) 造成低温黏结性积灰，在锅炉运行中难以清除，不仅影响传热，使排烟温度升高，而且严重时堵塞烟气通道，引风阻力增加，锅炉出力下降，严重时被迫停炉清灰；

(3) 严重的腐蚀将导致大量受热面更换，造成经济上的巨大损失。

2. 低温腐蚀机理

锅炉燃用的燃料中含有一定的硫分，燃烧时将生成二氧化硫，其中一部分又会进一步氧化生成三氧化硫。三氧化硫与烟气中的水蒸气结合形成硫酸蒸汽。当受热面的壁温低于硫酸蒸汽露点（烟气中的硫酸蒸汽开始凝结的温度，简称酸露点）时，硫酸蒸汽就会在壁面上凝结成为酸液而腐蚀受热面。

烟气中的二氧化硫在两种情况下会发生向三氧化硫转化：一是燃烧反应中火焰里的部分氧分子会离解成原子状态，并与二氧化硫反应生成三氧化硫；二是烟气流经对流受热面时，氧化硫遇到三氧化二铁（Fe_2O_3）或五氧化二钒（V_2O_5）等催化剂作用，会与烟气中的过剩氧反应生成三氧化硫，即 $2SO_2+O_2 \rightarrow 2SO_3$。

烟气中的三氧化硫的数量是很少的，但极少量的三氧化硫也会使酸露点提高到很高的程度，如烟气中硫酸蒸汽的含量为0.005%时，露点可达130～150℃。

3. 烟气露点（酸露点）的确定

烟气露点与燃料中的硫分和灰分有关。燃料中的折算硫分 $S_{ar,zs}$ 越高，燃烧生成的 SO_2 进一步氧化生成的 SO_3 就越多，烟气的露点也越高；烟气携带的飞灰粒子中所含的钙镁和其他碱金属的氧化物以及磁性氧化铁，有吸收烟气中部分硫酸蒸汽的能力，从而可减小烟气中硫酸蒸汽的浓度。由于硫酸蒸汽分压力减小，烟气露点也就降低。烟气中灰粒子数量愈多，这个影响就愈显著。烟气中飞灰粒子对烟气露点的影响可用折算灰分 $A_{ar,zs}$ 和飞灰份额 α_{fh} 来表示。

考虑上述各影响因素，烟气露点可用下面的经验公式进行计算：

$$t_1 = t_{sl} + \frac{125 \cdot \sqrt[3]{S_{ar,zs}}}{1.05^{A_{ar,zs}\alpha_{fh}}} \tag{7-3}$$

式中 t_1——烟气露点，℃；

t_{sl}——按烟气中水蒸气分压力计算的水蒸气露点，℃；

$S_{ar,zs}$——燃料收到基折算硫分，10^{-2}kg/（4182kJ）；

$A_{ar,zs}$——燃料收到基折算灰分，10^{-2}kg/（4182kJ）；

α_{fh}——飞灰系数。

4. 腐蚀速度

腐蚀速度与管壁上凝结的酸量、硫酸浓度以及管壁温度等因素有关。凝结酸量越多，腐蚀速度越快，但当凝结酸量大到一定程度时，对腐蚀的影响减弱；金属壁温对腐蚀的影响见图7-31，腐蚀处壁温越高，化学反应速度越快，低温腐蚀速度也越快；碳钢腐蚀速度与硫酸浓度的关系见图7-32。即随着硫酸浓度的增大，腐蚀速度先是增加，当浓度为56%时达到最大值，随后急剧下降。在浓度为60%以上时，腐蚀速度基本不变并保持在一个相当低的数值。

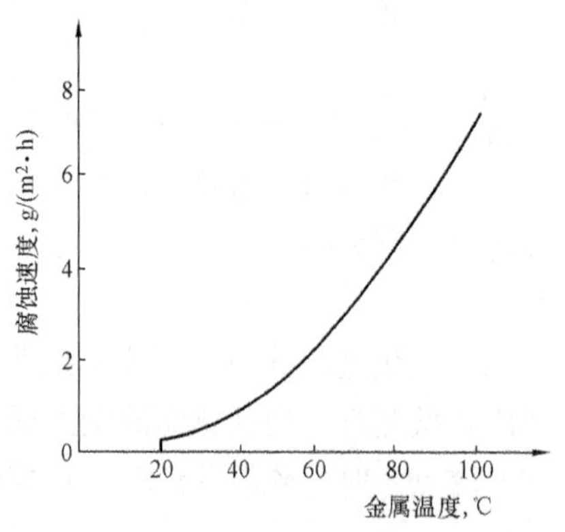

图7-31 金属壁温对腐蚀的影响

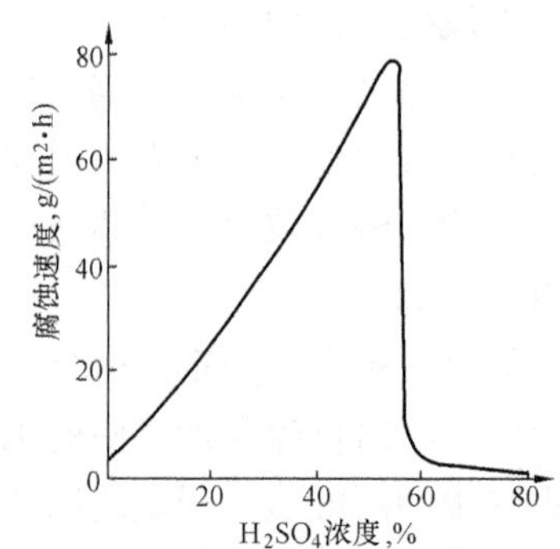

图7-32 碳钢腐蚀速度与硫酸浓度的关系

当尾部受热面发生低温腐蚀时，腐蚀速度将同时受到金属壁温、硫酸凝结量及硫酸浓度等因素的共同影响。因此，沿烟气流向，腐蚀速度的变化比较复杂。图7-33所示为沿烟气流向受热面腐蚀速度的变化情况。由图 7 - 33 可知，在受热面壁温达到酸露点 A 时，硫酸蒸汽开始凝结，腐蚀随之发生。但由于此时硫酸浓度极高（80%以上），且凝结酸量少，因而虽然壁温较高，腐蚀速度却并不高。沿着烟气流向，金属壁温逐渐降低，凝结酸量逐渐增多，其影响超过温度降低的影响，因而腐蚀速度很快上升，至 B 点达到最大值。以后壁温继续降低，凝结酸量减少，且硫酸浓度仍处于较弱腐蚀浓度区，因而腐蚀速度随壁温下降而逐渐减小，到 C 点达到最低值。以后虽然壁温已经降到更低的数值，但因酸浓度也在下降并逐渐接近于 56%，因此，腐蚀速度再次上升。D 点壁温达到水蒸气露点（简称水露点），大量水蒸气会凝结在管壁上并与烟气中的 SO_2 结合，生成亚硫酸溶液（H_2SO_3），严重地腐蚀金属管壁，烟气中的 HCl 也会溶于水并对金属起腐蚀作用，故壁温下降到水露点 D 以后，腐蚀速度急剧上升。实际上，在锅炉本体中受热面壁温不可能低于水露点，但有可能低于酸露点。因此，为了避免尾部受热面的严重腐蚀，金属壁温应避开腐蚀速度高的区域。

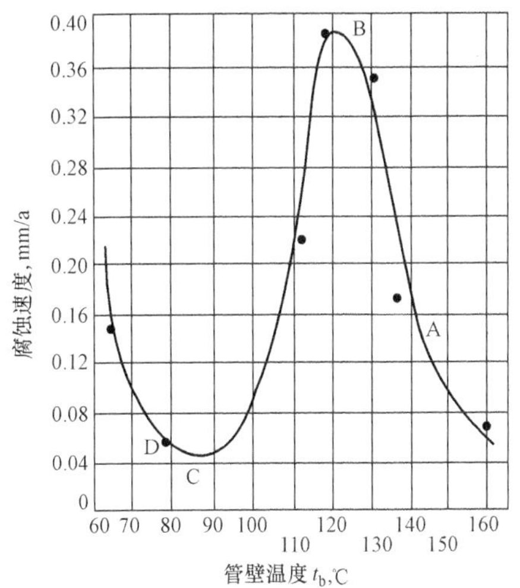

图 7 - 33　沿烟气流向受热面腐蚀速度的变化情况

对于管式空气预热器，最低壁温可按式（7 - 4）进行计算：

$$t_{b,min}=\frac{0.8\alpha_y\vartheta_{py}+\alpha_k t'_k}{0.95\alpha_y+\alpha_k} \quad (7-4)$$

式中　$t_{b,min}$——最低壁温，℃；

ϑ_{py}——排烟温度，℃；

t'_k——低温级空气预热器空气入口温度，℃；

α_y，α_k——烟气侧和空气侧的对流表面传热系数，kW/（m^2·℃）。

式中系数 0.8 和 0.95 为考虑烟气侧管壁污染和烟气温度场分布不均的影响系数。

对于回转式空气预热器，烟气出口部位受热面金属最低壁温可按式（7 - 5）进行计算：

$$t_{b,min}=\frac{x_y\alpha_y\vartheta_{py}+x_k\alpha_k t'_k}{x_y\alpha_y+x_k\alpha_k}\approx\frac{x_y\vartheta_{py}+x_k t'_k}{x_y+x_k} \quad (7-5)$$

式中　x_y，x_k——烟气和空气流通截面积占总流通截面积的份额，其他符号同式（7 - 4）。

5. 影响低温腐蚀的因素

从低温腐蚀发生的过程来看，发生低温腐蚀的条件是管壁温度低于烟气露点。壁温越低，发生低温腐蚀的可能性越大；烟气露点越高，腐蚀越严重。酸露点的高低主要决定于烟气中三氧化硫的含量，随烟气中三氧化硫含量的增加，硫酸蒸汽的含量也相应增加，酸露点会有明显提高。烟气中三氧化硫的含量与下列因素有关：

（1）燃料中的硫分越多，则烟气中的三氧化硫含量也越多。

（2）火焰温度高，则火焰中原子氧的含量增加，因而三氧化硫含量也增多。

（3）过量空气系数增加也会使火焰中原子氧的含量增加，从而使三氧化硫含量也增加。

（4）飞灰中的某些成分，如钙镁氧化物和磁性氧化铁（Fe_3O_4），以及未燃尽的焦炭粒等有吸收或中和二氧化硫和三氧化硫的作用。故烟气中飞灰含量增加、且飞灰含上述成分又较多时，则烟气中三氧化硫量将减小。

（5）当烟尘中氧化铁（Fe_2O_3）或氧化钒（V_2O_5）等催化剂含量增加时，烟气中三氧化硫量将增加。

由以上分析可知，燃油炉的低温腐蚀会更严重，因为油中有钒的氧化物，且燃油炉的燃烧强度大而飞灰量少，因而燃油炉生成的三氧化硫较多，烟气露点也高，腐蚀程度将更严重。

6. 防止或减轻低温腐蚀的措施

减轻低温腐蚀可从两个方面着手：一是提高金属壁温或使壁温避开严重腐蚀的区域；二是减少烟气中三氧化硫的含量，降低酸露点；此外还可采用抗腐蚀材料制作的低温受热面。

（1）提高受热面壁温。

1）采用热风再循环。将空气预热器出口的热空气，一部分引回到送风机入口，称之为热风再循环。如图 7-34 所示，在热风管道和冷风管道之间装有再循环风道，依靠送风机抽吸或专门设置的再循环风机，将部分热空气送入空气预热器进口与冷风混合。热风再循环使管壁温提高，有利于减轻低温腐蚀和受热面的积灰。但是，这种方法可使排烟温度提高，锅炉效率降低，同时，还使送风机电耗加大。再者这种方法只能将空气预热器的进口风温提高到 50～65℃，再高就将使排烟温度提高到更加不合理的程度，风机的电耗也显著增加。

2）空气预热器进口装设暖风器。如图 7-35 所示，暖风器装在送风机与预热器之间，利用汽轮机低压抽汽来加热冷空气。加装暖风器可使预热器进口的空气温度提高到 80℃左右，但也会使排烟温度提高。

此外，管式空气预热器也可采用螺旋槽管结构，通过增强烟气的扰动，提高烟气侧的表面传热系数，达到提高管壁温度减轻腐蚀的目的。

（2）减少烟气中的 SO_3 含量。

1）燃料脱硫。原煤洗选可除去 40%的硫分，将原煤加工成水煤浆燃烧，可使 70%～90%的黄铁矿去除。

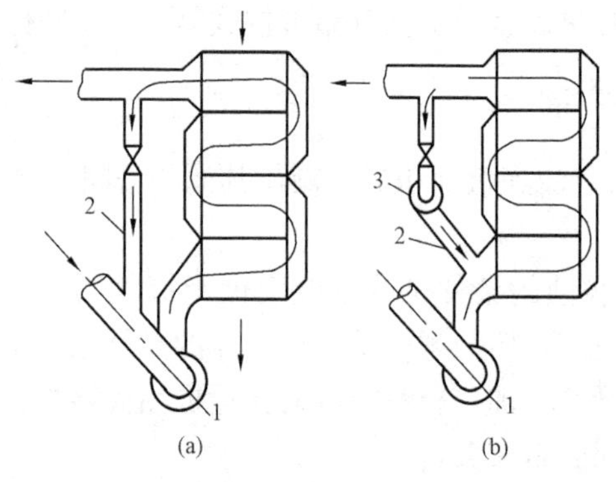

图 7-34　热风循环系统

（a）利用送风机再循环；（b）利用再循环风机再循环

1—送风机；2—再循环管；3—再循环风机

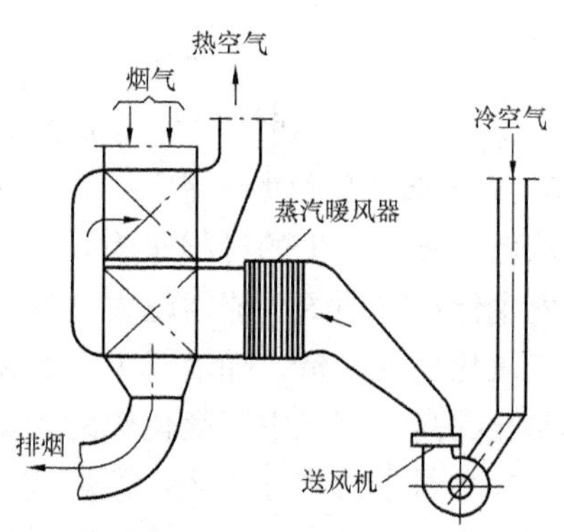

图 7-35　蒸汽暖风系统

2）低氧燃烧。将燃油炉的炉膛出口过量控制系数控制在 1.03 及以下，烟气露点可显著下降。

3）加入添加剂。用粉状石灰石或白云石混入燃料中直接吹入炉膛内燃烧，使烟气中的 SO_3 和石灰石粉（$MgCO_3$ 或 $CaCO_3$）发生反应生成 $MgSO_4$ 或 $CaSO_4$，从而减少了烟气中 SO_3 的含量。但由于在煤粉炉中的脱硫反应的条件较差，因而脱硫效率很低，同时反应生成的硫酸盐为松散粉尘，会使受热面污染加重，应采取相应的吹灰及防磨措施。

此外，当采用烟气再循环时，若将从空气预热器前抽出的部分烟气，通过炉底或燃烧器送入炉内再循环，降低火焰中心温度并增加了惰性气体含量，可使 SO_3 生成量减少。但当再循环烟气从炉顶引入时，减轻低温腐蚀的作用不大。

（3）空气预热器冷端采用耐腐蚀材料。在燃用高硫分燃料的锅炉中，管式空气预热器的低温置换段可用耐腐蚀的玻璃管、搪瓷管、09 铜钢管或其他耐腐蚀的材料制作的管子。回转式空气预热器的冷端受热面可采用耐腐蚀的搪瓷、蜂窝陶瓷砖等。采用引进技术制造的回转式空气预热器大多采用耐腐蚀的低合金钢材 CORTEN 钢制造冷端受热面，并将底部框架制成可拆除式，以便于更换或检修冷端受热面。采用耐腐蚀材料可以减轻低温腐蚀，但不能防止低温黏结积灰，因而，必须加强吹灰。

思 考 题

1. 尾部受热面的工作特点有哪些？
2. 尾部受热面的布置方式有几种？各适用于什么情况？
3. 省煤器的作用有哪些？分类有几种？钢管式省煤器在烟道中的布置方式有几种？各有什么特点？
4. 空气预热器的作用有哪些？分为几种？工作原理如何？
5. 回转式空气预热器的漏风是怎样形成的？漏风对锅炉有哪些危害？
6. 尾部受热面的积灰和磨损的影响因素和减轻措施有哪些？
7. 低温腐蚀发生的原因及减轻措施有哪些？
8. 概念：低温腐蚀　酸露点　沸腾式省煤器　磨损

第八章　蒸发设备及自然水循环

第一节　蒸　发　设　备

一、蒸发设备的组成

蒸发设备是锅炉的重要组成部分，其作用是吸收炉内燃料燃烧放出的热量，把锅水转变成饱和蒸汽。

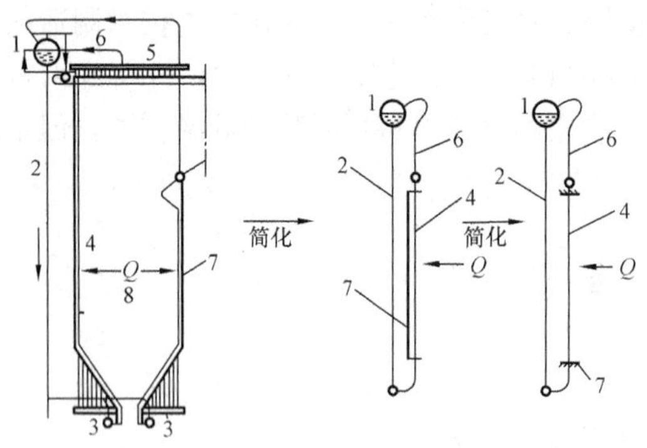

图 8-1　自然循环蒸发设备示意图
1—汽包；2—下降管；3—下联箱；4—水冷壁；5—上联箱；6—汽水引出管；7—炉墙；8—炉膛

自然循环锅炉的蒸发设备由汽包、下降管、水冷壁、联箱及其连接管道等组成，如图 8-1 所示。汽包、下降管、联箱及其连接管道等都位于炉外不受热。水冷壁布置在炉膛四壁，炉膛高温火焰对其辐射传热。给水通过省煤器加热后送入汽包，在汽包内保持一定的水位。汽包内的水通过下降管、下联箱送入水冷壁。水在水冷壁内受热达到饱和，之后继续受热使水部分转变成饱和蒸汽，形成汽水混合物。这样，由于水冷壁内汽水混合物的密度小于下降管内水的密度，它们的密度差使蒸发设备内的工质依次沿着由汽包、下降管、下联箱、水冷壁管、上联箱、汽水引出管、汽包构成的路线循环流动，其流动的动力是由汽水密度差产生的，所以称为自然循环。由水冷壁管进入汽包的汽水混合物在汽包内靠汽水密度差及汽水分离装置的作用进行汽水分离。分离出的饱和蒸汽由汽包顶部引出直接进入过热器进行过热，分离出的饱和水则回到汽包水空间与给水混合后进入下降管继续循环。

循环回路中的汽包和水冷壁是蒸发设备中的关键设备，其相关内容将在后面几节详细介绍，现对其他设备介绍如下。

下降管的作用是把汽包内的水连续不断地通过下联箱供给水冷壁，以维持正常的循环。大中型锅炉的下降管布置在炉外不受热，管外包覆有保温材料。

下降管有小直径分散型和大直径集中型两种。小直径分散型下降管的直径一般为 108～159mm，它直接与各下联箱连接。大直径集中型下降管的管径一般为 325～762mm，大直径下降管通过下部的小直径分配支管接至各下联箱，以达到均匀配水的目的。

小直径分散型下降管的管径小、管子数目多（40 根以上），流动阻力大，对循环不利，一般用在中、小容量锅炉上。大直径集中型下降管管径大、管子数目少（4～6 根），流动阻力小，并能节约钢材，简化布置，广泛用于高压以上锅炉上，见表 8-1。

下降管材料一般采用碳钢或低合金钢，如 20g 钢、SA-106B 等。

联箱的作用是汇集、混合、分配工质。联箱一般布置在炉外，不受热。

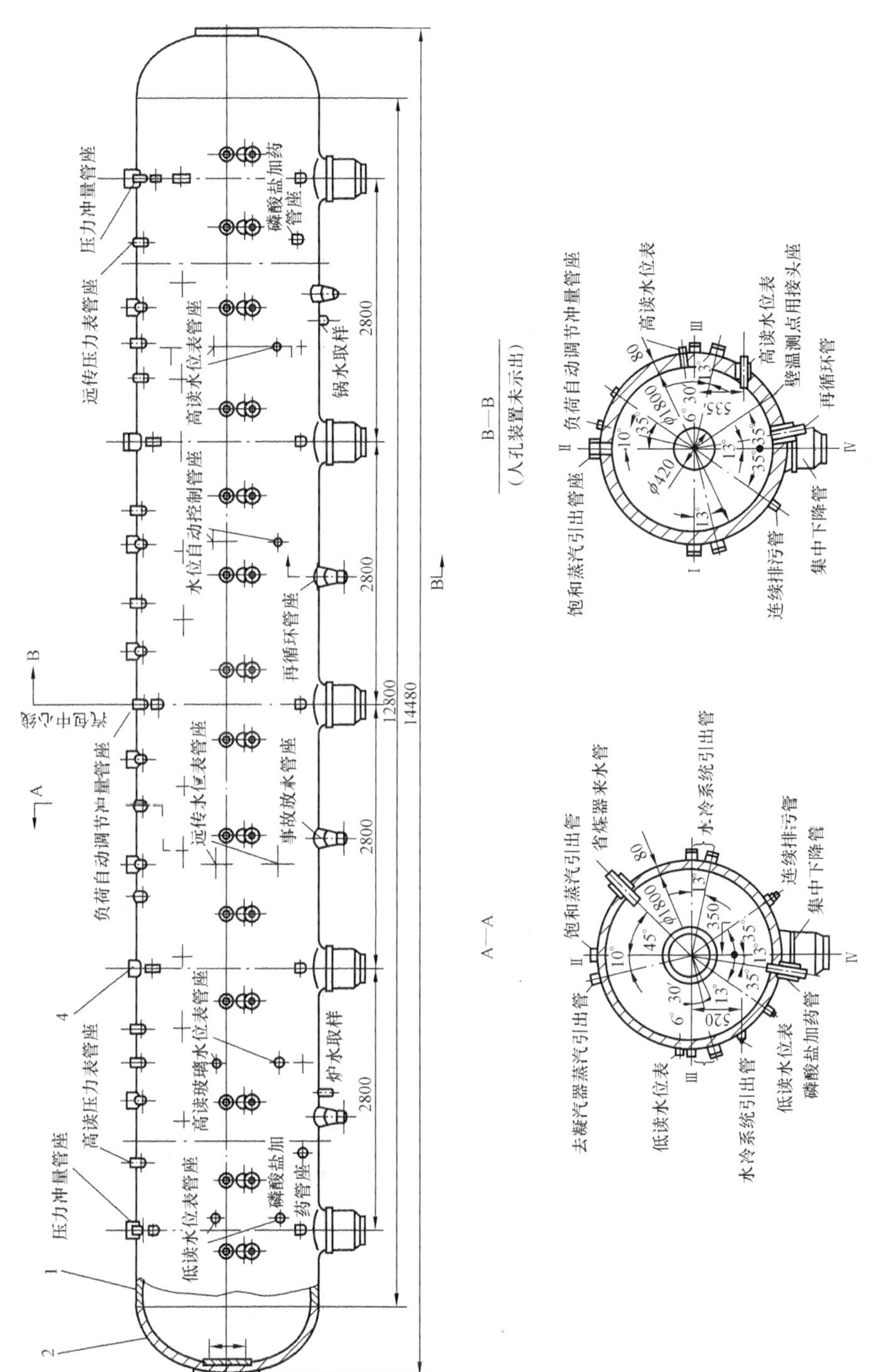

图 8-2　汽包的外形结构实例

1—筒身；2—封头；3—人孔门；4—管座

表 8-1 锅炉大直径集中型下降管

锅炉型号	大直径管		分配支管	
	根数	管径（mm）	根数	管径（mm）
HG410/9.8	6	ϕ377×25	36	ϕ133×10
DG670/13.7	6	ϕ426×50	56	ϕ159×16
1025	4	ϕ559×62	72	ϕ159×18
2020	14	ϕ406	155	ϕ141

联箱由无缝钢管两端焊接平封头构成，在联箱上有若干管头与管子焊接相连。水冷壁下联箱底部还设有定期排污装置、蒸汽加热装置等。

联箱材料一般采用碳钢或低合金钢，如 20g 钢、12Cr1MoV 等。

二、汽包

汽包是锅炉的重要部件，现代电厂的自然循环锅炉只有一个汽包，横置在炉外顶部，不受热，外面包有保温材料。

（一）汽包的结构

汽包是由钢板制成的长圆筒形容器，其结构实例如图 8-2 所示。它由筒身和两端的封头组成。筒身是由钢板卷制焊接而成；封头由钢板模压制成，焊接于筒身。在封头中部留有椭圆形或圆形人孔门，以备安装和检修时工作人员进出。在汽包上开有很多管孔，并焊上称作管座的短管，通过对焊，可分别连接给水管、下降管、汽水混合物引入管、蒸汽引出管，以及连续排污管、给水再循环管、加药管和事故放水管等，还有一些连接仪表和自动装置的管座。

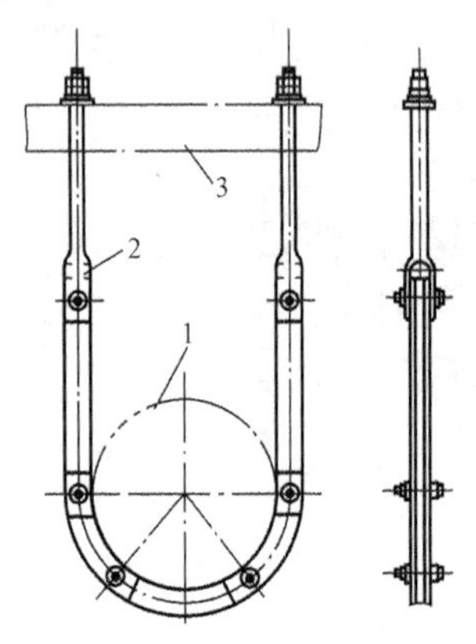

图 8-3 汽包的悬吊结构
1—汽包；2—U 形吊杆；
3—炉顶钢梁

汽包不受火焰和烟气的直接加热，并具有良好的保护。现代锅炉的汽包都用吊箍悬吊在炉顶大梁上，如图 8-3 所示。悬吊结构有利于汽包受热升温后的自由膨胀。

表 8-2 列出了几种大型锅炉的汽包尺寸和钢材牌号。汽包的尺寸和材料与锅炉的容量、参数及内部装置的型式等因素有关。汽包的长度应适合锅炉的容量、宽度和连接管子的要求；汽包的内径由锅炉的容量、汽水分离装置的要求来决定；汽包的壁厚由锅炉的压力、汽包的直径与结构以及钢材的强度来决定。锅炉压力越高及汽包直径越大，汽包壁越厚。但汽包壁太厚，使得制造困难，且变工况运行时还会产生较大的热应力。为了限制汽包的壁厚，一方面高压以上锅炉的汽包内径一般不超 1600～1800mm，相应壁厚为 80～150mm，另一方面使用强度较高的材料，如中压锅炉一般采用 20 号或 22 号锅炉钢，高压锅炉采用 22 号钢或低合金钢，超高压以上锅炉采用合金钢，如 15MnMoVNi、18MnMoNb 和 BHW35 等。

另外，汽包内部采用合理的结构布置，可减少锅炉启停和变工况运行时汽包产生的热应力，汽包壁厚可相应减小。

表 8-2　　部分锅炉汽包的尺寸和材料

锅炉型号	汽包内径（mm）	汽包壁厚（mm）	汽包长度（mm）	汽包钢材牌号
HG220/9.8	1600	90	12700	22g
SG410/13.7	1600	75	11886	15MnMoVNi
DG670/13.7	1800	90	22210	18MnMoNb
DG1025/18.2	1792	145	22250	BHW35
B&BW2020/17.5	1775	185	27786	SA—229

（二）汽包的作用

汽包在汽包锅炉中具有很重要的作用，其作用主要体现在以下几个方面。

（1）是加热、蒸发、过热三个过程的连接枢纽和大致分界点。如图 8-4 所示。省煤器出口与汽包连接；水冷壁、下降管分别连接于汽包，形成了自然循环回路；汽包出口与过热器连接。汽包成为省煤器、水冷壁、过热器的连接中心。给水在省煤器中预热后送入汽包；锅水经自然循环在水冷壁下部的某一部位开始蒸发，形成的汽水混合物在汽包内分离出饱和蒸汽；饱和蒸汽进入过热器进行过热，且在任何工况下过热器进口始终是饱和蒸汽。所以汽包是汽包锅炉内工质加热、蒸发、过热三个过程的连接枢纽，也是这三个过程的分界点。

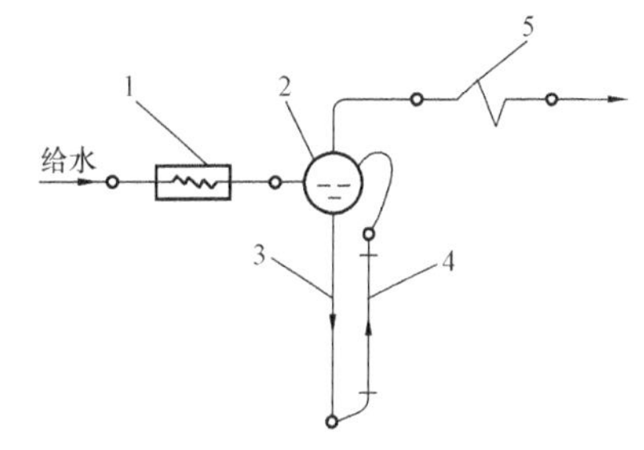

图 8-4　受热面管子和管道与汽包的连接
1—省煤器；2—汽包；3—下降管；4—水冷壁；5—过热器

（2）具有一定的蓄热能力，能较快地适应外界负荷变化。汽包是一个体积庞大的金属部件，其中存有大量的蒸汽和锅水，具有一定的蓄热量。当锅炉负荷变化时，汽包通过自发释放部分蓄热量弥补输入热量的不足，或通过增加部分蓄热量吸收多余的输入热量，快速地适应外界负荷的需要。

锅炉蓄热量的变化是靠锅炉汽压的变化来实现的。例如，当外界负荷增加而燃烧未能及时跟上时，则锅炉汽压下降，对应饱和温度也下降，部分锅水会自行汽化，水温降到对应压力下的饱和温度；同时，由于锅水温度下降而使汽包金属温度高于锅水温度，金属的部分蓄热向锅水释放，进一步使锅水汽化。产生的蒸汽可以弥补炉膛蒸发量的不足，缓解汽压的下降速度。

单位压力变化引起锅炉蓄热量变化的大小称为锅炉的蓄热能力。汽包体积越大，其内部空间储水量就越多，其蓄热能力也越大。汽包的蓄热能力越大，运行中汽压稳定性增强，锅炉快速适应外界负荷变化的能力增强，负荷调节特性就越好。

（3）内部装置可以提高蒸汽品质。由水冷壁进入汽包的汽水混合物，利用汽包内部的蒸汽空间和汽水分离元件进行汽水分离，降低离开汽包的饱和蒸汽中的水分。对于超高压以上的锅炉汽包内有时还装蒸汽清洗装置，利用给水清洗蒸汽，减少蒸汽直接溶解的盐分。此外，布置在汽包内的锅内加药、排污装置通过控制锅水含盐量来提高蒸汽品质。

(4) 外接附件保证锅炉工作安全。汽包外接有压力表、水位计、安全阀等附件，汽包内还布置了事故放水管等，用来保证锅炉的安全运行。

（三）汽包的安全运行

汽包是有一定壁厚的压力热容器。汽包的工作压力高、机械应力大；汽包壁温度场不均就会产生热应力。因此，在锅炉运行中必须保证汽包在已定的工作寿命期间安全运行。

汽包在运行中必须限制工作压力。为防止压力超过允许限值，在汽包上和过热器出口装100%容量的安全阀。当工质压力超过允许限值时，安全阀自动开启，释放蒸汽降低压力。

汽包直径大、壁厚，在锅炉进水、启动、停运和负荷变化时都可能产生较大的汽包上下壁、内外壁温差，产生较大的热应力。其机械应力和热应力的综合应力在局部区域的峰值将会接近或超过汽包材料的屈服极限值。汽包的综合应力是低周期性的，每一个周期变化都会形成低周疲劳损耗，使工作寿命缩短。综合应力峰值越大，低周疲劳损耗越大。因此，在运行中必须限制汽包上下壁、内外壁温差。一般要求在锅炉启停和正常运行中汽包上下壁、内外壁温差不能大于50℃。

三、水冷壁

水冷壁是蒸发设备中唯一的受热面，它是由连续排列的管子组成的辐射传热平面，紧贴炉墙形成炉膛周壁。大容量的锅炉有的将部分水冷壁布置在炉膛中间，两面分别吸收烟气的辐射热，形成所谓的双面曝光水冷壁。水冷壁管进口由联箱连接，出口可以由联箱连接再通过导汽管接于汽包，也可以直接连接于汽包。炉膛每侧水冷壁的进出口联箱分成数个，其个数由炉膛宽度和深度决定，每个联箱与其连接的水冷壁管组成一个水冷壁屏。

（一）水冷壁的作用

锅炉水冷壁具有如下作用：

(1) 炉膛中的高温火焰对水冷壁进行辐射传热，使水冷壁内的工质吸收热量后由水逐步变成汽水混合物，完成工质的蒸发过程；

(2) 在炉膛内敷设一定面积的水冷壁，大量吸收了高温烟气的热量，可使炉墙附近和炉膛出口处的烟温降低到灰的软化温度以下，防止炉墙和受热面结渣，提高锅炉运行的安全和可靠性；

(3) 敷设水冷壁后，炉墙的内壁温度可大大降低，保护了炉墙且炉墙的厚度可以减小，重量减轻，简化了炉墙结构，为采用轻型炉墙创造了条件；

(4) 由于辐射传热量与火焰热力学温度的四次方成正比，而对流传热量只与温差的一次方成正比。水冷壁是以辐射传热为主的蒸发受热面，且炉内火焰温度又很高，故采用水冷壁比用对流蒸发管束节省金属，从而使锅炉受热面的造价降低。

（二）水冷壁的类型及结构

水冷壁管大多使用20g无缝钢管，有的也采用低合金钢。但对于超临界压力锅炉水冷壁，则采用耐热性能更好的合金钢，如13CrMo44、T91、NF616等。水冷壁通常采用外径ϕ 60或ϕ51的无缝钢管，也有采用ϕ 42的小直径水冷壁管。现代锅炉的水冷壁主要有光管式、膜式和销钉式三种类型。

1. 光管水冷壁

用外形光滑的管子连续排列成平面形成水冷壁。水冷壁的结构要素有管子外径d、管壁厚度δ、管中心节距s及管中心与炉墙内表面之间的距离e，见图8-5。

水冷壁管排列的疏密程度用管间相对节距 s/d 表示。一般光管式水冷壁 $s/d=1.05\sim1.25$。s/d 越大，管子排列越疏松，单位炉膛壁面面积的吸热量减少（但每根管子的吸热量增多），而且对炉墙的保护作用变差。s/d 较小时，情况正好与上述相反。随着锅炉容量的增大，炉膛容积成正比增大，但炉壁面积的增长较少，要保证炉膛温度不致过高造成结渣，必须增加水冷壁管的紧密程度，即选择较小的 s/d 值（一般在 1～1.1 之间）。

管中心与炉墙内表面之间的相对距离 e/d 对水冷壁的吸热量与保护炉墙作用也有影响。e/d 较大时，炉墙内表面对管子背火面的辐射热增多，但对炉墙和固定水冷壁的拉杆的保护作用下降。e/d 较小时，情况则相反。

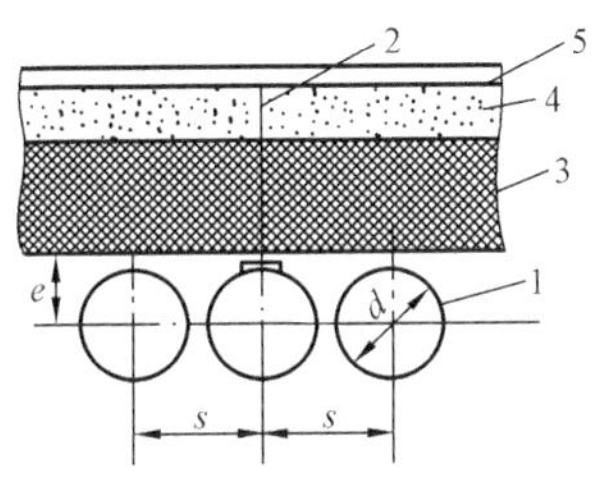

图 8-5　水冷壁结构要素

1—上升管；2—拉杆；3—耐火材料；4—绝热材料；5—外壳

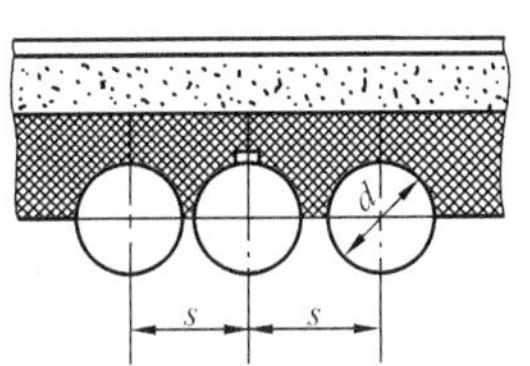

图 8-6　敷管式炉墙

现代锅炉水冷壁管的一半被埋在炉墙里，使水冷壁与炉墙浇成一体，形成敷管式炉墙，如图 8-6 所示。由于炉墙温度低，所以炉墙做得较薄，既节省了材料，又减轻了重量，还便于采用悬吊结构。

2. 销钉式水冷壁

销钉式水冷壁是在光管水冷壁的外侧焊接上很多圆柱形长度为 20～25mm、直径为 6～12mm 的销钉，并在有销钉的水冷壁上敷盖一层铬矿砂耐火材料，形成卫燃带，如图 8-7 所示。卫燃带的作用是在燃烧无烟煤、贫煤等着火困难的煤时减少着火区域水冷壁吸热量，提高着火区域炉内温度，稳定着火和燃烧。对于液态排渣炉，由销钉式水冷壁构成的熔渣池使炉膛下部区域温度提高，便于顺利流渣。旋风炉的旋风筒内也采用销钉水冷壁结构。销钉可使铬矿砂与水冷壁牢固地连接，并可把铬矿砂外表面的热通过销钉传给水冷壁管内的工质，降低铬矿砂的温度，防止其温度过高而烧坏。

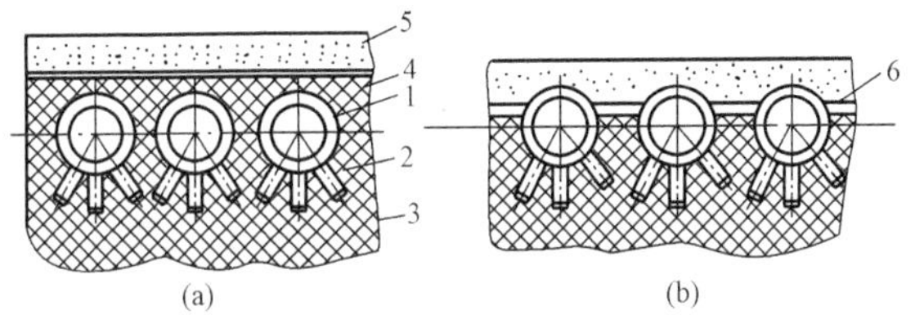

图 8-7　销钉式水冷壁

(a) 带销钉的光管水冷壁；(b) 带销钉的膜式水冷壁

1—水冷壁管；2—销钉；3—耐火塑料层；4—铬矿砂材料；5—绝热材料；6—扁钢

3. 膜式水冷壁

现代大中型锅炉普遍采用膜式水冷壁。膜式水冷壁是由鳍片管焊接而成。鳍片管有两种类型：一种是在钢厂直接轧制而成，称轧制鳍片管，见图 8-8 (a)；另一种是在光管之间焊接扁钢制成，称焊接鳍片管，见图 8-8 (b)。

目前，国产超高压锅炉都采用轧制鳍片管焊接而成的膜式水冷壁。国产亚临界压力自然循环锅炉采用焊接鳍片管膜式水冷壁，鳍片扁钢厚 6mm、宽 12.6mm。焊接鳍片管的结构

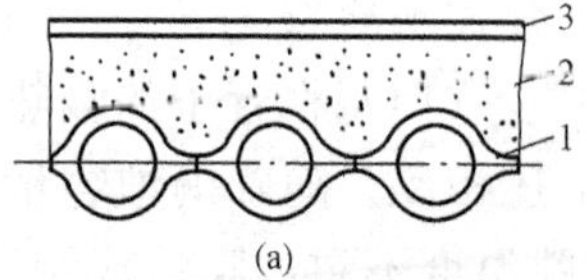

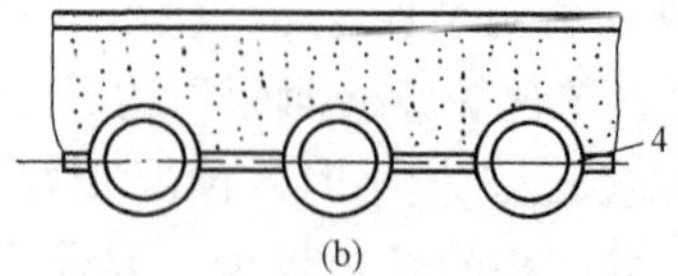

图 8-8 膜式水冷壁

(a) 轧制鳍片管；(b) 光管扁钢焊接鳍片管

1—轧制鳍片管；2—绝热材料；3—外壳；4—扁钢

简单，但是每条扁钢有两条焊缝，焊接工作量大，焊接工艺要求也较高。轧制钢鳍片管的制作工艺较为复杂。

膜式水冷壁的管间节距与锅炉压力、炉膛热负荷等因素有关，一般 s/d 为 1.2～1.5。膜式水冷壁按一定组件大小整焊成片，安装时组件与组件间焊接密封，使整个炉室形成一个长方形箱壳结构。

与其他结构形式的水冷壁相比，膜式水冷壁具有如下优点。

(1) 膜式水冷壁的炉膛具有良好的气密性，适用于正压或负压的炉膛，对于负压炉膛还能大大减少漏风，提高锅炉热效率。

(2) 对炉墙具有良好的保护作用。膜式水冷壁将炉墙与炉膛完全隔开，炉墙接受不到炉膛高温火焰的直接辐射，因而炉墙温度低，无需采用耐火材料，只需轻质的保温材料即可。这不仅使炉膛重量减轻很多，便于采用全悬吊结构，同时炉墙蓄热量明显减少，与采用耐火材料的光管水冷壁结构的炉墙相比，蓄热量可降低 75%～80%，加快了锅炉的启动和停运的速度。

(3) 在相同的炉壁面积下，膜式水冷壁的辐射传热面积比一般光管水冷壁大，因而膜式水冷壁可节约管材。

(4) 膜式水冷壁可在现场成片吊装，使安装工作量大大减少，加快了锅炉安装进度。

(5) 膜式水冷壁能承受较大的侧向力，增加了抗炉膛爆炸的能力。

膜式水冷壁存在的缺点是制造、检修工作量大且工艺要求高。设计膜式水冷壁时必须有足够的膨胀延伸自由，还应保证人孔、检查孔、火焰观察孔等处的密封性。此外，为了防止管间产生过大的热应力，使管壁受到损坏，运行过程中要求相邻管间温差小，一般不应大于 50℃。

（三）水冷壁的布置

1. 水冷壁的悬吊及热膨胀

一台锅炉的水冷壁管子的数量少则几百根，多则上千根。为了便于安装，水冷壁管进出口通过与上下联箱连接组合成多个水冷管屏组合件。由于水冷壁是一个庞大的组合体，要承担锅炉很大一部分热负荷，因此，必须注意它的热膨胀问题。水冷壁一般是上部固定，下部能自由膨胀。水冷壁的上联箱固定在支架上，下联箱则由水冷壁管悬挂着。水冷壁管自身吊拉件限制其水平方向的移动，以免引起其结构变形，但要保证水冷壁能上下滑动。

对于大容量锅炉，在炉膛上部前墙或两侧墙上可能会布置有壁式过热器或再热器。此时，壁式的过热器和再热器通过连接板、拉杆和圆钢与水冷壁相连，两者之间可相对移动，以保证管间的膨胀量，如图 8-9 所示。

2. 折焰角

现代大容量高参数汽包锅炉后墙水冷壁的上部都将部分管子分叉弯制而成折焰角，如图 8-10 所示。采用折焰角既提高了火焰在炉内的充满度，改善了炉内燃烧工况，又改善了屏式过热器的空气动力特性，增加了横向冲刷作用；同时，延长了水平烟道的长度，便于对流式过热器和再热器的布置，使锅炉整体结构紧凑。

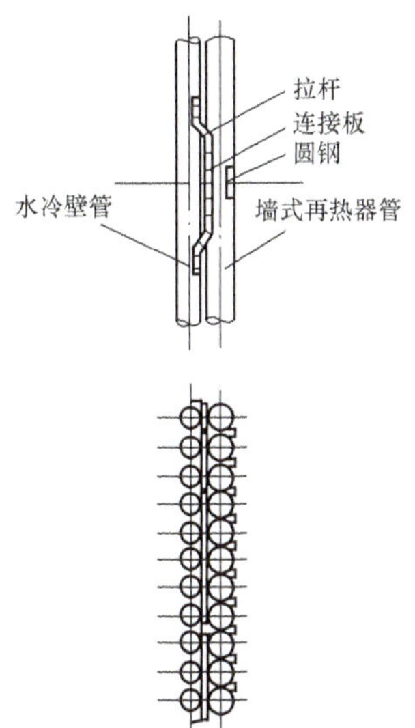

图 8-9　水冷壁与壁式过（再）热器的连接结构

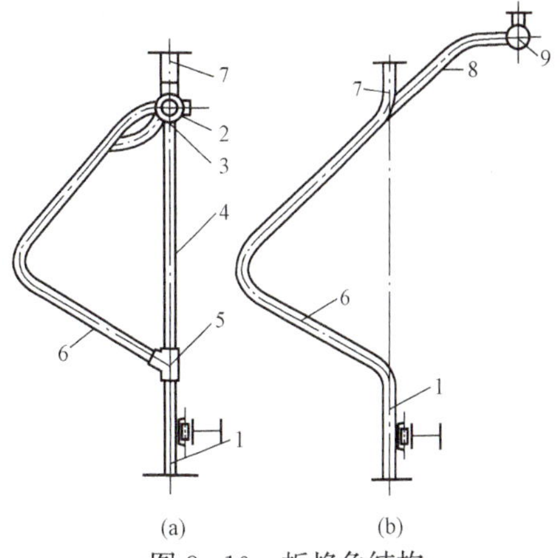

图 8-10　折焰角结构

(a) 早期的折焰角结构；(b) 新型折焰角结构

1—后墙水冷壁；2—中间联箱；3—节流孔板；4—垂直短管；5—分叉管；6—折焰角；7—悬吊管；8—水平烟道底部包墙管；9—水平烟道底部包墙管联箱

早期的折焰角结构如图 8-10（a）所示，后墙水冷壁上部通过分叉管分为两路，一路是弯形管构成折焰角，另一路垂直向上，然后在中间联箱汇合。在垂直短管上装有节流孔板，以使大部分汽水混合物能从受热较强的折焰角通过。新型锅炉的折焰角如图 8-10（b）所示，它取消了中间联箱和分叉管，后墙水冷壁全部向炉内弯曲成折焰角，自折焰角后再分开，每三根中有一根作后墙水冷壁的悬吊管，其余两根向后延伸形成水平烟道斜底，以简化水平烟道底部的炉墙结构。

3. 燃烧器区域水冷套结构

在炉内布置燃烧器的位置上，由让开燃烧器开孔的

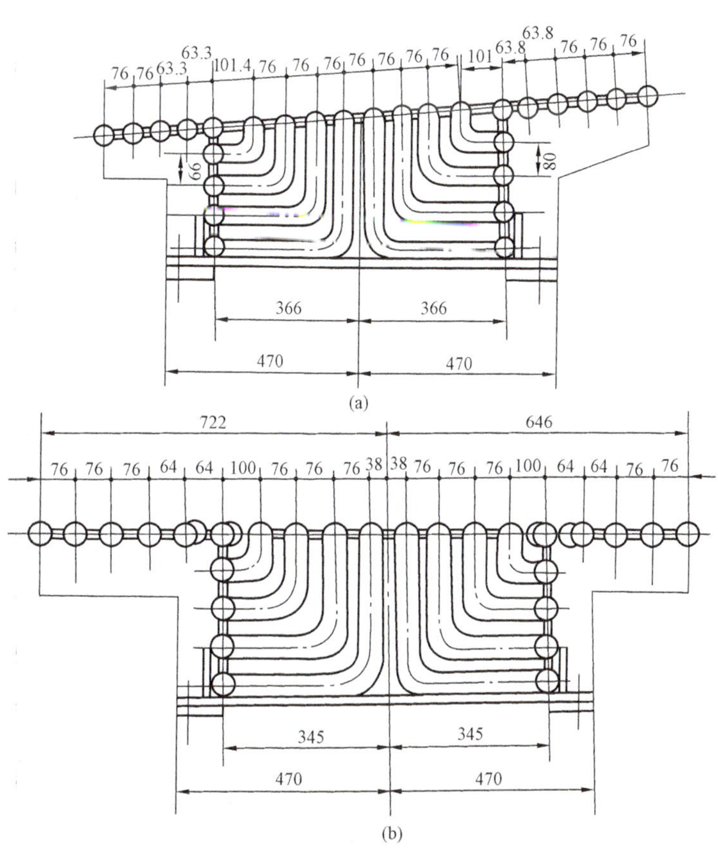

图 8-11　SG1025/18.1-M319 型锅炉的燃烧器区域的水冷套结构

(a) 1、3 角部；(b) 2、4 角部

水冷壁管绕成的独立结构，称为水冷套。它兼有固定燃烧器和保护喷口免于烧坏而冷却喷口的双重作用。图 8 - 11 给出了 SG1025/18.1-M319 型锅炉的燃烧器区域的水冷套结构。该炉在炉膛四角燃烧器部位，由前墙两角上各 11 根水冷壁管，侧墙两角上各 8 根水冷壁管和后墙两角上各 11 根水冷壁管构成燃烧器区域的水冷套结构。

4. 双面曝光水冷壁

锅炉容量增加到一定程度后，炉壁面积有可能不能满足水冷壁管的敷设，则在炉膛中间沿深度方向布置 1～3 排双面曝光水冷壁，如图 8 - 12 所示。双面水冷壁将炉膛分为两部分，即成为双炉膛结构。HG-670t/h、SG-935t/h、SG-1000t/h 锅炉上就采用了双面曝光水冷壁双炉膛结构。

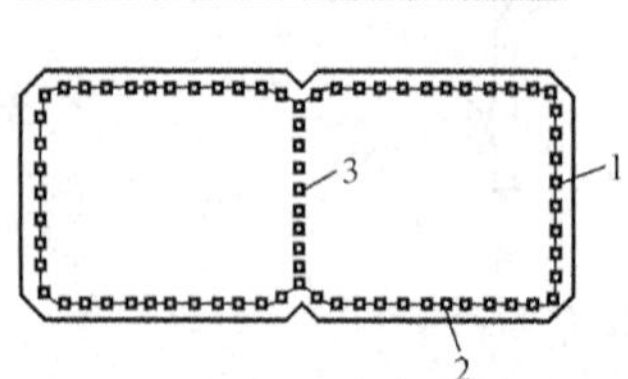

图 8 - 12 双面水冷壁的布置示意图

1—侧墙水冷壁；2—前墙水冷壁；3—双面水冷壁

（四）水冷壁的高温腐蚀

高温腐蚀是高温受热面（炉膛水冷壁，屏、高温过热器和高温再热器）烟气侧在高温烟气环境下且管壁温度较高时发生的腐蚀。水冷壁的高温腐蚀问题是在大量采用液态排渣炉以后才发现的。除液态排渣炉外，在一定条件下，高参数固态排渣炉的水冷壁管也会发生高温腐蚀。严重的腐蚀大多发生在燃烧器区域被火焰直接冲刷的水冷壁上。

影响水冷壁外部腐蚀的最主要因素是水冷壁附近的烟气成分和管壁温度。具体地说，由于燃烧器附近火焰温度可高达 1400℃左右，因此，煤中的矿物成分挥发出的腐蚀性气体（如 NaOH、SO_2、HCl、H_2S 等）较多，若水冷壁附近的烟气处于还原性气氛，煤灰的熔点将降低，灰分沉积过程加快，为受热面的腐蚀创造了条件。另一方面，由于燃烧器区域附近水冷壁管的热流密度很大，温度梯度也很大，管壁温度常达 400～450℃。这对管壁的高温腐蚀也起着促进的作用。

对于高温腐蚀的机理，国内外做了大量的研究。根据目前的研究成果，燃煤锅炉水冷壁的高温腐蚀主要有两类，一类是硫酸盐型高温腐蚀，另一类是硫化物型高温腐蚀。

硫酸盐型高温腐蚀的过程可以分五步来说明：

第一步：受热面生成一层薄的氧化铁铁锈（Fe_2O_3）和极细灰粒的沾污层。实际上是一层金属的保护膜。

第二步：在高温烟气作用下而升华的碱性金属氧化物（Na_2O 和 K_2O 等）冷凝在管壁的沾污层上，与周围烟气中的 SO_3 发生化学反应生成硫酸盐，反应式如下：

$$Na_2O + SO_3 \longrightarrow Na_2SO_4$$

$$K_2O + SO_3 \longrightarrow K_2SO_4$$

第三步：硫酸盐层增加，热阻增大，表面温度升高而开始发黏、熔化并开始黏结飞灰，形成疏松的渣层，硫酸盐熔化时会放出 SO_3。

第四步：所放出的 SO_3 及烟气中的 SO_3 会通过疏松的渣层向内扩散，并产生如下反应：

$$3Na_2SO_4(\text{或 } K_2SO_4) + Fe_2O_3 + 3SO_3 \longrightarrow 2Na_3Fe(SO_4)_3 \text{ 或}[K_3Fe(SO_4)_3]$$

管壁铁锈层被破坏，而 $K_3Fe(SO_4)_3$ 和 $Na_3Fe(SO_4)_3$ 熔化，并与铁发生反应产生腐蚀，即

$$10Fe + 2K_3Fe(SO_4)_3 \longrightarrow 3Fe_3O_4 + 3FeS + 3K_2SO_4$$

$$10Fe + 2Na_3Fe(SO_4)_3 \longrightarrow 3Fe_3O_4 + 3FeS + 3Na_2SO_4$$

Na_2SO_4 或 K_2SO_4 的循环作用使腐蚀不断进行。

第五步：运行中因清灰或灰渣过厚而脱落，使 $Na_3Fe(SO_4)_3$ 等暴露在火焰高温辐射下，产生如下反应：

$$Na_3Fe(SO_4)_3 \longrightarrow Na_2SO_4 + Fe_2O_3 + SO_3$$

$$K_3Fe(SO_4)_3 \longrightarrow K_2SO_4 + Fe_2O_3 + SO_3$$

出现了新的碱金属硫酸盐层，在 SO_3 的作用下不断使管壁受到腐蚀。

硫化物型高温腐蚀发生在管壁附近呈还原性气氛且有 H_2S 存在的情况下。这种腐蚀过程可以分为三步来说明。

第一步：黄铁矿硫粉末随着高温烟气流过水冷壁管，在还原性气氛下受热分解，即

$$FeS_2 \longrightarrow FeS + [S]$$

当管壁附近存在 H_2S 和 SO_2 时也可能生成［S］

$$2H_2S + SO_2 \longrightarrow 2H_2O + [S]$$

第二步：在还原性气氛中，由于缺氧，自由硫原子可以存在。当水冷壁管壁温度达到350℃时，就发生硫化反应，同时还有硫化亚铁与氧化亚铁的反应，即

$$Fe + [S] \longrightarrow FeS$$

$$FeO + H_2S \longrightarrow FeS + H_2O$$

第三步：硫化亚铁（FeS）的熔点为1195℃，在温度较低的时候可以稳定存在。在温度比较高的时候，FeS将被氧化成 Fe_3O_4，使管壁腐蚀，即

$$3FeS + 5O_2 \longrightarrow Fe_3O_4 + 3SO_2$$

减轻水冷壁高温腐蚀有以下措施。

(1) 改进燃烧。如控制煤粉适当的细度，防止煤粉过粗，组织合理的炉内空气动力工况，防止火焰偏斜；各燃烧器负荷分配尽可能均匀等。

(2) 避免出现管壁局部温度过高。如避免管内结垢，防止炉膛热负荷局部过高等。

(3) 保持管壁附近为氧化性气氛。如在壁面附近保持空气保护膜、适当提高炉内过量空气系数，使有机硫尽可能与氧化合，而不与管壁金属发生反应。

(4) 采用耐腐蚀材料。如在燃用易产生高温腐蚀的煤种时，采用抗腐蚀的高温合金作受热管子的材料；对管壁进行高温喷涂防腐材料，如铝铁合金粉、高铬复合粉，或采用渗铝管作水冷壁管等。

第二节　自然循环的基本原理

一、自然循环的概念

在由汽包、下降管、上升管、联箱等组成的循环回路中，水冷壁上升管在炉内吸收炉膛火焰和烟气的辐射热量，使管内的水部分蒸发，形成汽水混合物；而下降管在炉外不受热，管内为饱和水或未饱和水。因此，下降管中水的密度大于上升管中汽水混合物的密度，在下联箱中心两侧将产生液柱的重位差，此压差推动汽水混合物沿上升管向上流动，水沿下降管向下流动。工质在循环回路中流动的动力是由其密度差产生的，而没有任何外来推动力，因此，将这种工质的循环流动称为自然循环。

二、自然循环的基本原理

对于自然循环原理，可以用压差公式和压头公式进一步进行分析说明。

1. 自然循环回路的总压差

在图 8-13 所示的循环回路中，由于受热，上升管内工质不断吸热，产生部分蒸汽，使上升管与下降管内工质密度产生差异。因此，下联箱中心截面 A—A 两侧将受到不同的压力。截面左侧管内工质作用在截面 A—A 的静压力为

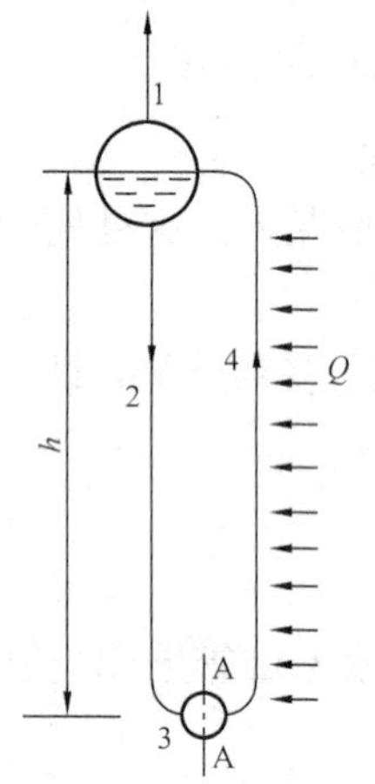

图 8-13 循环回路示意图
1—汽包；2—下降管；3—下联箱；4—水冷壁

$$p_1 = p_0 + \bar{\rho}_{xj} g h \tag{8-1}$$

截面右侧管内汽水混合物作用在截面 A—A 的静压力为

$$p_2 = p_0 + \bar{\rho}_{ss} g h \tag{8-2}$$

式中 p_0——汽包内压力，Pa；

$\bar{\rho}_{xj}$，$\bar{\rho}_{ss}$——下降管、上升管内工质的平均密度，kg/m³；

h——汽包水面至下联箱中心的高度，m。

由于$\bar{\rho}_{xj} > \bar{\rho}_{ss}$，所以 $p_1 > p_2$，此压力差将推动工质由下降管侧向上升管侧流动。在流动时，管内将产生阻力损失。若用 Δp_{xj} 及 Δp_{ss} 分别表示下降系统和上升系统的总阻力，此时在下联箱中心截面 A—A 两侧的静压力分别为

$$p_1 = p_0 + \bar{\rho}_{xj} g h - \Delta p_{xj} \tag{8-3}$$

$$p_2 = p_0 + \bar{\rho}_{ss} g h + \Delta p_{ss} \tag{8-4}$$

沿回路高度上，汽包水面至下联箱中心线所在截面间上升系统和下降系统的压差分别为

$$\sum \Delta p_{xj} = p_1 - p_0 = \bar{\rho}_{xj} g h - \Delta p_{xj} \tag{8-5}$$

$$\sum \Delta p_{ss} = p_2 - p_0 = \bar{\rho}_{ss} g h + \Delta p_{ss} \tag{8-6}$$

当达到稳定流动时，下降管侧的总压差应与上升管侧的总压差相等。即有

$$\sum \Delta p_{xj} = \sum \Delta p_{ss} \tag{8-7}$$

$$\bar{\rho}_{xj} g h - \Delta p_{xj} = \bar{\rho}_{ss} g h + \Delta p_{ss} \tag{8-8}$$

式（8-7）和式（8-8）是用压差法进行锅炉水循环计算的基本公式。

2. 循环回路的运动压头

自然循环原理除了用上述压差公式说明外，还可以用运动压头公式来阐述。将压差公式（8-8）移项并整理得

$$(\bar{\rho}_{xj} - \bar{\rho}_{ss}) g h = \Delta p_{xj} + \Delta p_{ss} \tag{8-9}$$

公式的左端称为循环回路的运动压头，它是回路中工质流动的推动力，用 S_{yd} 表示

$$S_{yd} = (\bar{\rho}_{xj} - \bar{\rho}_{ss}) g h \tag{8-10}$$

从上式可以看出运动压头的大小取决于饱和水与饱和汽的密度、上升管中的含汽率和循环回路高度。随压力的提高，饱和水和饱和汽的密度差减小，运动压头也减小；增加循环回路的高度，在上升管入口工质欠焓及炉内热负荷一定的情况下，含汽段高度相应增加，运动压头增大。上升管受热增强时，产汽量增多，汽水混合物的平均密度减小，运动压头随之增大。若下降管含汽，下降管内工质的平均密度将减小，运动压头也随之降低。

随着锅炉蒸汽压力的提高，运动压头减小，为了维持循环回路的安全和水循环的稳定，需要增大上升管的含汽率，以降低汽水混合物的平均密度来进行补偿。但含汽率过大，水冷壁的工作安全也会受到影响。因此，目前自然循环锅炉的最高汽包压力约为 19MPa，压力再高就很难保证水循环的稳定性，这时需要采用强制流动，即借助水泵的压头来推动工质流动。

在循环回路中，当工质达到稳定流动时，运动压头将耗用于克服下降系统和上升系统所有的阻力，即有

$$S_{yd}=\Delta p_{xj}+\Delta p_{ss} \tag{8-11}$$

式中　Δp_{xj}——下降管系统的总阻力，Pa；

Δp_{ss}——上升系统总阻力，包括上升管阻力、汽水导管阻力、汽水分离阻力等，Pa。

运动压头扣除上升系统的总阻力后，剩余的压头称为有效压头，用 S_{yx} 表示：

$$S_{yx}=S_{yd}-\Delta p_{ss} \tag{8-12}$$

由式（8 - 11）和式（8 - 12）可知，有效压头用来克服下降系统的总阻力，在稳定流动状态下，有效压头应与下降管系统的阻力相等，即有

$$S_{yx}=\Delta p_{xj} \tag{8-13}$$

式（8 - 13）是用压头法进行锅炉水循环计算的基本公式。

第三节　汽水两相流的流型和传热

工质在锅炉水冷壁管内流动的同时，还吸收炉内的辐射热量，这使水沿着管子逐步升温达到饱和，随后进入沸腾状态产生蒸汽，形成汽水混合物。因此，水冷壁管内存在着水的单相流动和汽水两相流动，并进行着沸腾换热。沿着管长随着流动结构的变化，换热状况也在发生着变化。

一、汽水两相流的流型和传热

当单相水在垂直上升管中向上流动时，管中横截面上的水流速度分布是不均匀的。由于水的黏性作用，近壁面的水速较低，管子中心的水速最大。当近壁面水中含有汽泡而汽泡又不太大时，由于浮力的作用，汽泡的上升速度要比水流速度大。又由于水流速度梯度的影响，汽泡外侧（近壁面侧）遇到较大的阻力，汽泡本身会产生内侧（靠近管子中心侧）向上、外侧向下的旋转运动。旋转引起的压差将汽泡推向管子中心。这样上升两相流中汽泡上升较快并相对集中在管子中心部位，即集中在水流速度较大的区域。与此相反，在下降的两相流中汽泡的下降速度较慢，并集中在管子截面的外圈，即水速较低的区域。在水平或接近水平管内的两相流中，汽泡偏向蒸发面的上部，流速越小这种现象越明显，严重时会出现汽水分层，这是水冷壁管尽可能采用垂直上升布置的主要原因。

如图 8 - 14 所示为均匀受热垂直上升蒸发管中两相流的流型和传热工况。欠焓水由管子下部进入，完全蒸发后生成的过热蒸汽由上部流出。工质沿着管长流动和吸热产汽依次经历了以下各个流型，各区内的传热状况也相应地发生着变化。

单相水的流动（A 区）：如受热不太强烈，管内水温低于饱和温度，此时进行的是单相水对流换热，管壁金属温度稍高于水温。

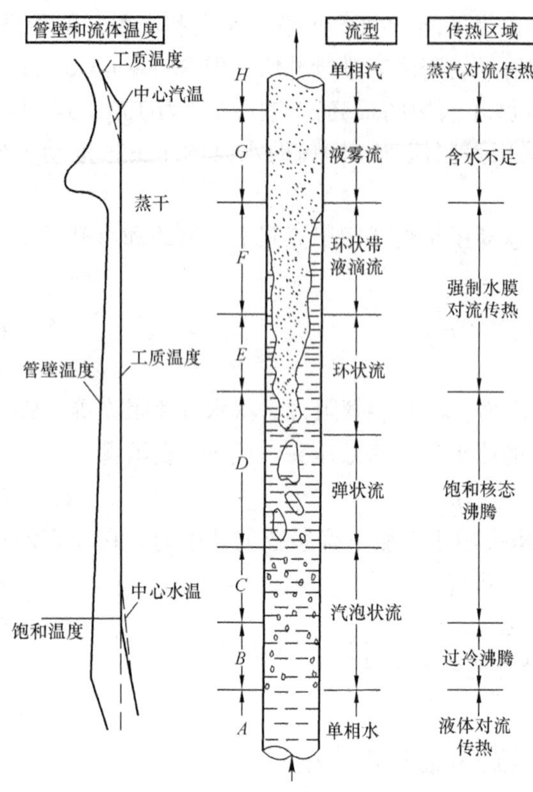

图 8-14　均匀受热垂直上升蒸发管中两相流的流型和传热工况

过冷汽泡状流动（B 区）：紧贴壁面的水虽到达饱和温度并产生汽泡，但管子中心的大量水仍处于欠热状态，生成的汽泡脱离壁面后又凝结并将水加热，这区域内的壁温高于饱和温度，进行着过冷核态沸腾传热。

饱和汽泡状流动结构（C 区）：此时管内工质已达到饱和状态，传热转变为饱和核态沸腾传热，此后生成的汽泡不再凝结，沿流动方向的含汽率逐渐增大，汽泡分散在水中，这种流型称为汽泡状流。

弹状流动结构（D 区）：随着汽泡增多，小汽泡在管子中心聚合成大汽弹，形成弹状流型，汽弹与汽弹之间有水层。

环状流型（E 区和 F 区）：当汽量增多，汽弹相互连接时，就形成中心为汽而周围有一圈水膜的环状流。环状流型的后期，中心汽量很大，其中带有小水滴，同时周围的水膜逐渐变薄。环状水膜减薄后的导热能力很强，可能不再发生核态沸腾而成为强制水膜对流传热，热量由管壁经强制对流水膜传至管子中心汽流与水膜之间的表面上，而水在此表面上蒸发。

雾状流型（G 区）：当壁面上的水膜完全被蒸干后就形成雾状流。这时汽流中虽仍有一些水滴，但对管壁的冷却作用不够，传热恶化，管壁金属温度突然升高，此后随汽流中水滴的蒸发，蒸汽流速增大，壁温又逐渐下降。

单相汽流动（H 区）：当汽流中的小液滴全部汽化后，随着不断的吸热，蒸汽进入过热状态。由于汽温逐渐上升，管壁温度又逐渐上升。

以上分析的情况是在压力、炉内热负荷不太高的条件下得出的。当压力提高时，由于水的表面张力减小，不易形成大汽泡，故汽弹状流的范围将随压力升高而减小。当压力达到10MPa 时，弹状流动消失，随着产汽量的增多就直接从汽泡状流动转入环状流动。如果热负荷增加，则蒸干点会提前出现，环状流动结构会缩短甚至消失。

二、汽水两相流的沸腾传热恶化

1. 沸腾传热恶化的现象及发生条件

沸腾传热恶化是一种传热现象，表现为管壁对吸热工质的表面传热系数 a_2 急剧下降，管壁温度随之迅速升高，且可能超过金属材料的极限允许温度，致使寿命缩短，甚至即刻超温烧坏；但也可能管壁温度仅升高几度或几十度，仍处于材料许用温度范围内。

沸腾传热恶化可以分为第一类沸腾传热恶化和第二类沸腾传热恶化两类。

当蒸发管内壁热负荷低于某一临界热负荷 q_c 时，管内受迫流动的沸腾状态为核态沸腾。此时增大热负荷可使管子内壁的汽化核心数目增多，壁面附近的扰动增强，对流换热表面传

热系数 a_2 增大，壁面温度升高不多；当 $q>q_c$ 后，管子内壁汽化核心数急剧增加，汽泡形成速度超过汽泡脱离壁面速度，贴壁形成连续的汽膜，即呈膜态沸腾，这时 a_2 急剧下降，传热程度恶化，壁温急剧上升。一般称这种因管壁形成汽膜导致的沸腾传热恶化为第一类沸腾传热恶化，或膜态沸腾，它是由于管外局部热负荷太高造成的，如图 8-15（a）所示。开始发生膜态沸腾时的热负荷称为临界热负荷 q_c。第一类沸腾传热恶化的特性参数为临界热负荷，其数值的大小与工质的质量流速、质量含汽率、进口工质的欠焓、管子内径、工质压力等因素有关。

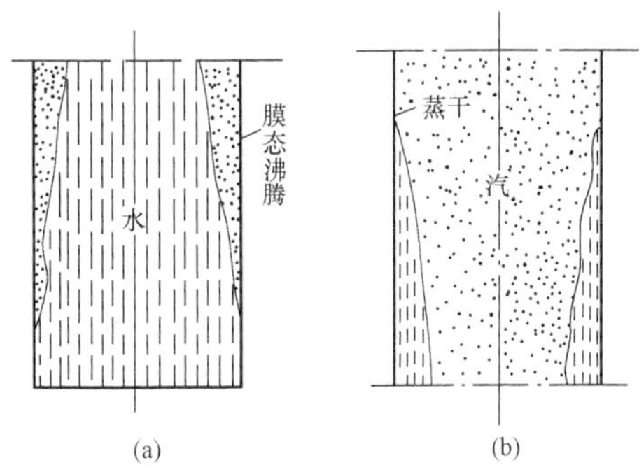

图 8-15　传热恶化示意图
（a）第一类沸腾传热恶化；（b）第二类沸腾传热恶化

第二类沸腾传热恶化发生在由环状流向雾状流过渡的区域中，是因管壁水膜被蒸干导致的沸腾传热恶化，它是因汽水混合物中含汽率太高所致。在受迫流动的管内沸腾过程中，当管内汽水混合物中含汽率 x 达到一定数值时，管内流动结构呈环形水膜的汽柱状。这时水膜很薄，局部地区水膜可能被中心汽流撕破或水膜被蒸干，管壁得不到水的冷却，其表面传热系数 a_2 明显下降，会导致传热恶化。这类贴壁水膜被蒸干的传热恶化即为第二类沸腾传热恶化，如图 8-15（b）所示。这类传热恶化是由于管内汽水混合物含汽率太高造成的，故又被称为蒸干传热恶化。发生第二类沸腾传热恶化时的含汽率称为临界含汽率 x_c。x_c 即第二类沸腾传热恶化的特性参数，其数值的大小与热负荷、工质压力、质量流速、管径等因素有关。热负荷较低的情况下发生蒸干时，管壁温度仅升高几度或几十度，不会发生管壁金属超温。但是，当热负荷很高时，管壁金属温度会升高达几百度。图 8-16 表示了第二类传热恶化时管壁温度与工质焓的关系。

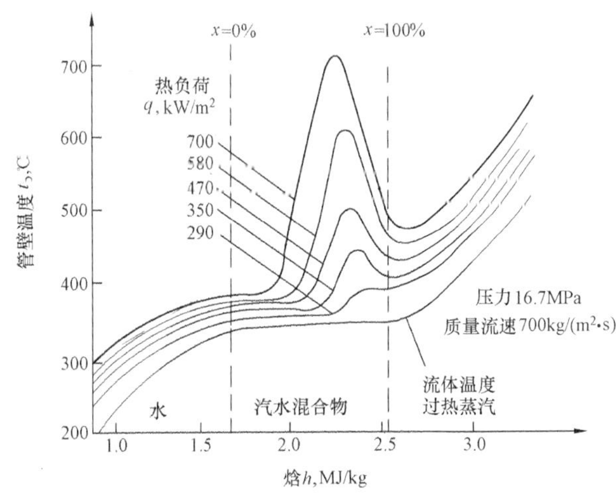

图 8-16　第二类传热恶化时管壁温度与工质焓的关系

2. 自然循环锅炉沸腾传热恶化特点

第一类沸腾传热恶化通常发生在含汽率较小或水存在欠热以及热负荷高的区域。发生此类传热恶化时，a_2 急剧降低，管子内壁温度与工质温度之差 Δt 飞升很快。第二类沸腾传热恶化发生在 x 较大、热负荷不太高的情况下，a_2 的下降较第一类沸腾传热恶化时小，因而 Δt 飞升值较第一类沸腾传热恶化时低。虽然第二类沸腾传热恶化时管壁超温的飞升程度不如一类恶化那样严重和剧烈，但由于它发生时的热负荷比发生第一类恶化时的低得多，因此，它发生的可能性比第一类要大得多。

对于自然循环锅炉，在水循环正常的情况下，水冷壁局部最高热负荷均低于其临界热负荷，因此，一般不会发生第一类沸腾传热恶化。超高压以下的自然循环锅炉，正常情况下的水冷壁出口工质含汽率 x 都低于临界含汽率 x_c，故也不会发生第二类沸腾传热恶化。而亚临界压力的自然循环锅炉，其水冷壁内工质的实际含汽率相对较大，很接近其临界含汽率值，故发生第二类沸腾传热恶化的可能性较大。因此，对于亚临界参数的锅炉，水冷壁安全运行的主要任务之一就是防止第二类沸腾传热恶化。

3. 沸腾传热恶化的防止措施

对沸腾传热恶化的防护有两个途径：一是防止沸腾传热恶化的发生；二是把沸腾传热恶化发生位置推移至热负荷较低处，使其管壁温度不超过许用值。目前一般有以下几种防护措施。

（1）保证一定的质量流速。提高质量流速，工质带走热量的能力增强，因而改善管内的换热状况，大幅度地降低传热恶化时的管壁温度，同时还可提高临界含汽率，使传热恶化的位置向低热负荷区移动或移出水冷壁工作范围而不发生传热恶化。

（2）降低受热面的局部热负荷。降低受热面的局部热负荷可使传热恶化区的管壁温度下降。降低局部热负荷的措施一般有以下几种：设计时合理布置燃烧器，选择较小的燃烧器区域的壁面热负荷；运行中多投燃烧器、减少每只燃烧器的功率；防止火焰直接冲刷炉墙；采用炉膛烟气再循环，即把省煤器出口的烟气部分抽回炉膛，降低炉膛烟气温度水平。

（3）采用内螺纹管。内螺纹管的结构见图 8-17，其内壁具有螺旋形槽道。图 8-18 示出了光管和内螺纹管的管内壁温度对比曲线。采用光管发生传热恶化时临界含汽率约为 0.3，管内壁温度迅速上升；用内螺纹管代替光管，可使临界含汽率增大，传热恶化移至炉膛上部的低热负荷区。

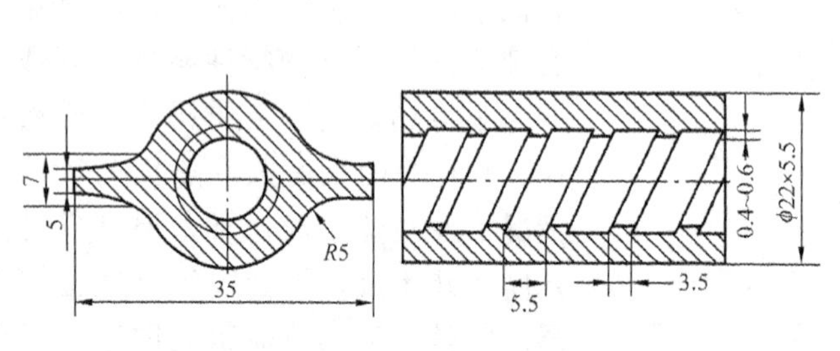

图 8-17 内螺纹管结构

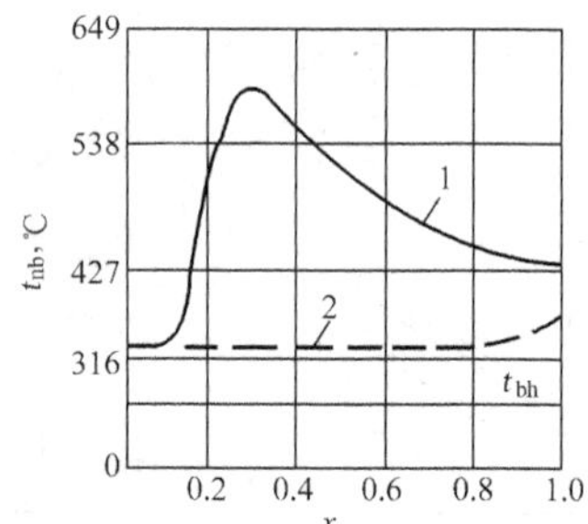

图 8-18 内螺纹管降温效果
1—光管；2—内螺纹管；
t_{bh}—饱和温度；t_{nb}—内壁温度

采用内螺纹管后，因其内壁面层流体的旋流运动阻止了壁面上形成连续汽膜，即便形成汽膜也会使其受到扰动而减小其热阻；而且汽流旋转使水滴落到壁面上，形成被润湿的水膜，使临界含汽率增大；同时内螺纹管增大内表面积约 20%～25%，使单位表面积的热负荷下降。因此，内螺纹管能提高临界含汽率，降低壁温。亚临界压力自然循环锅炉的水冷壁管，大都在高热负荷区使用内螺纹管；缺点是加工工艺复杂，流动阻力比光管大，工艺不良的内螺纹管还容易产生应力或结垢腐蚀。

（4）加装扰流子。扰流子是一种扭成螺旋状的金属薄片，两端固定在管壁上，见图 8-19。图 8-20 示出了它的效果。与内螺纹管相比，扰流子制造工艺简单，技术要求低。

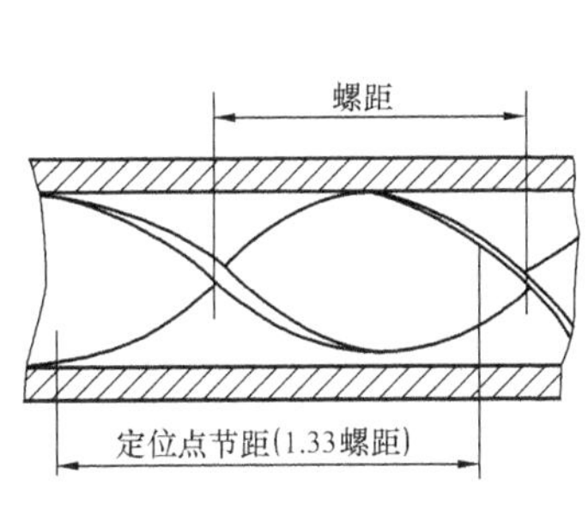

图 8-19　扰流子结构

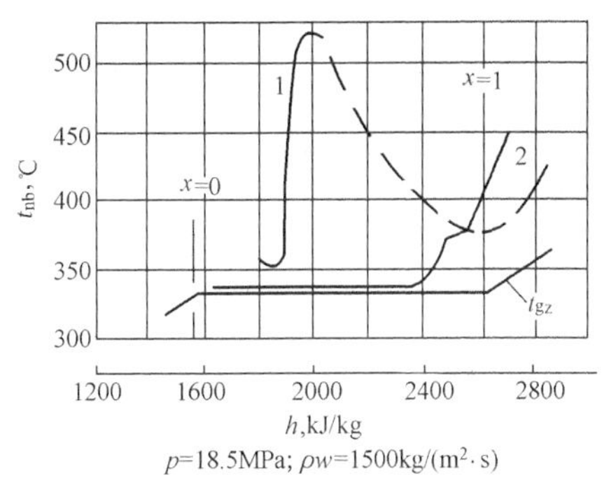

图 8-20　扰流子降温效果

1—无扰流子，$q=500\mathrm{kJ/m^2}$；2—装扰流子；

t_{gz}—工质温度；t_{nb}—内壁温度

第四节　汽水两相流的流动特性参数及管内压力降

描述汽水两相流动特性的物理量称为汽水两相流特性参数，包括流速参数和管内含汽率参数等。下面分别对各类参数进行介绍。

一、流速参数

1. 质量流速

单位时间内流经单位流通截面的工质质量称为质量流速，定义式为

$$\rho w=\frac{G}{F},\ \mathrm{kg/(m^2\cdot s)} \tag{8-14}$$

式中　G——流经管组工质的质量流量，kg/s；

F——管组的内截面面积，$\mathrm{m^2}$；

ρ——工质的密度，$\mathrm{kg/m^3}$；

w——工质的流速，m/s。

2. 循环流速

循环回路中水在饱和温度下按上升管入口截面计算的水流速度称为循环水速，即

$$w_0=\frac{G}{\rho' F}=\frac{\rho w}{\rho'},\ \mathrm{m/s} \tag{8-15}$$

式中　ρ'——饱和水的密度，$\mathrm{kg/m^3}$。

3. 折算流速

汽水混合物是由汽和水两相组成的，两者的流速也不相同。为计算方便常采用所谓折算流速。假定流过的蒸汽占有管子全部截面时计算的蒸汽流速称为该截面的蒸汽折算流速，而流过的水占有管子全部截面时计算的水流速称为该截面的水的折算流速，分别用式（8-16）和式（8-17）计算：

$$w''_0=\frac{D}{\rho'' F}=\frac{V''}{F},\ \mathrm{m/s} \tag{8-16}$$

$$w'_0=\frac{G-D}{\rho' F}=\frac{V'}{F},\ \mathrm{m/s} \tag{8-17}$$

式中 D——流经该截面的蒸汽质量流量，kg/s；

ρ''、ρ'——饱和蒸汽、饱和水的密度，kg/m^3；

V''、V'——流经该截面的蒸汽容积流量和水的容积流量，m^3/s。

在循环回路中，根据循环流速的定义，循环水流量等于流过工质的总流量，而工质的总流量又等于流过汽流量 D 与水流量（$G-D$）之和，即有

$$G=(G-D)+D \tag{8-18}$$

或有

$$Fw_0\rho'=Fw'_0\rho'+Fw''_0\rho'' \tag{8-19}$$

即

$$w_0=w'_0+w''_0\frac{\rho''}{\rho'} \tag{8-20}$$

4. 混合物流速

流经管子截面的汽水混合物容积流量等于流过的水容积流量 V' 与蒸汽容积流量 V'' 之和。混合物的平均流速为

$$w_{hu}=\frac{V'+V''}{F}=w'_0+w''_0 \tag{8-21}$$

将式（8-20）中的 w'_0 带入式（8-21）得

$$w_{hu}=w_0+w''_0\left(1-\frac{\rho''}{\rho'}\right) \tag{8-22}$$

5. 真实流速

蒸汽的折算流速是根据蒸汽的容积流量按管子的总截面计算得到的。实际上在两相流中，蒸汽和水只占管子截面的一部分，分别用 F'' 和 F' 表示，则蒸汽和水的真实流速分别为

$$w''=\frac{D}{F''\rho''}=\frac{V''}{F''} \tag{8-23}$$

$$w'=\frac{G-D}{F'\rho'}=\frac{V'}{F'} \tag{8-24}$$

两相真实流速之差称为相对流速 w_{xd}：

$$w_{xd}=w''-w' \tag{8-25}$$

上述各流速参数中，w'_0、w''_0、w_{hu} 是按流过工质的平均容积流量计算得到的参数，实际上是不存在的，只反映汽或水的流量；w''、w' 为表示流体流动时的真实流动特性的参数，反映了流动的真实情况。

二、含汽率

1. 质量含汽率

在汽水混合物中，流过蒸汽的质量流量 D 与流过工质总的质量流量 G 之比称为质量含汽率，并以 x 表示：

$$x=\frac{D}{G}=\frac{\rho''w''_0F}{\rho'w_0F}=\frac{\rho''w''_0}{\rho'w_0}=\frac{h-h'}{r} \tag{8-26}$$

式中 h——截面工质的焓，kJ/kg；

h'——饱和水的焓，kJ/kg；

r——饱和水的汽化潜热，kJ/kg。

如已知管段入口水的焓 h_r，则可用式（8-27）计算任意截面上的含汽率：

$$x=\left[\frac{Q}{G}-(h'-h_r)\right]\frac{1}{r} \tag{8-27}$$

式中　Q——管段吸热率，kW；

h'——饱和水的焓，kJ/kg；

h_r——管段入口水的焓，kJ/kg。

受热管段中的平均质量含汽率 $\bar{x}$ 可由入口含汽率 x_r 和出口含汽率 x_c 用式（8-28）计算：

$$\bar{x}=\frac{x_r+x_c}{2} \tag{8-28}$$

将式（8-26）代入式（8-22）整理得

$$w_{hu}=w_0\left[1+x\left(\frac{\rho'}{\rho''}-1\right)\right] \tag{8-29}$$

2. 容积含汽率

蒸汽的容积流量与汽水混合物的容积流量之比称为容积含汽率，用 β 表示，即有

$$\beta=\frac{V''}{V'+V''}=\frac{w''_0F}{w'_0F+w''_0F}=\frac{w''_0}{w'_0+w''_0}=\frac{w''_0}{w_{hu}}=\frac{w''_0}{w_0+w''_0\left(1-\frac{\rho''}{\rho'}\right)} \tag{8-30}$$

将式（8-26）代入式（8-30），则得

$$\beta=\frac{1}{1+\frac{\rho''}{\rho'}\left(\frac{1}{x}-1\right)} \tag{8-31}$$

β 与 x 的关系取决于压力和 x，见图 8-21。低压时由于饱和汽的密度小，即使 x 较小时 β 值也较大。在任何压力下，随 x 的增大 β 值的变化逐渐缓慢。

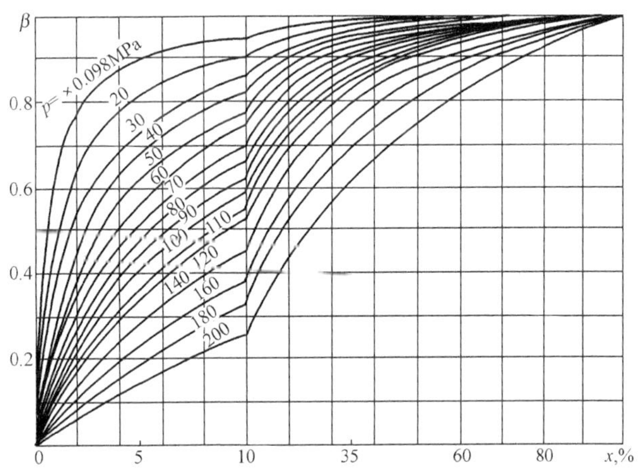

图 8-21　容积含汽率 β 与质量含汽率 x 的关系

3. 截面含汽率

截面含汽率是指管道断面上蒸汽所占的断面 F'' 与总断面 F 之比，用 φ 表示，有时又称为真实含汽率。由定义得

$$\varphi=\frac{F''}{F}=1-\frac{F'}{F} \tag{8-32}$$

因为

$$\beta=\frac{V''}{V'+V''}=\frac{w''F''}{w_{hu}F}=\frac{w''}{w_{hu}}\varphi \tag{8-33}$$

所以有

$$\varphi=\frac{w_{hu}}{w''}\beta \tag{8-34}$$

令 $\frac{w_{hu}}{w''}=C$，则得

$$\varphi=C\beta \tag{8-35}$$

式中 C 称为比例系数，它考虑了汽水两相流中汽相和水相真实速度的差别。在上升管中，因为 $w''>w'$，因而，$w''>w_{hu}$，$C<1$，即 $\varphi<\beta$；在下降管中正好相反，因为 $w''<w'$，

因而，$w''<w_{hu}$，$C>1$，即 $\varphi>\beta$。随着工质压力的上升，w''和w'的差别减小，C 趋向于 1，β 接近于 φ。

比例系数 C 值由试验求得。在工程计算时可用线算图查取。图 8-22 给出了垂直上升管中 C 及 φ 的数值。当 $\beta\leqslant0.9$，$w_{hu}\leqslant3.5$m/s 时，由图 8-22（a）查得 C 值；当 $\beta>0.9$ 时，由图 8-22（b）查得 φ 值；当 $w_{hu}\geqslant3.5$m/s 时，由图 8-22（c）查得 φ 值。

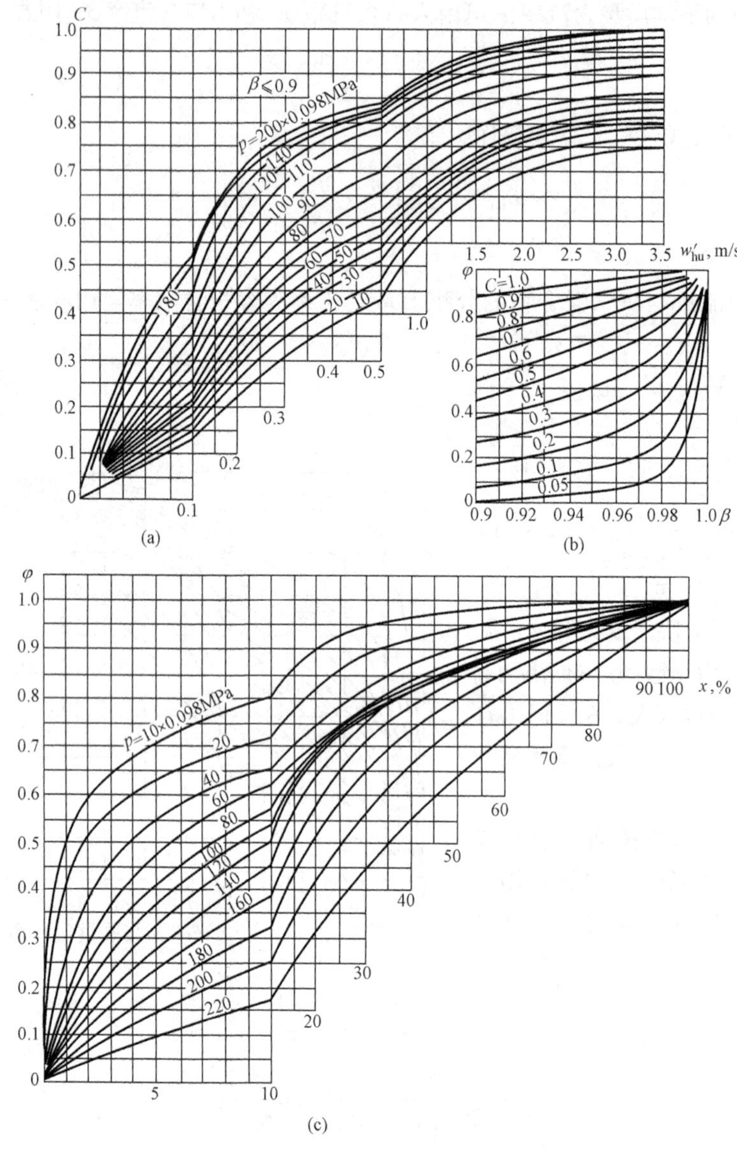

图 8-22　垂直上升管中 φ 值线算图

（a）当 $\beta\leqslant0.9$，$w_{hu}\leqslant3.5$m/s 时 C 值；（b）直流锅炉当 $\beta>0.9$ 时的 φ 值；（c）当 $w_{hu}\geqslant3.5$m/s 时的 φ 值

三、两相流的密度

1. 流动密度

两相流的质量流量与体积流量之比称为流动密度，用 ρ_{hu} 表示，即

$$\rho_{hu}=\frac{G}{V}=\frac{\rho''V''+\rho'V'}{V}=\beta\rho''+(1-\beta)\rho' \tag{8-36}$$

流动密度是由流量参数 G、V 得到的，没有考虑汽水的相对滑动，故实际上流动密度是不存在的。它用于流动阻力、动量、质量流速等以流量特性为基础的各项目的计算。

2. 真实密度

某段管子中汽水混合物实际存在的密度称为真实密度，用 ρ_{zs} 表示，它考虑了水、汽相对滑动而形成的真实速度的差别，其表示式为

$$\rho_{zs}=\frac{F''\Delta l\rho''+F'\Delta l\rho'}{F\Delta l}=\frac{\varphi F\Delta l\rho''+(1-\varphi)F\Delta l\rho'}{F\Delta l}=\varphi\rho''+(1-\varphi)\rho' \tag{8-37}$$

式中　Δl——汽水混合物在某管段中的长度，m；

F''——管段总截面中饱和蒸汽所占截面，m^2；

F'——管段总截面中饱和水所占截面，m^2。

真实密度用于计算两相流的质量、重位压头及必须考虑非均相流的各项目。

四、管内两相流动的压力降计算

设有一任意放置的受热管段，两相流体在管内流动时的压力降可用式（8-38）表示：

$$\Delta p=p_1-p_2=\Delta p_{lz}+\Delta p_{js}\pm\Delta p_{zw} \tag{8-38}$$

式中　p_1——管段进口处的静压，Pa；

p_2——管段出口处的静压，Pa；

Δp_{lz}——管段流动阻力损失，Pa；

Δp_{js}——流体加速引起的静压降，Pa；

Δp_{zw}——重位压头，Pa。

对于两相流体，不能直接用单相流体的摩擦阻力损失计算式来计算，因为两相流体流动时的压降与流型和流体中的含汽率有很大关系。由于此关系复杂，不同研究者的处理方法不同，下面只介绍我国目前广泛采用的锅炉机组水力计算标准方法。

1. 重位压头

两相流体在管道内的介质柱重产生的压头称为重位压头。当两截面间的高度为 h 时，则两相流体的重位压头 Δp_{zw} 为

$$\Delta p_{zw}=h\rho_{zs}g \tag{8-39}$$

式中　ρ_{zs}——管内工质的平均真实密度，kg/m^3。

在计算管段中的流动阻力时，当工质向上流动时，重位压头取正值，向下流动时，取负值。

2. 流体加速压降

当流体在管中受热或压力变化时，由于动量增加而引起静压下降，这就是加速压降。某一管段中工质的加速压降等于管段出口截面的动量与管段进口截面动量之差。用式（8-40）计算：

$$\Delta p_{js}=\rho w(w_2-w_1) \tag{8-40}$$

式中　w_1，w_2——管子进、出口截面的混合物的流速，m/s。

根据等截面管道中质量流速不变的原理，有 $\rho w=\rho' w_0$。若分别对管子进、出口截面应用式（8-29），并代入式（8-40）式整理后得

$$\Delta p_{js}=\frac{(\rho' w_0)^2}{\rho'}\left(\frac{\rho'}{\rho''}-1\right)(x_2-x_1) \tag{8-41}$$

式中　x_1，x_2——管子进、出口截面的质量含汽率。

3. 流动阻力

流体的流动阻力包括管内摩擦阻力 Δp_{mc}、局部阻力 Δp_{jb} 两部分。

对于不受热管，汽水两相流沿程摩擦阻力可按式（8-42）进行计算：

$$\Delta p_{mc}=\lambda_0\frac{l}{d}\frac{(\rho' w_0)^2}{2\rho'}\left[1+x\psi\left(\frac{\rho'}{\rho''}-1\right)\right] \tag{8-42}$$

式中　λ_0——摩擦阻力系数，由单相介质的摩擦系数公式确定，1/m；

l——管长，m；

d——管子内径，m；

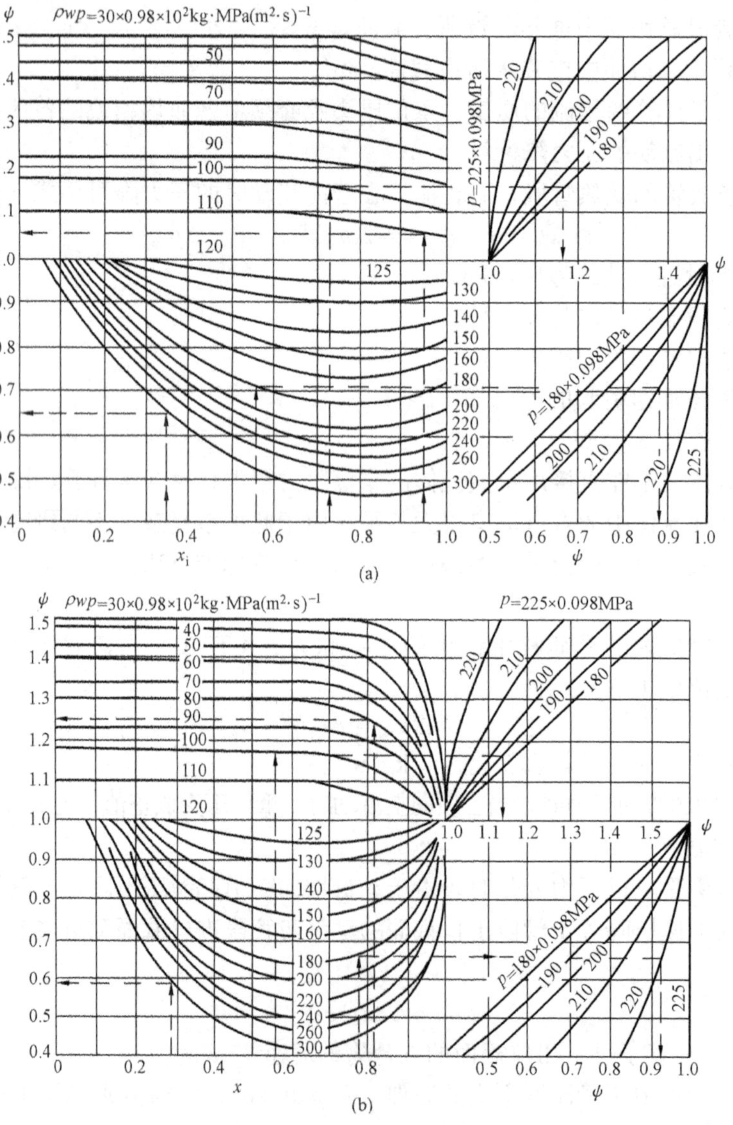

图 8-23　汽水混合物摩擦阻力公式中 ψ 线算图

（当 $p<180\times0.098$MPa 时，按纵坐标查 ψ，当 $p>180\times0.098$MPa 时，按横坐标查 ψ）

（a）受热管；（b）不受热管

x ——计算管段中的质量含汽率；

ψ ——修正系数，与压力、质量含汽率和质量流速等有关，其值可由线算图 8-23(b) 查得。

对于受热管，管段中的汽水混合物的含汽率是变化的，此时摩擦阻力用式（8-43）计算：

$$\Delta p_{mc}=\lambda_0\frac{l}{d}\frac{(\rho' w_0)^2}{2\rho'}\left[1+\bar{x}\bar{\psi}\left(\frac{\rho'}{\rho''}-1\right)\right] \tag{8-43}$$

式中 $\bar{x}$——计算管段中的平均质量含汽率；

$\bar{\psi}$——管段平均修正系数。

管段的平均修正系数 $\bar{\psi}$ 可由式（8-44）计算：

$$\bar{\psi}=\frac{\overline{\psi_c}x_c-\overline{\psi_r}x_r}{x_c-x_r} \tag{8-44}$$

式中 x_r，x_c——管段入口、出口断面的质量含汽率；

$\bar{\psi}_r$，$\bar{\psi}_c$——管段入口、出口断面的平均修正系数，其值由图 8-23（a）查得。

由局部阻力引起的损失由式（8-45）计算：

$$\Delta p_{jb}=\sum\xi\frac{\rho' w_0^2}{2}\left[1+x\left(\frac{\rho'}{\rho''}-1\right)\right] \tag{8-45}$$

$$\sum\xi=\xi_1+\xi_2+\xi_3+\cdots$$

式中 ξ_1，ξ_2，ξ_3——管道各处的局部阻力系数，可根据管道各处的局部结构、流动特点，由水力计算标准手册查取。

第五节　自然水循环的可靠性指标

在炉膛高温火焰的强烈辐射下，蒸发受热面能否保持其长期安全可靠的运行，主要取决于管壁金属的温度状况。而在运行中，管壁的温度除了与烟气侧的换热条件密切相关之外，还与管内两相流体的流动状态及换热状况有关。因此，在锅炉设计和运行中采用了一些指标来反映自然水循环的可靠性。这些指标主要有循环流速和循环倍率。

一、循环流速

良好的水循环要求受热上升管中的汽水混合物必须以一定的流速连续流动，这样才能保证水冷壁管或对流管束等受热面能得到充分冷却。如果工质不流动或流动速度很慢都会导致管壁温度升高，使管壁超温而破坏。

在循环回路中，对于上升管的不同截面而言，不论管子受热与否及受热强弱，只要管子流通截面积不变，在稳定流动下各截面的质量流速就不会变化。但对于受热蒸发管而言，管内水不断汽化致使各截面的工质密度不断变化，因而各流通截面汽水混合物的流速也随之而变化。为了便于分析流速对循环回路安全性的影响，人们用循环流速 w_0 来表示工质流速的大小。循环流速的定义式参见式（8-15）。

循环流速的大小直接反映了管内工质带走管外传入的热量及所产生汽泡的能力。循环流速越大，单位时间进入上升管的工质越多，从管壁带走的热量及所产生的汽泡越多，管壁的冷却条件越好。所以循环流速是判断水循环安全的重要指标之一。

循环流速的大小与锅炉的容量和压力有关，但随着循环流速的提高，循环回路的流动阻力也相应增大，它取决于循环回路所能提供的运动压头与回路阻力的平衡关系。循环流速推荐范围见表 8-3。

表 8-3 自然循环锅炉循环流速推荐值

汽包压力（MPa）		4～6	10～12	14～16	17～19
锅炉蒸发量（t/h）		35～240	160～420	400～670	≥800
循环流速 w_0 (m/s)	上升管直接引入汽包	0.5～1	1～1.5	1～1.5	1.5～2.5
	有上联箱	0.4～0.8	0.7～1.2	1～1.5	1.5～2.5
	双面受热的水冷壁	—	1～1.5	1.5～2.0	2.5～3.5

循环流速虽然能反映水流速度的快慢，判断水循环的安全性，但它是按上升管入口水量计算得到的。对于热负荷不同的上升管，即使循环流速相同，但由于产汽量不同，在上升管出口处的汽水混合物中含水量就不同。对热负荷较大的上升管，由于产汽量较多，出口水量较少，管子内壁四周可能维持不住连续流动的水膜；同时，高速流动的汽水混合物可能撕破较薄的水膜，造成沸腾传热恶化，使管壁超温。因此，循环流速不是反映水循环安全的唯一指标。

二、循环倍率与自补偿特性

1. 循环倍率的概念

循环倍率是指在循环回路中，上升管的入口循环水量 G 与出口蒸汽量 D 之比，用符号 K 表示，其数学表达式为

$$K=\frac{G}{D} \tag{8-46}$$

循环倍率 K 的意义是上升管中每产生 1kg 蒸汽需要进入上升管的循环水量，或进入上升管的水全部变成蒸汽需要在循环回路中循环的次数。

循环倍率 K 与上升管出口质量含汽率 x'' 互为倒数关系。循环倍率 K 愈大，含汽率 x'' 愈小，则上升管出口汽水混合物中水的份额较大，管壁水膜稳定，对管壁冷却作用较好。但 K 值过大，上升管产汽量太少，上升管内工质的平均密度增大，循环回路的运动压头减小，将使循环流速降低，对水循环安全不利。当循环倍率过小时，出口含汽率则过大，管壁水膜可能被破坏，产生沸腾传热恶化现象。因此，循环倍率过大或过小都对循环不利。

2. 自补偿特性

在循环回路中，当锅炉的工作压力和回路高度一定时，运动压头的大小取决于上升管中的热负荷。热负荷的变化将会导致循环流速的变化。当热负荷降低时，由于产汽量减少，运动压头降低，循环流速降低；当上升管热负荷增强时，产汽量增多，运动压头增加，但同时上升管的流动阻力也随着增大。循环流速是增大还是减小取决于这两个因素中变化较大的一个。当 x 不太大时，运动压头的增加大于流动阻力的增加，因此，随着 x 的增大，循环流速增大。当 x 增大到一定数值后，由于汽水混合物的容积流量过大，将出现流动阻力的增加大于运动压头增加的状况。这时随着 x 的增大，循环流速反而下降。循环流速 w_0 与上升管质量含汽率 x 的关系如图 8-24 所示。

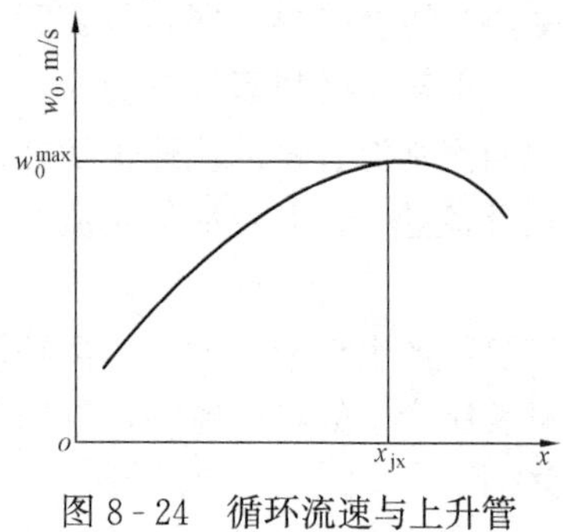

图 8-24 循环流速与上升管质量含汽率的关系

图中最大循环流速 w_0^{max} 所对应的上升管质量含汽率称为界限含汽率 x_{jx}。界限含汽率的倒数则称为界限循环倍率 K_{jx}。

在上升管含汽率 x 小于界限含汽率 x_{jx} 范围内，自然循环回路上升管受热增强时，循环水量和循环流速也随之增大，这种循环特性称为自补偿性或自补偿能力。若热负荷太大，上升管含汽率 x 超过界限含汽率 x_{jx}，这时随着受热面吸热增强，循环水量和循环流速反而减小，则失去自补偿能力。为了保证自然循环回路的工作安全，锅炉应始终在自补偿范围内工作。因此，上升管的含汽率 x 必须始终小于界限含汽率 x_{jx}，而循环倍率则应始终大于界限循环倍率。此外，对汽包压力大于 17MPa 的锅炉，上升管出口含汽率还应受到不发生沸腾传热恶化的限制。

3. 界限循环倍率

界限循环倍率是自然循环的安全限值，它是由两个因素确定的。一方面要保证锅炉具有自补偿特性，另一方面要保证不出现沸腾传热恶化。循环回路的工作循环倍率应大于界限循环倍率，才能保证水冷壁管屏每根管子均匀吸热条件下的安全工作。表 8 - 4 列出了正常工况下几种自然循环锅炉界限循环倍率和循环倍率推荐范围。

表 8 - 4　　界限循环倍率和循环倍率推荐值

汽包压力（MPa）		4～6	10～12	14～16	17～19
锅炉蒸发量（t/h）		35～240	160～420	185～670	≥800
界限循环倍率 K_{jx}		10	5	3	≥2.5
推荐循环倍率 K	燃煤锅炉	15～25	7～15	5～8	4～6
	燃油锅炉	12～20	7～12	4～6	3.5～6

推荐的循环倍率是在锅炉额定负荷下计算得到的回路的平均循环倍率。当锅炉在低于额定负荷下工作时，可按式（8 - 47）估算循环倍率 K：

$$K=\frac{1}{0.15+0.85\dfrac{D}{D_e}}K_e \tag{8-47}$$

式中　D_e——锅炉额定蒸发量，t/h；

D——锅炉实际蒸发量，t/h；

K_e——额定负荷下的循环倍率。

从表 8 - 4 看出，随着锅炉容量的增大、压力的提高，循环倍率却相应减小。对同一压力级的锅炉，蒸发量愈大，水冷壁面积相应增大，但其增长速度，特别是上升管流通截面积的增长速度总是低于蒸发量的增长速度。为了维持一定的循环流速 w_0，循环水量 G 必须与上升管截面积同步增长。因此，循环水量 G 的增长速度同样小于蒸发量 D 的增长速度，循环倍率随锅炉容量的增大而降低。对蒸发量相同的锅炉，若工作压力提高，由于汽化潜热减小，所需蒸发受热面减少，上升管截面积也相应减小，同时，饱和水密度也随着降低，为了维持一定的循环流速，循环水量 G 也应同步降低，而蒸发量 D 不变。所以随着锅炉压力升高，循环倍率降低。

第六节 自然水循环的基本计算

自然水循环计算是通过循环回路的压差平衡或压头平衡，求得回路的汽水流动状态，确定循环回路的循环水速、工作压差、循环倍率等安全指标，从而鉴定循环工作的可靠性。对新设计的锅炉或对系统有较大改动的锅炉通常都要进行水循环计算。循环计算中的有关参数，如热负荷、介质流速、压差等都是指整个管组的平均值，仅在校核个别管子的安全裕度时，才按条件最差的管进行。

进行水循环计算的方法是按既定结构的循环回路建立基本方程，然后再解方程，以求得回路的特性参数。建立方程有压差法和压头法两种，以流动压力降平衡为基础建立基本方程式的方法称为压差法；以流动动力与阻力平衡为基础建立基本方程式的方法称为压头法。

基本方程式的解法有试算法和特性曲线图解法两种。目前试算法主要应用计算机采用逐次逼近法求解，在手算中主要采用曲线绘制法求解。

一、循环回路

自然水循环的回路是由汽包、下降管、上升管、联箱及导汽管等组成的，它分简单回路与复杂回路两种类型。图 8-25 为简单回路与复杂回路的简图。一个下降管系统单独与一个水冷壁管屏组成的回路称为简单回路，多个管屏共用一个下降管系统的回路称为复杂回路。在回路中，水冷壁管屏由数十根管子并联组成，其进出口由联箱连接。出口联箱和汽包之间再由导汽管连接，或水冷壁出口无联箱直接连接于汽包。在一个管屏中，每根管子的结构和热负荷都基本相同，但并列管屏的结构和热负荷各不相同。现代大型锅炉广泛采用大直径下降管，一根下降管与多个管屏连接，是复杂回路。

自然循环计算先要对循环回路进行分段，分段的原则是每管段的结构、热负荷、工质相态及对流动的作用基本一致。图 8-26 为简单回路的分段实例。

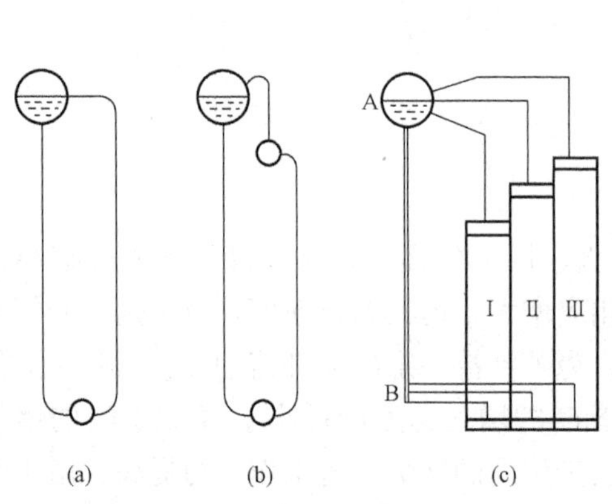

图 8-25 简单回路与复杂回路的简图
(a) 无上联箱的简单回路；(b) 有上联箱的简单回路；(c) 复杂回路

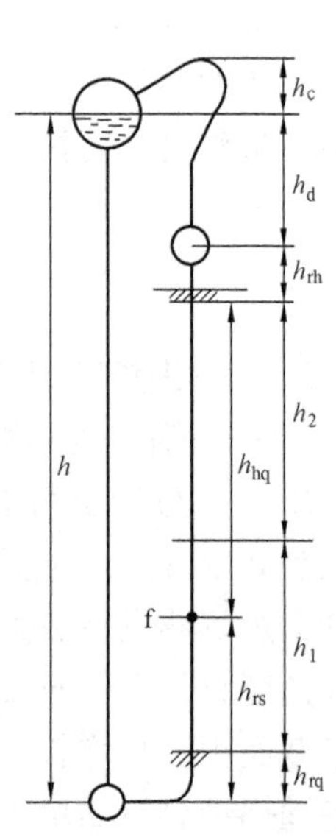

图 8-26 简单回路的分段实例

图中回路的总高度是汽包水位面与下联箱中心之间的垂直距离 h。炉膛外的下部不受热段水冷壁为受热前段，上部不受热段水冷壁为受热后段，炉膛内的水冷壁又根据其热负荷的大小划分成 h_1 和 h_2 两段。在导汽管的总高度内汽包水位以下是动力性质段，为 h_d 段；汽包水位以上由于管内的汽水混合物的密度大于汽包内蒸汽的密度，是阻力性质段，为 h_c 段。当锅炉给水有欠焓时，由下联箱进入上升管的水要吸收一些热量才能达到饱和，这样，受热上升管的下部有一段不含汽的热水段 h_{rs}，而上部为含汽段 h_{hq}。

二、基本方程式

1. 压差法

参见图 8-26，自汽包水位至下联箱中心之间的下降管系统的压差 $\sum\Delta p_{xj}$ 与上升管系统的压差 $\sum\Delta p_{ss}$ 分别为

$$\sum\Delta p_{xj}=\bar{\rho}_{xj}gh-\Delta p_{xj} \tag{8-48}$$

$$\sum\Delta p_{ss}=(\sum h_i\bar{\rho}_i g)_s+\Delta p_{js}+\Delta p_{lz}+\Delta p_{fl} \tag{8-49}$$

式中　h——循环回路高度，m；

$\bar{\rho}_{xj}$——下降管中工质的平均密度，kg/m^3；

Δp_{xj}——下降管系统阻力压力降，Pa；

h_i——上升管各区段的高度，m；

$\bar{\rho}_i$——上升管各区段的工质平均密度，kg/m^3；

Δp_{js}——上升管中工质加速度压力降，Pa；

Δp_{lz}——上升管中工质的流动阻力损失，Pa；

Δp_{fl}——汽包内汽水分离器的阻力损失，Pa。

自然循环在稳定流动工况下，下降系统的总压差和上升系统的总压差是相等的，即有

$$\sum\Delta p_{xj}=\sum\Delta p_{ss} \tag{8-50}$$

这是压差法进行水循环计算的基本方程式。根据图 8-26 的上升管分段情况，上升管系统的重位压头 $(\sum h_i\bar{\rho}_i g)_s$ 和加速压降 Δp_{js}、阻力损失 Δp_{lz} 可分别用式（8-51）～式（8-53）表示：

$$(\sum h_i\bar{\rho}_i g)_s=h_{rs}\rho' g+(h_1+h_{rq}-h_{rs})\bar{\rho}_{zs1}g+h_2\bar{\rho}_{zs2}g \\ +h_{rh}\bar{\rho}_{zs,rh}g+h_d\bar{\rho}_{zs,d}g+h_c(\bar{\rho}_{zs,c}-\rho'')g \tag{8-51}$$

$$\Delta p_{js}=\Delta p_{js,1}+\Delta p_{js,2}+\Delta p_{js,rh}+\Delta p_{js,d}+\Delta p_{js,c} \tag{8-52}$$

$$\Delta p_{lz}=\Delta p_{lz,rs}+\Delta p_{lz,1}+\Delta p_{lz,2}+\Delta p_{lz,rh}+\Delta p_{lz,d}+\Delta p_{lz,c} \tag{8-53}$$

式中　$\Delta p_{lz,rs}$——热水段的流动阻力损失，Pa；

$\Delta p_{js,1}$、$\Delta p_{lz,1}$——上升管中（$h_1+h_{rq}-h_{rs}$）段内的加速度压降和阻力损失，Pa；

$\Delta p_{js,2}$、$\Delta p_{lz,2}$——上升管中 h_2 段内的加速度压降和阻力损失，Pa。

其他符号的注脚对应图 8-26 中的各段标注。

由于进入上升管入口的水具有一定的欠焓，因此，在上升管的下部有一段为不含汽的加热水段，这部分水的密度要比下降管中水的密度小些，但差别不大，在一般情况下它所产生的运动压头可略去不计。在加热段中还可能有表面沸腾，计算水循环时也略去不计。在水循环计算时需要确定出上升管中水开始沸腾的管子截面，即图 8-26 中 f 点所对应的截面，在这截面以下为加热水段，截面以上则为含汽段，只有含汽段才产生运动压头。因此，式

(8-51) 中 h_{rs} 必须根据锅炉的具体情况进行计算，而其数值与上升管入口工质欠焓 Δh 和热水段区域炉膛热负荷的大小等因素有关。关于热水段高度 h_{rs} 和汽包内汽水分离装置的流动阻力损失 Δp_{fl} 的具体计算方法参阅《电站锅炉水动力计算方法》等文献。而其他的结构数据可根据炉膛热负荷大小分区段情况及锅炉结构尺寸相应确定。

2. 压头法

运动压头是指下降管和上升管系统的重位压头之差，在稳定流动的情况下，回路的运动压头和回路的总阻力相等。运动压头扣除上升管侧的总阻力后，剩余的压头就是有效压头。

参见图 8-26 的分段情况，回路的运动压头和有效压头分别为

$$S_{yd}=h\overline{\rho}_{xj}g-(\sum h_i\overline{\rho}_i g)_s \tag{8-54}$$

$$S_{yx}=S_{yd}-(\Delta p_{lz}+\Delta p_{js}+\Delta p_{fl}) \tag{8-55}$$

自然循环稳定流动时，有效压头与下降管的总阻力相等，即有 $S_{yx}=\Delta p_{xj}$。这是压头法进行水循环计算的基本公式。

三、循环回路特性曲线与工作点

循环回路的特性曲线是指某循环回路在热负荷一定的条件下，回路的压头、压差、阻力等与循环水量或循环水速之间的函数关系曲线。

手算绘图法确定回路的工作点时，可采用压差法，也可采用压头法。以下就对简单回路和复杂回路的自然循环特性曲线图解法进行说明。

1. 简单回路自然循环特性曲线图解法

在采用压差法计算时，须先假定三个循环水速，分别应用式（8-48）和式（8-49）计算三个对应的下降系统、上升系统的总压差，然后将各压差与 G 的对应点在 Δp - G 坐标上标出，并分别将三点连成两条平滑的 $\sum\Delta p_{xj}$- G 和 $\sum\Delta p_{ss}$- G 曲线。如图 8-27 所示，这两条曲线的交点就是这个简单回路的工作点。由工作点就可相应地求得循环回路在稳定工况下的流量 G_0（或循环流速 w_0）和总压差 $\sum\Delta p_0$。并依据有关指标来判断水循环是否安全。

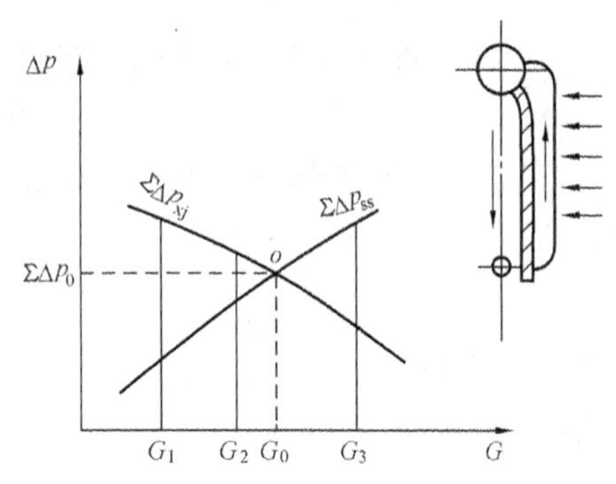

图 8-27 压差法确定简单回路工作点的图解曲线

2. 复杂回路自然循环特性曲线图解法

图 8-25（c）表示三管屏并联的复杂回路，三个管屏共用一根下降管。对每一水冷壁管屏的上升系统，水引入管、上升管、汽水引出管是串联的。由于各水冷壁管屏吸热量不同，水引入管和汽水引出管长度不同，因此，各上升管屏的水流量不同，必须将各上升管系统分开计算，然后再汇总求解。复杂回路的工作点可用压差法求解，也可用压头法求解。

当用压差法求解时，由于串联系统的各部分管内工质质量流量相同，串联上升系统总压差是各部分各自的压差在相同流量下的叠加值，因此，串联系统的特性曲线是由各部分各自的特性曲线在流量相同时的压差叠加而成，如图 8-28 所示。图中 Δp_{yr}、Δp_{yc}、Δp_{slb}、Δp_s 分别为引入管、引出管、水冷壁的特性曲线和上升系统的总特性曲线。因水在引入管内是向下流动，重位压力降应取负值，流阻取正值，因此，其压差特性曲线位于

横坐标的下方。

在图 8-25（c）所示的复杂回路中，三组水冷壁管屏各自的上升系统是与下降管并联的。因为并联系统的各上升系统压差相等，总流量是在等压差下各系统流量的总和，因此，这三个上升系统的并联特性曲线是由三个上升系统各自的特性曲线在等压差下流量叠加而成，如图 8-29 所示。

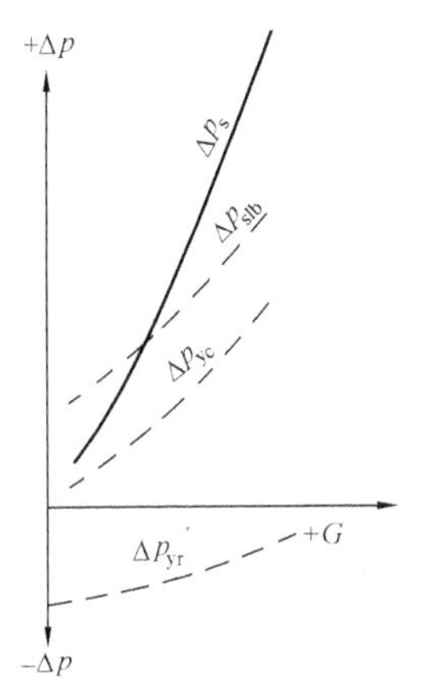

图 8-28　串联上升系统的特性曲线

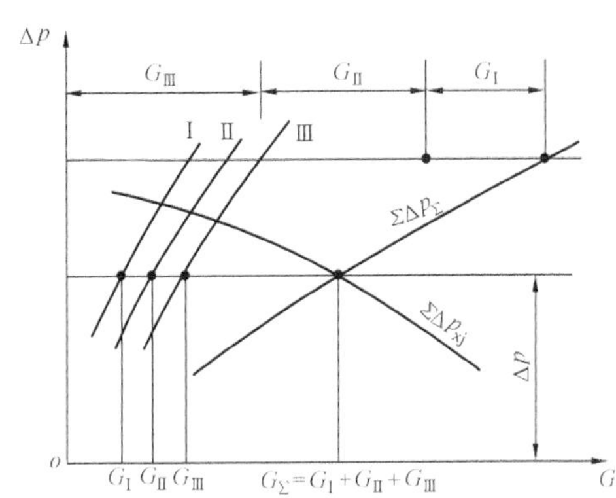

图 8-29　并联上升系统的总特性曲线及回路工作点的图解法

上升系统的共同特性曲线与下降管特性曲线的交点就是这个复杂回路的工作点。总流量为 $G_{\Sigma}=G_{Ⅰ}+G_{Ⅱ}+G_{Ⅲ}$，工作压差为 Δp_{Σ}。由此交点作水平线，它与特性曲线Ⅰ、Ⅱ、Ⅲ的交点即各组水冷壁的流量 $G_{Ⅰ}$、$C_{Ⅱ}$、$G_{Ⅲ}$。同样道理，根据流量出可求出水引入管、水冷壁管屏与汽水引出管的工作压差。

第七节　自然水循环常见问题及防止

通过对循环回路的自然循环计算，求得了回路的循环流速、循环倍率等指标。若回路的循环倍率满足 $K>K_j$ 的条件，则水冷壁在平均吸热情况下能安全工作。但水冷壁平行管之间存在着热偏差，个别管子的循环流速与循环倍率会不同程度地偏离平均情况下的数值，受热弱的管子可能发生循环停滞、倒流和自由水位，而受热强的管子则可能发生沸腾传热恶化现象。此外，下降管系统带汽、汽化等不正常现象发生时，会引起 w_0 的整体下降，对水循环产生不利影响。以下则对几种问题进行定性分析，并提出提高水循环安全性的措施。

一、下降管含汽

自然循环锅炉的下降管中含有蒸汽时，管内工质的平均密度下降，运动压头下降，循环的推动力减小，同时由于管内工质的容积流量增加，使下降管内的流动阻力增大，因此，循环回路的循环流速降低，甚至造成循环停滞、自由水位，从而影响循环安全。

电厂锅炉下降管含汽的主要原因有：下降管入口锅水自汽化、旋涡斗带汽、汽包内锅水含汽等。

1. 下降管入口锅水自汽化

汽包中的锅水，在没有欠焓时是汽包压力下的饱和水。当下降管入口锅水的压力低于汽包压力时，将有部分锅水自行汽化，生成的蒸汽就会被带入下降管中。

当锅水进入下降管时，由于水流速度突然增大，部分静压能将转变成动能；同时在下降管进口处有局部阻力，这两个因素将使下降管入口水的压力降低 Δp：

$$\Delta p=\rho'\frac{w_{xj}^2}{2}+\xi\rho'\frac{w_{xj}^2}{2}=(1+\xi)\rho'\frac{w_{xj}^2}{2} \tag{8-56}$$

式中 ρ'——汽包压力下饱和水的密度，kg/m^3；

ξ——水从汽包进入下降管入口的局部阻力系数；

w_{xj}——下降管入口处的工质流速，m/s。

另一方面，从汽包水面到下降管进口处有一段水柱高度 h，它所产生的重位压头将使下降管进口处压力比汽包压力高 Δp_{zw}：

$$\Delta p_{zw}=\rho' gh \tag{8-57}$$

因此，只有当重位压头 $\Delta p_{zw}>\Delta p$，即下降管入口处的压力高于汽包压力时，才不会发生自汽化现象。所以，不发生自汽化的条件为

$$\rho' gh>(1+\xi)\rho'\frac{w_{xj}^2}{2} \tag{8-58}$$

即有

$$h>(1+\xi)\frac{w_{xj}^2}{2g} \tag{8-59}$$

由式（8-59）可知：提高下降管入口以上的水位高度或减小下降管入口水的流速均可防止下降管入口锅水自汽化。此外，将非沸腾式省煤器来的部分给水直接送到下降管进口附近的区域，增大锅水的欠焓，也可避免自汽化。高压以上的锅炉，由于给水有欠焓，锅水温度低于饱和温度，发生自汽化的可能性较小。即使有少量的蒸汽带入下降管，随着水向下流动，由于重位压头的作用，压力逐渐升高，这部分蒸汽很快会凝结，因而对水循环的影响不大。

2. 旋涡斗带汽

当下降管入口处以上水位较低时，锅水在进入下降管的过程中，由于流动速度的大小和方向突然改变，在入口处将形成旋涡斗。若旋涡斗底深至下降管口时，将把汽包上部的蒸汽吸入下降管造成下降管带汽。如图 8-30 所示。

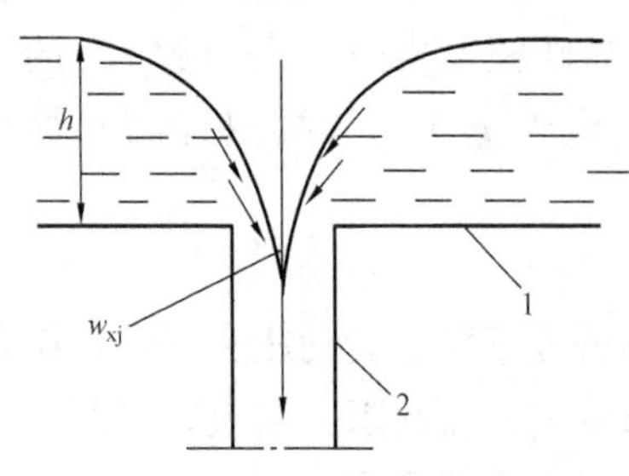

图 8-30 下降管入口处的旋涡斗
1—汽包；2—下降管

旋涡斗的形成不仅与下降管入口至汽包水面的高度 h 有很大关系，而且还与下降管的进口水速 w_{xj}、管径 d 以及汽包内锅水的水平流速等因素有关。下降管入口至汽包水面的高度越小、下降管的进口流速越大、管径越大以及汽包内锅水的水平速度越低，越容易形成旋涡斗。大型汽包锅炉的下降管入口流速很高，又普遍采用大直径集中下降管，因此，入口处容易形成旋涡斗。

为防止旋涡斗的出现，应维持一定的汽包水位，防止旋涡斗的底部深入下降管。此外，在下降管入口加装

格栅或十字隔板，也是防止旋涡斗形成的有效措施。常用格栅和十字隔板的结构形式如图 8-31 所示。

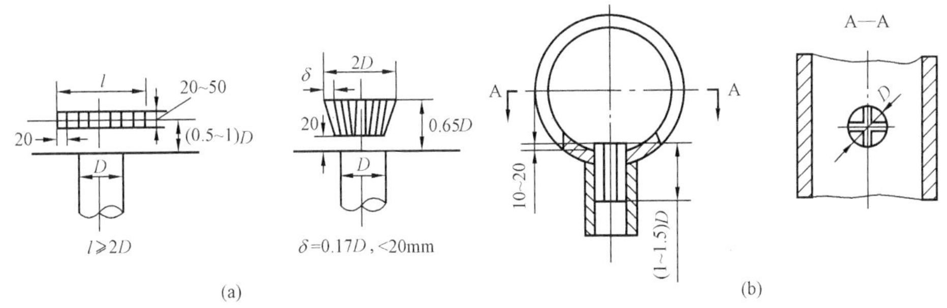

图 8-31　格栅和十字隔板的结构与布置

(a) 格栅；(b) 十字隔板

3. 汽包内锅水含汽

汽包内锅水中一般会或多或少的含有部分蒸汽，当蒸汽的上浮速度小于汽包中水的下降速度时，蒸汽就会被带入下降管。

影响锅水含汽多少的主要因素有汽水混合物引入汽包的方式及下降管入口处的水速。现代电厂锅炉汽包内布置了旋风分离器，汽水混合物通过汽包中的分配箱进入旋风分离器，其中的水分离下来进入水空间，而蒸汽通过旋风分离器的上部进入汽空间，带入锅水中的蒸汽量很少，可以忽略不计。

二、循环停滞、倒流和汽水分层

自然循环锅炉的每个循环回路都由许多并列上升管和公共的下降管组成，并具有自补偿性。当并列管受热不均时，流量分配也不均匀，即受热强的上升管产汽量多，循环流速高，循环水量多；受热弱的上升管产汽量少，循环流速低，循环水量少。当受热弱的管子受热弱到一定程度后，就会出现循环停滞或倒流。对于水平管或微倾斜管，若循环流速太低将会出现汽水分层。

1. 循环停滞

并列上升管受热不均时，受热弱的上升管产汽量少，循环流速低。当循环流速低到接近或等于零，进入该上升管中的循环水量 G 只能补充该管所蒸发掉的水量时，称为循环停滞。

循环停滞现象的发生也可以由回路的压差平衡式来说明。由式 (8-8) 知，当回路处于稳定流动状态下，各并列上升管的总压差与下降系统的总压差相等，并联各管均在同一压差下 $\sum\Delta p_{xj}$ 工作，由压差 $\sum\Delta p_{xj}$ 克服各管的流动压降 Δp_{ss} 和重位压降 $\bar{\rho}_{ss}gh$，即

$$\sum\Delta p_{xj}=\bar{\rho}_{ss}gh+\Delta p_{ss} \tag{8-60}$$

如并联各管存在吸热不均时，吸热较弱的偏差管内的平均密度 $\bar{\rho}_{ss}$ 增大，其重位压头 $\bar{\rho}_{ss}gh$ 增大，当偏差管的重位压降刚好等于管组的公共压差 $\sum\Delta p_{xj}$ 时，式 (8-60) 右边的第二项为零，即偏差管内的流速为零，这种工况即为循环停滞。当发生循环停滞时，停滞管的 $w_0\approx0$，循环倍率 $K=1$，其上升系统的总压差 $\sum\Delta p_{ss}$ 等于其重位压差，并与回路共同的下降管压差 $\sum\Delta p_{xj}$ 相平衡，即有

$$\sum\Delta p_{ss}=\bar{\rho}_{ss}gh=\sum\Delta p_{xj} \tag{8-61}$$

在停滞的上升管中，水几乎不流动，只有少量的汽泡穿过静止水层向上浮动。产生的汽泡

不能及时脱离管壁，管壁得不到足够的水膜来冷却，而导致超温破坏。

对引入汽包汽空间的上升管来讲，发生停滞时，由于停滞管的运动压头很小，不足以将密度较大的汽水混合物提升到最高点再进入汽包。因此，水将停留在上升管的某一部位，形成自由水位，如图 8-32 所示。在水面以上的受热管段，只有少量蒸汽的缓慢流动，管壁温度迅速升高。同时，由于水面不断波动、壁温不断波动所产生的交变热应力会致使管子疲劳损伤。

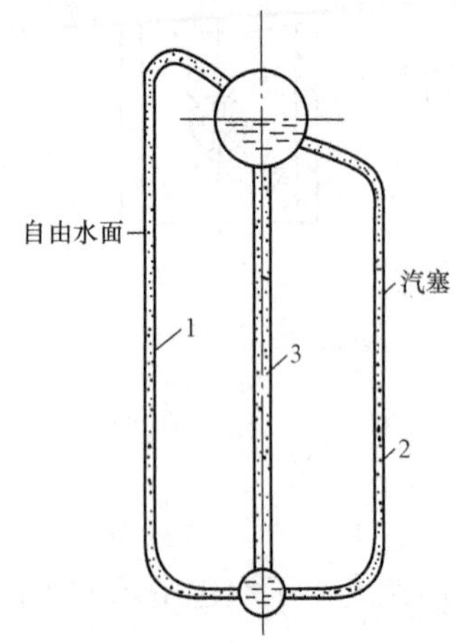

图 8-32 循环停滞示意图
1—引入汽空间上升管；
2—引入水空间上升管；
3—下降管

循环停滞的校验是在锅炉额定负荷下对受热最弱的管进行，校验管在循环停滞状态下的压差称为停滞压差，它等于校验管的重位压差。

$$\Delta p_{tz}=\bar{\rho}_{tz}gh \tag{8-62}$$

式中 $\bar{\rho}_{tz}$——停滞管内汽水混合物的密度，kg/m^3。

不出现循环停滞的条件可用循环特性曲线来说明。图 8-33 为校验管的全特性曲线，在图的第一象限，A 点为简单回路的工作点，$\sum\Delta p_0$ 和 G_0（或循环流速 w_0）为循环回路的工作压差和工作循环水量。管组中受热最弱的 B 管为校验管。对应循环水量等于蒸发量 $G=D$ 的 k 点，就是 B 管的停滞点。从图中可以看出，当循环回路的工作压差大于校验管的停滞压差时，则管组不会发生循环停滞。在做安全检查计算时，还至少要有 10%的安全裕量，因此，不发生循环停滞的条件是

$$\frac{\sum\Delta p_0}{\Delta p_{tz}}\geqslant 1.1 \tag{8-63}$$

2. 循环倒流

循环倒流发生在引入汽包水空间的上升管或具有上下联箱的水冷壁管组中，且该管受热较弱以致其重位压差大于回路工作压差。这时，该上升管内工质是自上向下流动，即该管实际成为一根受热的下降管。

倒流发生时，如果倒流水量很大，而蒸汽量不大，这时倒流的水能够将蒸汽带着向下运动，或倒流管中蒸汽量较多，蒸汽向上的速度大于倒流水速，蒸汽不被倒流水所阻碍，直接向上运动进入汽包。在这两种情况下，倒流管都能得到水膜较好的冷却，工作是安全的。但当蒸汽向上的速度与倒流水速相近时，下降的水速不足以将汽泡带着向下运动，却阻碍汽泡上浮。这时处于停滞或运动缓慢的汽泡逐渐聚集，最后增大，形成汽塞，汽塞忽上忽下的缓慢运动，使得与汽塞接触的壁温交替变化，易导致管壁过热或疲劳破坏。

倒流管的特性曲线表示在图 8-33 的第二象限。从图中可知，随着倒流流量的增加，倒流压差先是由小到大，而后又由大到小，中间有一个压差的最大值，称为最大倒流压差 Δp_{dl}^{max}。

当回路的工作点在 A 点时，回路的工作压差大于最大倒流压差，它与倒流曲线没有交点，将不会发生循环倒流。若工作点移至 A′点，回路工作压差小于最大倒流压差，它与倒流曲线相交于 b、c 两点。b 点的工作是不稳定的，任何增大倒流量的扰动，将使工作点移向 c 点；而减小倒流量的扰动，可能使工作点移向 a 点，变为正向流动。因此，不出现倒流的条件是

$$\frac{\sum\Delta p_0}{\Delta p_{dl}^{max}}\geqslant 1.05\sim 1.1 \tag{8-64}$$

当并联管组有上联箱时，联箱中的蒸汽将部分带入到倒流管中，使倒流管中的工质密度减小，运动压头增大，在一般情况下，倒流也会转为正流。因此，对有上联箱的循环回路可不进行倒流的校验。

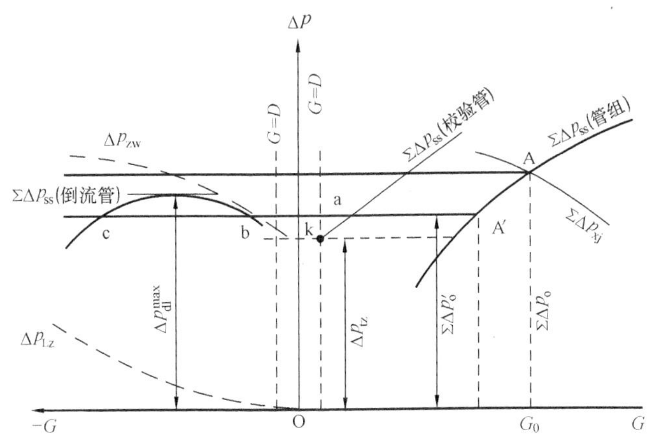

图 8-33　校验管的全特性曲线

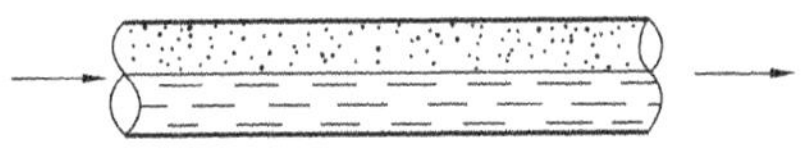

3. 汽水分层

当汽水混合物在水平或微倾斜管内流动时，若汽水混合物流速较高，扰动剧烈，汽水混合较好，使管壁能得到良好的冷却。若汽水混合物流速过低，由于汽、水密度不同，则会出现汽在管子上部流动，水在管子下部流动的现象，称为汽水分层，如图 8-34 所示。

图 8-34　汽水分层

出现汽水分层时，管壁上部温度明显高于下部温度，可能造成上部管壁超温。同时，上下管壁温差将形成温差热应力。随着水面波动，在汽水分界面附近，由于温度交替变化还会产生交变热应力。

为防止汽水分层，在结构上尽可能的不布置水平或倾斜度小于 15°的蒸发管，必须采用时，则要求汽水混合物应保持较高的速度。

三、沸腾传热恶化校验

对于高参数大容量锅炉，随着循环倍率的减小，上升管内工质的含汽率增大，循环的运动压头及循环流速都较大，所以发生循环停滞、倒流的可能性都较小。因此，对于汽包压力 $p>13.7$MPa 的锅炉，在结构合理的条件下可不进行循环停滞的校验。但由于管内含汽率较高，发生沸腾传热恶化的可能性增大。

沸腾传热恶化分为两类。第一类沸腾传热恶化（膜态沸腾换热）发生的特性参数是临界热负荷，不发生此类传热恶化的条件是：受热最强管的热负荷 q 低于临界热负荷 q_c，即

$$q<q_c \tag{8-65}$$

由于锅炉的热负荷一般都远远小于临界热负荷，所以一般不会发生第一类传热恶化。

第二类沸腾传热恶化的特性参数是临界含汽率，不发生此类传热恶化的条件是：管内的含汽率小于临界含汽率，即

$$x<x_c \tag{8-66}$$

临界含汽率的数值与管径、热负荷、质量流速、工作压力等因素有关。确定 x_c 数值的方法有很多，下面介绍其中的一种方法。

对于管内径大于 15mm 的垂直蒸发管，若工质的压力和质量流速满足以下条件：

$p\leqslant 8$MPa，$\rho w\leqslant 3000$kg/（m² · s）

或 8MPa$\leqslant p\leqslant$17MPa，$\rho w\leqslant\dfrac{3000}{9}(17-p)$ kg/（m² · s）

或 $p>17$MPa，任何质量流速 ρw 值

热负荷 q 满足 $q_3 < q < q_2$ 时，$x_c = x_0 b_d$ (8-67)

热负荷 q 满足 $q < q_3$ 时，$x_c = x_0 b_d - \frac{q - q_3}{1.16} \times 10^{-5} b_q$ (8-68)

式中 x_0——管内径为 20mm，与热负荷大小无关的临界含汽率，按图 8-35 确定；

q——受热管内壁的最大热负荷，W/m^2；

q_2、q_3——与热负荷无关区段相应的最大及最小热负荷，其值由表 8-5 确定；

b_d、b_q——管径及热负荷的修正系数，按图 8-36 确定。

表 8-5 q_2、q_3 的值 $\times 10^{-6}$W/m^2

压力（MPa）	5	6	7	8	9	10	11	12	13	14	15
q_2	1.16	1.16	1.16	1.16	1.16	1.16	0.93	0.7	0.58	0.46	0.35
q_3	0.7	0.58	0.47	0.34	0.23	0	0	0	0	0	0

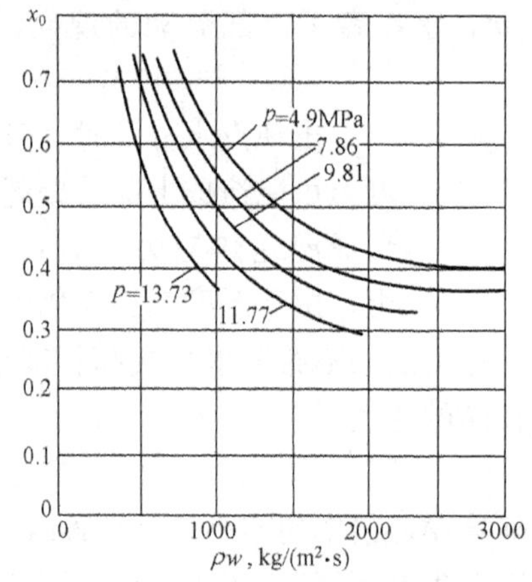

图 8-35 管内径为 20mm，与热负荷大小无关的临界含汽率

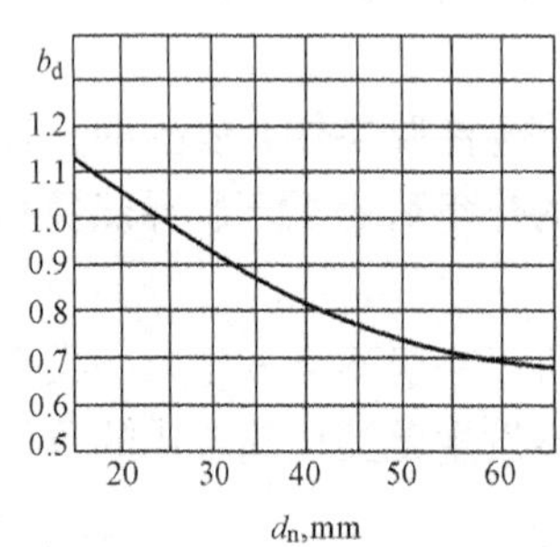

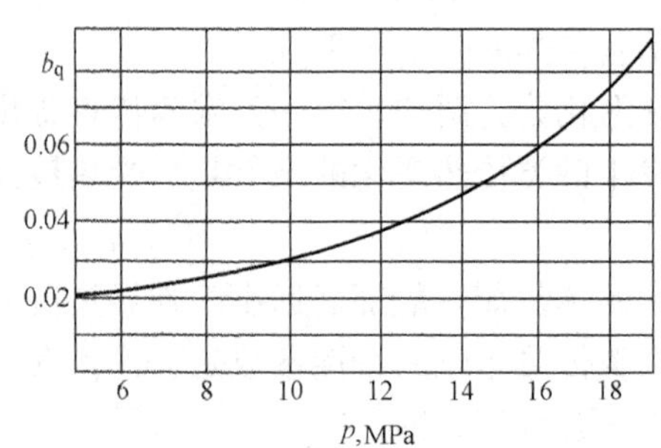

图 8-36 管径及热负荷的修正系数

四、提高水循环安全性的措施

循环工作的安全性在很大程度上取决于并列上升管的受热均匀程度。此外，提高回路的运动压头，减小流动阻力可提高管组的工作流速，提高水循环的安全性。这些都与循环回路的合理布置及运行条件有关。

1. 减少并列蒸发管吸热不均

炉内热负荷沿炉膛宽度和深度的分布是不均匀的，故水冷壁各部位的吸热量也就不同。

一般水冷壁中间部位的热负荷比两侧高，炉角与炉膛下部的热负荷最弱。炉内热负荷的大小与分布决定于燃烧器的布置、燃料性质、炉膛截面和燃烧情况。

为减小并列蒸发管吸热不均，现代锅炉在结构和布置上常采用以下措施。

（1）按受热面热负荷的大小划分循环回路，将每面墙的水冷壁按受热强弱情况划分为若干个独立的循环回路，每一回路中并列管子的受热情况与结构尺寸差异不大。划分的回路越多，每一回路中并列的管数越少，吸热就越均匀。为简化结构，现代锅炉每面墙的水冷壁一般划分为 3～8 个独立循环回路。

（2）改善炉膛四角边管的受热状况。在矩形截面的炉膛中，炉角管子吸热最差，因此四角最好不布置管子，或将炉膛截面切角，形成八角炉膛。

（3）采用平炉顶结构，用平炉顶取代前斜壁顶棚，可使两侧墙水冷壁吸热区段的高度基本相同，减少吸热不匀。

为减小并列管吸热不均，在运行方面应注意以下几点：

（1）保持炉膛火焰中心位置，避免火焰偏斜。

（2）保持水冷壁清洁，防止局部结渣积灰。结渣使管子吸热不均匀性增加，当回路中某些管子结渣，它们的吸热量减少，循环流速降低。

（3）避免锅炉长时间低负荷运行。锅炉负荷较低时，由于蒸发管中产汽量较少，循环流速本来就低。加之低负荷运行时投入的燃烧器个数少，火焰在炉内充满度较差，炉膛温度分布不均，水冷壁吸热不均匀程度相对增大。吸热较弱的偏差管容易发生循环故障。

2. 降低下降管和汽水导管的阻力

在稳定流动下，循环回路的运动压头和回路的所有阻力相平衡。这些阻力包括下降管阻力、上升管阻力、汽水导管阻力、汽水分离阻力等。当运动压头一定时，降低下降管和汽水导管的阻力，可以有更多的剩余压头克服上升管的阻力，从而提高循环流速和循环倍率，有利于上升管的工作安全。

在结构和运行方面，减小下降管和汽水导管阻力有以下措施：

（1）采用大直径下降管。因为增大管内径，可降低其相对摩擦阻力系数，从而减小管内摩擦阻力压力降。

（2）选择较大的下降管截面积比和汽水引出管截面积比。截面比是指下降管或汽水引出管总截面积与上升管总截面积之比。截面比越大，下降管和汽水引出管的阻力越小，循环流速增加，水循环安全性提高。合理的下降管与汽水引出管的截面比见表8-6。

表 8-6　下降管及汽水引出管的截面比的推荐值

汽包压力（MPa）		4～6	10～12	14～16	17～19*
锅炉蒸发量（t/h）		35～240	160～420	400～670	≥800
下降管截面与上升管截面比	大直径集中下降管	0.2～0.3	0.3～0.4	0.4～0.5	0.5～0.6
	小直径分散下降管	0.2～0.35	0.35～0.45	0.5～0.6	0.6～0.7
汽水引出管的截面与上升管截面比		0.35～0.45	0.4～0.5	0.5～0.7	0.6～0.8
上升管内径（mm）		36～54	35～50	34～48	40～60
上升管外径（mm）		42～60	42～60	42～60	51～76
下降管入口流速（m/s）		≤3	≤3.5	≤3.5	≤4

*　实际亚临界压力自然循环锅炉所采用的截面比高于表中推荐数值。

（3）防止下降管带汽。下降管带汽后将导致循环流速降低，从而影响水循环安全。为防止下降管带汽，在下降管入口加装格栅或十字板，并将部分给水引至下降管入口，增大锅水的欠焓；在运行中，维持正常的汽包水位，并防止汽压和负荷突变等。

3. 确定合适的上升管高度、管径及上升管单位截面蒸发量

上升管高度增加，运动压头增大，同时上升管内的流动阻力增加，由于运动压头的增大占主要地位，所以随着上升管高度的增加，循环流速增大，循环倍率下降。但上升管的高度不能过大，因为循环倍率的下降会使自然循环丧失自补偿能力。

当上升管高度及上升管的吸热量不变时，上升管管径减小，循环流速增大，循环倍率下降，同时还可节约金属。但管径不能太小，否则循环倍率可能小于界限循环倍率。上升管管径推荐值如表 8-6 所示。

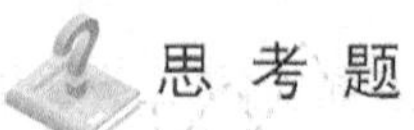

思考题

1. 自然循环回路由哪些设备组成？
2. 汽包的作用有哪些？结构、布置位置如何？
3. 水冷壁的作用有哪些？有几种结构型式？
4. 折焰角有何作用？
5. 自然循环的基本原理是什么？
6. 什么是运动压头和有效压头？影响运动压头的因素有哪些？
7. 垂直上升受热管管内有几种流型？
8. 沸腾传热恶化分几类？有什么区别？电厂中常见哪一种？如何防止？
9. 简单回路水循环计算的目的是什么？计算的基本方法如何？
10. 复杂回路水循环计算的基本方法是什么？
11. 下降管含汽或带汽的危害及原因是什么？如何减轻或防止？
12. 循环回路中常见哪几种故障？发生的原因是什么？应如何防止？
13. 概念：运动压头　有效压头　循环水速　质量含汽率　容积含汽率　截面含汽率　循环倍率　界限循环倍率

第九章　强制流动锅炉及水动力特性

第一节　直　流　锅　炉

一、直流锅炉的工作原理

直流锅炉没有汽包，给水在给水泵压头的作用下，依次通过加热、蒸发、过热各个受热面，完成水加热、汽化和蒸汽过热过程，最后蒸汽过热到所给定的温度，各受热面之间并没有固定的界限。在直流锅炉的蒸发受热面中，水将一次全部蒸发完毕，成为干饱和蒸汽。按照循环倍率的定义，直流锅炉的循环倍率 $K=1$，即在稳定流动时给水流量应等于蒸发量。由于工质的流动是靠给水泵的压头来推动的，所以，在直流锅炉的所有受热面中工质都是强制流动的。

图 9-1 示出了直流锅炉工质的状态和参数的变化规律。由于流动阻力，沿受热管子长度工质的压力 p 逐渐降低，由于工质不断吸热，工质的焓 h 逐渐增大、比体积 v 逐渐增加，温度 t 在加热段和过热段也逐渐升高。只有在蒸发段，工质的温度等于该处压力下的饱和温度，但由于压力是逐渐降低的，所以饱和温度在这个阶段略有下降。

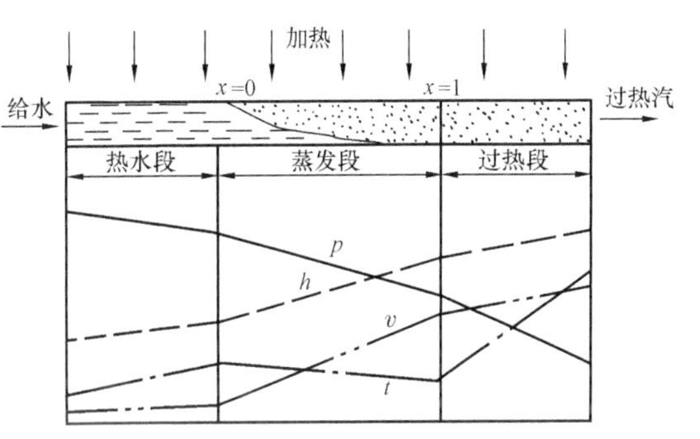

图 9-1　直流锅炉的工质状态和参数的变化规律
p—工质压力；h—工质焓；
v—工质比体积；t—工质温度

二、直流锅炉的特点

由于直流锅炉取消了汽包，且工质在给水泵压头的作用下一次性通过各受热面，因此其特点如下。

（1）由于没有汽包，金属耗量少，同时制造、安装及运输方便。与汽包锅炉相比，同容量同参数的直流锅炉一般可节约 20%～25%钢材，压力愈高，节约的金属愈多。

（2）由于没有汽包，直流锅炉的水容量及相应的蓄热能力大为降低，一般约为同参数汽包锅炉的 25%～50%。因此，当负荷发生变化时，直流锅炉压力变化速度也比较快，对外界负荷变化较敏感，这就要求直流锅炉具有更灵敏的调节控制技术。

（3）由于没有汽包和汽水分离装置，直流锅炉不能连续排污，给水带入盐类除了蒸汽带走一部分外，其余的部分都将沉积在锅炉的受热面中。因此，直流锅炉对给水品质的要求很高。

（4）启、停速度快。由于直流锅炉没有厚壁的汽包，在启动和停炉的过程中，锅炉各部分的加热和冷却都容易达到均匀，所以启动和停炉快。冷炉点火 40～45min 即可供给额定温度和压力的蒸汽；停炉时间约需 25min。一般汽包锅炉的启动时间需要 2～5h；停炉则需要 18～24h。但在直流锅炉中则应有专门的启动旁路系统，以便在启动时有足够的水量通过蒸发受热面，保护受热面管壁不致被烧坏。

（5）适用于任何压力的锅炉。直流锅炉原则上适用于任何压力的锅炉，但在超高压以上的锅炉更能显示出其优越性，而且在锅炉压力接近或超过临界压力时，由于汽水密度差很小或完全无差别，则不能产生自然循环，只能采用直流锅炉。近年来，主要应用于600～1000MW的超临界参数机组。

（6）受热面可自由布置。由于直流锅炉各受热面内工质的流动全部是强制流动，因而蒸发受热面可以较自由布置，不必受自然循环所必须的上升管、下降管直立布置的限制，因而容易满足炉膛结构的要求。

（7）给水泵功率消耗大。工质在直流锅炉汽水受热面中的阻力损失都是由给水泵来克服的，因此，直流锅炉要有较高的水泵压头，能耗大。例如，蒸汽参数为25MPa/540/540的600MW超临界压力锅炉水冷壁的流动压降在额定负荷时为1.84MPa，而过热器的总压降为1.52MPa，省煤器的总压降为0.23MPa。可见，水冷壁的流动阻力占汽水流程总阻力的50%以上。

（8）汽温调节的主要方式是调节燃料量与给水量之比，辅助手段是喷水减温或烟气侧调节。由于没有固定的汽水分界面，随着给水流量和燃料量的变化，受热面的省煤段、蒸发段、过热段长度发生变化，汽温随之发生变化。为了避免汽温调节的滞后，以分离器中工质温度（中间点温度）作为超前信号，由水煤比作为主要调节手段，以喷水作为细调，精确控制汽温。

三、直流锅炉蒸发受热面的结构

（一）直流锅炉的类型

直流锅炉常按水冷壁系统的布置型式进行分类。由于直流锅炉的水冷壁管布置较自由，所以结构型式很多。图9-2给出了传统的水冷壁基本形式。它们是水平围绕管圈型、垂直管屏型和迂回管圈型三种。

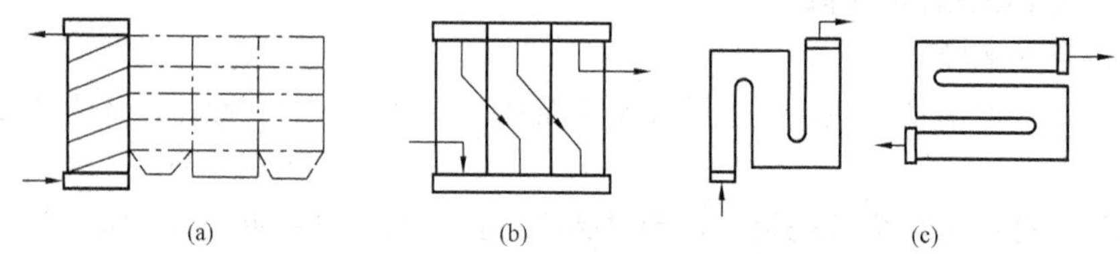

图9-2　传统的水冷壁基本形式

（a）水平围绕管圈型；（b）垂直管屏型；（c）迂回管圈型

随着锅炉向高参数、大容量化的方向发展，按照采用膜式水冷壁和实现变压运行的要求，现代直流锅炉的水冷壁型式有很大发展，主要有螺旋管圈型和垂直管屏型两大类。

（二）螺旋管圈型水冷壁

1. 水冷壁的结构

螺旋管圈型水冷壁是在水平围绕管圈型基本结构的基础上发展起来的，由四面倾斜的螺旋式水冷壁管带组成。水冷壁管组成管带，沿炉膛周界倾斜螺旋上升，如图9-3所示。

螺旋管圈型直流锅炉的水冷壁一般都由螺旋管圈和垂直管屏两部分组成。炉膛折焰角下部热负荷高，布置螺旋管圈；炉膛上部热负荷较低，布置垂直管屏。

螺旋管与垂直管之间的连接方式有两种类型：一种是通过联箱连接，螺旋管出口接至联箱，垂直管由联箱接出；另一种是分叉管连接。这两种连接方式见图9-4。目前，两种连接方式都用。但对于易结渣的煤，燃烧热偏差较大的炉膛不宜采用联箱连接方式，以免因工质流量分配不均加重并列管之间的热偏差。对于超超临界压力直流锅炉多采用中间混合联箱作为螺旋管圈和垂直管圈的过渡连接，汽水分配均匀，更加适应变压运行的要求。

螺旋段水冷壁的载荷通过垂直布置的绑带结构来支撑和悬吊，并将垂直绑带与螺旋炉膛水冷壁现场焊接，让这些垂直绑带承担螺旋炉膛垂直方向上的载荷。垂直绑带的顶端再与传力板焊接，传力板再通过支撑板与炉膛上部垂直水冷壁管焊接，这样螺旋水冷壁的重量就通过垂直绑带传递给垂直水冷壁，再由垂直水冷壁通过顶部吊挂装置传递到炉顶钢梁上。传力板、支撑结构和绑带结构如图 9-5 所示。

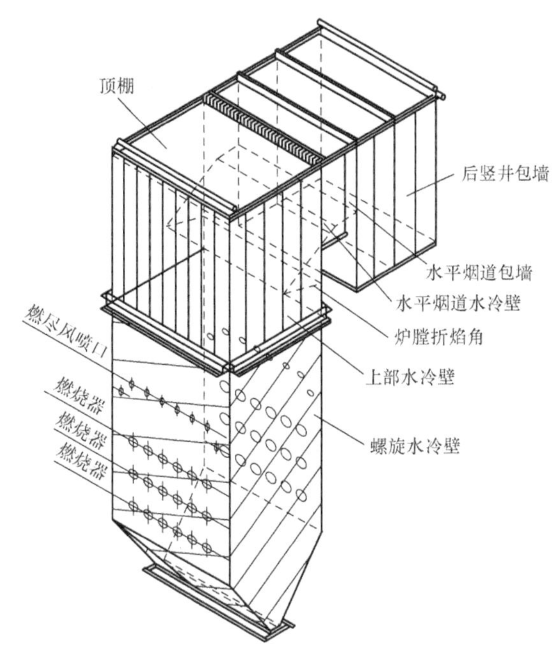

图 9-3 螺旋管圈型水冷壁

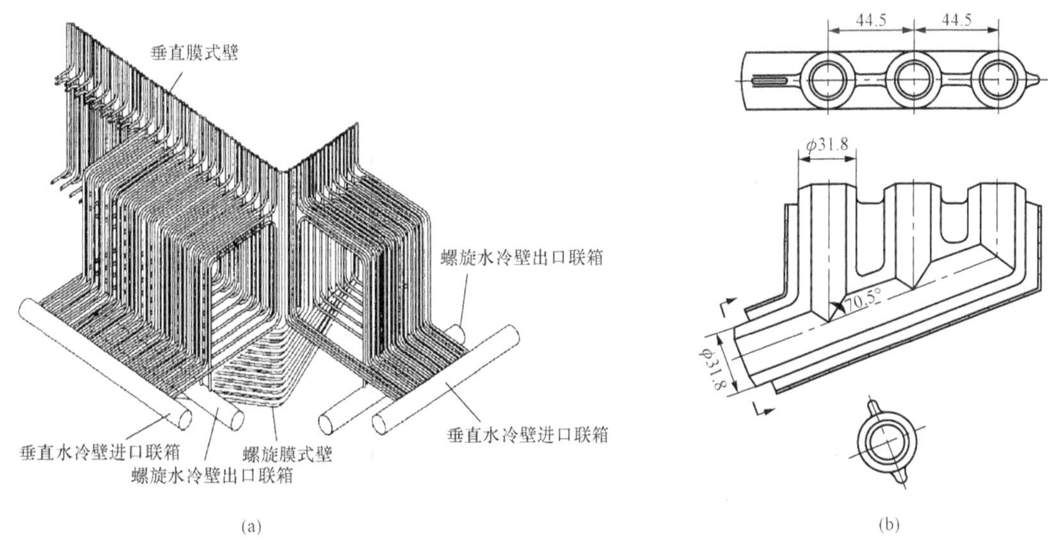

图 9-4 螺旋管与垂直管之间的连接

(a) 联箱连接方式；(b) 分叉管连接方式

2. 螺旋管圈水冷壁的特点

螺旋管圈的一大特点就是能够在炉膛周界尺寸一定的条件下，通过改变螺旋升角来调整平行管的数量，保证容量较小的锅炉并列管数量较小，从而获得足够的工质质量流速，使管壁得到足够的冷却，保证水冷壁管子工作的安全性。

由图 9-6 可知，螺旋管圈的倾斜角 θ 与炉膛周界并联管数 N 之间有如下关系：

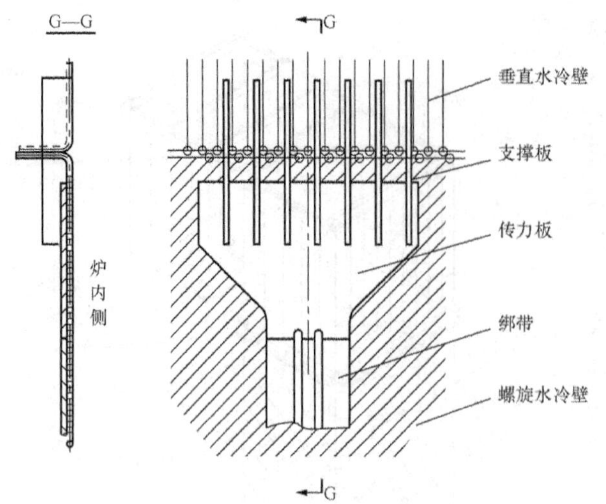

图 9-5 传力板、支撑结构和绑带结构

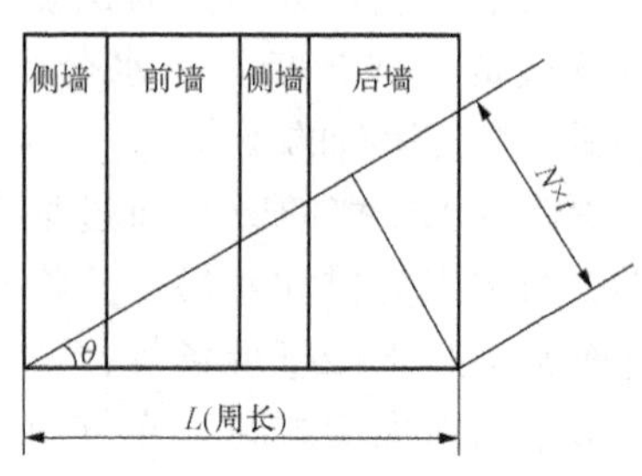

图 9-6 螺旋管圈倾斜角 θ

$$N=\frac{L}{t}\sin\theta \tag{9-1}$$

式中 N——炉膛周界并联管数；

L——炉膛横断面周界长度，m；

t——螺旋管中心节距，m。

由式（9-1）可知，当 L、t 一定时，降低管子的倾斜角 θ 就可减少并联管数。后者可使工质的质量流速升高，对水冷壁的冷却有利。减小螺旋管圈的倾斜角 θ 对提高 ρw 的效果十分明显。例如，对于垂直管 $\theta=90°$，$\sin\theta=1$；螺旋管 $\theta=14°\sim30°$，$\sin\theta=0.242\sim0.5$。可见垂直管的管数是螺旋管数的 2～4.13 倍，即在相同的炉膛周界与管子中心节距的情况下，螺旋管圈的并联管数可减少至 1/3，亦即在管径不变的情况下，质量流速可提高 1～3 倍。因此，螺旋管圈在不采用内螺纹管的情况下也能保证低负荷时水冷壁管的安全工作。这个特点是其他型式水冷壁的直流锅炉是无法做到的。

螺旋管圈围绕炉膛圈数与螺旋管圈水冷壁的高度及管子的倾斜角有关。圈数太少会部分丧失螺旋管圈在减少热偏差方面的效益；圈数太多会增加水冷壁的流动阻力损失。一般情况下，合理的盘绕圈数为 1.5～2.5 圈。

综上所述，螺旋管圈水冷壁具有以下优点：

(1) 管间热偏差小。工作在炉膛下辐射区的水冷壁同步经过炉膛内受热最强的区域和受热最弱的区域，因热力不均产生的热偏差很小。同时，水冷壁中的工质在下辐射区一次性沿着螺旋管圈上升，没有中间联箱，工质在比体积变化最大的阶段避免了再分配，减少了水力不均产生的热偏差。

(2) 布置与选择管径灵活。不受炉膛周界限制，可灵活选择并联工作的水冷壁管子的根数和管径，保证较大的质量流速。

(3) 水动力稳定性高。与垂直管屏相比，螺旋管圈并列管子根数少，质量流量高，这对消除脉动和降低管子进口水欠焓以防止多值性发生十分有利，并可有效地抑制膜态沸腾和类膜态沸腾的发生。另外，超超临界压力直流锅炉在高热负荷区采用了内螺纹管结构的螺旋管圈，进一步提高了水冷壁管子的安全性。

（4）螺旋管圈水冷壁的质量流速高，热偏差小的优点，使得水冷壁进口可以不装节流圈，煤种变化和负荷变化的适应性好，最适合变压运行。

螺旋管圈水冷壁的主要缺点是：水冷壁及其支吊结构较复杂，制造、安装工艺要求较高，安装组合率低；流动阻力大，给水泵能耗大；对结渣性较强的煤种，螺旋管圈结渣倾向比垂直管屏大，灰渣自行脱落能力较差。

（三）垂直管屏型水冷壁

随着火电机组的大容量化，发展了适合大容量锅炉的一次垂直上升管屏型直流锅炉，又称 UP 型锅炉。其特点是工质在垂直管屏水冷壁中从炉底一次上升到炉顶，中间经一次或多次混合，如图 9-7 所示。为了保证炉膛下辐射区水冷壁内的质量流速，有些大容量直流锅炉则采用了如图 9-8 所示的两段垂直上升的管屏结构，又称 FW 型。其结构特点是在炉膛下部高热负荷区采用 2～3 次串联的上升管屏，而在上部低热负荷区采用一次垂直上升管屏。

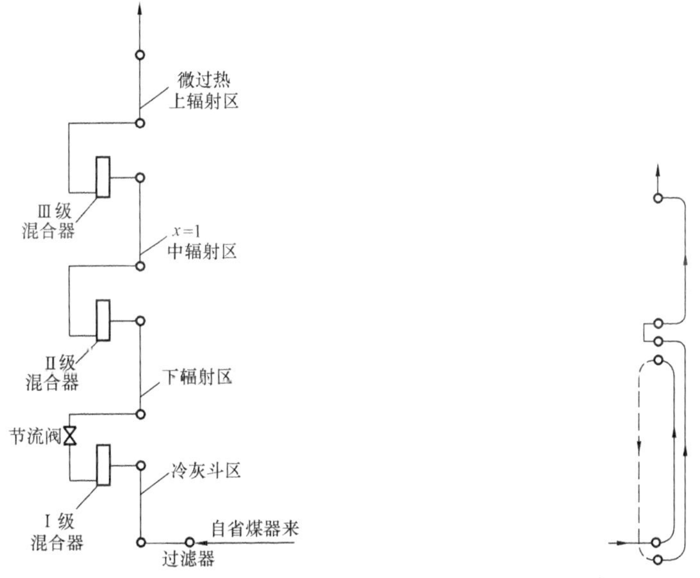

图 9-7　一次垂直上升型垂直管屏结构　　图 9-8　两段垂直上升型管屏结构示意图

传统技术的垂直管屏水冷壁内壁采用光管结构，其造价成本低。但由于具有中间联箱，工质在再分配时很容易导致流量分配不均。在低负荷变压运行时，这种现象更为明显。同时，由于光管抵抗膜态沸腾的能力较差，使个别管子处于危险的工作状态。因此垂直管屏光管水冷壁不适合变压运行。

内螺纹垂直管屏水冷壁在亚临界压力锅炉的应用证明这项技术在抵抗膜态沸腾方面已经成熟。近年来进一步应用于超临界和超超临界参数机组锅炉，实现了内螺纹垂直管屏水冷壁变压运行。

内螺纹垂直管屏水冷壁的主要优点是：

（1）管系流程总长度短，流动阻力小，给水泵能耗低。

（2）内螺纹管的采用可提高传热性能，在亚临界负荷时防止高热负荷区发生膜态沸腾，在超临界负荷时能防止类膜态沸腾的发生，可实现变压运行。

（3）可降低质量流速，使在低负荷时流量分配转换为自然循环特性，加之内螺纹管的采用，利于锅炉的安全运行，克服了传统UP型锅炉的主要缺陷。

（4）水冷壁本身及支撑结构和刚性梁结构简单，热应力小，可采用传统的支吊型式。安装焊缝少，安装方便。

（5）结渣倾向小，吹灰效果好，疏松型渣块易于自行脱落，维护和检修方便。

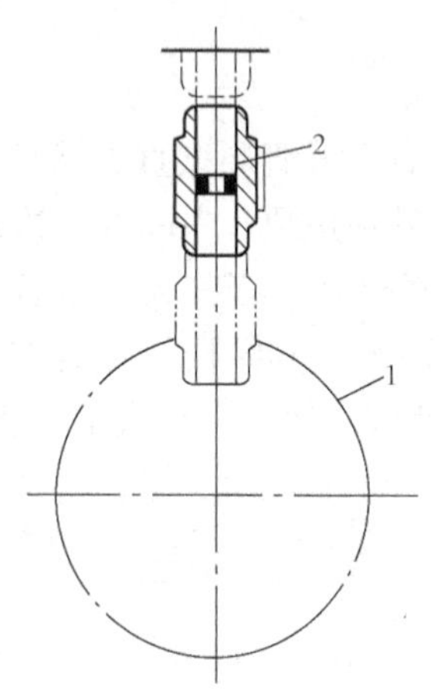

图9-9 水冷壁进口节流圈的结构
1—联箱；2—节流圈

内螺纹管垂直管屏水冷壁的主要缺点是：水冷壁管径较细，内螺纹制造精度要求高，造价较高，一般高出10%～15%；由于水冷壁并联管屏数较多，相应的热偏差较大，需在管屏进口联箱的供水管上装设节流阀，在水冷壁入口装设节流圈，节流圈的结构如图9-9所示；机组容量会受垂直管屏管径的限制，小容量机组无法保证必要的质量流速，锅炉机组的最小容量为500～600MW。

图9-10为HG-1793/26.15-YM1超超临界压力锅炉的水冷壁系统。该炉水冷壁系统主要由炉膛水冷壁、顶棚及包墙系统组成。水冷壁采用焊接膜式壁、内螺纹垂直上升式。在上下炉膛之间装设了一圈中间混合联箱以消除下炉膛工质吸热与温度的偏差。内置式启动分离器置于锅炉后部。自水冷壁下联箱的入口导管开始到启动分离器储水箱出口导管为止均属于水冷壁系统。

该炉水冷壁下联箱采用小直径联箱，并将节流孔圈移到水冷壁联箱外面的水冷壁管入口段，入口短管采用较粗的管子，在其嵌焊入节流孔圈，再通过二次三叉管过渡的方法与水冷壁相接。这样节流孔圈的孔径允许有较大的节流范围，可以保证孔圈有足够的节流能力。

（四）启动分离器

直流锅炉在启动前必须建立一定的启动流量和启动压力，强迫工质流经受热面，使其得到冷却。但是，直流锅炉没有汽包作为汽水固定的分界点，在启停和低负荷运行时提供的可能不是合格蒸汽，是汽水混合物，甚至是水。因此直流锅炉必须配套一个特有的启动系统，以保证锅炉启停和低负荷运行期间水冷壁的安全和正常供汽。

启动分离器是启动系统的关键设备，用以在启动过程中分离汽水以维持水冷壁启动流量的循环。启动分离器有内置式和外置式两种。外置式启动分离器只在机组启动和停运过程投入，正常运行时解列于系统之外。内置式启动分离器在启停和正常运行过程中均投入运行。所不同的是，在锅炉启停和低负荷运行期间，汽水分离器湿态运行，起汽水分离的作用；在锅炉正常运行期间，汽水分离器只作为蒸汽通道，以干态运行。

内置式启动分离器设在蒸发区段和过热区段之间，与蒸发段和过热段间没有任何阀门，系统简单，操作方便，不需要外置式启动系统所涉及的分离器的投运和解列操作，从根本上消除了分离器解列或投运操作带来的汽温波动问题。由于内置式启动分离器适应机组调峰的要求，在世界各国超临界和超超临界压力锅炉上得到了应用。我国超临界、超超临界压力锅炉全部采用内置式启动分离器系统。

内置式启动分离器的结构如图9-11所示。其工作原理是：锅炉在启停过程中蒸发受热面的汽水混合物切向进入分离器，经离心分离后，蒸汽由分离器上部引出进入过热器系统，水从下部排入储水箱进行循环或排至扩容器。

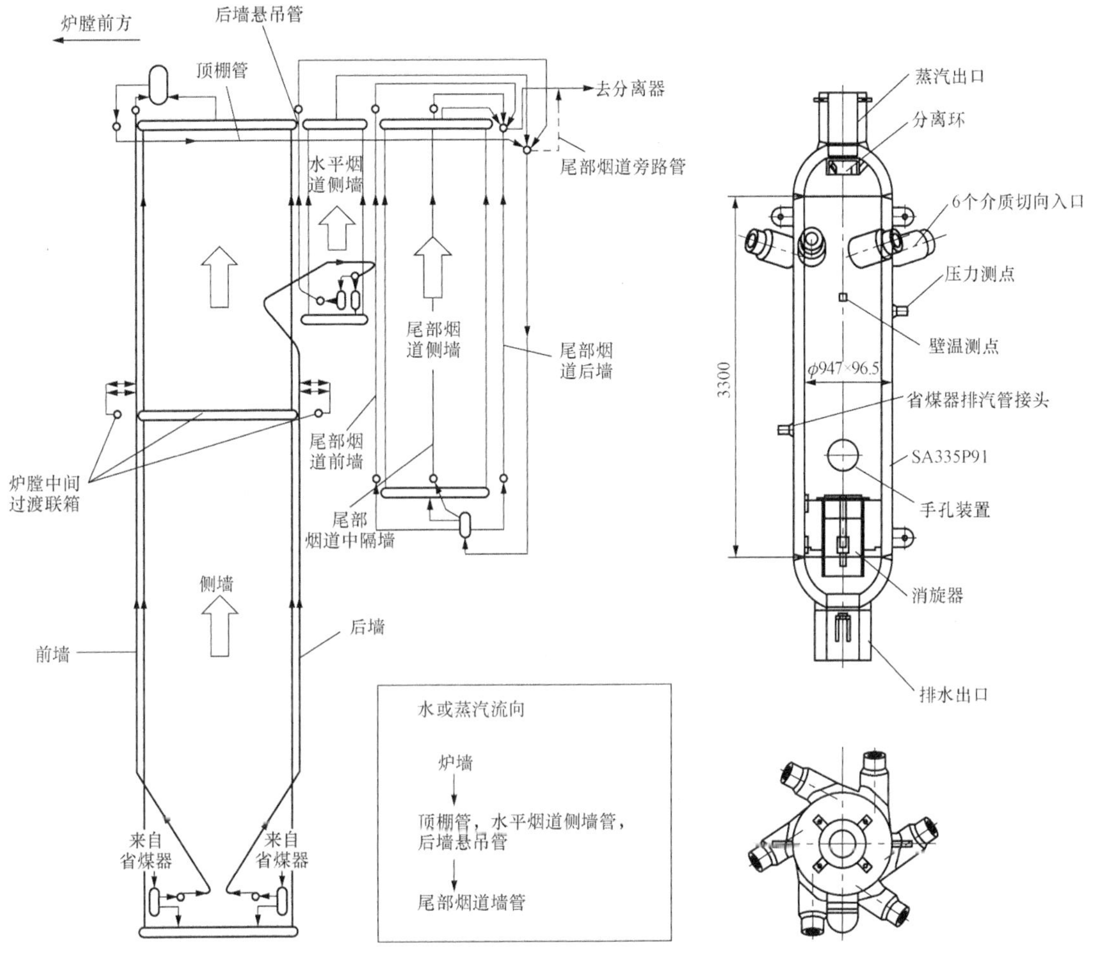

图 9-10　HG-1793/26.15-YM1 超超临界锅炉的水冷壁系统　　图 9-11　启动分离器

第二节　控制循环锅炉

一、控制循环锅炉的工作原理

控制循环锅炉又称多次强制循环锅炉，是在自然循环锅炉的基础上发展而成的。

随着锅炉容量的增大和蒸汽参数的提高，汽、水密度差的减小，使得自然水循环的可靠性降低。为了提高回路的动力，增加水循环的安全性，在循环回路的下降管上装置了循环泵，其工作原理如图 9-12 所示。循环回路中工质的循环是靠循环泵的提升压头和自然循环运动压头来推动的。自然循环运动压头一般为 0.05～0.1MPa，循环泵提升压头为 0.25～0.5MPa。由此可见，强制循环锅炉的循环推动力要比自然循环的大 5 倍左右。因此循环回路能克服较大的流动阻力，并由此带来了控制循环的一些特点。

二、控制循环锅炉的特点

与自然循环锅炉比较，控制循环锅炉的主要特点如下：

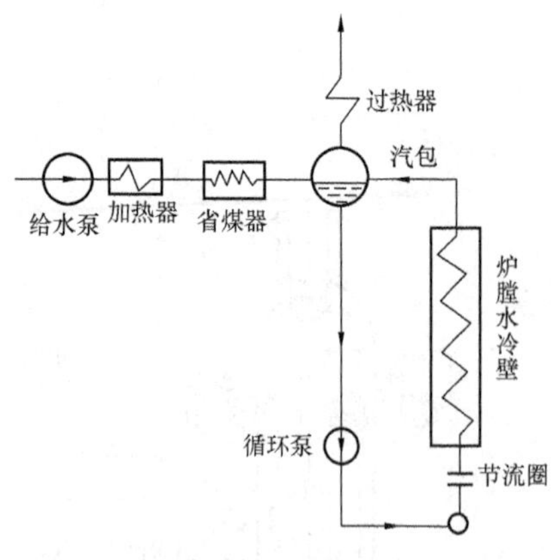

图 9-12 控制循环锅炉的工作原理

（1）水冷壁可采用较小的管径，一般为 $\phi42\sim\phi51$mm，管壁也可减薄，因此，锅炉的金属耗量少。水冷壁的布置较自由，控制循环锅炉的一部分蒸发受热面布置在烟道内，做成蛇形管对流受热面，与水冷壁并联。

（2）水冷壁管内工质质量流速较大，$\rho w=1000\sim1500$kg/（m^2·s），对管子的冷却条件较好，流动阻力较大，循环倍率较小，一般 $K=3\sim4$。

（3）水冷壁下联箱的直径较大，在水冷壁的进口处装置有滤网和不同孔径的节流圈。滤网的作用是防止杂物进入水冷壁管内；节流圈的作用是合理分配各并联管的工质流量，以减小水冷壁的热偏差。

（4）汽包尺寸小。由于循环倍率低，循环水量少；又因为用循环泵的压头来克服汽水分离器的阻力，所以可采用分离效果较好而尺寸较小的涡轮分离器，因此汽包尺寸比自然循环锅炉的小。

（5）控制循环可提高启动及升降负荷的速度，适用于滑压运行等。

（6）由于采用了循环泵，因此增加了设备的投资费用和运行费用。另外，循环泵长期在高温、高压下运行，需用特殊结构，且压力变动时，循环泵入口可能产生汽化，因而影响到整个锅炉运行的可靠性。

三、循环泵

循环泵是控制循环锅炉的关键设备，它的运行可靠性直接影响到锅炉的安全工作。循环泵的结构如图 9-13 所示。它是由一个水泵和一个电动机组成，采用无轴封结构。水泵采用单级离心泵，泵的叶轮直接装在电动机主轴的端头上，为悬臂结构。叶轮出口处装有导叶，使部分动能转换成压力能。在泵壳上有一个入口和两个出口。泵通过入口管抽吸锅水，轴向流入泵内，经泵的叶轮提高了锅水的压力后，由出口管送到下联箱中。

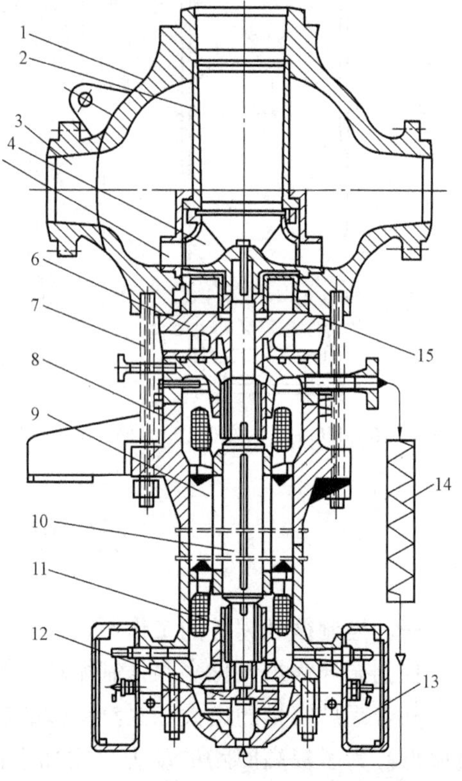

图 9-13 锅水循环泵的结构示意图

1—泵体；2—吸入管；3—出口管；4—叶轮；5—导叶；6—隔热体；7—主螺杆；8—电机壳；9—定子线圈；10—电动机转子；11—水润滑导向轴承；12—水润滑止推轴承；13—接线盒；14—冷却器；15—密封垫

电动机为湿式感应电动机，它的定子和转子用耐水耐压的绝缘导线做成绕组，采用立式布置，装置在水泵的下方，用耐压法兰采用高强度的双头螺栓与泵体紧密地连接。

泵和电动机都浸在锅水中。为减少泵体和高温锅水传给电动机的热量，电动机与泵之间用隔热体分开。运行时，为了降低电动机内的温度，在电动机外装有循环冷却回路。在电动机外端推力轴承盘的径向钻有多个小孔，似一个小离心泵的叶轮，使电动机内的水在冷却回路中进行强制循环，在冷却器的作用下，水温维持在60℃以下，从而保证了电动机的工作安全。

循环泵在运行时必须防止泵中水发生汽化，简称汽蚀。不发生汽蚀的条件是泵内的最低压力大于在当地温度条件下的炉水的汽化压力，这与循环泵的结构和运行条件有关，如循环泵吸入室和叶轮入口的几何形状、流速、运行压力变动速度等。

四、控制循环汽包锅炉实例

图9-14为HG-2008/186-M型的亚临界压力燃煤控制循环锅炉。主蒸汽压力为18.24MPa，主蒸汽温度为540.6℃；再热蒸汽流量1634t/h，再热蒸汽进出口压力为3.86/3.64MPa，再热蒸汽进出口温度为315/540.6℃；给水温度为278.3℃，空气预热器出口二次风温度314℃；锅炉排烟温度为128℃；锅炉效率为91.5%。

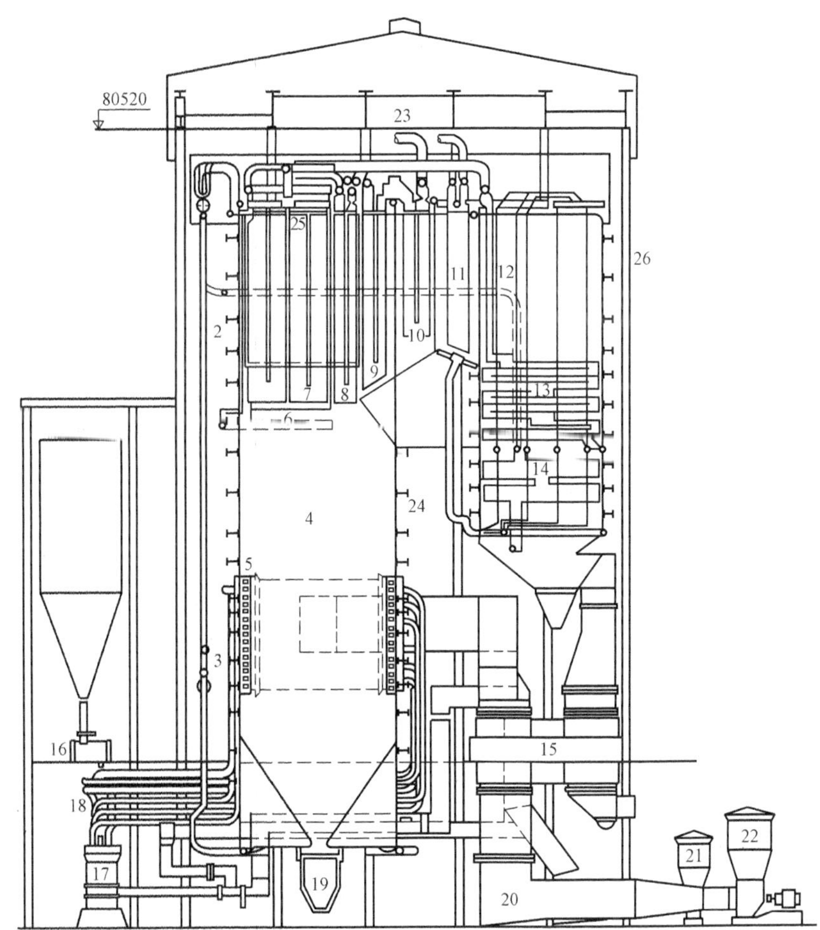

图9-14　HG-2008/186-M型的亚临界压力燃煤控制循环锅炉

1—汽包；2—下降管；3—循环泵；4—水冷壁；5—燃烧器；6—墙式辐射再热器；7—分隔屏过热器；8—后屏过热器；9—后屏再热器；10—末级再热器；11—末级过热器；12—立式低温过热器；13—水平低温过热器；14—省煤器；15—空气预热器；16—给煤机；17—磨煤机；18—煤粉管道；19—除渣装置；20—风道；21—一次风机；22—二次风机；23—锅炉钢架；24—刚性梁；25—顶棚管；26—包墙管

锅炉的整体布置采用单炉膛Ⅱ型布置，在标高为36.7m层以上为全露天。炉膛后墙与竖井烟道之间净距8865mm；汽包中心线标高73304mm；锅炉大板梁底层标高80520mm；冷灰斗底标高1086mm，倾角55°；前墙至折焰角的距离为13080mm，折焰角倾角55°；炉膛宽18542mm；深16432mm；炉顶为平炉顶结构，并配以后墙上部的折焰角来改善炉内气流的流动。

锅炉燃烧器采用四角切向摆动式直流煤粉燃烧器，其摆角分别为一次风口±27°，二次风口±30°，燃尽风口为－5°～＋30°，用以改变炉内火焰的中心位置和调节再热汽温。

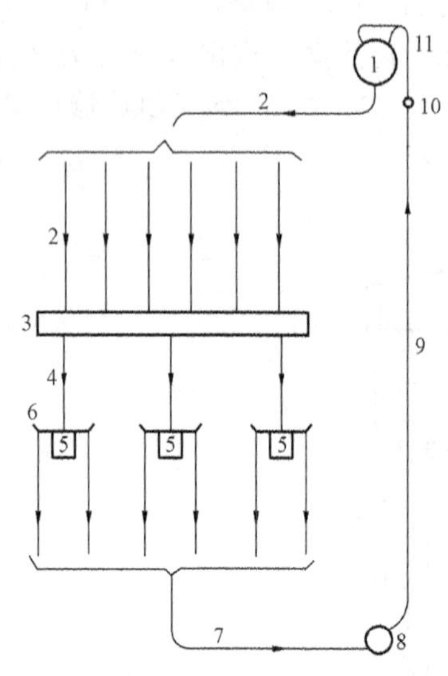

图9-15 HG-2008/186-M型锅炉循环回路的示意图

1—汽包；2—下降管；3—循环泵入口联箱；4—进水管；5—循环泵；6—排放阀；7—出水管；8—水冷壁进口联箱或水包；9—水冷壁；10—水冷壁出口联箱；11—导气管

锅炉汽包布置于炉膛顶部标高67055mm处，材料为碳钢，长度为25760mm，内径为1778mm，总长度为27700mm。汽包上部壁厚198.4mm，下部壁厚166.7mm，为减小上下壁温差，汽包内壁设有环形汽水混合物通道。汽包内装置有108个轴流式旋风分离器等汽水分离设备。图9-15为HG-2008/186-M型锅炉循环回路的示意图。汽包底部接出6根ϕ406大直径下降管2，通过进口联箱3与三台循环泵5连接，循环泵型号为CE-KSB。循环泵出口通过排放阀6、连接管7接至水冷壁底部环形联箱8（又称下水包）的炉前段，炉膛周界水冷壁9全部接自环形联箱，在环形联箱内部每根水冷壁的进口设置了孔径为6.35～31.75mm的节流孔板，在节流孔板前还装置有滤网。为防止发生膜态沸腾，水冷壁管高热负荷区用内螺纹管结构。水冷壁出口联箱10通过导汽管11至汽包顶部。饱和蒸汽自汽包顶部引出，省煤器出水接至汽包下部下降管入口处。循环回路中工质的流程如下：炉水经下降管、循环泵、连接管、环形联箱进入水冷壁，在水冷壁中上升受热形成汽水混合物，通过顶部出口联箱送入汽包。在汽包内沿环形通道进入汽水分离器。分离出的蒸汽通过顶部连接管送入过热器，分离出的水与给水混合后进入下降管。

第三节 复合循环锅炉

一、复合循环锅炉的工作原理

复合循环锅炉是由直流锅炉和控制循环锅炉联合发展而来的，是直流锅炉的一种改进。

在稳定工况下，直流锅炉水冷壁内的工质流量等于蒸发量。随着锅炉负荷的降低，水冷壁内工质流量按比例减少，而炉膛热负荷下降缓慢。为保证水冷壁管得到足够的冷却，直流锅炉的最低负荷因此受到限制，最低负荷一般为额定负荷的25%～30%。如果要保证低负荷时水冷壁管内的质量流速和管壁的安全，则在额定负荷时水冷壁管内工质的质量流速必然很高，从而使汽水系统阻力过大，给水泵能量消耗很大。垂直一次上升管屏必将采用小直径管子，这都是我们所不希望的。另外，在锅炉启动时为保护水冷壁，管内工质流量也要维持在额定负荷的25%～35%，从而使得启动系统的管道和设备庞大复杂，工质和热量损失也很大。

为了克服纯直流锅炉以上的不足及适应超临界压力应用的需要，在20世纪60年代产生了复合循环锅炉。图9-16所示为复合循环锅炉的再循环系统示意图。它与直流锅炉的基本区别是在省煤器和水冷壁之间连接循环泵、混合器、止回阀、分配器和再循环管。它可使部分工质在水冷壁中进行再循环。再循环泵可以安装在给水流程中，与给水泵成串联布置，也可安装在再循环管路上，与给水泵成并联布置。在串联系统中，再循环泵吸入的工质是给水和锅水的混合物，温度低于饱和温度，有利于泵的安全工作，因此，这种连接方式被广泛采用。

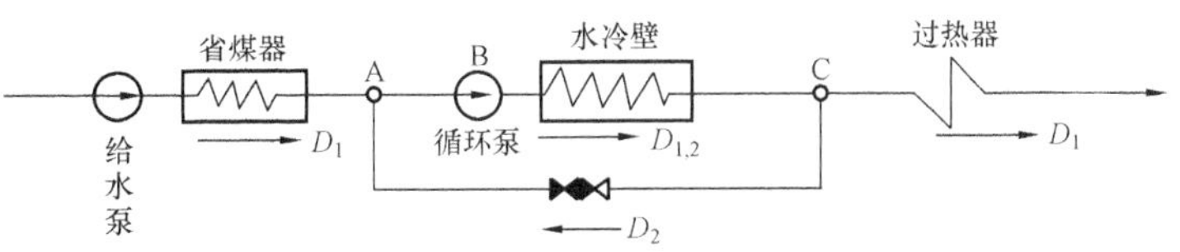

图9-16　复合循环锅炉的再循环系统示意图

按工质循环的负荷范围不同，复合循环锅炉分为全负荷复合循环锅炉和部分负荷复合循环锅炉两种。全负荷复合循环锅炉在0～100%BMCR负荷范围内都有工质再循环，流过水冷壁的工质由再循环流量和给水流量构成。部分负荷复合循环锅炉是在低负荷（65%～80%以下）时有工质再循环，高负荷（65%～80%以上）时无工质再循环，按纯直流原理工作。

二、复合循环锅炉的工作特点

与直流锅炉相比，复合循环锅炉有如下特点。

(1) 由于水冷壁管壁温度工况由再循环得到可靠的保证，可选用较大直径的水冷壁管和采用垂直一次上升管屏而不必装中间混合联箱，也不需在局部热负荷较高的区域采用加工困难和流动阻力大的内螺纹管，因此结构简单可靠。

(2) 由于再循环使流经水冷壁管的工质流量增大，因此，额定负荷时的质量流速可选得低些，以减小流动阻力和水泵能耗。

(3) 锅炉的最低负荷可降到额定负荷的5%左右，启动旁路系统可按额定负荷的5%～10%设计，既减小设备投资又减少启动时的工质和热量损失。

(4) 再循环工质使水冷壁进口工质的焓提高，工质在蒸发管内焓增减少，有利于减少热偏差和提高管内工质流动的稳定性。

(5) 循环泵长期在高温高压下工作，制造工艺复杂，且技术性能要求高。另外，循环泵要消耗一定量的电能，致使机组运行费用提高。

(6) 锅炉在低负荷范围内运行时，工质流量变化小，温度变化幅度小，减小了热应力，有利于改善锅炉低负荷运行时的条件。

(7) 不仅应用于超临界压力锅炉，而且还应用在亚临界压力锅炉上。亚临界压力复合循环锅炉的汽水系统，除有混合器外还应设有汽水分离器。汽水分离器断面不大，水位波动大，所以给水调节比较困难。

三、全负荷复合循环锅炉

全负荷复合循环锅炉又称低循环倍率锅炉。

低循环倍率锅炉在整个负荷范围内蒸发受热面均有工质进行再循环，额定负荷时其循环倍率一般为$K=1.2\sim2$，随着锅炉负荷降低，再循环流量增多，循环倍率K增大，因而保证了工质的质量流速，提高了水冷壁的安全性。

如图9-17所示为亚临界压力低循环倍率锅炉系统及其循环流量曲线示意图。其循环系统由混合器、过滤器、循环泵、分配器、水冷壁、汽水分离器等部件组成。

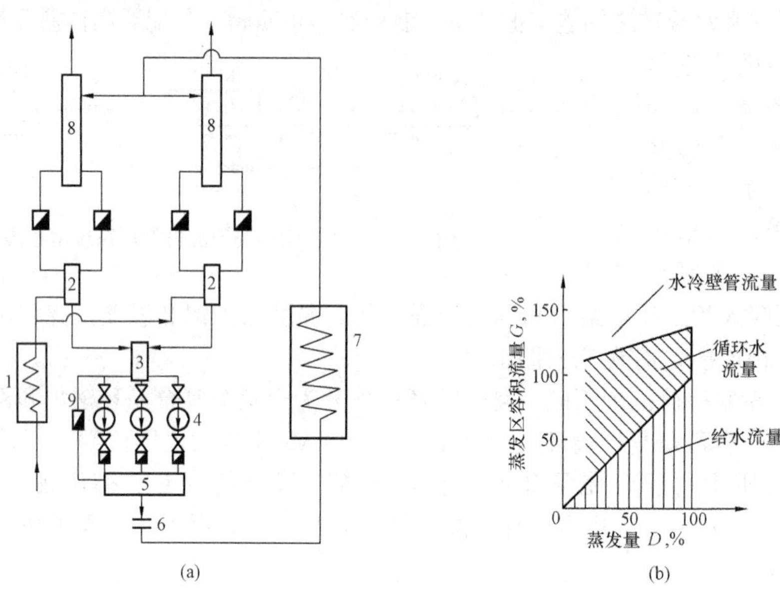

图9-17　亚临界压力低循环倍率锅炉系统和循环流量曲线

（a）亚临界参数低循环倍率锅炉系统；（b）循环流量曲线

1—省煤器；2—混合器；3—过滤器；4—再循环泵；5—分配器；6—节流圈；7—水冷壁；8—汽水分离器；9—备用管路

在低循环倍率锅炉中，当锅炉负荷变化时，由于循环泵的特性，水冷壁管中的工质流量变化不大，如图9-17（b）所示。因此在各种负荷下，管内工质的质量流速变化不大，水冷壁管的冷却条件较好，蒸发受热面可以采用一次上升膜式水冷壁，而且不需要用很小管径的水冷壁管来保证质量流速。亚临界压力的低循环倍率锅炉既有直流锅炉的特点，又有控制循环锅炉的特点，但它没有大直径的汽包，只有小直径的分离器，因此钢材耗量较少。这种锅炉的循环倍率只有1.2～2，因此再循环泵的功率也较小。低循环倍率系统也可用于超临界压力的锅炉，此时系统中取消汽水分离器。低循环倍率锅炉最适合于容量为300～600MW的机组，容量再小就难以采用一次上升管屏的水冷壁结构，否则就要加大循环倍率，使锅炉接近于控制循环系统。对于容量更大的锅炉，则适于采用部分负荷复合循环锅炉。

四、部分负荷复合循环锅炉

部分负荷复合循环锅炉是指在低负荷运行时按再循环原理工作，而在高负荷时转入直流原理工作的锅炉。通常所说的复合循环锅炉就是部分负荷循环锅炉。锅炉由再循环转变到直流运行的负荷一般是额定负荷的65％～80％，容量大的锅炉可取低值，图9-18为复合循环锅炉水冷壁流量与锅炉负荷的关系。图9-19为复合循环锅炉的循环系统示意图。

复合循环锅炉与低循环倍率锅炉在系统上的主要差别是：复合循环锅炉在循环管上装有循环限制阀。给水经省煤器进入混合器，当再循环运行时水冷壁出来的部分工质进入混合器与给水混合，再经循环泵升压后由分配器送入水冷壁下联箱。在分配器内的分配管座上开有不同直径的节流孔，按炉膛热负荷分配流量。当锅炉按直流工况运行时循环限制阀断开，这时循环泵只起到提升压头的作用；也可停用循环泵，工质通过循环旁路流过。

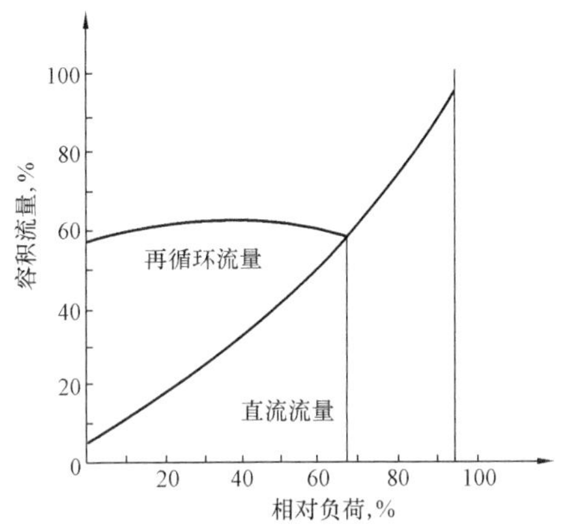

图 9-18　部分负荷复合循环锅炉水冷壁流量与锅炉负荷的关系

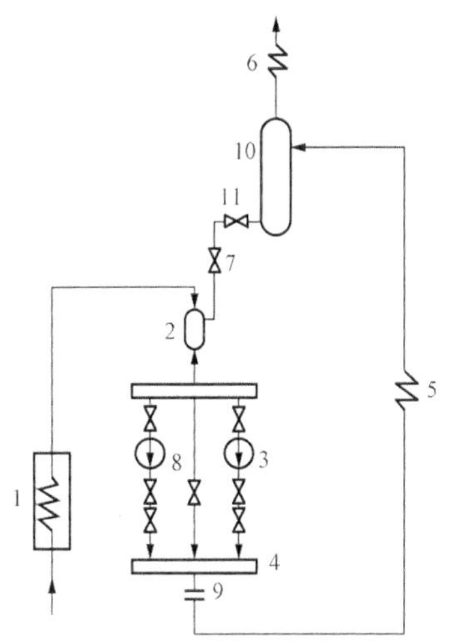

图 9-19　部分负荷复合循环锅炉的系统示意图

1—省煤器；2—混合器；3—循环泵；4—分配器；5—水冷壁；6—过热器；7—循环限制阀；8—循环旁路；9—节流圈；10—汽水分离器；11—止回阀

复合循环锅炉多用于超临界参数机组，也可用于亚临界参数机组。一般适用于容量大于300～600MW 的机组，因为机组容量较小时一次上升管屏很难满足直流运行时的质量流速的要求。

第四节　强制流动锅炉蒸发受热面的水动力特性

亚临界压力强制流动锅炉和超临界压力直流锅炉在低负荷变压运行时，水冷壁管内的汽、液双相流体在泵的压头推动作用下流动，在热交换的同时，还伴随着工质状态的变化，因而其水动力特性较为复杂。在运行中，强制流动锅炉蒸发受热面常出现的问题主要有流动多值性、脉动、热偏差和沸腾传热恶化等。

一、强制流动蒸发受热面中的流动多值性

1. 亚临界压力下流动多值性的概念

在一定的热负荷下，强制流动受热管圈中工质流量 G 与管路流动压降 Δp 之间的关系，称为水动力特性。水动力特性的函数关系式 $\Delta p=f(\rho w)$ 或 $\Delta p=f(G)$ 在以 G 为横坐标，Δp 为纵坐标的图上表示出来的曲线，称为水动力特性曲线，如图 9-20 所示。

当蒸发受热面管路压力降 Δp 略去加速压力降后，函数表达式的具体形式可表示为

$$\Delta p=\Delta p_{lz}\pm\Delta p_{zw} \tag{9-2}$$

或

$$\Delta p=\left(\sum\xi+\lambda\frac{l}{d}\right)\frac{(\overline{\rho\omega})^2}{2\bar{\rho}}\pm\bar{\rho}gh \tag{9-3}$$

式中　Δp_{lz}——流动阻力压力降，Pa；

Δp_{zw}——重位压头，工质上升流动时为“+”，下降流动时“-”，Pa；

ξ，λ——管子的局部阻力系数和摩擦阻力系数；

l，d——管子的长度和内径，m；

$\overline{\rho\omega}$——管内工质的平均质量流速，kg/（m^2·s）；

$\bar{\rho}$——管内工质的平均密度，kg/m^3；

h——管子进出口的标高差的绝对值，m。

式（9－3）即强制流动水动力特性的函数关系式。自然循环流动时，管路压力降特征是重位压头为主要部分；强制流动时，管路压力降特征是流动阻力为主要部分。

将式（9－3）做成曲线，如果对应一个压降只有一个流量 G，这样的水动力特性是稳定的，或者说是单值的，如图 9－20 中所示的曲线 1 即为稳定的水动力特性曲线。但如果对应一个压降可能有两个甚至三个流量，也即是在并联工作的各管子中，虽然两端压差是相等的，却可以具有不同的流量，则称为水动力不稳定性，或者多值性，如图 9－20 所示的曲线 2 所示。

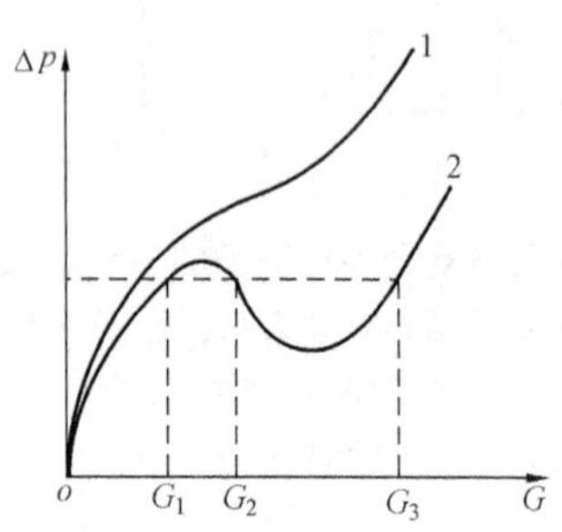

图 9－20　水动力特性曲线

1—单值特性曲线；2—多值特性曲线

当流动多值性出现时，个别流量少的管子可能会因管壁冷却不足而导致过热，如工质流量时大时小，管子冷却情况经常变动，管壁温度的变动会引起金属疲劳破坏。

多值性流动特性是由于工质的热物理特性的变动，即当流量和重位压头改变时工质的比体积变化造成的。在工质上升和下降流动时，重位压头的影响是不同的，因而情况更为复杂。此外，工质的流动方式、管子系统的几何参数、压力、进口工质焓等对流动特性也有不同影响。下面分别说明水平和垂直蒸发管中的水动力特性。

2. 水平蒸发受热面中的水动力特性

对于水平围绕上升管带、螺旋式和水平迂回管屏式水冷壁的水动力特性可按水平布置来分析。由于它们的管圈长度相对于高度要大得多，因此，在对其进行水动力特性分析时，重位压头可略去不计。于是式（9－3）可进一步简化为

$$\Delta p=\left(\sum\xi+\lambda\frac{l}{d}\right)\frac{(\overline{\rho\omega})^2}{2\bar{\rho}}=\left(\sum\xi+\lambda\frac{l}{d}\right)\frac{1}{2A^2}G^2\bar{v}$$

$$=KG^2\bar{v} \tag{9-4}$$

式中　A——管圈的流通截面积，m^2；

$\bar{v}$——管内工质的平均比体积，m^3/kg；

K——管圈总阻力系数，$K=\left(\sum\xi+\lambda\frac{l}{d}\right)\frac{1}{2A^2}$，对于一定管圈来讲可作为常数。

式（9－4）说明在管圈总阻力系数 K 一定时，压降 Δp 与 $G^2\bar{v}$ 成正比。

设有一如图 9－21 所示的均匀受热的水平管管道，管长为 l，热负荷为 q 且保持不变。如管圈进口为未饱和水，随着入口水流量的增加，管圈两端压力降的变化如图 9－22 所示。当入口水流量很少时，水进入管子后很快汽化成蒸汽，管内主要是单相蒸汽的流动（如图 9－22 中 B 点之前的流动特性曲线所示）。当入口水流量很大时，管子的吸热量只能使水温升高而不产生蒸汽，故从管子流出的仍是单相水（如图 9－22 中 D 点之后的流动特

性曲线所示）。上述两个流动区域，是单相或接近单相的流动，其特性函数是单值的。而当管子出口的工质质量含汽率 $x=1\sim x=0$ 之间时，其管路压力降不仅与汽水混合物的质量流量有关，还与流体的平均比体积的变化有关。此时随着进入管圈的流量 G 的增加，加热区段长度 l_{jr} 增加，蒸发区段长度（$l-l_{jr}$）减小，蒸汽产量下降，并且管圈中汽水混合物的平均比体积 $\bar{v}$ 减小。可见，在流量 G 增加的同时引起了工质平均比体积 $\bar{v}$ 的减小。这样式（9-4）中压降 Δp 随流量 G 的变化，决定于 G 与 $\bar{v}$ 中的变化幅度较大的那一个。B—A 段，质量流量的增加起主要作用，故管路压力降随质量流量增加而增大；A—C 段，管中平均比体积的减小起主要作用，故管路压力降随质量流量增加而降低；C—D 段，蒸汽含量很少，质量流量的增加起主要作用，故管路压力降随质量流量的增加又上升。

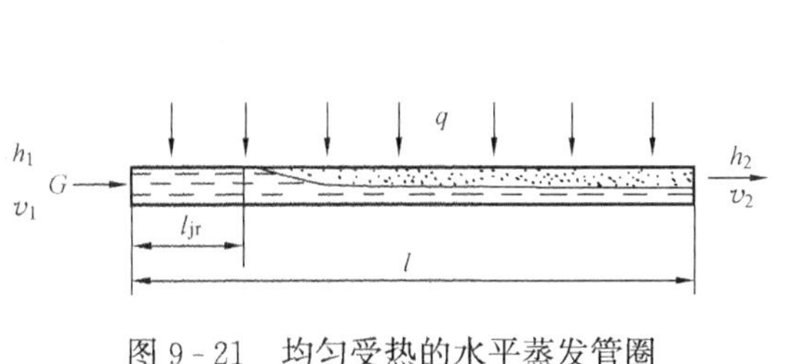

图 9-21　均匀受热的水平蒸发管圈

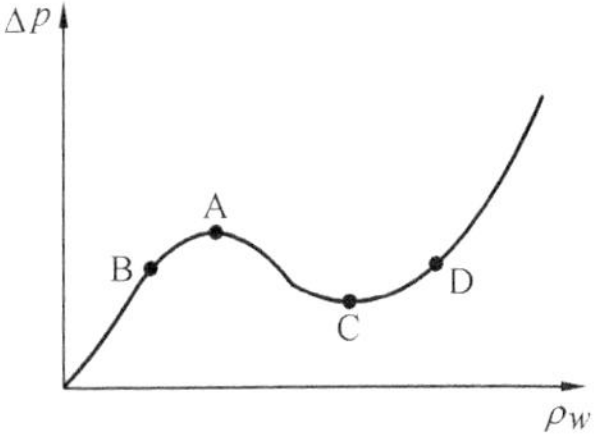

图 9-22　水平管圈的水动力特性曲线

由以上分析表明，即使管圈的热负荷不变，在强制流动的蒸发受热面中，当管圈进口为未饱和水时，在同一压差下，各并联工作的管子的流量可能有两个或三个值，出口工质的蒸汽干度也相应不同。强制流动蒸发受热面中产生这种多值性流动的根本原因是蒸汽和水的比体积或密度不同所引起的，发生在既有加热段又有蒸发段的受热蒸发管内。

3. 垂直布置蒸发管中的水动力特性

垂直布置的蒸发受热面包括多次上升管屏、一次上升管屏及多流程上下回带管屏等。由于垂直布置的管屏的高度相对较高，接近于管子长度，重位压头对水动力特性的影响很大，有时成为压降的主要部分。因此，在分析其水动力特性时，必须考虑重位压头对水动力特性的影响。

在垂直一次上升管屏中，重位压头对水动力特性的影响如图 9-23 所示。其中管屏进、出口高度是不变的，而工质的平均比体积在热负荷一定时，总是随着流量 G 的增大而减小，因而重位压头总是单值性地随 G 一起增加。也就是说重位压头的水动力特性是单值的，因此对总的水动力特性能起稳定作用。在垂直上升管中，如重位头对压降的影响占主导地位，则其水动力特性一般是单值的。如重位压头还不足以使水动力特性达到稳定时，则必须在管子入口处装节流圈，以保证水动力特性的稳定。

在垂直下降流动蒸发管屏中，流动阻力使上端进口压力大于下端出口压力，而重位压头的正好相反，使下端出口压力大于上端进口压力，因而在垂直下降流动的蒸发受热面的压降公式中，重位压头取负号。因此，在下降流动的蒸发受热面中，重位压头对水动力特性的作用正好与垂直上升流动的相反，水动力的不稳定性更严重，如图 9-24 所示。

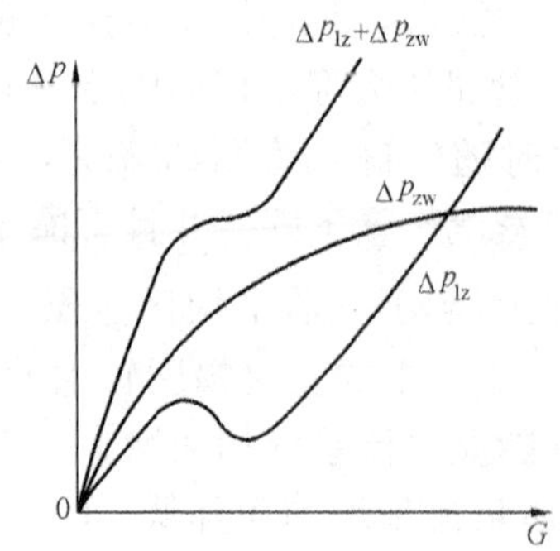

图 9-23 垂直上升管水动力特性曲线

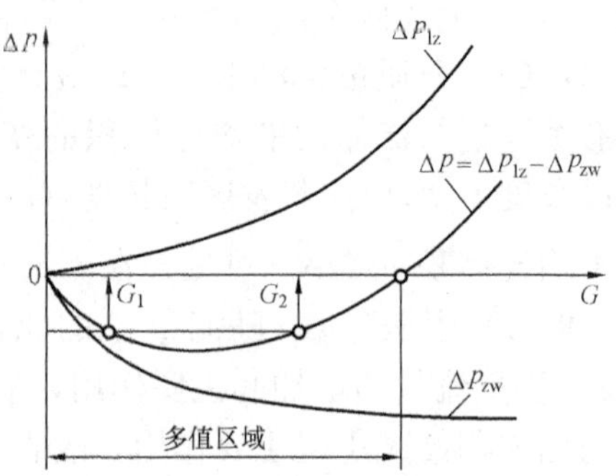

图 9-24 垂直下降管水动力特性曲线

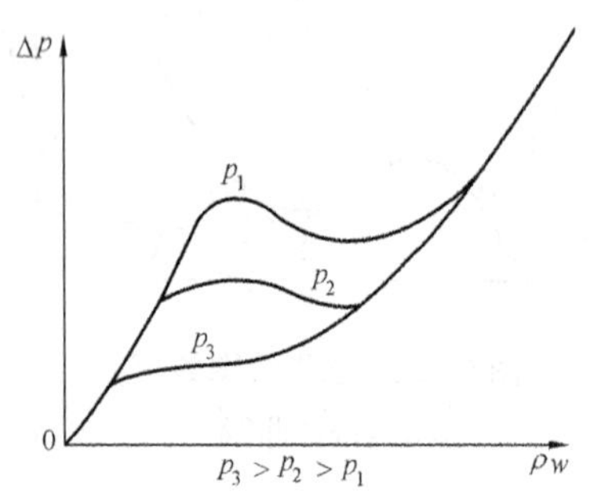

图 9-25 压力对水动力特性的影响

4. 影响水动力多值性的主要因素

（1）工作压力。图 9-25 示出了压力对水动力特性的影响，由图可以看出，锅炉压力越高，水动力特性越稳定。这是由于锅炉蒸发受热面内工作压力升高时，饱和蒸汽与饱和水的密度差减小，则在流量 G 增加时工质平均比体积的减小要少，因而水动力特性便趋向单值。

（2）入口焓值。当管圈进口工质欠焓为零，即进口工质为饱和水时，在热负荷一定的情况下，蒸汽产量不随流量而变。这样式（9-4）中平均比体积的减少就不剧烈，而压降则随着流量的增加而单值地增加。

管圈进口工质的状态越接近饱和水，即欠焓越小或管圈进口工质的温度越接近于对应管圈进口压力下的饱和温度，则水动力特性越趋向稳定。图 9-26 给出了压力一定时，在不同管圈入口工质温度情况下的水动力特性曲线。从图中可以看出，管圈进口工质温度或焓值越高，水动力特性趋向越稳定。

（3）管圈热负荷和锅炉负荷。当管圈热负荷增加时，水动力特性趋向于稳定。这是因为热负荷高时，缩短了加热区段的长度，即相当于减少了工质欠焓的影响。高热负荷时，管圈中产生的蒸汽量多，阻力上升也快，水动力特性曲线上升也要陡一些，水动力特性趋向于稳定一些。螺旋式水冷壁的水动力特性在锅炉高负荷时比低负荷时具有较高的稳定性。这是因为锅炉负荷高时，压力和热负荷都相应提高，水动力特性较稳定。负荷低（变压运行或启动）时，锅炉压力和热负荷都较低，因此特性曲线可能会出现不稳定性。因此，在进行水平蒸发管圈的设计和调整时，更应注意锅炉在低负荷时的水动力特性尤其在启动和低负荷运行时，若高压加热器未投入运行，给水欠焓较大，则

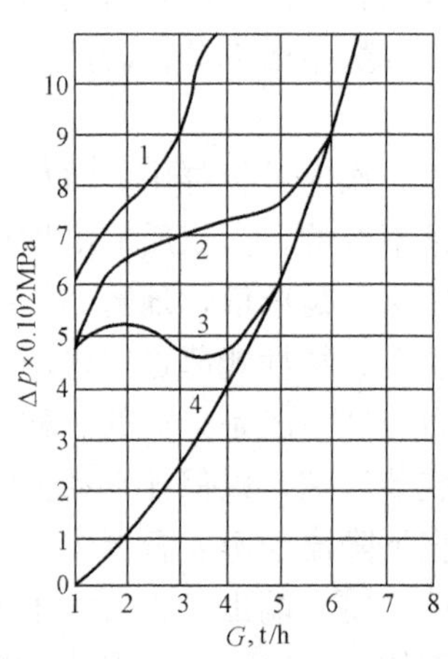

图 9-26 进口工质温度对水动力特性的影响

p—4MPa；t_s—饱和温度，$t_s=250$℃；

1—$t_1=210$℃；2—$t_2=180$℃；

3—$t_3=150$℃；4—管子未被加热

将对水动力特性带来不利影响。

5. 消除或减轻水动力多值性的措施

(1) 提高工作压力。如前所述，引起强制流动水动力不稳定的根本原因是蒸汽与水的密度有差别。但随着压力的提高，蒸汽与水的密度差将减小，因而水动力特性趋于稳定。

(2) 适当减小蒸发区段进口水的欠焓。当管圈进口水的欠焓为零时，管圈中就没有加热区段，在一定热负荷下，管圈内蒸汽产量不随工质流量而变化。而流动阻力总是随工质流量的增加而增加。所以，进口水的欠焓越小，水动力特性越趋向稳定。但进口水的欠焓也不易过小，因为这时当工况稍有变动时，管圈进口处有可能产生的蒸汽会引起并联各管的工质流量分配不均，从而加剧并列管的热偏差。

(3) 管圈进口处加装节流圈。加装节流圈对水动力特性的影响如图 9-27 所示。

图中曲线 1 表示节流圈的阻力特性，曲线 2 表示原有管圈的水动力不稳定特性曲线，曲线 3 表示加装节流圈后管圈的水动力特性。可见加装节流圈后管圈的总流动阻力增加，但能使水动力特性稳定。图 9-28 示出了节流圈孔径大小对蒸发管水动力特性的影响。由图可见，阻力系数越大（孔径越小），水动力特性越稳定。但为了不使系统压降损失太大，在设计中应注意合理选取节流圈的阻力系数。

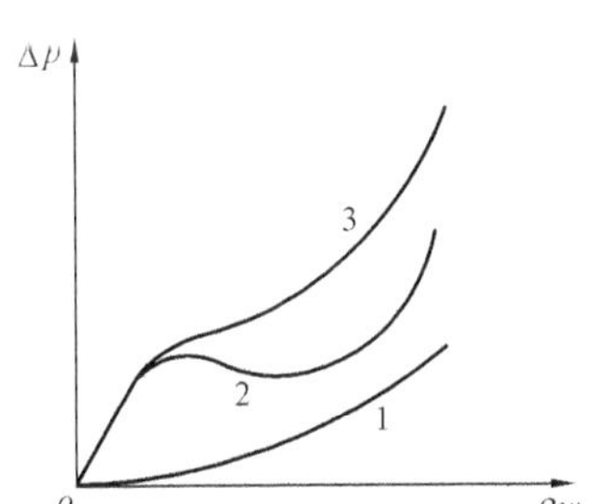

图 9-27　节流圈对水动力特性的影响

1—节流圈阻力特性；2—未加节流圈的水动力特性；3—加节流圈后的水动力特性

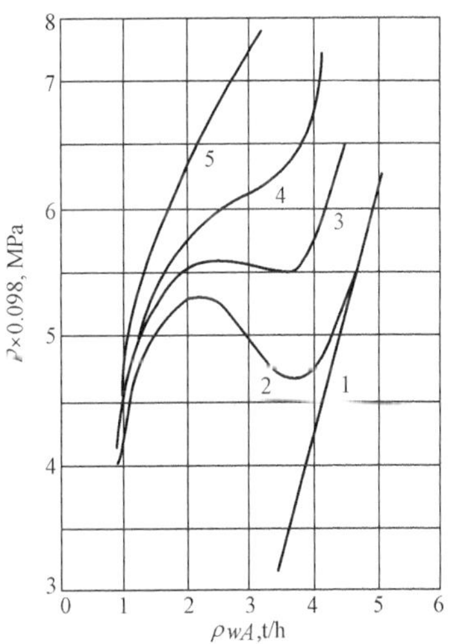

图 9-28　节流圈孔径大小对蒸发管水动力特性的影响

1—不受热管；2—无节流圈时的水动力特性；3—加装节流圈孔径 d_{jl}=10mm 时的水动力特性；4—加装节流圈孔径 d_{jl}=7.5mm 时的水动力特性；5—加装节流圈孔径 d_{jl}=5mm 时的水动力特性

二、亚临界压力下强制流动蒸发受热面中的脉动

1. 脉动现象

脉动现象是指在强制流动锅炉蒸发受热面中，流量随时间发生周期性变化的现象。由于流量的脉动，也引起了管子出口处蒸汽温度或热力状态的周期性波动，而整个管组的进水量和蒸汽量却无多大变化。流量的忽大忽小，使加热、蒸发和过热区段的长度发生变化，因而不同受热面交界处的管壁交变地与不同状态的工质接触，致使该处的金属温度周期性的变

化，导致金属的疲劳损伤。

脉动现象有管间脉动、屏间脉动和全炉脉动三种。

发生管间脉动时，管屏的总流量和进、出口联箱之间的压差均不发生变化，但是各管中的流量却发生了周期性的变化，其变化规律如图 9-29 所示。

从图 9-29 可知，对一根管子来说，发生管间脉动时，管子入口水流量 G 与出口蒸汽量 D 都发生周期性变化，而且 G 与 D 的变化方向相反。对比同管屏一部分管子与另一部分管子内的流量，当一部分管子的进水量 G_1 减小时，另一部分管子的进水量 G_2 增加；相反，当 G_1 增加时，G_2 减小。同时，当一部分管子出口蒸汽量 D_1 增加时，另一部分管子出口蒸汽量 D_2 减小；相反，当 D_1 减小时，D_2 增加。也就是说，发生脉动时，管子内的 G 和 D 都有周期性的变化，但 G 与 D 的变化方向相差 180°的相位角；管屏中这部分管子与那部分管子之间 G 或 D 的变化也相差 180°的相位角。这样就形成了管子之间的脉动。

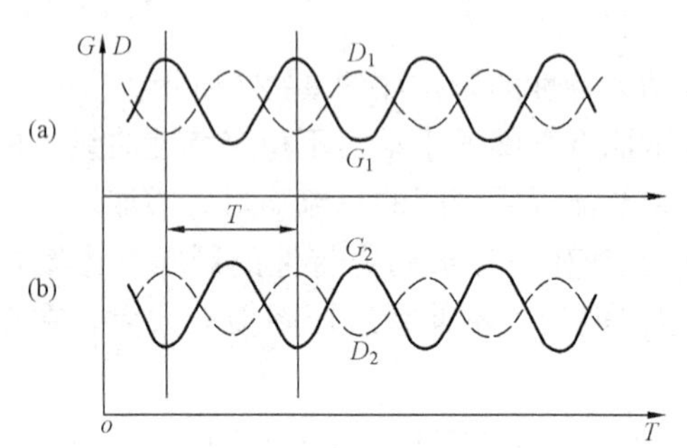

图 9-29　管间脉动示意图

(a) 管屏中一部分管子内流量的变化；

(b) 管屏中另一部分管子内流量的变化

G—进口水量；D—出口蒸汽量；T—变化周期

屏间脉动是指发生在并列管屏之间的脉动现象。发生脉动时，进出口总流量和总压差并无明显变化，只是各管屏间的流量发生变化。

整体脉动是整个锅炉的并联管子中流量同时都发生周期性波动。这种脉动在燃料量、蒸汽量、给水量急剧波动时，以及给水泵、给水管道、给水调节系统不稳定时可能发生，但当这些扰动消除后即可停止。

2. 发生脉动的原因

发生脉动的原因目前还尚待进一步研究。不过从上述现象可以判断出一点，既然管子在各瞬时的水和蒸汽的流量总是不一致的，那么管内一定存在着压力的波动。现以水平蒸发管内两相流动为例加以说明。若管子在蒸发开始部分突然出现热负荷短时升高的现象，热负荷的突增，使该处汽量增多，汽泡增大，局部压力升高，将其前、后工质分别向管圈进、出口两端推动，因而进口水流量 G 减少，而出口蒸汽量 D 增加。与此同时，由于热负荷的增加，加热水区段缩短，局部压力的升高将一部分汽水混合物推向过热区段，过热区段也缩短，蒸汽量的增加和过热区段的缩短，都导致出口过热汽温的下降或者工质的热力状态发生变化。上述过程进行的结果，使管子输入输出能量失去平衡，管内压力下降到低于正常值，流量和出口汽温开始反方向变化。同时，在上述管内压力升高期间，工质的饱和温度也随着升高，管金属温度也随着升高，蓄热增大。当管内压力下降，工质的饱和温度也下降，较高温度的管金属向工质放热即释放蓄热，这相当于吸热量的增大。上述过程的重复进行，就连续地周期性发生了流量和温度的脉动。

由上述过程分析可知：产生脉动的外因，为管子在蒸发开始区段受到外界热负荷变动的扰动；而其内因，则是由于该区段工质及金属的蓄热量发生周期性变化；究其根本原因，是由于饱和水与饱和蒸汽的密度差造成的。

应该指出，上述对脉动产生原因的分析并不是很完善的。由于对这个问题研究得还不够，因此存在着多种对脉动产生原因的解释，上面只能算是一种通俗的说明。这个说法似乎主要对水平管或微倾斜管才能适用，而事实上，实践证明，垂直管中也可能产生脉动现象，有时甚至是相当敏感的。

3. 防止脉动的措施

(1) 提高工作压力。压力对脉动的影响如图 9 - 30 所示。提高工作压力可减少脉动现象的产生。锅炉的工作压力越高，则汽与水的比体积越接近，局部压力升高的现象就不易发生。实践证明。当压力在 14MPa 以上时，就不会发生脉动现象。

(2) 增大加热段与蒸发段的阻力比值。增加管圈加热段的阻力和降低蒸发段阻力可减小脉动现象的产生。因为此时在开始蒸发点附近局部压力升高对进口工质流量影响较小，且可加快把工质推向出口，因而流量波动减小。在管圈进口装节流圈，或者加热区段采用较小直径的管子，都可增加热水段的阻力。此外，增加管圈进口工质欠焓，因热水段长度增加，从而增加了热水段阻力，对减少脉动现象也是有利的。

(3) 提高质量流速。提高工质在管圈进口处的质量流速，就可很快地把汽泡带走而不会使其在管内变大，管内就不会形成较大的局部压力，从而可以保持稳定的进口流量，减小和避免管间脉动的产生。

(4) 在蒸发区段装中间联箱及呼吸联箱。当蒸发管中产生脉动时，由于各并列管子间的流量不同，沿各管子长度的压力分布也就不同。这是因为并列管子的进、出口端连接在其进、出口联箱上，具有相同的进口压力和出口压力，但在管子中部，由于各管工质流量互不相同，流动阻力则不同，流量大的管子加热段阻力增大，故管子中部的压力较低；而流量小的管子加热段阻力较小，则中部压力较高。如果将各并列蒸发管的中部连接至一公共联箱——呼吸联箱，如图 9 - 31 所示，则各管中部的压力趋于均匀，因而可减轻脉动现象的发生。

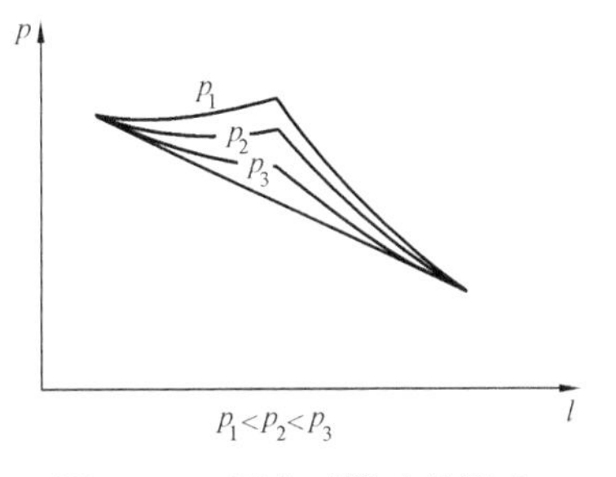

图 9 - 30　压力对脉动的影响

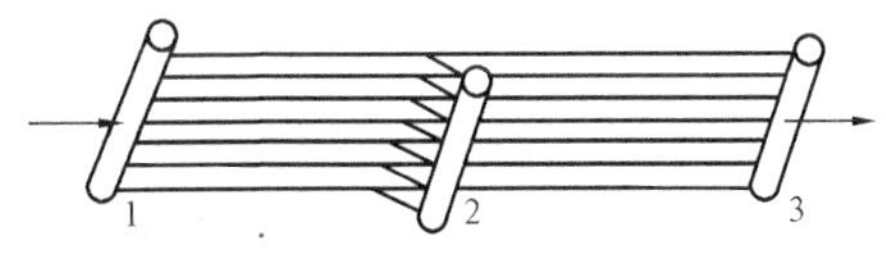

图 9 - 31　呼吸联箱装置示意图

1—入口联箱；2—呼吸联箱；3—出口联箱

呼吸联箱应设置在并列管间压差较大的位置，一般装在相当于蒸汽干度 $x=0.1\sim0.2$ 的位置，效果比较显著。呼吸联箱直径通常为连接管直径的两倍左右。

(5) 锅炉启停和运行方面的措施。为了防止产生脉动，直流锅炉在运行时应注意保证稳定的燃烧工况和均匀的炉内温度场，以减小各并列管的受热不均；在启动时应保持足够的启动流量及一定的启动压力等。

三、蒸发受热面中的热偏差

热偏差在锅炉各受热面中均存在。由于省煤器工质温度低，管内对流表面传热系数大，热偏差对省煤器的安全构不成威胁。对于汽包锅炉水冷壁而言，出口工质的温度为饱和温度，只要不出现传热恶化，并列管间壁温偏差很小，不会构成威胁，所以一般只对过热器和再热器热偏差加以重视。直流锅炉工质在水冷壁中全部蒸发，且水冷壁出口工质已过热，所以热偏差对水冷壁管子安全有很大影响，不可忽视。超临界压力时，工质不存在恒定的饱和温度，偏差管工质温度差别更大，所以，超临界压力直流锅炉水冷壁热偏差问题须给予充分的重视。

1. 热偏差的影响因素

（1）热力不均。炉膛内烟气温度场分布不论从宽度、深度和高度方向来看都是不均匀的。锅炉的结构特点、燃烧方式和燃料种类不同，则热负荷不均匀程度不同。一般来说，垂直管屏的吸热不均匀程度大于水平管圈，燃油锅炉的吸热不均匀程度大于燃煤锅炉。锅炉运行时，如火焰偏斜、炉膛结渣等，会产生很大的热偏差。

以上所述，既适用于直流锅炉，又适用于其他类型的锅炉，如自然循环锅炉。除一次垂直上升管屏在低负荷下运行的情况之外，直流锅炉均没有自补偿能力，这与自然循环锅炉有很大区别。在直流锅炉蒸发受热面中，吸热多的管子，由于管内工质比体积大、流速高，以致阻力大，因而管内工质流量减少；而流量的减少反过来又促使工质的焓增更大，比体积更大。这会导致热偏差达到相当严重的程度。由此可见，直流锅炉的热力不均，还会影响水力不均，从而扩大了热偏差，这对管壁的安全不利。

（2）水力不均。水力不均是由于并联各管的流动阻力不同、重位压头不同及沿进口或出口联箱长度上压力分布特性的影响而引起的。流动多值性和脉动也是引起水力不均的原因。另外，热力不均也会导致水力不均。以下分析流动阻力和重位压头不同所引起的流量不均问题。

1）流动阻力的影响。对于水平围绕及螺旋式管圈，由于本身流动阻力很大，远超过重位压头和联箱中压力变化对流量不均的影响。因此，对于这种形式的受热面只需考虑流动阻力对水力不均的影响。

管内工质流量与管圈阻力系数及管内工质的平均比体积有关。

管圈的阻力系数越大，流量越小，热偏差越严重。阻力系数的大小决定于管圈的结构和安装质量。管子的长度不同、管内的粗糙度不同、弯曲度不同以及管内焊瘤等，都造成各管阻力系数不同。

工质平均比体积的不同，是由热力不均所引起的。吸热多的个别管圈工质平均比体积大，阻力大，管圈中的工质流量低，致使热偏差增大。由于两相流体的比体积随焓值的增加而剧烈增加，所以因吸热不同而引起的流量偏差更大，热偏差也就更严重。

2）重位压头的影响。在垂直蒸发管屏中，重位压降在总压降中的作用不能忽略，必须考虑重位压头对热偏差的影响。但在上升流动和下降流动中，重位压头对水力不均的影响规律不同。

垂直上升蒸发管屏中，重位压头对工质的流动起到一个阻力的作用。如果流动阻力损失所占份额相当大，当个别管圈热负荷偏高时，因偏差管中工质平均比体积的增大将引起流动阻力增大，并导致其流量降低。但与此同时，因偏差管中工质密度减小而使其重位压头降低，又促使其流量回升。因此，在垂直上升管屏中，重位压力降有助于减小流量偏差。但是，如果管屏总压降中流动阻力损失所占份额较小，重位压降占总压降的主要部分，则重位压降将引起不利影响。此时，受热弱的偏差管中由于平均密度很大，重位压降很大，可能致使该管中出现流动停滞现象。

而对于向下流动的蒸发管屏来讲，重位压头对工质的流动起到一个动力的作用。当个别管圈热负荷偏高时，因偏差管中工质平均比体积的增大将引起流动阻力增大，并导致其流量降低。同时，因偏差管中工质密度减小而使其重位压头降低，因而促使其流量更低。因此，在向下流动的垂直管屏中，重位压头将增大流量偏差，从而使热偏差更严重。

2. 减轻与防止热偏差的措施

为减小热偏差，在锅炉结构上应使并联各管的长度及管径等尽可能均匀；燃烧器的布置和燃烧工况要考虑炉膛受热面热负荷均匀；另外，在锅炉的设计布置上采取一些相应的措施，具体措施如下：

(1) 加装节流阀或节流圈。在并联各管屏进口加装节流阀，并根据各管屏的热负荷的大小调节节流阀的开度，使热负荷高的管屏中具有较高的流量，热负荷低的管屏中具有较低的流量，以使各管屏得到几乎相近的出口工质焓值，可以减小热偏差。

在并联各蒸发管圈的入口加装节流圈后，等于增大了每根管的流动阻力。当阻力系数一定时，原来流量大的管子就有较大的阻力增量，原来流量小的管子就有较小的阻力增量。在同一管屏中，各蒸发管是并列连接在进出口联箱上，各根管两端的压差必须相等。要满足这个条件，原来流量大的管子必然减小流量，流量小的管子必然增大流量。这样各管的流量趋于均匀。但应指出，在具体设计和调整节流阀或节流圈时，须同时考虑水动力多值性、脉动和热偏差的减小问题。

(2) 减小管屏或管带宽度。减小管屏或管带宽度，即减小同一管屏或管带中的并联管圈根数，则在相同的炉膛温度分布和结构尺寸情况下，可减少同屏或同管带各管间的吸热不均匀性和流量不均匀性，从而使热偏差减小。

(3) 装设中间联箱和混合器。在蒸发系统中装设中间联箱和混合器，可使工质在其中进行充分混合，然后再进入下一级受热面，这样前一级的热偏差不会延续到下一级，工质进入下一级的焓值趋于均匀，因而可减小热偏差。

(4) 采用较高的工质流速。采用较高的工质质量流速可以降低管壁温度，使受热多的管子不致过热。对于垂直管屏，由于其重位压降较大，如果质量流速过低，则在低负荷运行时容易因吸热不均而引起不正常的情况，因而额定负荷时工质质量流速采用了较大的数值。

(5) 合理组织炉内燃烧工况。相对于旋流燃烧器的布置来讲，直流煤粉燃烧器的四角切圆燃烧方式具有较好的炉膛火焰充满度，炉内热负荷较均匀，火焰中心温度和炉膛局部最高热负荷也较低，因而蒸发受热面吸热不均匀性较小。在运行中应调整好炉内燃烧，保证各个燃烧器的给粉量应尽可能均匀，燃烧器的投入和停运要力求对称，防止火焰发生偏斜，同时防止炉内结渣和积灰等。

此外，还要严格监督锅炉的给水品质，防止蒸发管内结垢或腐蚀，从而避免引起管内工质流动阻力的变化。

四、亚临界压力直流锅炉的沸腾传热恶化

在亚临界压力下，直流锅炉的蒸发受热面内的工质状态经过泡状、环状和雾状流动直到单相蒸汽，含汽率 x 由 0 到 1.0 逐渐上升。当含汽率 $x=0.1\sim0.12$ 时，可进入环状流动区域。在由环状流向雾状流过渡的过程中，水膜被“蒸干”导致传热恶化。与汽包锅炉蒸发受热面的传热恶化相比，直流锅炉的“蒸干”传热恶化是不可避免的。但须注意，如果热负荷不是太高，从传热角度来看是恶化了，从壁温角度来看不一定超过允许值。只有当热负荷值很高时，壁温才超过允许值而使管子烧坏。

亚临界压力直流锅炉蒸发受热面的沸腾传热恶化现象主要与工质的质量流速、工作压力、含汽率和管外热负荷等因素有关，并常以临界含汽率 x_c 作为判断沸腾传热恶化出现的界限。随工作压力的升高，饱和温度升高，饱和水的表面张力减小，受热面管子内壁上的水膜容易被撕破，导致壁温升高。热负荷增大则汽化核心增多，容易形成沸腾传热恶化的蒸汽膜。而工质质量流速的影响有两重性，当流速减小时，一方面水膜扰动减弱，水膜的稳定性增强；另一方面传热能力下降，管壁温度升高。

从减轻措施来看，与自然循环蒸发受热面的沸腾传热恶化的预防措施并无差异，如提高质量流速、限制热负荷、采用内螺纹管或加装绕流子等。

第五节　超临界压力下水冷壁的水动力及传热特性

一、超临界压力下水和水蒸气的热物理特性

在临界压力以下时，从水被加热到过热蒸汽的形成，整个过程可以分成加热、蒸发、过热三个阶段。随着压力的提高，水的饱和温度相应提高，汽化潜热减小，汽、水比体积差减小。当达到临界压力（临界参数：$p_c=22.129$MPa，$t_c=374.15$℃）时，汽化潜热为零，汽、水比体积差也为零。因此，在超临界压力下水变成蒸汽不再存在两相区，当水被加热到相变点温度时全部汽化。

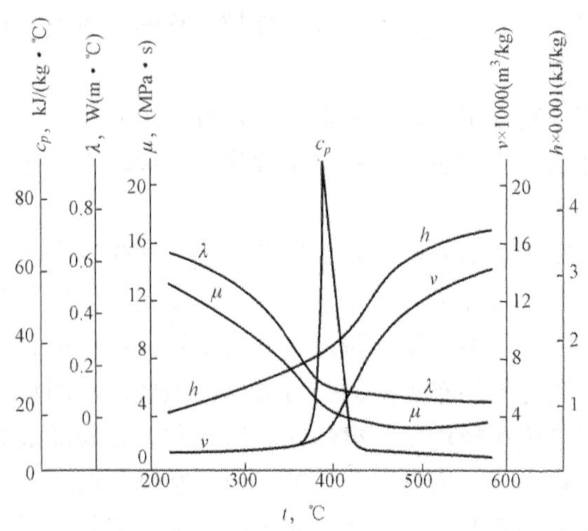

图 9-32　24.5MPa 下水的物性参数的变化曲线

在超临界压力区，水冷壁管内工质具有大比热特性。对应比定压热容值最大位置处工质的温度称为拟临界温度。在拟临界温度的两侧，工质的状态不同，在拟临界温度区左边的工质是水，在拟临界温度区右边的工质是汽。图 9-32 给出了在 24.5MPa 下水的物性参数的变化曲线。可见，在拟临界温度附近的大比热容区内，工质的动力黏度 μ、热导率 λ、比体积 v 直接发生急剧变化，但工质温度变化不大。对应于不同的压力和温度，水冷壁的管内工质具有不同的大比热区。压力越高，拟临界温度向高温区转移，大比热特性逐渐减弱，如图 9-33 所示。图 9-34 示出了超临界压力下比体积与压力的关系曲线。

二、超临界压力下直流锅炉的流动特性

在超临界压力的相变区，工质比体积的急剧变化必然导致膨胀量增大，与亚临界压力下水汽化成蒸汽，比体积急剧上升而密度急剧下降相似。因此，超临界压力下直流锅炉的蒸发受热面仍有多值性问题，只是防止发生的条件要好一些。

在超临界压力下，由于沿管圈长度工质焓变化时，工质的比体积也发生变化，尤其在最大比热容区的变化很大。因此与低于临界压力时的情况一样，管圈入口工质的焓对水动力多值性也有影响。图 9-35 示出超临界压力下水平管圈进口工质焓对水动力特性的影响。由图可见，要保持特性曲线具有足够的陡度，必须使进口工质的焓大于 1256kJ/kg。

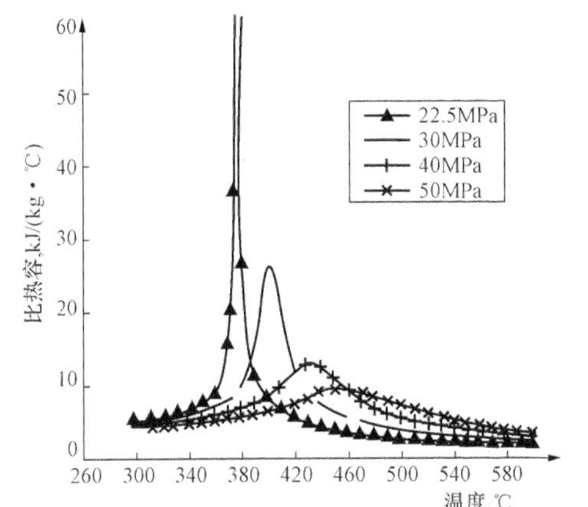

图 9-33　超临界压力下大比热容与压力的关系曲线

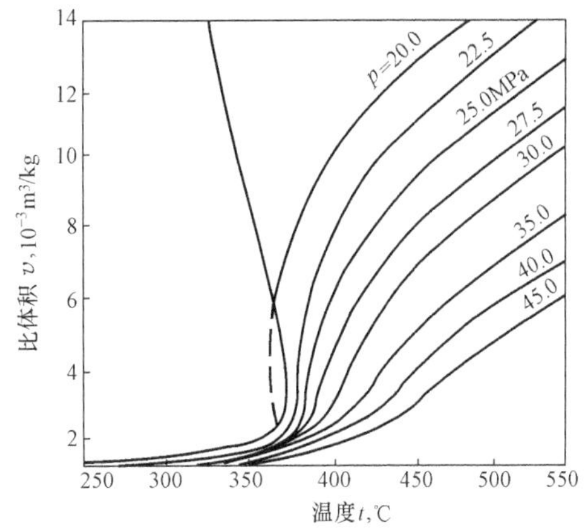

图 9-34　超临界压力的比体积特性

v—比体积，$10^{-3}m^3/kg$；t—温度,℃；p—压力，MPa

三、超临界压力下直流锅炉的传热恶化

超临界压力下水冷壁管内壁面附近的流体黏度、比热容、热导率、比体积等物性参数发生显著变化容易引起类膜态沸腾问题。在大比热容区内，随着水冷壁吸热量的增加，靠近管子壁面处的流体温度升高，密度降低，热导率减小，从而使导热性较差的流体与管壁接触，在热负荷较大时就可能导致水冷壁管壁冷却不良，以致发生传热恶化。这种现象类似于亚临界参数下的膜态沸腾，称为类膜态沸腾。

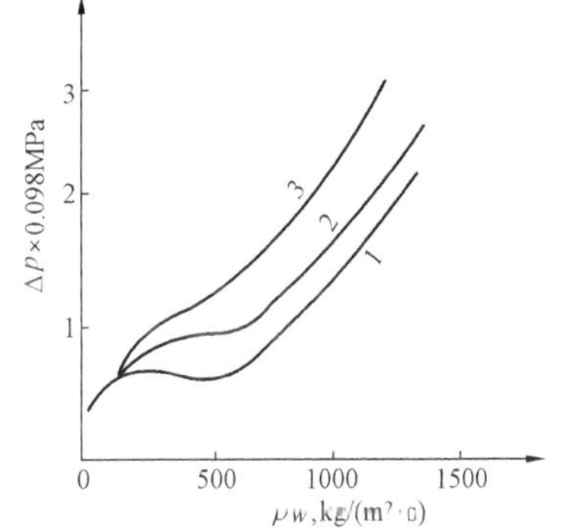

图 9-35　超临界压力下水平管圈进口工质焓对水动力特性的影响

p—29.4MPa；l=250℃；d=38×4mm

1—h_r=837kJ/kg；2—h_r=1047kJ/kg；

3—h_r=1256kJ/kg；h_r—入口水焓

研究表明，超临界压力下的传热恶化除与工质的热物理性质有关外，还与热负荷及工质的质量流速有关。热负荷越高，发生类膜态沸腾时壁温飞升值越大，管壁工作安全性越差。在相同的压力和热负荷下，随着质量流速的提高，传热工况会有所改善。

另外，在超临界压力下的水平管在流速较低时会出现汽水分层流动，引起上下壁温差增大。这种现象在拟临界温度附近的区域更加严重。上下部的壁温差随热负荷的增加而增加，随质量流速的增加而减小。当质量流速达到一定值后，上下部壁温趋于一致。

由于传热恶化发生在相变区，因此对应工质比热容最大的管段不应该布置在热负荷最高的燃烧器区域，同时在任何负荷下都要维持比较高的质量流速。

一般而言，变压运行的超临界压力锅炉在 30%～65%BMCR 工况下进入亚临界压力区工作，在 65%～100%BMCR 工况进入超临界压力区工作。在低负荷范围内，超临界压力直流锅炉实际上转变为亚临界压力直流锅炉。超临界压力锅炉的水冷壁在管子热负荷较大且管内质量流速较低时，无论是处于亚临界区工作，还是处于超临界区工作，都可能发生传热恶化。

新一代超临界压力锅炉技术的重要变化是螺旋管圈水冷壁采用内螺纹管和增大螺旋管圈倾角且增加管屏宽度。在高热负荷区采用内螺纹管，可以降低水冷壁安全运行所需的最低质量流速。从防止传热恶化的角度来看，采用内螺纹管可以避免锅炉在亚临界压力区运行发生膜态沸腾，从而推迟或避免超临界压力下类膜态沸腾的发生。

不使用内螺纹管时，水冷壁的质量流速必须提高，以避免发生膜态沸腾和类膜态沸腾。

第六节　国产典型超超临界压力锅炉型式简介

目前，超超临界压力机组在我国电力工业生产中发展迅速。我国引进技术国产化的超超临界压力锅炉的型式主要有三种，见表 9-1。

表 9-1　　1000MW 超超临界压力锅炉的型式

锅炉型式	DBC-1000MW	HBC-1000MW	SBC-1000MW	
技术支持	巴布科克—日立（BHK）	三菱（MHI）	阿尔斯通（API）	
炉膛下部及上部水冷壁型式	内螺纹管螺旋管圈＋光管垂直管屏	内螺纹管垂直管屏＋光管垂直管屏	光管螺旋管圈＋光管垂直管屏	
锅炉总体布置	Π 型布置	Π 型布置	塔式布置	Π 型布置
燃烧方式	前后墙对冲燃烧	单炉膛双切圆	单炉膛单切圆	单炉膛双切圆
炉膛尺寸（m）	33.973 4×15.558 4×64	32.084×15.67×66.6	21.48×21.48×119.3	34.29×15.545×73.361
再热汽温调温方式	烟气挡板	烟气挡板＋摆动式燃烧器	摆动式燃烧器	烟道挡板＋摆动式燃烧器
磨煤机及制粉系统	双进双出磨直吹式	中速磨直吹式	中速磨正压直吹式	
锅炉制造厂	东方锅炉厂	哈尔滨锅炉厂	上海锅炉厂	

一、DBC-1000MW 超超临界压力锅炉简介

图 9-36 给出了 DBC-1000MW 型超超临界压力锅炉示意图。该炉由东方锅炉厂（DBC）与日本巴布科克—日立公司（BHK）合作生产。

该型锅炉采用单炉膛 Π 型布置，炉膛下辐射区为带内螺纹管的螺旋管圈水冷壁，管的规格为 ϕ38.1×7.5，螺旋管倾角为 23.578°，上辐射区为全焊接的垂直管屏光管水冷壁。螺旋管水冷壁与上部垂直水冷壁的过渡方式采用中间混合联箱型式。

过热器由四级组成：顶棚及后竖井烟道四壁及后竖井分隔墙、尾部竖井后烟道内的水平对流低温过热器、炉膛上部的屏式过热器、遮焰角上方的高温过热器。锅炉过热蒸汽温度调节采用水煤比和两级喷水减温，减温水量为 8%BMCR。

启动分离器布置于锅炉前部。来自启动分离器的蒸汽由连接管导入顶棚。蒸汽从顶棚出口联箱经连接管进入包墙过热器。包墙过热器分为两侧包墙、中隔墙、前包墙和后包墙。包墙为全焊接膜式壁结构。前包墙和中隔墙进口段都拉稀成前后两排，下部采用膜式壁。经包墙系统加热后的蒸汽经左右两侧的包墙出口混合联箱充分混合后，由锅炉两侧引入低温过热器进口联箱。低温过热器分为水平段和垂直出口段。低温过热器水平段通过省煤器吊挂管悬吊在大板梁上，垂直出口段通过低温过热器出口联箱悬吊在大板梁上。

蒸汽经低温过热器加热后，经大口径连接管及一级减温器后进入屏式过热器混合联箱。混合联箱与每片屏式过热器进口分配联箱相连，每片屏式过热器的出口分配联箱与出口汇集联箱相连，蒸汽在汇集联箱中混合并经第二级减温器后，进入高温过热器。过热蒸汽管道在屏式过热器和高温过热器之间进行一次左右交叉，以减小两侧汽温偏差。蒸汽经过高温过热器后，由出口联箱及蒸汽导管进入汽轮机高压缸。

再热器系统按蒸汽流程依次分为低温再热器、高温再热器两级。低温再热器布置在后竖井烟道内，高温再热器布置在水平烟道内高温过热器之后。再热汽温通过尾部双烟道平行烟气挡板调节，且在低温再热器至高温再热器的连接管道上设置了事故喷水减温器。

省煤器顺列布置在尾部后竖井水平低温过热器的下方，逆流方式换热，分上下两组布置。

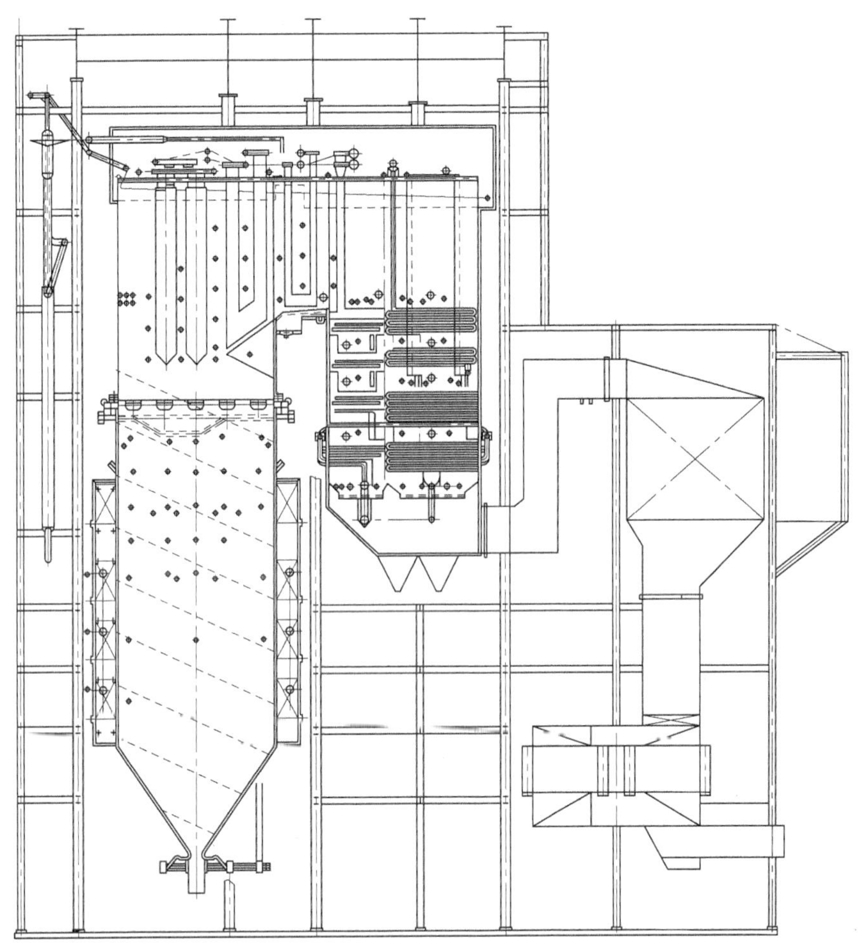

图 9-36　DBC-1000MW 型超超临界压力锅炉示意图

锅炉配置双进双出钢球磨正压直吹式制粉系统。每台锅炉配置 6 台磨煤机，两台 50% 容量的动叶可调轴流式一次风机，两台静叶可调引风机和两台动叶可调送风机。

锅炉采用低 NO_x 旋流式 HT-NR3 型燃烧器，共 48 只，分三层前后墙对冲布置，每层 8 只。在最上层燃烧器的上部布置了燃尽风喷口。每只燃烧器均配有机械物化油枪，油枪总输入热量相当于 30%B-MCR 锅炉负荷。

锅炉装有吹灰器 138 只。吹灰器能实现远程操作。

锅炉尾部设有烟气脱硫系统，在每台炉引风机出口的总烟道上设有旁路门，以便在脱硫系统不能正常投运时影响锅炉正常运行。

在锅炉尾部烟道省煤器出口和空气预热器的入口之间设有脱硝装置的安装布置条件。脱硝装置按采用氨触媒法方案预留。在 BMCR 工况下，脱硝效率大于 75%，即锅炉出口的 NO_x 排放量小于 75mg/m^3（标准状态）。

二、HBC-1000MW超超临界压力锅炉简介

图9-37为哈尔滨锅炉有限公司（HBC）与三菱合作生产的1000MW超超临界压力锅炉。锅炉采用Ⅱ型布置，单炉膛反向双切圆燃烧方式，PM型燃烧器+MACT配风技术；采用烟气挡板作为调节再热汽温的主要手段，摆动式燃烧器辅助调节，并配合喷水调节。锅炉配置带有循环泵和扩容器的启动系统，制粉系统为配6台中速磨煤机的直吹式制粉系统。

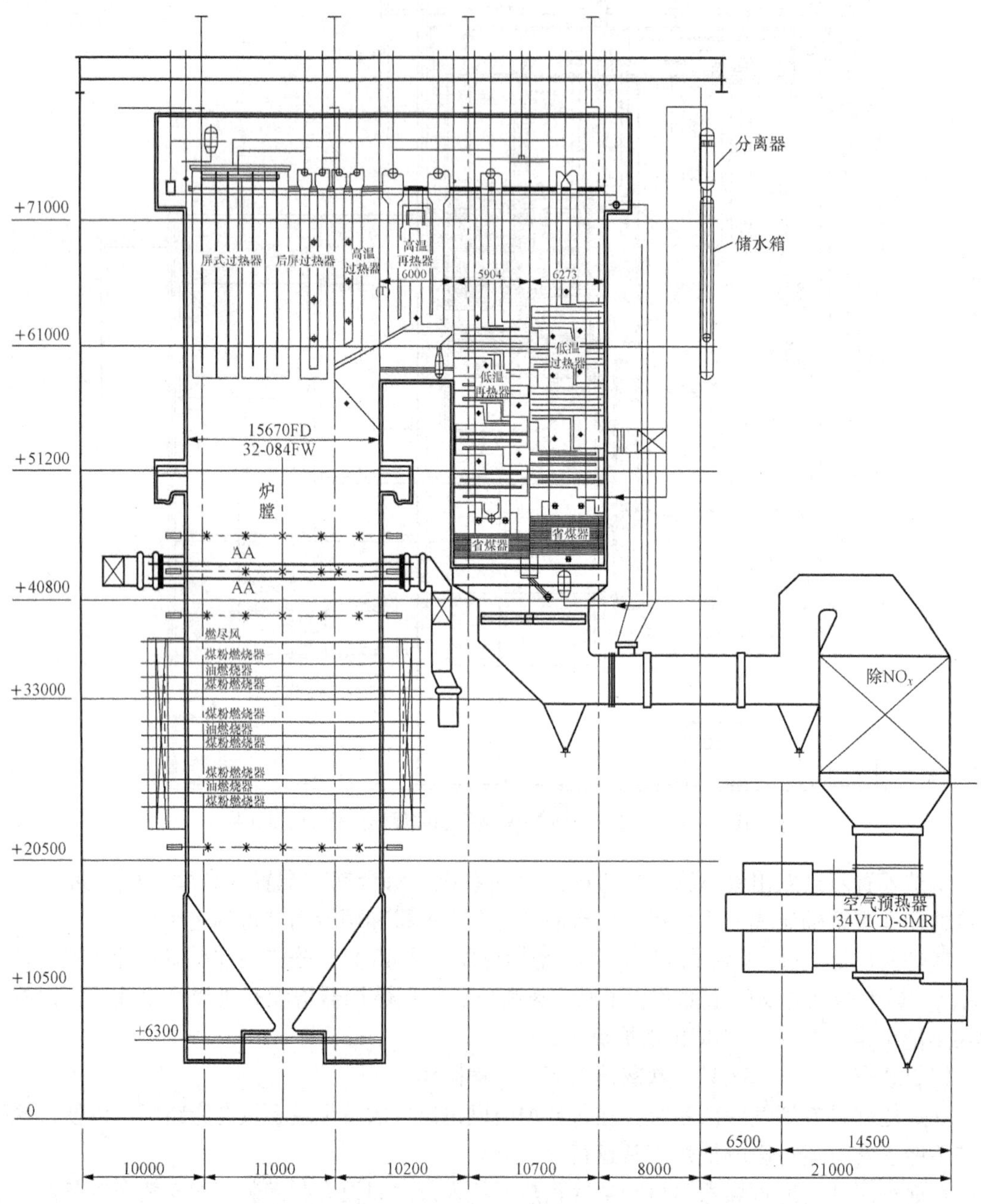

图9-37　HBC-1000MW超超临界压力锅炉示意图

在标高为 17.5m 的冷灰斗上沿至标高为 49.0m 处的炉膛下辐射区布置一次垂直上升内螺纹管垂直管屏水冷壁，上辐射区为光管垂直管屏水冷壁。在一次上升垂直水冷壁的基础上，加装了带有混合器和分配器的水冷壁中间联箱，以降低水冷壁出口的工质温度偏差。图 9-38 为该锅炉水冷壁的一级和二级分配器的连接方式。水冷壁下联箱出口的水冷壁管内装有节流圈，以便于调试或更换节流圈。同时增加了装节流圈的管段直径，提高了流量调节的幅度。

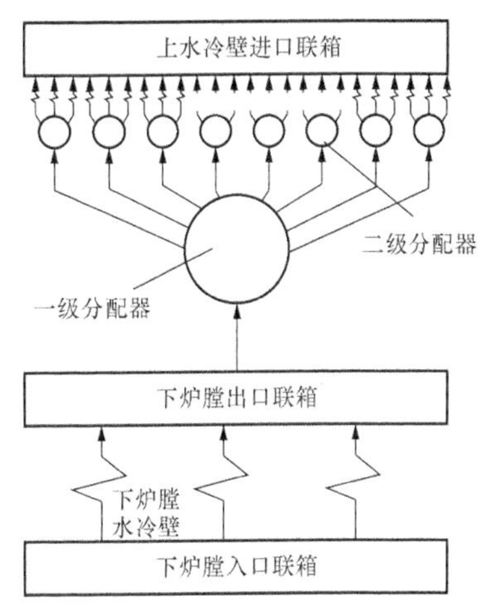

图 9-38　HBC-1000MW 锅炉水冷壁一级和二级分配器的连接方式

过热器由四级组成：沿蒸汽流程依次为水平与立式低温过热器、分隔屏过热器、后屏过热器和高温过热器。过热器系统共有三级喷水减温，每级左右两点喷水量为过热蒸汽流量的 7%。

由两只汽水分离器顶部引出的蒸汽进入水平低温过热器入口联箱，流经水平低温过热器管组。水平过热器管组共有 240 片，每片由 5 根管子组成，管子规格为 ϕ50.8，材质为 SA213T12，由水平低温过热器的出口管组拉稀成立式低温过热器。蒸汽由立式低温过热器出口联箱经第一级喷水减温，进入分隔屏入口联箱。分隔屏共有 12 个大屏，每个大屏又由 4 个小屏组成。每个大屏各有 60 根规格为 ϕ54 的管子，分别采用 SA213T22 和 SA213TP347H 材料制成。分隔屏出口联箱至屏式过热器的连接管上装有第二级喷水减温器，蒸汽进入后屏入口联箱，后屏共有 56 片，每片屏由 13 根管子组成，管子材质为 SA213T22、Super 304H 和 HR3C（SA213TP310HCbN）。由屏式过热器出口联箱至高温过热器的连接管上装有第三级喷水减温器。高温过热器共有 92 屏，每屏由 16 根管子组成，管径为 ϕ57.1/ϕ48.6，材质为 Super 304H 和 SA213TP310HCbN。由高温过热器出口联箱引出两根主蒸汽导管送往汽轮机高压缸。主蒸汽导管规格为 ϕ610×129，材质为 SA335P91。

再热器系统按蒸汽流程依次分为低温再热器、高温再热器两级。低温再热器布置在后竖井烟道内，用两根 ϕ762×25（A672 B70 CL32）的蒸汽导管将汽轮机高压缸排出的蒸汽送入水平低温再热器的入口联箱。水平低温再热器共 240 片，每片 6 根管子，管径 ϕ63.5，材质为 SA209T1、SA213T12 及 SA213T22，壁厚为 3.5～4.1mm。水平低温再热器出口段向上拉稀成立式低温再热器。立式低温再热器共有 120 片，管径 ϕ63.5，材质为 SA213T91，壁厚为 3.5mm。高温再热器管共 120 片，每片 9 根管子，材质为 Super 304H 和 SA213TP310HCbN。由高温再热器出口联箱引出 2 根再热蒸汽导管将再热蒸汽送往汽轮机中压缸，热段再热蒸汽导管采用 ϕ813×45，材质为 SA335P91。

省煤器为光管式，顺列布置，每级省煤器各有 354 片，采用 ϕ45×6.6 的管子，材质为 SA210C。前后级省煤器向上各形成吊挂管，悬挂前后竖井中所有对流受热面。由省煤器出口联箱引出 2 根 ϕ457×62 的连接管将省煤器出口水向下引入水冷壁入口联箱。

每台锅炉配有两台三分仓容克式空气预热器，转子直径为 ϕ16400，传热元件总高度为 1800m。

三、SBC - 1000MW 塔型超超临界压力锅炉简介

图 9 - 39 为上海锅炉厂引进 Alstom-Power 公司技术设计制造的 1000MW 塔型超超临界压力锅炉。该炉为螺旋管圈直流锅炉，采用一次再热、单炉膛单切圆燃烧、平衡通风、露天布置、固态排渣、全钢架、全悬吊结构布置。锅炉采用直流式燃烧器 LNTFS 燃烧技术，不投油最低稳燃负荷为 30％BMCR。

炉膛下部由螺旋管组成膜式壁，高热负荷区采用内螺纹管水冷壁结构。螺旋水冷壁上方布置垂直管屏水冷壁。螺旋水冷壁与垂直水冷壁采用中间混合联箱连接过渡。

炉膛上部依次分别布置有一级过热器、三级过热器、二级再热器、二级过热器、一级再热器、省煤器。主蒸汽温度主要靠水煤比和两级喷水减温器控制。再热器为两级布置，采用摆动式燃烧器调节汽温，在再热器入口和两级再热器之间布置危急减温器。

省煤器出口设置有脱硝装置，采用选择性触媒 SCR 脱硝技术。脱硝装置出口布置两台三分仓容克式空气预热器，转子直径为 16.421m。

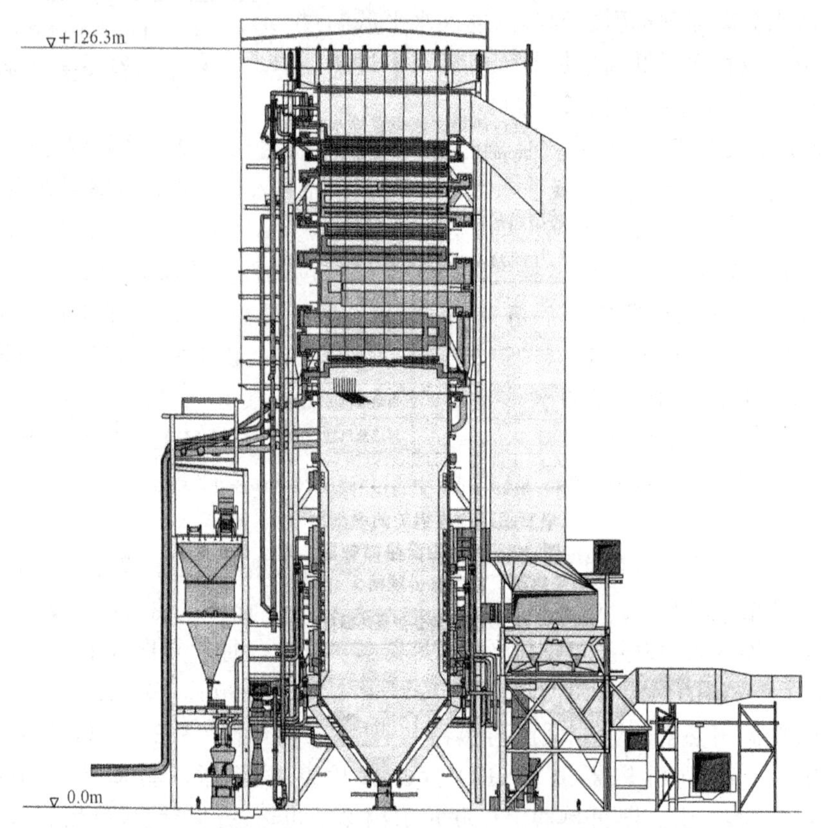

图 9 - 39　1000MW 塔型超超临界锅炉纵剖面图

思考题

1. 强制流动锅炉分为几类？各类的工作原理？
2. 什么是水动力不稳定？发生的原因、影响因素及防止措施是什么？

3. 重位压头对水动力多值性影响怎样？

4. 什么是脉动？发生的原因及防止措施有哪些？

5. 强制流动的蒸发受热面吸热不均对流量不均的影响规律是什么？分析其原因。

6. 强制流动锅炉蒸发受热面入口加节流圈或节流阀的作用是什么？

7. 概念：水动力特性　水动力多值性　脉动

第十章　蒸汽净化和水工况

第一节　蒸汽品质及要求

一、蒸汽污染对热力设备的危害

电厂锅炉的任务是生产一定数量和质量的蒸汽。蒸汽的质量包括蒸汽参数和蒸汽的品质。蒸汽的品质通常是指每千克蒸汽中含杂质的数量，其单位用μg/kg或mg/kg表示，它反映了蒸汽的洁净程度。蒸汽中所含有的杂质主要是各种盐类、碱类及氧化物，而其中绝大部分是盐类物质，因此，多用蒸汽含盐量来表示蒸汽的洁净程度。

蒸汽含盐过多时将严重影响锅炉和汽轮机等热力设备的安全经济运行。饱和蒸汽在过热器中过热时，由于蒸汽中的水分蒸干和蒸汽过热，蒸汽携带的部分盐分将沉积在管壁上，使管子流通截面减小，流动阻力增大，流过管子的蒸汽量减少，管子得不到充分冷却；同时，盐垢将使管子的热阻增大，传热减弱，从而使管壁温度升高，严重时将造成管子过热损坏。蒸汽中的盐分若沉积在蒸汽管道的阀门处，可能造成阀门的卡涩和漏汽。蒸汽进入汽轮机做功时，由于压力降低，密度减小，溶解在蒸汽中的盐分将沉积在汽轮机的通流部分，造成喷嘴和叶片的型线改变，汽轮机效率降低；同时，流动阻力增加，轴向推力和叶片应力增大；若转子积盐不均还会引起振动，造成事故等。

由以上分析可见，蒸汽含盐过多会对锅炉、汽轮机等热力设备的安全经济运行产生很大的影响，必须对蒸汽的品质提出严格的要求，进行蒸汽净化。蒸汽净化的目的是使锅炉生产的蒸汽中含有的杂质符合电厂安全经济生产的要求。

二、蒸汽质量标准

为保证锅炉、汽轮机等热力设备长期安全经济的运行，GB/T 12145—2008《火力发电机组及蒸汽动力设备水汽质量》对蒸汽的含盐量提出了明确要求。表10-1列出了电厂汽包炉饱和蒸汽和过热蒸汽以及直流炉主蒸汽的质量标准。

表10-1　　蒸汽质量标准

炉型	压力(MPa)	钠（μg/kg）		氢电导率（25℃）（μS/cm）		二氧化硅（μg/kg）		铁（μg/kg）		铜（μg/kg）	
		标准值	期望值	标准值	期望值	标准值	期望值	标准值	期望值	标准值	期望值
汽包炉	3.8～5.8	≤15	—	≤0.30	—	≤20	≤10	≤20	—	≤5	—
	5.9～15.6	≤5	≤2	≤0.15*	≤0.10*	≤20	≤10	≤15	≤10	≤3	≤2
	15.7～18.3	≤5	≤2	≤0.15*	≤0.10*	≤20	≤10	≤10	≤5	≤3	≤2
直流炉	5.9～18.3	≤5	≤2	≤0.15*	≤0.10*	≤20	≤10	≤10	≤5	≤3	≤2
	>18.3	≤3	≤2	≤0.15	≤0.10	≤10	≤5	≤5	≤3	≤2	≤1

* 没有凝结水精处理除盐装置的机组，蒸汽的氢电导率标准值不大于0.30μS/cm，期望值不大于0.15μS/cm。

由表10-1可以看出，蒸汽监督的主要项目是钠盐、硅盐、铁和铜等。蒸汽中的盐类主要为钠盐，所以可以通过监测蒸汽含钠量来监督蒸汽的含盐量。硅酸在蒸汽中的溶解度最大，压力超过 6MPa 的蒸汽就能溶解硅酸，当硅酸在汽轮机的通流部分沉积下来以后，形成难溶于水的二氧化硅的附着物，难以用湿蒸汽清洗去除，对汽轮机的安全经济运行有很大的影响。为防止汽轮机沉积金属氧化物，对蒸汽中的铜和铁的含量也做出了相应的规定。

由表 10-1 可知，随着蒸汽压力的提高，蒸汽品质的要求也越高。这是因为蒸汽压力提高时，蒸汽的比体积减小，汽轮机的通流截面积也相对减小，因而盐分沉积后的危害性也就越大。所以，对于大容量高参数的锅炉，其蒸汽品质的要求也越高。

由于超临界参数机组只能采用直流炉，无法通过锅炉排污来降低各种杂质在蒸汽中的含量。因此，超临界参数机组的水汽质量标准控制比亚临界参数机组更为严格。

第二节 蒸汽污染原因

进入锅炉的给水，虽经过了炉外水处理，但总含有一定的盐分。当给水进入锅炉汽包以后，由于在蒸发受热面中不断蒸发产生蒸汽，给水中的盐分就会浓缩在锅水中，使锅水含盐浓度大大超过给水含盐浓度。锅水中的盐分是以两种方式进入到蒸汽中的：一是饱和蒸汽带水，称之为蒸汽的机械携带；二是蒸汽直接溶解某些盐分，称为溶解携带，也称之为蒸汽的选择性携带。由此可见，锅炉给水中含有杂质是蒸汽被污染的根源，而蒸汽的机械携带和溶解携带是蒸汽污染的途径。

在中、低压锅炉中，由于盐分在蒸汽中的溶解能力很小，因而蒸汽的清洁度决定于机械携带；在高压以上的锅炉中盐分在蒸汽中的溶解能力大大增加，因而蒸汽的清洁度决定于蒸汽的机械携带和溶解携带两个方面。

一、饱和蒸汽的机械携带

蒸汽机械携带的含盐量，取决于携带水分的多少及锅水含盐量的大小，其关系可用式（10-1）表示，即

$$S_q^J = \frac{w}{100} S_{ls} \tag{10-1}$$

式中 S_q^J——机械携带的盐量，mg/kg；

w——蒸汽湿度，即蒸汽中所带水分的质量占湿蒸汽质量的百分数，%；

S_{ls}——锅水含盐量，mg/kg。

汽水混合物以较高的流速从上升管进入汽包的水容积或蒸汽空间时，具有一定的动能。当蒸汽穿出蒸发面时可能在蒸汽空间形成飞溅的水滴，汽流撞击到蒸发面上也会生成大量水滴。形成的水滴向不同方向飞溅，质量较大的水滴具有较大的动能，升起的高度也较大。如蒸汽空间高度不够，就可能随蒸汽带出，使蒸汽大量带水。细小的水滴动能小，飞溅不高，但因质量小可能被汽流卷吸带走。

一定的汽流速度下，能被汽流带走的最大水滴直径，可根据汽流升力与水滴在蒸汽中的重力之间的平衡关系确定，即

$$\xi \frac{\pi d_{max}^2}{4} \cdot \frac{\rho'' w^2}{2} = \frac{\pi d_{max}^3}{6}(\rho' - \rho'')g \tag{10-2}$$

由式（10-2）可得

$$d_{max}=\frac{3\xi\rho''w^2}{4g(\rho'-\rho'')} \tag{10-3}$$

式中 d_{max}——最大水滴直径，m；

w——汽流速度，m/s；

ρ'、ρ''——饱和水及饱和汽的密度，kg/m³；

ξ——球形水滴在汽流中的阻力系数。

由式（10-3）可知，汽流速度 w 越大，蒸汽压力 p 越高，能被汽流带走的最大水滴直径 d_{max} 越大。

当水滴直径一定时，能将水滴带走的最小汽流速度 w_{min} 可由式（10-4）确定，即

$$w_{min}=\sqrt{\frac{4gd(\rho'-\rho'')}{3\xi\rho''}}=1.155\sqrt{\frac{gd}{\xi}\left(\frac{\rho'}{\rho''}-1\right)} \tag{10-4}$$

由式（10-4）可知：水滴直径越大，蒸汽压力越低，能带走水滴的最小汽流速度越大。

影响蒸汽带水的主要因素为锅炉负荷、工作压力、蒸汽空间高度和锅水含盐量等，下面将分别说明。

1. 锅炉负荷的影响

在锅炉负荷增加时，由于产汽量的增加，一方面使进入汽包的汽水混合物的动能增大，导致产生的水滴的数目增加；另一方面，因为汽包蒸汽空间的汽流速度增大，带水能力增强，因而蒸汽湿度增大，蒸汽品质恶化。

在锅水含盐量一定的情况下，锅炉负荷与蒸汽湿度的关系可用式（10-5）表示：

$$w=AD^n \tag{10-5}$$

式中 A——与压力和汽水分离装置有关的系数；

n——与锅炉负荷有关的指数。

这一关系示于图 10-1 中。从图中可以看出，随着锅炉负荷的增加，蒸汽湿度增大。但蒸汽湿度的增加存在着三种不同的情况，相应的把蒸汽负荷分为三个区域。在第一区域内指数 n 为 0.5～1.5，蒸汽只带出细小水滴，蒸汽湿度不超过 0.03%。在第二区域内 n 为 3～4，由于蒸汽速度高，一些较大的水滴被带走，蒸汽湿度增加较快，为 0.03%～0.2%。在第三区域内指数 n 为 7～20，大量飞溅水滴被带走，蒸汽湿度急剧增加，这时蒸汽的湿度 >0.2%。

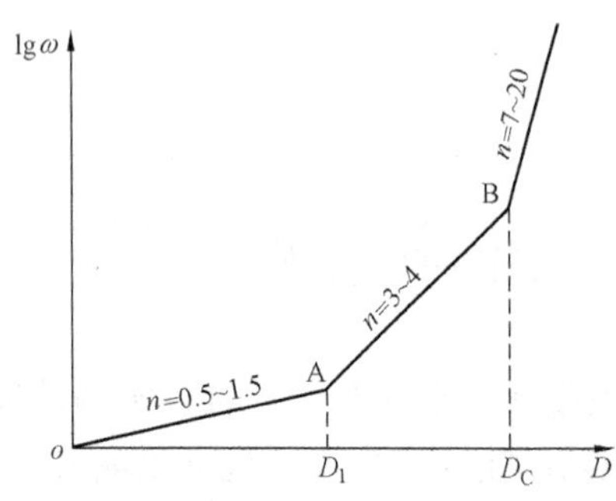

图 10-1 蒸汽湿度与锅炉负荷的关系

现代汽包锅炉，蒸汽湿度一般不允许超过 0.1%，故锅炉应在第二负荷区域前半段工作。B 点对应的蒸汽负荷称为临界负荷，用 D_C 表示。锅炉的临界负荷和最大允许负荷可由热化学试验来确定。首先调整锅炉在中间水位和允许锅水含盐量下进行，然后逐渐增大蒸汽负荷，蒸汽的含盐量也将增大。当在某一负荷下蒸汽含盐量突然剧增时，这一负荷就是临界负荷。再逐渐降低负荷直到蒸汽含盐量符合标准值，这时的负荷就是锅炉的最大允许负荷。

汽包内蒸汽流速不仅与负荷有关，而且与汽包的结构尺寸有关，通常用蒸发面负荷 R_m 和蒸汽空间负荷 R_k 两个指标来实现汽包的合理设计。

蒸发面负荷是指单位时间通过单位蒸发面积的蒸汽容积，即

$$R_m=\frac{D v''}{A},\ m^3/(m^2\cdot h) \tag{10-6}$$

蒸汽空间负荷是指单位时间内通过单位蒸汽空间的蒸汽容积，即

$$R_k=\frac{D v''}{V},\ m^3/(m^3\cdot h) \tag{10-7}$$

式中　D——锅炉蒸发量，kg/h；

v''——饱和蒸汽比体积，m^3/kg；

A——汽包中蒸发面的面积，m^2；

V——汽包蒸汽空间容积，m^3。

蒸发面负荷 R_m 在一定程度上代表蒸汽在汽包汽空间的上升速度，R_m 愈大，蒸汽平均上升速度越高，带水能力越强。蒸汽空间负荷 R_k 则表示蒸汽在汽包汽空间停留时间的倒数，R_k 越大，蒸汽在汽包汽空间停留时间越短，水滴来不及分离就被蒸汽带走。R_k 的推荐值如表 10-2 所示。

表 10-2　　蒸汽空间负荷 R_k 的推荐值

汽包压力（MPa）	4.3	10.8	15.2
蒸汽空间负荷 R_k [m^3/（$m^3\cdot h$）]	800～1000	350～400	250～300

2. 工作压力

随工作压力的升高，饱和蒸汽与水的密度差减小，汽与水分离困难，蒸汽卷起水滴的能力增强，同时，压力高，饱和温度也高，水的表面张力减小，大水滴更容易破碎成细水滴。所以工作压力愈高蒸汽愈容易带水。因此，随着锅炉工作压力的提高，汽包蒸汽空间的许可负荷 R_k 越低。

对于运行的锅炉，在压力急剧降低时也会影响蒸汽带水。这是由于汽压降低，相应饱和温度也降低，汽包和蒸发系统中的存水及受热面金属会放出热量产生部分附加蒸汽，致使汽包水容积膨胀，穿过蒸发面的汽量增多，从而造成蒸汽大量带水，蒸汽品质恶化。

3. 蒸汽空间高度

蒸汽空间高度对蒸汽带水的影响如图 10-2 所示。在蒸汽空间高度很小时，蒸汽不仅能带出细小的水滴，而且能将相当大的水滴带进汽包顶部蒸汽引出管，使蒸汽带水增多。随着蒸汽空间高度的增加，由于较大水滴在未达蒸汽引出管高度时，便失去自身的速度在重力作用下落回水面，从而使蒸汽湿度减少。但是，当蒸汽空间高度达 0.6m 以上时，由于被蒸汽带走的细小水滴不受蒸汽空间高度的影响，因而蒸汽湿度变化平缓，而达到 1.0～1.2m 以上时，蒸汽湿度就不再变化。所以采用过大的汽包尺寸来减少蒸汽湿度，只会增加金属的用量，对提高蒸汽品质并无必要。

为了保证汽包有一定的汽空间高度，运行中应严格控制汽包水位。一般汽包正常水位应在汽包中心线以下 100～200mm 处，允许波动范围为±50～75mm。运行中水位过高或压力突变导致虚假水位现象发生时，都会使蒸汽带水量增加，蒸汽品质恶化，所以运行中应严格监视汽包水位。

4. 锅水含盐量

蒸汽湿度与锅水含盐量的关系如图 10-3 所示。锅水含盐量在最初的一定范围内增加

时，蒸汽湿度不变。但是，机械携带的盐量却随锅水含盐量的增加成正比的增大。当锅水含盐量达到某一数值时，蒸汽湿度会突然增大，从而使蒸汽含盐量急剧增加，蒸汽品质恶化，这时的含盐量称为临界锅水含盐量。出现临界锅水含盐量的原因是锅水含盐量增加，特别是锅水碱度增加，会使锅水的黏性增大，使汽泡在汽包水容积中的上升速度减慢，因而汽包水容积中的含汽量增多，促使汽包水容积膨胀。此外，锅水含盐量增加，还将使水面上的泡沫层增厚，这些原因都将使蒸汽空间的实际高度减小，使蒸汽带水量增加。

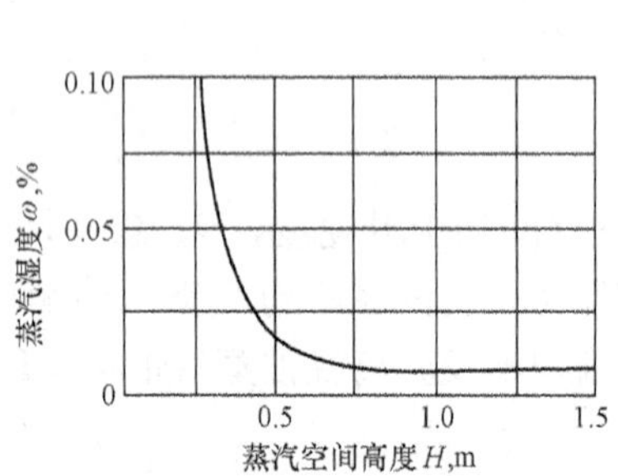

图 10-2 蒸汽湿度与蒸汽空间高度的关系

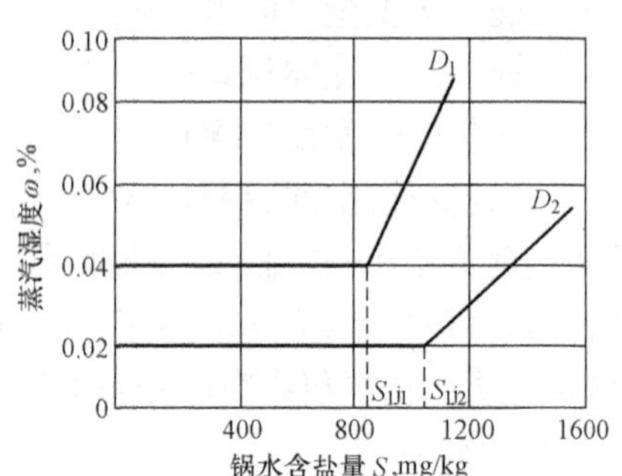

图 10-3 蒸汽湿度与锅水含盐量的关系

不同负荷下的临界锅水含盐量是不同的。锅炉负荷越高，临界锅水含盐量越低。对具体锅炉而言，其临界锅水含盐量应通过热化学试验确定，并应使实际锅水含盐量远小于临界锅水含盐量。

二、饱和蒸汽的溶解携带

蒸汽溶解携带的盐量与分配系数和锅水含盐量的大小有关，用式（10-8）表示，即

$$S_q^R = \frac{a}{100} S_{ls} \tag{10-8}$$

$$a = \left(\frac{\rho''}{\rho'}\right)^n \tag{10-9}$$

式中 S_q^R——饱和蒸汽溶解携带的盐量，mg/kg；

a——分配系数，指某种盐在蒸汽中的溶解量与它在锅水中溶解量的比值的百分数，%。分配系数的大小与蒸汽压力和盐的种类有关，实验表明，它们之间的关系如式（10-9）所示；

ρ'、ρ''——饱和水与饱和蒸汽的密度，kg/m^3；

n——溶解指数，与盐的种类有关，各种盐类的溶解指数如表 10-3 所示。

表 10-3 几种盐类的溶解指数

盐类名称	SiO_2	NaOH	NaCl	$CaCl_2$	Na_2SO_4
n	1.9	4.1	4.4	5.5	8.4

1. 高压蒸汽溶盐的特点

（1）饱和蒸汽和过热蒸汽都具有溶解盐分的能力，所有能溶于饱和蒸汽的盐类也能溶于过热蒸汽。

（2）随着压力的提高，蒸汽溶解盐分的能力增强。中、低压蒸汽几乎是不溶解盐分的，

而高压及以上压力的蒸汽之所以能直接溶解盐类，主要是因为随着压力提高，蒸汽的密度不断增大，同时饱和水的密度相应降低，蒸汽的密度逐渐接近于水的密度，因而蒸汽的性质也愈接近水的性质。水能溶解盐类，则蒸汽也能直接溶解盐类。

(3) 高压蒸汽的溶盐具有选择性。也就是说，在相同条件下，蒸汽对各种盐类的溶解能力也是不同的，而且差别很大。

根据饱和蒸汽的溶盐能力，可把锅水中的溶盐分为三类。

第一类盐分为硅酸（SiO_2、H_2SiO_3 等），其溶解系数最大。在不同压力下，硅酸的分配系数如表 10 - 4 所示。从表中可以看出，当压力为 8MPa 时，$a^{SiO_3^{2-}}$ ＝0.5％～0.6％，压力为 14MPa 时，$a^{SiO_3^{2-}}$ ＝2.8％，压力为 18MPa 时，$a^{SiO_3^{2-}}$ ＝8.0％。而蒸汽机械携带的水分 w 一般为 0.01％～0.1％，可见高压蒸汽溶解硅酸是蒸汽污染的主要原因。

表 10 - 4　　不同压力下硅酸的分配系数 $a^{SiO_3^{2-}}$

工作压力（MPa）	8	10	11	14	15	16	18	20	22.5
pH＝7 时的 $a^{SiO_3^{2-}}$（％）	0.5～0.6	0.8	1.0	2.8	—	—	8.0	16.3	～100
pH＝10 时的 $a^{SiO_3^{2-}}$（％）	0.16	0.6	0.92	2.2	2.8	3.8	7.3	—	～100

第二类为氢氧化钠（NaOH）、氯化钠（NaCl）、氯化钙（$CaCl_2$）等，它们的 n 值相当，这类盐分的溶解系数比硅酸低得多，但当压力超过 14MPa 时，其溶解系数也能达到相当大的数值。例如 NaCl，在 11MPa 时，a＝0.0006％；15MPa 时，a＝0.06％。一般，当压力大于 14MPa 时就必须考虑第二类溶盐的携带。

第三类为一些难溶于蒸汽的盐分，如硫酸钠（Na_2SO_4）、硫酸钙（$CaSO_4$）、硫酸镁（$MgSO_4$）、硅酸钠（Na_2SiO_3）、磷酸钠（Na_3PO_4）等。它们的分配系数很低，只有当压力超过 20MPa 时，才考虑第三类溶盐的溶解携带。

在超临界压力范围内，蒸汽中各盐类的溶解度顺序与高压、超高压蒸汽中各盐类的溶解度顺序相同，但溶解度要大很多。各盐类在相变点前的工质（水）中的溶解度大于在相变点后过热蒸汽的溶解度，并在相变区内发生溶解度的突变，这是由于超临界压力下相变区工质密度的剧烈下降所引起的。

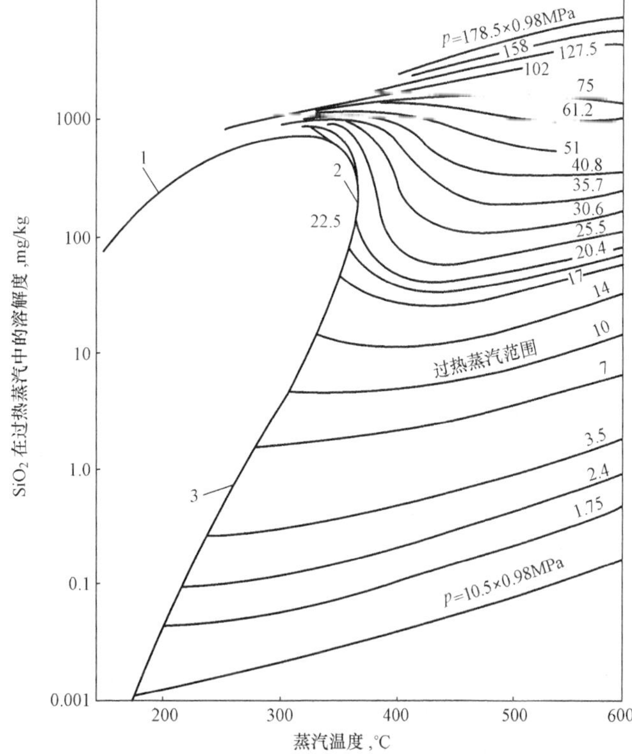

图 10 - 4　SiO_2 在过热蒸汽中的溶解度

1—饱和水线；2—临界压力点；3—饱和蒸汽线

2. 硅酸在蒸汽中的溶解特性

硅酸在高压蒸汽中的溶解特

性有两个：一是硅酸在蒸汽中的溶解度最大；二是硅酸以分子形式溶解在蒸汽中。

硅酸易溶于高压蒸汽，而且在过热蒸汽中也具有相当大的溶解度，因此一般不会在过热器中沉积。硅酸在过热蒸汽中的溶解度如图10-4所示。在随着蒸汽进入汽轮机后，随着压力降低溶解度下降，并在中、低压缸中开始大量析出，形成难溶于水的SiO_2，很难用水和湿蒸汽清洗干净，严重时往往迫使汽轮机停机进行机械清理。因此，对于高压以上锅炉，应严格控制硅酸在蒸汽中的溶解量。

在锅水中同时存在着硅酸和硅酸盐，它们在蒸汽中的溶解量差别很大，硅酸属于第一类溶盐，而硅酸盐属于第三类溶盐。锅水中的硅酸和硅酸盐可以根据条件的不同相互转化，硅酸和强碱作用形成硅酸盐，而硅酸盐又可以水解成硅酸，它们之间有如下的化学平衡关系：

$$Na_2SiO_3+2H_2O \leftrightarrow 2NaOH+H_2SiO_3$$

$$Na_2SiO_5+3H_2O \leftrightarrow 2NaOH+2H_2SiO_3$$

可见提高锅水碱度，即增大pH值，有利于硅酸转化为难溶于蒸汽的硅酸盐，从而使蒸汽中的硅酸含量减少，提高蒸汽品质。因此，为了减少锅水中的硅酸含量，改善蒸汽品质，应使锅水中的pH值大些。但pH值不能过大，否则不仅会使锅水泡沫增多，蒸汽带水量增加，还会引起金属设备的碱腐蚀，一般控制锅水的pH值为9～10。

由以上分析可知，对于高压以下的蒸汽，蒸汽的机械携带是其污染的主要原因。对于高压及以上的蒸汽，蒸汽污染的原因包括蒸汽的机械携带和溶解携带。这时蒸汽携带的盐量为机械携带盐量和溶解携带盐量，蒸汽中所含某种盐的总量为

$$\begin{aligned} S_q &= S_q^J + S_q^R \\ &= \frac{w}{100}S_{ls} + \frac{a}{100}S_{ls} \\ &= \frac{w+a}{100}S_{ls} = \frac{K}{100}S_{ls} \end{aligned} \tag{10-10}$$

式中 S_q——某种盐分在饱和蒸汽中的含量，mg/kg；

K——某种盐在蒸汽中的总携带系数，$K=w+a$，%。

第三节 汽水分离及蒸汽清洗装置

要提高蒸汽品质，应该针对蒸汽污染的原因采取相应的措施。因此，必须降低饱和蒸汽带水、减少蒸汽中的溶盐量，同时控制锅水的含盐量。减少蒸汽带水量，可采用高效的汽水分离装置；减少蒸汽溶解携带，可采用蒸汽清洗装置；控制锅水含盐量，应尽可能提高给水品质，并采用锅炉排污和进行锅水校正处理。下面对汽包内部的汽水分离装置和蒸汽清洗装置进行说明。

一、汽水分离装置

汽水分离装置的任务，是要把蒸汽中的水分利用重力、离心力、惯性力等尽可能地分离出来，以提高蒸汽品质。汽包内的汽水分离过程一般分为两个阶段：一是粗分离阶段，其任务是消除汽水混合物的动能，并进行初步的汽水分离；二是细分离阶段，其任务是将蒸汽中的小水滴进一步的分离出来，并使蒸汽从汽包上部均匀引出。

目前我国电厂锅炉采用的汽水分离装置有旋风分离器、波形板分离器、顶部多孔板等几

种，其中旋风分离器属粗分离设备，而波形板分离器、顶部多孔板属于细分离设备。下面分别就其结构和工作原理进行介绍。

1. 旋风分离器

旋风分离器是一种分离效果很好的粗分离装置，它被广泛应用于近代大、中型锅炉上。旋风分离器的型式有很多，但工作原理基本相同，最常用的是放置在汽包内部的旋风分离器。

旋风分离器的构造如图 10-5 所示。它由筒体、波形板分离器顶帽、底板、导向叶片和溢流环等部件组成。其工作原理是：汽水混合物由连接罩切向进入分离器筒体后，在其中产生旋转运动，依靠离心力作用进行汽水分离。分离出来的水分被抛向筒壁，并沿筒壁流下，由筒底导向叶片排入汽包水容积中；蒸汽则沿筒体旋转上升，经顶部的波形板分离器径向流出，进入汽包的蒸汽空间。

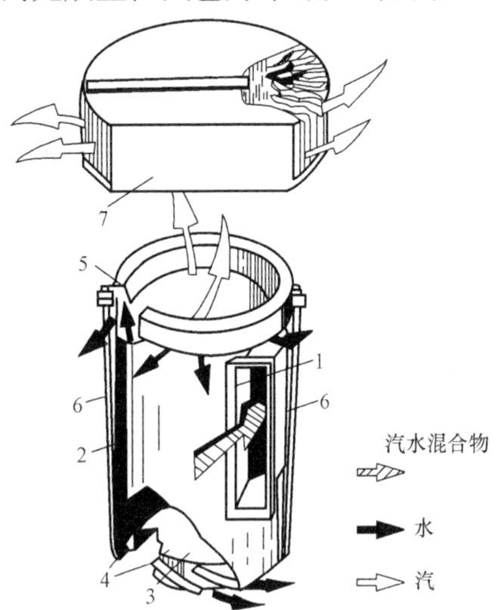

图 10-5 旋风分离器

1—进口法兰；2—拉杆；3—底板；4—导向叶片；5—筒体；6—溢流环；7—波形板顶帽

由于汽水混合物的旋转，筒体内的水面将呈漏斗形状。贴在上部筒壁的只是一层薄水膜，为了避免上升的蒸汽流从这层薄水膜中带出水分，在筒体顶部装有溢流环。溢流环与筒体的间隙既要保证水膜顺利溢出，又要防止蒸汽由此窜出。

在筒体顶部装设的波形板分离器，用来增加分离器蒸汽端的阻力，以使蒸汽沿径向均匀引出并使各旋风分离器的蒸汽负荷分布比较均匀，同时蒸汽在曲折的波形板间通过时，使水分得到进一步分离。

为了防止蒸汽从筒的下部穿出并使水缓慢平稳地流入筒体下部水室，在筒体下部装有由圆形底板与导向叶片组成的筒底。导向叶片虽能使水平稳流入汽包水空间，但不能消除水的旋转运动。为了得到稳定的汽包水位，在汽包内布置旋风分离器时常采用左旋与右旋交错布置，以互相消除旋转动能。

为了提高内置旋风分离器的分离效果，应采用较高的汽水混合物入口速度和较小的筒体直径。但过高的汽水混合物入口速度又会使阻力过大，对水循环不利，故一般推荐：中压锅炉为 5～8m/s；高压和超高压锅炉为 4～6m/s。而筒体直径过小时，会使布置的台数增多，安装检修不便，一般采用的筒体直径为 260、290、315、350mm。不同尺寸的内置旋风分离器的允许出力推荐值见表 10-5。

表 10-5　　不同尺寸的内置旋风分离器的允许出力推荐值

筒体直径（mm）	入口尺寸（mm）	汽包压力（MPa）			
		4.41	10.89	15.30	18.73
ϕ260	50×249	2.5～3.0	4.0～4.5		
ϕ290	50×249	3.0～3.5	5.0～6.0	7.0～7.5	
ϕ315	50×180	3.5～4.0	6.0～7.0	8.0～9.0	10.0
ϕ350	50×200	4.0～4.5	7.0～8.0	9.0～11.0	12.0

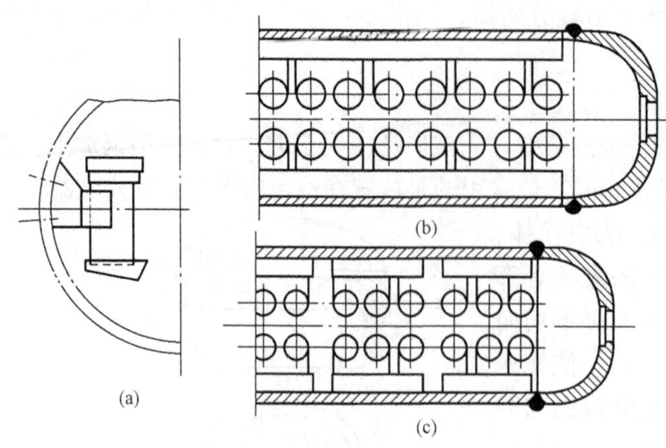

图 10 - 6　旋风分离器的连接方式
(a) 单位式；(b) 总联箱式；(c) 分联箱式

汽水混合物引入旋风分离器的方式有三种：单位式、总联箱式和分联箱式（见图 10 - 6）。一根或几根蒸发管与一只分离器连接的方式称为单位式，其优点是阻力小，缺点是由于水冷壁管的受热不均，各只分离器的蒸汽负荷差别很大。由汽包一侧蒸发管来的汽水混合物汇集在一个总联箱内，然后导入很多并列分离器的方式称为总联箱式。它的缺点是：汽水流动阻力大，由于汽包的壁厚与联箱壁厚相差很大，故很长的焊缝容易裂开。国产锅炉大多采用分联箱式。

内置式旋风分离器除了以上介绍的外，还有几种形式的旋风分离器，如涡轮分离器（见图 10 - 7）、螺旋臂式分离器（见图 10 - 8）等。

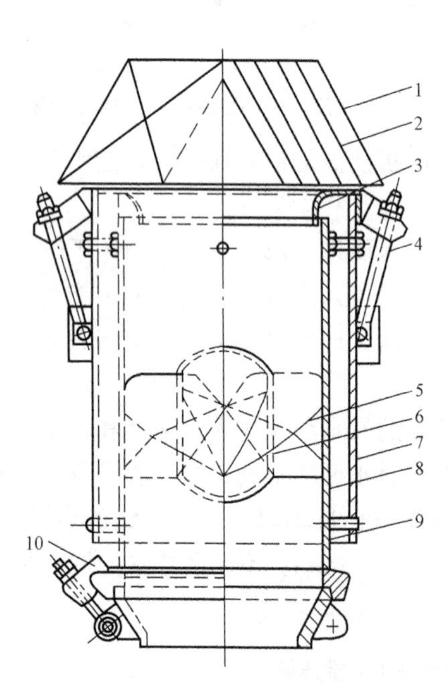

图 10 - 7　涡轮分离器
1—梯形顶帽；2—波形板；3—集汽短管；4—钩头螺栓；5—固定式导向叶片；6—涡轮芯子；7—外筒；8—内筒；9—排水夹层；10—支撑螺栓

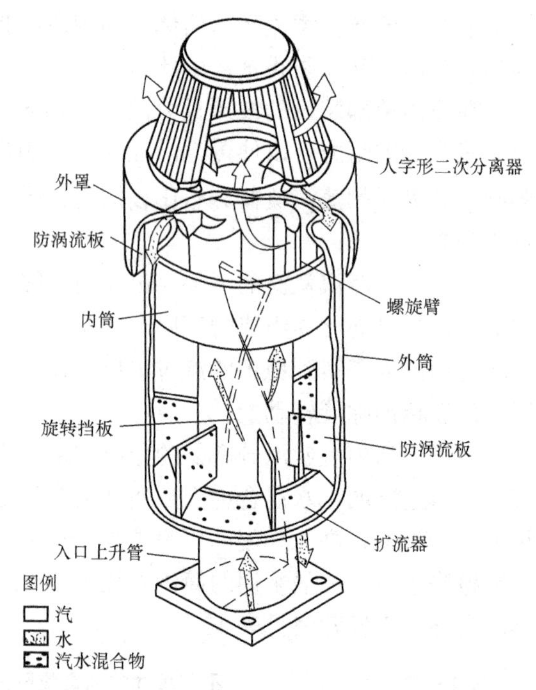

图 10 - 8　螺旋臂式分离器

涡轮分离器又称轴流式旋风分离器，它是由内筒、外筒及与内筒相连的集汽短管、螺旋形叶片和梯形波形板顶帽等组成。内筒、外筒为两同心圆结构，组成分离器的筒体；螺旋形叶片固定安装在内筒中；筒体上部装有集汽短管（又称环形导向圈）；筒体顶部装有梯形波形板分离器顶帽。涡轮分离器分别布置在汽包前后两侧的座架上，二个座架分别起汇流箱作用。其工作过程是：汽水混合物自筒体底部轴向进入，向上流动通过螺旋形叶片时，汽水混合物产生强烈的旋转运动，在离心力的作用下，把水抛向内筒壁，并依靠汽水混合物的冲力把水推向上部，并由集汽短管与内筒之间的环形截面把水挡住而引向内筒与外筒之间的环形排水夹层中向下流动，返回汽包水空间。蒸汽则在内筒中间向上运动，经梯形波形板顶帽的进一步分离后进入汽包汽空间。

涡轮分离器的分离效率高，分离出来的水滴不会被蒸汽带走，但阻力较大，因此多作为控制循环锅炉的粗分离装置。

螺旋臂式分离器由两同心圆结构的筒体、旋转挡板、螺旋臂、防涡流板、扩散器及人字形波形板顶罩组成。其工作过程是：汽水混合物从下部沿轴向进入分离器，由旋转挡板进行物质分配，通过螺旋臂使汽水混合物产生旋转，在离心力的作用下使大部分汽和水分离。密度较大的水沿螺旋臂外表面流动；密度较小的蒸汽则沿螺旋臂的内表面向上流动。分离出来的水通过内外筒体向下流动，水的旋转运动由防涡流板消除，并通过扩散器将水流分配后流入汽包水容积；分离出来的蒸汽则通过顶部人字形波形板顶帽进一步汽水分离后，进入汽包汽空间。

内置旋风分离器由于装在汽包内，其高度受到限制，因而它的分离效果不能得到充分发挥。故一般把它作为粗分离设备，与其他分离设备配合使用。同时，由于内置旋风分离器的单只出力受汽水混合物入口流速和蒸汽在筒内上升速度的限制，故需旋风分离器的数量很多，使汽包内阻塞程度大，给拆装检修工作带来不便。

2. 波形板分离器

波形板分离器也叫百叶窗分离器，它是由密集的波形板组成，如图 10-9 所示。每块波形板的厚度为 1～3mm，板间距离约 10mm，组装时应注意板间距离均匀。它的工作原理是汽流通过密集的波形板时，由于汽流转弯时的离心力将水滴分离出来。黏附在波形板上形成薄薄的水膜，靠重力慢慢向下流动，在板的下端形成较大的水滴落下。

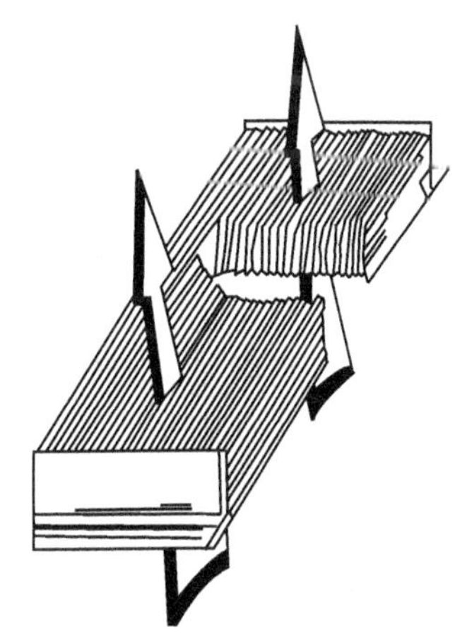
图 10-9 波形板分离器

波形板分离器可分为水平布置和立式布置两种。水平布置如图 10-9 所示，其蒸汽流向与水流向平行。立式布置如图 10-5 中的波形板分离器顶帽，其蒸汽流向与水流向垂直。立式波形板分离器由于汽、水流向互相垂直，蒸汽流不易撕破水膜，故其分离效果较好，其蒸汽流速也可较高。为了防止波形板分离器内过高的蒸汽流速撕破水膜，降低分离效果，因此对于水平布置的波形板分离器，其蒸汽流速：中压不大于 0.5m/s；高压不大于 0.2m/s，超高压不大于 0.1m/s。对于立式波形板分离器，其蒸汽流速可为卧式波形板分离器的 1.5～2 倍。为了防止饱和蒸汽从引出管引出时抽出大量蒸汽而影响多孔板的正常工作，除了限制引出管入口的蒸汽流速不能太高外，可在引出管入口下部加一盲板或正对引出管部位的孔板不开孔。

3. 顶部多孔板

顶部多孔板也叫均汽孔板，它装在汽包上部蒸汽出口处，如图 10-10 所示，其作用是

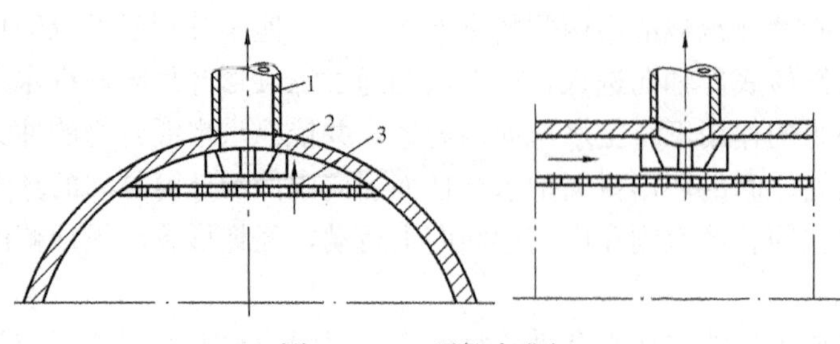

图 10-10 顶部多孔板

1—蒸汽引出管；2—盲板；3—顶部多孔板

利用孔板的节流作用，使蒸汽空间的负荷分布均匀。在与波形板分离器配合使用时，还可使波形板分离器的蒸汽负荷均匀，提高分离效果。此外，它还能阻挡住一些小水滴，起到一定的细分离作用。

顶部多孔板由 3～4mm 钢板制成，孔径一般为 6～10mm。为了使蒸汽空间的汽流上升速度均匀，从而改善分离效果，蒸汽穿孔速度不应过低，对于中压锅炉为 8～12m/s。对于高压锅炉为 6～8m/s，对于超高压锅炉为 4～6m/s。

二、蒸汽清洗装置

蒸汽清洗装置的任务是要降低蒸汽中的溶盐，尤其是应注意降低蒸汽中溶解的硅酸，以改善蒸汽品质。目前我国高压及超高压锅炉除采用汽水分离装置降低蒸汽机械携带含盐量外，还采用蒸汽清洗装置来降低蒸汽中溶解的盐分。

1. 蒸汽清洗的原理

溶于饱和蒸汽的硅酸量取决于同蒸汽接触的水的硅酸含量和硅酸的溶解系数。压力一定时，溶解系数为常数。因此，要减少蒸汽中溶解的硅酸，就只有设法降低同蒸汽接触的水的硅酸浓度，采用给水清洗蒸汽的方法可以达到这一目的。

蒸汽清洗的基本原理是让含盐低的清洁给水与含盐高的蒸汽相接触，使蒸汽中溶解的盐分转移到清洗的给水中，从而减少蒸汽溶盐。同时，又能使蒸汽携带锅水中的盐分转移到清洗的给水中，从而降低蒸汽的机械携带含盐量，使蒸汽的品质得到了改善。

2. 蒸汽清洗装置

蒸汽清洗装置的形式较多，按蒸汽与给水的接触方式不同，分为起泡穿层式、雨淋式和水膜式等几种，其中以起泡穿层式为最好。它的具体结构又分为钟罩式和平孔板式两种。

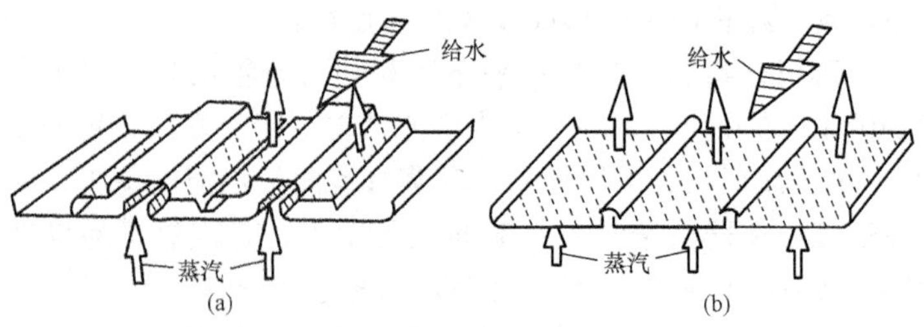

图 10-11 蒸汽清洗装置

(a) 钟罩式；(b) 平孔板式

钟罩式清洗装置的结构如图 10-11 (a) 所示。它由槽形底盘和孔板顶罩组成。底盘上不开孔，顶罩上开有小孔。每一组件有两块槽形底盘和一块孔板顶罩。两块底盘之间的空隙被顶罩盖住，以防止蒸汽直通上部蒸汽空间。蒸汽从底盘两侧间隙进入清洗装置，在钟罩阻力的作用下，经两次转弯，均匀地穿过孔板和孔板上的清洗水层进行起泡清洗后流出。蒸汽流过进口缝隙的流速小于 0.8m/s，穿过孔板和清洗水层的速度为 1～1.2m/s。清洗水由配水装置均匀分配到底盘一侧，然后流到另一侧，通过挡板溢流到汽包水室。钟罩式清洗装置工作可靠有效，但因结构较复杂，而且阻力较大，所以使用的较少，现代超高压锅炉多采用平孔板式穿层清洗装置。

平孔板式清洗装置的结构如图10-11(b)所示。它由若干个平孔板组成，相邻的平孔板之间装有U形卡。平孔板用2～3mm厚的薄钢板制成，板上均匀钻有直径为5～6mm的小孔，板四周焊有溢流挡板。清洗水由配水装置均匀地分配在平孔板上，形成30～50mm的水层，然后通过溢流挡板流到汽包水容积。蒸汽自下而上，经小孔穿过水层，进行起泡清洗。为了既能保证托住清洗水使之不致从小孔落下，又能防止因蒸汽速度太高而造成大量携带清洗水，蒸汽穿孔速度应为1.3～1.6m/s。平孔板式清洗装置优点是结构简单，阻力小，清洗面积大，清洗效果好；缺点是锅炉在低负荷下工作时，清洗水会从小孔漏下，造成干板。

3. 影响清洗效果的因素

影响蒸汽清洗效果的因素主要有：清洗水量和清洗水品质、水层厚度、清洗前蒸汽的含盐量和蒸汽流速等。

清洗水量大，清洗效果好。清洗水的品质越高，清洗效果越好。目前一般用30%～50%的锅炉给水作清洗水，其余的给水通过旁路引到下降管入口附近，以防止下降管带汽。之所以不用全部给水作清洗水，是因为高压以上锅炉的给水都具有一定的欠焓，清洗水量越大，凝结的蒸汽越多，为保证机组负荷的需要，锅炉实际产汽量就要增加，使蒸发面负荷增大，致使清洗前的蒸汽带水量增加，降低了清洗的效果。

清洗水层厚度太薄时，由于与蒸汽的接触时间短，清洗不充分，而使效果不好；若水层太厚，不但对改善清洗效果不明显，反而会降低分离空间的高度，使蒸汽带水增加。因此，一般水层厚度为40～50mm。

清洗前的蒸汽品质越差，清洗后的清洗水含盐量越高，清洗后的蒸汽含盐量也越高。由于各种因素的影响，目前所用的清洗装置实际清洗效率为60%～70%。

当锅炉给水品质很好，不采用蒸汽清洗装置已能满足蒸汽品质的要求时，可不设置蒸汽清洗装置。对亚临界压力的锅炉，由于硅酸的分配系数较大，蒸汽清洗效果较差，因此主要依靠采用较好的水处理方法来提高给水品质，使给水含盐量降到很低的程度，保证蒸汽品质，即可不用蒸汽清洗装置。

第四节 锅炉水质工况及处理

一、锅水工况及处理

1. 锅水品质及对锅炉工作的影响

锅水品质通常是指单位容积(或质量)的锅水中含有的盐量，其单位用μg/L(或μg/kg)或mg/L(或mg/kg)表示。

经过化学水处理的给水多少总是含有一些盐分，当其进入锅炉汽包以后，不断被蒸发浓缩，将其盐分留在锅水之中，使锅水中的含盐量大大超过了给水含盐量。锅水中的盐分一部分直接溶解于其中，另一部分则以结晶的形式存在。当锅水含盐量过大时，不仅会使蒸汽品质恶化，而且会使蒸发受热面结水垢或形成沉渣，沉积在锅炉底部，影响传热和锅炉正常的水循环，甚至还会使受热面金属发生腐蚀，直接威胁锅炉、汽轮机等热力设备的安全经济运行，因此必须对锅水品质进行严格的化学监督及处理。

按GB/T 12145—2008《火力发电机组及蒸汽动力设备水汽质量》规定，汽包锅炉用磷酸盐处理时，其锅水应按表 10 - 6 规定的标准控制；亚临界压力汽包炉用挥发性处理时，其锅水应按表 10 - 7 规定的标准控制。

表 10 - 6　　汽包锅炉磷酸盐处理时锅水标准*

锅炉压力（MPa）	磷酸根（μg/L）	pH（25℃）	二氧化硅（μg/L）	氯离子（μg/L）	电导率（25℃）μS/cm	氢电导率（25℃）μS/cm
3.8～5.8	5～15	9.0～11.0	—	—	—	—
5.9～10.0	2～10	9.0～10.5	≤2.00**	—	≤150	—
10.1～12.6	2～6	9.0～10.0	≤2.00**	—	≤60	—
12.7～15.8	≤3***	9.0～9.7	≤0.45**	≤1.5	≤35	—
>15.8	≤1***	9.0～9.7	≤0.20	≤0.5	≤20	≤1.5

*　表中所列数据为单段蒸发时所列项目的控制值。

**　汽包内有清洗装置时，其控制指标可适当放宽。炉水二氧化硅浓度指标应保证蒸汽二氧化硅浓度符合标准。

***　控制炉水无硬度。

表 10 - 7　　汽包锅炉挥发性处理时锅水标准

pH（25℃）	二氧化硅（μg/L）	氯离子（μg/L）	氢电导率（25℃）μS/cm
9.0～9.7	≤0.15	≤0.3	≤1.0

2. 锅水处理

锅水中的盐分，除钠盐和硅盐外，还有少量结垢性的物质，如钙、镁盐。这些钙镁盐一部分来自于软化处理后的锅炉给水，另一部分则是在机组运行过程中，因有未经处理的循环冷却水漏入凝结水中而造成的。钙、镁盐多为难溶于水的化合物，随着锅水的不断蒸发浓缩，这些钙镁盐就会在受热面上结一层坚实的水垢，从而影响机组的安全经济运行，因此，需要对锅水进行校正处理，即向锅水加药，把钙镁等硬度盐转变为不沉淀的轻质水渣。

这时要往锅水中加入能除去钙、镁盐的校正添加剂磷酸盐（如 Na_3PO_4），但为了形成不沉淀的轻质水渣，应将磷酸盐加入到碱性的锅水中。这种磷酸盐的碱性工况可由以下化学反应式表示：

$$10CaSO_4+6Na_3PO_4+2NaOH=3Ca_3(PO_4)_2\cdot Ca(OH)_2+10Na_2SO_4$$

上式等号右侧第一项为不沉淀的轻质渣，第二项为易溶于水的硫酸盐。不沉淀的轻质水渣是随水流动的，因此可随排污水排出锅炉。为使上述化学反应平衡方程式向右进行，即为保证除去钙、镁盐类，锅水中要维持一定的过剩磷酸盐。在运行中要经常监督和控制锅水中的磷酸盐，见表 10 - 6，以防水垢的生成。

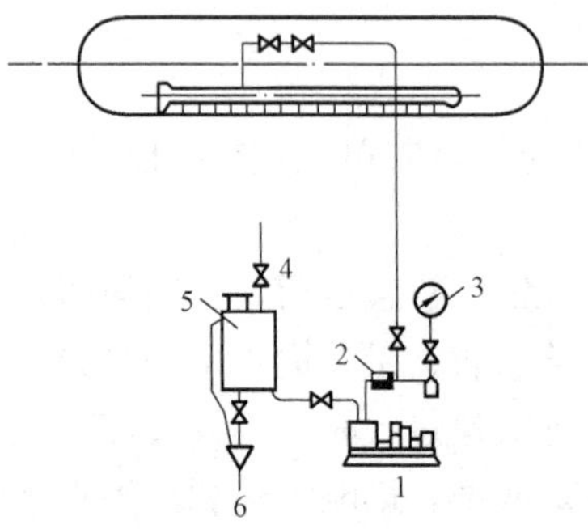

图 10 - 12　锅水加药系统

1—加药泵；2—止回阀；3—压力表；4—软化水管；5—药箱；6—排水

图 10 - 12 给出了锅水加药系统，稀释后的磷酸钠由加药泵连续地送入汽包内，并通过钻有许多小孔的管子均匀地分配到锅水中。

近年来由于电厂锅炉给水质量明显提高，同时汽轮机凝汽器漏水量也减少，使凝结水质量有很大提高，因而锅炉的水质工况得到很大改善。这样就可少用甚至不用磷酸盐处理，既可节约运行费用，又使锅水中的含盐量减少，蒸汽品质提高。

对于亚临界压力以上的锅炉，最好不用磷酸盐处理，以避免由于游离 NaOH 带来的腐蚀。

对于直流锅炉，由于没有汽包，因而无法从锅炉中除去含盐大的锅水，致使盐分随同蒸汽沉积在锅炉、汽轮机、管道阀门等热力设备上，因此，直流锅炉要求的给水品质远较同参数汽包锅炉较高。直流锅炉一般不用磷酸盐处理，因为如用磷酸盐处理，会大量增加含盐量，使进入直流炉和汽轮机的沉淀物增加，这是不恰当的。在这种情况下，除用化学除盐水作为补给水外，还应对锅水做挥发性处理。所谓挥发性处理，就是向锅炉内加入挥发性的氨和联氨（N_2H_4）。联氨在碱性介质中是一种很强的还原剂，可将水中残余溶解氧进一步除去，氨的作用是调节锅水和给水的 pH 值，减少金属设备的腐蚀。氨可加到凝结水除盐设备的出水管中，联氨加到除氧器的出水管中。通过氨和联氨的处理，以达到防止游离二氧化碳腐蚀和氧腐蚀的目的。此外，超临界压力直流锅炉也可采用加氧处理法，即在高纯度给水中加入适量的氧化剂（O_2 或 H_2O_2）以减缓热力设备腐蚀的一种给水处理方法。

二、锅炉排污

锅炉排污是控制锅水含盐量、改善蒸汽品质的重要途径之一。由于受水处理条件的限制，锅炉给水总是含有一定量的杂质，在锅内进行加药处理后，锅水的结垢性物质转变为水渣，此外，锅水腐蚀金属也要产生部分腐蚀产物。因此，在锅水中含有各种可溶性和不可溶性杂质。在锅炉运行中，随着蒸汽的不断循环蒸发，这些杂质在锅水中的浓度越来越大，影响蒸汽品质。排污就是把一部分锅水排掉，以便保持锅水中的含盐量和水渣在规定的范围内，以改善蒸汽品质并防止水冷壁结水垢和受热面腐蚀。

锅炉排污可分为连续排污和定期排污两种。

连续排污的目的是连续不断地排出一部分锅水，使锅水含盐量和其他水质指标不超过规定的数值，以保证蒸汽品质。为了减少工质和热量的损失，连续排污应从锅水含盐浓度最大的汽包蒸发面附近引出。连续排污管道系统如图 10-13 所示。连续排污主管沿长度方向均匀地开有一些小孔或槽口，排污水即由小孔或槽口流入主管，然后通过引出管排走。

定期排污的目的是定期排除锅水中的水渣，所以定期排污的地点一般选在水渣浓度最大的水冷壁下联箱底部，如图 10-14 所示。定期排污量的多少及排污的时间间隔主要视汽水品质而定。

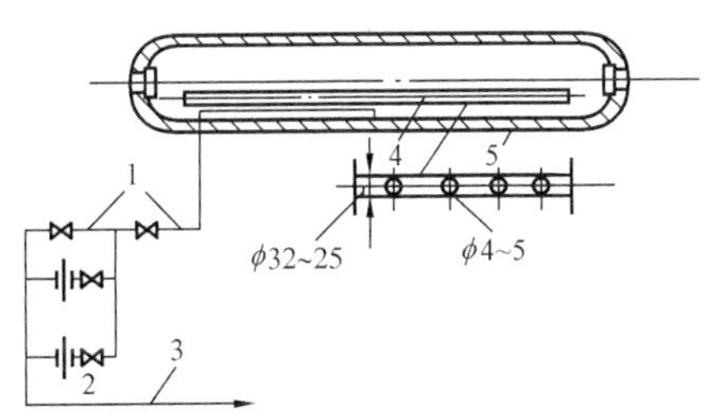

图 10-13 连续排污装置

1—连续排污管；2—节流孔板；3—排污引出管；4—连续排污主管；5—汽包

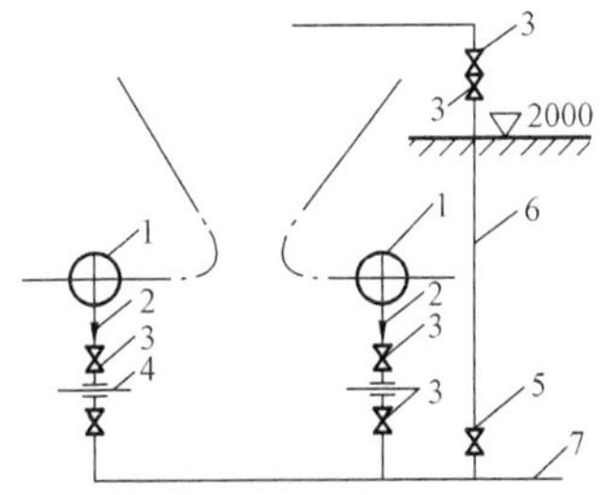

图 10-14 定期排污系统

1—水冷壁下联箱；2—排污管；3—排污门；4—节流孔板；5—止回阀；6—汽包的事故放水管；7—排污母管

锅炉排污量的多少通常用排污率 p 来表示。排污量 D_{pw} 占锅炉蒸发量 D 的百分数称为排污率，即

$$p=\frac{D_{pw}}{D}\times100\% \tag{10-11}$$

排污率可根据汽包盐量平衡关系求得。当锅水含盐量保持一定时，带入锅炉的盐量应等于排出锅炉的盐量，即

$$D_{gs}S_{gs}=DS_q+D_{pw}S_{pw} \tag{10-12}$$

因为
$$D_{gs}=D+D_{pw};\ S_{pw}=S_{ls}$$

故
$$(D+D_{pw})S_{ls}=DS_q+D_{pw}S_{ls}$$

整理后得
$$p=\frac{S_{gs}-S_q}{S_{ls}-S_{gs}}\times100\% \tag{10-13}$$

式中 D、D_{pw}、D_{gs}——锅炉蒸发量、排污量和给水量，kg/h；

S_q、S_{pw}、S_{gs}、S_{ls}——蒸汽、排污水、给水和锅水的含盐量，mg/kg。

由于蒸汽带走的盐量 S_q 与锅水含盐量 S_{ls} 和给水含盐量 S_{gs} 相比，数值很小，可以忽略掉，则上式简化为

$$p=\frac{S_{gs}}{S_{ls}-S_{gs}}\times100\% \tag{10-14}$$

由式（10-14）可知：锅炉排污率的大小主要取决于锅水含盐量和给水含盐量。给水品质、蒸汽品质与排污率之间存在以下关系：

（1）在给水含盐量一定时，排污率越大，则锅水含盐量越低，蒸汽品质提高，但锅炉的工质和热量损失增大，电厂热效率降低；相反，减少排污率，则蒸汽品质恶化。因此，要控制一定的排污率，我国规定：凝汽式电厂锅炉排污率 1%～2%，热电厂排污率为 2%～5%。

（2）在锅水含盐量一定时，减少给水含盐量，可以减少锅炉排污率，因而减少了锅炉的工质和热量损失；若保持排污率不变，减少给水含盐量，则锅水含盐量降低，蒸汽品质得以提高。

三、给水品质及处理

1. 给水品质

锅炉给水品质是指单位容积（或质量）的给水中含有的杂质的含量，其单位用 μg/L（或 μg/kg）表示。

给水品质的好坏直接影响到锅水含盐量，因而影响到蒸汽品质，所以，给水含盐是造成蒸汽污染的根本原因。为了防止锅炉给水系统腐蚀、结垢，并且为了锅炉排污率不超过规定数值的前提条件下保证锅水品质，必须对给水品质进行监督，以达到规定的要求。表 10-8 和表 10-9 给出了按照 GB/T 12145—2008《火力发电机组及蒸汽动力设备水汽质量》规定的给水品质控制标准。

表 10-8 给水品质标准

炉型		汽包锅炉				直流炉	
锅炉压力（MPa）		3.8～5.8	5.9～12.6	12.7～15.6	>15.6	5.9～18.3	≥18.3
过热蒸汽氢电导率（25℃）（μS/cm）	标准值	—	≤0.30	≤0.30	≤0.15*	≤0.15	≤0.15
	期望值	—	—	—	≤0.10	≤0.10	≤0.10

续表

炉型		汽包锅炉				直流炉	
锅炉压力（MPa）		3.8～5.8	5.9～12.6	12.7～15.6	＞15.6	5.9～18.3	≥18.3
硬度（mol/L）	标准值	≤2.0	～0	～0	～0	～0	～0
溶氧（μg/L）	标准值	≤15	≤7	≤7	≤7	≤7	≤7
铁（μg/L）	标准值	≤50	≤30	≤20	≤15	≤10	≤5
	期望值	—	—	—	≤10	≤5	≤3
铜（μg/L）	标准值	≤10	≤5	≤5	≤3	≤3	≤2
	期望值	—	—	—	≤2	≤2	≤1
钠（μg/L）	标准值	—	—	—	—	≤5	≤3
	期望值	—	—	—	—	≤3	≤2
二氧化硅（μg/L）	标准值	应保证蒸汽中二氧化硅符合标准			≤20	≤15	≤10
	期望值				≤10	≤10	≤5

* 没有凝结水精处理除盐装置的机组，给水氢电导率应不大于0.30μS/cm。

表 10-9　　全挥发处理给水的pH值、联氨和TOC标准

炉型	锅炉压力（MPa）	pH（25℃）	联氨（μg/L）	总有机碳（TOC）（μg/L）
汽包炉	3.8～5.8	8.8～9.3	—	—
	5.9～15.6	8.8～9.3（有铜给水系统）或9.2～9.6*（无铜给水系统）	≤30	≤500
	＞15.6			≤200
直流炉	＞5.9			≤200

* 对于凝汽器管为铜管、其他换热器管均为钢管的机组，给水pH值控制范围为9.1～9.4。

在超临界工况下，过热蒸汽中的铜、铁氧化物的溶解度与亚临界工况相比有较大的提高，尤其是铜氧化物的溶解度从亚临界到超临界有一个急剧的提高，给水中如不加以严格控制，将会造成大量的铜、铁氧化物沉积于汽轮机高压缸通流部分。为了保证机组的安全运行，在对给水品质的要求上，铜、铁氧化物的标准比亚临界压力直流锅炉有更高的要求。另外，由于超临界参数机组中奥氏体钢的使用量比亚临界参数机组有很大的提高，且与相同再热蒸汽温度的亚临界参数机组相比，低压缸末几级叶片的湿度有所增大，为了防止发生奥氏体钢的晶间腐蚀和汽轮机末几级叶片的腐蚀，对阴离子的含量控制也有更高的要求。

此外，为保证超超临界压力锅炉的给水品质，超超临界参数机组设置凝结水精处理系统是必要的。凝结水经精处理系统可以有效地、连续地去除机组在正常或非正常运行情况下热力系统的金属腐蚀或因凝汽器、轴封等泄漏而进入系统的盐分，从而提高机组效率，延长酸洗周期。超临界参数机组凝结水精处理系统的出水质量指标见表10-10。

表 10-10　　超临界参数机组凝结水精处理系统的出水质量指标

项目	氢电导率（25℃）（μS/cm）		钠（μg/L）	铜（μg/L）	铁（μg/L）	二氧化硅（μg/L）	氯离子（μg/L）
	挥发处理	加氧处理					
标准值	≤0.15	≤0.12	≤3	≤2	≤5	≤10	≤3
期望值	≤0.10	≤0.10	≤1	≤1	≤3	≤5	≤1

2. 给水处理

机组在运行中由于排污、泄漏等原因，总要损失一部分汽水，因此要向锅炉补充一定的水量，维持机组的汽水质量平衡。补水进入锅炉之前，需要经过处理，以除去其中的悬浮物、钙镁盐以及其他杂质和气体，处理后的水称之为软化水或除盐水。

水处理方法有三种，即软化、化学除盐、蒸发除盐。具体采用哪种处理方法，要由锅炉型式、蒸汽参数以及补充水未处理前的水质情况来决定。中压汽包锅炉一般可采用化学软化水（只除去水中钙、镁盐类的水）；高压和超高压以上的汽包锅炉，除对补给水进行软化处理外，还要进行除盐处理，即除去水中的各种盐类。

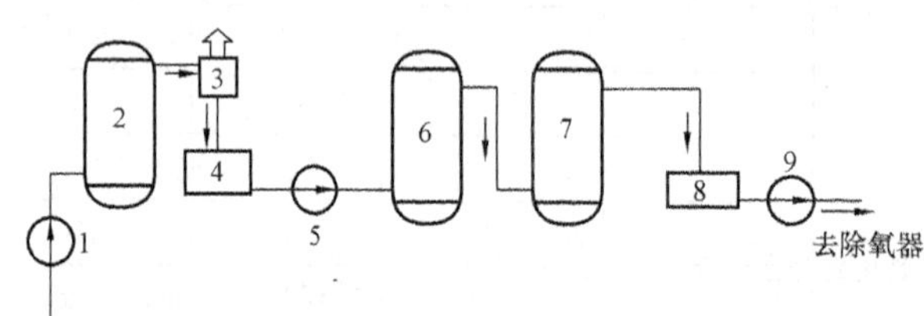

图 10 - 15 汽包锅炉的补给水处理系统示意图

1—生水泵；2—阳离子交换器；3—排气器；4—水箱；5—软化水泵；6—阴离子交换器；7—混合交换器；8—储水箱；9—补给水泵

图 10 - 15 为某汽包锅炉的补给水处理系统示意图。天然水经过澄清和过滤，除去了水中不溶性的有机物、悬浮物、胶体和部分钙镁化合物以及碱度，这时水中只含有溶解性物质。然后再经生水泵 1 送入阳离子交换器 2。在阳离子交换器内，水中的钙、镁离子与交换器内阳离子树脂中的氢离子进行交换反应，钙、镁离子被树脂吸收，氢离子则与水中的碳酸根结合成碳酸，在一定条件下碳酸会变成二氧化碳和水。从阳离子交换器出来的水再送入排气器 3，以除去二氧化碳。水进入下部水箱 4 后，由软化水泵 5 送入阴离子交换器 6。在阴离子交换器内装有阴离子树脂，水中残留的硫酸根和硅酸根与阴离子树脂中的氢氧根离子交换，以排除硫酸根和硅酸根。需处理的生水经过阳离子和阴离子交换后已将其中溶解的盐分清除，这叫一级除盐。为了满足锅炉给水的更高要求，一般高压以上的汽包锅炉还要经过二级除盐，即将一级除盐水再通过阴阳离子混合交换器 7 进行更彻底除盐。从混合交换器出来的水进入储水箱 8，最后由补给水泵 9 送入除氧器中进行热力除氧，除氧后的水由给水泵送入锅炉。以上即为高压及以上压力汽包锅炉常采用的补给水处理系统的处理流程。

蒸发除盐的方法是将经过阳离子交换器中的软化水，送入蒸发器中加热使之蒸发，然后把蒸汽送入除氧器中。这种处理方法消耗化学药品少，但要消耗蒸汽。一般用于处理含盐量较高的水。

由于直流锅炉没有汽包，不能通过锅内加药排污等控制锅水含盐量，因此，对给水品质要求很高，不仅补充水需要处理，凝结水也需要处理，这就使水处理系统更加复杂。图 10 - 16 为配 300MW 直流锅炉的水处理系统。补充水经过澄清、过滤后得到的澄清水，再经一级除盐后，由除盐水泵补充入凝汽器，与凝结水混合后由凝结水泵送入覆盖过滤器除去铜、铁，然后在混床中进一步深度除盐得到合格的凝结水，并由凝结水升压泵升压，经低压加热器、除氧器、给水泵和高压加热器进入锅炉。

在此系统中，一级除盐由一级强酸性阳离子交换器、脱碳器和一级强碱性阴离子交换器组成。强酸性阳离子交换树脂能吸附水中的 Ca^{2+}、Mg^{2+}、Na^{+}，而树脂交换基因中的 H^{+} 被置换出来，并与水中阴离子结合成相应的无机酸 H_2SO_4、HCl、HNO_3、H_2CO_3 等，因而水呈酸性，pH≤4。H_2CO_3 几乎完全分解，分解出来的 CO_2 在水中以溶解的气体形式存

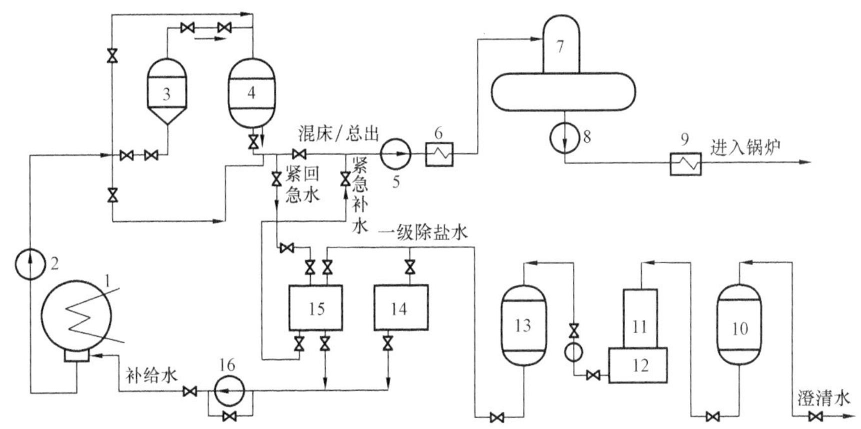

图 10-16 1000t/h 直流锅炉的水处理系统

1—凝汽器；2—凝结水泵；3—覆盖过滤器；4—混床；5—凝升泵；6—低压加热器；7—除氧器；8—给水泵；9—高压加热器；10—阳床；11—脱碳器；12—中间箱；13—阴床；14—除盐水箱；15—凝结水箱；16—除盐水泵

在，因而两个交换器之间布置了脱碳器，以除去 CO_2。强碱性阴离子交换树脂能吸附水中所有的阴离子，而交换基团中的 OH^- 被置换出来，与水中 H^+ 结合成 H_2O，达到一级除盐的目的。

经过一级除盐后的补给水与凝结水混合组成锅炉给水。由于凝汽器可能泄漏以及凝结水系统、疏水系统、热力设备中腐蚀产物使给水受污染，因此，再经混床二级（即凝结水精处理系统）深度除盐。进混床前须经覆盖过滤器除去铜、铁等微粒。混床出口的水至高压除氧器除氧，并辅以 N_2H_4 除氧，使水中溶解的氧降至规定值。在混床出口或除氧器后加入氨 NH_3，以调节水的 pH 值。实际运行表明，这套水处理系统能稳定地满足直流锅炉的水质要求。

超超临界参数机组的凝结水精处理系统与图 10-16 所示的水处理系统类似。如我国某 1000MW 超超临界参数机组采用全流量的凝结水前置过滤器及体外再生混床的中压凝结水精处理系统。凝结水精处理系统与热力系统连接方式采用单元制，每台机组设 2 台前置过滤器和 4 台体外再生高速混床。主凝结水系统流程为凝结水泵来水→凝结水精处理装置→热力系统。机组启动初期，凝结水直接排放，不进入凝结水处理装置。当凝结水含铁量小于 1000μg/L 时，投入前置过滤器，再逐步投入混床。混床启动初期出水不合格，可经再循环泵循环至混床出水合格再向系统供水。正常运行时，凝结水全部通过前置过滤器和精处理混床。实践表明，经过此凝结水精处理系统处理后的凝结水品质满足超超临界参数机组凝结水精处理系统的出水质量指标。

此外，为了保证直流锅炉的安全经济运行，除了确保给水品质外，还要做好锅炉停用时的清洗和保护工作。

第五节 汽包内部装置示例

为了保证蒸汽品质，在汽包内部一般采用多种蒸汽净化装置的组合结构。由于锅炉容量、参数不同，对蒸汽品质要求也不同，汽包内部装置的结构、布置、组合方式也不完全相同。下面介绍几种比较典型的汽包内部装置。

一、高压、超高压自然循环锅炉汽包内部装置

高压和超高压锅炉典型汽包内部装置及其布置如图 10-17 所示。它是由内置旋风分离器、蒸汽清洗装置、百叶窗分离器、顶部多孔板等组成。内置旋风分离器沿整个汽包长度分前后两排布置在汽包中部。每两个旋风分离器共用一个联通箱，且其旋向相反。旋风分离器的上部装有平孔板型蒸汽清洗装置，配水装置布置在清洗装置的一侧或中部，布置于清洗装置一侧的为单侧配水方式，布置于清洗装置中部的为双侧配水方式。清洗水来自锅炉给水。平孔板型蒸汽清洗装置的上部装有百叶窗分离器和顶部多孔板。

除上述设备外，汽包内还装有连续排污管、炉内加药管、事故放水管、再循环管等。

二、亚临界自然循环锅炉汽包内部装置

亚临界参数自然循环锅炉的汽包内部装置的主要特点是：汽包内部一般不设置蒸汽清洗装置；汽包体积相对较小；为了减少汽包的热应力，汽包的下半部设置汽水混合物夹层，将经省煤器来的给水、锅水和汽包壁隔开，尽量减少汽包上下壁温差，为了避免夹层内水层停滞过冷，必须使夹层内汽水混合物处于流动状态。

图 10-18 为 DG1025t/h 亚临界参数自然循环锅炉的汽包内部装置。汽包内径为 ϕ1792.8，壁厚为 146mm，全长 22250mm，筒体材质为 13MnNiMo54（BHW35）合金钢，汽包内装置 108 只切向导叶式旋风分离器和波纹板二次分离元件。

图 10-19 为 FWEC 2020t/h 亚临界参数自然循环锅炉的汽包内部装置。汽包内径为 ϕ1828.8，壁厚为 204mm，总长 28273mm，直段长 25244mm、封头壁厚 168mm，筒体材质为 SA—516GR70 碳钢。汽包内装置有 4 排错列布置的共 224 只螺旋壁式分离器，二次分离元件为整体人字形可排放式百叶窗分离器。

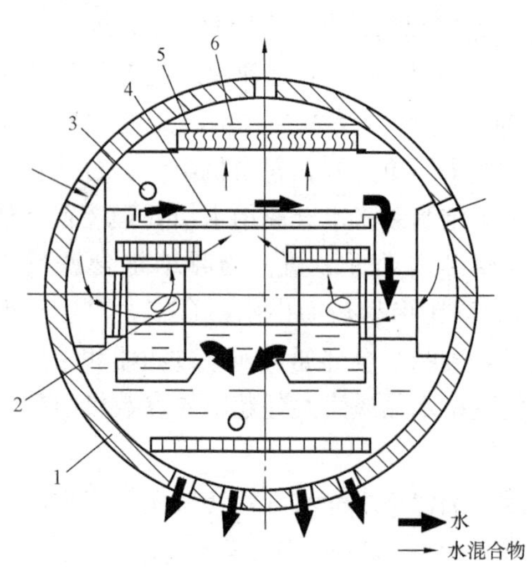

图 10-17 高压和超高压锅炉典型汽包内部装置及其布置

1—汽包；2—内置旋风分离器；3—清洗水配水装置；4—蒸汽清洗装置；5—波形板；6—顶部多孔板

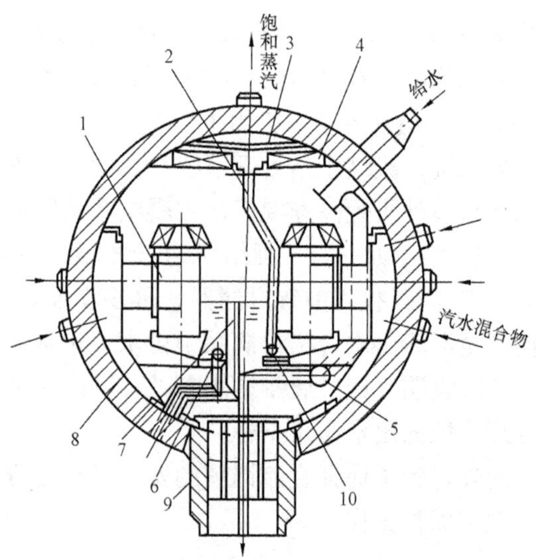

图 10-18 DG1025t/h 亚临界参数自然循环锅炉的汽包内部装置

1—旋风分离器；2—疏水管；3—顶部多孔板；4—波形板分离器；5—给水管；6—排污管；7—事故放水管；8—汽水加套；9—下降管；10—加药管

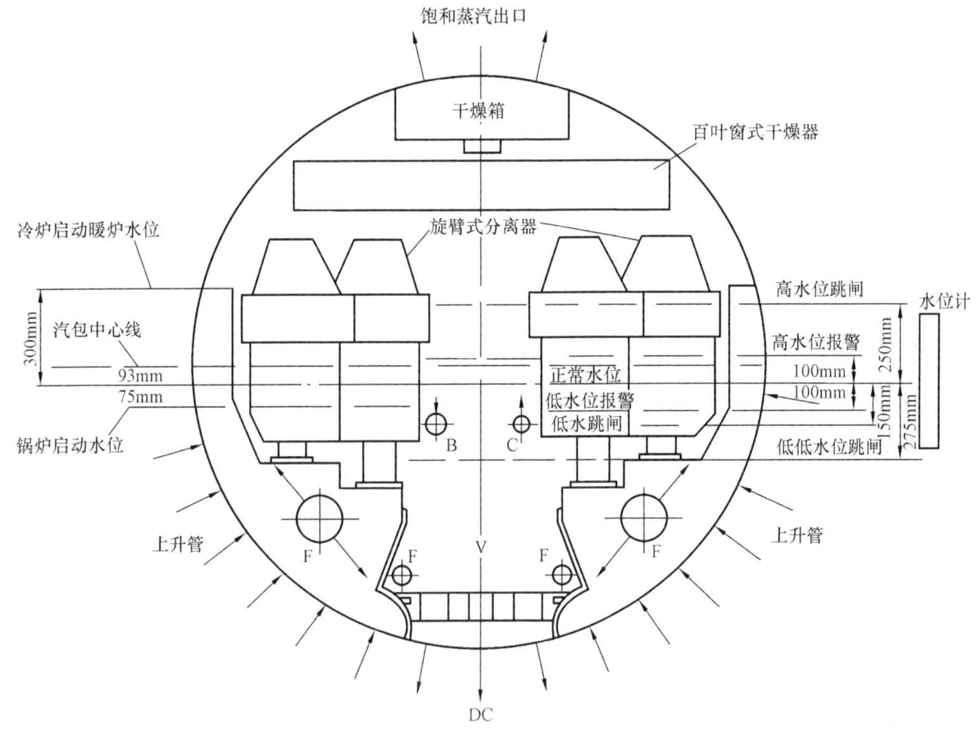

图 10-19 FWEC2020t/h 亚临界参数自然循环锅炉的汽包内部装置
B—连续排污管；C—化学加药管；F—给水管；V—抗涡流元件；DC—下降管

三、亚临界控制循环锅炉汽包内部装置

控制循环锅炉的汽包及其内部装置见图 10-20。采用轴流式分离器作为一次分离，然后蒸汽经波形板百叶窗分离器分离后引出。因采用的给水品质好，可以不用蒸汽清洗，给水直接送至下降管入口附近。

与超高压锅炉相比，亚临界压力控制循环汽包锅炉汽包内部装置的主要特点为除可以采用轴流式旋风分离器和不用蒸汽清洗装置外，汽包内装有弧形衬板，与汽包内壁间形成一环形通道，构成汽水混合物汇流箱。汽水混合物从汽包上部引入，沿环形通道自上而下流动，最后进入旋风分离器。这种结构的汽包内壁只与汽水混合物接触，避免了汽包壁受锅水和给水的冲击，减小了汽包上、下壁温差和壁温波动幅度，从而使汽包热应力减小，对汽包起到了较好的保护作用。

CE2008t/h 控制循环锅炉的汽包内径为 $\phi1778$，全长 27691mm，筒体直段长 25756mm，上部壁厚为 196mm，下部壁厚为 164mm，筒体材质为 SA—299。汽包内部设有 2 排共 110 只涡轮式旋风分离器和 4 排波纹板分离器。涡轮式分离器分布在汽包两侧的座架上，两个座架分别起汇流箱的作用。每只分离器采用 $\phi247/\phi350$ 的筒体，导向叶片芯子直径为 125mm，高为 155mm。汽水混合物经涡轮式分离器及其顶帽分离后，进入位于汽包顶部的百叶窗分离器和均流孔板，饱和蒸汽由蒸汽引出管引出汽包进入过热器，而分离出来的水通过疏水管直接引入汽包的水侧，这样可以防止分离出来的水不产生二次携带。

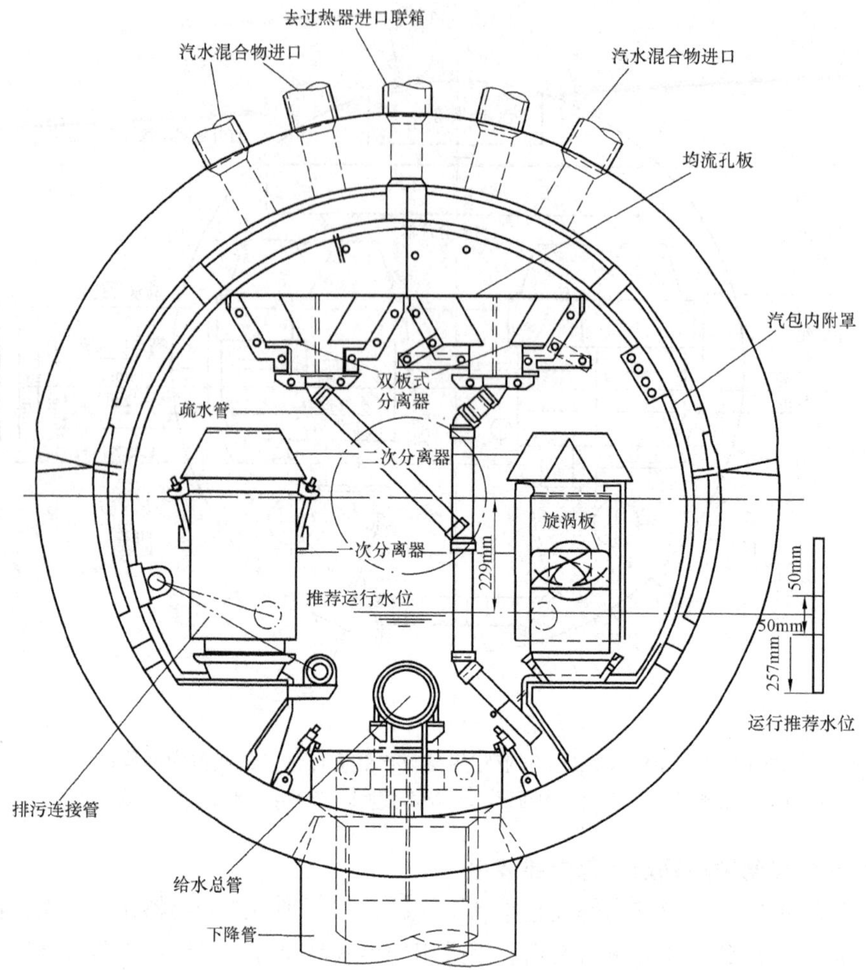

图 10-20 控制循环锅炉的汽包及其内部装置

思考题

1. 蒸汽污染对热力设备有哪些危害？
2. 蒸汽污染的原因有哪些？
3. 机械携带的影响因素有哪些？
4. 蒸汽溶盐的特点有哪些？溶解度最大的盐是哪一种？如何控制其含量？
5. 提高蒸汽品质的措施有哪些？
6. 汽包内有哪些装置？各自有什么作用？
7. 锅炉排污分为几类？排污的目的及位置如何？
8. 概念：机械携带 溶解携带 临界炉水含盐量 分配系数 排污率

第十一章　循环流化床锅炉

第一节　循环流化床锅炉的工作原理和主要特点

一、循环流化床燃煤锅炉炉内工作原理

循环流化床燃煤锅炉基于循环流态化的原理组织煤的燃烧过程，以携带燃料的大量高温固体颗粒物料的循环燃烧为重要特征。固体颗粒充满整个炉膛，处于悬浮并强烈掺混的燃烧方式。但与常规煤粉炉中发生的单纯悬浮燃烧过程相比，颗粒在循环流化床燃烧室内的浓度远大于煤粉炉，并且存在显著的颗粒成团和床料的颗粒回混，颗粒与气体间的相对速度大，这一点显然与基于气力输送方式的煤粉悬浮燃烧过程完全不同。

循环流化床锅炉的燃烧与烟风流程示意见图 11 - 1。

预热后的一次风（流化风）经风室由炉膛底部穿过布风板送入，使炉膛内的物料处于快速流化状态，燃料在充满整个炉膛的惰性床料中燃烧。较细小的颗粒被气流夹带飞出炉膛，并由飞灰分离装置分离收集，通过分离器下的回料管与飞灰回送器（返料器）送回炉膛循环燃烧；燃料在燃烧系统内完成燃烧和高温烟气向工质的部分热量传递过程。烟气和未被分离器捕集的细颗粒排入尾部烟道，继续与受热面进行对流换热，最后排出锅炉。

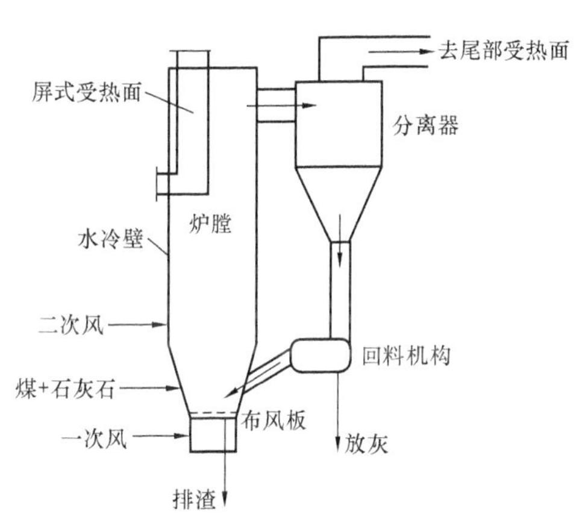

图 11 - 1　循环流化床锅炉炉内燃烧与烟风系统

在这种燃烧方式下，燃烧室密相区的温度水平受到燃煤过程中的高温结渣、低温结焦和最佳脱硫温度的限制，一般维持在 850℃左右。这一温度范围也恰与最佳脱硫温度吻合。由于循环流化床锅炉较煤粉炉炉膛的温度水平低，带来了低污染物排放和避免燃煤过程中结渣等问题的优越性。

二、循环流化床锅炉的工作过程

图 11 - 2 为典型电站用循环流化床锅炉的工作系统，其基本工作过程如下：煤由煤场经抓斗和运煤皮带等传输设备被送入煤仓，然后由煤仓进入破碎机被破碎成粒径小于 10mm 的煤粒后送入炉膛。与此同时，用于燃烧脱硫的脱硫剂—石灰石也由石灰石仓送入炉膛，参与煤粒燃烧反应。此后，随烟气流出炉膛的大量颗粒在旋风分离器中与烟气分离。分离出来的颗粒可以直接回到炉膛，也可经外置式换热器再进入炉膛参与燃烧过程。由旋风分离器分离出来的烟气则被引入锅炉尾部烟道，对布置在尾部烟道中的过热器、省煤器和空气预热器中的工质进行加热，从空气预热器出口流出的烟气经布袋除尘器除尘后，由引风机排入烟囱，排向大气。

在汽水系统方面，循环流化床锅炉和煤粉炉基本相似。给水由给水泵压入省煤器，吸热后流入汽包，经下降管和下联箱汇集，重新分配给布置在炉膛四周的水冷壁管中。工质在水

冷壁管中吸热汽化后再返回汽包，在汽包内进行汽水分离，饱和蒸汽流入位于对流烟道的过热器，并在其中进一步被烟气加热到规定的温度和压力的过热蒸汽。随后，过热蒸汽流入汽轮机，推动汽轮机转动，并带动同轴的发电机组发电。

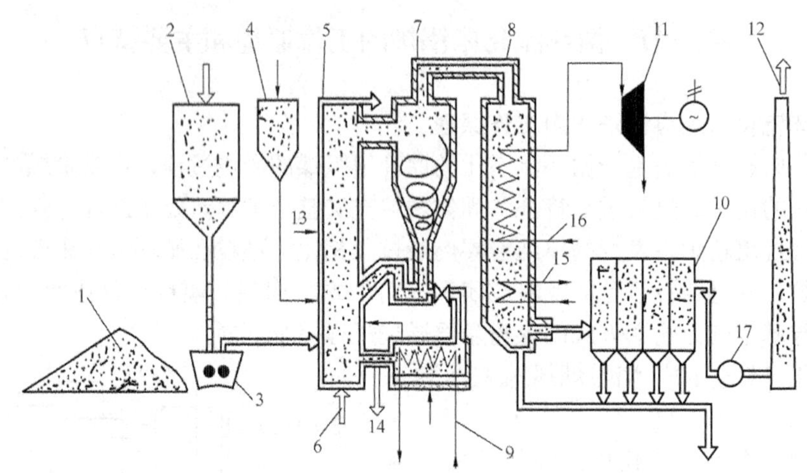

图 11-2　典型电站用循环流化床锅炉的工作系统

1—煤场；2—燃料仓；3—燃料破碎机；4—石灰石仓；5—水冷壁；6—布风板下的空气入口；7—旋风分离器；8—锅炉尾部烟道；9—外置式换热器的被加热工质入口；10—布袋除尘器；11—汽轮机；12—烟囱；13—二次风入口；14—排渣管；15—省煤器；16—过热器；17—引风机

外置式换热器中的被加热工质可以是给水或蒸汽。这些工质在外置式换热器中吸热后仍回到锅炉的汽水系统。

燃烧及布风需要的一次风和二次风通常由冷空气在空气预热器（布置在后部烟道的省煤器后面，图 11-2 中未示出）中预热后分别从炉膛底部及炉膛侧墙送入。

三、循环流化床锅炉的特点

循环流化床锅炉的循环流化燃烧方式与其他燃烧方式的锅炉相比具有以下特点。

1. 可燃用的燃料范围宽

循环流化床锅炉炉膛中存在大量由固体颗粒构成的床料。这些炽热的固体颗粒可以是沙子、砾石、石灰石及煤灰。加入的燃料按质量分数计算只占床料总量的1%～3%。

循环流化床是快速床，在炉膛形成一个中心区气流与细颗粒向上运动而四周近壁环形区颗粒团向下沉降的强烈内循环运动。加上随烟气流出炉膛的高温固体颗粒被分离捕集后再次送回炉膛的外循环作用，使炉膛内传热和传质过程得到显著强化。炉膛内温度能均匀地保持在 850℃左右，加入炉膛的燃料颗粒迅速加热到炉膛温度并着火燃烧。因而循环流化床锅炉可以不需辅助燃料，而燃用各种固体燃料，从低挥发分的无烟煤到高硫烟煤乃至灰分含量高达 40%～60%的高灰煤均可满意地燃烧。此外，这种锅炉还能燃用石油焦、页岩等其他固体燃料，其燃料适用范围十分宽广。

2. 燃烧效率高

循环流化床燃烧时，虽然其燃料颗粒比煤粉粗数十倍乃至上百倍，但在设计和运行良好的情况下，燃烧效率可以达到煤粉炉的水平。

循环流化床锅炉能保持燃烧效率高的主要原因如下：首先新鲜燃料颗粒进入炉膛迅速与大量炽热床料混合，可立即着火燃烧，而且炉内气固混合强烈，燃烧速率高；此外，在这种锅炉中，燃烧区域扩展到整个炉膛，随气流流出炉膛的未燃尽颗粒会被旋风分离器分离后再送回炉膛循环燃烧，因而使燃料燃烧时间大为延长，有利于燃料燃尽；当然，也有一些细颗粒未被旋风分离器收集，并随烟气流入锅炉尾部受热面烟道，造成一些不完全燃烧损失。为了降低这部分燃烧损失，可以在锅炉尾部烟道底部收集这些细颗粒并送回炉膛参加燃烧。

3. 脱硫效果好

煤粉炉的主要缺点之一即为排烟中含有在燃烧过程中产生的大量 SO_2 气体。含有 SO_2 的烟气排入大气后将严重污染环境。为了减少烟气中的 SO_2 含量，并使之达到环保要求，往往需要采用价格昂贵的烟气脱硫装置，或在燃烧过程中加入脱硫剂（吸收剂）脱硫。常用的脱硫剂为石灰石（$CaCO_3$）和白云石（$CaCO_3 \cdot MgCO_3$）。

在循环流化床锅炉中，脱硫剂在炉膛中是在最佳反应温度下进行脱硫，炉膛中燃料和物料的内循环和分离设备、回送设备造成的外部循环使脱硫剂在炉膛内平均停留时间可长达数十分钟，因此，脱硫过程可充分进行。在采用石灰石作脱硫剂，Ca/S=2 的情况下，其脱硫效率可高达 90%以上，脱硫剂利用率可达 50%以上。排入大气的烟气中 SO_2 含量小于 $200mg/m^3$（标准状态），符合国家环保标准，可不必采用昂贵的烟气脱硫装置。

4. 氮氧化物 NO_x 排放量低

锅炉排烟中另一种危害环境的物质为氮氧化物 NO_x。烟气中的 NO_x 按其生成机理可分为热力型 NO_x、快速型 NO_x 和燃料型 NO_x 三类。

热力型 NO_x 是燃烧用空气中所含的 N_2 在高温时氧化生成的；快速型 NO_x 是燃料燃烧分解时所产生的中间产物与 N_2 反应生成的；燃料型 NO_x 是燃料中所含有机氮化合物在燃烧时氧化生成的。

在燃煤锅炉中，快速型 NO_x 占总 NO_x 含量的比例较少，一般在 5%以下。因此排烟中氮氧化物主要为热力型 NO_x 和燃料型 NO_x。研究表明，燃料型 NO_x 和热力型 NO_x 均与燃烧温度密切相关。燃烧温度愈高则这两种类型的 NO_x 含量愈大，反之则愈小。特别是热力型 NO_x 受燃烧温度影响更明显。循环流化床锅炉的炉膛温度为 850℃左右，此时热力型 NO_x 生成量已较少，一般只占 NO_x 总排放量的 10%以下。加上循环流化床锅炉燃烧所需空气采用分段给入方式，一次风从布风板下送入，其量低于燃烧所需氧量，因而析出的燃料氮不能充分与氧反应生成氧化氮。二次风在炉膛下部还原区以上送入炉膛，此时燃料析出的氮已成为分子氮，因而也不易形成 NO_x。由于合理组织了分段送风和分段燃烧，可以有效地减少燃料型 NO_x 的生成，因而循环流化床锅炉烟气中的 NO_x 排放范围为（50～150）ppm，可以满足各国的环保法规要求。

5. 炉膛截面热负荷高，有利于发展大容量锅炉

循环流化床锅炉的炉膛内气流速度是鼓泡流化床锅炉的 3～5 倍，炉内混合强、传热快，其炉膛截面热负荷也远大于鼓泡流化床锅炉，一般为 $3\sim5MW/m^2$，可达到与煤粉锅炉相当的水平。

6. 锅炉出力调节范围广，调节速率快

在循环流化床锅炉中，可以通过减少进入外置式换热器的循环量使炉温升高。这样，就可补偿在低负荷时，因燃料量和空气量的下降而引起的炉温降低，使炉温仍保持在最佳炉温

运行工况。因而可使锅炉出力调节范围较宽，一般在锅炉正常出力的25%～30%下仍可稳定运行。此外，由于炉膛气速高、传热快，因而其出力调节速率较快，可达到4%/min的程度。

7. 灰渣可进行多种综合利用

由于低温燃烧和燃烧效率高，使循环流化床锅炉排出的灰渣未经熔化过程且含碳量小。但由于采用加入脱硫料的炉内脱硫技术，其固体灰渣排出量一般是同容量煤粉锅炉的1.5～2倍。并且灰渣中含有大量的氧化钙和硫酸钙，不像煤粉锅炉灰渣以氧化硅为主。其灰渣可用于水泥掺和料、建筑材料和砖瓦生产等方面的综合利用。

循环流化床锅炉的一系列特点已使其逐渐发展为一种适用燃料范围广、高效低污染的燃煤锅炉，不仅适用于工业锅炉，也适用于大型电站锅炉，具有宽广的应用和发展前景。

第二节　循环流化床锅炉的主要设备

循环流化床锅炉与燃煤粉的常规锅炉相比，除了燃烧部分外，其他部分的受热面结构和布置方式与常规煤粉炉大同小异。循环流化床锅炉的燃烧系统由燃烧室和布风板、飞灰分离装置、飞灰回送装置等组成，有的还配置外部流化床热交换器。

一、燃烧室

循环流化床锅炉燃烧室的截面为矩形，其宽度一般为深度的2倍左右，下部为一倒锥形结构，底部为布风板（见图11-1）。以二次风喷口为界，二次风喷口以下为循环流化床的密相区，颗粒浓度较大，是燃料着火和燃烧的主要区域，此区域的壁面上敷设耐热耐磨材料，并设置循环飞灰返料口、给煤口、排渣口等；二次风喷口以上为稀相区，颗粒浓度较小，壁面上主要布置水冷壁受热面，也可布置过热蒸汽受热面，通常在炉膛上部空间布置悬挂式的屏式受热面，炉膛内维持微正压。

流化风（也称为一次风，额定负荷下占总风量的40%～60%）经床底的布风板送入床层内，二次风风口布置在密相区和稀相区之间。炉膛出口处布置飞灰分离器，烟气中95%以上的飞灰被分离和收集下来，经飞灰回送装置返回炉膛。然后，烟气进入尾部对流受热面。

给煤经过机械或气力输煤的方式送入燃烧室，脱硫用的石灰石颗粒经单独的给料管采用气力输送的方式或与给煤一起送入炉内，燃烧形成的灰渣经过布风板上或炉壁上的排渣口排出炉外。

二、布风装置

流化床锅炉燃烧所需的空气供给系统由风机、风道、风室、布风板、调节挡板和测量装置组成。流化床锅炉采用的布风装置主要有两种形式，即风帽式和密孔板式。

（一）风帽式布风装置

图11-3示出了典型的风帽式布风装置结构。由风机送入的空气经位于布风板下部的风室通过风帽底部的通道，从风帽上部径向分布的小孔流出，由于小孔的总截面积远小于布风板面积，因此，气流在小孔出口处取得远大于按布风板面积计算的空塔气流速度。对布风装置的性能要求如下：

（1）能均匀密集地分配气流，避免在布风板上面形成停滞区；

（2）能使布风板上的床料与空气产生强烈的扰动和混合，要求风帽小孔出口气流具有较大的动能；

（3）具有合理的阻力，起到稳定床压和均匀流化的作用；

（4）具有足够的强度和刚度，能支承本身和床料的重量，压火时防止布风板受热变形，风帽不烧损，并考虑到检修清理方便。

1. 布风板

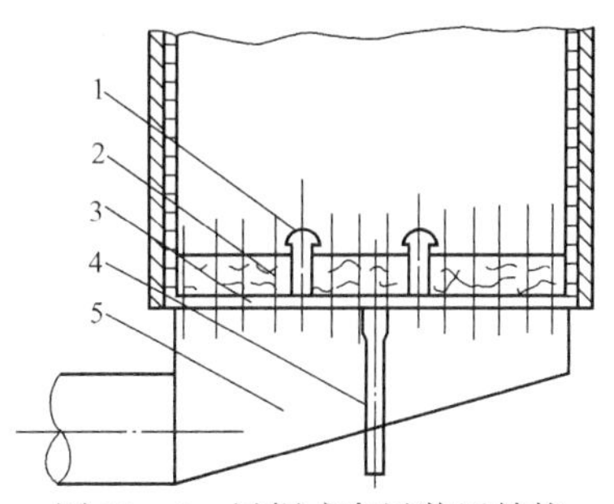

图 11-3　风帽式布风装置结构
1—风帽；2—隔热层；3—花板；4—冷渣管；5—风室

布风板位于炉膛燃烧室的底部，实际上是一个其上布置有一定数量和型式的布风风帽的燃烧室底板，它将其下部的风室与炉膛隔开。一方面起到将固体颗粒限制在炉膛布风板上，并对固体颗粒（床料）起支撑作用；另一方面，保证一次风穿过布风板进入炉膛达到对颗粒均匀流化。为了满足均匀、良好的流化，布风板必须具有足够的阻力压降，一般占烟风系统总压降的 30%左右。风帽在布风板上的安装方式见图 11-3。在我国发展鼓泡流化床锅炉的初期，多采用大直径风帽，但这类风帽会造成流化质量不良，导致飞灰带出量很大。目前，我国循环流化床锅炉常用的两种风帽型式是定向风帽（见图 11-4）和钟罩式风帽（见图 11-5）。

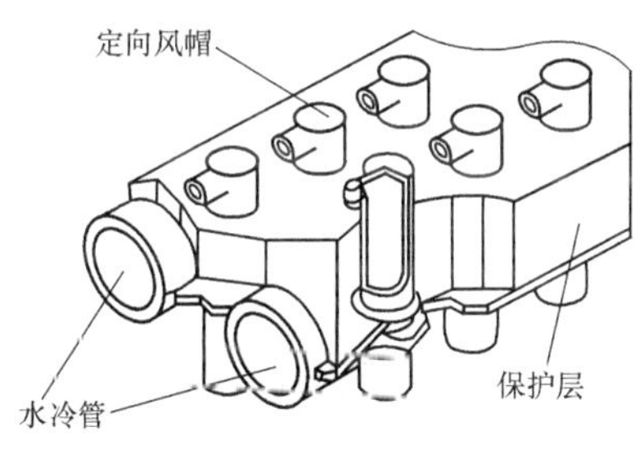

图 11-4　定向风帽

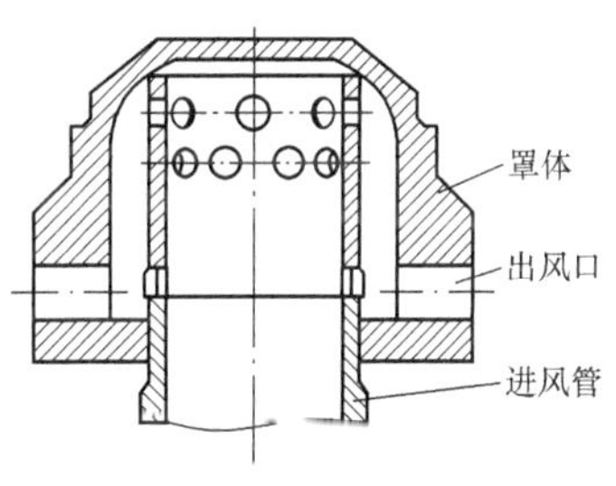

图 11-5　钟罩式风帽

在大容量循环流化床锅炉中，为防止布风板过热，均采用水冷布风板。风帽固定在水冷壁管之间的鳍片上，将整个风室设计成水冷结构，减少用于水冷风箱和布风板之间的高温膨胀节和厚重的耐火层，同时，有利于实现床下点火和锅炉的快速启动，如图 11-6 所示。

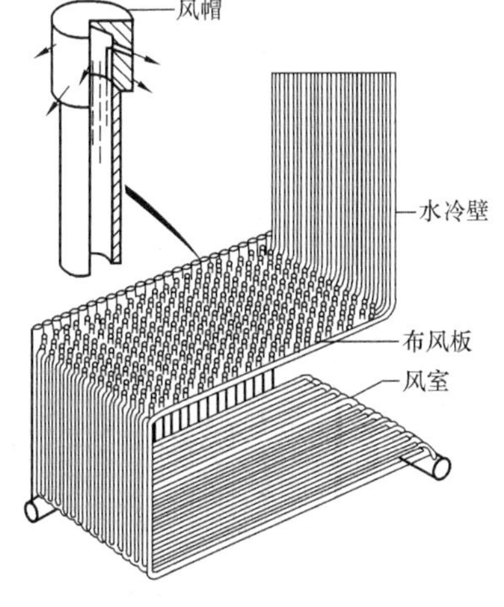

图 11-6　水冷布风板结构

2. 耐火保护层

为避免布风板受热而挠曲变形，在花板上必须有一定厚度的耐火保护层，如图 11-7 所示。保护层厚度根据风帽的高度而定，一般为 100～150mm。风帽插入花板之后，花板自下而上涂上密封层、绝热层和耐火层，直到距风帽小孔中心线以下 15～20mm 处。这一距离不宜超过 20mm，否则，运行中容易结渣；但也不宜离风帽小孔太近，以免堵塞小孔。

3. 风室和风道

风室连接在布风板底下，起着稳压和均流的作用。目前，流化床锅炉中常采用等压风室，结构见图 11-8。其结构特点是具有倾斜的底面，这样能使风室内的静压沿深度保持不变，有利于提高布风的均匀性。

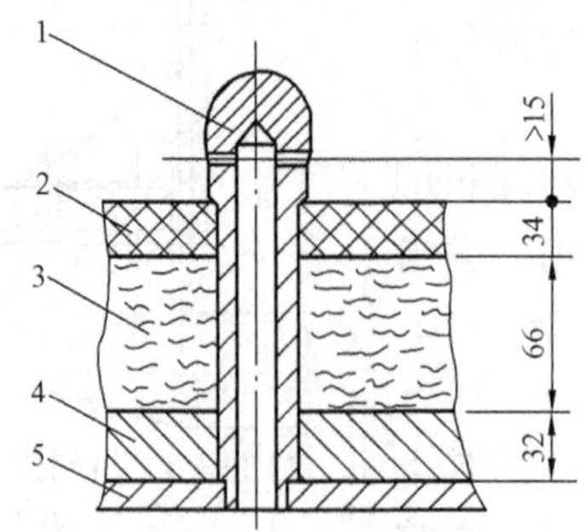

图 11-7 布风板保护层

1—风帽；2—耐火层；3—绝热层；4—密封层；5—花板

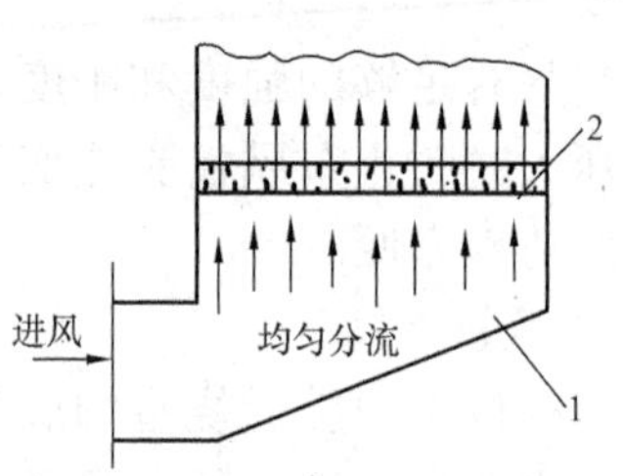

图 11-8 等压风室

1—风室；2—布风板

风道是连接风机与风室所必需的部件。气流通过风道时，必然因与风道壁面的摩擦、气流的转向及风道的截面变化等带来一系列的压降，这个压降与布风板的压降不同，后者是为维持稳定的流化床层所必需的，而风道压降则全然是一种损失，因此，在风道的布置过程当中，必须尽可能地设法减少风道中的压力损失，减少风机的电耗。

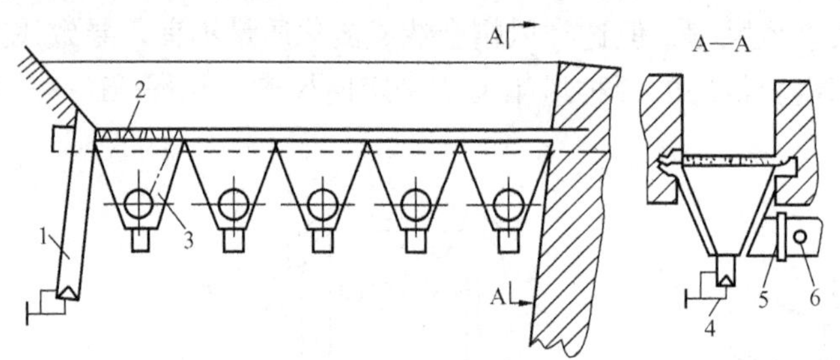

图 11-9 密孔板型风室和布风板

1—冷灰管；2—密孔板；3—风室；4—放灰管与防爆门；5—进风管；6—调风门

（二）密孔板型布风装置

图 11-9 所示为密孔板型流化床锅炉的布风板和风室结构。所谓的密孔板是指无风帽型的布风板，它是在厚约 15～30mm 的耐热铸铁板上开有密集的按等边三角形排列的小孔。为防止堵灰，小孔宜做成上小下大的锥形孔或者阶梯形孔。小孔直径通常为 $\phi3/\phi6$、$\phi4/\phi8$、$\phi5/\phi10$；小孔风速一般为 12～20m/s。布风板的空气阻力主要决定于小孔风速。

密孔板式布风板结构简单，阻力小，其空气阻力约为风帽型布风板的 1/4～1/2。但密孔板式流化床锅炉流化质量较风帽式稍差，飞灰量大，飞灰含碳量也较高，导致锅炉效率降低。

三、飞灰分离器

飞灰分离器是保证循环流化床燃煤锅炉固体颗粒物料可靠循环的关键部件之一，布置在炉膛出口的烟气通道上，工作温度接近炉膛温度。它将炉膛出口烟气流携带的固体颗粒（灰粒、未燃尽的焦炭颗粒和未完全反应的脱硫吸收剂颗粒等）中的 95%以上分离下来，再通过返料器送回炉膛进行循环燃烧，见图 11-10。分离器的性能直接影响到炉内燃烧、脱硫与传热，循环流化床锅炉分离器的主要作用在于保证床内物料的正常循环，而不在于降低烟气中的飞灰浓度，分离器对某一粒径范围颗粒的分离效率必须满足锅炉循环倍率的要求。

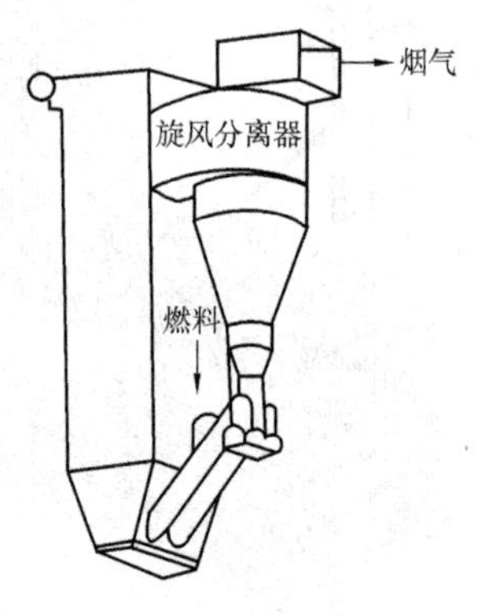

图 11-10 分离器与回料

高温旋风分离器使含灰气流在筒内快速旋转，固体颗粒在离心力和惯性力的作用下，逐渐贴近壁面并向下呈螺旋运动，被分离下来；烟气和无法分离下来的细小颗粒由中心筒排出，送入尾部对流受热面。高温旋风分离器结构简单，分离效率高，是目前最典型、应用最广、性能也最可靠的分离器。典型结构如下。

（1）耐火材料制成的高温旋风分离器。分离器内部有防磨层和绝热层，结构参见图11-11。由于旋风分离器工作温度较高，因此，需用的耐火和保温材料较厚，相对来讲，热损失也较大。

（2）水冷、汽冷高温旋风分离器（见图11-12）。整个分离器设置在一个水冷或汽冷腔室内，此类分离器不需要很厚的隔热层，仅为防止飞灰的积累，在水冷壁的防磨层之间衬以少量隔热材料，这样可以节省材料、降低热损失和缩短启停时间。但这种分离器在制造上相对较复杂一些，造价昂贵。

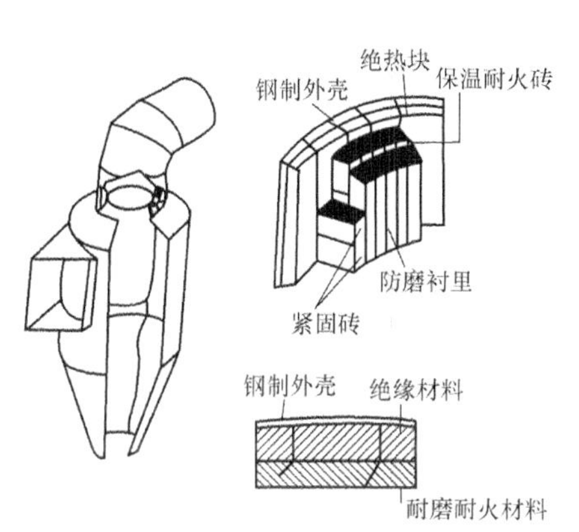

图11-11 高温绝热式旋风分离器的筒体

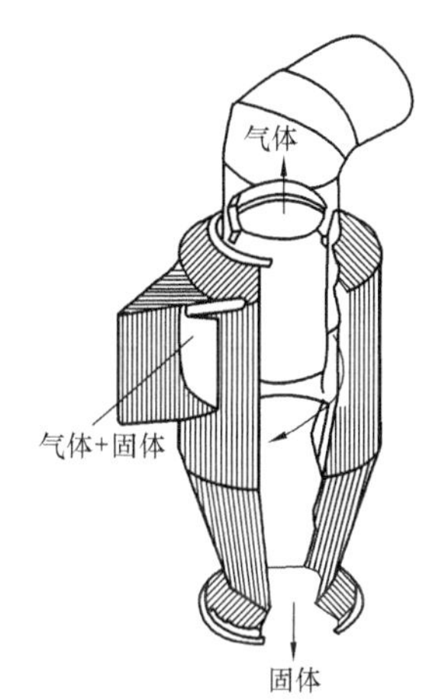

图11-12 水冷式高温旋风分离器

除了旋风分离器外，还有许多其他的分离器型式，如U形槽、百叶窗等，但旋风分离器在大型循环流化床锅炉中具有更高的可靠性和优越性。

四、飞灰回送装置

飞灰回送装置是将分离下来的固体颗粒送回炉膛的装置，通常称为返料器。返料器的主要作用是将分离下来的灰由压力较低的分离器出口输送到压力较高的燃烧室，并防止燃烧室的烟气反窜，进入分离器。对飞灰回送装置的基本要求有如下三点：①物料流动稳定；②无气体反窜；③物料流量可控。

为满足上述基本要求，回送装置一般由立管和阀两部分组成。立管的主要作用是防止气体反窜，形成足够的压差来克服分离器与炉膛之间的负压差，而阀则起着调节和开闭固体颗粒流动的作用。在各种类型的回送装置中，立管的差别不大，主要的差别是在阀的部分。流量控制装置有机械阀和非机械阀两大类。由于返料器所处理的飞灰颗粒均处于较高的温度（一般为850℃左右），所以，无法采用任何机械式的输送装置。

目前，循环流化床锅炉均采用自动调整型非机械阀。返料器相当于一小型鼓泡流化床，固体颗粒由分离器料腿（立管）进入返料器，返料风将固体颗粒流化并经返料管溢流进入炉膛，如图11-13所示。由于分离器分离下来的固体颗粒的不断补充，从而构成了固体颗粒的循环回路。

在循环流化床锅炉中，物料循环量是设计和运行控制中的一个十分重要的参数，通常用

循环倍率来描述物料循环量，其定义为

$$R=\frac{\text{循环物料量}}{\text{投煤量}} \tag{11-1}$$

根据循环流化床锅炉设计时所选取的循环倍率的大小，可大致分为低倍率循环流化床锅炉（$R=1\sim5$）、中倍率循环流化床锅炉（$R=6\sim20$）、高倍率循环流化床锅炉（$R=20\sim200$）。

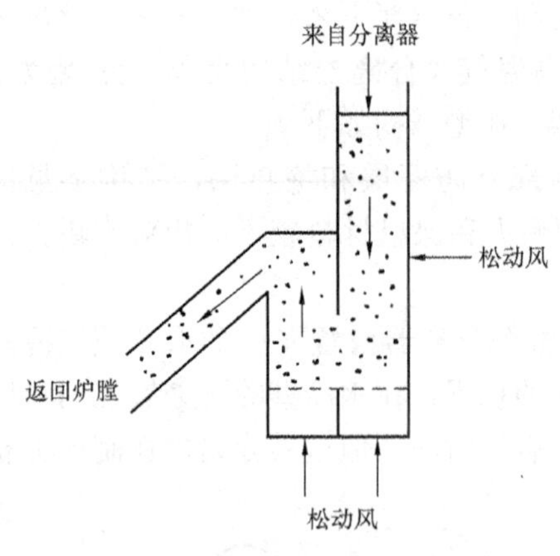

图 11-13　典型返料器工作示意图

循环流化床锅炉燃烧系统的主要特征在于飞灰颗粒离开炉膛出口后经物料分离装置和回送机构连续送回床层燃烧，由于颗粒的循环，使未燃尽颗粒处于循环燃烧中，因此，随着循环倍率增加，会使燃烧效率增加。但另一方面，由于参与循环的颗粒物料量增加，系统的动力消耗也随之增加。

五、外部流化床热交换器

循环流化床锅炉可以带有外置式热交换器（见图 11-2），外置热交换器的主要作用是控制床温，但并非循环流化床锅炉的必备部件。它将返料器中一部分循环颗粒分流进入内置受热面的低速流化床中，冷却后的循环颗粒再经过返料器送回炉膛。根据有无外置式流化床换热器所设计的循环流化床锅炉已经在制造领域形成对应的两大流派，各自具有不同的特点。

六、底渣排放处理系统

循环流化床燃煤锅炉的灰渣处理主要是指燃烧室底渣处理。在循环流化床的燃烧过程中，必须定期排出一些不适于构成床料的灰渣和杂质，以保证正常的流化状态。同时对应于锅炉的不同运行工况，也必须维持一定量的床内物料量，为防止床压过大，多余的物料也必须及时排出。

与煤粉炉相比，循环流化床锅炉的底渣量占锅炉总灰量的比例在50%以上，再加之脱硫所形成的额外排渣，因此，灰渣的排放量比煤粉炉要大得多。同时，循环流化床锅炉的排渣具有灰渣流量不稳定、温度较高且波动大、热量回收价值高以及底渣颗粒不均匀等特点，并且底渣排渣不畅或受阻时，将影响锅炉的正常运行。因此，对循环流化床锅炉底渣处理系统的要求比煤粉炉要高得多，底渣处理系统包括底渣的排放、冷却和热量回收、输送至灰场，其关键装备是底渣冷却器（也称为冷渣器）。

从炉膛内排出的底渣温度与炉膛内的温度相同，高温灰渣经排渣管直接送入冷渣器。经底渣冷却器出口放出的灰渣温度约为 150℃以下，再送入灰渣场。

目前，国内采用较多的冷渣器采取风（烟）水联合灰渣冷却的方式，具有热量回收、灰渣分选、细颗粒回炉等功能。

由于正常运行的循环流化床锅炉排出的底渣均为颗粒物料状，其颗粒粒径处于可以良好流化的范围，因此，目前采用的底渣冷却器大都是基于鼓泡流化床热交换器的原理，在鼓泡流化床壁面上或床层内布置传热效率很高的受热面，用高温灰渣的热量来加热锅炉给水，流化气体在保证正常流化的同时也作为灰渣的冷却介质，水和气体同时起到冷却灰渣和回收灰渣热量的作用。

第三节 流态化的状态及特征

一、流态化现象

流体连续向上流过固体颗粒堆积的床层，在流体速度较低的情况下，固体颗粒静止不动，此时流体从颗粒之间的间隙流过，床层高度维持不变，称为固定床。在固定床内，固体物料的质量由炉排所承载。随着流体速度的增加，颗粒与颗粒之间克服了内摩擦而互相脱离接触，固体物料悬浮于流体之中。颗粒扣除浮力以后的质量完全由流体对它的曳力所支持，于是床层显示出相当不规则的运动。床层的空隙率增加了，床层出现膨胀，床层高度也随之升高，并且床层还呈现出类似于流体的一些性质。例如较轻的大物体可以悬浮在床层表面；床层的上界面保持基本水平；床层容器的底部侧壁开孔时，能形成孔口出流现象；不同床层高度的流化床连通时，床面会自动调整至同一水平面，这种现象就是固体流态化，这样的床层称为流化床。

流化床具有各种不同的型式。随着流体流速的逐渐增加，流态化将从聚式流态化经过鼓泡流态化、湍流流态化、快速流态化、密相气力输送状态，最后转变为稀相气力输送状态，这已经是属于气流床的范畴了。

二、流化床的不同流型

由于流体介质及其流过床层速度的不同，以及固体颗粒性质、尺度的差异，使得固体颗粒在流体中的悬浮状态不尽相同，因而形成各种不同类型的流化状态，如图 11-14 所示。

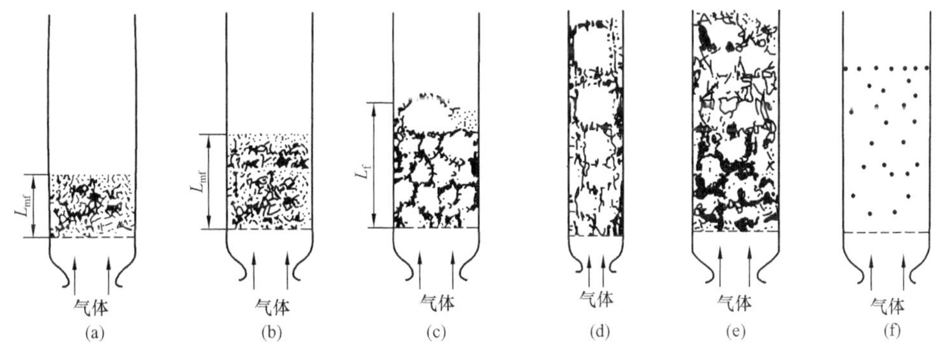

图 11-14 不同气流速度下固体颗粒床层的流动状态

(a) 固定床；(b) 起始流态化；(c) 鼓泡流化床；(d) 节涌；(e) 湍流流态化；(f) 具有气力输送的稀相流态化

流体介质的不同，就有不同类型的流化现象。若以液体为流化介质，随着液体流速增加，固体颗粒会均匀分散地悬浮其间，这样的流化现象称为散式流态化。如果以气体作为流化介质，随气体流速增加，固体颗粒以各种非均匀的状态分布在流体中，称为聚式流态化。流化床燃煤锅炉涉及的都是气固两相的聚式流化床。

气固两相的聚式流态化，由于气流速度的不同，也有各种不同的流型。当气流速度刚刚达到使得床层开始流化时，所对应的气流速度为临界流化速度。当气体速度超过临界流化速度以后，超过部分的气体不再是均匀地流过颗粒床层，而是以气泡的形式经过床层逸出，这就是所谓的鼓泡流化床，或称鼓泡床。

在鼓泡床内可以发现，它由两相组成：一相是以气体为主的气泡相，虽然其中也常常携带有少数固体颗粒，但是它的颗粒数量稀少，空隙率较大；另一相由气体和悬浮其间的颗粒组成，被形象地称为乳化相。通常认为乳化相保持着临界流化的状态。显然，乳化相中的颗粒密度比气泡相中要大得多，而空隙率则要小得多。气泡相随着气流不断上升。由于气泡间的相互作用，气泡在上升的过程中，可能会与其他小气泡合并长大生成大气泡，大气泡也有可能破碎分裂成小气泡。鼓泡流化床有个明显的界面，在界面之下气泡相与乳化相组成了“密相区”。当气泡上升到床层界面时发生破裂，并喷出所携带的部分颗粒，颗粒被上升的气流所带走，造成所谓颗粒夹带现象，于是在床层上部的自由空域形成了“稀相区”。上述的界面就是两个相区的分界面。

当气流速度继续增加时，气泡破碎的作用加剧，使得鼓泡床内的气泡尺寸越来越小，气泡上升的速度也变慢了。床层的压力脉动幅度却变得越来越大，直到这些微小气泡与乳化相的界限已分不出来，床层的压力脉动幅度达到了极大值。于是床层进入了湍流流态化；并称为湍流流化床。实际上湍流流态化是鼓泡床的气固密相流态化与下面将提到的快速流化床的气固稀相流态化的过渡流型。

如果进一步提高气流速度的话，气流携带颗粒量急剧增加，需要依靠连续加料或颗粒循环来不断补充物料，才不至于使床中颗粒被吹空，于是就形成了快速流化床。这时固体颗粒除了弥散于气流中之外，还集聚成大量颗粒团形式的絮状物。由于强烈的颗粒混返以及外部的物料循环，造成颗粒团不断解体，又不断重新形成，并向各个方向激烈运动，快速流化床不再像鼓泡流化床那样具有明显的界面，而是固体颗粒团充满整个上升段空间。快速流化床不但气速高，固体物料处理量大，而且具有特别好的气固接触条件和温度均匀性。快速流化床与气固物料分离装置、回送装置等一起组成了循环流化床。

气固流态化是固体颗粒悬浮在气体中表现出类似流体状态的运动模式。

三、不正常的流化态

1. 沟流

锅炉在冷态试验和点火时，一次风风速在未达到临界流速时，空气流在料层中的分布是不均匀的，床料中颗粒相的分布及空隙率也是不均匀的，在阻力小的地方气流速度较大，在阻力大的地方气流速度较小，这时大量的空气从阻力小的地方穿过料层而其他部位仍处于固定床状态，这种现象就称作沟流。如果料层严重不均匀或布风板布置不合理，风帽局部堵塞，即使一次风速超过临界风速，料层也会产生沟流。沟流一般分为贯穿沟流和局部沟流两种。

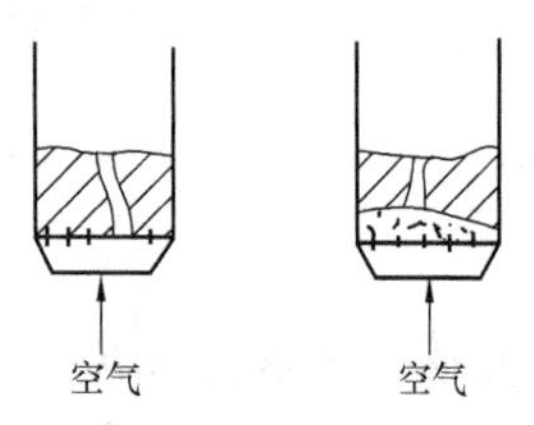

图 11 - 15　沟流

贯穿沟流就是沟流穿过整个料层；局部沟流是沟流仅发生在料层局部高度，如图 11 - 15 所示。

流化床内发生沟流，不仅使床料（物料）流化质量降低，料层容易结焦，而且影响炉内传热和燃烧的稳定性。

产生沟流的主要原因是运行中，一次风速太低、料层太薄或严重不均以及炉床内结焦、给煤太湿、布风板设计不合理等。

2. 节涌

形成湍流流化床前，流化一次风主要是以“气泡”形式在料层中向上运动，在料层上部小气泡汇集成较大气泡，气泡尾部携带部分细小颗粒，相当于一个个稀疏流化气团；气泡周围的料层中也有较低速度的气体在流动，而颗粒浓度比气泡中稠密得多。若料层中的气泡分布不均匀或气泡过大，就会造成流化不正常。如果气泡过大或集中向上运动时，流化表面层就会形成较大起伏，锅炉运行就不稳定。如果料层中的气泡聚集汇合接近炉床宽度时（在小而深的床层中它们甚至会大得几乎充满床层的整个截面），料层就被分成几层，一层比较稠密的床料，一层稀疏床料的“空气”向上运动，当达到某一高度后崩裂，固体颗粒喷撒而下，这种现象称作节涌，如图 11 - 14 所示。

炉内发生节涌时，风压波动剧烈，燃烧不稳定，极易在断层下部结焦，若床内布置埋管，则会使埋管磨损加剧。

四、循环流化床流动的基本特征参数

循环流化床装置系统包括下部颗粒密相区和上部上升段稀相区的循环流化床、气固物料分离装置、固体物料回送装置等三个部分组成的一个闭路循环系统，典型特征参数见表 11 - 1。

表 11 - 1　　典型的循环流化床锅炉的特征参数

项　目	循环流化床锅炉	项　目	循环流化床锅炉
颗粒密度（kg/m^3）	1800～2600	表观颗粒浓度（kg/m^3）	10～40
颗粒直径（μm）	100～300	高径比	<5～10
表观速度（m/s）	5～9	上升段直径（m）	4～8
颗粒循环流率［kg/（$m^2 \cdot s$）］	10～100		

通常认为，循环流化床是由下部密相区和上部稀相区两个相区组成的。尽管循环流化床内的气流速度相当高，但是在床层底部颗粒却是由静止开始加速，而且大量颗粒从底部循环回送，因而床层下部是一个具有较高颗粒浓度的密相区，处于鼓泡流态化和湍流流态化状态。而在上部，由于气流高速流动，特别是循环流化床锅炉往往还有二次风加入，使得床层空隙率大大提高，转变成典型的稀相区。在这个区域，气流速度远超过颗粒的自由沉降速度，固体颗粒的夹带量很大，形成了快速流化床甚至密相气力输送。在下部密相区的鼓泡流化床内，密相的乳化相是连续相，气泡相是分散相。当鼓泡床转为快速流化床时，发生了转相过程，稀相成了连续相，而浓相的颗粒絮状聚集物成了分散相。在快速流化床床层内，当操作条件、气固物性或设备结构发生变化时，两相区的局部结构不会发生根本变化，只是稀浓两相的比例及其在空间的分布相应发生变化。

第四节　循环流化床锅炉排烟中有害物质的形成及控制

一、SO_x 的生成机理

在循环流化床燃烧过程中，燃料中的硫会在不同的条件下形成多种分子结构的有害含硫气体。当其排出时，不仅会形成酸雨危害自然环境，而且对人的呼吸也十分有害。除此之外，还会对运行的设备带来严重的腐蚀。

循环流化床锅炉的燃煤中，硫以三种形态存在，即黄铁矿硫（FeS_2）、硫酸盐硫（$CaSO_4 \cdot 2H_2O$，$FeSO_4 \cdot 2H_2O$）和有机硫（$C_xH_yS_z$）。其中黄铁矿硫和有机硫占煤中硫分的 90%以上，是可燃硫。

燃料中的可燃硫成分很容易在燃烧过程中转化为硫氧化物 SO_x，形成的硫氧化物成分

中 SO_2 主要以单质形式存在（排出），而 SO_3 常常会吸附于排烟中的细小灰尘颗粒上或者设备的壁面上。有资料表明，SO_3 在 1127℃和过量空气系数小于 1 时难以生成，超过该温度，则 SO_3 的生成速度可能会急剧增加。

1. 黄铁矿硫的反应机理

在氧化性气氛下，黄铁矿硫（FeS_2）可直接氧化生成 SO_2。

$$8FeS_2 + 22O_2 \longrightarrow FeS + FeSO_4 + Fe_2(SO_4)_3 + 11SO_2 + 2Fe_2O_3 \tag{11-2}$$

在 650℃以上时，硫酸盐将分解，硫铁矿硫的氧化反应方程式如下：

$$4FeS_2 + 11O_2 \longrightarrow 2Fe_2O_3 + 8SO_2 \tag{11-3}$$

在还原性气氛下，无机硫 FeS_2 分解为 FeS 和 H_2S。

$$FeS_2 \longrightarrow FeS + \frac{1}{2}S_2 \tag{11-4}$$

$$FeS_2 + H_2 \longrightarrow FeS + H_2S \tag{11-5}$$

反应过程中，生成产物受到过量空气系数的影响，一般过量空气系数小于 1 时，生成产物为 H_2S。在空气过剩系数大于 1 时，SO_2 的生成是关键反应。

2. 有机硫的反应机理

目前，有机硫的确切存在形式以及反应机理还不太清楚。通常认为有机硫主要以硫醇类 R—SH、硫醚类 R—S—R、含噻吩环的芳香体系和二硫化物 RSSR。有机硫在高温下会发生热解，其产物为 H_2S、C_2H_4 和 C 等低分子化合物。H_2S 可以按如下过程进行反应生成 SO_2：

$$H_2S \rightarrow HS \longrightarrow SO \rightarrow SO_2 \tag{11-6}$$

二、循环流化床锅炉燃烧中脱硫原理

1. 脱硫机理

煤在燃烧过程中生成的 SO_2，如遇到 CaO 等碱性金属氧化物时，会与其反应生成 $CaSO_4$ 等被固定下来。

如在燃烧过程中往炉内投入合适粒径的石灰石，石灰石会和 SO_2 发生反应，把 SO_2 从烟气中脱除。脱硫过程分两步进行：一是石灰石的煅烧反应，石灰石在高温下会分解成 CaO。

$$CaCO_3 \longrightarrow CaO + CO_2 \tag{11-7}$$

二是生成的 CaO 在氧化性气氛中与烟气中 SO_2 发生脱硫反应。

$$2CaO + O_2 + 2SO_2 \longleftrightarrow 2CaSO_4 \tag{11-8}$$

脱硫反应受温度的限制，其最佳反应温度是 800～850℃，这时，可以得到最高的脱硫效率。温度低于或高于该温度范围，脱硫效率都会降低。因此，向炉膛内加入石灰石脱硫的最佳燃烧方式是流化床燃烧，而其他燃烧方式如层燃和煤粉燃烧，向炉膛加入石灰石脱硫的效果均不理想。这是因为，层燃炉和煤粉炉中炉膛内的温度一般高于 1200℃时，在此温度下，生成的 $CaSO_4$ 又会分解成 SO_2。因而采用石灰石作脱硫剂时，燃烧温度如超过 1200℃，其脱硫效果很差。

2. 循环流化床锅炉燃烧中脱硫的影响因素

影响脱硫效果的主要因素有 Ca/S 摩尔比、脱硫剂特性、床温等。脱硫效果通常用烟气中的 SO_2 被石灰石吸收的百分比来表示，称为脱硫效率。

（1）Ca/S 摩尔比。Ca/S 摩尔比是影响循环流化床脱硫效率和控制 SO_2 排放浓度的重要参数。当流化速度一定时，随着 Ca/S 摩尔比的增大，脱硫效率增大，且当 Ca/S 比低于 2.5 时，脱硫效率增加得很快，再继续增大 Ca/S 比时，脱硫效率增加缓慢，此时，如再继续增加脱硫剂投料量，会带来其他副作用，如增加灰渣物理热损失、影响燃烧工况等。因此，实际循环流化床内的脱硫钙硫摩尔比推荐在 1.5～2.5 之间。

(2) 床温。床温对脱硫反应速度有直接的影响。目前，推荐比较常用的温度范围是 800～900℃，一般可取 850℃作为实际运行温度。

(3) 脱硫剂颗粒直径。由传热学理论以及反应动力学原理可知，颗粒直径越小，比表面积越大，脱硫效率会明显提高。对于循环流化床而言，由于其中含有分离设备，可以使细小颗粒返回循环流动，故脱硫剂颗粒可以取小值。目前，推荐的颗粒直径范围为 0～2.5mm，平均颗粒直径 d_p 为 200～300μm。

除上述因素外，床内风速、循环倍率、给料方式和锅炉负荷等都会影响脱硫效率。

三、NO_x 的生成机理

循环流化床锅炉产生的氮氧化物主要是一氧化氮（NO）和二氧化氮（NO_2），二者通称为 NO_x，此外，还有少量的笑气（N_2O）生成。通常情况下，煤燃烧生成的 NO_x 主要是 NO，其含量占 90%以上，NO_2 只占 5%～10%。

1. NO_x 的生成机理

NO 是一种无色有毒气体，它在大气层中的生存时间只有几秒至几分钟，便在大气层低空内被氧化成浅棕色而有强烈刺激性的 NO_2，即

$$2NO + O_2 \longrightarrow 2NO_2 \tag{11-9}$$

NO 也是导致酸雨的因素之一；同时，它还参加光化学反应，形成光化学烟雾。另一方面，NO 还造成了臭氧层的破坏，即

$$NO + O_3 \longrightarrow NO_2 + O_2 \tag{11-10}$$

煤燃烧时形成的 NO_x 有三种：热力型 NO_x、燃料型 NO_x 和快速型 NO_x。快速型 NO_x 只存在于燃用不含氮的 CH 燃料时，故不予考虑。

(1) 热力型 NO_x 的生成机理。在高温下，氧气将与燃烧空气中的 N_2 按下述反应通道形成 NO、NO_2：

$$\begin{gathered} N_2 + O \longrightarrow NO + N \\ N + O_2 \longrightarrow NO + O \\ NO + O_2 \longrightarrow NO_2 + O \end{gathered} \tag{11-11}$$

按 Zeldovich 反应机理，写成 Arrhenius 形式，NO 生成速度为

$$\frac{d[NO]}{d\tau} = B[N_2][O_2]^{\frac{1}{2}} \exp[-E/(RT)] \tag{11-12}$$

其中

$$B = 5.74 \times 10^{11} m^{3/2}/(mol^{1/2} \cdot s)$$

$$E/R = 66900K$$

根据流化床锅炉的运行温度范围（850～950℃）和氧浓度水平，热力型 NO_x 形成速率很低，故一般也不予考虑。

(2) 燃料型 NO_x 的生成机理。在高温下，燃料中的 N 被空气中的氧气氧化，生成 NO 和 NO_2，故称为燃料型 NO_x。燃料氮形成的 NO 占流化床燃烧方式 NO_x 总排放的 95%以上。

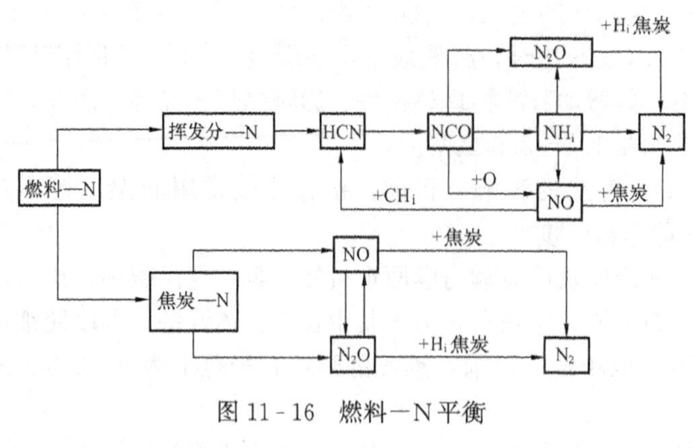

图 11-16　燃料—N 平衡

从燃料型 NO_x 的形成途径看（见图 11-16），由于燃料氮通常是有机氮和低分子氮，燃烧时的杂环氮化物与挥发分一起析出。研究表明，当燃料氮与芳香环结合时，析出是以 HCN 为主要中间产物；当燃料氮以胺的形式存在，则析出时以 NH_3 为中间形态，再通过复杂的均相反应形成 NO。残存在焦炭中的燃料氮则在焦炭燃烧时被氧化为 NO。

2. N_2O 的生成机理

N_2O 是一种有毒的无色气体，俗称笑气。它和 CO_2、CH_4、O_3、氟氯汀及水蒸气等都是温室气体。

流化床中 N_2O 的生成机理受化学和热力学环境影响较大。N_2O 是一种燃料型氮氧化物，其生成机理与燃料型 NO_x 相似。在挥发分析出期间，挥发分 N 首先析出并生成挥发分 NO，然后 NO 再和挥发分 N 中的 HCN、NCO、NH_i 等反应生成 N_2O。因此，NO 的存在是生成挥发分 N_2O 的必要条件。同时，焦炭氮也会在一定条件下生成 N_2O。

四、同时降低 NO_x 和 N_2O 排放的措施

1. 低过量空气系数（α）燃烧，空气分段给入

首先将运行床温提高到 900℃左右，将过量空气系数 α 降至 1.1～1.2 之间，并实施分段燃烧，α 的下限受 CO 的排放和燃烧效率确定。某台 465t/h 循环流化床锅炉，炉膛在 BMCR 工况下的燃烧温度为 870～880℃，无“火焰”，由于燃用高挥发分的烟煤，过量空气系数 α 推荐为 1.2，一次风约占锅炉总风量的 50%～55%，二次风占 35%～40%，通过一、二次风的分级送入，降低 NO_x 的排放。

2. 催化剂选择还原

催化剂选择还原是一种燃烧后降低 NO_x 生成的技术。催化剂分解 NO 的反应方程是

$$NO \xrightarrow{\text{催化剂}} \frac{1}{2}N_2 + \frac{1}{2}O_2 \tag{11-13}$$

NO 的分解程度取决于催化剂的有效性。

催化剂选择还原是基于氨（NH_3）和 NO_x 的反应。这种方法一般选择 NH_3 作为还原剂。

3. 非催化剂选择还原

非催化剂选择还原是在合适的温度、无催化剂情况下，还原剂 NH_3 把 NO_x 转换成氮分子和水。当 NH_3 喷到锅炉的对流通道时，适合反应的烟气温度使 NH_3 和 NO_x 在通道中发生反应。

另外，还可用活性炭吸附过程脱除 NO_x。

五、影响氮氧化物生成的因素

1. 温度的影响

随着运行床温的提高，NO_x 排放将升高，而 N_2O 将下降。从 NO_x 的生成机理看，床

温升高将大大促进热力型 NO_x 的生成，同时燃料型 NO_x 的生成速度也加剧，故 NO_x 的含量随温度升高而加剧；而在高温下，氧化亚氮会发生分解：

$$N_2O \longrightarrow N_2 + O \tag{11-14}$$

并且反应速度十分迅速，因而 N_2O 随温度的升高将下降。

2. 过量空气系数的影响

循环流化床锅炉采用分段燃烧技术，一次风从炉底风室送入，通过布风板上的风帽流化床料，二次风从炉膛布风板上部一定高度送入（见图 11-17），循环流化床锅炉所采用的一次风率，一是为了满足锅炉物料流化和布风均匀，二是为了确保燃烧室下部形成还原性气氛，实现分段燃烧，以降低 NO_x 的排放，在实际运行中还可以通过调节一、二次风的比率来调节炉膛燃烧工况，随二次风率的提高，或一次风率的降低，NO_x 的生成量也随之下降，并在某一分配下达到最低。因为二次风喷口以下，由于 O_2 浓度低，燃料—N 的氧化反应速度慢，

$$燃料 - N + O_2 \longrightarrow NO + O \tag{11-15}$$

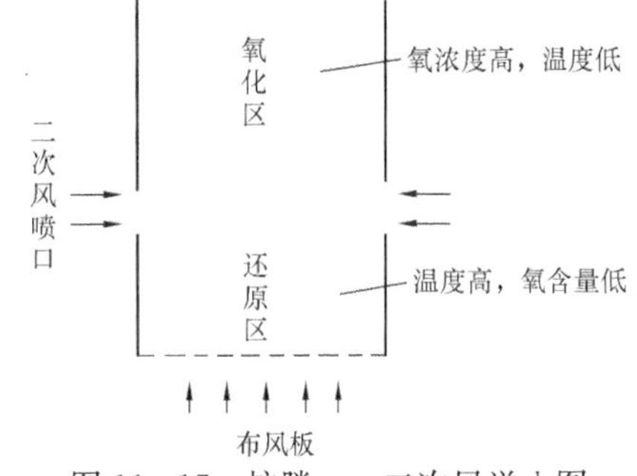

图 11-17　炉膛一、二次风送入图

同时，由于还原性气体的存在，即使在此区域有 NO 产生，也会发生还原性热分解，重新生成 N_2；二次风喷口以上，O_2 浓度高，但由于二次风的加入，床温会相应降低，这又阻止了热力型 NO_x 的生成。采用分段燃烧时，N_2O 的变化比较小。一般，二次风从床面上一定距离给入为好，二次风给入过低对 NO_x 排放影响较小。

3. 脱硫剂的影响

循环流化床锅炉为了降低 SO_x 的排放，通常采用炉内加入石灰石，石灰石的加入，却对氮氧化物的排放有明显影响，造成 NO 上升，N_2O 下降或保持不变。究其原因，①石灰石分解生成的富余 CaO 是燃料和注氨 N 转化为 NO 和 N_2 的强氧化剂，也是 CO、H_2 还原 NO 的强催化剂，CaO 对燃料 N 转化为 NO 的催化能力强于其分解能力；②富余 CaO 是氧化性气氛下 N_2O 分解的强催化剂；③CaS 是 CO 还原 NO 和 N_2O 分解的强催化剂。从以上三点可知，石灰石的加入增加了 NO_x 的排放，而降低了 N_2O 的排放。

4. 循环倍率的影响

提高循环倍率对降低 NO_x 的排放是有益的。因为提高循环倍率可以增加悬浮段的焦炭浓度，在以下两个竞争反应的作用下，NO_x 排放将降低，而 N_2O 排放升高，但此过程中，N_2O 的影响较小，因而 N_2O 的升高还是有限的；并且在很高的循环倍率下，NO 下降和 N_2O 升高的势头将会大大减弱，甚至消失。

$$C + NO \longrightarrow \frac{1}{2}N_2 + CO$$

$$C + 2NO \longrightarrow N_2O + CO \tag{11-16}$$

除此之外，燃料性质、负荷等可能都会影响到 NO_x 和 N_2O 排放。

第五节　循环流化床锅炉冷态试验

循环流化床锅炉投入运行之前，必须进行锅炉本体和有关辅机的检查和冷态试验，以了

解各运转机械的性能、锅炉各部分的严密程度，为热态运行提供必要的数据。

一、布风均匀性试验

布风的均匀性是流化床锅炉能否正常运行的关键。布风的均匀性直接影响着料层的阻力特性及运行中流化质量的好坏，流化不均匀时床内会出现局部死区，进而引起温度场的不均匀，以致引起结渣。

检查布风均匀性的方法是：在布风板上铺一定厚度的料层（300～400mm），先开启引风机，再开启流化风机，慢慢加大风量，注意观察料层表面是否同时开始均匀地冒小气泡。再逐渐开大风门，看哪些地方的炉料先动起来，不动的地方可用火钩去探测一下其松动情况。继续开大风门，等炉料大部分都流化时，看看是否有不动的死区。所有那些出现小气泡较晚、松动情况较差，甚至多数炉料都已流化时却还有不大松动的地方，都是布风不良的地方。

等床料充分流化起来，经过 1～2min 后，迅速关闭流化风机、引风机，同时关闭风室风门等，观察床层情况。若床内料层表面平整，说明布风基本均匀。如不平整，料层厚的地方表明风量较小，低洼的地方表明风量较大。发现这种情况时，需检查一下风帽小眼是否被堵塞或风板局部地方是否有漏风。料层表面平整不一定布风就很均匀，还需进一步作检查。当锅炉点火启动时，需特别注意用火钩松动流化不良的地方，以免结渣。

二、布风板阻力特性试验

布风板阻力是指布风板上无床料时的空板阻力。它是由风帽进口端的进口局部阻力、风帽通道的摩擦阻力及风帽小孔处的阻力组成，前两项阻力之和约占布风板阻力的几十分之一。

测定布风板阻力是在布风板空板情况下，一次风道的挡板全部开放（一般留送风机出口挡板作调整用）。启动引风机、流化风机，平滑地改变送风量，并同时调整引风量，使二次风口处（或炉膛下部测压点处）负压保持为零。对应于每个送风量，从风室静压计上读出当时的风室压力与密相区压力之差，即为布风板阻力。测量时应缓慢、平稳地开启挡板，增加风量，一直到挡板全部开足。挡板从全关到全开，再从全开到全关，选择不同的挡板开度进行测量。每次读数时，都要把流化风量和风室静压与密相区上部压力的数值记下来。把上行和下行的两次试验数据整理，取两次测量的平均值作为布风板阻力的最后值，可绘出布风板阻力 - 风量关系曲线，如图 11 - 18 所示。

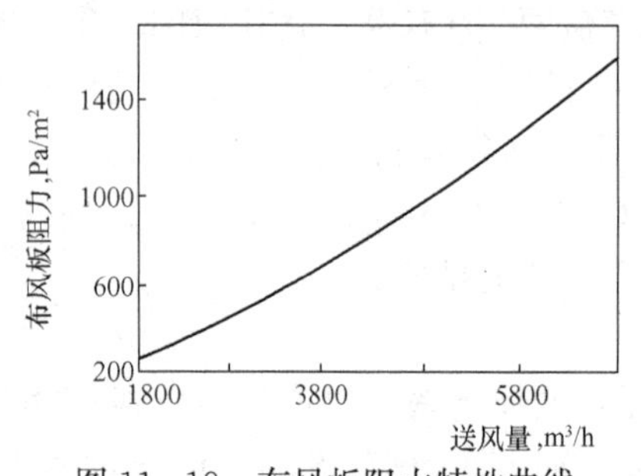

图 11 - 18　布风板阻力特性曲线

在未做试验的情况下，布风板的阻力可近似由式（11 - 17）计算：

$$\Delta p = \xi \frac{\rho u_0^2}{2} \tag{11-17}$$

式中　u_0——风帽小孔速度，m/s；

ξ——风帽阻力系数；

ρ——气体密度，kg/m^3。

三、料层阻力特性试验

料层阻力是指气体通过布风板上料层时的压力损失。当布风板阻力特性试验完成后，在布风板上铺上粒度符合锅炉设计要求的流化床锅炉炉渣作料层，一般为 0～6mm，其厚度

H 可根据具体要求而定。一般需要做三个或三个以上的不同料层厚度的试验。实验从低料层做到高料层。试验用的床料要干燥，否则，会给试验结果带来很大的误差。床料铺好后，将表面扒平，用标尺量出其准确厚度，然后关好炉门，开启引风机和流化风机进行试验。

测定料层阻力和测定布风板阻力的方法相同，调整送、引风机风量，使二次风口处（或炉膛下部测压点处）负压保持为零，测定不同风量下的风室、密相区上部静压。以后逐渐改变料层厚度，重复进行风量 - 风室与密相区上部静压差关系的测定。在同一风量基础上，料层阻力等于风室与密相区上部差压减去布风板阻力。根据以上两个试验测定的结果，就可以得到不同料层厚度下料层阻力与风量之间的关系。也可以绘制出料层阻力与风量或风速关系曲线，如图 11 - 19 所示。

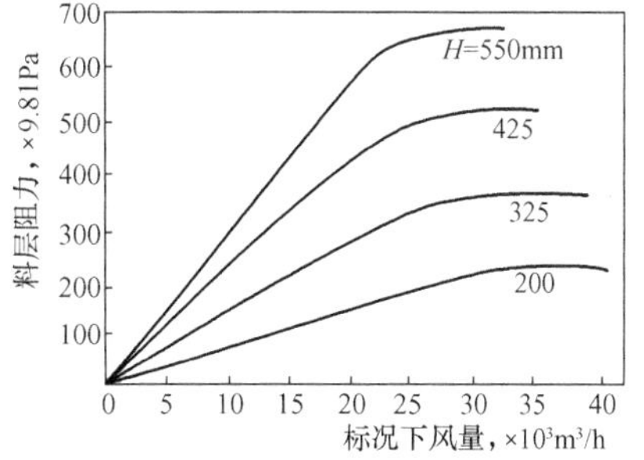

图 11 - 19　料层阻力特性曲线

料层阻力也可从表 11 - 2 近似查取。这对于正在运行的锅炉，根据燃用煤种、风室压力和统一风量时的布风板阻力，来估算料层厚度是很有用的。

表 11 - 2　　料层阻力近似值

煤种	每 100mm 厚的料层相应阻力（Pa）	煤种	每 100mm 厚的料层相应阻力（Pa）
褐煤	500～600	无烟煤	850～900
烟煤	700～750	煤矸石	1000～1100

四、临界流化风速及运行最小风速的确定

床层从固定状态转化到流化状态时的空气流量，称为临界流化流量 Q_{mf}；由此风量并按布风板面积计算成空气流速，称临界流化风速 u_{mf}。

在宽筛分物料的料层阻力特性曲线中，不存在明显的拐点（临界流速点）。因此，对于宽筛分物料的临界流速，一般是用流态化与固定床两条压降线的切线交点来确定的。如图 11 - 20 所示的 u_{mf} 即为临界流化风速。

由于锅炉冷态和热态两种工况下炉内温度差别很大，所以，其临界流化风速有着很大的差别。据实验数据表明，热态运行时的临界流化风速约为冷态时的 0.52～0.45 倍，所以，热态所需风量为冷态时的 52％～45％就可达到同样的流态化效果。

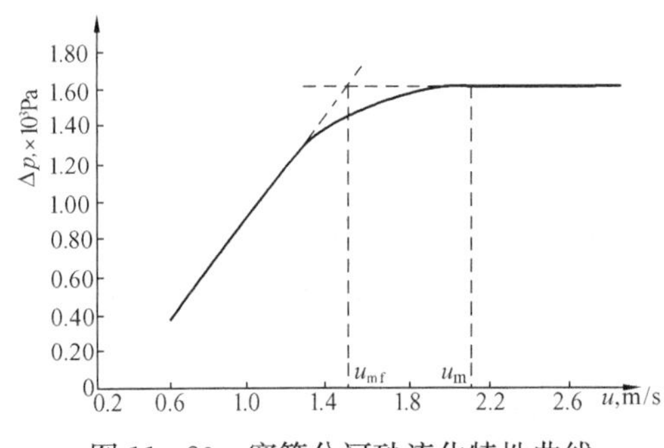

图 11 - 20　宽筛分河砂流化特性曲线

在选择宽筛分物料的流化速度时，最好不要以临界流化速度为基准，因为对于宽筛分物料，其大小粒度相差较大，在临界流化速度下，小颗粒已流化，而大颗粒并未流化，造成床层中固定床和流态化床的同时共存，导致一部分床层重力仍由布风板承受，结果床层压降低于理论值，如图 11 - 20 所示。在图 11 - 20 中，曲线存在一个过渡区，在此过渡区内，直至大颗粒也完全流化，整个料层才进入流化状

态。过渡区和流化区的交点所对应的速度叫最低允许流化速度，用 u_m表示。选择运行风速时，最好以最低允许流化速度 u_m为基准。

确定最低允许流化速度之后，为保证宽筛分物料的良好流化，其流化速度必须大于 u_m。对于鼓泡床或湍流床来说，为避免过大的扬析夹带，其流化速度不宜选得过大，一般推荐在额定负荷下的流化速度为临界流化风速的 1.5～2 倍。而对于快速床来说，在额定负荷下其流化风速要比临界流化风速大得多，只是在低负荷时，炉子过渡到鼓泡运行状态，此时要特别注意最低流化风速的限制，否则床内会因流化不良出现结焦现象。

第六节　循环流化床锅炉的点火启动与停运

一、循环流化床锅炉的点火

流化床锅炉的点火，实质上是在冷态试验合格的基础上，将床料加热升温，使之从冷态达到正常运行温度。在流化床锅炉点火启动之前，要加入一定厚度的床料，厚度视锅炉设计参数而定，一般为 300～500mm 厚，粒径为 0～6mm。

（一）点火方式

物料的加热升温需要外来热源提供，常用的点火方式为：①床内燃油点火；②热烟气流态化点火。

1. 床内燃油点火

容量较大的流化床锅炉，一般不用静态点火，而采用点火油枪在床内加热床料的点火方式，并且是在整个床料处于流态化的状态下加热和完成点火过程。

点火油枪的容量与个数视锅炉的容量而定，在设计时要考虑有足够的余量。因为这种加热床料的方式，其热量的有效利用率只有 20%左右，大部分的热量被流化床空气带走。

为节省点火用油、缩短点火时间，点火时常在底料中加入一定数量的烟煤，并取较小的底料粒度（一般为 0～5mm）。

点火步骤如下：首先启动引风机和流化风机，保持 25%的总风量，进行炉膛吹扫，吹扫完成后，调整流化风门，使料层处于临界流化状态。然后引燃点火油枪，调节油枪油压及燃油风量，调整好油枪火焰，使之具有较大的加热容积，一般应使其覆盖火床面积的 2/3 以上。同时油枪应向床料有一定的倾角，以便均匀而稳定地加热床料。

当床温达到 510℃时，即可向床内少量进煤。通过炉膛温升和氧量下降判断是否着火，如着火，继续投煤升温，同时提高风量控制温升速度和流化状态。随着床温的升高，进煤量也相应增加，并逐渐减小点火油枪的燃油量。当床温达 600℃以上并稳定时，可停运点火油枪，调整给煤、送风，使之在正常工况下稳定运行。

2. 热烟气流态化点火

热烟气加热床料流态化点火（又称床下点火）是目前循环流化床锅炉应用最广的一种点火方式（见图 11 - 21）。在主风道旁增加一个小型燃油热烟气发生器，燃烧所产生的热烟气从床下送入，并使床料处于流化状态，将床料加热点火。由于产生的烟气全部通过床料层，所以热量可充分利用，这种点火方式的优点是升温速度快，点火时间短，节约点火用油。

床下点火系统主要由油箱、油泵、电弧点火器、热风炉本体、油燃烧器及阀门、管路等组成。点火燃料用轻柴油。预燃室装有看火孔及火检、热电偶，风枪上有热电偶和笛形管流量计，以测量热风温度和流量。

从热风炉至循环床中的管道、风室、布风板及风帽等，在点火过程中均处于高温状态。所以在设计时应充分考虑上述部件的受热、高温下的强度、膨胀等问题。特别是布风板，因其面积较大，同时承受风帽、耐火层及床料的重量，上下受热工作条件较差，更应仔细考虑其支撑、膨胀以及耐高温的问题。

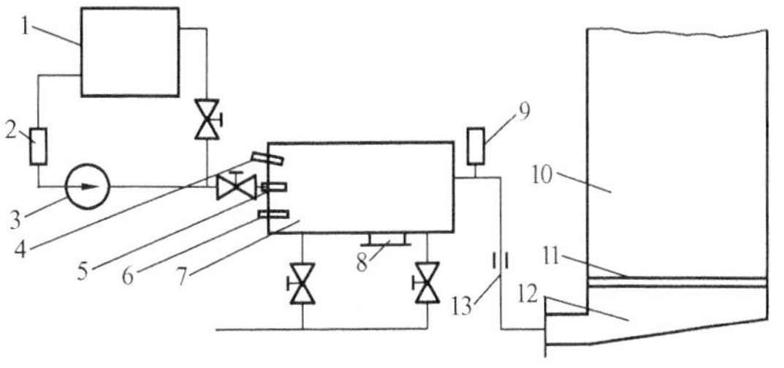

图 11-21　循环流化床锅炉热风炉点火系统示意图

1—油箱；2—油过滤器；3—油泵；4—电弧点火器；5—油燃烧器；6—窥视孔；7—热风炉；8—人孔门；9—热电偶；10—循环床燃烧室；11—布风板；12—等压风室；13—风量计

采用燃油热烟气发生器点火的主要步骤是：先启动引风机、一次风机、二次风机等，在大于25%总风量下清扫预燃室和炉膛5min，然后调整总风量使料层微流化。启动油泵，待油压达到设计油压时，即准备点火，打开燃烧器前的调油阀门，立即按下电弧点火器的启动按钮，这时从看火孔的视镜中若能看到桔红色的火焰，说明油燃烧器已经点燃。如看不到火焰，应立即关闭调油阀门，开大点火调节风门，清扫热风炉内的油雾，同时检查油路系统和电弧点火器，分析并找出不能正确点火的原因，并及时处理。待3～5min后，热风炉的油雾基本清扫干净，再按上述操作重新点火。

油燃烧器点着后，逐渐加大总风门和点火调节风门，密切注意热风炉的燃烧状况、出口热风温度和风室压力的变化，并逐渐加大风量使床料进入流化状态，以均匀加热床料。同时要注意调整燃烧器的给油量和风量，使热风炉内燃烧良好，出口热风温度逐渐满足床料点火的要求。

热风温度的高低随燃用煤种的不同而调整。如燃用褐煤时，热风温度控制在600℃左右；燃用低挥发分的无烟煤时，则应控制得高一点。投煤温度视燃煤或点火用煤以及锅炉特性而定，可在实际运行中试验确定。一般烟煤在510℃左右可适当投煤升温，难燃的无烟煤或煤矸石控制料层温度在650℃时适当投煤升温，升温过程中注意通过调节风量来控制升温速度，并适当降低油枪出力。当床料加热到800℃左右且有稳定升温趋势时，可切出油枪，加大投煤量，这时应注意控制温升速度。当床温上升到860～950℃且较稳定后，点火成功，锅炉进入正常运行阶段。

（二）点火时需注意的问题

为使点火成功，需要注意以下几个方面。

(1) 设计上应注意的问题。要有均匀的布风装置，灵活的风量调节手段，可靠的给煤机构，适当的受热面和边角结构设计，并具有可靠的温度和压力监测手段。

(2) 敷设的底料应注意的问题。保持底料的粒度及引燃物的比例、静止料层高度等重要指标。一般而言，底料颗粒要求在8mm以下，如有条件达到6mm以下则更好。底料中大小颗粒的分配要适当，既要有小颗粒（小于1mm）作为初期的点火源，又要有大颗粒作为后期维持床温之用。但大颗粒（大于5mm）的比例超过10%时不利于点火，并容易出现床内结焦。点火时，底料高度一般要求在500mm，比鼓泡床的点火料层要高一些。底料太厚则加热不均，加热时间延长；太薄则布风不均，易引起结焦。此外，底料干燥较利于点火。

(3) 配风、给煤和停油中需注意的问题。配风对点火十分重要。底料加热和开始着火时，风量应较小，只要保证微流化即可。床温达到510℃以上时可加少量精煤，理论上也可开始少量投煤，但床温达到600℃时，逐步退出油枪，正常给煤，同时要灵活调节风量以防超温。在点火过程中，炉膛出口的氧浓度监视是极为重要的，氧浓度比床温更能及时准确地反映点火过程后期床内的实际情况。

（4）床料调整中应注意的问题。注意保持床层流化质量和适当床高。为此，除配风适当外，无论是全床还是分床点火方式，加热过程中都应以短暂流化或钩火方法使床层加热均匀，防止低温结焦。短暂流化又叫松动或翻滚，一般需多次重复。另外在开始投煤后，应及时放渣。

（5）返料时应注意的问题。锅炉点火稳定一段时间后，即可启动返料装置，逐步增大返料量，并投入二次风。由于风量调节对操作要求较高，影响因素也很多，调节相对困难，故适时投入返料往往能更好地控制床温，但要注意返料不能增加太快，避免点火时突然加入大量返料造成熄火。

二、循环流化床锅炉的启动步骤

循环床锅炉的启动按照启动前设备及内部工质的初始状态不同，分为冷态启动、温态启动和热态启动三种。冷态启动是指启动前设备及内部工质的初始温度与环境温度相同。温态启动和热态启动分别是指床温在600℃以内和600℃以上时对锅炉进行的启动。

循环床锅炉的冷态启动一般包括：①启动前的检查和准备；②锅炉上水；③锅炉点火；④锅炉升压；⑤锅炉并列。以床上油枪点火的220t/h循环床锅炉为例，启动步骤可简述如下。

（1）检查并确认所有有关阀门处于正确的开关状态。

（2）确认风机风门、进总风箱风门、二次风门、返料机构风门等处于关闭状态。

（3）确认锅炉各种门孔、锁气装置严密关闭。

（4）检查并确认控制仪表、各机械转动装置和点火装置处于良好的状态。

（5）煤仓上煤，化验锅水品质，电气设备送电，给水管送水，关闭所有水侧疏水阀，开启汽包和过热器所有排气阀，将过热器、再热器管组及主蒸汽管道中的凝结水排出。

（6）确认给水温度与汽包金属壁温相差不超过110℃，经省煤器向锅炉缓慢上水，至水位计−50～100mm处停止；若汽包里已有水，则应验证水位显示的真实性。

（7）将配好的底料在炉外搅拌均匀后填入流化床，底料静止高度400～500mm，启动引风机和送风机，并逐渐增大风量使床层充分流化几分钟后关闭送引风机，以备点火。

（8）启动送风机（投入连锁）并缓慢增大风量，使床层达到确定的流化状态（如微流化状态），其他风机（如二次风机、返料风机）的开启视具体情况而定。

（9）启动点火油泵，调整油压后点火，并调整油枪火焰。

（10）待底料预热到400～500℃时，可缓慢增大风量使床层达到稳定流化状态，确保底料温度平稳上升。

（11）当底料温度达到600～700℃时，可往炉内投入少量的引燃煤，增大风量使床层充分流化。

（12）当床温达到800℃左右时，启动给煤机，少量给煤，并视床温变化情况调整风量和给煤量。

（13）调整投煤量和风量使床温稳定在适宜的水平上（如850～900℃）。

（14）投入二次风和返料机构，并逐步增加返料量，根据床压，适时排渣，维持一定料层数量，稳定工况。

（15）锅炉缓慢升压，并监视床温、蒸汽温度和炉体膨胀情况，保证水位指示真实，水位正常。

（16）当汽包压力上升至额定压力的50%左右时，应对锅炉机组进行全面检查；如发现不正常情况应停止升压，待故障排除后，再继续升压。

（17）检查并确认各安全阀处于良好的工作状态，进行动作试验。

（18）对蒸汽母管进行暖管，暖管时间对冷态启动不少于2h，对温态启动和热态启动一般为30～60min。

（19）锅炉并列前应确认：蒸汽温度和压力应符合汽轮机进汽要求，蒸汽品质合格，汽包水位约为－50mm。

（20）锅炉并列，注意保持汽温、汽压和汽包水位；如发现蒸汽参数异常或蒸汽管道有水冲击现象，则应立即停止并列，加强疏水，待情况正常后重新并列。

（21）关闭省煤器与汽包间的再循环阀，使给水通过省煤器。

温态启动的基本步骤是：炉膛吹扫后，启动点火预燃器，按正常燃烧方式加热床层，检查床温；当床温达到600～700℃时，可开始给煤、调风，使床温逐渐达到稳定状态，并逐步进行升压、暖管和并列等，自点火起各有关步骤与冷态启动时相同。

热态启动比较方便，启动引、送风机后，很多情况下可直接给煤来提高床温和汽温。为了不使炉温进一步下跌，所有启动步骤都应越快越好。热态启动一般只需要1～2h，就可达到稳定运行状态。

三、流化床锅炉的压火备用与停炉

1. 压火及压火后的再启动

压火是一种正常停炉方式，一般用于锅炉按计划还要在若干小时内再启动的情况。对于短期事故抢修，短期停电或负荷太低而需短期停止供汽时，也常采用压火方式。根据锅炉的性能，压火时间一般为数小时至一二十小时不等。对于较长时间的热备用，也可以采用压火、启动、再压火的方式解决。

通常压火操作之前，应先将锅炉负荷降至最低负荷。操作步骤如下：先将床温提高至950℃，然后再停止给煤，待床温降至800℃以下，并且使给煤挥发分在炉内的残留基本抽干净后（这一过程持续若干分钟），将所有送、引风机停掉，并关死风门。一般可根据床温下降程度及氧量读数来完成上述操作。将风机风门关死，是为了保持床温与耐火层温度不致很快下降，从而有效地缩短再启动时间。需要注意的是，在正常运行时床料中的残留碳含量应不超过3%，因此，在切断主燃料后，由于床温尚高，剩余的碳在几分钟内即可消耗完。有碳存在并不意味着有害，但绝不允许挥发分在炉内累积。试验表明，燃料入炉后很短时间就有挥发分析出，切断给煤与关掉风机之间的短时间延迟，加上风机停机所需的时间，就足以吹净存留的挥发分气体。

炉内物料静止后，要密切监视料层温度。如果料层温度下降过快，应查明原因，以免料层温度太低，使压火时间缩短。为延长压火备用时间，应使压火时物料温度高些，浓度大些，这样静止料层就较厚，以保证有足够的蓄热。料层静止后，在上面撒一层细煤粒效果更好。

压火后的再启动，可根据床温水平分为热态启动和冷态启动两种。由于给煤品质的差别，再启动的步骤也不相同。

(1) 若压火时间在2h以内，可直接启动引风机和一次风机，开启给煤机，调整一次风量和给煤量来控制床温，注意启动时一次风量不能太大（只需略高于最低流化风量），以后再根据床温的变化，适当增加风量和给煤量。

(2) 当压火时间在2～5h、床温保持在650℃以上或给煤质量较好时，可先打开炉门，根据底料烧透的程度，向床内加少量引火烟煤，启动送、引风机，逐渐开启风门到运行风量，同时开始给煤。

(3) 床温在500～600℃、给煤质量一般时，需先抛入适量烟煤，启动风机，慢慢增加风量至点火风量，待床温达到给煤着火点后，再加大风量，投入给煤；以上这三种情况属于热态启动的范畴。

(4) 床温500℃或更低时，属于温态启动的范畴。温态启动的基本步骤是：炉膛吹扫后，启动点火预燃器，按正常启动方式加热床层，检查床温；当床层开始着火时，可以开始逐步给煤并慢慢达到正常值。

当煤质不同时，以上界定的温度可能不同。温态和热态启动的差别主要在于床温能否允许直接投煤。实践表明，床温为760℃以上时，可直接开始给煤，而床温低于480℃时，则必须投入油枪加热床层。压火后的热启动中，除非床温已低于480℃，否则一般不必进行炉膛吹扫。注意，在温态或热态启动时，如果在3次脉冲给煤后仍未能使床温升高，则应停止给煤，然后要对炉膛进行吹扫，以便按正常启动程序重新启动。而当床温降至600℃以下，不允许给煤进入炉内，同时，应启动点火预燃室，使床温上升到600℃以上。

2. 流化床锅炉的停炉

停炉分正常停炉和事故停炉两种。正常停炉时，首先慢慢降低锅炉出力，慢慢放出循环灰，在出力降到50%以下时，根据需要，可以考虑停止二次风机，并继续降低出力。循环灰放完后，停止给煤，调整一次风量，使床温慢慢下降。在床温降到约800℃时，停引风机和一次风机，关闭所有风门，打开放渣口放渣，直到放完，关严放渣口，使锅炉缓慢降温；事故停炉一般是因为锅炉或其他系统出现问题，需要紧急处理时进行。此时应立即停止给煤，并开始放循环灰，在炉温降到900℃时，可考虑停止二次风机，炉温降到800℃时，停一次风机和引风机，关闭所有风门和返料风阀门，放循环灰和床料，直到放不出为止，关严放渣口。下面以220t/h循环流化床锅炉的停炉程序为例说明如下：

(1) 逐渐减少燃料量和风量，将锅炉的负荷降至50%。这通常通过调节锅炉主调节器的设定值来实现。调节过程中注意保持正常床温，避免蒸汽压力和温度有大的波动，必要时可通过减温器喷水调节过热器出口温度。注意降负荷过程中，保证汽包上下壁温差不超过50℃。

(2) 在负荷降到50%和锅炉停止运行以前，进行吹灰。

(3) 继续将锅炉负荷降至最小，以每分钟不超过10%的速度降低燃料给料量。

(4) 降低负荷时，应保持蒸汽温度高于饱和温度。

(5) 当旋风分离器气体温度和锅炉金属温度的变化分别保持不大于100℃/h和50℃/h的降温极限，降低启动燃烧器的燃烧速率。

(6) 保持石灰石给料处于自动状态，直至固体燃料停止加料为止。

(7) 需要时，将汽包水位处于手动状态。

(8) 停止燃料的输入、石灰石给料和床料的排出。

(9) 停炉过程中，应使汽包水位保持在汽包玻璃水位计可见范围的上限。

(10) 继续流化床料，并且受压部件以最大值 50℃速率进行降温。

(11) 当床温至少降至 400℃，关闭一次风机和二次风机入口控制挡板。

(12) 风机入口挡板关闭后，停止所有风机。

(13) 送、引风机停运后，返料风机应继续运行，直到返料器被冷却到 260℃。

第七节　循环流化床锅炉的运行特性

锅炉运行的主要任务是在保证锅炉安全性和经济性的前提下满足负荷要求。在锅炉运行中，蒸汽负荷不可能固定不变。即使担任基本负荷的机组，负荷也会有些变动。为了适应外界负荷的变动，就要采取一定的措施进行调整。循环流化床锅炉的运行调节主要包括汽压、汽温调节，给水流量调节及燃烧调节等几个方面。

一、蒸汽压力的变动及调节

蒸汽压力是锅炉安全和经济运行的最重要指标之一。一般规定过热蒸汽的工作压力与额定值的偏差不得超过± (0.05～0.1) MPa。当出现外扰或内扰时，汽压发生变动。如汽压变动速度过大，不仅使蒸汽质量不合格，还会使水循环恶化，影响锅炉安全及经济运行。汽压的稳定与否决定于锅炉蒸发设备输入和输出能量之间是否平衡，输入能量大于输出能量时，蒸发设备内部能量增多，汽压上升；反之，汽压下降。

影响汽压速度变化的因素有两个，一是锅炉蒸发区蓄热能力的大小，二是引起压力变化的不平衡势的大小。蒸发区的蓄热能力愈大，则发生扰动时蒸汽压力的变动速度就愈小；引起压力变化的不平衡势愈大，压力变动的速度也愈大。

无论引起压力变化的原因是内扰还是外扰，蒸汽压力的调节是通过燃烧调节来实现的，当蒸汽压力升高时，应减弱燃烧；当蒸汽压力降低时，应加强燃烧。

二、蒸汽温度的变动及调节

过热汽温是另一个重要运行指标，一般规定的许可偏差为±(5～10)℃。汽温过高将危及设备的安全，而汽温过低则会降低循环热效率，也可能使汽轮机排汽湿度增大，影响机组安全运行。现代锅炉的过热器多由数段组成，各段所用金属的允许温度均有一定限额，在运行中为了过热器本身的安全，不但要控制出口汽温，还要限制各段的最高汽温。

在运行中，引起蒸汽温度变化的因素很多，有烟气侧的因素也有蒸汽侧的因素，烟气侧的因素如燃料性质、流化风量和风速、受热面的积灰和结渣等；蒸汽侧的因素如锅炉负荷、减温水温和水量等。各种因素都有其自身的影响规律。测量发现，在发生扰动时，出口汽温并不是立即突变，而是有一段时滞，时滞的大小与扰动方式和过热器的蓄热量有关。

对过热蒸汽温度有两类调节方式：一类是蒸汽侧的调节，最常用的为喷水减温，也有些中压锅炉采用表面式减温；另一类是烟气侧的调节，如烟气再循环，一、二次风配比等，但通常是以喷水减温调节为主。过热汽温的变动特点是时滞和惯性较大，这对调节汽温带来一定的困难。由喷水点至过热器出口之间的蒸汽行程越长，在调节机构动作后，出口汽温变动的时滞就越长。

在调节汽温时，常用被调温度作为主调节信号，为了把出口汽温控制在较小范围内，喷水点不应离过热器出口过远。此外，还可利用减温器后的汽温或汽温变化的信号来及时反映调节的作用。为了进一步提高调节质量，在调温系统中还有加入其他提前反映汽温变化的信号，如蒸汽负荷，汽轮机功率等。但是，循环流化床锅炉在压火时，必须对喷水量进行修正。

对有再热器的循环流化床锅炉，再热蒸汽温度的调节可以有多种方法，最常见的仍是喷水减温。调节一、二次风配比也是一种有效的方法，当二次风率变化时，密相区燃烧份额也将变化，从而改变炉膛出口烟温。改变返料量也可起到这样的效果。对有外置换热器的锅炉，一般可通过调节再热器室的灰量来调节再热汽温。此外，还可考虑采用烟气再循环、分隔烟道挡板等方法。

三、水位变动及给水量调节

锅炉汽包的正常水位一般在汽包中心线至其以下－100mm 范围内，运行中通常将水位波动限制在±50mm 范围内。水位太高会使蒸汽大量带水；水位太低可能使下降管带汽以至破坏水循环。随锅炉容量的增大，汽包的容积相对也愈来愈小，因而容许存水的变动量也就愈小。如给水中断，可能不到 10～30s 就会出现危险水位；如果给水量与蒸发量不相适应，几分钟内就可能发生缺水或满水事故。因此，运行中必须严格监视和核对各个水位表的指示，及时防止水位表的堵塞、泄漏等故障，使水位在标准线附近作微小波动。

影响水位变动的因素有：①给水量与蒸发量不一致，蒸发部分的物质平衡破坏；②水位面以下的蒸汽含量有变化；③压力变化引起工质比体积改变。在锅炉运行中，即使能保持物质平衡，如果汽压或负荷波动较大，也可能引起水位变化。汽压变动不仅引起工质密度变动，同时在汽压变动过程中，饱和温度将随汽压的变动而改变，促使工质和部分金属的蓄热改变，因而使水位以下的含汽容积改变，导致水位将发生急剧变化。

物质不平衡所引起的水位变化速度同不平衡程度成正比。汽压变动引起工质密度改变，因而水位发生变动。水位变化的趋势与压力变化相反，即汽压升高将使水位下降，反之则水位上升。

给水调节的任务是使给水量适应锅炉的蒸发量，并维持汽包水位在允许范围内变动。最简单的调节方式是根据汽包水位的偏差来调节给水阀的开度。

四、燃烧调节

由于燃烧方式的不同，循环流化床锅炉的燃烧调整的方法与煤粉炉和火床炉有着很大的差别。流化床锅炉的燃烧调节，主要是通过对给煤量、返料量、一次风量、一二次风配比、床温和床高等的控制和调整来完成。

1. 给煤量调整

锅炉运行中，当燃煤性质一定时，给煤量总是与一定的锅炉负荷相适应，当锅炉负荷发生变化时，给煤量也要相应成比例变化。再者，运行中若煤质发生变化时给煤量也要发生相应地变化。改变给煤量和改变风量应同时进行。为了减少燃烧损失，在负荷增加时，通常是先加风，后加煤；而在负荷减小时，应先减煤，后减风。

2. 风量调整

对于循化流化床锅炉的风量调整，不仅包括一次风量的调整、二次风量的调整，有时还包括二次风上下段以及播煤风和回料风的调整与分配等。

（1）一次风量的调节。一次风的主要作用是保证物料处于良好的流化状态，同时为燃料燃烧提供部分氧气。基于这一点，一次风量不能低于运行中所需的最低风量。实践表明，对于粒径为0～10mm的煤粒，所需的最低截面风量为1800（m^3/h）/m^2左右。风量过低，燃料不能正常流化，锅炉负荷受到影响，而且可能造成结焦；风量过大，炉膛下部难以形成稳定燃烧的密相区，对于鼓泡床必然造成更大的飞灰损失；对于循环流化床锅炉，增大了不必要的循环倍率，导致受热面的磨损加剧，风机电耗增大。因此，无论在额定负荷还是在最低负荷，都要严格控制一次风量在良好流化风量范围内。

一次风量的调节对床温会产生很大影响，给煤量一定时，一次风量增大，床温将会下降；反之床温将上升。因此调整一次风量时，必须注意床温的变化。但一次风量在任何情况下，都不能低于临界流化风量，否则，导致结焦。

通常在运行中，通过监视一次风量的变化，可以判断一些异常现象，如：风门未动，送风量自行减小，说明炉内物料增多，可能是物料返回量增加的结果；如果风门不动，风量自动增大，表明物料层变薄，阻力降低，原因可能是煤种变化，含灰量减少；料层局部结渣，风从较薄处通过；也可能是物料回送系统回料量减少。因此，要密切关注一次风的变化，当一次风量出现自行变化时，要及时查明原因，进行调整。

（2）风量调整。二次风一般在密相床的上部喷入炉膛，一是补充燃烧所需要的空气；二是可加强气—固两相的混合；三是可改变炉内物料浓度分布。二次风口的位置也很重要，将二次风喷口设置在密相床上部过渡区灰浓度较大的地方，可将较多的碳粒和物料吹入上部空间，增大炉膛上部的燃烧份额和物料浓度。

通常在运行中，二次风量主要根据烟气中含氧量来调整，氧量低说明炉内缺氧，应增加二次风量，反之，则应减少二次风量，一般控制过热器后烟气中含氧量在3%～5%之间。

（3）一、二次风配比与调节。燃烧所需要的空气常被分成一次风和二次风，他们从不同位置分别送入流化床燃烧室，这也被称为做分段送风。分段送风不仅可以在密相区内造成缺氧燃烧形成还原性气氛，大大降低热力型NO_x的生成，还控制了燃料型NO_x的生成。在同样的条件下，一次风比大，必然导致密相区燃烧份额较高，此时就要求有较多的温度较低的循环物料返回密相区，带走燃烧释放的热量，以维持密相床温度。如果循环物料不足，必然导致床温升高，负荷带不上去。根据煤种不同，一般一次风量占总风量的60%～40%，二次风量占40%～60%。播煤风及回料风约占5%。

一、二次风的配比，对流化床锅炉的运行非常重要。锅炉启动时，先不启动二次风，燃烧所需的空气由一次风供给。实际运行时，当负荷在稳定运行范围内下降时，一次风按比例下降，当降至最低负荷时，一次风量基本保持不变，而大幅度降低二次风。这时循环流化床锅炉进入鼓泡床锅炉的运行状态。

（4）播煤风和回料风调整。播煤风和回料风是根据给煤量和回料量的大小来调整的。负荷增加，给煤量和回料量必须增加，播煤风和回料风也相应增加。播煤风和回料风是随负荷增加而增大的，因此，只要设计合理，在实际运行中只根据给煤量和回料量的大小来做相应调整就可以了。

3. 料层高度的调整和控制

维持相对稳定的床高或炉膛压降在运行中是十分必要的，通常是把循环流化床某处作为压力控制点，监测此处压力，并用料层压降来反应料层高度的大小。有时料层高度也会用炉床布风板下的风室静压表来反应。冷态试验时，风室静压力是布风板阻力和料层阻力之和。由于布风板阻力相对较小，所以运行中通过风室静压力可大致估出料层阻力，也就是说，根据静压力的变化情况，可以了解运行中沸腾料层的高低与流化质量的好坏。风室静压增大时，说明料层增厚；风室静压降低时，说明料层减薄。良好的流化燃烧状态下，压力表指针摆动幅度较小且频率高；如果指针变化缓慢且摆动幅度加大时，流化质量较差，此时，应进行合理地调整。

锅炉运行中，床层过高或过低都会影响流化质量，甚至引起结焦。放底渣是常用的稳定床高的方法，在连续放底渣情况下，放渣速度是由给煤速度、燃料灰分和底渣份额确定的，并与排渣机构或冷渣器本身的工作条件相协调。在定期放渣时，通常的做法是设定床层压降或控制点压力的上限作为开始放底渣的基准，而设定的压降或压力下限则作为停止放渣的基准。这一原则对连续排渣也是适用的。如果流化状态恶化，大渣沉积将很快在密相区底部形成低温层，故监测密相区各点温度可以作为放渣的辅助判断手段。

风机风门开度一定时，随着床高或床层阻力的增加，进入床层的风量将减小，故放渣一段时间后，风量会自动有所增加。

4. 炉膛差压的调整与控制

炉膛差压是指燃烧室上部区域与炉膛出口之间的压力差，是一个反应炉膛内循环物料浓度大小的参数。炉内循环物料越多，炉膛差压越大，反之越小。炉内循环物料的上下湍动，使炉膛内传热加强。一般情况下，炉膛差压应控制在 0.3～6.0kPa 之间。在运行中，应根据不同的负荷保持不同的炉膛差压。差压太大时，应从放灰管中放掉部分循环物料以降低炉膛差压。

此外，炉膛差压还是一个反映返料装置工作是否正常的参数，当返料装置堵塞，返料停止后，差压会突然降低，甚至为零。

5. 床层温度的调节

维持床温是流化床锅炉稳定运行的关键。目前，床温大多选在 800～1000℃范围内，当燃用无烟煤时床温可控制在 950～1050℃。选用此床温基于两个原因：一是避免炉床结焦；二是此温度是炉内脱硫的最佳温度。

引起炉内温度变化的原因是多方面的。如负荷变化时，风、煤未能很好地及时配合；给煤量不均或煤质变化；物料返回量过大或过小；一、二次风配比不当；排放冷渣时，一次排放过多过快。总之，床温的变化主要还是风、煤和物料循环量的变化引起的。当床温波动时，首先确认给煤速度是否均匀，然后才是给煤多少的问题。给煤过多或过少、风量过小或过大都会使燃烧恶化，床温降低。

循环流化床的燃烧室热惯性很大，调节床温的方法通常采用："前期调节法"、"冲量调节法"和"减量给煤法"。

所谓前期调节法，就是当炉内床温、汽压稍有变化时，及时根据负荷调节燃料量，不要等炉温、汽压变化较大时才开始调节，否则运行将不稳定，波动较大。

冲量调节法就是当炉温下降时，立即加大给煤量。加大的幅度是炉温未变化时的 1～2 倍，同时减少一次风量，增大二次风量，维持 1～2min 后，恢复原给煤量。2～3min 后炉温若没上升，重复上述过程即可。

减量给煤法，则是指炉温上升时，不要中断给煤量，而是将给煤量减小，同时增加一次风量，减小二次风量，维持2～3min，观察炉温，如果温度停止上升，将给煤量恢复到正常值。

对于采用中温分离器或飞灰再循环系统的锅炉，用调节返回物料量和飞灰量的多少来控制床温是最简单有效的方法。因为中温分离器捕捉到的物料温度和飞灰再循环系统返回的飞灰温度都很低，当炉温突升时，增大进入炉床的循环物料量或飞灰再循环量，可迅速抑制床温的上升。但这样会改变炉内的物料浓度，从而对炉内的燃烧和传热产生一定的影响，所以在额定负荷下，一般是通过改变给煤量和风量来调节床温的，尽可能不采用改变返料量的方法。

有的锅炉采用冷渣减温系统来控制床温。其做法是利用锅炉排出的废渣，经冷却至常温干燥后，再由给煤设备送入炉内降温。因该系统的降温介质与床料相同，又是向炉床上直接给入的，冷渣与床温的温差很大，故降温效果良好而且稳定。应该注意的是该方案需经锅炉给煤设备送入床内，故有一定的时间滞后。

对于有外置式换热器的锅炉，也可通过外置式换热器调节床温；对于设置烟气再循环系统的锅炉，还可采用再循环烟气量对床温进行调节。

五、负荷的调节

流化床锅炉因炉型、燃料种类和性质的不同，负荷变化范围和变化速度也各不相同。对于循环流化床锅炉，负荷可在25%～110%的范围内变化，升负荷速度为每分钟5%～7%，而降负荷速度为每分钟10%～15%范围。

循环流化床锅炉的变负荷调节过程，是通过改变给煤量、送风量和循环物料量或外置式换热器（EHE）冷热物料流量分配比例来实施的，这样可以保证在变负荷中维持床温基本稳定。在负荷上升时，投煤量和风量都应增加，如总的过量空气系数及一二次风比不变，则密相区和炉膛出口温度将稍有变化，但变化最大的是各段流速及床层内的颗粒浓度，研究表明，采取上述措施后，负荷率由70%开始每增加10%，床温上升10～20℃，炉膛出口烟温上升30～40℃，排烟温度上升约6℃，同时减温水量也将上升。

无外置式换热器的循环流化床锅炉，负荷调节一般采用如下方法：①改变给煤量和总风量来调节负荷，这也是最基本的负荷调节方法。②改变一、二次风比，以改变炉内物料分布浓度，从而改变传热系数，控制对受热面的传热量来调节负荷。③改变床层高度，以改变密相区与受热面的传热，从而达到调节负荷的目的。④改变循环灰量来调节负荷。增负荷时加煤、加风和加灰渣量；反之亦反。⑤采用烟气再循环，改变炉内物料流化状态和供氧量，从而改变物料燃烧份额，达到调整负荷的目的。

有外置式换热器的循环流化床锅炉，可通过调节冷热物料流量比例来实现负荷调节，负荷增加时，增加外置换热器的热灰流量；负荷降低时，减少外置换热器的热灰流量。外置换热器的热负荷最高可达锅炉总热负荷的25%～30%。

在锅炉变负荷的过程中，汽水系统的一些参数也发生变化，因此在进行燃烧调整的同时，必须进行汽压、汽温和水位等的调节，以维持锅炉的正常运行。

思考题

1. 简述循环流化床锅炉的工作过程。

2. 与其他燃烧方式锅炉相比，循环流化床锅炉有哪些特点？
3. 循环流化床锅炉的燃烧系统主要有哪些设备？各设备的作用是什么？
4. 随着流化风速的增加，固体颗粒床层出现了几种流动状态？
5. CFB 锅炉启动和运行中有几种不正常的流化态？如何形成的？
6. 简述 CFB 锅炉 SO_x 和 NO_x 的生成机理，以及如何控制 SO_x 和 NO_x 的排放？
7. 概念：循环倍率　临界流化风速

第十二章　锅　炉　运　行

第一节　汽包锅炉的启动和停用

一、锅炉运行及启停方式概述

电厂锅炉的运行任务是指在安全和经济的条件下，保证锅炉出力随时满足电网负荷的需要。而电网负荷是随着时间变化的，锅炉负荷可能也要随之变化。一个电网内有很多发电机组参与发电，根据各机组承担负荷的性质不同，可分为基本负荷机组、中间负荷机组和尖峰负荷机组三类。基本负荷机组承担连续的经济负荷或额定负荷；尖峰负荷机组只是在电网尖峰负荷期间运行；中间负荷机组常在晚上或周末停机，或进行变负荷运行。其中尖峰负荷机组和中间负荷机组又称为调峰机组。

正常运行的锅炉，要求在负荷控制范围内，锅炉蒸汽参数的静态特性应稳定在额定值允许范围内，同时在负荷变化过程中应有良好的蒸汽参数动态特性，调节过程中的蒸汽参数偏离也要在额定值允许范围内，并能快速完成调节任务。同时，锅炉在启停过程中，会带来很多经济性和安全性问题，故锅炉的启停过程要严格监控。

锅炉由停止状态转变为运行状态的过程称为锅炉启动，由运行状态转变为停止状态的过程称为锅炉停运。锅炉启动的实质就是投入燃料对锅炉加热，锅炉停运的实质就是停投燃料使锅炉冷却。

1. 锅炉启动方式

(1) 冷态启动和热态启动。根据机组的状态可分为冷态启动和热态启动。当锅炉在常温常压状态下的启动称为冷态启动；锅炉较短时间内停用，内部保持一定压力和温度状态下的启动称为热态启动。

(2) 恒压启动和滑参数启动。根据机组中锅炉和汽轮机的启动顺序或启动时的蒸汽参数，可把机组的启动分为恒压启动（又称顺序启动）和滑参数启动（又称联合启动）。恒压启动，常用于母管制系统，在恒压启动时，先启动锅炉，待锅炉参数达到或接近额定值时，再启动汽轮机。单元制锅炉机组均采用滑参数启动。滑参数启动又称机炉联合启动，就是在启动锅炉的同时，启动汽轮机，汽轮机在蒸汽参数逐渐升高的情况下完成暖管、冲转、暖机、升速和带负荷，因此称为滑参数启动。同时，由于汽轮机冲转和带负荷是在蒸汽参数较低的情况下进行的，又称为低参数启动。

2. 锅炉停运方式

(1) 热备用停运和非热备用停运。热备用停运是指停止向汽轮机供热和锅炉熄火后，关闭锅炉主蒸汽阀和烟气侧的各个门孔，进入热备用状态。非热备用停运包括冷备用停运和检修停运。冷备用停运的最终状态是彻底冷却后放尽炉水，进行保养；检修停运则是冷却后放尽炉水，进行检修。

(2) 正常停运和故障停运。机组运行一定时间后，为恢复或提高机组的运行性能、预防事故的发生，必须停止运行，进行有计划的检修；另外，当外界电负荷减少时，为了整个发电厂运行比较安全经济，经过计划调度，也要求一部分机组停止运行，转入备用。这两种情况下的停运为正常停运。由于机组外部或内部原因发生事故，机组不停运将会造成设备损坏或危机运行人员安全，必须停止机组的运行，称为故障停运或事故停运。

（3）额定参数停运和滑参数停运。单元机组在正常停运中，根据降负荷时汽轮机前的蒸汽参数，可分为额定参数停运和滑参数停运。所谓额定参数停运（又称高参数停运），是指在机组停运过程中汽轮机前蒸汽的压力和温度不变或基本不变的停运。如果机组是短期停运，进入热备用状态，可用额定参数停运，因为锅炉熄火时蒸汽的温度和压力很高，有利于下一次启动。

现代大型机组均采用滑参数停运，即所谓的机炉联合停运。滑参数停运是在整个停运过程中，锅炉负荷及蒸汽参数的降低按照汽轮机要求进行，待汽轮机负荷快减完时，蒸汽参数已经很低，锅炉即可停止燃烧，进入冷却阶段。

二、汽包锅炉启动

（一）汽包锅炉启动系统

启动系统的主要功能是在机组启动、停止和事故情况下，平衡锅炉与汽轮机之间的蒸汽流量，从而与锅炉燃烧调节相配合，起到调节和保护的作用。汽包锅炉的启动系统有锅炉本体汽水系统和疏水系统、过热器旁路系统、汽轮机旁路系统三种型式，图 12-1 为某自然循环锅炉汽水系统与疏放水系统。控制循环汽包锅炉的汽水、疏放水系统，除在下降管装置锅水循环泵之外，其余与自然循环锅炉相同。

过热器旁路系统是在垂直烟道包覆过热器下环形联箱接出一根管路至凝汽器，并在管路上装设控制阀构成（见图 12-1 中的过热器旁路）。其设计流量通常为锅炉最大连续负荷的 5%，亦称 5%旁路，我国引进的美国 CE 机组、英国 BEL 机组多采用这种系统。过热器旁路系统作为锅炉的旁路，启动时通过改变过热器出口的流量来控制汽压、汽温，满足提高运行灵活性、缩短启动时间的要求。

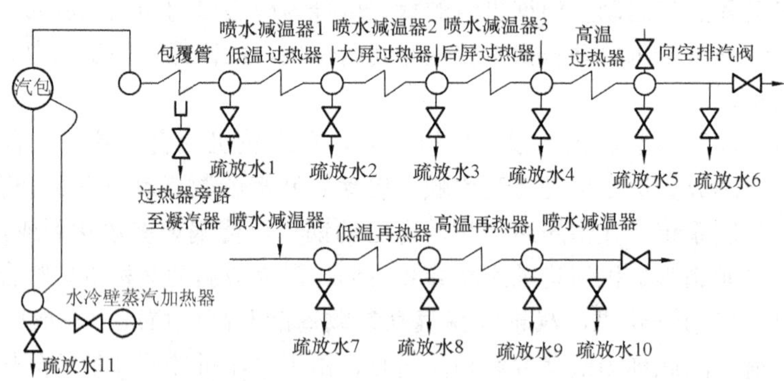

图 12-1 自然循环汽包炉典型汽水系统与疏放水系统

汽轮机旁路系统如图 12-2 所示。图 12-2（a）所示为一级大旁路系统，过热器出口蒸汽旁路管道减温减压，直接排入凝汽器。图 12-2（b）所示为二级大旁路系统，该系统由高压旁路 1 和低压旁路 2 以及相应的旁路阀门所组成；1 旁路对汽轮机的高压缸进行旁路，2 旁路对汽轮机的中低压缸进行旁路；汽轮机冲转前，蒸汽经 1 旁路、再热器、2 旁路进入凝汽器。目前大型发电机组普遍采用二级大旁路系统。

（二）滑参数启动

滑参数启动时，蒸汽管道的暖管、汽轮机的启动过程与锅炉的升压过程同时进行，使整

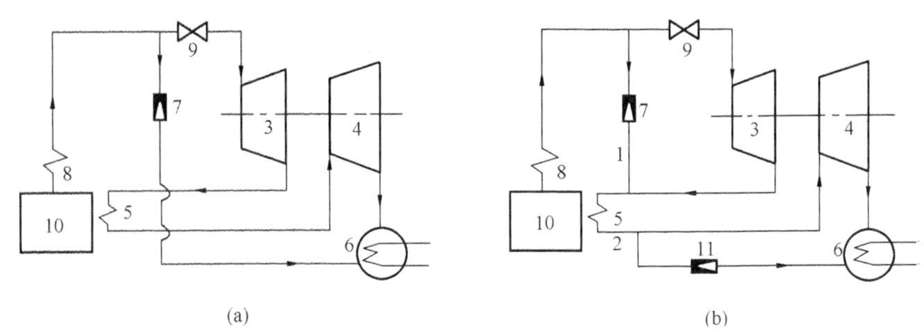

图 12-2　汽轮机旁路系统

（a）一级大旁路系统；（b）二级大旁路系统

1—高压旁路；2—低压旁路；3—汽轮机高压缸；4—汽轮机中低压缸；5—再热器；6—凝汽器；7—高压旁路减温减压阀；8—过热器；9—主汽门；10—锅炉；11—低压旁路减温减压阀

个机组的启动时间得以缩短；同时，整个机组的加热过程是从较低参数开始的，所以各部件的受热膨胀比较均匀，减少了机组的热应力水平。这样，可以减少启动的燃料消耗和工质损失，使机组尽早发电，提高机组的经济性。

滑参数启动一般可以分为真空法和压力法两种方式。

（1）真空法启动。采用真空法滑参数启动时，应当先将锅炉至汽轮机之间的主蒸汽管道上的锅炉主汽门、汽轮机主汽门、调速汽门等全部打开；将主蒸汽管道上的空气门、疏水门、汽包和过热器上的放汽门全部关闭。然后，汽轮机投入油系统、盘车系统和抽气器。当汽包内真空度达到300～400mmHg时，锅炉开始点火并产生蒸汽，蒸汽进入汽轮机后排入凝汽器。从锅炉开始点火、产生蒸汽时，就开始暖管和暖机。

当主蒸汽管道内压力达到正压时，打开疏水门进行疏水；在蒸汽压力不到0.2MPa时，开始冲转汽轮机并停止盘车装置；当汽轮机转速接近临界转速时，应当关小电动主汽门；等阀门前压力上升到可以使汽轮机很快越过临界转速时，再全开电动主汽门，使汽轮机迅速通过临界转速，并逐步达到额定转速。当汽轮机达到全速后，发电机已同步，可以并网和带负荷。此后，锅炉按汽轮机要求继续升温、升压至额定参数，直到汽轮机带满负荷或预定负荷，启动完成。

真空法滑参数启动，可以用低参数蒸汽暖管、暖机、升速和带负荷。所以允许通汽量大，有利于暖管和暖机，并能充分冷却过热器，促进水循环和减少汽包热偏差，减少工质和热量损失。但汽轮机冲转压力低，当停用盘车后，有可能发生汽轮机转速降低现象，而且低参数蒸汽容易引起水冲击。中间再热的单元机组，采用真空法滑参数启动时，进入汽轮机的蒸汽温度很低，不易保证必要的蒸汽过热度；同时，由于高压缸排汽温度低，而再热器又处在烟温较低区域，使再热蒸汽温度无法提高，汽轮机低压缸最后几级的蒸汽湿度过大，影响汽轮机的安全。因此，目前已很少采用真空法滑参数启动。

（2）压力法启动。所谓压力法滑参数启动，是指当锅炉点火后产生的蒸汽具有一定的压力和温度以后才冲转汽轮机。通常，当汽轮机前蒸汽压力达到额定蒸汽压力的15%左右、蒸汽过热度在50℃以上时，开始冲转汽轮机。

压力法滑参数启动的要点是先启动锅炉，待蒸汽参数升至一定值后冲转汽轮机，并网后滑参数升压升负荷。按照汽轮机冲转进汽方式不同，压力法滑参数启动可分为高中压缸联合启动和中压缸启动两种方法。高中压缸联合启动是指汽轮机冲转时，蒸汽同时进入高压缸和中压缸冲动汽轮机转子；中压缸启动是指在汽轮机启动时，高压缸不进汽，用压力较低的再热蒸汽从中压缸进汽冲动汽轮机转子，待并网后才逐渐向高压缸进汽。采用中压缸启动，在冲转及低负荷运行期间切断高压缸进汽以增加中低压缸的进汽量，有利于中压缸的均匀和较快加热、减小热应力和汽轮机胀差，同时，也可以提高再热器压力和流量，有利于启动初期迅速提升再热汽温，但此种方式的汽轮机系统较复杂。

与真空法启动相比，压力法滑参数启动的主要特点是：启动前凝汽器抽真空时，汽轮机主汽门处于关闭状态；锅炉点火后，产生的蒸汽除暖管外，其余的通过旁路系统经减温减压后进入凝汽器，当汽轮机主汽门前的蒸汽压力和蒸汽温度达到预定的冲转参数时，再冲转汽轮机；然后，按汽轮机的要求，随着蒸汽参数不断提高逐步升速、暖机、全速、并网带负荷直至达到额定值。采用压力法启动，由于蒸汽参数较高并且有一定的过热度，对汽轮机的升速及防止低压缸蒸汽湿度过大有好处。但是，由于汽轮机冲转前锅炉的蒸汽通过旁路系统排入凝汽器，因而将产生一定的启动热损失。

（三）汽包锅炉冷态启动

自然循环汽包锅炉的冷态启动包括启动前准备、锅炉点火、升温升压、汽轮机冲转升速、并网及带初负荷、机组升负荷至额定值等几个阶段。

图 12-3 为某 300MW 机组锅炉冷态启动曲线。所谓启动曲线是指启动过程中锅炉出口蒸汽温度、压力、汽轮机的转数和机组的负荷等参数随时间的变化曲线。图中的曲线是从锅炉点火开始直到机组带负荷之间的汽温、汽压、负荷的典型变化曲线。从曲线可以看出，机组的启动过程大约分为三个阶段。第一阶段是从点火开始逐渐升温升压直至汽轮机冲转；第二阶段是从汽轮机开始冲转到并网；第三阶段是锅炉升温升压，汽轮机增加负荷，直至带满负荷。在第三阶段中对于检修过后的机组要做的一项主要工作就是洗硅，洗硅是通过连续排污或定期排污，将含盐浓度高的锅炉水排掉，以保证蒸汽含硅量在规定的范围内的过程。

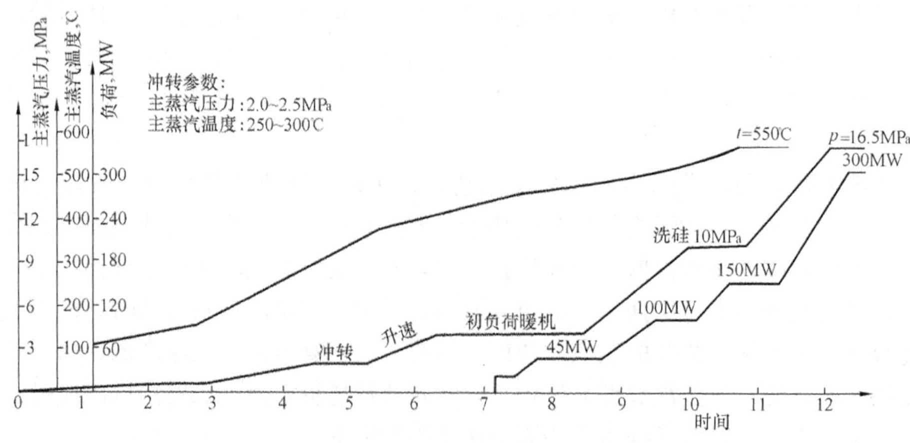

图 12-3　某 300MW 机组锅炉冷态启动曲线

（四）汽包锅炉热态启动

热态启动是指锅炉在保持有一定压力，且温度高于环境温度下的启动。大型锅炉又将热态启动划分为温态启动、热态启动和极热态启动三种。具体划分是依据汽轮机启动时的温度进行的。国内外各制造厂所取的温度界限不尽相同，下面是 GEC—ALSTHOM 公司的一种划分方法：以汽轮机高压内缸第一级金属温度为依据，该温度在 190～300℃之间，为温态启动；在 300～430℃之间，为热态启动；430℃以上为极热态启动。

锅炉的热态启动过程与冷态启动过程基本相同，但热态启动时锅内存有锅水，只需少量进水调整水位；蒸汽管道与锅内都有余压与余温，升压升温与暖管等在现有的压力温度水平上进行，因而可更快些。锅炉点火后要很快启动旁路系统，以较快的速度调整燃烧，避免因锅炉通风吹扫等原因使汽包压力有较大幅度降低。冲转时的进汽参数要适应汽轮机的金属温度水平，冲转前须先投入制粉系统运行，以满足汽轮机较高冲转参数的要求。冲转时锅炉应避免因燃烧原因使机组在冲转、并网、低负荷运行等工况下运行时间拖延造成的汽缸温度下降。机组极热态启动时必须谨慎，启动过程的关键在于协调好锅炉蒸汽温度和汽轮机的金属温度，尽可能避免热偏差，减少汽轮机寿命损耗。

（五）启动过程中应注意的问题

1. 锅炉承压部件的寿命

在锅炉的启停和变负荷时，汽包壁温不断变化；在锅炉启动过程中，各受热面中工质的流动还不正常，在某些受热面内工质的流量很少，甚至在某段时间内工质不流动或受热面内没有工质，从而使受热面得不到正常的冷却。这些都可能造成汽包损伤和受热面管壁超温，故此时要采取措施避免出现问题。

2. 燃料着火的稳定性

锅炉点火时，炉膛内的温度很低。在锅炉点火后较长一段时间内，为了控制锅炉各部件的加热速度，防止厚壁部件产生过大的温度差和某些受热面金属超温，燃料投入量的增加很缓慢，所以炉膛温度不高；此时一、二次风温度也很低。在这种情况下，如果控制不当容易灭火，因而要注意燃料着火的稳定性。

3. 工质及热量的损失

锅炉启动过程中所消耗的燃料，除了用于加热工质和锅炉各部件的金属之外，还有相当一部分用于排掉蒸汽和水的加热，造成工质和热量损失。另外，在低负荷燃烧时，由于过量空气系数较大，导致排烟热损失、化学未完全燃烧热损失和机械未完全燃烧热损失也较大，会使锅炉效率降低。

（六）锅炉启动过程中主要设备的保护与监视

1. 汽包的保护和监督

汽包为单向受热的厚壁部件，在启动过程中将产生很大的应力，考虑到汽包的安全，故在锅炉启停过程中要严格控制压力的变化，并进行有效监控。

（1）汽包启动应力。锅炉在启动、停运与变负荷过程中将出现下述几种应力：

1）汽包机械应力。汽包机械应力是指由汽包内的工质压力引起的金属应力，此应力在任意点的三个方向均为拉应力，且均与汽包内压力成正比，随着汽压的升高，汽包机械应力将越来越大。

2）热应力。热应力又称温度应力，是由于不同部位金属在不同温度下其体积变化受到限制而产生的应力。启动热应力主要由汽包的上、下壁温差和内外壁温差引起的。

3）附加应力。附加应力是指汽包与内部介质质量引起的应力，其数值与以上两种应力比要小得多。

4）峰值应力。锅炉启停过程中汽包内压力产生机械应力、汽包壁温不均产生热应力及附加应力叠加以后产生总应力，最大局部总应力点称为峰值应力。汽包峰值应力是局部应力，在稳定压力下对强度无害，但在交变应力作用下，可能产生疲劳裂纹，导致蒸汽泄漏。

（2）低周疲劳破坏。汽包金属在远低于其抗拉强度的循环应力作用下，经过一定的循环次数后会产生疲劳裂纹以至破裂，这种现象称为低周疲劳破坏。达到低周疲劳破坏的应力循环总次数称为寿命，运行中应力循环次数占寿命的百分数称寿命损耗，一般通过控制壁温差和峰值应力幅值来减小启停过程中汽包低周疲劳寿命损耗。

（3）启动过程中汽包壁温的监视。为保护汽包，整个启停过程必须不断监视汽包上、下壁温差以及内、外壁温差。在大型锅炉的汽包壁上，安装有若干组温度测点。由于汽包内壁金属温度不能直接测量，故常以饱和蒸汽引出管外壁温度代替汽包上部的内壁温度，以集中下降管外壁温度代替汽包下部的内壁温度。

在监控温差时，按以下方法计算壁温差：以最大的引出管外壁温度减去汽包上部外壁最小温度，差值即为汽包上部内、外壁最大温差；若减去汽包下集中下降管外壁最小温度，差值即为汽包上、下内壁最大温差；同理也可计算得到汽包下部内、外壁最大温差等。另外，有的锅炉还引入汽包的压力等数据对上述计算进行修正。以前国内机组对汽包上、下壁温差和内、外壁温差启动中的最大允许值，均控制在50℃以内。实践证明，温差只要在此范围内，产生的附加热应力不会造成汽包损坏，是安全的。

（4）汽包启动应力控制。启动应力控制的重要标志是汽包的上下壁温差和内外壁温差，实际操作中以控制压力的变化率作为控制壁温差的基本手段。

锅炉启停中防止汽包壁温差过大的措施有：

1）启动中严格控制升压速度，尤其在低压阶段时，升压速度要尽量缓慢；

2）尽快建立正常的水循环；

3）初投燃料量不能太少，炉内燃烧、传热应均匀；

4）控制降压速度；

5）严格控制锅炉进水参数。

2. 过热器的保护

锅炉在冷炉启动前，直立的过热器管内一般都有停炉时留下的积水，点火后，这些积水将逐渐蒸发；锅炉起压后，部分积水也会被蒸汽流排除。在积水全部蒸发或排除前，某些管内没有蒸汽流过，管壁温度不会比烟气温度低很多，如不采取措施，将发生金属超温现象。因此，一般规定在锅炉蒸发量小于10%额定值时，必须限制过热器入口烟温，控制烟温的手段主要是限制燃烧率和调整炉膛内火焰中心的位置。

3. 再热器的保护

中间再热单元机组启动时，采用旁路系统和控制再热器处的烟温来保护再热器。

4. 省煤器的保护

省煤器的保护可通过保持省煤器连续进水的方法进行，常用方法有省煤器再循环法和连续放水法。连续进水法一般采用小流量给水连续经省煤器进入汽包的方式，同时通过连续排污或定期排污系统放水维持汽包水位，克服了省煤器再循环法循环压头低等缺点，常被采用。

5. 燃烧器的保护

锅炉点火后，未投入的燃烧器要注意冷却。一般只要送额定风量的5%的风量就可以保证燃烧器喷口不被破坏。对于已投入运行的燃烧器，通过对一次风和二次风的调整，使煤粉气流的着火点在喷口的适宜距离，防止将燃烧器烧坏。

三、汽包锅炉的停运

大型机组的停运方式一般有额定参数停运、滑参数停运和故障停运三种。

1. 额定参数停运

额定参数停运时，锅炉减少燃料量、风量，尽量维持汽温、汽压在正常范围内，逐渐降低机组负荷，当汽轮机负荷减到最低时，发电机解列、汽轮机停机、锅炉熄火。停运后空气预热器应继续运行，直至出口烟温低于规定值后停止。

2. 滑参数停运

下面以某300MW机组锅炉为例，介绍滑参数停运的过程。

300MW机组锅炉滑参数停运可以分为四个阶段：

(1) 第一阶段。主蒸汽压力由16.6MPa逐渐降至11.7MPa，主蒸汽温度由555℃逐步降至505℃，电负荷由300MW平稳缓慢地降至150MW，时间为50min。在此期间，司炉应注意调整风量，稳定燃烧，并根据汽轮机滑参数停机的需要控制参数的变化。

(2) 第二阶段。当电负荷降至50%时，稳定20～30min，再以3MW/min的速度继续降低负荷，并以0.1MPa/min的速度降低主蒸汽压力，将负荷降到90MW、主蒸汽压力降到10MPa、汽温降到485℃。在此期间，逐渐减少燃煤量，停止部分制粉系统，并及时调整锅炉总风量。注意给水压力、给水流量的变化，及时调整，保证汽包水位在规定的范围内。

(3) 第三阶段。负荷降至30%时，稳定1h，然后以1.5MW/min速度继续降低负荷，以0.1MPa/min速度继续降低主蒸汽压力，以1～2℃/min的速度降低主蒸汽温度，逐步降负荷，当电负荷降至5%时，主蒸汽压力降至4.9MPa，停用大部分油枪，保留两只油枪运行。发电机解列、汽轮机停机后，停用全部油枪，锅炉熄火。然后以总风量35%的吹扫风量对炉膛和烟道进行充分通风，然后停用送、引风机，并将暖风器退出运行。

(4) 第四个阶段。完成锅炉停运后的工作，保持回转式空气预热器继续运行，待其出口烟温低于某规定值后方可停用。

3. 故障停运

故障停炉又称为事故停运，可分为一般事故停运和紧急事故停运两种。设备故障需要及时停运检修，可采用一般事故停运；若发生重大事故，可能会严重损坏设备或危及人身安全时，应采取紧急事故停运。

一般事故停运可采用额定参数停运方法。

紧急事故停运时，应立即停止燃料，停止送引风机，关闭主汽阀，开启旁路；如果是锅炉爆管事故，应保持引风机运行，抽吸炉内烟气和蒸汽；如果是锅炉满水或缺水事故，应关闭给水隔绝阀，停止给水泵，严禁向锅炉进水。

四、滑参数启停的特点

1. 滑参数启动特点

(1) 锅炉与汽轮发电机同时进行启动，由于在低参数下启动，机组金属温度低，允许有较大的工作应力，可提高升温速度。因此，机组启动时间缩短、利用率提高。

(2) 机组充分利用了锅炉在启动过程中产生的低参数蒸汽热量，减少了启动热损失。

(3) 启动过程中要求锅炉、汽轮机的工况应互相配合，同时还要满足各自的安全、经济运行要求。

（4）低参数蒸汽容积流量大，用其加热部件可使汽包、管道、汽缸、转子等加热比较均匀，温升平稳，能较好地控制各部件的热应力与热变形。

（5）锅炉低负荷运行时间长，不利于燃烧，炉膛热负荷也不均匀。

（6）对于定速给水泵或调速范围较小的给水泵，滑参数启动过程中给水调节阀、减温水调节阀压差过大，调节特性差，阀门也易损坏。

由上述可知，滑参数联合启动有优点，也有缺点。现代机组通过对设备、系统与运行操作等的改进，在不同程度上克服了缺点，使联合滑参数启动日益完善。

2. 滑参数停运特点

（1）滑参数降负荷过程中汽轮机调速汽门全开，全周进汽，各部件冷却均匀，特别是利用锅炉余热空转冷却汽轮机的停机，可以立即开缸检修。

（2）停运过程中利用机组蓄热发电，减少了停机热损失。

（3）低负荷低压运行时间长，对锅炉燃烧和直流锅炉水动力特性不利。

第二节　汽包锅炉运行特性和运行调节

正常运行的锅炉，其工况总是在不断地变化。锅炉的负荷、给水温度、煤粉细度及烟道漏风等都不可能始终维持设计值，工况的任何变动都会引起锅炉参数和运行指标发生相应变化，这些变化的方向和大小可由锅炉的运行特性加以描述。

运行特性包括静态特性和动态特性两个方面。锅炉在某一个稳定工况下，各个状态参数具有确定的数值，从一个稳定工况变动到另一个稳定工况，这些数值也会随之变化成另一些稳定的数值。各参数（或指标）与锅炉工况的对应关系称为静态特性。例如，不同的燃烧工况（燃料量、煤质、过量空气系数及漏风等）就有相应的蒸汽量、炉膛出口烟温、汽温和汽压等。

锅炉从一个工况变动到另一个工况时，状态参数从一个稳定值过渡到另一个稳定值的具体历程，即参数变量与时间的关系，称为动态特性。

动态特性指的是变化的过程，而静态特性则着眼于变化的结果。对于锅炉的静态和动态特性，运行人员必须心中有数，以便在工作时能随时分析、正确判断并及时调整。此外，锅炉设备的某些故障和设备缺陷的原因，也往往需要借助对锅炉运行特性的分析来加以探求。因此，即使是先进的自动控制系统，也不能取代运行人员。

一、汽包锅炉的静态特性

（一）负荷变动

锅炉运行负荷必须跟随电网负荷要求不断变化，燃料量的变化与负荷成比例，燃料量随着负荷的增加而增加，负荷（燃料量）变化对锅炉效率、炉内传热、烟气及工质温度等都会带来很大影响。

1. 负荷对锅炉效率的影响

效率与负荷的关系曲线如图12-4所示。由图可见，从较低负荷开始，随着负荷（燃料量）的增大，（q_2+q_5）上升的幅度小于（q_3+q_4）降低的幅度，故锅炉效率升高；后来，燃烧效率已接近极限，故（q_2+q_5）上升的幅度大于（q_3+q_4）降低的幅度，锅炉效率下降。随着负荷的增加，锅炉效率呈先升高、后降低的趋势。锅炉最高效率所对应的负荷称经济负荷，经济负荷一般在80%～90%MCR范围。

2. 负荷对炉内辐射热量的影响

大容量锅炉的炉膛出口在后屏入口处，炉膛出口烟气温度在锅炉负荷变动时，对炉内吸热量的大小影响较大。锅炉负荷增加，燃料量随之增加，炉内燃烧放热增加，由于此时烟气热容量的增大，使炉膛出口烟温升高；由于此时炉内的理论燃烧温度与燃料量变化基本无关，故使单位工质辐射吸热量减少。

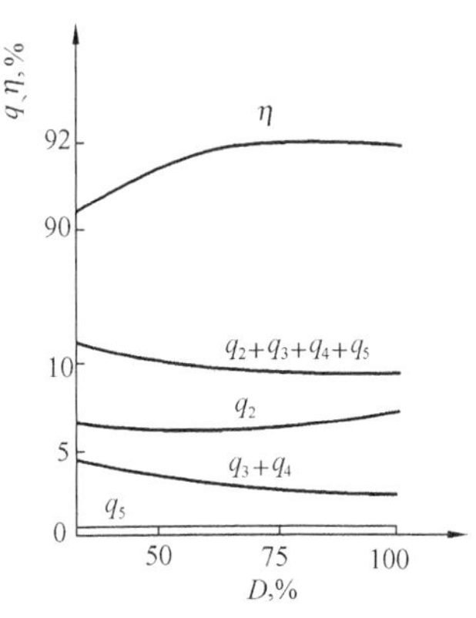

图 12-4 锅炉效率—负荷曲线

3. 负荷与对流传热量的关系

负荷增加，烟气流量、流速成比例增大，烟气侧表面传热系数增加；同时，负荷增加又使工质流量、流速增大，工质侧表面传热系数也增大，二者使传热系数增加较多。另一方面，由于炉膛出口温度升高及烟气量增加，各对流受热面进口的烟温升高，依次使传热温差也增加。蒸汽量的增大比对流传热量增加得少，因此，单位对流热量增加，工质的焓增增大，汽温升高。

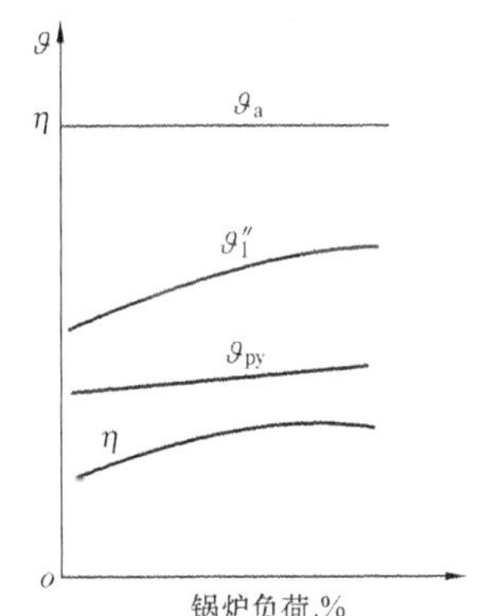

图 12-5 负荷变化总特性曲线

ϑ_a—理论燃烧温度；

ϑ''_1—炉膛出口烟温；

ϑ_{py}—排烟温度；η—锅炉效率

4. 负荷与烟温的关系

运行中的锅炉，如燃料量增加，炉膛出口烟温上升，但由于随着烟气流程对流传热量增大，使沿烟气行程的烟气温度增加值逐渐减小，排烟温度的升高值最小。此时，综合负荷与辐射传热量、对流传热量的关系分析，可获得负荷变化总特性曲线，如图12-5所示。

5. 负荷与汽温的关系

如前所述，燃料量增加时，炉膛出口烟温升高，对流总传热量增加。在总对流热量中，因为对流式过热器和对流式再热器离炉膛出口最近，故它们吸热量所占份额比其他对流受热面要大得多，负荷增加时这个比例还要上升。而在炉内换热中，辐射式过热器和辐射式再热器的吸热份额又小于水冷壁。因此，当负荷增加时，由对流总热量增加而引起的对流过热器和再热器的吸热量增加要大于由炉内辐射热量减小而引起的辐射式过热器和再热器吸热量的减小，故过热器和再热器总的及各自的吸热量均增加，因此，过热和再热汽温升高。而且由于汽轮机高压缸排汽温度随负荷降低而降低，故再热汽温变化更大，如图12-6所示。

(二) 过量空气系数变动

1. 炉膛出口过量空气系数对锅炉效率的影响

使燃烧热损失 $q_2+q_3+q_4$ 之和最小时的炉膛出口过量空气系数称为最佳过量空气系数，具体锅炉的炉膛出口过量空气系数数值要通过燃烧调整试验来确定。运行中应按最佳过量空气系数控

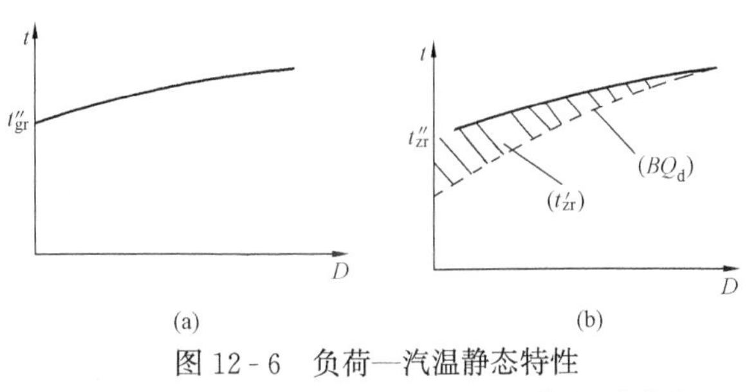

图 12-6 负荷—汽温静态特性

(a) 负荷—主汽温静态特性；(b) 负荷—再热汽温静态特性

制炉内送风量，一般低负荷或煤质变差时，锅炉效率降低，最佳过量空气系数升高。因此，大型锅炉在低负荷下的推荐氧量都要比高负荷更高些。

2. 炉膛出口过量空气系数对传热量影响

炉膛出口过量空气系数增大是由于送入炉膛的风量增大或炉膛漏风增大引起的。炉膛出口过量空气系数上升将使理论燃烧温度下降，炉膛出口烟温基本不变，炉膛辐射传热量下降；单位质量燃料产生的烟气容积增大，烟气对管壁的表面传热系数增大，对流传热量增大。但炉膛出口过量空气系数上升使对流传热量增大的数值小于烟气热容量的增大数值，故烟气在烟道中温度逐渐上升，如图 12-7 所示。

3. 烟道漏风对烟温的影响

烟道漏风对传热量和烟温的影响要看漏风的地点，炉膛出口处漏风，会使该位置的烟温和对流传热量下降，但是随着烟气流程烟温逐步会上升，到某一位置后超过原来的数值；烟道漏风的烟温变化与上述规律相同，但可能烟温还未达到原来数值时就离开了最后一级受热面，如图 12-8 所示。

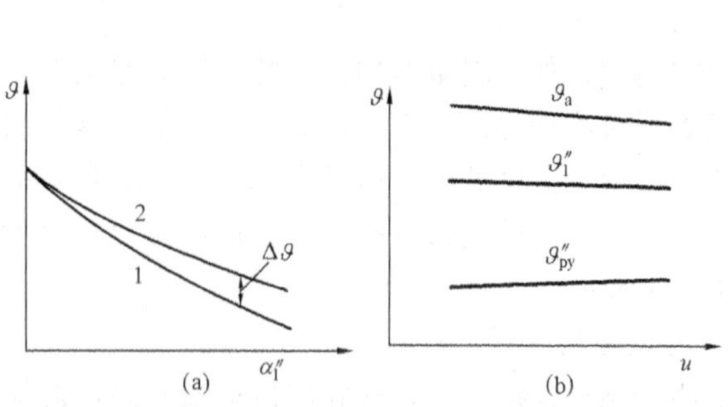

图 12-7 炉膛出口过量空气系数-烟温静态特性

(a) α_1'' 升高后烟道内烟温变化静态特性；(b) α_1''-ϑ 静态特性

1—α_1'' 增加前烟温静态特性；2—α_1'' 增加后烟温静态特性；

ϑ_a—理论燃烧温度；ϑ_1''—炉膛出口烟温；ϑ_{py}''—锅炉排烟温度

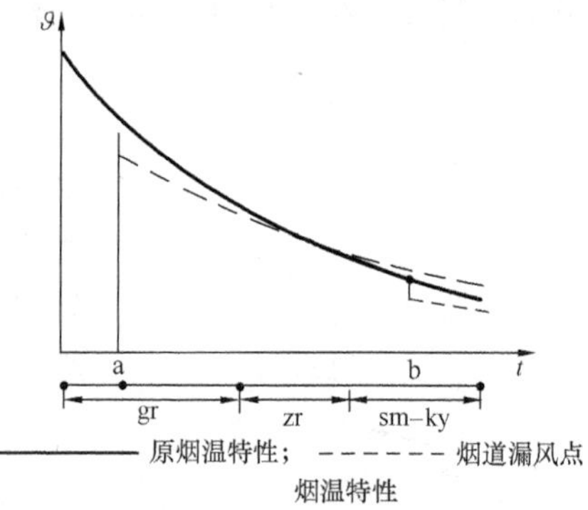

图 12-8 烟道漏风对烟温 ϑ 的影响

gr—过热器；zr—再热器；sm—省煤器；

ky—空气预热器；a、b—烟道漏风点

（三）煤质变动

煤质变化中，影响较大的是发热量、挥发分、灰分和水分。

煤的低位发热量降低时，在锅炉负荷不变的情况下，燃料量增加，总烟气量增加，炉膛出口温度升高，单位辐射热量降低，一般理论燃烧温度降低，燃烧器区域的温度水平也降低，不完全燃烧热损失增加。

燃用高挥发分、低灰分的煤，炉内燃烧早，传热早，炉内最高温度区在炉膛下部，故炉膛出口烟温低，炉内单位辐射热量大些，而不完全燃烧热损失较小；挥发分低、灰分高的煤，着火燃烧及燃尽都困难，所以炉内最高温度区上移，炉膛出口烟温升高，过热汽温升高，炉内单位辐射热量小些，不完全燃烧热损失则较高。

燃用水分高的煤，理论燃烧温度显著下降，炉温低，易燃烧不稳；烟气量大，使炉膛出口温度升高，排烟温度和排烟量增大，排烟热损失增大，锅炉效率降低。

综合以上煤质影响的特点，运行中煤质变差，会使炉膛出口温度升高，过热汽温升高，单位炉内辐射热减小，锅炉效率降低；反之若运行中煤质较好，则都会使炉膛出口温度及过热汽温和再热汽温降低，单位炉内辐射热增加，锅炉效率升高。

二、汽包锅炉动态特性

（一）汽压动态特性

汽包内的汽压是蒸发设备内部能量的集中表现，其值决定于输入与输出热量的平衡，当输入热量大于输出热量时，蒸发设备内部能量增大，汽压上升；反之，汽压下降。

蒸发设备输入热量主要是水冷壁吸热量、汽包进水热量；输出热量主要是离开汽包的蒸汽热量，还有连续排污等。此外，蒸发设备内汽水处于饱和状态，其压力、温度发生变化，汽包等金属温度也随之变化，可见汽压变化过程中工质和金属都参与吸收或释放热量。

图 12 - 9 所示为锅炉燃料量扰动（内部扰动）和汽轮机调速汽门扰动（外部扰动）影响汽包压力的动态过程。图 12 - 9（a）为燃料量减少，使水冷壁吸热量减少，造成输入热量小于输出热量，结果是汽压下降，工质温度也随着下降，汽包等金属向工质释放部分热量，使汽压下降速度有所减小。同时，汽轮机前汽压下降，在调速汽门开度不变下进汽流量减少，它的作用也使汽压下降速度减小。图 12 - 9（b）为汽轮机调速汽门关小，使蒸汽流量减小，汽压上升，它使进汽流量有所增加。

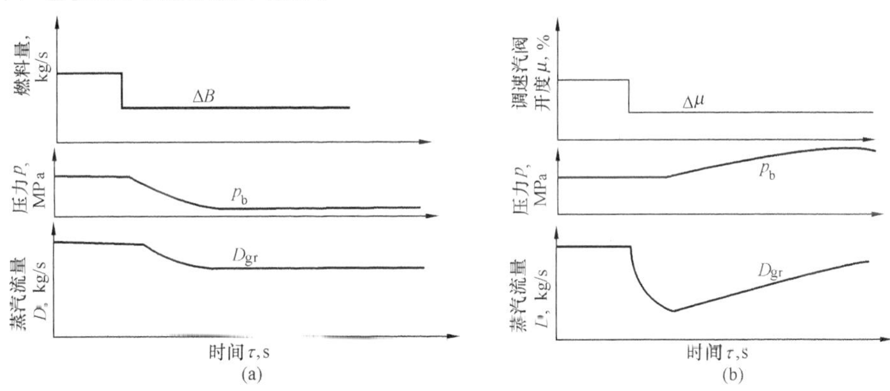

图 12 - 9 汽压动态特性

（a）燃料量扰动 ΔB；（b）汽轮机调速汽门关小 $\Delta\mu$

D_{gr}—过热器出口蒸汽流量，kg/s

（二）水位动态特性

汽包水位标准线一般在汽包中心线下 100～150mm，水位波动限制在标准水位±50mm 以内，此时的水位称为正常水位。例如国产 300MW 亚临界控制循环锅炉的汽包标准线在汽包几何中心线下 228.6mm，上下报警线分别为标准线的＋127mm 和－177.8mm，在锅炉运行中应维持水位在正常水位范围内。水位过高，汽包蒸汽空间高度减小，汽水分离效果下降，将会引起蒸汽带水或满水，蒸汽品质恶化，管子过热或管道、汽轮机产生水击；水位过低，将会破坏水循环，甚至烧坏水冷壁。

锅炉运行中，引起水位变化的根本原因是蒸发区内物质平衡的破坏或工质状态发生改变。例如在只增加燃烧率而不进行其他操作（如给水调节和汽轮机调门动作）的情况下，由于物质平衡被破坏，给水量小于产汽量，水位将降低。

在汽包压力变化速度影响下，当汽轮机调门突然开大而增加负荷时，汽压迅速降低，所产生的附加蒸汽量会使水位胀起，造成所谓的“虚假水位”；从调节来看，此时本应加大给水量（由于给水量将小于产汽量），但单纯根据水位判断则为减小给水量。

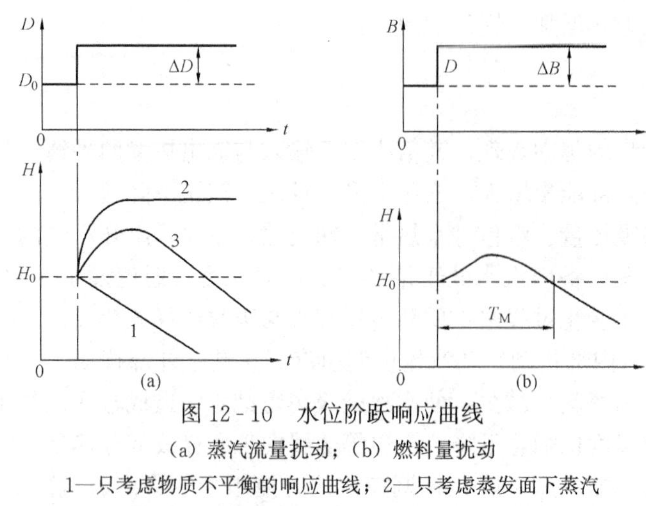

图 12-10　水位阶跃响应曲线

(a) 蒸汽流量扰动；(b) 燃料量扰动

1—只考虑物质不平衡的响应曲线；2—只考虑蒸发面下蒸汽容积 V''_x 的响应曲线；3—实际的水位响应曲线

图 12-10（a）示意了汽轮机调门扰动（ΔD）时水位变化的情况。此时，先是汽压下降导致水面下蒸汽容积 V''_x 增加，使水位胀起（图中曲线 2）；之后蒸发量 D_{zf} 增加使蒸发量大于给水量，水位下降（图中曲线 1）。实际汽包水位变化是上述二曲线的叠加，水位先升后降（图中曲线 3）。图 12-10（b）则是燃料量扰动时水位变化的情况。与图 12-10（a）相比，水位上升较少而滞后较大，这一方面是由于蒸发量随燃料量的增加有惯性和时滞，另一方面也是因为汽压的随之增加对水位的上升起到了抑制作用。

（三）汽温动态特性

锅炉运行表明，无论发生何种影响汽温的扰动，过热器或再热器出口汽温并不是立即变化，而是开始从慢到快，然后再转向慢，最后稳定在新的温度水平。图 12-11 表示的是过热器出口汽温典型动态特性曲线。此汽温由初值到终值的变化曲线称为飞升曲线。曲线的拐点是汽温变化速度最快的点，通过该点作一切线，与汽温初值和终值水平线相交，两交点之间的时间称为时间常数 τ_Z；从扰动发生点到时间常数开始点之间的时间称为延滞时间 τ_C。

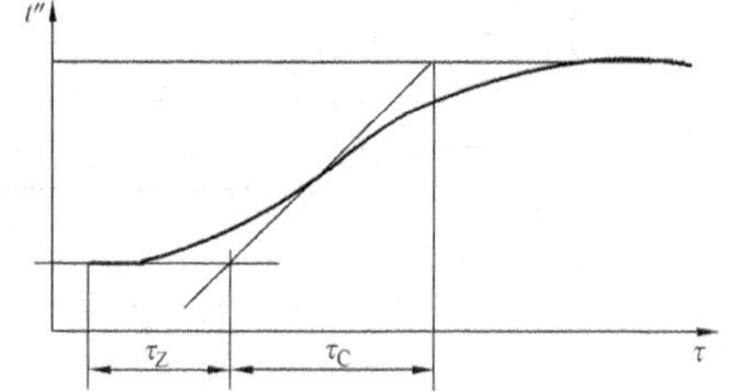

图 12-11　过热器出口汽温动态特性

出口汽温变化的快慢与过热器系统中的储热量有关。当汽温在扰动后下降时，过热器的金属温度也将下降，并放出一部分储热，其结果将使出口汽温延缓下降。

过热汽温的变化时滞还同扰动方式有关。烟气侧和蒸汽流量的扰动通常在几秒钟内，甚至在更短的时间内，就能使整个过热器受到影响，此时的汽温变化时滞较小，进口蒸汽焓或减温水量的变动对出口汽温的影响较慢，出口汽温变化的时滞与进口流量成正比，而与蒸汽流速成反比。

三、汽包锅炉的参数调节

由锅炉外部原因引起的对锅炉工作的扰动称为外扰，它主要是汽轮机改变调速汽门开度发生的进汽流量的变化。由锅炉内部原因引起的扰动称为内扰，它主要是水冷壁吸热量的变化。

在实际工作中，可从锅炉运行参数的综合分析来判断内扰和外扰。如果汽压与蒸汽流量的变化方向是相反的，则是由于外扰引起的。例如，汽轮机调速汽门开大，蒸汽流量增大，汽压下降；反之，汽轮机调速汽门关小，蒸汽流量减小，汽压上升，这些都属于外扰。如果汽压与蒸汽流量的变化方向是相同的，汽轮机调速汽门并未动作，则是由于内扰引起的。

1. 汽压调节

单元机组的汽压调节有汽轮机跟随锅炉和锅炉跟随汽轮机两种方式。锅炉跟随汽轮机的方式是把汽轮发电机负荷放在首位，要求负荷响应快。例如，电网要求增加负荷，先开大调速汽门，增大汽轮机进汽流量，锅炉根据汽压信号调节燃料量，稳定汽压；发生内扰，用调节燃料量稳定汽压。汽轮机跟随锅炉的方式是把稳定锅炉运行放在第一位，负荷响应较慢；例如，电网需要增加负荷，锅炉根据负荷信号先增加燃料量，再由汽压信号开大汽轮机调速汽门，维持汽压稳定；如果发生内扰，用调节汽轮机调速汽门的方法稳定汽压。

汽包锅炉热惯性较大，汽压变化速度较小，适用于锅炉跟随汽轮机的方式，但是这方式还必须有配置调节响应较快的燃烧系统。

2. 燃料调节

燃料调节由燃料量调节、风量调节和炉膛风压调节三大部分组成。增减燃料量信号同时调节燃料量与送风量，使风煤流量匹配。送风量作为炉膛风压调节的前馈信号，使引风量跟随送风量增减，燃料量、烟气氧量、炉膛风压作反馈信号改善调节品质，燃料量反馈信号用以平衡燃料量增减指令，防止过调。氧量反馈信号用以纠正送风量，使风煤流量配合最佳。炉膛风压反馈信号用以纠正引风量，使炉膛风压最佳状态。

3. 给水调节

大型锅炉一般配置两台调速汽动给水泵和一台调速电动给水泵。两台汽动给水泵容量各为50%MCR，电动给水泵容量（30%～50%）MCR。机组启动先投用电动给水泵，并在最低转速运行，给水流量由给水调节阀调节；当达到一定给水流量后，给水调节阀全开，转用给水泵转速调节；机组负荷约为25%MCR时，第一台汽动给水泵投用，处于电动、汽动给水泵并联运行状态；负荷50%MCR时，第二台汽动给水泵投用；两台汽动给水泵都投运后，电动给水泵手动减速停运。

大型锅炉给水调节常用单冲量和三冲量两种调节方式。启动过程给水流量用单冲量调节，给水流量大于30%MCR转换到三冲量调节，这种调节方式称为全程给水调节。

根据水位一个信号调节给水流量的方式称为单冲量调节。单冲量调节不能克服“虚假水位”引起的给水流量调节偏差。三冲量调节就是将水位作为主信号，蒸汽流量作为前馈信号，以制止“虚假水位”调节偏差；给水流量作为反馈信号，以克服给水流量变化到水位响应的时滞，并且给水流量自身发生扰动；给水流量又作为前馈信号迅速消除内扰。但锅炉启动过程中，蒸汽流量测量误差大，蒸汽流量与给水流量之间的差值也大，故不能采用三冲量调节给水流量。

4. 汽温调节

大型锅炉主蒸汽温度常用喷水调节，再热汽温常用烟气旁路挡板调节或燃烧器摆动角度调节，必要时使用喷水。喷水调节汽温有较大的滞迟时间和时间常数，一般情况下，滞迟时间 $\tau_Z=30\sim60s$，时间常数 $\tau_C=40\sim100s$，它会引起喷水过调，汽温偏差大，甚至发生汽温振荡。为了改善调节品质，主蒸汽温度作为主信号，减温器后的汽温或汽温变化率作为反馈信号。有的单元机组还采用燃料指令、汽轮机调节级后的汽压信号等作为汽温调节的前馈信号。

第三节 直流锅炉的启动和停运

一、直流锅炉启动特点

1. 启动前清洗

与汽包锅炉不同，直流锅炉给水中的杂质不能通过排污加以排除，一少部分溶解于过热蒸汽带出锅炉，其余部分则都沉积在锅炉的受热面上。因此直流锅炉除了对给水品质要求严格以外，启动阶段还要进行冷水和热水的清洗，以便确保受热面内部的清洁和传热安全。

2. 启动流量的建立

直流锅炉启动时，由于没有自然循环回路，所以直流锅炉水冷壁冷却的唯一方式是从锅炉开始点火就不断地向锅炉进水，并保持一定的工质流量，以保证受热面良好的冷却。该流量应一直保持到蒸汽达到相应负荷（称启动流量），然后随负荷的增加而增加。超临界直流锅炉的启动流量通常为 30%～35%BMCR。

3. 启动中的工质膨胀

直流锅炉点火以后，随着炉膛热负荷的增加，水冷壁的工质温度逐渐升高，在不稳定加热过程中，中部某点工质首先汽化，体积突然增大，引起局部压力突然升高，急剧地将后面的工质推向出口，造成锅炉排出量大大超过锅炉给水量，这种现象称为工质膨胀。此现象将持续一段时间，直至出口为湿饱和蒸汽时为止。

直流锅炉的工质膨胀现象对启动时的安全带来不利影响，膨胀量过大，将使锅炉内的工质压力和启动分离器水位都一时难以控制。

4. 热量与工质回收

锅炉启动过程中排放水汽量很大，为避免工质和热量的损失，必须对排放工质和热量进行回收。水根据水质状况进行回收，蒸汽可回收入除氧器或加热器，用以加热给水，多余部分排入凝汽器。启动过程热量回收除了经济意义外，还可提高给水温度，改善除氧效果。

二、直流锅炉启动系统

直流锅炉启动旁路系统主要由过热器旁路、汽轮机旁路两大部分组成，启动旁路系统功能是辅助锅炉启动、协调机炉工况、保护设备及回收工质和热量。直流锅炉的汽轮机旁路系统与汽包锅炉相同，但过热器旁路则完全是针对直流锅炉的启动特点而专门设计的。

过热器旁路的关键设备是启动分离器，其作用是在启动过程中分离汽水以维持水冷壁启动流量的循环，同时向过热器系统提供蒸汽并回收疏水的热量和工质。按照启动分离器布置分，可以把直流锅炉启动系统分为内置式分离器启动系统（ISSS）和外置式分离器启动系统（ESSS）两种类型。

1. 外置式启动系统

外置式分离器好像一个中压或低压分离器，它只是在机组启动和停运过程中使用，正常运行时与系统隔绝，处于备用状态，故又称为启动分离器。

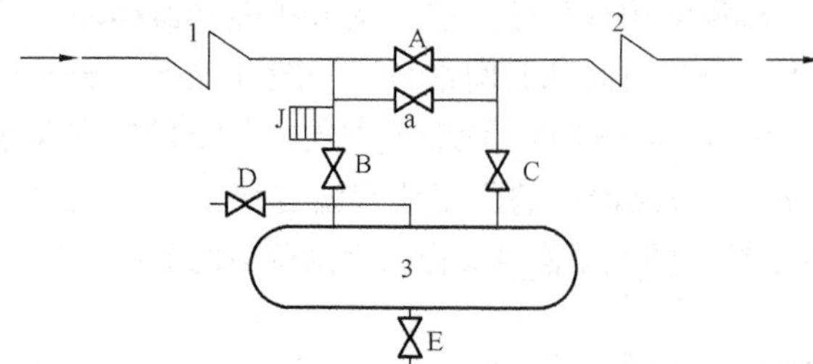

图 12 - 12　外置启动分离器启动系统（ESSS）简图

1—省煤器与水冷壁；2—过热器；3—启动分离器；
A—过热器进口隔绝阀；B—启动分离器进口节流调节阀；
C—启动分离器蒸汽出口隔绝阀；D—回收阀；
E—回收阀；J—流管束

图 12 - 12 为简化的 ESSS，该启动分离器位于蒸发受热面与过热器之间。启动时过热器进口隔绝阀 A 关闭，启动分离器出口隔绝阀 C 开，进口调节阀 B 进行节流调节，节流管束 J 用来减小 B 阀的压力降，改善阀门的工作条件。蒸发受热面工质通过 B 阀节流减压后进入启动分离器，在启动分离器中扩容、产汽和汽水分离，蒸汽通过 C 阀进入过热器，

其余的汽和水可分别回收。这样，蒸发受热面可保持较高的启动压力，启动分离器处于低压或中压状态，其压力根据汽轮机的进汽参数要求和工质排放能力确定。启动分离器使蒸发受热面与过热器受热面之间的界限固定下来了，与汽包锅炉类似，具有汽包锅炉的汽温特性。启动进行到一定阶段，启动分离器要从系统中分离出来，工质直接通过 A 阀进入过热器，锅炉转入纯直流运行方式，称为“切除启动分离器”，简称“切分”。

图 12-13 为 1025t/h 一次上升型直流锅炉单元机组配置的 ESSS 系统。该系统启动分离器位于低温过热器与高温过热器之间，并在此位置装置过热器隔绝阀。低温过热器进出口各有一管路通至启动分离器，各有一个节流调节阀，节流管束只装在低温过热器进口至启动分离器管路上。这系统又称过热器两级旁路系统。

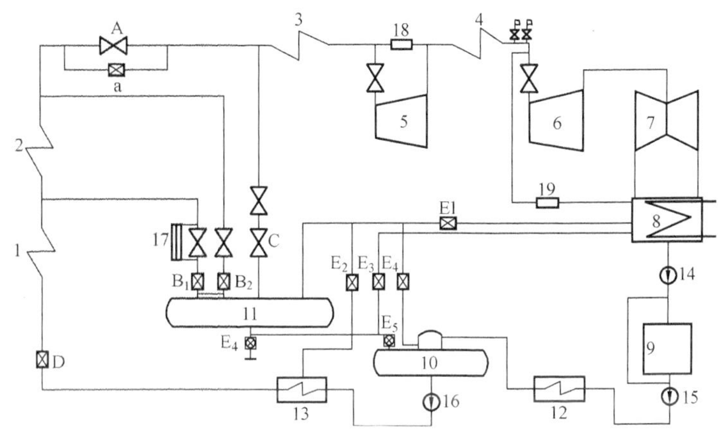

图 12-13 1025t/h 一次上升型直流锅炉单元机组 ESSS 系统

1—省煤器与水冷壁；2—低温过热器；3—高温过热器；4—再热器；5—汽轮机高压缸；6—汽轮机中压缸；7—汽轮机低压缸；8—凝汽器；9—凝结水除盐装置；10—除氧器；11—启动分离器；12—低压加热器；13—高压加热器；14—凝结水泵；15—凝结水提升泵；16—给水泵；17—节流管束；18—Ⅰ级旁路；19—Ⅱ级旁路；A—过热器隔绝阀及旁路调节阀；B_1、B_2—启动分离器进口调节阀；C—启动分离器出口隔绝阀；D—给水调节阀；E—工质、热量回收系统各阀门

2. 内置式分离器启动系统

螺旋管圈型直流锅炉都配置内置式分离器启动系统（ISSS）。分离器与水冷壁、过热器之间的连接无任何阀门。一般在 35%～37%MCR 负荷以下时，由水冷壁进入分离器的为汽水混合物，在分离器内进行汽水分离，分离器出口蒸汽直接送入过热器，疏水通过疏水系统回收工质和热量或排放大气、地沟。当负荷大于 35%～37%MCR 时，由水冷壁进入分离器的工质为干蒸汽，分离器只起联箱的作用，蒸汽通过分离器直接进入过热器。分离器疏水系统有扩容型、疏水热交换器型和辅助循环泵型三种类型。

CE-Sulzer1900t/h 超临界压力螺旋管圈型直流锅炉配置内置式分离器扩容型启动系统，如图 12-14 所示。该锅炉设有 100%MCR 汽轮机高压缸旁路和 65%MCR 中低压缸旁路，过热器出口不装安全阀，再热器进口装置 100%MCR 安全阀。分离器疏水系统有 AA、AN 与 ANB 三个控制阀。AA 阀可保证工质膨胀峰值流量的排放，AN 阀可辅助 AA 阀排放疏水，AA 阀关闭，AN 阀与 ANB 阀共同控制分离器水位。通过 ANB 阀疏水排入除氧器，可回收工质和热量。

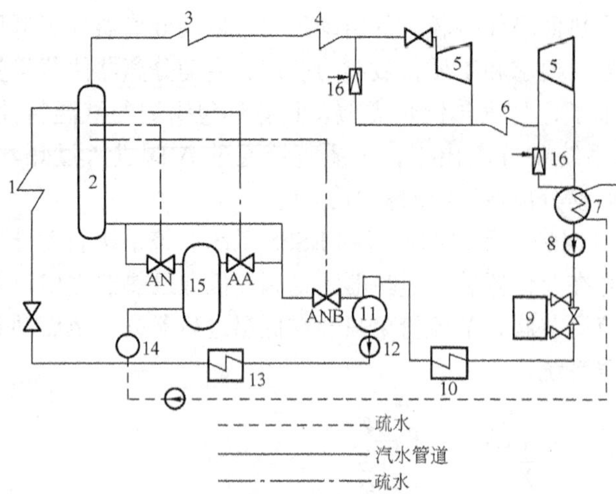

图 12-14 CE-Sulzer1900t/h 超临界压力螺旋管圈型直流锅炉启动系统

1—水冷壁；2—汽水分离器；3—低温过热器；4—高温过热器；5—汽轮机；6—再热器；7—凝汽器；8—凝结水泵；9—凝结水除盐装置；10—低压加热器；11—除氧器给水箱；12—给水泵；13—高压加热器；14—疏水箱；15—疏水扩容器；16—汽轮机旁路，高压缸旁路 100%MCR，中低压缸旁路 65%MCR

三、直流锅炉启动

直流锅炉的启动也可分为冷态、温态、热态、极热态等几种，下面分别介绍外置分离器直流锅炉启动基本程序和内置分离器直流锅炉启动基本程序。

1. 外置分离器直流锅炉启动基本程序

以图 12-13 为例，介绍外置分离器直流锅炉冷态启动基本程序，冷态启动曲线见图 12-15。锅炉启动程序的主要为锅炉进水，循环清水，建立启动压力和启动流量；锅炉点火，建立初始燃料量，升温升压，回收工质和热量；配合汽轮机冲转、升速、并网、升负荷；工质进行膨胀；切除启动分离器，开过热器隔绝阀；直流运行升压升负荷。

热态启动程序与冷态启动基本相同，区别主要有两点：

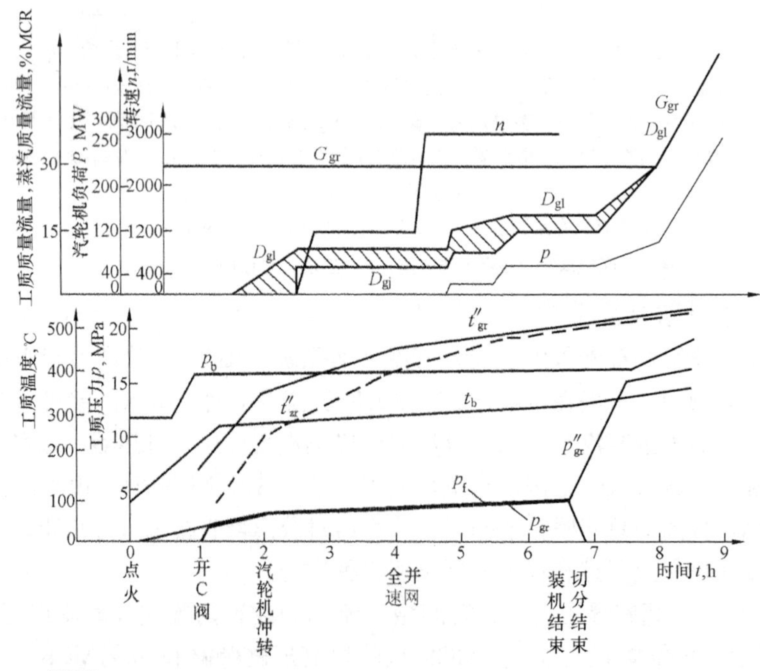

图 12-15 300MW 外置分离器直流锅炉机组冷态启动曲线

p_b—锅炉本体压力；p_f—启动分离器压力；p''_{gr}—主蒸汽压力；t_b—锅炉本体温度；t''_{gr}—主蒸汽温度；t''_{zr}—再热蒸汽温度；D_{gl}—锅炉蒸汽质量流量；D_{gj}—汽轮机进汽蒸汽质量流量

（1）停机时间短，可不进行冷热态清洗；

（2）汽轮机金属温度较高，为了获得较高的冲转蒸汽温度，工质膨胀放在汽轮机冲转前进行。

2. 内置分离器直流锅炉启动基本程序

配 600MW 机组的 CE - Sulzer1900 超临界压力螺旋管圈型直流锅炉内置分离器启动系统见图 12 - 14，冷态启动曲线见图 12 - 16。其冷态启动基本程序是：锅炉启动准备；锅炉进水前给水系统循环清洗；锅炉点火、升温升压；汽轮机冲转、暖机、升速至 3000r/min，发电机并网带初负荷；当负荷增至 40%MCR 时，锅炉分离器由湿态转为干态运行（即纯直流运行），此时锅炉启动旁路系统退出运行，按滑压方式继续增加锅炉负荷至 89%MCR 的负荷，然后定压升负荷，直至满负荷运行。

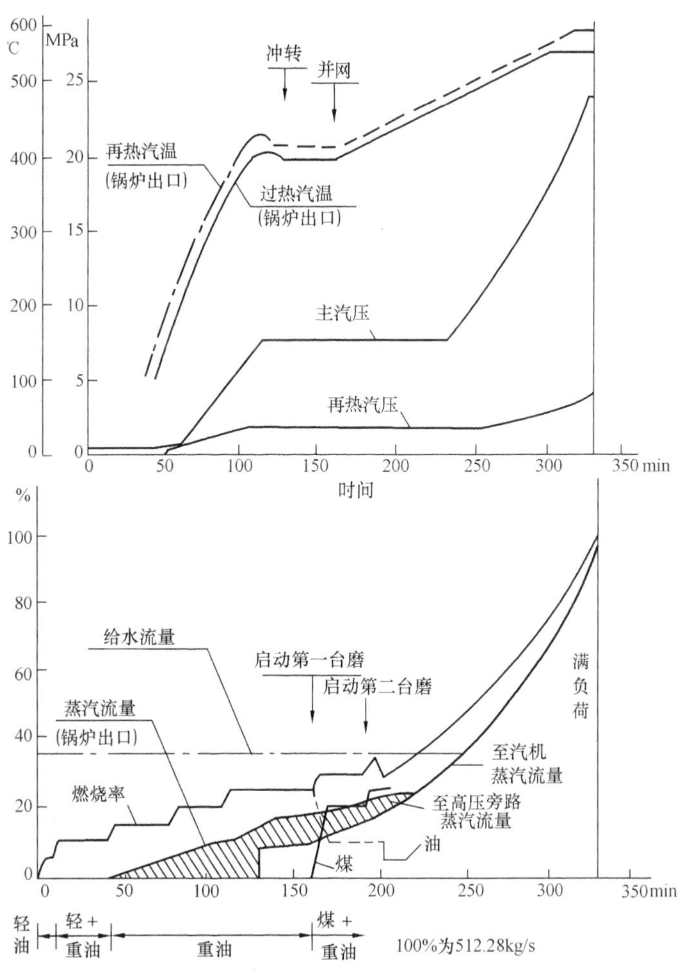

图 12 - 16 600MW 机组冷态启动曲线

锅炉热态和极热态启动前应具备的条件与冷态启动大致相同，启动顺序也基本相同，在此只作简单介绍，不再详细叙述。

（1）锅炉进水，维持 35%的给水流量，启动旁路系统投入运行。

（2）启动锅炉烟风系统及其他辅机，按要求进行轻、重油泄漏试验和炉膛吹扫工作。

（3）锅炉点火，增加燃料量，升温升压。锅炉点火、增加燃料的全过程和冷态启动时操作步骤相同，升温升压速度可比冷态启动时快得多，但要控制锅炉应力在允许范围内。待锅炉蒸汽参数满足条件后，维持蒸汽参数稳定，配合汽轮机冲转和发电机并网。

（4）汽轮机冲转，发电机并列带初负荷，然后按 10MW/min 的速度逐渐增加机组负荷至 600MW。在负荷增至 40%左右时，锅炉由湿态转变为干态运行，此时启动旁路系统退出运行。

四、直流锅炉停运

直流锅炉的正常停炉至冷态，也经历停炉前准备、减负荷、停止燃烧和降压冷却等几个阶段。与汽包炉相比，主要的不同是，当锅炉燃烧率降低到 30%左右时，由于水冷壁流量仍必须维持启动流量而不能再减，因此，在进一步减少燃料、降负荷过程中，包覆管出口工质由微过热蒸汽变成汽水混合物。为了避免前屏过热器进水，锅炉必须投入启动分离器运行，使进入前屏过热器的仍是干饱和蒸汽，多余的水则疏掉，保证前屏过热器的安全。

1. 外置分离器直流锅炉停运基本程序

外置分离器直流锅炉停运方法有投用启动分离器和不投用启动分离器两种，前者用于检修停运，后者用于热备用停运。

投用启动分离器停运基本程序是：锅炉降压，汽轮机开调速汽门，机组降负荷，负荷降至与启动分离器容量相适应时，投入启动分离器，保持锅炉本体压力不变，降低启动分离器压力，降负荷，直至锅炉熄火、汽轮发电机解列。

不投用启动分离器停运时，关闭调速汽门，机组降负荷，直至锅炉熄火，汽轮发电机组解列。

2. 内置分离器直流锅炉停运基本程序

图 12 - 17 为内置分离器直流锅炉 600MW 机组停运曲线。如图所示，它与通常的滑参数停机有所不同，在主蒸汽温度与再热蒸汽温度基本不变的情况下，机组降压降负荷，负荷降至 36%MCR，分离器压力为 10MPa，汽轮发电机快速减负荷停机，锅炉熄火。熄火后的过程分为短期停机和长期停机两种情况。停机时间小于 8h 称为短期停机，大于 8h 称为长期停机。对于短期停机，熄火后维持给水流量 10%MCR 使分离器水位升至 AN 阀打开位置，再停止给水泵。长期停机应在熄火后即停止给水泵。停机后可采用一些冷却措施，如国外有些机组采用强迫通风等。

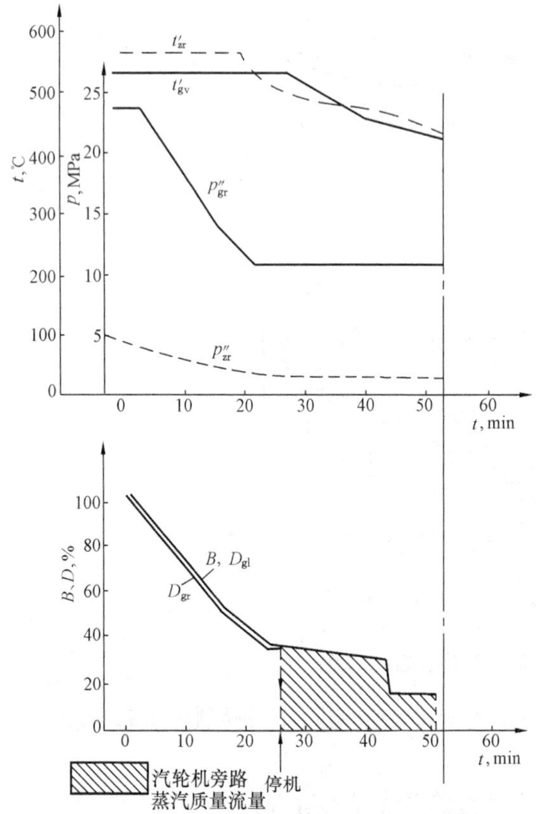

图 12 - 17 600MW 机组快速减负荷停运曲线

第四节 直流锅炉运行特性和调节

一、直流锅炉静态特性

由于直流锅炉的热水段、蒸发段与过热段没有固定界限，其静态特性与汽包炉有较大区别。

（一）汽温静态特性

对于亚临界锅炉，若保持给水流量不变，燃料量增加，即煤水比增大，则过热蒸汽出口焓将增加，汽温升高。当给水温度降低时，若保持煤水比不变，过热器出口汽温将随之降低，此时调大煤水比，才可使之与增大了的过热蒸汽总焓增相对应，保持汽温稳定。

变压运行时的主蒸汽压力是锅炉负荷的函数。当负荷降低时主蒸汽压力下降，与之相应的工质理论热量（从给水加热至额定出口汽温所必须吸收的热量）增大，如煤水比不变，则汽温将下降。如保持汽温，则煤水比按比例增加。图 12 - 18 是工质理论热量与负荷的对应关系，图中的系数 a 定义为工质理论热量对 100%MCR 时工质理论热量的比值。由图可知，对于亚临界参数锅炉，在其他条件均不变的情况下，50%负荷运行，理论上需增加煤水比 11%左右。

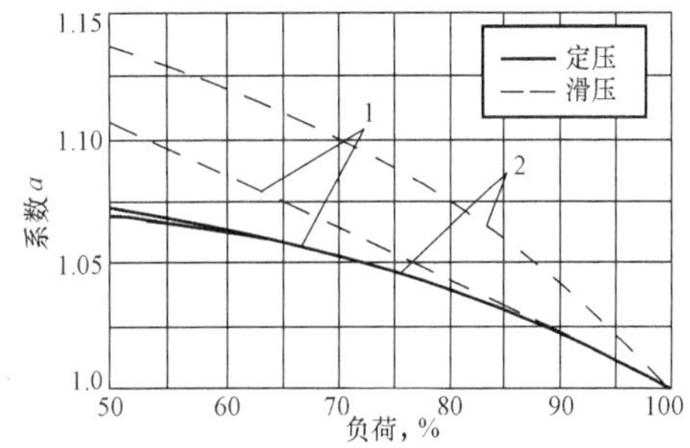

图 12 - 18 系数 a 与负荷的对应关系

1—亚临界参数；2—超临界参数

（二）汽压静态特性

1. 燃料量扰动

假设燃料量增加，汽轮机调门开度不变，以下从三种情况分析工况变动后的汽压。

（1）给水流量随燃料量增加，保持煤水比不变，由于锅炉产汽量增大，汽压上升。

（2）给水流量保持不变，煤水比增大，为维持汽温必须增加减温水量，同样，由于蒸汽流量增大，汽压上升。

（3）给水流量和减温水量都不变，则汽温升高，蒸汽容积增大，汽压也有所上升。这是由于在汽轮机调门开度不变的情况下，蒸汽流速增大使流动阻力增大所致。如果汽温升高在允许的较小值，则汽压无明显变化。

2. 给水流量扰动

假设给水流量增加，汽轮机调速汽门开度不变，也有三种情况：

（1）燃料量随给水流量增加，保持煤水比不变，由于蒸汽流量增大，汽压上升。

（2）燃料量不变，减小减温水量保持汽温，则汽压不变。

（3）燃料量和减温水量都不变，如汽温下降到允许范围内，蒸汽流量增大使汽压上升。

3. 汽轮机调门扰动

若汽轮机调门开大，而燃料量和给水流量均不变，由于工况稳定后，汽轮机排汽量仍等于给水流量，根据汽轮机调门的压力和流量特性，汽压降低。

（三）水冷壁流量与负荷关系特性

直流锅炉变负荷运行时，质量流速相应变化，若为滑压运行，则汽压也随之升降，对蒸发管的水动力特性将发生影响。以下主要对水冷壁流量偏差的负荷特性以及水动力多值性进行分析。

1. 流量偏差特性

（1）负荷降低的影响。一次上升垂直管屏中，额定负荷下重位压头与流动阻力相差不多。在低负荷下，汽量与水量等值降低，但流动阻力降低得更慢，故总压差中以重位压头为主，水冷壁系统在低负荷下是自然循环特性。高负荷时，总压差中以流动阻力为主，水冷壁系统是强迫流动特性。

水平管圈中，由于管屏高度与管屏长度相比很小，所以重位压头所占比例不大，它显示强迫流动的流动特性。且随着负荷的降低，强迫流动特性增强，即在低负荷下，同样地吸热不均，会引起更大的流量偏差。

由水平管圈和垂直管屏联合组成的水冷壁系统中，总压差中以流动阻力为主，所以垂直管屏也呈现较强的强迫流动特性，当负荷降低时，强迫流动特性也增强。

工质流量增加时，含汽率减小，重位压头也随之增大，故高负荷时的水动力稳定性都是较好的。

（2）压力降的影响。直流锅炉采用滑压运行，低负荷时压力相应降低，压力降低使汽水密度差加大，平均管的密度减小，在同样的质量流量下，重位压头减小，流动阻力增大，即原来显示强迫流动特性的管屏将更加增强其强迫特性，因而降低水冷壁的工作安全性。

2. 水动力稳定性

给水欠焓是造成水动力多值性的根本原因，一般来讲，水动力的稳定性随着锅炉负荷的降低而变差，这主要是因为负荷低时给水温度降低，水冷壁进水工质的欠焓增加。另外，负荷高时质量流量大，在水冷壁临界流量以上时，即使存在不稳定区也可以越过它，使流动保持稳定。

二、直流锅炉动态特性

直流锅炉受热面可简化成省煤器、水冷壁、过热器三个受热面串联组成，水冷壁受热管沿工质行程可分为热水段、蒸发段和过热段三部分。当燃料量或给水量扰动时，使三部分长度发生变化，从而使锅内工质储存量发生变化。燃料量、给水量和汽轮机功率对锅炉工作的扰动如下所述。

1. 燃料量扰动

图 12-19（a）为燃料量扰动时的动态特性曲线。在其他条件不变的情况下，燃料量 B 增加 ΔB 。在变化之初，由于热负荷立即变化，热水段逐步缩短；蒸发段将蒸发出更多的饱和蒸汽，使过热蒸汽流量 D 增大，其长度也逐步缩短，当蒸发段和热水段的长度减少到使过热蒸汽流量 D 重新与给水量相等时，即不再变化［见图 12-19（a）中曲线 1］。在这段时间内，由于蒸发量始终大于给水量，锅炉内部的工质储存量不断减少（一部分水容积渐渐为蒸汽容积所取代）。显然，工质储存量减少的总量 Δm 与燃料增量 ΔB 和水汽密度差有关，ΔB 愈大水汽密度差愈大，则 Δm 愈大。蒸发量在短暂延迟后，先上升后下降，最后稳定下来与给水量保持平衡。

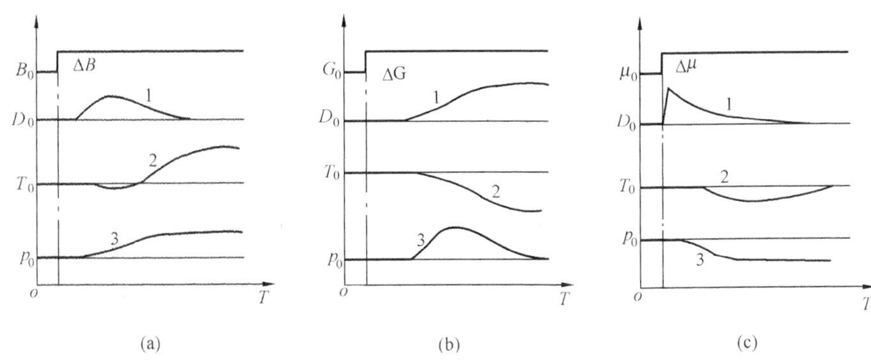

图 12-19 亚临界参数直流锅炉的动态特性

(a) 燃料量扰动；(b) 给水量扰动；(c) 汽轮机调门扰动

1—主蒸汽流量；2—主蒸汽温度；3—主蒸汽压力

燃料量增加，过热段加长，过热汽温升高。在过渡过程的初始阶段，由于蒸发量与燃烧放热量几乎按比例变化，加上管壁金属储热所起的延缓作用，故过热汽温要经过一定时滞后才逐渐变化［见图 12-19（a）中曲线 2］。如果燃料量增加的速度和幅度都很急剧，有可能使锅炉瞬间排出大量蒸汽。在这种情况下，汽温将首先下降，然后再逐渐上升。

蒸汽压力［见图 12-19（a）中曲线 3］在短暂延迟后逐渐上升，最后稳定在较高的水平。最初的上升是由于蒸发量增大，随后保持较高的数值是由于汽温升高。

2. 给水量扰动

图 12-19（b）为给水量扰动时的动态特性曲线。在其他条件不变的情况下，给水量增加 ΔG 。由于壁面热负荷未变化，故热水段和蒸发段都要延长。蒸汽流量逐渐增大到扰动后的给水流量。过渡过程中，由于蒸汽流量小于给水流量，所以工质储存量不断增加。随着蒸汽流量的逐渐增大和过热段的减小，出口过热汽温逐渐降低。但在汽温降低时金属放出储热，对汽温变化有一定的减缓作用。汽压则随着蒸汽流量的增大而逐渐升高。虽然蒸汽流量增加，但由于燃料量并未增加，故稳定后工质的总吸热量并未变化，只是单位工质吸热量减小而已。

由图可看出，当给水量扰动时，蒸发量、汽温和汽压的变化都存在时滞。这是因为自扰动开始，给水自入口流动到原热水段末端时需要一定的时间，因而蒸发量产生时滞，蒸发量时滞又引起汽压和汽温的时滞。

3. 功率扰动

此处功率扰动是指调速汽门动作，增加汽轮机功率，而燃料量、给水量不变化的情况。若调速汽门突然开大，蒸汽流量立即增加，汽压下降。从图 12-19（c）看到，汽压没有像蒸汽流量那样急速变化。这是因为当汽压下降时，饱和温度下降，金属释放储热，产生附加蒸发量，抑制了汽压下降。随后，蒸汽流量因汽压降低而逐渐减少，最终与给水量相等，保持平衡。同时汽压降低速度也趋缓，最后达到一稳定值。

在给水压力和给水阀门开度不变的条件下，由于汽压降低，给水流量实际上是自动增加的。这样，平衡后的给水流量和蒸汽流量有所增加。在燃料量不变的情况下，这意味着单位工质吸热量必定减小，或者说出口汽温必定减小。出口汽温的降低过程，同样因金属储热的释放而变得迟缓，并且，由于金属储热的释放，稳定后的汽温降低值也并不显著。

对于超临界参数机组在超临界区运行时，其动态特性与亚临界锅炉相似，但变化过程较为和缓。燃料量 B 增加时，锅炉热水、过热段的边界发生移动，尽管没有蒸发段，但热水、过热段的比体积差异也会使工质储存量在动态过程中有所减小。因此出口蒸汽量稍大于入口给水量直至稳态下建立新的平衡。由于上述特点，对于超临界机组，在燃料量、给水量和功率扰动时的动态特性，受蒸汽量波动的影响较小，如燃料量扰动时，抑制过热汽温变化的因素主要是金属储热，而较少受蒸汽量影响，因而过热汽温变化得就快一些；而汽压的波动则基本上产生于汽温的变化，变得较为和缓。

三、直流锅炉运行调节特性

（一）直流锅炉的运行特点

因为直流锅炉中工质的加热、蒸发和过热是一次完成的，各区段之间无固定界限，一种扰动将对各种被调参数都起作用。如当给水量变化时，同时引起汽温、汽压及蒸发量变化，要求燃料量及汽轮机进口阀门做相应地调整，锅炉才能在新的工况下稳定运行。因此，在蒸汽参数调节方面，直流锅炉则更为复杂。

直流锅炉无汽包，采用较小直径的管子作为受热面，蓄热能力较小，仅是同等容量汽包炉的 1/2～1/4。因此，受到的扰动时，汽温、汽压变化剧烈，且变压时吸收或释放附加蒸发量小，蒸汽参数可迅速跟上变工况的需要，能适应快速增减负荷的要求。

（二）直流锅炉的调节

1. 直流锅炉蒸汽压力与负荷的调节

直流锅炉压力调节的实质就是保持锅炉负荷与汽轮机所需的蒸汽量相等。直流锅炉的蒸发量等于进入的水量，单纯锅炉燃料量的变化，除了在动态过程中使蒸发量有所变化外，并不能引起锅炉负荷改变，而只有改变给水量才能改变锅炉负荷。压力调节时，调节给水量来稳定汽压，再配合调节燃料量及过热器喷水量来保持过热蒸汽出口温度。这一点与自然循环锅炉不同。

采用定压运行的直流锅炉要维持汽轮机在额定蒸汽压力下运行，需调整锅炉的蒸发量适应机组负荷需要，调整锅炉汽压及蒸发量时，增、减给水量，同时相应按比例增减燃料量及风量。

2. 直流锅炉蒸汽温度调节

直流锅炉过热蒸汽出口温度主要取决于燃料量与给水量的比例，为了减少温度信号的延迟，通常在过热器中间的微过热区段选取一温度测点，称为中间点温度。用煤水比来保持过热器中间点温度不变，再用喷水细调过热器出口蒸汽温度，稳定后重复上述过程，直至稳定在新负荷工况下。减负荷时，可先减少一点燃料量，然后按比例减少给水量，辅以喷水细调过热蒸汽温度，稳定后重复上述过程，直至稳定在新负荷工况下。

（三）超临界压力直流锅炉的运行特点

超临界压力锅炉与亚临界压力锅炉相比，其主要区别在于蒸汽参数更高，工质特性有显著的变化，由此带来若干运行上的不同特点。

1. 工质特性变化

水的饱和温度随压力的升高而升高，汽化潜热则相应减少，当压力高于临界压力时，汽化潜热等于零。水在临界压力 22.1MPa 下被加热至临界温度 374.15℃时即全部从液相转为蒸汽，不存在两相区，水变成蒸汽是连续的，并以单相形式进行。在超临界压力下，水到蒸汽的变化只经历加热阶段和过热阶段，没有饱和蒸汽区，这就是与亚临界压力锅炉的实质性区别，也决定了在超临界压力下只能采用直流锅炉。

2. 运行特点

超临界压力机组一般都采用变压运行或复合变压运行。对变压运行的机组，启动和低负荷运行过程均处于亚临界状态，一般设计成在75%负荷以上进入超临界状态，为此，超临界压力锅炉必须配置相应的启动系统，以完成锅炉启动过程中参数从亚临界到超临界的转换。

(1) 汽水分离器的干湿态转换。超临界压力锅炉在启动过程中，对启动系统的运行具有特殊的要求。锅炉上水后，汽水分离器中保持一定的水位。点火后，进入水冷壁的水受到加热，开始产生蒸汽，此时汽水分离器的作用相当于汽包，处于湿态。分离出来的蒸汽进入过热器进一步加热，水则回收或排放。

随燃烧率的增加，产汽量逐渐增加，分离器内水越来越少，约到35%负荷时，产汽量与进入省煤器的给水量相等，汽水分离器已无水位，由湿态转变为干态，此过程称为干湿态转换。在启动过程中汽水分离器的水位是自动控制的，当干湿态转换完成后，各水位控制阀均处于关闭位置。

分离器干湿态转换前，锅炉内也要存在一个汽水膨胀阶段。

(2) 负荷与蒸汽温度调节。与亚临界压力直流锅炉相同，改变给水量才能改变锅炉负荷，过热蒸汽出口温度也主要取决于煤水比，用煤水比来保持过热器中间点温度不变，再用喷水细调过热器出口蒸汽温度。

(3) 热应力控制。超临界压力机组因压力和温度都很高，尤其是变压运行时，因此，将热应力作为机组启动时升速率及并网后负荷变化率的控制依据。

(4) 给水品质。与亚临界压力直流锅炉相比，品质要求更高。

第五节 单元机组变压运行

单元机组的运行目前有定压运行和变压运行（或称滑压运行）两种基本形式。

定压运行是指汽轮机在不同工况运行时，依靠调节汽轮机调节汽门的开度来改变机组的功率，而汽轮机前的新汽压力维持不变。采用此方法跟踪负荷调峰时，在汽轮机内将产生较大的温度变化，且低负荷时主蒸汽的节流损失很大，机组的热效率下降。因此国内外新装大机组一般不采用此方法调峰，而是采用变压运行方式。

变压运行是指汽轮机在不同工况运行时，主汽门全开，调节汽门全开，机组功率的变动是靠汽轮机主蒸汽压力的改变来实现的，但主蒸汽温度维持额定值不变。

变压运行的单元机组，当外界负荷变动时，在汽轮机跟随的控制方式中，负荷变动指令直接下达给锅炉的燃烧调节系统和给水调节系统，锅护就按指令要求改变燃烧工况和给水量，使出口主蒸汽的压力和流量适应外界负荷变动后的需要。而定压运行时，该负荷指令是送给汽轮机调节系统改变调节汽门的开度。

一、变压运行方式

1. 纯变压运行

此方式是在整个负荷变化范围内，调速汽门全开，单纯依靠锅炉汽压变化来调节机组负荷。这种方式由于无节流损失，高压缸可获得最佳效率和最小热应力，给水泵耗电也最小。其缺点是负荷响应能力差，调节时滞大，不能满足电网一次调频的要求，一般很少采用。

2. 节流变压运行

此方式是正常情况下调速汽门不全开，节流5%～15%，以备负荷突然增加时开启，利用锅炉的储热量来暂时满足负荷增加的需要。待锅炉出力增加，汽压升高后，调速汽门恢复到原位，再进行变压运行。即当负荷波动或急剧变化时，由调速汽门开度变化予以吸收。这种方式有节流损失，不如纯变压运行经济，但能吸收负荷波动，调峰能力强。

3. 复合变压运行

在高负荷区（75%～100%MCR）保持定压运行，用增减喷嘴的开度来调节负荷；在中低负荷区（30%～75%MCR）全开部分调速汽门（1个、2个或3个全开）进行变压运行；在极低负荷区（30%以下）又回复到定压运行（在低汽压下运行）。这种运行方式使汽轮机在全负荷范围内均保持较高的效率，同时还有较好的负荷响应性能，所以得到普遍采用。

二、变压运行的优点

1. 可以延伸锅炉的汽温控制点

变压运行时主蒸汽温度和再热汽温都可以在很宽的负荷范围内基本维持额定值。汽温特性曲线如图12-20所示。图中在采用变压运行时，过热汽温可在40%～100%负荷范围内维持额定值；再热汽温可在55%～100%负荷范围内维持额定值。变压运行的这种汽温特性无疑将改善机组低负荷工况下的循环热效率。

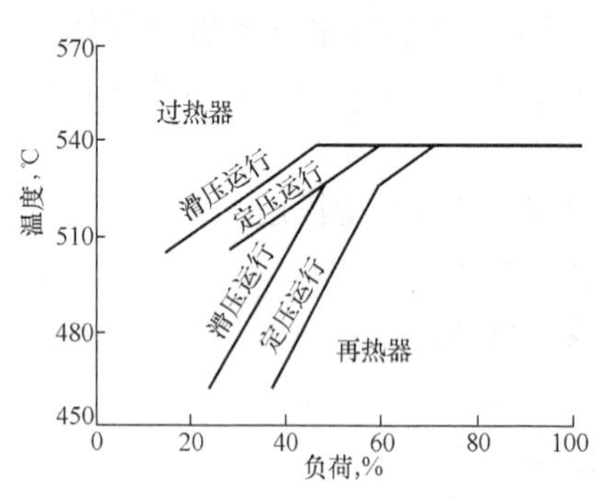

图12-20 2008t/h控制循环锅炉的汽温特性

2. 低负荷时汽轮机内效率高于定压运行

变压运行时，汽轮机调速汽门处于全开（或部分阀门全开），节流损失小，调节级前后的压力比与其后各级的压力比都基本不变；另一方面，主蒸汽压力随负荷而升降，低负荷时压力低，蒸汽容积流量基本不变。汽轮机的级效率与级的前后压力比和通过级的蒸汽容积流量有关，这两项基本不变，则各级的效率也基本不变。而定压运行时的情况则不同，低负荷时调速汽门处于较小的开度，有较大的节流损失，调节级前后压力比发生明显的变化，引起级效率降低。国外对调峰机组所做的调查表明，在25%MCR运行时，变压运行的汽轮机热耗比定压运行约低2.4%。

3. 负荷变化时汽轮机热应力小、寿命延长

负荷变化时，汽轮机高压缸各级温度几乎不变（中、低压缸也同样可以维持各级温度不变），从而改善了汽轮机的热力状态，降低了热应力和热变形，提高了使用寿命。

4. 给水泵耗电少

变压运行机组均采用变速给水泵。在低负荷运行时，给水泵不仅流量减小，而且给水压力也低，因此给水泵的功率消耗可减少。

5. 延长锅炉承压部件和汽轮机调速汽门的寿命

低负荷时压力降低，减轻了从给水泵至汽轮机高压缸之间的所有部件（包括锅炉、主蒸

汽管道、阀门等）的负载，延长了系统各部件的寿命。汽轮机调速汽门由于经常处于全开状态，可大大减轻磨蚀，减少了维修工作量。

三、变压运行缺点

1. 负荷变动时，汽包等厚壁部件会产生附加温度应力，限制机组变化速率

变压运行时，锅炉汽包内的蒸汽压力随负荷变化而升降，汽包压力下的饱和温度也随之变化。汽包水汽温度变化会直接引起汽包内外壁温差变化，而且由于水的表面传热系数比汽的表面传热系数大得多（在 300～500℃范围内，前者比后者大 3～7 倍），所以当汽包内的水汽温度随负荷降低时，汽包上下部分的金属壁温变化速度不同，又导致了上下壁温差进一步增大。

变压运行时汽包内饱和温度允许的变化速度是限制负荷变化速度的一个重要因素。对亚临界压力汽包锅炉，100%MCR 时，汽包压力为 18.1MPa，相应的饱和温度为 357℃，若锅炉按复合变压运行从 93%负荷变动到 50%负荷（汽包压力为 10.7MPa），相应的饱和温度为 316℃，比原先的饱和温度降低了 41℃，若负荷变化率为 3%/min，则整个负荷变化过程仅为 14min，温度变化速率为 176℃/h，大大超过一般允许的 90℃/h。

2. 汽包锅炉的负荷响应较慢

汽包锅炉在定压运行时，可以利用蒸发系统中饱和汽水和金属的储热量，对小的负荷变化做出快速的响应。而变压运行时，汽轮机调门不动，故负荷变化所需能量主要只能由改变燃烧率来获得。不仅燃烧系统的滞后较大，而且在加大或减弱燃烧时，锅炉蒸发系统中的水与金属将吸收或释放一部分热量，进一步抑制负荷的改变。因此，汽包锅炉负荷响应速度较慢。

3. 机组的循环热效率随负荷下降而降低

由于主蒸汽压力随负荷下降而下降，因此朗肯循环的效率随负荷下降而下降，这将部分抵消由低负荷时汽轮机内效率的提高所带来的收益。朗肯循环热效率与主蒸汽压力关系见图 12-21。由图可见，当汽压小于 13MPa 后，循环热效率下降加快。

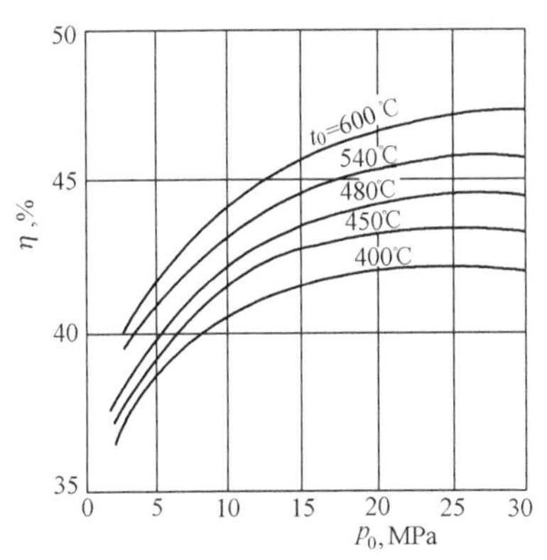

图 12-21 朗肯循环热效率与主蒸汽压力的关系

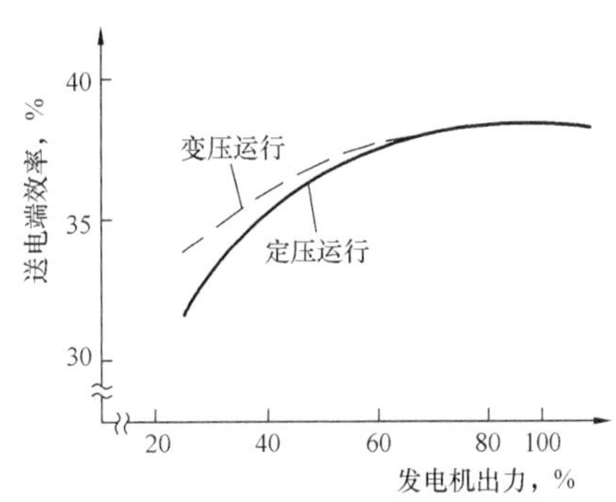

图 12-22 机组出力与送电端效率关系

四、变压运行的适应范围

并非所有负荷下都适合变压运行，图 12-22 为 300～600MW 机组的送电端效率与机组出力之间的关系。由图可知，当机组在高负荷区（75%～100%MCR）运行时，阀门开度

大，定压运行的节流损失小，尤其是调节喷嘴的汽轮机，节流损失更小，此时若采用变压运行，由于新蒸汽压力降低，会使循环热效率下降，故采用定压运行经济。只有在中低负荷区（30%～75%MCR）工况下进行变压运行才经济。变压运行的经济负荷范围与机组的结构、主要参数、变压运行形式等因素有关。同时，压力对其也有一定的影响，从图 12 - 21 可知，蒸汽压力低于 13MPa，循环热效率将明显下降，因此额定汽压在 13MPa 以下的机组，变压运行的经济效益并不明显。

思考题

1. 什么是锅炉的静态特性？当燃料量变化时辐射传热量和对流传热量如何变化？
2. 过量空气系数及燃料水分变化时锅炉效率、炉膛出口烟温如何变化？
3. 当给水温度降低时，为保证锅炉蒸发量不变，应对锅炉做哪些调节？
4. 什么是锅炉的动态特性？
5. 什么是虚假水位？影响水位变化的因素有哪些？
6. 燃烧调节的任务是什么？主要调节对象有哪些？
7. 汽包锅炉启动过程有何特点？启动的步骤有哪些？
8. 启动过程中应对哪些热力设备进行保护？如何保护？
9. 概念：动态特性　　静态特性　　虚假水位

第十三章　锅炉热力计算和整体布置

第一节　炉 膛 传 热 计 算

锅炉炉膛既是一个燃烧室，又是一个换热设备，布置在炉膛四周的受热面所吸收的热量通常占锅炉总吸热量的50%左右，因此炉内辐射受热面是非常重要的受热面，研究炉膛传热计算是锅炉工作者的重要任务。

从炉膛的传热过程来看，进入锅炉的燃料与空气混合着火燃烧后生成高温的火焰与烟气，通过辐射把热量传送给四周水冷壁管，到炉膛出口处，烟气温度冷却到某一数值，然后进入对流烟道。炉膛传热过程与许多因素有关，在一定的燃料量及热空气温度等条件下，炉内辐射受热面积越大，则传热量愈多，炉膛出口烟温就愈低；反之，炉内辐射受热面积越小，则传热量愈少，炉膛出口烟温就愈高。炉膛设计的任务是在选定炉膛出口烟温时，确定需要布置多少受热面积；或是在布置了炉内辐射受热面后，校核炉膛出口烟温。

一、炉内传热计算的相似理论方法

炉内换热过程很复杂，在辐射传热的同时还伴随有燃料燃烧，燃烧产物的流动与扩散，以及受热面的结渣、积灰等过程发生，所以至今尚不能完全用辐射传热理论对其进行计算。炉内辐射受热面的传热计算公式，是根据大量试验结果，运用相似理论方法建立的。在建立计算公式时，为了使问题简化，还提出了一些假定：用平均参数表示炉内火焰及热烟气在各处不断变化的参数（温度、热容量等）；把并不连续的水冷壁管看作是包围炉内烟气的连续壁面；以炉膛出口烟气温度作为定性温度等。

在炉膛内，燃烧产生的高温烟气和火焰向炉内水冷壁受热面的换热主要是辐射传热，对流传热所占份额还不及5%，在计算时可以不予考虑。

1. 烟气在炉膛内的放热公式

如果燃料是在绝热的假想情况下燃烧，每千克计算燃料量送入炉膛的有效热量 Q_1 全用于加热燃料燃烧产生的烟气，得到的假想温度称为绝热燃烧温度，也称理论燃烧温度，用 T_{11} 表示。在实际炉膛中，根据能量守恒原理，烟气在炉膛内的放热量等于烟气从理论燃烧温度到炉膛出口温度之间的焓降，即

$$Q=\varphi B_j(Q_1-H''_1)\text{，kW} \tag{13-1}$$

$$\varphi=1-\frac{q_5}{\eta+q_5} \tag{13-2}$$

式中　B_j——计算燃料量，kg/s；

Q_1——每千克计算燃料量送入炉膛的有效热量，kJ/kg；

H''_1——炉膛出口烟温下烟气的焓，kJ/kg；

φ——考虑炉墙热损失的保温系数；

q_5——锅炉的散热损失；

η——锅炉的热效率。

$$Q_1=Q_r\frac{100-q_3-q_4-q_6}{100-q_4}+Q_k-Q_{wr}\text{，kJ/kg} \tag{13-3}$$

$$Q_k = (\alpha''_1 - \Delta\alpha_1 - \Delta\alpha_{zf}) H^0_{rk} + (\Delta\alpha_1 + \Delta\alpha_{zf}) H^0_{lk}, \text{ kJ/kg} \tag{13-4}$$

式中　q_3、q_4、q_6——气体未完全燃烧热损失、固体未完全燃烧热损失、灰渣物理热损失；

Q_k——空气带入炉内的热量，kJ/kg；

Q_{wr}——用锅炉外部热源加热空气时的耗热，如空气在暖风器中得到的热量，kJ/kg。

如果烟气在理论燃烧温度 T_{11} 和炉膛出口烟温 T''_1 之间的比热容可以用某一平均值 VC_{pj} 表示，就有

$$Q_1 - H''_1 = VC_{pj}(T_{11} - T''_1), \text{ kJ/kg} \tag{13-5}$$

这时，烟气的总放热量为

$$Q = \varphi B_j VC_{pj}(T_{11} - T''_1), \text{ kW} \tag{13-6}$$

2. 辐射传热公式

炉内传热是指火焰及热烟气与炉壁之间的辐射换热，考虑炉壁本身的辐射热量，根据斯忒藩—玻尔兹曼定律，它们之间总的辐射换热量为

$$Q = a_{xt} F_1 \sigma_0 (T^4_{hy} - T^4_b), \text{ kW} \tag{13-7}$$

式中　a_{xt}——火焰与炉壁间的系统黑度，其值与火焰黑度 a_{hy} 和炉壁黑度 a_b 有关；

F_1——炉壁面积，m^2；

σ_0——绝对黑体的辐射系数，其值为 5.67×10^{-11} kW/（$m^2\cdot K^4$）；

T_{hy}——火焰的平均绝对温度，K；

T_b——炉壁的绝对温度，K。

由于上式中的三个未知数 a_{xt}、T_{hy}、T_b 很难用试验直接确定，因此该关系式并不能用于计算炉内的辐射换热量。为此，在分析炉内辐射换热时，引入热有效系数 ψ。热有效系数 ψ 表示炉壁吸收热量占火焰辐射到炉壁上的热量的份额，因此单位炉壁面积上的换热量为

$$q_f = \psi q_{hy}, \text{ kW/m}^2 \tag{13-8}$$

式中　q_{hy}——火焰辐射到炉壁上的热流密度，kW/m^2；

q_f——炉壁的吸收的热流密度，kW/m^2。

炉膛总的辐射换热量则为

$$Q = F_1 \psi q_{hy}, \text{ kW} \tag{13-9}$$

火焰对炉壁辐射的热量 q_{hy}，用斯忒藩—玻尔兹曼定律表示，可以写成

$$q_{hy} = a_1 \sigma_0 T^4_{hy}, \text{ kW/m}^2 \tag{13-10}$$

式中　a_1——炉膛黑度，是表征火焰与炉壁之间辐射换热关系的系数。

这样，炉壁的总换热量为

$$Q = F_1 \psi a_1 \sigma_0 T^4_{hy}, \text{ kW} \tag{13-11}$$

由能量守恒知，炉内烟气的放热应等于辐射受热面的吸热，比较式（13-6）与式（13-11），得出炉内换热的热平衡方程式为

$$F_1 \psi a_1 \sigma_0 T^4_{hy} = \varphi B_j VC_{pj}(T_{11} - T''_1) \tag{13-12}$$

3. 炉膛传热计算

根据炉膛辐射受热面热力计算的要求，式（13-12）已经表达了辐射受热面积与炉膛出口烟气温度之间的关系，但是在该公式中，火焰平均有效温度 T_{hy}、热有效系数 ψ 与炉膛黑度 a_1 是未知量。

所谓火焰平均有效温度 T_{hy} 是一个介于理论燃烧温度 T_{11} 和炉膛出口烟温 T''_1 之间的假想温度。试验表明，火焰平均有效温度与炉膛出口烟温及火焰中心相对位置 X_{max} 成函数关系。这样，就可以避开难以确定的火焰平均有效温度，而以 T''_1 和 X_{max} 来进行炉内传热计算，其中 X_{max} 的影响是用参数 M 来考虑的。这样，在式（13 - 12）的基础上可以得出无因次炉膛出口烟温为

$$\vartheta''_1=\frac{T''_1}{T_{11}}=\frac{1}{M\left(\frac{a_1}{B_0}\right)^{0.6}+1} \tag{13-13}$$

$$B_0=\frac{\varphi B_j V C_{pj}}{\sigma_0 \psi F_1 T_{11}^3}$$

式中　M——经验系数，与炉内火焰温度沿炉膛高度分布特性有关的参数，受到燃料性质、燃烧方法和燃烧器布置相对高度等因素的影响；

B_0——波尔兹曼准则数。

当进行校核计算确定炉膛出口烟气温度时，式（13 - 13）可以写成

$$\vartheta''_1=T''_1-273=\frac{T_{11}}{M\left(\frac{a_1\sigma_0\psi F_1 T_{11}^3}{\varphi B_j V C_{pj}}\right)^{0.6}+1}-273,\ ℃ \tag{13-14}$$

当进行设计计算确定水冷壁所需面积 F_1 时，可以得到

$$F_1=\frac{\varphi B_j V C_{pj}(T_{11}-T''_1)}{\sigma_0 a_1 \psi M T''_1 T_{11}^3}\sqrt[3]{\frac{1}{M^2}\left(\frac{T_{11}}{T''_1}-1\right)^2},\ \mathrm{m}^2 \tag{13-15}$$

二、炉内传热计算的有关参数与系数确定

在炉内传热计算式（13 - 14）和式（13 - 15）中，除已经述及的理论燃烧温度与平均热容量，尚有炉膛壁面总面积 F_1、热有效系数 ψ、炉膛黑度 a_1、M 值以及炉膛出口烟温 ϑ''_1 等参数、系数的确定尚未讨论。这些参数和系数从不同角度反映了炉内辐射传热的规律、特性及炉膛的设计要求。《锅炉机组热力计算标准方法》1973 年版对这些参数进行了详细的规定。

1. 炉膛结构特性

炉膛结构特性主要指炉膛的容积和炉壁面积。

炉膛容积的边界是水冷壁管中心线所在的平面或耐热保护层的向火面，而在未敷水冷壁的地方则是炉膛的壁面。炉膛的出口截面以通过屏式过热器或凝渣管或锅炉管束的第一排管子中心线的平面作为炉膛容积的边界。在炉膛下部，炉膛容积的边界是炉底，当有冷灰斗时，则以其一半高度处的水平面作为炉膛容积的边界。在火床炉中，以燃料层表面作为炉膛容积的下界面，计算容积时燃料层厚度可取为：烟煤 150～200mm，褐煤 300mm，抛煤机炉燃料层厚度为 0。

炉壁总面积 F_1，按包覆炉膛容积的表面尺寸来计算。对双面曝光水冷壁及屏应以其边界管中心线间距离和管子曝光长度乘积的两倍作为其相应的炉壁面积。炉膛容积中包含有辐射式受热面时，炉壁面积等于无屏区炉膛的炉壁面积、屏的面积和屏区的炉壁面积之和。

炉膛水冷壁的有效辐射面积 H_1 是指其辐射吸热量与未被污染的水冷壁相当的折算面积，在各炉壁角系数不相等时，炉膛的总有效辐射面积为

$$H_1=\sum F_i x_i,\ \mathrm{m}^2 \tag{13-16}$$

式中　x_i——炉壁的角系数。

2. 角系数 x

辐射角系数 x 是表示在火焰辐射到炉壁的热量中，辐射到水冷壁上的热量所占的份额。角系数是一个纯粹的几何因子，完全取决于换热表面的几何形状与相对位置，与换热表面的温度、黑度无关。此外，在分析炉内换热时，水冷壁被看成是包围炉内火焰的连续平面。

炉内换热简化为两个无限接近的平行平面之间的换热来处理。所以，角系数可以通过水冷壁管布置的疏密程度（s/d）和水冷壁与炉墙之间的相对位置（e/d）来确定。后者是考虑炉墙反射到水冷壁管上的热量。水冷壁管的相对节距 s/d 越大，水冷壁管敷设得越稀，辐射到水冷壁上的热量也越少，则角系数越小；在相对节距 s/d 一定时，水冷壁与炉墙的距离越大，从炉墙反射到水冷壁管上的热源也越多，角系数则越大。对于光管水冷壁，其角系数可查取图 13 - 1。

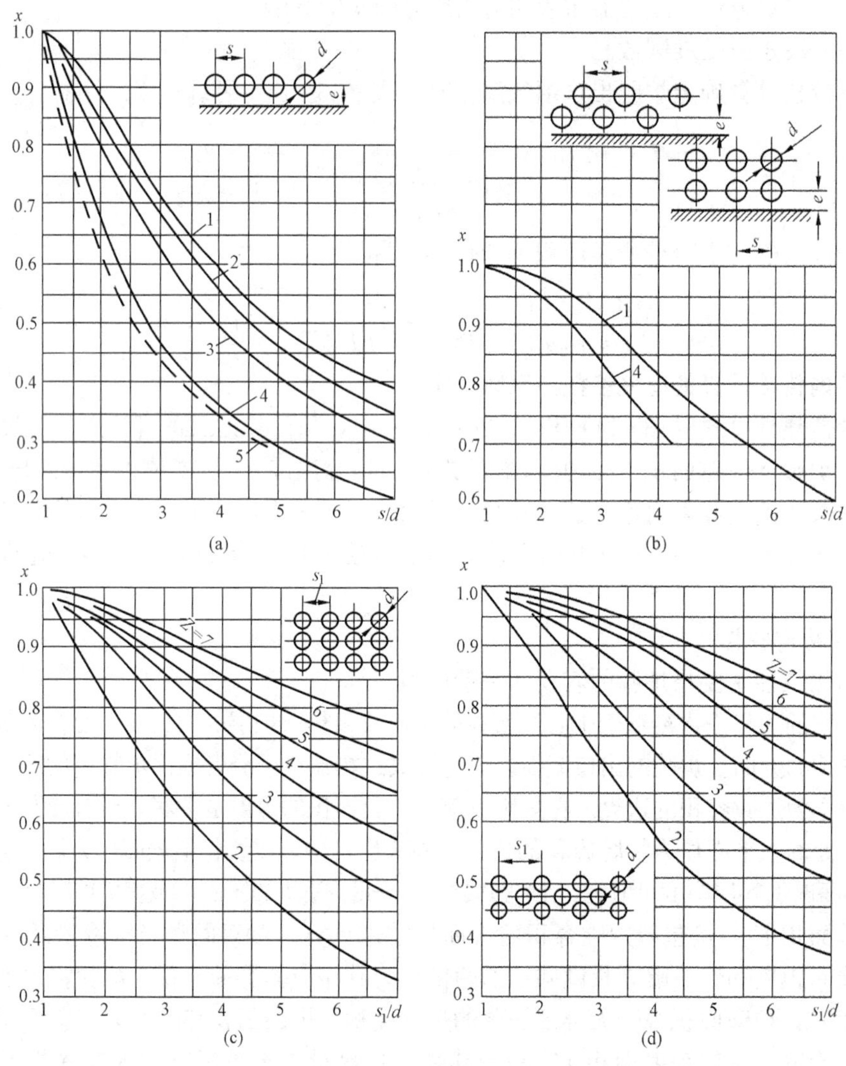

图 13 - 1　水冷壁的角系数

（a）单排水冷壁；（b）双排水冷壁；（c）顺列的多排管管束；（d）错列的多排管管束

1—$e \geqslant 1.4d$；2—$e=0.8d$；3—$e=0.5d$；4—$e=0$，

曲线 1—曲线 4 均考虑砖墙辐射；5—$e \geqslant 0.5d$，不考虑砖墙辐射

大容量锅炉中采用的膜式水冷壁，火焰辐射能全部落在水冷壁上，不论管子节距多大，辐射角系数总等于1。

对于没有敷设水冷壁的炉墙、如燃烧器、人孔门等，取角系数等于0。

对于炉膛出口烟窗角系数取为1，这是由于火焰辐射热量不是落在了炉膛出口处的受热面上，就是落在了其后布置的受热面上。

应当指出，在敷设水冷壁时，各面墙的水冷壁结构不尽相同，应分别考虑。当各炉壁角系数不相等时，整个炉壁的平均角系数为

$$\bar{x}=\frac{H_1}{\sum F_i}=\frac{H_1}{F_1} \tag{13-17}$$

式中　H_1——水冷壁的有效辐射面积；

F_1——水冷壁的总面积。

炉壁的平均角系数也称为炉膛的水冷程度，现代锅炉炉膛的水冷程度都很高，一般在0.9以上。

3. 污染系数ζ

由于有的水冷壁覆盖有耐火物质，另外在锅炉运行中水冷壁不可避免地或多或少会发生积灰污染，这都影响水冷壁的传热，所以辐射到水冷壁上的热量并未被完全吸收。水冷壁污染将导致管壁温度升高及黑度减小，从而增强了受热面向火焰的反辐射，减弱了水冷壁的吸热能力。这种影响是用污染系数ζ来考虑的。ζ表示在火焰辐射到水冷壁上的热量中，水冷壁最终吸收的热量所占的份额。

污染系数与水冷壁的结构和燃料的种类有关，可以通过试验确定，如表13-1所示。

当采用不同的燃料运行时，按引起最大污染的燃料取用ζ值，对炉膛容积内的双面曝光水冷壁及屏，其污染系数ζ值比贴壁水冷壁低0.1，对曝光式单面水冷壁及屏，则降低0.05。

当炉膛出口为屏时，考虑屏间烟气向炉膛的反辐射影响，对屏与炉膛分界面（烟窗）的污染系数应乘以一修正系数β，见式（13-18）：

$$\zeta_p=\zeta\beta \tag{13-18}$$

式（13-18）中β按炉膛出口烟温及燃料种类由图13-2确定。

表13-1　水冷壁污染系数ζ

水冷壁形式	燃料种类	污染系数
光管水冷壁和膜式水冷壁	气体、气体和重油混合物	0.65
	重油	0.55
	无烟煤煤粉（$C_{fh}\geqslant12\%$） 贫煤煤粉（$C_{fh}\geqslant8\%$） 烟煤和褐煤煤粉	0.45
	无烟煤煤粉（$C_{fh}<12\%$） 贫煤煤粉（$C_{fh}<8\%$）	0.35
	层燃炉中的所有燃料	0.60
固态排渣炉覆盖耐火材料的销钉水冷壁	所有燃料	0.20
覆盖耐火砖的水冷壁	所有燃料	0.10

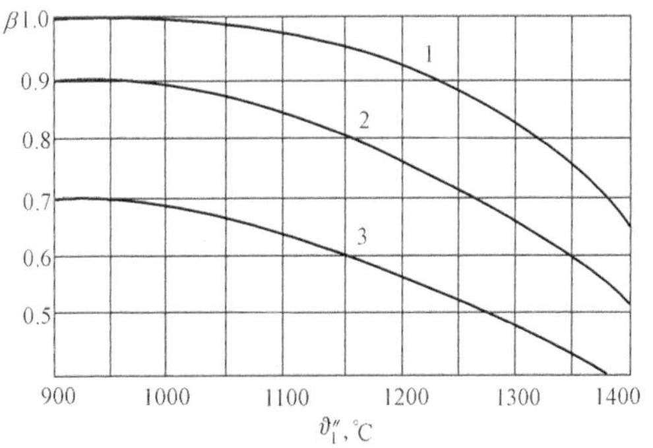

图13-2　考虑屏间烟气反辐射影响的修正系数

1—煤；2—重油；3—气体燃料

4. 热有效系数 ψ

ψ 是表征炉膛辐射受热面辐射特性的系数。它表示，在火焰辐射到炉壁的热量中，水冷壁最终吸收的热量所占的份额。

比较上述的角系数、污染系数和热有效系数，不难得出它之间的关系，即

$$\psi = \xi x \tag{13-19}$$

对于未敷设水冷壁的炉墙，$\psi = 0$。

对于锅炉炉墙各部分的污染系数不相等或水冷壁的角系数不相等，或水冷壁仅敷设在部分炉墙上，在计算中热有效系数均应代入平均值，在所谓整个炉膛的平均热有效系数应为

$$\psi = \frac{\sum \psi_i F_{li}}{\sum F_{li}} \tag{13-20}$$

式中 ψ_i——某一部分炉墙的热有效系数；

F_{li}——某一部分炉墙的面积，m^2。

5. 系数 M

M 表征炉内温度分布特性，其数值取决于炉内最高火焰温度的相对位置 X_{max} 以及燃料和燃烧方式。

$$M = A - B(X_{max} + \Delta x) \tag{13-21}$$

$$X_{max} = \frac{h_{max}}{h_l} \tag{13-22}$$

式中 A、B——与燃烧方式和燃料种类有关的系数；

X_{max}——炉内最高火焰温度的相对位置，对于抛煤机炉，取 $X_{max} = 0.11$，对于链条炉排炉和固定炉排炉，取 $X_{max} = 0.14$，对于煤粉炉，X_{max} 通常取燃烧器轴线的高度；

h_{max}——火焰温度最高处的高度，即从炉底（对具有平炉底的炉膛）或冷灰斗中间平面（对于具有冷灰斗的炉膛）至火焰中心的高度，m；

h_l——炉膛高度，即从炉底或冷灰斗中间平面到炉膛出口烟窗中部的高度，m；

Δx——煤粉炉中火焰中心位置 X_{max} 的修正值，对于前墙或对冲布置的多层燃烧器，燃用煤粉时，蒸发量 $D \leqslant 420$t/h 的锅炉，$\Delta x = 0.1$；，蒸发量 $D > 420$ t/h 的锅炉，$\Delta x = 0.05$，如果采用摆动式燃烧器（上、下摆动 20°时），$\Delta x = \pm 0.1$。

对于燃用重油和气体燃料的锅炉

$$M = 0.54 - 0.2(X_{max} + \Delta x) \tag{13-23}$$

对于燃用烟煤、褐煤的煤粉锅炉

$$M = 0.59 - 0.5(X_{max} + \Delta x) \tag{13-24}$$

对于燃用无烟煤、贫煤、高灰分烟煤的煤粉锅炉

$$M = 0.56 - 0.5(X_{max} + \Delta x) \tag{13-25}$$

对于采用风力抛煤机的薄煤层层燃炉，$M=0.59$；对于固定式或移动式炉排采用厚煤层的层燃炉，$M=0.52$。

应当指出，在锅炉运行中 M 值并不是绝对不变的，因为影响火焰中心变化的因素很多，例如煤粉炉的煤粉细度、过量空气系数等。如火焰中心升高，即 X_{max} 增大，系数 M 则减

小，炉膛出口烟温 ϑ''_1 升高。这是符合实际情况的。

6. 炉膛黑度 a_1

a_1 是用来表征炉内火焰辐射特性的系数。由于沾污的水冷壁自身具有一定的辐射能力，不是绝对黑体，所以高温火焰辐射到水冷壁上的热量并没有被全部吸收，因此，炉膛黑度 a_1 不等于火焰黑度 a_{hy}。炉膛黑度取决于火焰黑度和水冷壁的热有效系数。

对于煤粉炉、气体炉和重油炉，炉膛黑度有

$$a_1=\frac{a_{hy}}{a_{hy}+(1-a_{hy})\psi} \tag{13-26}$$

在层燃炉中不仅要考虑受热面与火焰之间的辐射换热，还应考虑炉排上炽热的燃料层对传热的影响。因此，层燃炉与煤粉炉炉膛黑度的计算方法是不相同的，对于层燃炉的炉膛黑度有

$$a_1=\frac{a_{hy}+(1-a_{hy})\rho}{a_{hy}-(1-a_{hy})(1-\psi)(1-\rho)} \tag{13-27}$$

式中　ρ——层燃炉的炉排面积 R 与其炉壁面积 F_1 的比值，煤粉炉的 $\rho=0$。

上式中的火焰黑度 a_{hy} 是用以表征火焰辐射能力的。燃料种类不同，燃烧产物中具有辐射能力的介质以及含量也不同，火焰黑度也各不相同。

高温燃烧产物中具有辐射能力的介质，对于固体燃料，主要是三原子气体（CO_2、SO_2、H_2O 等），焦炭粒子（煤粉颗粒受热而逸出水分及挥发分后所剩余的部分）和灰粒子（焦炭燃尽后剩余部分）；对于气体或液体燃料，主要是三原子气体和炭黑粒子（高分子碳氢化合物在高温下热解后，由碳原子聚合而成的粒子）。

三原子气体在高温下其辐射波长均大于 0.1μm，是不发光性火焰（可见光带均小于 0.1μm）；高温焦炭粒子可使火焰具有发光性，是固体燃料火焰主要的辐射介质，灰粒子也具有一定的辐射能力，高温下的灰粒也可以使火焰发光；碳黑粒子具有强烈的辐射能力，并使火焰具有发光性，是气体或液体燃料火焰主要的辐射物质。

由于火焰辐射的机理十分复杂，因此，在确定火焰黑度分别作了下述假定：把火焰看成灰体；用气体黑度计算公式计算火焰黑度，火焰辐射减弱系数 k 的数值用其包含的各种辐射成分的相应值线性叠加的方法计算；计算时的定性参数（温度压力等）均以炉膛出口截面为准。这样，燃用固体燃料时火焰黑度的计算公式为

$$a_{hy}=1-e^{-kps} \tag{13-28}$$

$$s=3.6\frac{V_1}{F_{bf}},\ \mathrm{m} \tag{13-29}$$

式中　k——炉膛内火焰的辐射减弱系数，为各种辐射介质减弱系数的代数和，1/（m·MPa）；

p——炉膛内压力，对于非正压运行锅炉取 $p=0.1$MPa，MPa；

s——炉膛内介质的辐射层有效厚度；

V_1——炉膛容积；

F_{bf}——炉室的包覆面积，对于室燃炉 $F_{bf}=F_1$，对于层燃炉 $F_{bf}=F_1+R$，m。

固体燃料火焰辐射减弱系数的计算公式为

$$k=k_q r+k_h\mu_h+k_j x_1 x_2 \tag{13-30}$$

$$k_q=\left(\frac{7.8+16r_{H_2O}}{3.16\sqrt{prs}}-1\right)\left(1-0.37\frac{T''_1}{1000}\right),\ 1/(\mathrm{m\cdot MPa}) \tag{13-31}$$

$$k_h = \frac{55900}{\sqrt[3]{T''^2_1 d_h^2}}, \ 1/(m \cdot MPa) \tag{13-32}$$

$$\mu_h = \frac{A_{ar} a_{fh}}{100 G_{ar}}, \ kg/kg$$

$$G_{ar} = 1 - \frac{A_{ar}}{100} + 1.306 \alpha V^0, \ kg/kg \tag{13-33}$$

式中 k_q——三原子气体的辐射减弱系数，按照式（13-31）求出；

r——三原子气体的总容积份额，$r = r_{RO_2} + r_{H_2O} = \frac{V_{RO_2}}{V_y} + \frac{V_{H_2O}}{V_y}$；

k_h——灰粒的辐射减弱系数；

d_h——灰粒额定直径，μm。对钢球式磨煤机，取 $d_h = 13$；对中速、高速和锤击磨，泥煤取 $d_h = 24$，其他燃料，取 $d_h = 16$；对于层燃炉，取 $d_h = 20$；

μ_h——烟气中的平均灰浓度；

k_j——焦炭的辐射减弱系数，其值取 10，1/（m·MPa）；

x_1——取决于燃料种类，考虑焦炭粒子浓度影响的无因次参数（对于无烟煤、贫煤，其值为 1，对于烟煤、褐煤、泥煤，其值为 0.50）；

x_2——取决于燃烧方式，考虑焦炭粒子浓度影响的无因次参数（对于层燃炉为 0.03，对于煤粉炉为 0.1）。

在燃用气体或液体燃料时，由于炉内较明显地分成炭黑粒子形成的发光火焰与气态燃烧产物形成的非发光火焰，其火焰黑度的计算公式如下：

$$a_{hy} = m a_{fg} + (1 - m) a_q \tag{13-34}$$

式中 a_{fg}——炉内仅被发光火焰充满时所具有的黑度；

a_q——炉内仅被不发光火焰（即三原子气体）充满时的黑度；

m——考虑发光火焰在炉内充满程度的系数。其值与炉膛容积热强度 q_V 和燃料种类有关，$q_V < 400 kW/m^3$ 时，对于煤气 $m = 0.1$，对于重油 $m = 0.55$；$q_V > 1200 kW/m^3$ 时，对于煤气 $m = 0.6$，对于重油 $m = 1.0$；$400 kW/m^3 < q_V < 1200 kW/m^3$ 时，m 值可按线性内插法求得。

火焰发光部分黑度的计算公式为

$$a_{fg} = 1 - e^{-k_{fg} ps} = 1 - e^{-(k_q r + k_{th}) ps} \tag{13-35}$$

式中 k_{fg}——火焰发光部分的辐射减弱系数，其值为三原子气体辐射减弱系数与炭黑粒子辐射减弱系数的代数和。

炭黑粒子辐射减弱系数的计算公式为

$$k_{th} = 0.3(2 - \alpha''_1)\left(1.6 \frac{T''_1}{1000} - 0.5\right) \frac{C_{ar}}{H_{ar}}, \ 1/(m \cdot MPa) \tag{13-36}$$

式中 C_{ar}、H_{ar}——应用基表示的燃料中的含碳量和含氢量，对于重油，二者比值取为 8，对于气体照料，其计算式为

$$\frac{C_{ar}}{H_{ar}} = 0.12 \sum \frac{m}{n} C_m H_n \tag{13-37}$$

这样，炉内火焰（又称燃料燃烧产物）的黑度即可计算。确定了火焰黑度以后，即可求出炉膛黑度。

三、炉膛局部热负荷计算

炉膛出口烟温确定以后，可以得到每千克烟气在炉膛中的放热量，也就是炉膛的吸热量

$$Q_f = \varphi(Q_1 - H''_1)，\text{kJ/kg} \tag{13-38}$$

则炉膛壁面的有效辐射受热面的平均热负荷为

$$q_f = \frac{B_j Q_f}{H_1}，\text{kW/m}^2 \tag{13-39}$$

由于炉内的温度场、黑度场的不均匀性，炉膛热负荷沿炉膛高度、深度和宽度的分布是不均匀的。假设 η_g 为沿炉膛高度热负荷分布不均匀系数，那么，在炉膛高度的某个区段上辐射受热面的局部热负荷一般采用式（13-40）确定：

$$q_{fg} = \eta_g q_f，\text{kW/m}^2 \tag{13-40}$$

系数 η_g 可以按照图 13-3 查取，图中 η_g 为定性数值，偏差可达 20%左右。

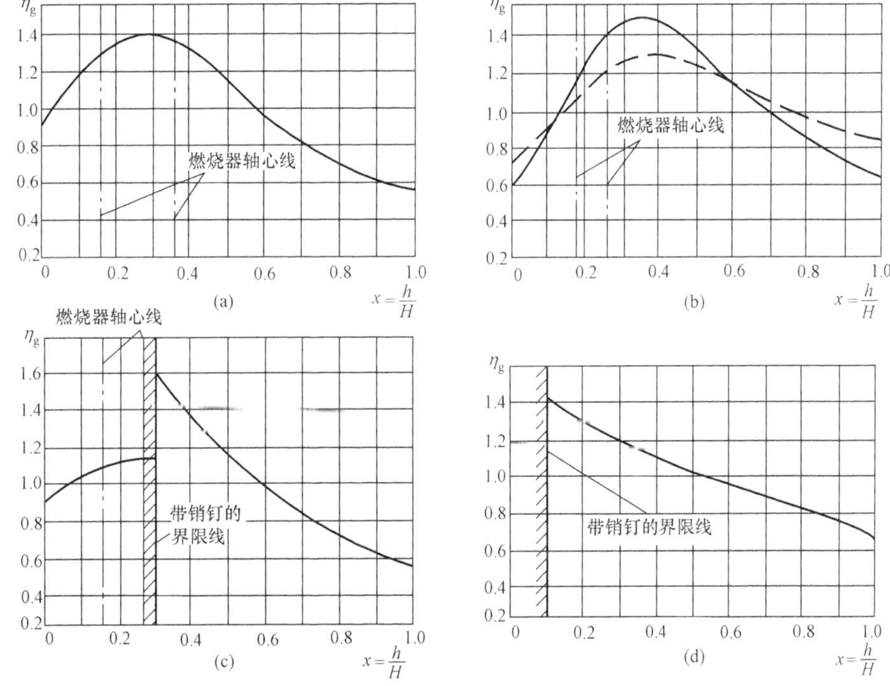

图 13-3　沿炉膛高度热负荷分布不均匀系数

(a) 燃用液体或气体燃料；(b) 固态排渣煤粉锅炉，实线表示燃用无烟煤、贫煤和烟煤，虚线表示燃用褐煤、泥煤；(c) 液态排渣煤粉炉；(d) 双室炉的冷却室

当炉膛出口为屏式受热面时，考虑屏间烟气向炉膛的反辐射，炉膛出口截面的热负荷应乘上修正系数 β

$$q_{fp} = \beta q_{fg}，\text{kW/m}^2 \tag{13-41}$$

系数 β 由图 13-2 查取。

第二节　对流及半辐射受热面的热力计算

烟气离开炉膛后，进入半辐射式受热面（即屏式受热面）和对流受热面，如凝渣管束、

$$Q''_{p}=5.67\times10^{-11}\frac{aF''_{p}T_{pj}^{4}\xi_{r}}{B_{j}},\ \mathrm{kJ/kg} \tag{13-50}$$

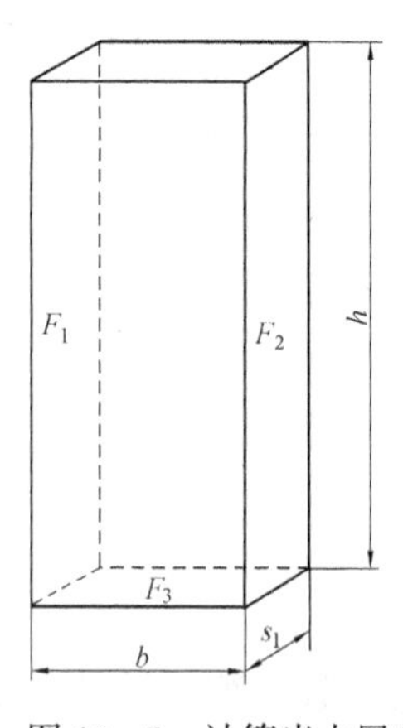

图 13-5　计算半大屏角系数的示意图

式中　T_{pj}——屏间烟气的平均温度，K；

ξ_{r}——考虑燃料种类影响的修正系数，对于烟煤和重油，$\xi_{r}=0.5$；对于天然气，$\xi_{r}=0.7$；对于页岩，$\xi_{r}=0.2$。

对于空气预热器，其工质吸热量的计算公式为

$$Q_{dx}=\left(\beta_{ky}''+\frac{\Delta\alpha_{ky}}{2}\right)(H_{ky}^{0}{}''-H_{ky}^{0}{}'),\ \mathrm{kJ/kg} \tag{13-51}$$

$$\beta''_{ky}=\alpha''_{1}-\Delta\alpha_{1}-\Delta\alpha_{zf}$$

式中　$\Delta\alpha_{ky}$——空气预热器的漏风系数；

$H_{ky}^{0}{}''$、$H_{ky}^{0}{}'$——空气预热器出口与进口理论空气的焓，kJ；

β''_{ky}——空气预热器出口处的过量空气系数。

3. 对流传热量

在对流传热中所传递的热量，可用下面的传热方程式计算：

$$Q=kF\Delta t,\ \mathrm{W} \tag{13-52}$$

或以每千克燃料为基础计算可表示为

$$Q_{d}=\frac{KF\Delta t}{B_{j}},\ \mathrm{kJ/kg} \tag{13-53}$$

式中　K——传热系数，W/(m^2·℃)；

Δt——平均传热温压，℃；

F——计算受热面面积，m^2。

二、传热系数

传热方程式中的比例系数 K 称为传热系数，它表示的是在单位面积上，单位时间里及单位温压下所传递的热量。在锅炉对流受热面的传热过程中，实际上包括热对流、热辐射和热传导，考虑受热管外壁面有积灰层，内壁面有水垢层，则传热系数可以写为

$$K=\frac{1}{\frac{1}{\alpha_{1}}+\frac{\delta_{h}}{\lambda_{h}}+\frac{\delta}{\lambda}+\frac{\delta_{g}}{\lambda_{g}}+\frac{1}{\alpha_{2}}},\ \mathrm{kW/(m^{2}\cdot ℃)} \tag{13-54}$$

式（13-54）中 $1/\alpha_{1}$、δ_{h}/λ_{h}、δ/λ、δ_{g}/λ_{g}、$1/\alpha_{2}$ 各项，分别为烟气至管壁、烟气侧积灰层、管壁、工质侧水垢层和管壁至工质的传热热阻。其中，金属材料的管壁热阻甚小，可不考虑（玻璃管或陶瓷管受热面仍应考虑）；水垢层的热阻因给水是经过化学处理的，锅炉通常都应在无水垢的工况下运行，也不必考虑；积灰层的热阻对传热影响较大，在计算时对不同受热面分别引用污染系数、热有效系数或利用系数予以考虑。

1. 污染系数、热有效系数与利用系数

对流受热面的积灰、气流冲刷不均匀等因素，对传热产生不利的影响。在热力计算中，这种影响是通过由试验确定的各种系数进行修正的。

（1）污染系数 ε。污染系数用于燃烧固体燃料、烟气横向冲刷错列管束的情况，这时，计算传热系数应引入污染系数。影响灰污系数（即影响积灰）的因素很多。例如：烟气流速增高会减轻积灰，污染系数减小；管子错列布置比顺列布置时积灰轻，污染系数减小；管径愈小愈不易积灰，污染系数也减小，其他如纵向节距减小、粗灰粒较多等对减轻积灰有利的

因素，都可以减小污染层的热阻。

污染系数所表示的是受热面积灰层的热阻。由于积灰厚度与灰污层的导热系数都难以单独测定，ε 是由在试验中测出来的灰污管壁的传热系数和清洁管壁的传热系数相比较而得出的，污染系数 ε 等于灰污管子的传热热阻与清洁管子的传热热阻之差。

锅炉热力计算时污染系数可由式（13-55）确定：

$$\varepsilon = C_d C_{kl} \varepsilon_0 + \Delta\varepsilon,\ \mathrm{m^2 \cdot ℃/kW} \tag{13-55}$$

$$C_{kl} = 1 - 1.8\lg R_{30}/33.7$$

式中　ε_0——实验室条件下（管径 38mm，含灰细度 $R_{30}=33.7\%$）的污染系数，可在线算图 13-6（a）上查取，$\mathrm{m^2 \cdot ℃/kW}$；

C_{kl}——灰分颗粒大小的修正系数，在缺少 R_{30} 资料的情况下，对于煤和页岩取 $C_{kl}=1.0$，对于泥煤取 $C_{kl}=0.7$；

C_d——管径修正系数，可以按照图 13-6（b）查取；

$\Delta\varepsilon$——ε 的附加修正值，可按表 13-2 查取，$\mathrm{m^2 \cdot ℃/kW}$。

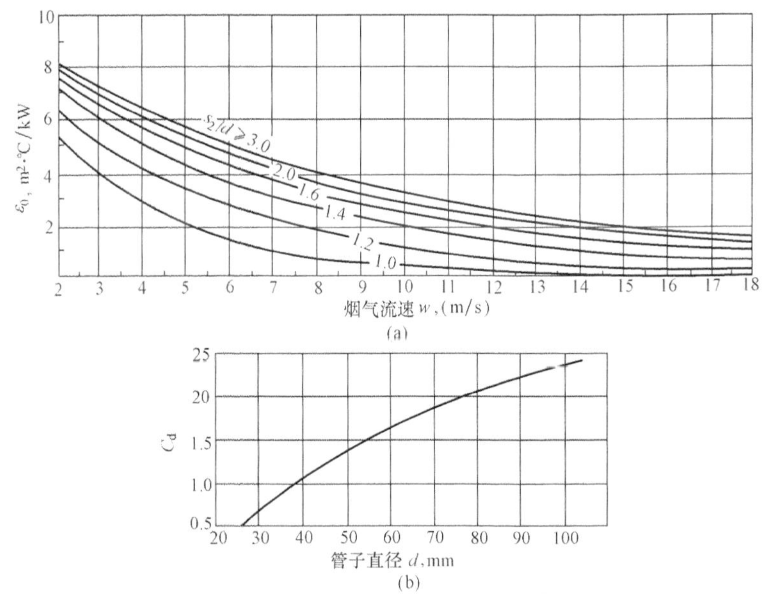

图 13-6　燃用固体燃料错列管束污染系数

（a）基准污染系数；（b）管径修正系数

对于屏式受热面也是采用污染系数来考虑积灰污染对传热的影响。当锅炉燃用固体燃料时，污染系数由图 13-7 查取；当锅炉燃用重油时，$\varepsilon=5.2$（$\mathrm{m^2 \cdot ℃}$）/kW，当锅炉燃用气体燃料时，不考虑污染的影响。

表 13-2　　燃用固体燃料时，光管错列管束污染系数的修正值 $\Delta\varepsilon$　　$\mathrm{m^2 \cdot ℃/kW}$

受热面名称	积松灰的煤	无烟煤屑		褐煤有吹灰装置
		有吹灰时	无吹灰时	
错列布置过热器	2.58	2.58	4.30	3.44
第一级省煤器及烟温小于 400℃的单级省煤器	0	0	1.72	0
第二级省煤器、再热器及烟温大于 400℃的单级省煤器	1.72	1.72	4.30	2.58

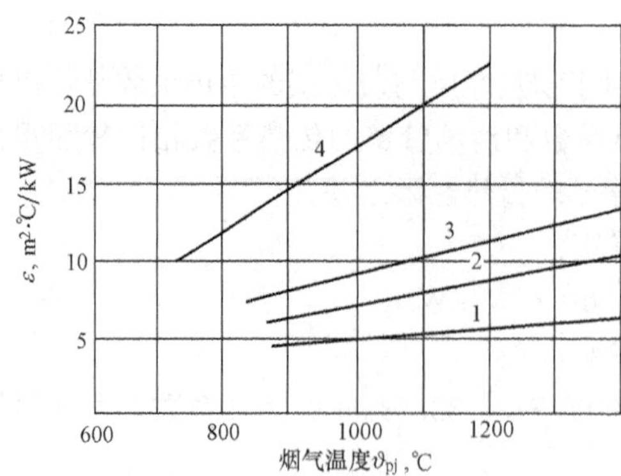

图 13-7　屏式过热器的污染系数

1—不结渣煤；2—弱结渣煤（有吹灰装置）；3—弱结渣煤（无吹灰装置）；4—油页岩（有吹灰装置）

（2）热有效系数 ψ。对流受热面的传热计算在较多情况下引用热有效系数，诸如工业锅炉的锅炉管束，以及顺列布置的过热器、凝渣管等。其定义是灰污管壁与清洁管壁传热系数的比值。

对于顺列布置的对流过热器、凝渣管束及小型锅炉的锅炉管束在燃用贫煤和无烟煤时，$\psi=0.6$；燃用烟煤、褐煤和洗中煤时，$\psi=0.65$，燃用油页岩时，$\psi=0.5$。

当燃用重油时，所有受热面都采用热有效系数进行计算。当锅炉在过剩空气系数 $\alpha''_1>1.03$ 下工作时，热有效系数按表 13-3 取用。当 $\alpha''_1<1.03$，燃用重油而无钢珠吹灰时，ψ 值仍按表 13-3 取用；当有钢珠吹灰时，对于所有受热面的 ψ 值均比表 13-3 增加 0.05。

表 13-3　　燃油锅炉对流受热面热有效系数

受热面名称	烟气流速（m/s）	热有效系数
第一级和第二级省煤器，直流锅炉过渡区，并有钢珠吹灰时	4～12 12～20	0.7～0.65 0.65～0.6
对流竖井中的对流过热器并有钢珠吹灰	4～12	0.65～0.6
水平烟道中的顺列过热器无吹灰，凝渣管束、小型锅炉的锅炉管束	12～20	0.6
小型锅炉省煤器、进口水温≤100℃	4～12	0.55～0.5

注　较低的速度对应较大的值。

如果重油中加入固体添加剂（如菱苦土，白云石等）以降低受热面腐蚀，则第二级省煤器、过渡区和过热器等受热面由于污染情况严重，其热有效系数应比表 13-3 降低 0.05。如采用液体添加剂，则对小型锅炉省煤器，ψ 值增加 0.05，其他受热面按表 13-3 取用。

燃用气体燃料时，省煤器为单级省煤器，所有受热面也都采用热有效系数进行计算。对于烟温<400℃的第一级省煤器及单级省煤器，采用 $\psi=0.9$；对于烟温>400℃的第二级省煤器、过热器及其他受热面，采用 $\psi=0.85$。

（3）利用系数。考虑由于烟气对受热面的冲刷不完全而使吸热减少的修正系数。对于现代锅炉横向冲刷的管束，可取 $\xi=1$；对于大多数混合冲刷的管束，可取 $\xi=0.95$。屏式过热器的利用系数 ξ 是考虑烟气对屏冲刷不完全的修正系数，其值按烟气流速由图 13-8 查取。当烟气流速 $w_y\geqslant 4$m/s 时，取 $\xi=0.85$。

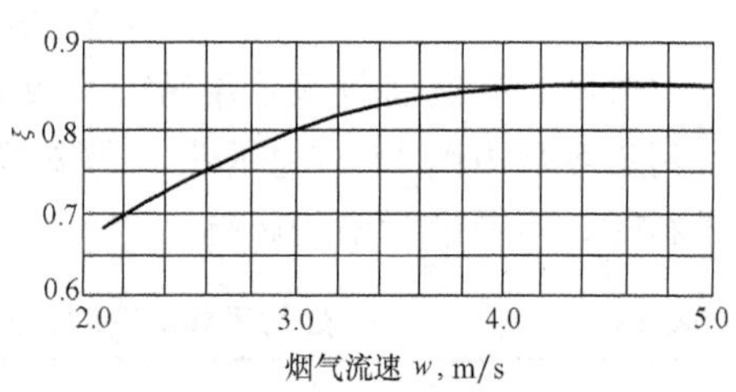

图 13-8　屏式过热器的利用系数

对管式空气预热器，把灰污染及冲刷不完全的影响合并，用利用系数 ξ 来考虑，其值列于表 13-4 中，指无中间管板的情况。当有中间管板时，利用系数将降低。有一块中间管板时，ξ 值降低 0.1，有两块中间管板时，ξ 值降低 0.15。

表 13-4　**管式空气预热器的利用系数**

燃料种类	第一级（低温级）	第二级（高温级）
无烟煤屑	0.8	0.75
重油	0.8	0.85
其他煤种及气体燃料	0.85	0.85

回转式空气预热器的利用系数，对各种燃料均取 $\xi=0.8\sim0.9$，当漏风 $\Delta\alpha=0.2\sim0.25$ 时取小值，$\Delta\alpha=0.15$ 时取大值。

当燃烧重油时，对下级空气预热，上述 ξ 值均是指没有潮湿积灰的情况而言的。因此，当过量空气系数 $\alpha''_1>1.03$ 或管式空气预热器的入口空气温度低于 80℃以及再生式空气预热器的入口空气温度低于 60℃时，利用系数值应降低 0.1。

以上介绍了各种场合下的 ε、ψ 和 ξ 值。对于纵向冲刷受热面的 ε 和 ψ 值，可根据烟气流速采取相应的横向冲刷受热面的值。当受热面为纵向和横向混合冲刷时，可按各该段的平均烟速分别求出，然后按受热面积比例进行平均。

当燃用混合燃料时，应按污染程度严重的燃料计算。当锅炉燃用重油之后燃用气体燃料时，热有效系数取用两者的平均值。当锅炉燃用固体燃料之后燃用气体燃料时，则按固体燃料计算。

引入污染系数、热有效系数和利用系数后，各受热面的传热系数可分别按照以下各式计算。

（1）对于对流过热器，当燃用固体燃料，管束为错列布置时

$$K=\frac{1}{\dfrac{1}{\alpha_1}+\varepsilon+\dfrac{1}{\alpha_2}},\ \mathrm{kW/(m^2\cdot ℃)} \tag{13-56}$$

当燃用固体燃料，管束为顺列布置以及燃用气体燃料和重油（包括错列和顺列布置）时

$$K=\frac{\psi}{\dfrac{1}{\alpha_1}+\dfrac{1}{\alpha_2}},\ \mathrm{kW/(m^2\cdot ℃)} \tag{13-57}$$

（2）对于省煤器、直流锅炉的过渡区、蒸发受热面以及超临界锅炉的对流过热器，当燃用固体燃料，管束为错列布置时

$$K=\frac{1}{\dfrac{1}{\alpha_1}+\varepsilon},\ \mathrm{kW/(m^2\cdot ℃)} \tag{13-58}$$

当燃用固体燃料，管束为顺列布置以及燃用气体燃料和重油时

$$K=\psi\alpha_1,\ \mathrm{kW/(m^2\cdot ℃)} \tag{13-59}$$

对于凝渣管束及小型锅炉的锅炉管束，当燃用固体燃料时，其传热系数也按式（13-59）计算。

（3）对于屏式过热器

$$K=\frac{1}{\dfrac{1}{\alpha_1}+\left(1+\dfrac{Q_f}{Q_d}\right)\left(\varepsilon+\dfrac{1}{\alpha_2}\right)},\ \mathrm{kW/(m^2\cdot ℃)} \tag{13-60}$$

式中　$1+\dfrac{Q_f}{Q_d}$——考虑屏式过热器吸收炉膛辐射热影响的一个数；

Q_f——屏吸收的炉膛辐射热量，按式（13-45）计取，kJ/kg；

Q_d——屏吸收对流及屏间烟气辐射的热量，kJ/kg。

由于屏的受热面是按平壁面积计算的，在计算烟气侧的表面传热系数时按式（13-61）计算：

$$\alpha_1=\xi\left(\alpha_d\frac{\pi d}{2s_2x_p}+\alpha_f\right),\ \mathrm{kW/(m^2\cdot ℃)} \tag{13-61}$$

（4）对于管式空气预热器，把灰污染和冲刷不完全的影响一并由利用系数来修正：

$$K=\xi\frac{\alpha_1\alpha_2}{\alpha_1+\alpha_2},\ \mathrm{kW/(m^2\cdot ℃)} \tag{13-62}$$

（5）对于回转式空气预热器，其传热过程是蓄热式不稳定传热过程。在转子转动过程中，传热元件（蓄热板）周期性地为烟气和空气所冲刷，当烟气冲刷时，传热元件从烟气中吸收热量，而当空气冲刷时，又把热量传递给空气，每转一圈完成一次热交换循环，因此，回转式空气预热器中热量的传递是通过传热元件周期性地被加热和冷却来实现的。这样的传热过程虽然与其他受热面不同，但是从总体来看，传热过程中冷热两种流体仍是互相接触的，可用同样的方法来分析处理。这样，按蓄热板两侧的全部受热面为基准的传热系数由式（13-63）计算：

$$K=\frac{\xi C}{\dfrac{1}{x_y\alpha_1}+\dfrac{1}{x_k\alpha_2}},\ \mathrm{kW/(m^2\cdot ℃)} \tag{13-63}$$

式中 x_y、x_k——烟气侧受热面和空气侧受热面各占总受热面的份额，例如，烟气冲刷占180°，空气冲刷占120°，密封区为2×30°时，则$x_y=0.5$，$x_k=0.333$；

C——考虑不稳定传热影响的系数，对厚度为0.6～1.2mm的蓄热板，C值与转速有关，转速$n=0.5$r/min时，$C=0.85$；转速$n=1.0$r/min时，$C=0.97$，转速$n\geqslant1.5$r/min时，$C=1.0$。

2. 对流表面传热系数

为了确定传热系数K，除了应确定灰污系数、热有效系数与利用系数外，还应计算出烟气对管壁的表面传热系数α_1和管壁对工质的表面传热系数α_2。α_1是由烟气侧的对流表面传热系数α_d与辐射表面传热系数α_f两部分组成，即

$$\alpha_1=\xi(\alpha_d+\alpha_f),\ \mathrm{kW/(m^2\cdot ℃)} \tag{13-64}$$

而工质侧的表面传热系数α_2，决定于工质的对流表面传热系数α_d。下面首先讨论对流表面传热系数的确定。

对流表面传热系数的大小表示对流表面传热程度的强弱。影响对流表面传热系数的因素很多，主要有气流的速度、温度和物性、受热面的特性尺寸、冲刷方式等。锅炉对流表面传热系数都是通过试验确定，锅炉对流受热面的对流表面传热系数可以分成以下三种情况考虑：横向冲刷顺列布置管束、横向冲刷错列布置管束和管内或通道内的纵向冲刷受热面。

（1）横向冲刷顺列布置管束，其对流表面传热系数的计算公式为

$$\alpha_d=0.2C_sC_n\frac{\lambda}{d}Re^{0.65}Pr^{0.33},\ \mathrm{kW/(m^2\cdot ℃)} \tag{13-65}$$

式中 Re——雷诺准则数，$Re=\dfrac{wd}{\nu}$；

Pr——普朗特准则数，$Pr=\frac{\mu c_p}{\lambda}$；

λ——流体的导热系数，kW/（m^2・℃）；

d——定性尺寸，取管子外径，m；

μ——流体的动力黏性系数，Pa・s；

ν——流体的运动黏性系数，$\nu=\mu/\rho$，m^2/s；

c_p——流体的比定压热容，J/（kg・℃）；

C_s——考虑管束结构特性(相对节距$\sigma_1=s_1/d$、$\sigma_2=s_2/d$)的修正系数，当管束的相对节距$\sigma_1\leqslant 1.5$或$\sigma_2\geqslant 2$时，$C_s=1$；其他情况下

$$C_s=\left[1+(2\sigma_1-3)\left(1+\frac{\sigma_2}{2}\right)^3\right]^{-2} \tag{13-66}$$

C_n——考虑管束沿烟气流动方向的排数的修正系数，当$n_2\geqslant 10$，$C_n=1$；当$n_2<10$时，$C_n=0.91+0.0125(n-2)$。

（2）横向冲刷错列布置管束。其对流表面传热系数的计算公式为

$$\alpha_d=0.368C_sC_n\frac{\lambda}{d}Re^{0.6}Pr^{0.33}，\ kW/(m^2\cdot ℃) \tag{13-67}$$

式中　C_s——节距修正系数，由σ_1及φ确定，$\varphi=\frac{\sigma_1-1}{\sigma'_2-1}$，其中$\sigma'_2=\sqrt{\sigma_1^2/4+\sigma_2^2}$，

当$0.1<\varphi\leqslant 1.7$时，$C_s=0.34\varphi^{0.1}$；

当$1.7<\varphi\leqslant 4.5$及$\sigma_1<3$时，$C_s=0.275\varphi^{0.5}$；

当$1.7<\varphi\leqslant 4.5$及$\sigma_1\geqslant 3$时，$C_s=0.34\varphi^{0.1}$；

C_n——考虑管束沿烟气流动方向的排数及横向相对节距的修正系数，

当$n_2<10$且$\sigma_1<3.0$时，$C_n=3.12n_2^{0.05}-2.5$；

当$n_2<10$且$\sigma_1\geqslant 3.0$时，$C_n=4n_2^{0.02}-3.2$；

当$n_2\geqslant 10$时，$C_n=1$。

在横向冲刷对流受热面时，计算Re和Pr的定性温度采用流体在管束进、出口截面上温度的算术平均值，定性尺寸为管子外径。

上述公式是整理了$Re=1.5\times 10^3\sim 1.0\times 10^5$范围内的试验数据得出的，一般锅炉的对流受热面中$Re$不会超出上述范围。

（3）纵向冲刷。在锅炉受热面中，以下两种情况均属纵向冲刷，即介质（蒸汽、烟气等）在管内流动和在管间作纵向流动。其对流表面传热系数的计算公式为

$$\alpha_d=0.023C_tC_dC_l\frac{\lambda}{d_{dl}}Re^{0.8}Pr^{0.4}，\ kW/(m^2\cdot ℃) \tag{13-68}$$

式中　d_{dl}——当量直径（其值根据介质流通截面的几何形状确定），介质在圆管内流动时，其当量直径为圆管内径，其他情况时，$d_{dl}=4F/U$，m；其中F为介质流通截面积，U为流通截面积上发生热交换的周长，也称为湿周周长；

C_t——考虑流体温度与管壁温度差别的修正系数，在烟气或空气被冷却时$C_t=1$；在锅炉中其他情况（如空气或蒸汽被加热时）下，$C_t=(T/T_b)^{0.5}$（T为介质绝对温度，T_b为壁面绝对温度）；

C_d——管径修正系数，一般可取为1.0；

C_l——管子相对长度的修正系数，

当 $l/d_{dl} \geqslant 50$ 时，$C_l = 1.0$；

当 $l/d_{dl} < 50$ 时，$C_l > 1.0$，其值可按线算图13-9查取。

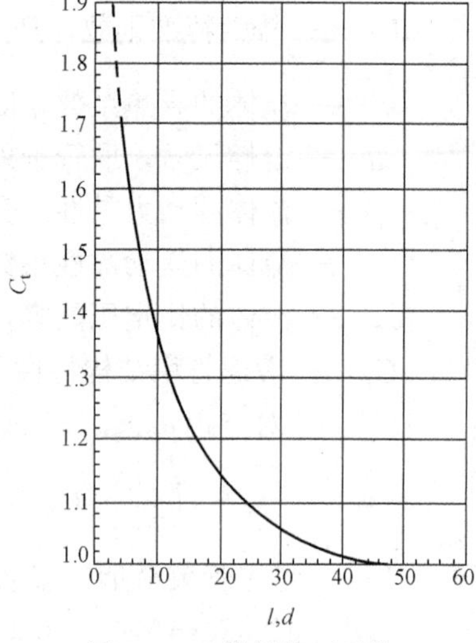

图13-9　管长修正系数

（4）回转式空气预热器对流表面传热系数。回转式空气预热器中传热元件如图13-10所示。

由于波纹板的波纹是倾斜的，因此，气流的冲刷不同于单纯的纵向冲刷。根据试验结果，空气侧与烟气侧的表面传热系数为

$$\alpha_d = AC_tC_l \frac{\lambda}{d_{dl}} Re^{0.8} Pr^{0.4}, \ \mathrm{kW/(m^2 \cdot ℃)} \tag{13-69}$$

式中　A——与传热元件形式有关（见图13-10）。对于图13-10中（a）型传热元件，当 $a+b=2.4\text{mm}$ 时，$A=0.027$，当 $a+b \geqslant 4.8\text{mm}$ 时，$A=0.037$；对于（b）型传热元件，$A=0.027$；对于（c）型传热元件，$A=0.021$；

C_l——修正系数，可按照线算图13-9查取；

C_t——修正系数对空气侧，有 $C_t = (T/T_b)^{0.5}$，其中壁面温度按式（13-70）计算：

$$t_b = \frac{\vartheta_y x_y + t_k x_k}{x_y + x_k}, \ ℃ \tag{13-70}$$

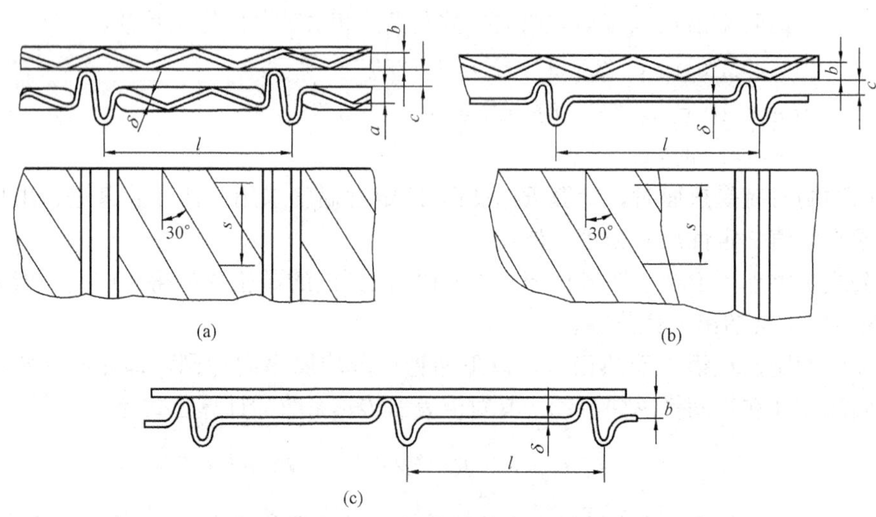

图13-10　回转式空气预热器传热元件

（a）波形板+波形定位板；（b）波形板+平定位板；（c）平面板+平定位板

式中　ϑ_y、t_k——烟气及空气的平均温度，℃；

x_y、x_k——烟气侧受热面及空气侧受热面各占总受热面的份额。

对于烟气侧，则 $C_t = 1$。

3. 烟气辐射表面传热系数

对于处在较高烟温（>350℃）下工作的受热面，例如锅炉管束、过热器等，在热力计算中应考虑烟气的辐射作用，把辐射传热合并到对流传热中去进行计算。这时必须计算烟气的辐射表面传热系数。

（1）气体辐射传热的计算。根据气体辐射换热的规律可知

$$q_f = a\frac{a_b+1}{2}\sigma_0(T^4-T_b^4)，\text{kW/m}^2 \tag{13-71}$$

式中　a、a_b——烟气及管壁灰污表面的黑度，一般在 0.8～0.9 范围内；

T、T_b——烟气及管壁灰污表面的绝对温度，K。

辐射传热热流密度也可以按照对流传热方式表达为

$$q_f = \alpha_f(T-T_b)，\text{kW/m}^2 \tag{13-72}$$

取 $a_b=0.8$ 并将上述两式进行比较整理即可得辐射表面传热系数的计算公式：

$$\alpha_f = 5.1\times10^{-11}aT^3\frac{1-(T_b/T)^n}{1-(T_b/T)}，\text{kW/(m}^2\cdot℃) \tag{13-73}$$

式中　n——指数，对于含灰烟气气流（煤粉炉），$n=4$；对于不含灰烟气气流（层燃炉、煤气炉及燃油炉），$n=3.6$。

（2）烟气黑度的确定。其计算公式为

$$a = 1-e^{-kps} \tag{13-74}$$

炉膛压力 p，对非正压运行锅炉取 $p=0.1$MPa。

烟气的辐射减弱系数的计算式为

$$k = k_q r + k_h\mu_h，1/(\text{m}\cdot\text{MPa}) \tag{13-75}$$

式中　k_q——三原子气体的辐射减弱系数，1/（m·MPa）；

r——烟气中三原子气体的总容积份额；

k_h——灰粒的辐射减弱系数，1/（m·MPa）；

μ_h——烟气中的平均灰浓度，kg/kg。

对于不含灰气流（燃烧液体或气体燃料时），式（13-75）中第二项等于零；对于火床炉，第二项也可不计。

烟气的有效辐射层厚度原则上可按式（13-28）计算，对于光管管束可用式（13-76）计算：

$$s = 0.9d\left(\frac{4}{\pi}\frac{s_1s_2}{d^2}-1\right)，\text{m} \tag{13-76}$$

对于屏式受热面

$$s = \frac{1.8}{\frac{1}{A}+\frac{1}{B}+\frac{1}{C}}，\text{m} \tag{13-77}$$

式中　A、B、C——相邻两片屏之间烟室的高度、宽度和深度。

对于第二级管式空气预热器，其有效辐射层厚度为

$$s = 0.9d，\text{m} \tag{13-78}$$

在计算时，烟气温度取进口、出口截面的平均温度。

（3）灰壁温度的确定。在燃用固体或液体燃料时，由于管壁外表面总有一层灰垢，使管

壁外表面的温度升高，因此，管壁温度应取管壁外表面灰垢层的表面温度作为计算温度，称为灰壁温度。其数值大小与燃料、受热面布置方式等因素有关，计算公式为

$$t_{hb}=t+\Delta t,\ ℃ \tag{13-79}$$

式中 t——受热工质的平均温度,℃；

Δt——温度附加值,℃，可以按照以下方法确定。

对于屏式受热面、对流过热器及包墙管过热器，其灰壁温度可按热阻叠加原则由式（13-80）求得：

$$t_{hb}=t+\left(\varepsilon+\frac{1}{\alpha_2}\right)\frac{B_j}{H}(Q_d+Q_f),\ ℃ \tag{13-80}$$

式中 α_2——工质侧对流表面传热系数，W/（m²·℃）；

H——对流传热面积，m²；

Q_d、Q_f——烟气在对流受热面中传给工质的热量和受热面直接接受炉内的辐射热量，二者之和也可按工质在受热面中的总吸热量确定，kJ/kg；

ε——灰污系数，燃用固体燃料时的错列布置，按式（13-53）与图13-6确定；燃用固体燃料时的顺列布置，其 $\varepsilon=4.3$（m²·℃）/kW；燃用液体燃料时的顺列布置，其 $\varepsilon=2.6$（m²·℃）/kW。

对于气体燃料锅炉中的所有受热面 $\Delta t=35$℃，对于固体、液体燃料锅炉中的凝渣管 $\Delta t=80$℃，蒸发管束、单级省煤器（在 $\vartheta'>400$℃时），以及两级省煤器中的第二级 $\Delta t=60$℃，单级省煤器（$\vartheta'<400$℃）和两级省煤器中的第一级 $\Delta t=25$℃。

如果第二级空气预热器需要考虑辐射传热时，其管壁温度可取为烟气温度与空气温度之和的一半（均按平均值计算）。

（4）考虑烟室辐射的修正。在对流烟道中往往有空的气室存在，如转弯气室、各级受热面之前或级间的气室等，这些气室中的烟气具有辐射能力，其对贴壁受热面、管束及独立管排等的辐射热量可按式（13-81）计算：

$$Q_f=\frac{\alpha_f A_f(\vartheta_{pj}-t_h)}{B_j},\ \mathrm{kJ/kg} \tag{13-81}$$

式中 α_f——气室的辐射表面传热系数，W/（m²·℃）；

t_h——管壁灰污层表面温度,℃；

A_f——辐射受热面积，m²。

管束前及管束中烟室容积辐射的影响，是用修正辐射表面传热系数来计算：

$$\alpha'_f=\alpha_f\left[1+C\left(\frac{T_{qs}}{1000}\right)^{0.25}\left(\frac{L_{qs}}{L_{gs}}\right)^{0.07}\right],\ \mathrm{kJ/kg} \tag{13-82}$$

式中 T_{qs}——计算管束前气室中的烟气温度，K；

L_{qs}——气室在烟气流动方向上的深度，m；

L_{gs}——管束在烟气流动方向上的深度，m；

C——系数，对重油及气体燃料 $C=0.3$；对烟煤和无烟煤屑，$C=0.4$；对褐煤和页岩，$C=0.5$。

位于管束后面的气室对管束的辐射是很小的，可以不计。位于屏间或屏后的气室，其黑度与屏的黑度很相近，对屏的辐射也可忽略不计。对于凝渣管束也是如此。

三、传热温压

所谓温压，就是参与换热的两种流体在整个受热面中的平均温差。由于冷流体吸收热量后不断增加温度，而热流体放出热量后不断降低温度，因此，冷热两种流体间的温差是变化着的，为此，必须取其平均温差作为温压来进行传热计算。温压大小与两种流体相互间流动方向有关。如果一种流体的温度在受热面范围内是不变的，如蒸发受热面，则温压大小与该两种流体相互间的流动方向无关。

冷热两种流体彼此反向平行流动的受热面连接方案，称为逆流，而彼此同向平行流动的，称为顺流。由传热学已经知道，逆流或顺流的沿程温压的积分平均值可用式（13-83）表示：

$$\Delta t=\frac{\Delta t_{d}-\Delta t_{x}}{\ln\dfrac{\Delta t_{d}}{\Delta t_{x}}},\ ℃ \tag{13-83}$$

式中　Δt_{d}——受热面两端温压中较大的温压，℃；

Δt_{x}——两端温压中较小的温压，℃。

由于该温压是用对数表示的，通常称为对数平均温压。当 $\Delta t_{d}/\Delta t_{x}<1.7$ 时，可按算术平均温压来计算：

$$\Delta t=\frac{\Delta t_{d}+\Delta t_{x}}{2}=\vartheta_{pj}-t_{pj},\ ℃ \tag{13-84}$$

锅炉各受热面中，除逆流与顺流外，往往遇到更复杂的情况，而根据传热学可知逆流时温压最大，顺流时温压最小，其他情况的温压均介于这两者之间，可用式（13-85）计算：

$$\Delta t=\psi\Delta t_{nl},\ ℃ \tag{13-85}$$

式中　Δt_{nl}——按逆流计算的平均温压，℃；

ψ——考虑非逆流布置的修正系数，称温压修正系数。

这样，问题变为如何计算温压修正系数 ψ，其值取决于受热面的布置系统。冷热流体的布置系统分平行流和交叉流两种。过热器常用平行流方案，又分串联混流和并联混流两种。空气预热器常用交叉流，又分一次交叉流和多次交叉流的方案。

串联混流布置的系统及其温压修正系数如图 13-11 所示。受热面由串联的两段组成，其中一段为顺流，一段为逆流，工质的低温段布置在烟气的低温部分，高温段布置在烟气的高温部分，图中三个无因次参数计算方法如下：

$$P=\frac{\tau_{2}}{\vartheta'-t'}\qquad R=\frac{\tau_{1}}{\tau_{2}}\qquad A=\frac{H_{sl}}{H} \tag{13-86}$$

式中　τ_{1}、τ_{2}——流体的温度变化，对图 13-11（a）中的系统，$\tau_{1}=\vartheta'-\vartheta''$，$\tau_{2}=t''-t'$，对图 13-11（b）中的系统，$\tau_{1}=t''-t'$，$\tau_{2}=\vartheta'-\vartheta''$；

H_{sl}、H——顺流部分受热面和总受热面，m^{2}。

并联混流布置的系统及其温压修正系数如图 13-12 所示。受热面布置并联的几段，工质由并联的几个行程所组成。图中示出了二行程和三行程不同的布置系统，其中 ψ 值分别由对应的曲线查取。对于行程数为偶数的多行程系统，如果逆流行程数与顺流行程数相等，其 ψ 值亦可由图中曲线 3 查取。对于行程数为奇数的多行程系统，如顺流行程数多于逆流行程数，其 ψ 值等于曲线 3 和 2 的平均，如果逆流行程数多于顺流行程数，其 ψ 值等于曲线 3 和 4 的平均。图中无因次参数：

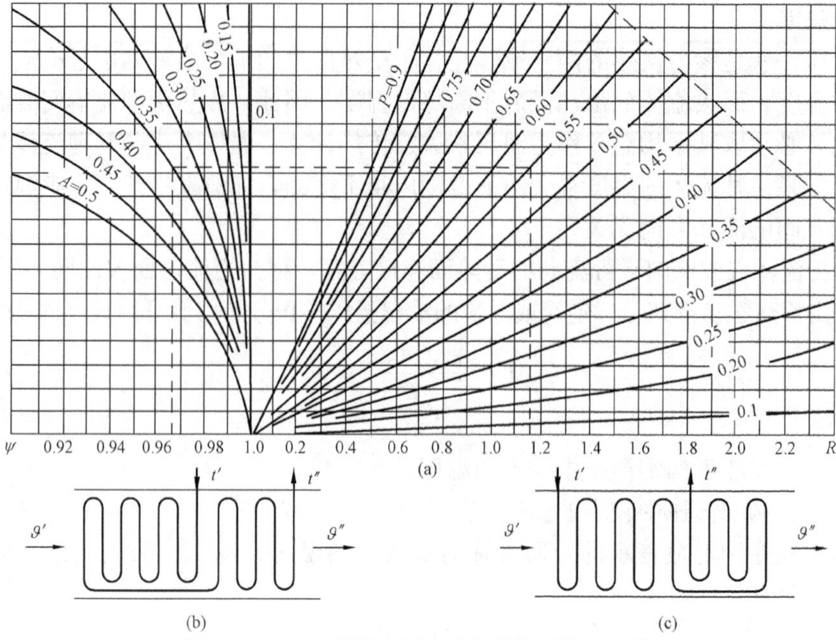

图 13-11 串联混流布置系统的温压修正系数

(a) 传热温压修正系数；(b)、(c) 串联混流布置方式

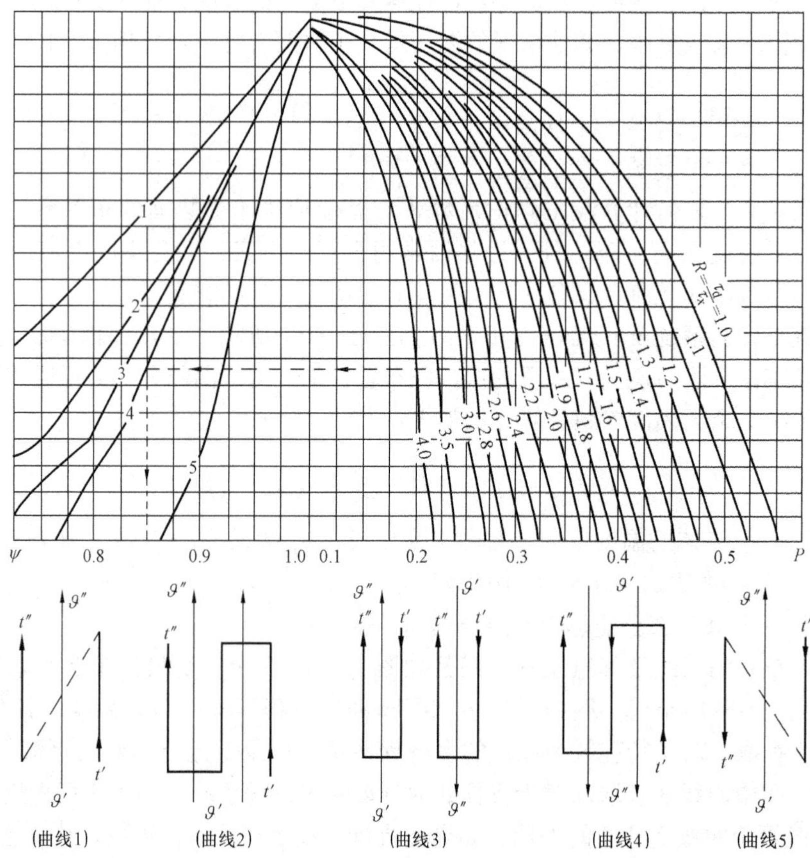

图 13-12 并联混流布置系统的温压修正系数

$$P=\frac{\tau_x}{\vartheta'-t'} \qquad R=\frac{\tau_d}{\tau_x} \tag{13-87}$$

式中　τ_d——烟气或工质温度变化 $\vartheta'-\vartheta''$，或 $t''-t'$，取两者中的大者，℃；

τ_x——上述两者温度变化中的小者，℃。

交叉流布置的系统及其温压修正系数如图 13-13 所示。受热面中两种流体的流动方向是互相交叉的，其温压主要取决于行程数及气流相互流动的总趋向（顺流或逆流）。图 13-13 是用于总的流向为逆流时的情况，图中无因次参数与并联混流的相同。如果总的流向为顺流，则用参数 P_1 代替 P，其值由式（13-88）确定：

$$P_1=\frac{1-[1-P(R+1)]^{1/n}}{R+1} \tag{13-88}$$

式中　n——叉流次数。

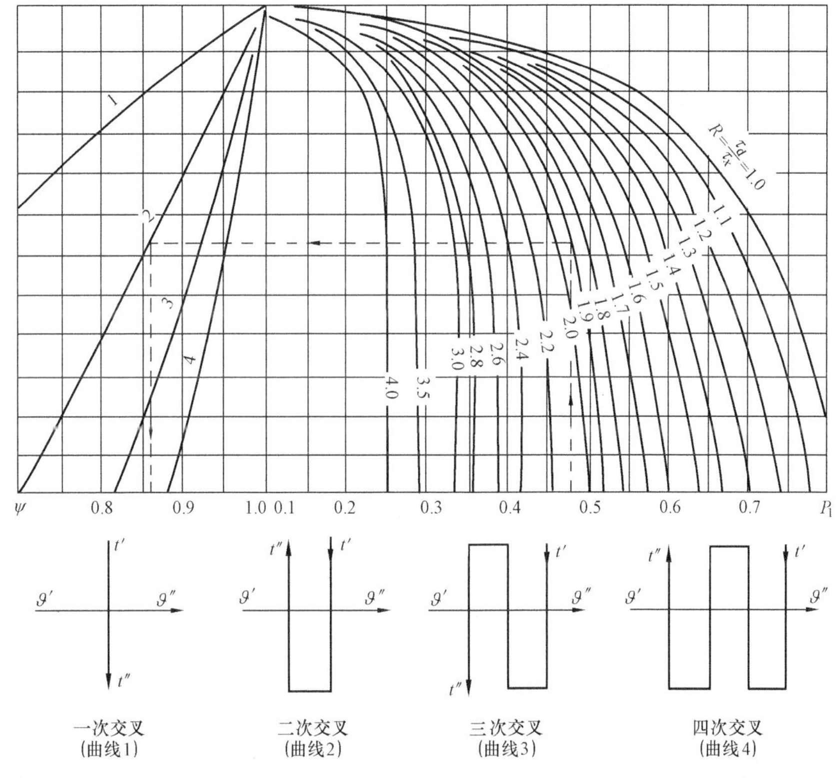

图 13-13　交叉流布置系统的温压修正系数

以上图线是按各行程受热面相等的情况作出的，各行程受热面积相差应不大于 20%。

如果所采用的系统按顺流计算的平均温压 $\Delta t_{sl}>0.92\Delta t_{nl}$，则对于任何复杂的连接系统均按式（13-89）计算：

$$\Delta t=\frac{\Delta t_{sl}+\Delta t_{nl}}{2},\ ℃ \tag{13-89}$$

如果受热面的连接系统与上述各系统不同，又不能满足 $\Delta t_{sl}>0.92\Delta t_{nl}$ 的条件，则应把受热积分区段计算，先求出各段间的中间温度，再分别计算各段的平均温压，并假定各段的传热系数相等。

四、对流传热面积和流速的确定

1. 对流传热面积

锅炉的对流受热面多为圆管，由于管径和管壁厚度不同，管子内外表面的面积不同，合理规定对流受热面的传热面积对传热量的计算是很重要的。锅炉对流受热面传热面积计算的一般原则是：如果壁面两侧的表面传热系数相差很大而采用平壁传热系数的计算公式时，以表面传热系数小的一侧的湿润面积作为传热面积，如果管壁两侧的热阻相当或者表面传热系数相近而又采用平壁传热系数的计算公式时，以管子内外表面积的算术平均值作为传热面积。

锅炉的凝渣管束、锅炉管束、省煤器、过热器和再热器等受热面，烟气侧的表面传热系数均比管内工质的表面传热系数要小得多，传热系数均采用了平壁传热系数的计算公式；传热面积均按管子外侧（烟气侧）表面积计算。

管式及板式空气预热器的受热面积按烟气侧与空气侧的平均表面积计算。回转式空气预热器的受热面积按所有蓄热板的双侧表面积计算。

屏式过热器的受热面积按照平壁面积（由屏最外圈管子的外轮廓线围成的平面面积）的2倍，再乘上角系数 x 进行计算。

对于布置在炉膛出口的顺列管束，如果纵向相对节距 $\sigma_2 \leqslant 1.5$，横向相对节距 $\sigma_1 \geqslant 4$ 时，传热面积可按屏计算。

2. 对流受热面流体流速的确定

在确定对流传热系数时，必须首先知道烟气或工质的流速，锅炉对流受热面中由于传热过程的存在，流体流速在不断变化。锅炉对流传热计算中的流体流速采用定性温度下所规定截面上的平均流速。所谓定性温度，一般取为流体进口截面和出口截面上温度的算术平均值。所谓规定的流通截面，由流体冲刷受热面的方式确定。

在布置管束的烟道中，烟气或空气的流通截面按管子中心线的平面来确定，等于烟道截面与管子所占截面之差。这样确定的流通截面与其他平行截面相比是最小的。凡是确定气流速度都应采用这种最小截面的原则。

烟气流速的计算公式为

$$w_y = \frac{B_j V_y (\vartheta_{pj} + 273)}{273F}, \text{ m/s} \tag{13-90}$$

式中 B_j——计算燃料消耗量，kg/s；

V_y——1kg 燃料燃烧后，在标准状态下和所计算的烟道中平均过量空气系数下的烟气体积，m^3/kg；

F——烟气流通截面积，m^2；

ϑ_{pj}——烟气平均温度，℃。

空气预热器中空气的流速按式（13-91）计算：

$$w_k = \frac{B_j \beta_{pj} V^0 (t_{pj} + 273)}{273F}, \text{ m/s} \tag{13-91}$$

式中 V^0——1kg 燃料燃烧在标准状态下理论空气量，m^3/kg；

t_{pj}——空气平均温度，℃；

F——烟气流通截面积，m^2；

β_{pj}——平均过量空气系数。

水和水蒸气的流速：

$$w=\frac{Dv_{pj}}{F},\ \mathrm{m/s} \tag{13-92}$$

式中　D——工质流量，kg/s；

v_{pj}——工质平均比体积，m^3/kg；

F——工质流通截面积，m^2。

当介质横向冲刷光滑管束时，管排中心线平面上的实际流通截面积为

$$F=ab-n_1ld,\ \mathrm{m^2} \tag{13-93}$$

对于管内纵向冲刷，流通截面积为

$$F=n\frac{\pi d_n^2}{4},\ \mathrm{m^2} \tag{13-94}$$

管束间纵向冲刷时，流通截面积为

$$F=ab-n\frac{\pi d^2}{4},\ \mathrm{m^2} \tag{13-95}$$

以上三式中　d、d_n——管子的外径和内径，m；

n、n_1——流通截面上管子根数和每排管子数；

a、b——烟道的截面尺寸，m。

如果烟道进出口截面积不同，可以采用几何平均值

$$F=\frac{2F'F''}{F'+F''},\ \mathrm{m^2} \tag{13-96}$$

式中　F'、F''——烟道的进、出口截面积，m^2。

第三节　锅炉热力计算的程序和方法

锅炉整体热力计算按照已知的条件和计算目的可以分为设计计算和校核计算两种。

设计热力计算是在锅炉额定参数和燃料特性已知的情况下，确定锅炉各个受热面的结构特性和传热面积，并为选择辅助设备和进行空气动力计算、水动力计算、管壁温度计算、强度计算和其他可靠性计算提供原始资料。设计计算的已知条件是：锅炉的蒸发量、给水压力和温度，主汽阀前过热蒸汽的压力和温度；再热器进口和出口处再热蒸汽的参数和流量；从锅炉汽包抽取的饱和蒸汽流量；锅炉连续排污量；燃用的燃料特性；制粉系统计算数据。设计计算时需要预先选定燃烧设备的型式、锅炉整体布置方式、排烟温度和热空气温度，并根据技术要求合理选定炉膛出口烟温和烟道各部分的烟气温度，烟气、水和蒸汽的速度以及汽水流程中各过渡点处水和蒸汽的焓值。

锅炉校核计算是在已有的锅炉结构参数、传热面积和热力系统的基础上，在改变负荷、燃料、运行工况或者改变某些部件结构情况下去确定各个受热面交界处的水温、汽温、空气温度和烟气温度、锅炉效率、燃料消耗量以及烟气和空气的流量和速度。进行校核计算的目的是估计锅炉在非设计工况下运行的经济指标，检验改进锅炉结构参数后的效果。

设计计算与校核计算在计算方法上基本上是相同的，计算时所依据的传热原理、公式和图表都是相同的，仅计算任务和所求数据不同。在设计计算时，出于计算上的方便，对各部

件的计算也往往采用校核计算的方法。因此，对于锅炉各个受热面的热力计算在方法上可以看作校核计算。

锅炉热力计算是按照烟气的流动方向对各受热面顺次进行的。在进行各受热面热力计算前需要进行一些辅助计算。下面介绍锅炉热力计算的大致顺序和方法。

一、辅助计算

（1）锅炉燃烧的预选参数。预先根据技术经济和安全原则选定锅炉的排烟温度 ϑ_{py}、热空气温度 t_{rk}、冷空气温度 t_{lk}、锅炉炉膛出口过量空气系数 α''_1 和各受热面的漏风系数 $\Delta\alpha$、飞灰份额 a_{fh}、固体不完全损失 q_4、气体不完全燃烧损失 q_3。

（2）燃烧所需的空气量及燃烧产物的容积和焓的计算，建立烟气特性表及烟气焓—温表。

（3）热平衡计算。计算锅炉的各项热损失、锅炉效率和燃料消耗量。此时得到的锅炉热效率并非实际运行结果，它需要接受运行的检验。

二、炉膛的热力计算

在进行炉膛的热力计算前，需要预先布置好炉膛的几何形状、受热面的结构和面积。热力计算的目的是校核设计好的炉膛能否将高温烟气冷却到选定的炉膛出口温度，即炉膛布置的受热面能否吸收预先分配的辐射吸热量。

预先布置炉膛时，炉膛容积是根据允许的炉膛出口烟温所需的炉内受热面来确定的。炉膛出口烟温应保证布置在炉膛之后的受热面不发生结渣，炉膛容积热负荷及炉膛截面热负荷应处于燃烧条件允许的范围之内。在确定 q_V 时，炉膛上部横向节距大于 700mm 的屏式过热器的容积也应包括在炉膛容积之中。

布置好炉膛的结构特性后可按照式（13 - 14）计算炉膛出口烟温。在计算式中需要确定出火焰黑度和燃烧产物的平均热容量时，必须预先假定炉膛出口烟温，计算的出口烟温与假定值之差不应超过±100℃，如果超过±100℃应重新假定炉膛出口烟温后再进行计算，直到小于±100℃后可以终止计算。这是因为±100℃的温差变化对于火焰黑度和燃烧产物的平均热容量的影响很小，反映到炉膛出口烟温的计算结果上只有小于±10℃的变化，而炉膛热力计算公式本身的计算精度约为 10%左右，即使计算值与假定值完全相等也不能保证计算得到的炉膛出口烟温与实际运行值相同。

如果校核得到的炉膛出口烟温与常规值偏差较大时，说明布置的炉膛受热面面积与传热能力不适应，应该重新布置炉膛内辐射受热面的面积以保证安全经济运行。炉膛热力计算结束后，以传热计算结果作为炉膛的实际出口烟温。

三、过热器的热力计算

现代大型锅炉的过热器是由辐射式、半辐射式、对流式等各种结构型式的各个部分所组成，在各部分中还可再分为若干级。过热器的热力计算是沿着烟气行程分级进行的。虽然过热蒸汽的进出口温度和总吸热量可以根据给定的锅炉参数确定，但是工质的流程和烟气的行程往往不一致，对于某一级过热器工质和烟气的进出口参数的确定有待于整个过热器热力计算的完成。

1. 辐射式过热器的热力计算

辐射式过热器往往布置在炉膛中，以辐射传热为主，传热计算一般合并在炉膛中进行，与水冷壁一起作为炉膛的有效辐射面积。辐射式过热器中工质的吸热量 $Q_{f,gr}$ 可由式（13 - 97）确定：

$$Q_{f,gr}=\frac{H_{f,gr}q_{gr}}{B_j}，\text{kJ/kg} \tag{13-97}$$

式中　$H_{f,gr}$——辐射受热面的有效辐射面积，m^2；

q_{gr}——炉膛总辐射过热器部分的受热面热负荷，kW/m^2。

吸热量确定后，可根据过热器入口处已给定的蒸汽焓，由热平衡方程式算出蒸汽的终焓和终温。辐射式过热器热力计算不设计进出口烟气温度。

2. 半辐射式屏式过热器的热力计算

布置在炉膛出口的屏式过热器既接受烟气的对流放热，又吸收炉膛火焰的辐射放热，同时，屏间烟气的辐射热还传给炉膛和下游的受热面，其总吸热量 Q_0 等于屏间烟气的对流放热量 Q_d 和炉膛火焰对屏的有效辐射放热 Q_f 之和，即

$$Q_0=\frac{D(h''-h')}{B_j}=Q_d+Q_f，\text{kJ/kg} \tag{13-98}$$

式（13-98）中 Q_f 可以按照式（13-45）计算，屏间烟气的对流放热量可以用烟气在屏区的焓降表示：

$$Q_d=\varphi(H'-H'')，\text{kJ/kg} \tag{13-99}$$

根据过热器系统各级吸热量分配的结果可以计算出屏的进出口工质温度和焓，然后再根据屏的进口烟温和焓，按照公式（13-99）计算出烟气出口的温度和焓。

半辐射式屏式过热器热力计算一般是在布置好屏的结构尺寸后进行，热力计算的目的是校核屏的对流传热量是否满足工质的对流吸热量的要求，如果对流传热量 Q_d 与工质的对流吸热量 Q_{dx} 的相对误差

$$\Delta=\frac{|Q_d-Q_{dx}|}{Q_d}\leqslant 2\% \tag{13-100}$$

则认为所布置的屏式受热面的结构尺寸合适，热力计算结束。如果相对误差不满足上述规定，则需重新布置屏的结构或重新分配各级过热器之间的吸热量，再进行校核计算，直到满足上述规定为止。重新计算时，如果屏的出口烟温变化未超过 50℃，则不必计算传热系数，只计算传热温压值。

3. 对流过热器的热力计算

对流过热器和屏式过热器的计算顺序是相同的。根据分配给该级对流过热器的吸热量和进口烟气的温度和焓值，可以计算出口烟气温度和焓值。在初步布置过热器的结构和传热面积后，通过热力计算校核该布置条件下烟气的对流传热量是否等于工质吸热量，如果二者的相对误差不超过 2%，则认为受热面布置合适，热力计算结束，否则，需要修改受热面的结构参数和面积，直到满足上述要求为止。如果不改变受热面的结构参数，而是调整该级受热面的吸热量分配，则应重新计算过热器的出口烟气温度，该烟温与原计算的烟温相差不超过 50℃，则不必计算传热系数，只计算传热温压值。

对流式过热器是否吸收从炉膛发出的辐射热取决于过热器与炉膛间的受热面型式。如对流过热器在屏式过热器之后，则对流式过热器工质的吸热量中应减去屏对后部受热面的有效辐射热 Q''_{fp}，它包含来自炉膛的辐射热经屏吸收后透入屏后受热面的部分 Q''_f 和屏间烟气对屏后受热面的自身辐射热 Q''_p，Q''_f 可按式（13-47）计算，Q''_p 可按式（13-50）计算。如果对流过热器与炉膛之间为凝渣管束，则对流式过热器的辐射吸热量 Q_f 为

$$Q_f=\frac{(1-x_{nz})H_{f,nz}q_{nz}}{B_j}，\text{kJ/kg} \tag{13-101}$$

式中 $H_{f,nz}$——凝渣管束的辐射受热面积，等于炉膛烟窗面积，m^2；

x_{nz}——凝渣管束的角系数；

q_{nz}——凝渣管束的炉膛平均壁面热负荷，kW/m^2。

4. 带有减温器的过热器的热力计算

过热器系统有减温器时，减温器吸热量应该要考虑。目前过热器普遍采用喷水减温的方式来调节汽温，而且减温器布置于两级过热器之间，此时在进行过热器的计算时，就要考虑到减温器的热平衡和质量平衡，即有

$$D_1h''_1+\Delta Dh_{jw}=D_2h'_2，\text{kJ/s} \tag{13-102}$$

$$D_1+\Delta D=D_2，\text{kg/s} \tag{13-103}$$

式中 D_1——减温器前的过热器蒸汽流量，kg/s；

D_2——减温器后的过热器蒸汽流量，kg/s；

ΔD——减温水的流量，kg/s；

h''_1——减温器前过热器出口的蒸汽焓值，kJ/kg；

h'_2——减温器后过热器入口的蒸汽焓值，kJ/kg；

h_{jw}——减温水的焓值，kJ/kg。

5. 再热器的热力计算

再热器的热力计算方法与过热器相同。

整个过热器和再热器系统热力计算完成后应进行管壁温度校核和系统阻力校核。如果校核壁温超过管材容许温度，则需要重新布置和计算；如果压力降的校核计算结果与预先假定值相对误差超过3%，则需要按照校核计算的结果修正各级过热器的进出口压力一级相应的工质焓，重新进行热力计算。

四、凝渣管束和锅炉管束的热力计算

凝渣管束一般是由后墙水冷壁管或锅炉管束拉大节距后构成，烟气呈横向或纵向冲刷方式。锅炉管束是一种对流受热面，沿烟气流程一般会分成几个行程，每个行程的烟气流速和结构参数不同时应分行程计算。

在设计凝渣管与锅炉管束时，一般采用校核计算的方法，先布置好受热面结构，假定管束后的烟温，然后再校核假定的温度是否合适。由于工质侧是沸腾的汽水混合物，工质温度不变，因此计算时不用工质侧热平衡方程式。由已知的进口烟温和假定的出口烟温，根据烟气侧热平衡方程式求得的管束吸热量与传热方程式求出的吸热量的相对误差，凝渣管束不超过5%，锅炉管束不超过2%，计算即告完成。

凝渣管束中管子的排数等于或多于5排时，可认为由炉膛辐射给管束的热量被全部吸收。管子排数较少的，就会有一部分热量穿过管束被后面的受热面吸收，此时凝渣管束吸收的炉膛辐射热由式（13-104）计算：

$$Q_f=\frac{x_{nz}H_{f,nz}q_{nz}}{B_j}，\text{kJ/kg} \tag{13-104}$$

凝渣管束的吸热量等于对流受热面的吸热量加炉膛辐射吸热量。

五、直流锅炉过渡区的热力计算

在压力较低的直流锅炉中，有不少锅炉布置外置式过渡区以沉积盐分，也就是把蒸发段

的末级布置在烟温较低的尾部烟道中。一般过渡区进口的蒸汽干度约为0.70～0.75，以保证下辐射区各管中不积盐．过渡区出口一般略有过热，过热焓差约为60～80kJ/kg，以避免在上辐射区积盐。这样，过渡区是由蒸发段和过热段两段组成，一般为简化计算，可合并在一起计算，其温压取烟气与饱和水的平均温差。如过渡区出口的过热度超过40℃，则应分两段计算。

热力计算时工质的对流吸热量（或烟气的放热量）与所布置的受热面的传热能力的相对误差不超过2%，则热力计算结束，否则应重新布置受热面。

六、省煤器的热力计算

在设计省煤器时，烟气和水的入口温度和焓值已知，并可由热平衡方程确定其总吸热量

$$Q_{sm}=Q_r\eta\frac{100}{100-q_4}-(Q_f+Q_p+Q_{gr}+Q_{gs}+Q_{zr}+Q_{gd}),\ \text{kJ/kg} \tag{13-105}$$

式中Q_f、Q_p、Q_{gr}、Q_{gs}、Q_{zr}、Q_{gd}分别表示对于1kg燃料而言的炉膛辐射受热面、屏、对流过热器、锅炉管束、再热器、过渡区等受热面的工质吸热量，根据Q_{sm}可求出省煤器出口焓值

$$h''_{sm}=\frac{B_jQ_{sm}}{D_{sm}}+h'_{sm},\ \text{kJ/kg} \tag{13-106}$$

当省煤器与空气预热器为双级交错布置时，可先分配各级吸热量，然后逐级进行计算。

在计算省煤器时，采用通过省煤器的水的实际流量，应考虑锅炉排污及通过减温器的水量，并采用省煤器进口处水的实际焓值，对于面式减温器，当减温水回到省煤器时应考虑减温器的吸热量Δh_{jw}（在设计计算时，Δh_{jw}一般是预先给定的），即

$$h'_{sm}=\Delta h_{jw}\frac{D_{gr}}{D_{sm}}+h_{gs},\ \text{kJ/kg} \tag{13-107}$$

进行省煤器热力计算时，采用校核计算的方法，即先布置好省煤器的受热面，然后通过热力计算校核所布置的受热面的传热能力是否满足工质吸热量的要求，如果二者的相对误差不超过2%，则认为受热面布置合适，热力计算结束。

七、空气预热器的热力计算

空气预热器单级布置时，可当作一个整体计算；双级布置时，则应分别计算。空气预热器热力计算时，热空气温度、冷空气温度、排烟温度和漏风系数是选定的，空气预热器的入口烟温可由省煤器的热平衡计算得到。预先布置好受热面后，通过校核计算得到预热空气吸热量和受热面的传热量，如果二者相对误差不超过吸热量的±2%。认为所布置的受热面满足换热要求，热力计算结束。否则，应修改受热面的结构特性和面积，重新校核。

八、附加受热面的热力计算

在大型锅炉中，主受热面的周围经常布置有并联或串联的各种不同的附加受热面，例如屏式过热器及对流过热器区域的贴墙水冷壁、顶棚管、包墙管、各种支吊管、引出管等。附加受热面的吸热量可按简化的方法进行计算。

如果附加受热面不超过主受热面的5%，则不必单独计算，而把附加受热面折算在主受热面中，或者算在按工质流向与其相串联的主受热面中。

如果附加受热面的数量较大，则应单独进行计算。

九、整体校核计算程序和热平衡误差要求

整台锅炉的校核计算比设计计算要复杂，往往需要多次逼近计算才能结束。对于不同的

尾部受热面布置型式校核计算的程序和误差要求也不同。

1. 尾部受热面为单级布置

首先假定锅炉的排烟温度及热空气温度，顺次对炉膛和各级受热面进行计算，用渐次逼近法求得排烟温度及热空气温度。如果计算得到的排烟温度与假定值相差不超过±10℃，热空气温度相差不超过±40℃，则计算即认为合格。最后按照式（13－108）确定锅炉整体热平衡的误差：

$$\Delta Q = Q_r \eta - \sum Q\left(1 - \frac{q_4}{100}\right),\ \mathrm{kJ/kg} \tag{13-108}$$

式中 Q_r——每千克燃料输入锅炉的热量，kJ/kg；

$\sum Q$——汽水系统各受热面总吸热量，kJ/kg。

计算正确时，计算误差应不超过 Q_r 的 0.5%。

2. 尾部受热面为双级布置

尾部受热面为双级布置的校核计算程序与单级布置基本相同，只是在进行第二级省煤器计算时，仅知道进口烟气温度，因此需要预先估算省煤器出口工质的焓值，估算公式如下：

$$h''_{sm} = \frac{D}{D_{sm}}(h''_{gr} + \Delta h_{jw}) - \frac{B_j}{D_{sm}}(Q_f + Q_p + Q_{gr} + Q_{gd}),\ \mathrm{kJ/kg} \tag{13-109}$$

式中 Δh_{jw}——自制冷凝水喷水减温器或表面式减温器的吸热量，如果采用给水喷水减温时，上式中令 $\Delta h_{jw}=0$，省煤器中工质的流量应减去喷水量 ΔD。

求得省煤器出口焓值后，即可用渐次逼近法计算第二级省煤器。

第二级空气预热器按已知的进口烟温及假定的热空气温度用渐次逼近法进行计算。

第一级省煤器可根据已知的进口烟温及进口水温用渐次逼近法求出省煤器的出口烟温及水温。在一般情况下，计算得到的第一级省煤器出口水温与前面算出的第二级省煤器进口水温是有差别的，但是其差值应不超过±10℃。

第一级空气预热器的计算，根据已知的进口烟温及进口空气温度用渐次逼近法求出预热器出口的排烟温度与出口空气温度，如果这两个温度与原先假定的排烟温度及第二级空气预热器求得的进口空气温度差值均不超过±10℃，认为计算合格，并按最后求得的排烟温度及热空气温度进行校准，按式（13－108）确定热平衡误差。

第四节 锅炉整体布置及主要设计参数的选择

一、锅炉整体布置的影响因素

锅炉机组和受热面布置主要受到蒸汽参数、锅炉容量和燃料性质等因素的影响，现分述如下。

1. 蒸汽参数

锅炉给水在进入锅炉后吸收热量，最后成为过热蒸汽。给水在锅炉中所吸收的总热量根据热力学来分析可以分为预热热、汽化热与过热热三部分。锅炉的给水温度、蒸汽参数不同，这三部分热量的比例也不同。由水蒸气性质可知，随锅炉压力升高，汽化热减小，到达临界压力后，汽化热减小为零，而预热热、过热热则相应增大。对于超高压锅炉来说，除过热热以外，还有再热热。表 13－5 给出了不同参数下的工质吸热量的分配比例。这几部分热量比例的变化会对锅炉受热面的布置产生很大的影响。

表 13-5　　工质吸热量分配比例

参　　数			总焓增 (kJ/kg)	吸热量分配百分比		
汽压（MPa）	汽温（℃）	给水温度（℃）		预热（kJ）	蒸发（kJ）	过热（kJ）
1.3	300	105	2596	14.8	75.6	9.6
3.9	450	150	2679	17.6	62.6	19.8
10	540	215	2544	20.4	49.8	29.8
14	555/555	240	2945	21.3	31.4	29.9/17.4
17	555/555	265	2799	20.6	27.8	32.7/18.9

对于低参数小容量锅炉，它的热力系统的特点是工质的蒸发吸热量很大（70%～75%），工质的受热面中以蒸发受热面为主，除了炉膛水冷壁外，布置有大量对流管束作为蒸发受热面，有时只有尾部装有面积不大的铸铁省煤器预热给水，同时用来降低排烟温度，减少排烟热损失，提高锅炉效率。

对中参数锅炉来说，预热与过热的热量所占比例增大，蒸发热所占比例减小（60%左右），因此过热器与省煤器的受热面增加。同时由于采用了煤粉燃烧，尾部还增加了空气预热器。水冷壁吸热很多，基本上已满足蒸发所需的热量，因此除了在炉膛出口有几排凝渣管束之外，不再需要别的锅炉蒸发管束。

对高参数锅炉来说，过热的热量增大到30%左右，蒸发的热量所占比例减少到50%左右。由于蒸发需要热量减少，同时由于蒸汽温度提高，为了得到足够温压，将一部分过热器受热面移入炉膛，如顶棚过热器、炉膛出口代替凝渣管束的屏式过热器。

对超高参数带有中间再热的锅炉，由于蒸发所需热量进一步减少，过热热量（包括中间再过热）进一步增加，有必要把过热器更多一些的受热面放入炉膛中。在炉膛中除了出口屏式过热器及顶棚过热器之外，又在炉膛上部装设了前屏过热器，在水平烟道的后面和垂直烟道的最上面布置了再热器受热面。

对亚临界参数带有中间再热的锅炉来说，过热器与再热器受热面的增加将更加明显，炉膛中的辐射式过热器面积将进一步增加。

2. 锅炉容量

锅炉的容量和蒸汽的参数往往具有相对应的关系，即蒸汽参数越高，锅炉容量越大。一般来说，锅炉容量与燃料消耗量呈线性关系。假定炉膛的断面热负荷保持不变，根据其定义则有炉膛断面面积增加与锅炉容量的增加成正比关系，即

$$A = ab \propto BQ_{ar,\ net} \propto D \tag{13-110}$$

可以得到炉膛长度 a 和宽度 b 正比于 $D^{1/2}$；同样假设炉膛壁面热负荷保持不变，可以推导出炉膛高度 h 正比于 $D^{1/2}$，进而推导出炉膛容积正比于 $D^{3/2}$，即随着锅炉容量增加，炉膛容积增加得最快，而炉膛壁面和断面面积增加得较慢。如果设计时保持炉膛容积热负荷不变，则炉膛的断面热负荷必须增大，炉膛的横截面积相对减小；反之，如果保持炉膛断面热负荷不变，那么炉膛容积热负荷就要减小，炉膛容积就要增大。锅炉容量增加引起炉膛的容积和横断面积（炉壁面积）布置上的矛盾，炉墙面积的增加落后于锅炉容量的增大，炉膛内能够布置的辐射受热面将减少，炉膛出口烟温升高。为使炉膛出口烟温不致增加太多，一般在设计锅炉时保持炉膛容积热负荷不变，适当提高炉膛断面热负荷，辅以布置双面曝光水冷壁的

措施。

对于对流受热面，其布置形式也与锅炉容量的变化有关。由于锅炉容量增加的同时引起烟气流量和工质流量增大，对流烟道的宽度一般保持与炉膛宽度相等，对流受热面蛇行管的横向排数与烟道的宽度是呈线性比例的，当锅炉容量增大后，为了保持对流烟道的烟气流速不至于过高，可以通过增加烟道高度来调节，然而工质侧的流速却不能由烟道的截面尺寸变化保证。锅炉容量小时，过热器和再热器采用单管圈结构尚能保证一定的蒸汽流速，对于大容量锅炉单管圈将使蒸汽流速过高，过热器的流动阻力损失过大。大容量锅炉解决这一矛盾的措施通常是采用多管圈的结构。

3. 燃料

燃料种类和性质对受热面布置有很大影响。燃料中对锅炉工作影响较大的成分是：发热量、水分、灰分、挥发分和硫分。

对于一台正在运行的锅炉，如果燃料的发热量降低，为了保证锅炉蒸汽产量，必须增加燃料供应量。这样，炉膛出口烟气温度将升高，烟气流量也将增加，从而使各对流受热面中平均温压和烟气流速都增加，于是各对流受热面中工质吸热量都增加。此时过热汽温将升高。为保证汽温维持在额定值，就必须增加减温器喷水量。省煤器如果原来是不沸腾的，有可能接近或成为沸腾的；如果原来是沸腾的，则增加了沸腾度。热空气温度也将提高。此外锅炉的排烟温度也提高，从而增加了排烟热损失。由此可见，在设计同样参数和容量的锅炉时，如燃料不同，则各部分受热面积也必然是不同的。

燃料水分对锅炉热力工作的影响是很大的。它不仅影响到炉膛受热面的吸热量，并且还影响到锅炉排烟温度的选择，从而更影响锅炉受热面的布置。当燃料折算水分 $W_{ar,zs}$ 增加时，炉膛火焰温度降低，炉膛受热面吸热量也减少。但由于烟气热容量的增加，炉膛出口烟气温度仍相应降低。这样，过热器、省煤器和空气预热器的进出口烟气温度和平均温压都相应降低。这些受热面中的烟气流速，如果结构特性不变，则由于烟气容积的增加而增加，传热系数也因之相应有所增加。对过热器，此时所需吸热量是根据额定参数要求保持不变的，而根据计算结果，平均温压降低的影响超过传热系数增加的影响，因此所需的受热面积应增多。对于省煤器，一方面炉膛蒸发受热面吸热减少而增加了加热工质所需的吸热量，另一方面平均温压又降低，因之也必须增加所需的受热面积。对空气预热器，如果采用相同的受热面积，则一方面因燃烧需要空气量增多，另一方面又因平均温压降低，热空气温度就随燃料折算水分的增多而降低。如果要保持所需的热空气温度，显然必须增加空气预热器的受热面积。但是实际上当燃料折算水分增多时往往选用的排烟温度也较高，从而使锅炉设计效率降低，燃煤消耗量增加。这使炉膛出口温度提高，各对流受热面中的平均温压也就相应增高，从而可使各对流受热面面积比排烟温度不提高时用得少。如提高热空气温度，空气预热器受热面积显然应增加。此时由于炉膛吸热量可增加，省煤器吸热量和受热面积就可以减少，热空气温度提高对过热器的影响较小，只是因炉膛出口烟气温度的提高而使它的面积可稍减少。

燃料中灰分影响对流受热面的磨损程度，燃料灰分不同应采用不同的结构特性和烟气流速。然而在设计锅炉时，对省煤器和空气预热器，最佳烟气流速往往取决于经济流速。对过热器，虽然根据磨损极限烟速选取，但在高温区，灰粒软、磨损轻、烟气流速稍微高一些也是允许的。因此，燃料灰分相差不太大时，有可能采用相同的受热面结构和烟气流速，再根据磨损情况，采取防磨装置。因此，可以认为灰分相差不大时，从磨损来看，对受热面布置的影响不太大。灰分还使受热面积灰，从而影响到受热面的传热。例如对多升华灰的燃料，尤其在液态排渣炉中，对流受热面结灰就较严重，受热面布置时亦应多一些面积。但对于大多数燃料，灰分虽有多有少，只需配备相应的吹灰装置，而在设计受热面时，仍可不考虑它的影响。燃料灰分特性温度影响到炉膛出口温度值的选择，因而也就影响到锅炉受热面的布置。但如综合经济原则来考虑，一般燃料的最佳炉膛出口温度相差不多。

燃料中硫分比之其他成分少得多，它对燃烧后烟气容积的影响不是太大，而主要影响到烟气露点，因此硫分不同应选取不同的排烟温度和低温受热面结构。但是，实际上对多硫燃料用提高排烟温度来解决低温腐蚀是不合算的。因此，排烟温度的选择必要时亦可不考虑这个因素，而采取其他措施来对付低温腐蚀。这样，对受热面布置影响就较少，或仅使它影响最末级受热面的结构。

燃料中挥发分对锅炉受热面布置的影响，主要是由于它对燃料燃烧有较大影响而引起的。挥发分多的煤，炉膛燃烧容积热负荷可用得高，因此炉膛可设计得小一些。但这只在小于120t/h左右的锅炉中有影响。此时，如对各种燃料都用相同炉膛容积，则将按挥发分少的煤设计，从而对挥发分多的炉膛容积将显得过大，这是不合算的。对容量大于220t/h的锅炉，炉膛容积的大小是按传热条件，即保持炉膛出口烟气温度不超过结渣条件所允许的值来决定的。因此，如燃料挥发分相差不大，尤其在大容量锅炉中可不考虑它对炉膛容积的影响。但如挥发分相差太大，则由于考虑到着火及燃尽的难易，在炉膛布置时应采取相应措施，而使炉膛高矮有所不同。此外，由于挥发分不同时，采用不同的炉膛出口过量空气系数将影响到炉膛出口温度和烟气流量，从而影响到对流受热面的布置。

实际上，由于燃料的灰分、硫分、挥发分都影响到燃料的发热量，因此，这些成分对锅炉热力工作和受热面布置将通过发热量影响。

二、锅炉整体外形布置

锅炉的整体外形布置既与锅炉的参数、容量有关，也和锅炉所用的燃料性质等因素有关。进行整体布置时应考虑到：工作可靠；锅炉本身以及厂房建筑和连接风道、管道等金属材料用量少，成本低；检修及运行操作方便。因此锅炉外形的选择不仅与锅炉各部件的构造布置有关，也涉及整个电厂布置，特别是与汽轮机的配合问题。由于具体条件的不同，会产生很多不同的整体外形布置方案。

对于低压低温的小容量锅炉，往往没有空气预热器，有时也不装省煤器，大都用火床炉或燃用液体及气体燃料，对这类锅炉要尽量紧凑，占地占空间少。在容量极小时，大都用立式筒型（水管或火管）或卧式多回程火管锅炉等布置方式。

对于中参数中等容量以上的锅炉，大多已有过热器，省煤器，空气预热器等部件，并形成一个整体，此时锅炉布置的外形就有很多型式，如图13-14所示。

图13-14（a）的Π形布置方案是中大容量锅炉应用最广泛的一种布置方式。这个方案虽然占地面积稍大，但锅炉排烟口在底层，因此送风机、引风机等动力设备以及防尘装置等即可安置在地面，锅炉构架及厂房建筑可较低，检修方便；尾部对流烟道气流向下，易于吹灰，并有自生吹灰作用；各受热面部件易于布置成逆流形（因受热面内工质作向上流动），布置受热面比较方便，锅炉本身及与汽轮机的连接管道系统消耗的金属材料适中。

图13-14（b）的Γ形方案与Π形方案很相近，只是取消了水平烟道，尾部受热面和前面炉膛一样，采用完全悬吊的结构，节省材料。不过它的尾部受热面的检修困难。在采用管

式空气预热器时，因为不好悬吊，不宜采用这种方案。

图 13 - 14（c）的 U 形布置最大优点是过热器可布置在下部过渡烟道，蒸汽管道可缩短；此外可使炉膛火焰充满程度较好，便于多炉膛时布置燃烧器，进入对流烟道前除灰也可较多一些。但是很大的缺点是排烟出口在顶部，通风及除尘等装置都要装在厂房上部，增加荷重和振动，使锅炉及厂房建筑构架更加复杂；燃烧器在顶部，煤粉管道、空气管道也都要一直联到这样的高度，不很合理。因此，这种型式虽有应用但不普遍。

图 13 - 14（d）的塔型布置的优点是：占地少，烟道短；风道布置也不复杂；煤粉管道及燃烧器布置方便。但是锅炉及厂房都较高，送风机、引风机、除尘器等很多辅助装置也都在顶部，加重了锅炉构架的负荷，设备的安装与检修也较复杂，同时恶化了运行条件，锅炉本身各个部件的固定都较困难。由于过热器、再热器等布置在炉膛以上，蒸汽管道的长度与成本增加。

大、中容量燃油锅护，广泛采用图 13 - 14（e）的箱型布置，主要优点是：锅炉各部件除空气预热器外都布置在一个炉体中，呈箱型，外形尺寸小，结构紧凑，密封性好；锅炉与汽轮机连接的主蒸汽和再热蒸汽管道可较短；对流受热面全部水平布置，上排燃烧器到出口烟窗的距离较大，因此火焰长度足够，对油的燃尽有利；水平迂回上升管屏的水力偏差较小，辐射吸热份额也较少，使金属壁温低，工作可靠。这种布置型式的缺点是水平式对流受热面的支承或悬吊结构复杂，工艺要求较高。

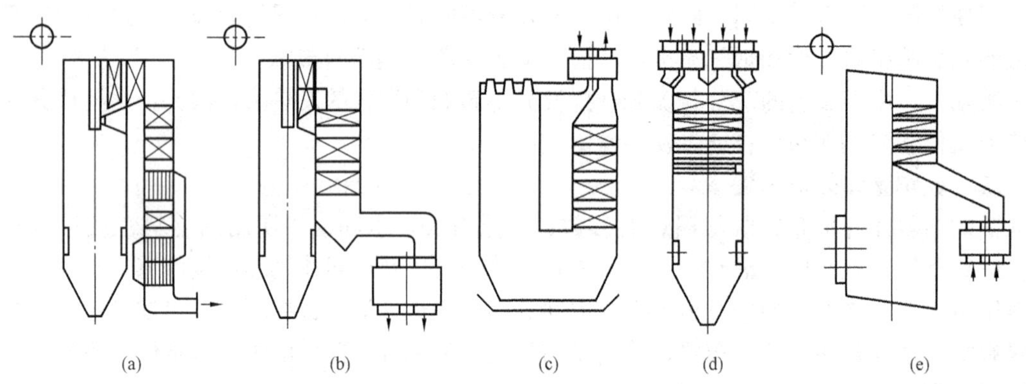

图 13 - 14　锅炉的外形布置

(a) Π 形布置；(b) Γ 形布置；(c) U 形布置；(d) 塔形布置；(e) 箱形布置

在国外还可以看到更多型式的布置方案，如 T 形、N 形、L 形等。这些布置形式在国产锅炉中使用较少。

三、主要设计参数的选择

1. 排烟温度

排烟温度的选择首先是一个技术经济问题。排烟温度越低，锅炉排烟热损失减少，热效率提高，从而节约燃料消耗量，降低锅炉运行费用，但排烟温度低，尾部受热面烟气侧与工质侧的温差降低，增加受热面的金属消耗量，使锅炉投资费用提高。选择排烟温度时，应根据受热面成本（特别是钢材价格）、燃料价格和投资的补偿年限等具体条件，进行详细的方案计算和比较，才能做出抉择。比较时还应考虑到辅机的厂用电消耗，因排烟温度不同，燃煤量及受热面烟气侧的阻力将不同，磨煤机、送风机、引风机的电能消耗也就不同。这样选定的排烟温度叫经济排烟温度。不同参数锅炉的经济排烟温度可以参见表 13-6。

表 13-6　不同参数锅炉的经济排烟温度推荐值　℃

燃料种类	低压锅炉 $t_{gs}<105$	低压锅炉 $t_{gs}=105$	中压锅炉 $t_{gs}=150$	高压锅炉 $t_{gs}=215\sim235$	超高压锅炉 $t_{gs}=265$
$W_{ar,zs}\leqslant3$ 的煤、天然气	160～180	120～130	110～120	120～130	130～140
$W_{ar,zs}=4\sim20$ 的煤及重油	180～200	140～150	120～130	140～150	150～160
$W_{ar,zs}>20$ 的煤	160～180	150～160	130～140	160～170	170～180

其次排烟温度的选择还要考虑低温受热面工作可靠性的影响。由于燃料中的硫在燃烧后产生 SO_3，它在烟气中与水蒸气形成硫酸蒸气。当受热面壁温低于硫酸蒸气的露点温度时（对大型锅炉，一般在空气预热器范围中，对工业锅炉也可能在省煤器范围中），碰在受热面上的酸蒸气就会冷凝下来，使壁面金属腐蚀，同时也会使沉积在壁面上的灰分被水及酸液粘湿，起化学作用后发生硬结堵灰现象。低温腐蚀与堵灰都严重影响到锅炉工作的经济性和可靠性，并且两者相互加重。防止的方法之一是提高流过受热面的烟气温度或空气预热器入口的空气温度，使它不低于烟气中酸蒸气和水蒸气的露点。烟气中水蒸气露点与烟气中水蒸气分压力有关，一般在 35～65℃。但烟气中酸蒸气露点却很高，例如对折算含硫量为 0.6%～5%的燃料，燃烧后烟气的酸蒸气露点可达 120～150℃。因此，对于多硫燃料，为了防止低温腐蚀而提高壁温，使其超过烟气中酸蒸气露点，无论用上述哪一种方法，都将使排烟温度值非常高，这样会使锅炉效率很低。因此，现时选择排烟温度主要仍应按最经济原则来选择。对于易发生低温腐蚀的燃料，则应考虑尾部受热面的防腐问题。

2. 热空气温度

设计锅炉时另一个基本参数是热空气温度。热空气温度的选择主要应保证燃料在锅炉炉膛内迅速着火，与燃烧方式、燃料的种类和性质、锅炉排渣方式有关，还受到空气预热器受热面积和尾部受热面布置的影响。因此对一般炉子，只要燃料能稳定燃烧，热空气温度不必太高。对液态排渣炉则因要保持炉内高温，以便顺利造渣及流渣，应选取较高的热空气温度。我国目前制粉系统多使用热空气作为干燥剂，对于多水分燃料为了制粉系统的需要，也要选用较高的热空气温度。表 13-7 列出了它的推荐值。

表 13-7　热空气温度推荐值

炉　型	燃料种类	热空气温度（℃）
固态排渣煤粉炉	烟煤	250～300
	无烟煤、贫煤	350～400
	褐煤（用热空气干燥煤粉）	350～400
	褐煤（用烟气干燥煤粉）	300～350
液态排渣煤粉炉		380～420
重油及天然气炉		200～300
高炉煤气炉		250～300
火床炉		<200

如果按燃料的燃烧及干燥条件，不要求很高的热空气温度时，适合布置单级空气预热器，此时热空气温度可按式（13-111）确定：

$$t_{rk}=t_{gs}+40+0.7(\vartheta_{py}-120)，℃ \quad (13-111)$$

在布置二级空气预热器时，可按式（13-111）确定第一级空气预热器的出口空气温度。

3. 过量空气系数

选取过量空气系数的原则是在保证燃烧稳定的基础上，尽量减少锅炉的热损失。由过量空气系数引起的热损失主要是排烟热损失 q_2、气体不完全燃烧损失 q_3 和固体不完全燃烧损失 q_4。过量空气系数增大使 q_2 增加，但在一定范围内可以使 q_3 和 q_4 减少。如果 q_2 的增加大于 q_3 和 q_4 的减少，则锅炉效率降低；反之，则锅炉效率升高。过量空气系数对锅炉效率的影响与燃烧方式、燃料种类有关。一般层燃炉的 q_4 较 q_2 大，因此采用较高的过量空气系数以降低 q_4，而室燃炉的 q_2 较 q_4 大，因此采用较小的过量空气系数以降低 q_2。由于固体燃料着火和燃尽较其他种类燃料困难，为了降低损失 q_4，采用的锅炉过量空气系数较大，而燃油炉和燃气炉为降低 q_2 采用较小的过量空气系数。

设计锅炉时一般以炉膛出口烟窗处的过量空气系数作为选取的基点，它主要与炉膛中燃料燃烧效率有关，燃烧效率高，炉膛出口烟窗处的过量空气系数选取的较小。设计时参考表3-1。

4. 炉膛热负荷

为了考虑燃料燃烧和炉内传热过程对室燃炉炉膛的限制，设计锅炉时通常采用炉膛热负荷这一参数表示，炉膛热负荷是一个大尺寸的统计数据，它能够从某种程度上反映燃烧和传热对于炉膛几何尺寸的要求。

炉膛热负荷包括炉膛容积热负荷 $q_V=BQ_{ar,net}/V_1$、炉膛面积热负荷 $q_f=BQ_{ar,net}/H_1$ 和炉膛截面热负荷 $q_A=BQ_{ar,net}/A$，如果已经知道燃料的低位发热量 $Q_{ar,net}$ 和燃料消耗量 B，只要确定了炉膛热负荷，可以进一步确定炉膛的容积 V_1、炉膛有效辐射受热面面积 H_1 和燃烧器区域炉膛的横截面积 A，确定炉膛的宽度 a、深度 b 和高度 h。

对于煤粉锅炉，炉膛容积热负荷 q_V 如果选取过大，则意味着单位炉膛容积内燃烧的燃料增加，燃料在炉膛内的停留时间缩短，燃料不易燃尽，锅炉的机械不完全燃烧损失增加。另外，q_V 过大会造成炉膛壁面面积相对减少，可布置的辐射受热面积减少，炉膛内辐射传热量减少，炉膛出口烟温增加，引起炉膛和炉膛出口结渣。如果 q_V 选取过小，会使炉膛容积过大，锅炉结构不紧凑，降低炉膛的火焰温度水平，不利于稳燃。对于布置角置式直流燃烧器的煤粉锅炉炉膛容积热负荷 q_V 的选用范围是：燃用无烟煤 $q_V=120\sim150\text{kW/m}^3$，燃用贫煤 $q_V=120\sim165\text{kW/m}^3$，燃用烟煤 $q_V=140\sim200\text{kW/m}^3$，燃用褐煤 $q_V=90\sim120\text{kW/m}^3$。

对于燃气锅炉和燃油锅炉，燃料着火和燃尽较为简单，只要保证火焰离开炉膛时能够完全结束燃烧且火焰不冲刷水冷壁即可，因此 q_V 较煤粉炉要高。对于燃用高炉煤气的锅炉，取 $q_V=260\text{kW/m}^3$，燃用天然气时取 $q_V=330\sim420\text{kW/m}^3$。对于燃油锅炉，蒸发量大于130t/h时取 $q_V=250\sim290\text{kW/m}^3$，蒸发量小于130t/h时取 $q_V=290\sim350\text{kW/m}^3$，蒸发量小于75t/h时取 $q_V=420\sim750\text{kW/m}^3$。

由于炉膛容积随锅炉容量增加的速度比炉壁面积快，因此如果保持 q_V 不变，则锅炉容量越大，炉壁面积相对越小，可布置的受热面积也越小，使火焰和烟气得不到足够的冷却，会在水冷壁和炉膛出口附近结渣，影响锅炉的安全运行。为了防止结渣，必须保持炉膛内有足够的辐射受热面积，即对炉壁面积热负荷 q_f 确定一个上限值。表13-8给出了不同容量锅炉炉膛的辐射受热面积热负荷的上限。表中随锅炉增加，炉壁面积热负荷 q_f 增大，这是由于单位容积的炉壁面积减少的结果，大容量锅炉为了降低 q_f 常采用双炉膛和双面曝光水冷壁。设计锅炉炉膛时用炉壁面积热负荷 q_f 来确定炉膛的形状和尺寸很不方便，因此表 13-8 中的炉壁面积热负荷 q_f 往往是在根据 q_V 确定了炉膛的形状和容积后用作校核的数据。

表 13-8　　炉膛的辐射受热面积热负荷 q_f 的上限（ST≈1350℃）

锅炉容量（t/h）	130	220	410	670	1000
q_f 上限（kW/m^2）	253	262	297	336	349

由于燃料大部分集中在燃烧器区域燃烧，此处局部热负荷最大，火焰温度最高，即使整个炉膛内的辐射受热面积是足够的，但是在燃烧器区域的水冷壁上仍然存在结渣的危险。所以，进一步设计炉膛时还应该考虑到燃烧器附近的局部特性。通常采用燃烧器区域的炉膛断面热负荷 q_A 来表示它的传热和燃烧过程的特性。如果设计选用的 q_A 越大，释放相同的燃料燃烧热的炉膛截面积越小，燃烧器区单位高度炉膛上布置的辐射受热面越小，越容易发生水冷壁结渣现象。表 13-9 给出了一些布置角置式直流燃烧器的锅炉燃烧器区域的炉膛截面热负荷 q_A 常用的上限值。为了防止炉膛截面过大，在锅炉容量较大时，通常需要沿炉膛高度方向布置两层或多层直流燃烧器。

表 13-9　　角置式直流燃烧器的锅炉燃烧器区域的炉膛断面热负荷 q_A 常用的上限值

锅炉蒸发量 D（t/h）		65	75	130	220	410	670	1000	1500
q_A 的上限值（MW/m^2）	灰熔点 ST≤1300℃	1.77	1.84	2.13	2.79	3.65	3.91	4.42	4.77
	灰熔点 ST≈1350℃	2.09	2.12	2.56	3.37	4.49	4.65	5.12	5.47
	灰熔点 ST≥1450℃	2.37	2.44	2.95	3.91	5.12	5.44	6.16	6.63

设计炉膛时为了考虑安全裕度，选取的 q_V 一般为其上限值的 0.9～0.95 倍，q_A 为其上限值的 0.9 倍。

5. 炉膛出口烟温

炉膛出口烟温 ϑ''_1 指炉膛出口烟窗凝渣管或锅炉管束前的烟气温度。合理的炉膛出口烟温应当满足安全经济指标，既能保证辐射受热面和对流受热面工作的可靠性，又能使锅炉辐射传热与对流传热的分配符合经济原则。

炉膛出口烟温升高，则锅炉辐射传热的比例下降，辐射受热面及其投资就减少。同时，锅炉对流传热的比例上升，其受热面与投资增加；炉膛出口烟温降低使辐射受热面增加，对流受热面减少，但是由于传热温压的降低，对流传热效果变差，对于降低对流受热面的投资反而不利。因此过度降低炉膛出口烟温是不经济的，一般对于燃用固体燃料的大中型室燃炉，比较经济的炉膛出口烟温约为 1250℃。

对于燃用固体燃料的锅炉，炉膛出口烟温不能过高，否则炉膛出口处烟气中的飞灰颗粒会处于熔化状态，遇到对流受热面会发生结渣，影响传热甚至会逐步堵塞烟道，影响锅炉的安全运行。其炉膛出口烟温主要受到受热面工作可靠性的限制，应以受热面不发生结渣作为确定炉膛出口烟温的基准，在保证不结渣的条件下尽可能地提高炉膛出口烟温。目前，一般以灰渣的变形温度 DT 作为不发生结渣的极限温度，炉膛出口烟温应小于 DT 值，并留有(50～100)℃的裕度。

6. 工质质量流速

受热面中水和蒸汽的质量流速，对受热面运行的安全性和经济性有很大影响。以再热器为例，如果蒸汽流速过低，蒸汽的对流传热系数下降，再热器的管壁温度很高，存在过热爆管的危险；反之，如果速度过高，则蒸汽的流动阻力很大，使再热器的压力损失增大，对流式再热器内的工质质量流速 ρw 一般取为 300～400kg/（m^2·s）。对于对流式过热器，取 ρw＝500～1000kg/（m^2·s），屏式过热器 ρw＝800～1000kg/（m^2·s），辐射式过热器 ρw＝1000～1500kg/（m^2·s）。对于非沸腾式省煤器，质量流速的下限应防止由于给水中的氧气析出附着在管壁上发生氧腐蚀，取 ρw＝500～600kg/（m^2·s）；而对于沸腾式省煤器应防止流速过低发生汽水分层，取 ρw＝800kg/（m^2·s）。

7. 烟气速度

烟气流速的选择受到安全性和经济性的影响。烟速过低，对流传热系数低，需要布置更多的对流受热面，并且灰粒易于沉积在受热面上加重受热面的污染。一般锅炉在额定负荷下，对于横向冲刷的对流受热面，烟气流速应大于 6m/s。但是，烟气流速的上限受到飞灰磨损的限制，由于管壁的磨损速度与烟气流速的三次方成正比，因此在烟温小于 700℃、灰粒相对较硬的区域，对于一般煤种烟速取为 9～10m/s，对于多灰燃料烟速取为 7～8m/s。

思考题

1. 炉内传热计算的基本方法是什么？
2. 对流传热计算的基本公式是什么？说明对流传热计算的基本方法和步骤。
3. 对流传热系数 K 如何计算？熟悉在不同情况下传热系数的简化式的形式。
4. 灰污系数、热有效系数、利用系数的概念及使用条件。
5. 对流受热面的面积及流通截面积如何计算？
6. 设计计算和校核计算有什么异同点？
7. 整个锅炉机组热力计算的程序包括哪些？当采用校核计算时，各误差如何校核？
8. 锅炉主要设计参数 q_A、q_V、q_f、ϑ''_1、ϑ_{py}、t_{rk} 的选取原则是什么？
9. 影响锅炉整体布置的因素有哪些？各如何影响？
10. 随着压力的提高，各受热面吸热的比例如何变化？
11. 概念：理论燃烧温度　水冷壁的角系数　水冷壁的污染系数　水冷壁的热有效　系数 M　炉膛黑度　烟气平均热容量　热负荷不均匀系数

参 考 文 献

[1] 容銮恩等编. 电站锅炉原理. 北京：中国电力出版社，1997.

[2] 樊泉桂主编. 锅炉原理. 2版. 北京：中国电力出版社，2014.

[3] 岑可法主编. 锅炉燃烧试验研究方法及测量技术. 北京：中国电力出版社，1999.

[4] 冯俊凯，沈幼庭. 锅炉原理及计算. 2版. 北京：科学出版社，1992.

[5] 徐通模，金定安，温龙. 锅炉燃烧设备. 西安：西安交通大学出版社，1990.

[6] 范从振. 锅炉原理. 北京：水利电力出版社，1986.

[7] 胡荫平，贾鸿祥. 新型煤粉燃烧器. 西安交通大学出版社，1993.

[8] 陈学俊，陈听宽. 锅炉原理：上、下册. 2版. 北京：机械工业出版社，1991.

[9] 张永涛. 锅炉设备及系统. 北京：中国电力出版社，1998.

[10] 金维强，涂仲光. 电厂锅炉. 北京：水利电力出版社，1995.

[11] 李恩辰，徐合曼. 锅炉设备及运行. 北京：水利电力出版社，1991.

[12] 樊泉桂. 亚临界与超临界参数锅炉. 北京：中国电力出版社，2000.

[13] 华东六省一市电机（电力）工程学会. 锅炉设备及其系统. 北京：中国电力出版社，2000.

[14] 金维强. 大型锅炉运行. 北京：中国电力出版社，1998.

[15] 贾鸿祥. 制粉系统设计与运行. 北京：水利电力出版社，1995.

[16] 孙学信. 燃煤锅炉燃烧试验技术与方法. 北京：中国电力出版社，2002.

[17] [苏] 洛克申. 锅炉机组水力计算标准方法. 董祖康等译. 北京：水利电力出版社，1981.

[18] 黄新元. 电站锅炉运行与燃烧调整. 2版. 北京：中国电力出版社，2007.

[19] 樊泉桂，魏铁铮，王军. 火电厂锅炉设备及运行. 北京：中国电力出版社，2001.

[20] 西安交通大学. 直流锅炉. 北京：水利电力出版社，1977.

[21] 汪祖鑫. 超临界压力600MW机组的启动和运行. 北京：中国电力出版社，1996.

[22] 陈立勋，曹子栋. 锅炉本体布置及计算. 西安：西安交通大学出版社，1976.

[23] 金定安，曹子栋. 工业锅炉原理. 西安：西安交通大学出版社，1986.

[24] 冯俊凯，沈幼庭，杨瑞昌. 锅炉原理及计算. 3版. 北京：科学出版社，2003.

[25] 中国动力工程学会. 火力发电设备技术手册. 第一卷：锅炉. 北京：机械工业出版社，2000.

[26] 林宗虎，徐通模. 实用锅炉手册. 北京：化学工业出版社，1999.

[27] 华东电力集团公司科学技术委员会. 600MW火电机组运行技术丛书锅炉分册. 北京：中国电力出版社，2000.

[28] 容銮恩. 燃煤锅炉机组. 北京：中国电力出版社，1998.

[29] 华东六省一市电机工程（电力）学会. 锅炉设备及其系统. 北京：中国电力出版社，2001.

[30] 岑可法. 大型电站锅炉安全及优化运行技术. 北京：中国电力出版社，2003.

[31] 河南省电力公司. 火电工程调试技术手册：锅炉卷. 北京：中国电力出版社，2003.

[32] 重庆电力技工学校. 锅炉设备及运行. 北京：电力工业出版社，1982.

[33] 叶江明. 电厂锅炉原理及设备. 3版. 北京：中国电力出版社，2012.

[34] 周菊华，操高城，郝杰. 电厂锅炉. 2版. 北京：中国电力出版社，2009.

[35] 唐必光. 燃煤锅炉机组. 北京：中国电力出版社，2003.

[36] 北京锅炉厂译．锅炉机组热力计算标准方法．北京：机械工业出版社，1976.
[37] 林宗虎等．循环流化床锅炉．北京：化学工业出版社，2004.
[38] 岑可法．循环流化床锅炉理论设计与运行．北京：中国电力出版社，1997.
[39] 路春美，程世庆，王永征．循环流化床锅炉设备与运行．北京：中国电力出版社，2003.
[40] 冯俊凯，岳光溪，吕俊复．循环流化床燃烧锅炉．北京：中国电力出版社，2003.
[41] 电力用燃料标准汇编．北京：中国标准出版社，2003.
[42] 西安热工研究院编著．超临界、超超临界燃煤发电技术．北京：中国电力出版社，2008.
[43] 樊泉桂．超超临界锅炉设计及运行．北京：中国电力出版社，2010.
[44] 樊泉桂．锅炉原理．2 版．北京：中国电力出版社，2013.